华章科技
HZBOOKS | Science & Technology

3D打印
技术丛书

3D Modeling and Printing
the Design Fundamentals and
Practices with MoI3D

3D打印建模

MoI3D设计基础与实践

陈启成　编著

机械工业出版社
China Machine Press

图书在版编目（CIP）数据

3D 打印建模：MoI3D 设计基础与实践 / 陈启成编著 . —北京：机械工业出版社，2018.7
（3D 打印技术丛书）

ISBN 978-7-111-60439-6

I. 3… II. 陈… III. 立体印刷 - 印刷术 IV. TS853

中国版本图书馆 CIP 数据核字（2018）第 147730 号

3D 打印建模：MoI3D 设计基础与实践

出版发行：机械工业出版社（北京市西城区百万庄大街 22 号 邮政编码：100037）
责任编辑：佘 洁 责任校对：李秋荣
印 刷：北京文昌阁彩色印刷有限责任公司 版 次：2018 年 8 月第 1 版第 1 次印刷
开 本：186mm × 240mm 1/16 印 张：27.75
书 号：ISBN 978-7-111-60439-6 定 价：89.00 元

凡购本书，如有缺页、倒页、脱页，由本社发行部调换
客服热线：（010）88379426 88361066 投稿热线：（010）88379604
购书热线：（010）68326294 88379649 68995259 读者信箱：hzit@hzbook.com

Preface 前　言

进入21世纪以来，建立在互联网基础上的后现代文明极大地降低了普通人参与和传播创新的门槛，增加了产生创新的维度，甚至改变了创新的内涵。近年来，蓬勃发展的创客运动已成为席卷全球的全民创新运动，正在改变人类的发展进程。过去，发明史都只是为改变世界的天才而书写的，但创客运动改变了这种规则，能够拥有创意创新的力量而改变世界不再是少数精英的专利。

在中国，创客运动也得到了政府的大力支持，创客空间如雨后春笋般涌现，教育部已把中小学创客教育纳入了基础教育体系。经过几年的快速发展，越来越多的学校兴建了创客实验室，开设了创客课程，有条件的学校开始配备3D打印机、工业级的激光切割机，甚至桌面CNC设备。2017年11月，教育部印发了《中小学综合实践活动课程指导纲要》，从小学到高中的学段目标中都有一项叫“创意物化”，小学阶段就要求“学会运用信息技术，设计并制作有一定创意的数字作品。运用常见、简单的信息技术解决实际问题，服务于学习和生活。”所谓“创意物化”，就是将头脑中的创意转化为实物的过程，在计算机中设计好数字模型，利用3D打印等技术，制作出真实的物品；或者通过计算机编程实现某种功能。这两种途径往往是交织在一起的。中小学创客教育的最大魅力在于，学生的学习可以与真实世界连接——基于真实的需求，解决真实的问题，改变了传统教育只重视书本知识传递的格局。我国创客教育很快要迎来一个新的发展阶段，基于项目的学习将成为教育领域越来越重要的获得知识的途径。

无论是社会中的众创空间，还是中小学校园中的创客实验室，3D打印机都有着举足轻重的地位，正是由于桌面型3D打印机的普及，各种桌面级数字加工工具不断出现，技术门槛越来越低，才使得创客的个性化制造变为现实，校园小创客正在茁壮成长。

不过问题来了，操作3D打印机等数字加工设备必须要掌握一些3D建模软件的运用知识，然而这并不是一个简单的过程。由于现实世界的复杂多样性，计算机中的三维建模软件种类繁多，操作起来也很复杂，阻碍了创客群体灵活应用它们。最近几年，笔者接触了一些教育一线的教师，各学校的师资水平参差不齐，都处于探索创客教育过程的起步阶段。一位老师讲过，刚开始同学们对 3D 打印的热情很高，但开始学习建模时却总是操作不好，不能按照自己的意愿设计出满意的模型，于是产生了对三维设计的畏难情绪。还有一个高年级的学生说三维设计不好玩，不能按照自己的想法设计出漂亮的汽车、飞机。当然，目前中小学教育中所使用的 CAD 类的初级建模软件还很难设计出汽车、飞机模型，那些产品的曲面比较复杂。

问题的实质是，过去计算机三维设计软件一直是专业人员才会使用的工具，无论是用于三维影视、游戏动画，还是机械产品、工业外观设计，都是行业用户的专职。而今，伴随着 3D 打印的普及和创客运动的发展，普通人甚至小学生也开始尝试学习三维设计，遇到各种问题也在所难免。这就像汽车驾驶员这个职位，过去司机是个职业，后来小汽车进入家庭，普通人也担当起了驾驶员的角色。随着时间的推移，一切障碍都会突破，预计三维建模也会走上同样的路程。当一批又一批从小接触计算机三维设计的孩子成长起来，建模就不是什么问题了。在三维空间中，依托建模软件与 3D 打印机等在教育领域中的运用，将会大大提升孩子的空间思维、多角度考虑问题、解决问题的能力，这个过程会使孩子发现原来自己的想象力可以这么有意义，从而激发了孩子的兴趣。

现阶段，由于创客教育还是崭新的事物，国内专门针对这一领域的教程还不多。提起创客教育，就会联想到 3D 打印机。但 3D 打印并不是创客教育的全部，更宝贵的是创客头脑中的创意思维，3D 打印机只是创客使用的重要工具，而三维设计和 3D 打印却是把创意转化成实际物品的主要手段。笔者接触了一些创客空间，在三维建模环节他们所使用的软件五花八门，如 UG、SolidWorks、Maya、3ds Max、Rhino（犀牛）等，这些软件非常专业，但过于复杂，不太适合普通创客。所以，笔者一直想为广大创客群体筛选一款比较实用的 3D 建模软件，帮助他们把瞬间的灵感保留下来并转化成实际物品。

本书主要为创客群体介绍 Triple Squid Software 公司的 MoI3D 软件。可能大家对 MoI3D 比较陌生。听说过 Rhino（犀牛）软件吧？ MoI3D 是它的简化版本，由同一位开发者 Michael Gibson 编写。软件默认生成的文件格式为 .3dm，与 Rhino 软件生成的文件格式相同。为什么选用这样一款软件呢？主要基于创客群体产品开发的特性，使用工业外观设计软件更合适。Rhino 是典型的工业设计软件，国内很多大专院校的工业设计专业都讲授了 Rhino 软件。Rhino 非常优秀，但依然是专业而复杂，相比之下，MoI3D 却小巧而精悍，界面简洁，容易上手。

MoI3D（Moment of Inspiration）号称自由设计大师，并非浪得虚名，软件只有四十几兆，占用计算机资源较少，普通电脑也能流畅运行，却拥有精准强大的功能。MoI3D 是 NURBS 建模软件，偏于工业领域，曲面造型能力强，易学易用。MoI3D 提供了简单实用的功能，可利用它创建精致的汽车、飞机等模型，普通人用它进行产品开发是足够的。或许这也正是适合于创客群体的工具软件，是创客的不二选择！熟练应用该软件之后，也可以为学习 Rhino 打下良好的基础。MoI3D 3.0 的网格化工具非常优秀，甚至超越了 Rhino，可以用它来打开工业设计的模型格式，输出为多边形网格模型，如把 igs、sat、3dm 的文件转成 stl、obj 等格式。

本书详细介绍了 MoI3D 3.0 的软件功能和操作，并配备了大量的图例，力求使不同背景的读者能够理解接受；讲解了准备 3D 打印模型的流程，以及从概念到数字模型的几种表达方法和简单产品设计过程，本着以提供工具→具体操作→完成设计任务→ 3D 打印前准备→如何使用工具转化创意思维的顺序行文，希望能帮助创客群体解决创意设计环节的诸多问题。

由于水平有限且时间仓促，书中难免有错误和疏漏之处，恳请广大读者批评指正。

陈启成

2018 年 6 月

目　录 *Contents*

第 1 章 Chapter 1

MoI3D 简介

自由设计大师 MoI3D（Moment of Inspiration）是一款界面简洁、易于上手、曲面造型能力强大的 NURBS 建模软件。它“出身名门”，由与 Rhino（犀牛）所属同一个小组开发。MoI3D 和 Rhino 两个软件之间可以互相执行复制粘贴操作；两者文件格式完全相同，都是 3DM 格式。MoI3D 体积很小，只有几十兆，对计算机的硬件配置要求不高。这款软件有着极其简洁的用户界面，加上行云流水的工作流程和精准强大的工具，非常适合初级用户用于 3D 建模和 3D 打印。

Rhino 是工业外观设计软件，功能非常强大，已渗透到多个行业应用，也有 CAM 的插件，可以输出用于数控加工的格式文件，不过并不适合于初级用户。而 MoI3D 虽然比 Rhino 的功能要少很多，不过就 3D 打印应用而言，却是小而精悍的曲面建模利器。考虑到目前应用于 3D 打印领域入门级设计软件的特点，为使初学者也能够设计出复杂的曲面模型，增强曲面建模的能力，所以本教程为读者介绍这款“小犀牛”软件的功能和使用方法。

Rhino 是由美国 Robert McNeel 公司于 1998 年推出的一款基于 NURBS 的三维建模软件。1992 年，McNeel 与 AG 合作开发 AccuModel，给 AutoCAD 提供 NURBS 造型的插件。同年 11 月，Michael Gibson 被聘为实习生，并带来了自己的一个研究课题：Sculptura 的 mesh 模型工具，也就是 Rhino 软件的前身。Michael Gibson 离开 McNeel 公司之后，就推出了 MoI3D 软件。目前版本是 MoI3D V3.0。

先来看一下这两个软件的界面，如图 1-1 和图 1-2 所示。

初级用户看到 Rhino 的界面应该有眩晕的感觉，而 MoI3D 则显得非常清爽。对于不太喜欢复杂界面的用户来说，它是一个好的选择。

此外，Rhino 和 MoI3D 都是工业外观设计软件，二者都是面向工业领域的 3D 建模程序，不是应用于艺术领域中的造型软件，这一点是初学者要首先明确的。

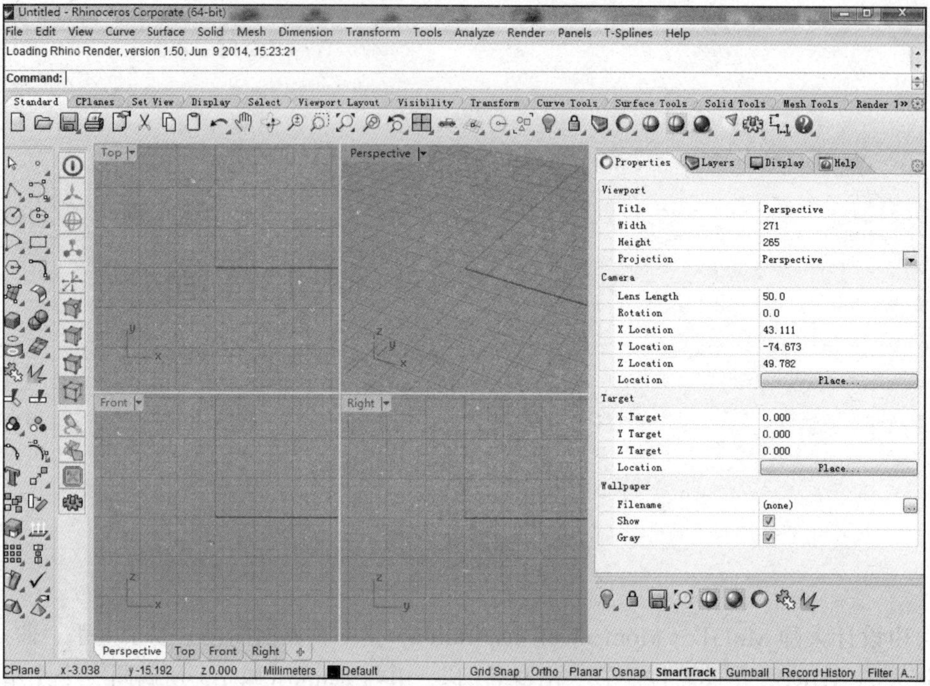

图 1-1 Rhino 的软件界面

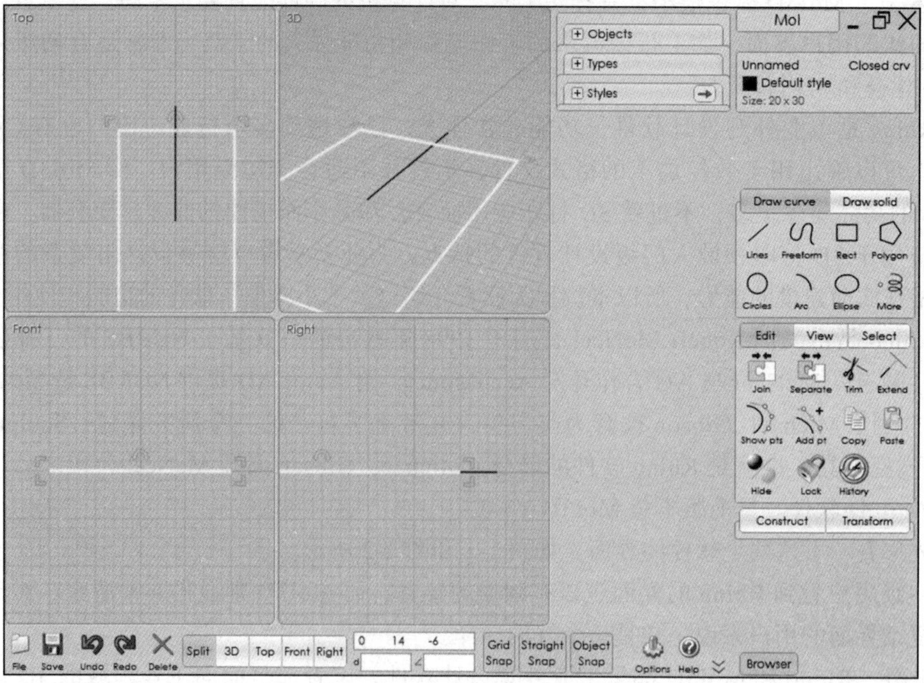

图 1-2 MoI3D 的软件界面

1.1 国外 3D 专家对 MoI3D 的评价

作为一名 3D 打印爱好者，除了 3D 打印机是标准装备之外，选择一款适合自己的 3D 建模软件也是必不可少的。2015 年，为了方便 3D 打印爱好者，国际知名 3D 打印公司 i.materialise 列出了全球前 25 个最流行的 3D 建模工具软件。

“我们看到，有些软件特别受 3D 打印社区欢迎，比如 Tinkercad，但是还有一些软件只在视觉艺术家和游戏设计师中间使用，3D 打印爱好者几乎不会用它。”i.materialise 团队称。

值得一提的是，在这项研究中，i.materialise 使用了全面的、来自真实世界的数据，它分析的统计数据不仅来自社交媒体和网页排名，同时也包括：

- 3D 打印论坛中提到的频度
- 与 3D 打印有关的视频中提到的频度
- 在 3D 打印数据库中，3D 模型的说明中提到的频度
- 在搜索引擎谷歌中与 3D 打印相关的指标

这是一个没有考虑到软件质量的一个纯“人气”评比。但是不得不说，这也是一个非常有用的指标，因为一个软件的“人气”与其可用性、功能等绝对是正相关的。这个排名中包含了很多专业级别的软件，MoI3D 排在第 21 位。i.materialise 团队也指出，有些厂商不重视网络推广也影响了这份榜单的排名，比如排在第 21 位的 MoI3D。“MoI3D 没有一个官方的 Facebook 页面或 Twitter 账户。它的大部分用户群在一个比较封闭的论坛里活动，因此造成了其评分被低估。”

在国外的一个网站上，笔者看到了一位 3D 专家 Justin Slick 对 MoI3D 的评价。鉴于国内用户对 MoI3D 了解得不多，下面把文章的内容大致介绍如下。

当我开始制作 3D 模型时，一直使用 Maya 作为主要的 3D 工具软件。像任何一款软件一样，Maya 有很多长处，也有自己的弱点。不过，我已习惯了使用它，并没有想要转到其他的软件上，虽然有的可能是更高效的建模软件，如 Modo 或是 3ds Max，可是重新学习一个新的高端软件是相当费神的。

然而，现在也有一些轻量级的 3D 软件，大部分是相当简单的（在专家眼里是这样，对于普通人却未必如此），只需要短短几日即可掌握。由于这些年我一直局限于 Maya，我想去尝试一些简单的建模软件，与过去的标准软件做些比较。我首先试用了 Triple Squid Software 公司的 MoI3D（Moment of Inspiration）建模软件，一个定位易于使用且直观的 NURBS 建模工具。

1. 第一印象

我有一个习惯，即尽可能避免在 Maya 中采用 NURBS 建模方式，所以我很担心转到 MoI3D 会遇到一些困难。结果恰恰相反，感谢 MoI3D 精心设计的界面，使我能很快适应，并找到了操作 Maya 的感觉。MoI3D 的用户体验相当简单，几乎没有需要深入挖掘的菜单，从一个单一界面布置就可以完成制作流程，视图导航模式也与 Maya 的操作模式相同。

当最初开始制作一个独立项目时，我也遇到了一些挫折。那是由于从曲线开始建模与多边形建模需要一个形体的思路不同，因此需要一个调整期，使我能够像一个NURBS建模师那样思考。当然，对于刚开始学习3D建模的初学者，并不会存在这样的问题。

2. 速度

正如前面提到的，我很快掌握了教程中的项目，但制作自己的项目时却比较迟缓。一次，我尝试构建一个圆柱形对象，这对于多边形建模而言是相当烦琐的。因对倒角工具使用不太熟悉，我最终花费了大约二十分钟才得到了想要的结果。然而，当我停止多边形建模的思维，开始体验用曲线和布尔运算构建对象，我就能够快速构建出一些模型——这些模型在Maya中通常要花费非常多的时间才能建出来。由于Maya处理拓扑不太有效，实际上我从来未真正使用过布尔运算。在MoI3D中，边线流向不存在任何问题，它们会配合得很好，并能完美地结合。MoI3D的优势之一是拥有一个完美的.OBJ输出器。

3. 最后的思考

这真是一款神奇的软件，初学者可以很快上手，并立刻拥有创建模型的能力。经过几节课的学习，我就能够构建出自己满意的模型，所以我打算继续使用MoI3D。MoI3D的价格大致是Rhino（这是由同一个人开发的）的1/3。它没有一大堆花里胡哨的功能，对于只是需要基本的CAD功能的人士，MoI3D是很好用的工具。

Maya实际上拥有一个相当强大的NURBS工具集，因此，除非真正需要用到布尔运算，有些Maya用户可能永远也不会需要MoI3D。不过，它对于Cinema4D的用户却是非常好的补充。

我可以使用MoI3D轻松地进行曲面造型，体会到它能够用在我的工作流程中某些领域，真正帮助我提高工作效率。

对于3D建模新手，特别是如果对汽车造型或产品设计感兴趣，还有计划将来要学习Rhino（甚至包括SolidWorks）的人士，MoI3D绝对会带给你双重的惊喜！

1.2 国内应用现状

在国内，MoI3D一直是作为辅助工具，特别是与建筑设计行业应用最广泛的概念设计软件——SketchUp结合使用，对于异形体建筑方案进行推敲，或者用于产品造型。对于基于多边形建模的工具来说，MoI3D也是一个很好的补充工具，这正是得益于它的CAD工具和高级布尔运算。有了这些，MoI3D就可以轻松快速地创建各种带有复杂表面的模型。另一个秘密在于MoI3D的多边形输出功能，有了这个功能，就可以从CAD NURBS模型中很轻松地创建出整洁和精细的模型。

近年来，3D打印迅速推广普及，多种多样的建模软件都应用到3D打印领域。笔者认为，MoI3D在3D打印领域将会占据一席之地。应用MoI3D建模，初级用户会得到精确的模型和复杂的曲面造型。MoI3D 也满足创客群体制作个性化产品的建模需求，可帮助创客将灵感转化为实物模型。总而言之，MoI3D 软件将成为初级用户得心应手的工具。

1.3　什么是 NURBS 建模方式

简单地说，NURBS 建模就是专门制作曲面对象的一种造型方法。NURBS 造型总是由曲线和曲面来定义的，可以用这种方法做出各种复杂的曲面造型和表现特殊的效果，如流线型的跑车等。NURBS 建模是先由曲线组成曲面，再由曲面组成立体模型；曲线上有控制点可以控制曲线的曲率、方向及长短。

NURBS 是 Non-Uniform Rational B-Spline 的缩写，即“非均匀有理 B 样条”。Non-Uniform（非均匀）是指一个控制顶点的影响力的范围能够改变。当创建一个不规则曲面的时候这一点非常有用。同样，均匀的曲线和曲面在透视投影下也不是无变化的，对于交互的 3D 建模来说这是一个严重的缺陷。Rational（有理）是指每个 NURBS 物体都可以用数学表达式来定义。B-Spline（B 样条）是指用路线来构建一条曲线，在一个或更多的点之间以内插值替换的。（以上是来自百度百科的非常专业和枯燥的专业术语，不过初级用户无须过度深究）。

一般来讲，首先通过曲线构造方法生成主要或大面积曲面，然后进行曲面的过渡和连接、光顺处理、曲面的编辑等方法完成整体造型。下面先举个简单的例子。

1）绘制两条曲线，如图 1-3 所示。

图 1-3　从画线开始，绘制两条曲线

2）使用相应的命令，生成面片（Patch）；然后再把它分成很多小的面片；最后将各个小曲面拼接起来（保证边缘连续性），如图 1-4 所示。这就是一般的 NURBS 建模过程。

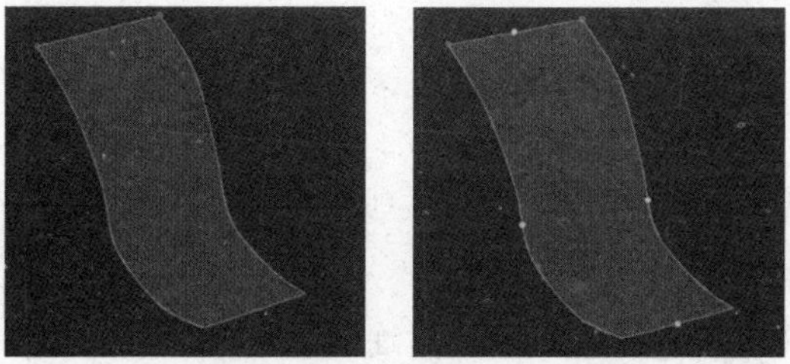

图 1-4　重新分割面片并拼接

在使用过程经常会遇到以下一些常用概念。

1）行与列：行定义了曲面的U方向，列是大致垂直于曲面行方向的纵向曲线方向（V方向）。

2）曲面的阶次：阶次是一个数学概念，是定义曲面的三次多项式方程的最高次数。建议用户尽可能采用三次曲面，因为阶乘过高会使系统计算量过大，产生意外结果，在数据交换时容易使数据丢失。

3）公差：一些自由形状曲面建立时采用近似方法，需要使用距离公差和角度公差，分别反映近似曲面和理论曲面所允许距离误差和面法向角度允许误差。

4）截面线：是指控制曲面U方向的方位和尺寸变化的曲线组，可以是多条或者是单条曲线。截面线不必光顺，而且每条截面线内的曲线数量可以不同。截面线一般不超过150条。

5）引导线：用于控制曲线V方向的方位和尺寸。引导线可以是样条曲线、实体边缘和面的边缘；可以是单条曲线，也可以是多条曲线。其最多可选择3条，并且需要G1连续。

1.4 曲面建模的一般过程

一般来说，创建曲面都是从曲线开始的。可以通过点创建曲线来创建曲面，也可以通过抽取或使用视图区已有的对象边线创建曲面。一般的创建过程如下：

1）首先创建曲线。可以用测量得到的点云创建曲线，也可以从位图图像中勾勒出用户所需曲线。

2）根据创建的曲线，利用过曲线网格、扫掠等选项，创建产品的主要或者大面积的曲面。

3）利用桥接面、二次截面、软倒圆、N边曲面选项，对前面创建的曲面进行过渡连接；利用裁剪分割等命令编辑调整曲面；利用平滑命令来改善模型质量，最终得到完整的产品初级模型。

4）利用渲染软件添加材质以及环境背光等，最后得出效果图。

1.5 曲面建模的基本原则

曲面建模不同于实体建模，其不是完全参数化的特征。曲面建模时需要注意以下几个基本原则：

1）创建曲面的边界曲线尽可能简单。一般情况下，曲线阶次不大于3。当需要曲率连续时，可以考虑使用5阶曲线。

2）用于创建曲面的边界曲线要保持光滑连续，避免产生尖角、交叉和重叠。另外在创建曲面时，需要对所利用的曲线进行曲率分析。曲率半径要尽可能大，否则会造成加工困难和形状复杂。

3）避免创建非参数化曲面特征。

4）曲面要尽量简洁，面尽量做大；对不需要的部分要进行剪裁；曲面的张数要尽量少。

5）根据不同部件的形状特点，合理使用各种曲面创建方法。尽量采用实体修剪，再采用挖空方法创建薄壳零件。

6）曲面特征之间的圆角过渡尽可能在实体上进行操作。

7）曲面的曲率半径和内圆角半径不能太小，要略大于标准刀具的半径，否则容易造成加工困难。

多边形建模的优势在于不太需要动脑子。之所以觉得 NURBS 建模简单，是因为还没有接触到曲面连续性问题，这些在多边形建模时是不用考虑的，实现平滑就可以了，但是 NURBS 执行曲面连续是相当麻烦的。

所以，不考虑细节（如曲面连续性等），似乎是 NURBS 比较方便，但是若想做出高质量的 NURBS 模型，难度就大得多了。因为对于 NURBS 模型，一个曲面并不是通过一次性画曲线就能生成，绝大多数情况下需要将曲面分成很多块，然后实现各个小曲面之间保证边缘连续性的拼接，这需要很高的技巧和经验。

1.6 小结

本章简单介绍了 MoI3D 软件和国内外对该软件的评价，也介绍了 NURBS 建模方式的简单知识。这些都是了解性内容，使读者对 MoI3D 采用的 NURBS 建模方式有一个大致认识。

初级用户的任务是学习构建模型的方法，而不是深究理论。从下一章起，我们就来学习如何使用 MoI3D 这个神奇的工具。

Chapter 2 第 2 章

MoI3D 的软件界面概览

启动 MoI3D 以后会看到一个简洁的软件用户界面。有别于一般的应用软件，MoI3D 的命令和工具分布在屏幕的底部和右侧，这是该软件默认的布局。用户也可以定制软件的界面，不过，我们要应用 MoI3D 来设计 3D 模型，而不是改变软件的外观，所以，默认的界面对初学者就足够了。MoI3D 用户界面如图 2-1 所示。

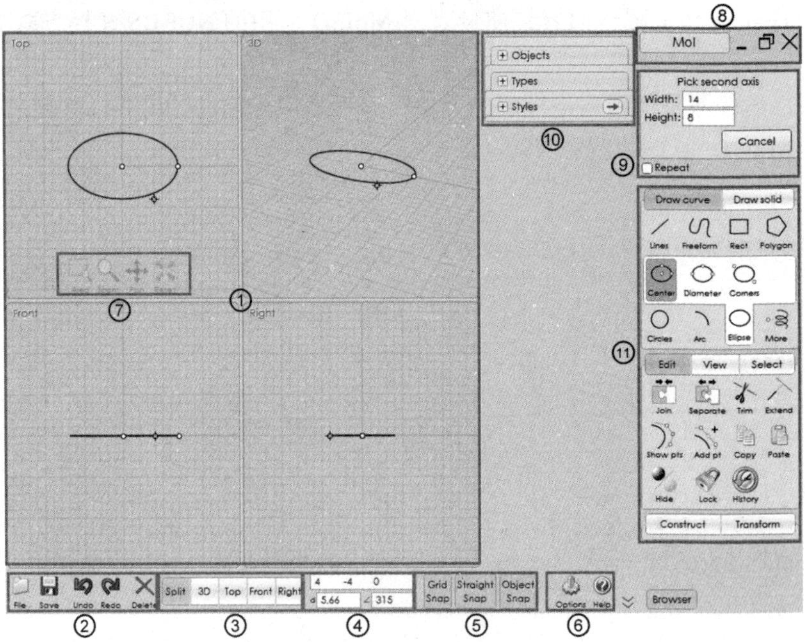

图 2-1　MoI3D 的用户界面划分

为了便于讲解，我们把软件界面划分为几个部分，并用序号标出，接下来我们会分别介绍其功能。本章先介绍直观且功能单一的部分，复杂的命令面板（Command palettes，区域⑪）将在后续章节中做详细的解释。

2.1　视图区

序号为①的区域是软件的视图区，共分为四个区域：三个正交视图和一个透视图，我们会在这些区域中构建 3D 模型。这些视图有时也被称作视窗。

视图区域的左上角都标有视图的名称，表示这是哪一个视图。常规的 3D 建模软件都可以设置成这样的模型四视图，即俯视图（Top）、主视图（Front）、右视图（Right）和透视图（3D），与在图纸上绘制机械零件时是相同的。每个视图中都显示出了栅格。

对于这样的视图构成，学习过机械设计的人会感到很熟悉，然而对于没有受过画法几何训练的人，则不是那么容易理解。所以，想要进行 3D 设计，不得不补充了解一些三视图的知识。

将人的视线规定为平行投影线，然后正对着物体看过去，将所见物体的轮廓用正投影法绘制出来的图形称为视图。一个物体有六个视图：从物体的前面向后投射所得的视图称主视图，能反映物体前面的形状；从物体的上面向下投射所得的视图称俯视图，能反映物体上面的形状；从物体的左面向右投射所得的视图称左视图（侧视图），能反映物体左面的形状；还有与前面三个视图相对应的后视图、仰视图和右视图三个视图，但不是很常用。我们平常所说的三视图就是主视图、俯视图、左视图（侧视图）的统称。大部分 3D 设计软件在视图区使用了右视图，在 MoI3D 中，可以把右下方的右视图设置为左视图。

一个视图只能反映物体一个方位的形状，不能完整地反映物体的整体结构形状。三视图是从三个不同方向对同一个物体进行投射的结果，基本能完整地表达物体的结构，如图 2-2 所示。

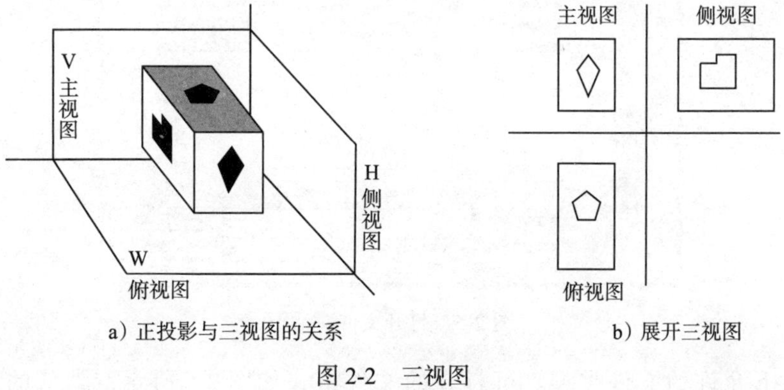

a）正投影与三视图的关系　　b）展开三视图

图 2-2　三视图

三视图的投影规律是：主视图和俯视图反映物体的长度，主视图和左视图反映物体的高度，左视图和俯视图反映物体的宽度。概括起来就是：主、俯视图“长对正”；主、左视图“高平齐”；左、俯视图“宽相等”。

关于三视图的知识就简单介绍到这里，更多的内容请读者自行查阅资料或到网上搜索学习，我们还是回到正题，继续来认识 MoI3D 的界面。

2.2 文件菜单和常用命令

序号为②的区域是软件的文件菜单和常用命令，此区域分为两个部分：文件菜单和四个常用命令。把鼠标放置到文件菜单图标上，会出现一个小黑三角▲，表示还有隐藏的项目。单击这个区域，就出现了文件的级联菜单，用户可以选取其中的某个命令。

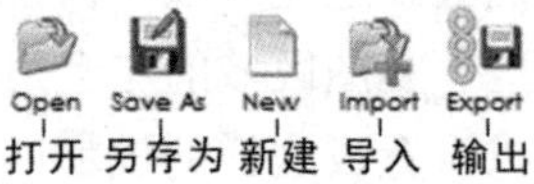

图 2-3　文件菜单

2.2.1 文件菜单

文件菜单如图 2-3 所示。

使用这个命令，可以打开已有的图形文件。在重新启动 MoI3D 软件后，如果想要继续上一次的设计工作，就需要使用【打开】命令。在这一行命令的上部，列出了部分曾经保存过的文件。单击想要打开的文件，该图形就会出现在视图区中，如图 2-4 所示。

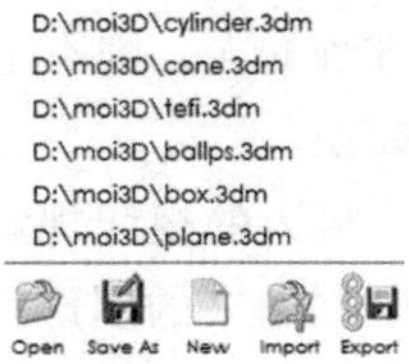

图 2-4　选择文件

如果直接单击【打开】命令图标，就会弹出打开文件对话框，如图 2-5 所示。

图 2-5　打开文件对话框

来看一下允许的文件类型。可打开的文件格式如图 2-6 所示，默认的文件格式是 OpenNURBS 3D Models（*.3dm）。接下来的 IGS 格式文件是一种初始图形交换规范（IGES）

类型的 2D/3D 矢量图形文件，是 CAD 软件通用的基于 ASCII 文本格式保存和导出的矢量数据标准。IGS 文件可以存储线框模型、曲面或实体的对象以及电路图或实现其他目的。1979 年推出的 IGES 格式早已成为 CAD 程序之间传输 3D 模型的标准。然而，最近几年，IGS 格式文件已经被较新的 STP 格式文件所取代。.ai、.pdf、.dxf 等是 2D 绘图的格式。这里只是稍微了解一下文件格式类型，详细知识请读者搜索相关内容。

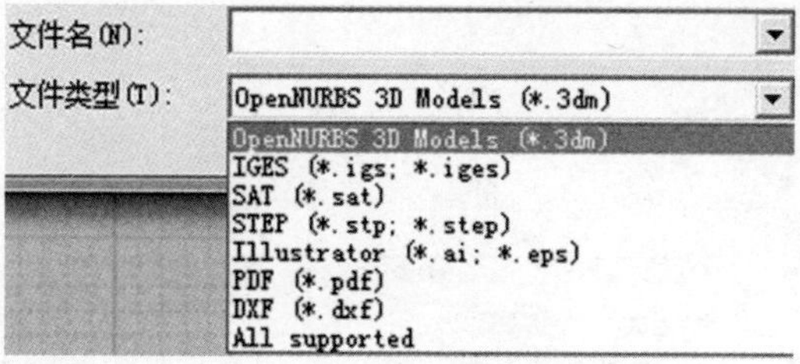

图 2-6　MoI3D 可打开的文件格式

我们选择一个保存的文件，如 cone.3dm，单击【打开】命令按钮，就可以在视图区打开指定的图形文件，如图 2-7 所示。

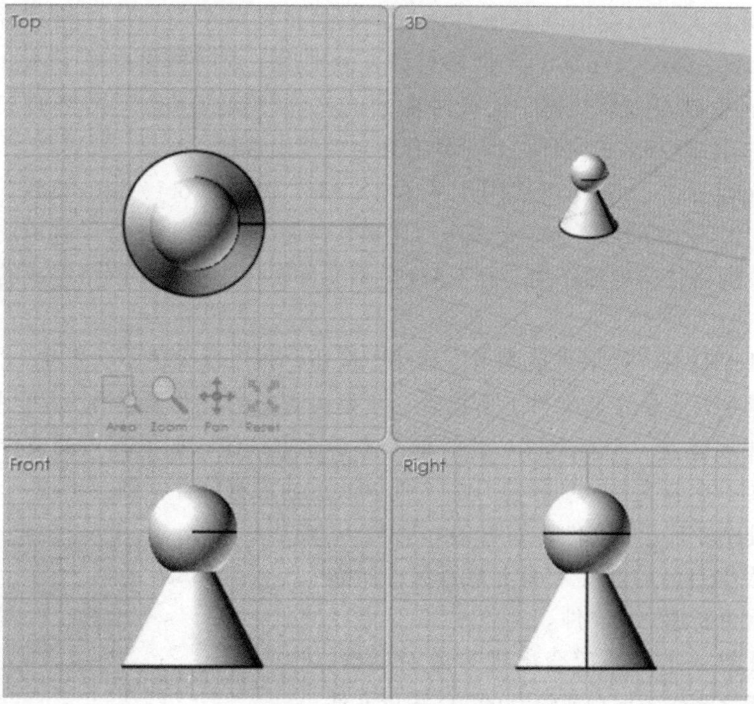

图 2-7　打开文件示例

执行【另存为】命令，弹出另存为对话框，如图 2-8 所示，使用该命令可以将当前文件以其他名字和格式保存。

图 2-8　另存为对话框

在保存类型中可以选择想要保存的文件格式。对于 .3dm、.igs、.sat、.stp 这四种格式，直接保存文件不会出现其他对话框。如果想要以多边形文件格式存储，如 .obj、.stl、.3ds、.lwo、.fbx、.skp 多边形网格类型，会出现一个网格化选项（Meshing options)，用来控制如何生成多边形数据，把光滑曲面的文件转换成多边形网格的文件。而 .ai、.pdf、.dxf 是输出 2D 格式的文件，也分别有各自的输出选项。

.3dm、.igs、.sat、.stp 格式适用于工程（CAD）领域，.obj、.stl、.3ds、.lwo、.fbx、.skp 格式则适用于艺术领域。.obj 是多边形建模软件通用格式，.stl 是目前 3D 打印领域主要使用的格式。网格化选项的作用是把 CAD 类型文件转化为由多个网格组成的多边形文件，效果很好。

启动 MoI3D 后，如果直接单击【新建】按钮，程序什么也不会发生，因为启动程序后，默认就是创建了一个新文件，所以这一步是可省略的。大多数情况是已打开了一个文件，而你又想要建立一个新文件。此时单击【新建】按钮，如果打开的文件已经保存过，则直接建立了一个新文件；如果打开的文件修改过而没有保存，则会出现一个对话框，询问你如何处理刚才打开的文件，如图 2-9 所示。

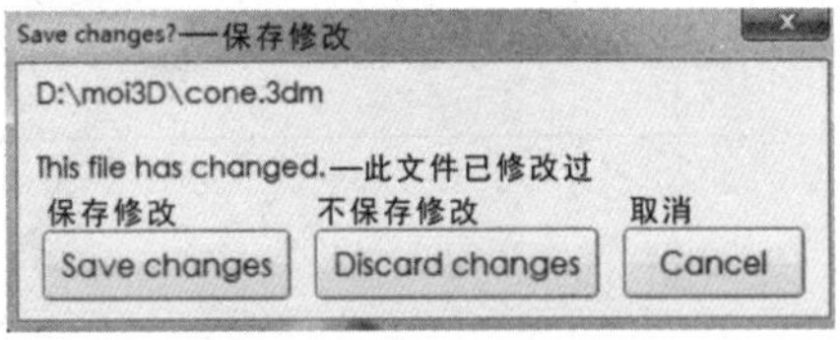

图 2-9　保存修改对话框

用户可根据自己的需要来确定是否保存所做的修改，然后再新建一个文件。

执行【导入】命令后会出现导入对话框。允许将外部程序制作的模型或绘制的 2D 图形文件导入到 MoI3D 中，如图 2-10 所示。

可以导入 .3dm、.igs、.sat、.stp 格式文件，这四种格式由工程类设计程序生成。注意，可以从 MoI3D 中输出多边形网格文件，但不能把多边形网格文件导入 MoI3D 中进行编辑，也就是说，MoI3D 不具备处理多边形网格模型的能力，所以不要试图把 .obj 或 .stl 格式文件导入 MoI3D 中。至于导入 .ai、.pdf、.dxf 格式的 2D 图形文件，主要是在 MoI3D 中借助程序所提供的灵活多样的构建 3D 模型的手段，把 2D 文件转化为 3D 模型。可以导入 MoI3D 的文件格式如图 2-11 所示。

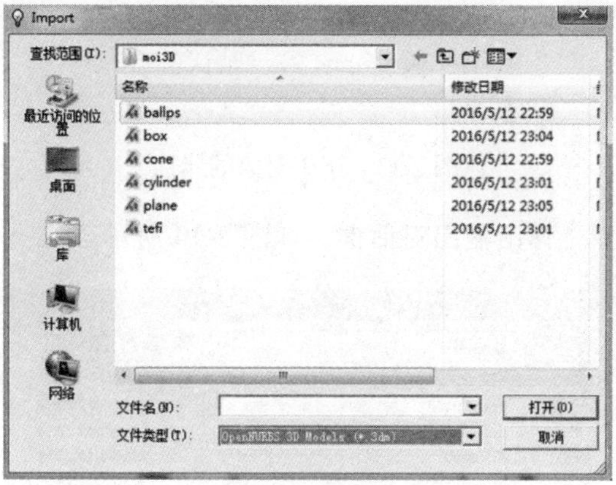

图 2-10　导入对话框

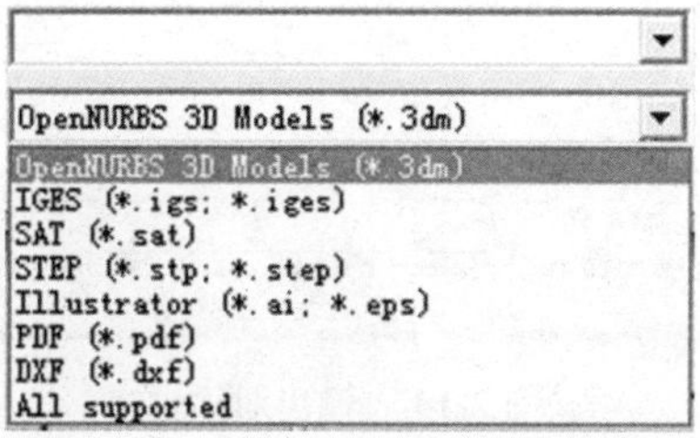

图 2-11　可以导入的文件格式

此外，【导入】命令会把所选择的文件与当前已存在的文件关联，也就是向项目中追加模型，而不是像【打开】命令那样，把当前模型覆盖掉，如图 2-12 所示。

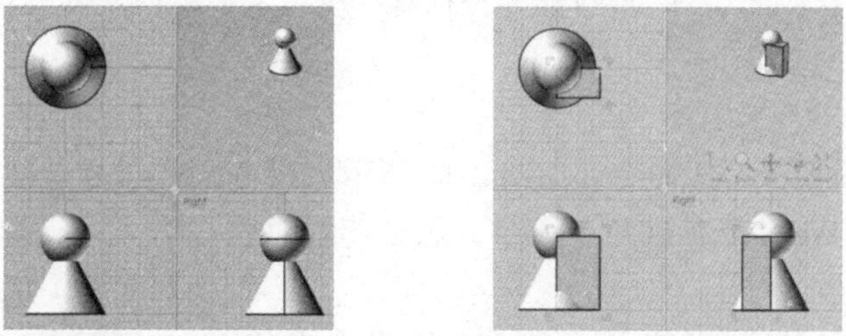

a）场景中原有模型　　b）导入了新模型

图 2-12　追加模型

执行【输出】命令，可以把模型中已选择的部分输出为单个文件。后续会解释关于如何选择部分模型的方法，这里先在任一视图中单击立方体，它就显示为黄色，表示选中了这部分。如果在视图的空白区域单击鼠标，就取消了本次选择。选中了某个对象之后，会在屏幕右上角的 MoI 下方空白区域出现选中对象的属性提示，如图 2-13 所示。

图 2-13　选中对象的属性

此时，执行输出命令，弹出输出对话框，如图 2-14 所示。

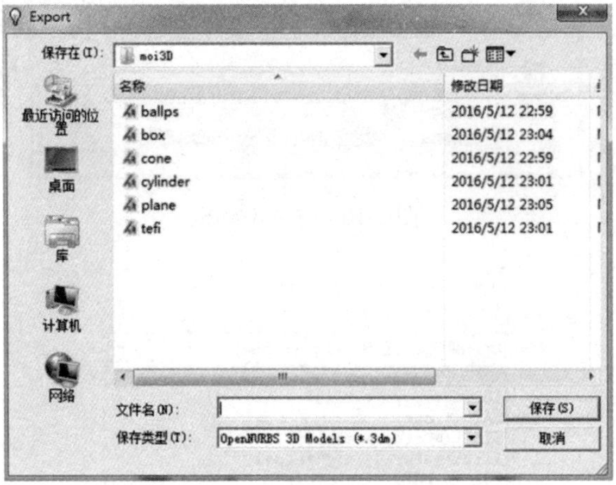

图 2-14　输出对话框

保存类型中的文件格式，与【另存为】命令中的文件格式是完全相同的。取一个文件名，单击保存按钮就完成了输出模型的过程。如果想要视图中所有模型都另存为一个副本，使用【另存为】命令即可。

单击 X 可以关闭文件菜单。或者在屏幕任意处单击一下鼠标，也可以关闭它。

2.2.2　常用命令

文件菜单旁边是四个常用命令，如图 2-15 所示。在 Windows 系统运行的程序，最常见的 Microsoft Office Word 都有这几个命令，想必读者对它们并不陌生。

图 2-15　四个常用命令

如果新建一个文件，在视图区中拖放了几个对象，但没有执行过命令，则在屏幕右上角的属性区域中不会出现文件名。第一次单击【保存】按钮，会弹出另存为对话框，选择想要保存的文件格式，并取个名字，如 helix，单击【保存】按钮就保存了文件，屏幕右上角出现了 helix.3dm，如图 2-16 所示。建议初学者在建模过程中使用默认的 .3dm 格式保存文件，这是软件本身生成的格式，后续可以继续打开进行编辑。使用程序菜单中的【另存为】命令可以保存一个副本，还可以保存为多边形网格类型的格式，如 .stl，但是 MoI3D 不能导入多边形网格文件进行编辑，一定要记住这一点。因此，对于要进行 3D 打印的模型，最好保存一个 .3dm 格式文件，另存一个 .stl 格式文件。

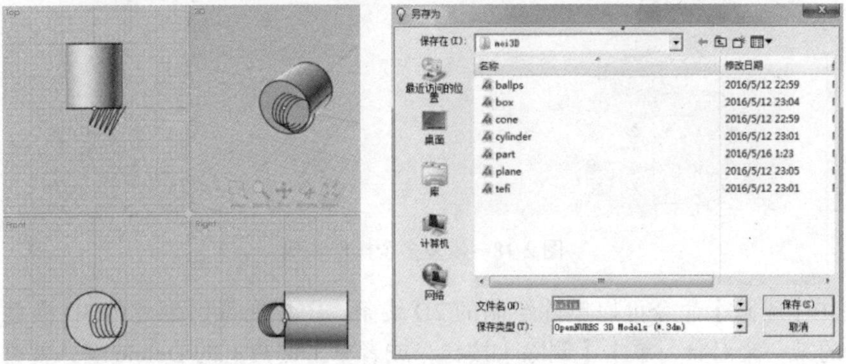

图 2-16 保存文件

在建模过程中，一定要养成随时保存文件的习惯，计算机系统可能会出现问题，及时保存文件可以将损失降到最低。时不时单击一下【保存】按钮吧！

在绘制图形和建模过程中，不可避免地会出现各种各样的错误，要修正这些错误，可以使用【撤销】命令。单击撤销按钮或使用快捷键 Ctrl+Z，将会取消上一次的操作。如果想要取消前面执行的多个操作步骤，则反复单击撤销按钮或者按住 Ctrl 键连续单击 Z 键，就可以完成需要撤销的步骤，如图 2-17 所示。

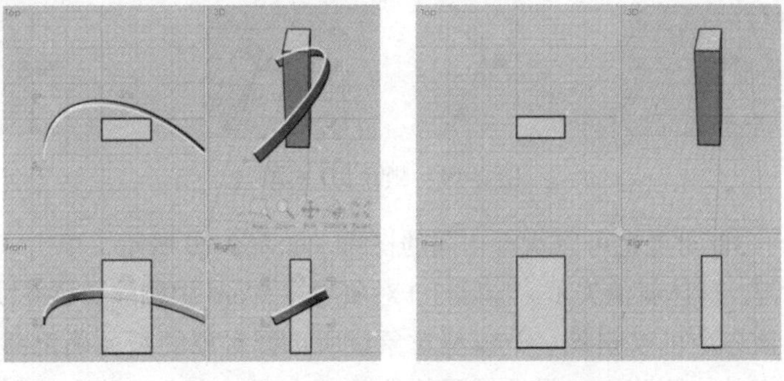

图 2-17 撤销多个操作步骤

对于目前的 MoI3D 版本，可以撤销的这些步骤保存在计算机的内存中。如果你关闭了文件，后续再打开同一个文件时，由于前面保存的操作步骤已消失，将不可能再执行撤销操作。所以，另存为一个文件的副本是一个好建议。

如果执行了撤销命令，取消了一个或多个操作后，又想重复执行某个操作，可以单击【重做】按钮，或者使用快捷键 Ctrl+Y 来恢复以前的操作步骤。连续执行【重做】命令能够恢复多个已撤销的操作步骤，如图 2-18 所示。

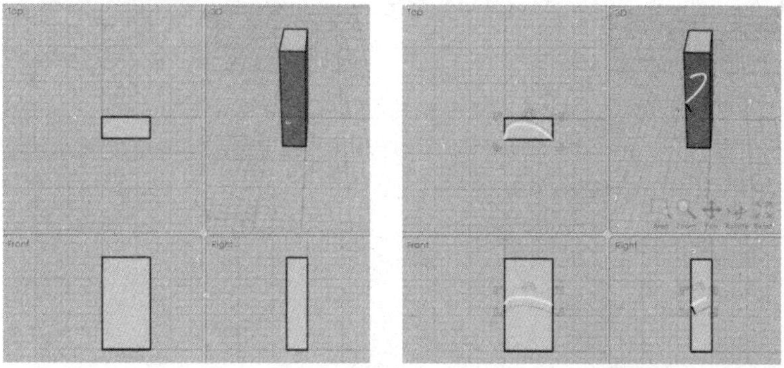

图 2-18　恢复多个操作步骤

使用【删除】命令可以删除绘制的 2D 线条、图形或者已创建的 3D 模型。先选择视图区中的某一个对象，单击【删除】按钮，或者单击键盘上的 Delete 键，就可以删除所选对象。我们先用鼠标单击任一视图中的曲线，它会亮显为黄色，然后单击【删除】按钮，曲线就会消失，如图 2-19 所示。

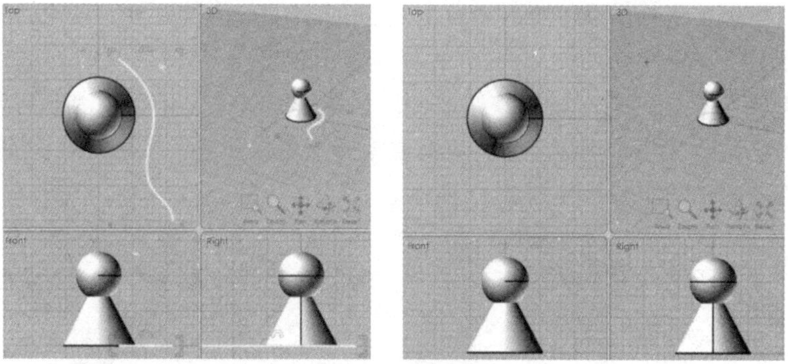

图 2-19　删除 2D 对象

同样地，对于 3D 对象也可以执行相同的操作。如图 2-20 所示，单击球体选中它，按下键盘上的 Delete 键，球体就消失了。删除 3D 对象与在 Word 中删除文字并没有什么不同。

总而言之，该命令可以删除一个模型对象或所选择对象的某一确定部分。如果选择了整个对象，就会把整体删除；如果选择了物体的某个面，这个面就会被删除。使用该命令还可以删除曲线上的控制点。

如果选择了全部修剪边界线，如在一个曲面上修剪出来的孔洞的边线，那么【删除】命令可以删除边界线，恢复到原始曲面。因此这个命令有时用于“恢复修剪”。

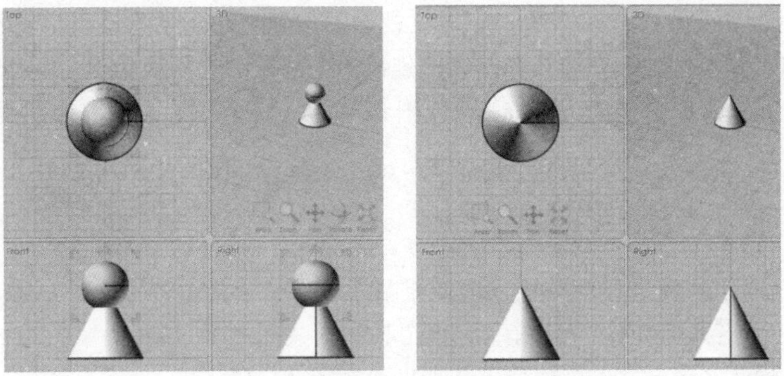

图 2-20　删除 3D 对象

2.3　视图配置标签

四个常用命令的右侧，是分割视图区的标签，如图 2-21 所示，用于控制把视图区域分为四个视图还是某个视图的放大单一视图。分割（Split）视图就是默认的视图显示，有四个视图，3D 视图其实是透视图，俯（顶）视图、主（前）视图、右（侧）视图是三个方位视图。单击其中一个名称按钮，按钮的颜色会发生变化，整个视图区就只显示选中的视图，该视图的左上角会显示视图名称，如图 2-22 所示。这样可以在建模过程中更清楚地观察模型的细节。用户任何时候想返回默认的四视图显示，单击一下【分割】按钮就可以了。

图 2-21　视图配置标签

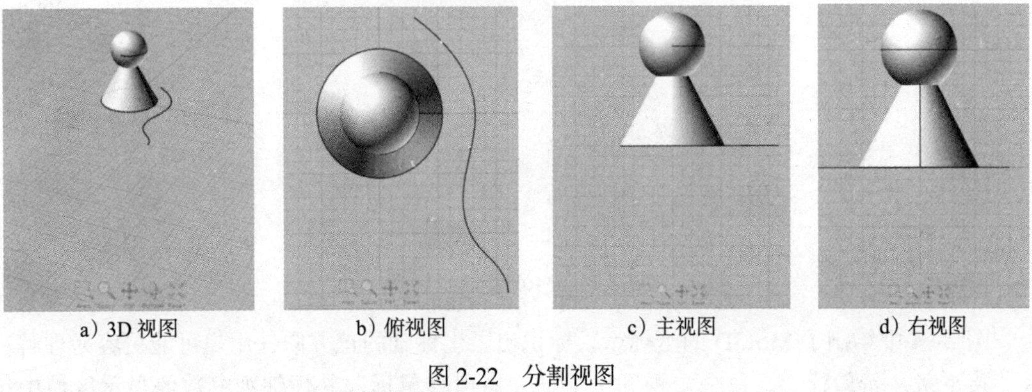

a）3D 视图　b）俯视图　c）主视图　d）右视图

图 2-22　分割视图

在俯视图、主视图或右视图这三个方位视图的按钮上单击两次，可以将视图转换为当前视图的反向视图。例如，在俯视图按钮上连续单击两次，会切换为下（Bottom）视图。其他两个视图的反向视图分别为后（Back）视图和左（Left）视图，尝试着切换视图吧！

2.4 数值显示与输入区域

如图 2-23 所示的数值显示与输入区域是显示和输入各种数值的地方。当鼠标在任一视图中滑移（不单击鼠标左键）时，会看到此区域上部三个数值不断地发生改变（与鼠标所在的方位视图有关系，可能某一个轴向的坐标值一直为 0），显示的是鼠标下的点坐标值。距离和角度值显示当前点与前一点的距离和角度，在确定直线的端点或图形上的点时是有用的。这里我们先不接触如何绘制图形，主要来了解此区域的作用。

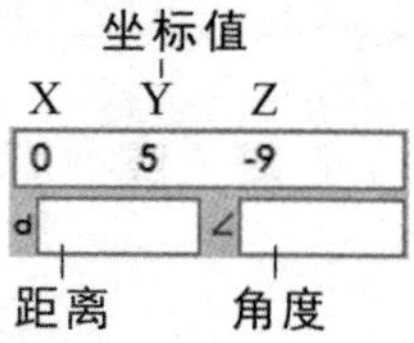

图 2-23 数值显示与输入区域

任何一款 3D 设计软件都有自己的坐标系。MoI3D 的坐标系是最常见的：坐标原点位于每个视图的中心（默认情况下，没有执行过平移视图的操作），X 轴与屏幕平行，水平向右是正方向，向左是负方向；Y 轴与屏幕垂直，向屏幕内部延伸是正方向，向屏幕以外的方向是负方向。当你坐在计算机前，眼睛所看的方向就是 Y 轴的正向；Z 轴与屏幕平行，垂直向上是正方向，向下是负方向，如图 2-24 所示。

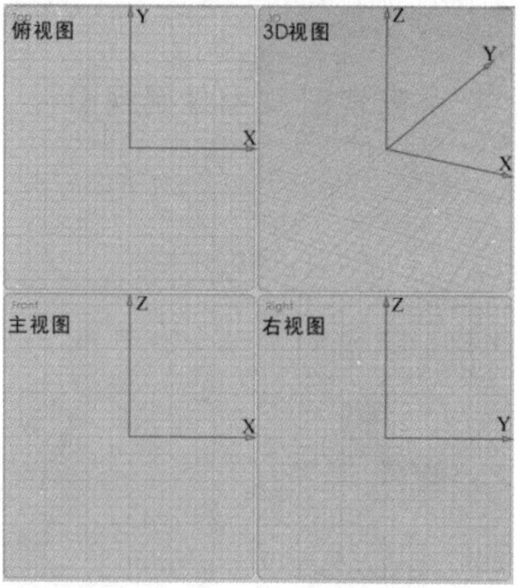

图 2-24 MoI3D 的坐标系

图 2-24 中绘制了 MoI3D 的坐标系，标识出了坐标轴的正方向，用户可能更容易理解一些。接下来，希望读者在每一个视图中上下左右滑移鼠标，并仔细观察数值显示区域中每

个数值有什么变化。虽然这个操作比较简单，但是可以使你清楚地知道每个视图中坐标轴的正向，为今后精确绘制图形打下基础。

可以使用这个区域为要定位的一点输入精确的数值。键入数值时，可以在键盘上直接键入，三个数值之间用“,”或“空格键”隔开，输入完成后按 Enter 键确认，如“3 4 16”。也可以在数值输入框中单击鼠标，弹出一个类似计算器的输入面板，单击其中的数字即可输入。数值之间也要按软空格键 space 隔开，再单击 OK 键完成输入。如果单击的数字有错误，可以按 bk 键删除，它与键盘上的退格键（←）的功能相同。按键盘上的 Tab 键，可以在三个输入框中跳转。输入距离和角度的面板与输入坐标值的面板略有差异，如图 2-25 所示。

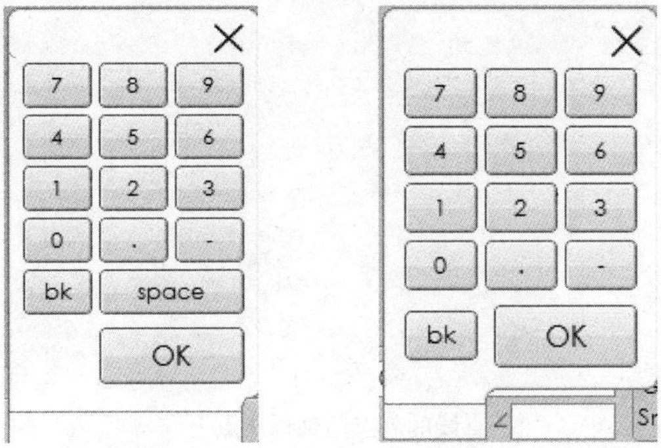

a）坐标值输入面板　　b）距离和角度输入面板

图 2-25　输入面板

2.5　捕捉控制开关

在视图区（注意：不是屏幕）的右下角，有三个控制不同捕捉类型的按钮，分别是栅格捕捉、直接捕捉和对象捕捉（如图 2-26 所示）。MoI3D 提供这几种捕捉功能，主要是作为绘制 2D 图形的辅助手段，以便能够方便、迅速和精确地绘制和修改图形。考虑到初学者没有任何 AutoCAD 的基础，下面来解释这些捕捉功能的概念和作用。

图 2-26　三个捕捉开关

2.5.1　栅格捕捉

Grid Snap 栅格显示是指在视图区中显示的按指定行间距和列间距排列的栅格点，这就像在视图区中铺了一张坐标纸。用户可根据需要设置是否启用栅格捕捉和栅格显示功能，还可以设置对应的间距。栅格实际上是一种视觉辅助特性，在选项（Options）/ 栅格（Grid）选项卡中可以做详细的设置。

为了理解栅格捕捉的作用，我们把视图区设置为单一的俯视图，并且滚动鼠标中键（滚轮）放大显示，以便看得更清楚。你会看到构成栅格的线有粗一些的实线和点画线（虚线）。没有启用栅格捕捉时，这个按钮呈灰色。单击此按钮，打开栅格捕捉功能，是以橙色高亮显示。不过，仅仅这样设置，你不会理解它的功能，所以只能提前使用一个绘制直线的命令。在绘制曲线标签 Draw curve 中，单击【绘制直线】命令，在俯视图中画一条直线。由于开启了栅格捕捉的功能，当鼠标在视图区中滑移，要确定所绘直线的起点时，你会看到所能选择的起始点都会落到栅格的交点上，并不是视图中的任意点都可以选择。栅格能够吸附光标，使光标只能落到其中的一个栅格点上。接着绘制直线的终点，这个点也要落到栅格点上，如图 2-27 所示。

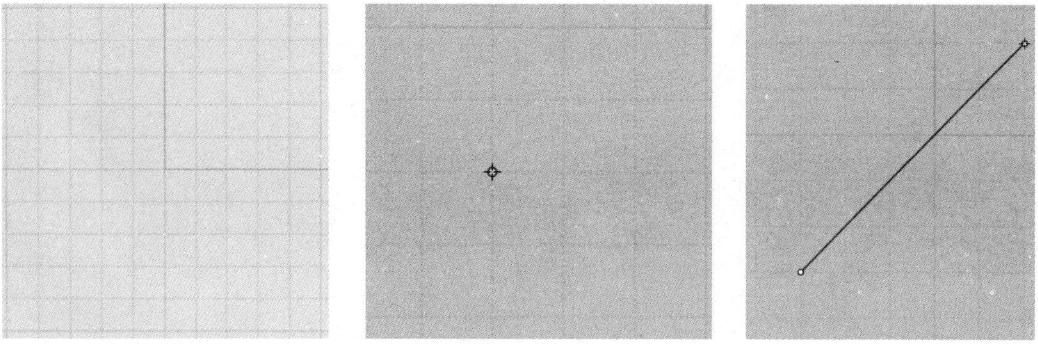

a）视图区显示栅格　　b）直线的起点落到栅格点上　　c）直线的终点也落到栅格点上

图 2-27　栅格捕捉

启用栅格捕捉，使得绘制图形时鼠标单击的每个点都落在栅格点上。如果不想使用这种功能，就单击关闭栅格捕捉按钮。现在，你可以在视图区中的任意位置绘制直线了，如图 2-28 所示。

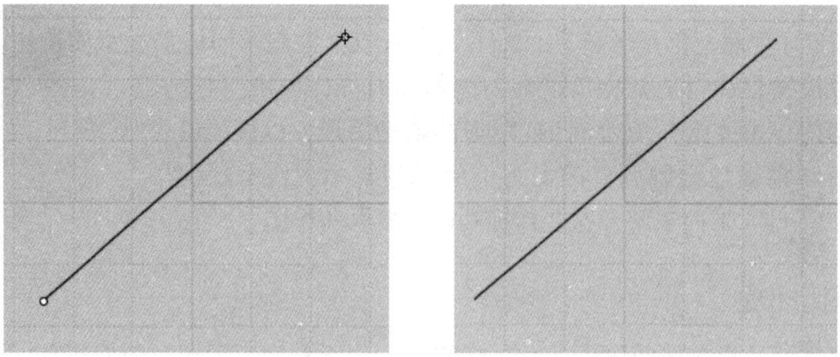

图 2-28　关闭栅格捕捉

当把鼠标放在栅格捕捉按钮上时会出现一个黑三角，单击它，弹出一个设置选项卡，如图 2-29 所示。

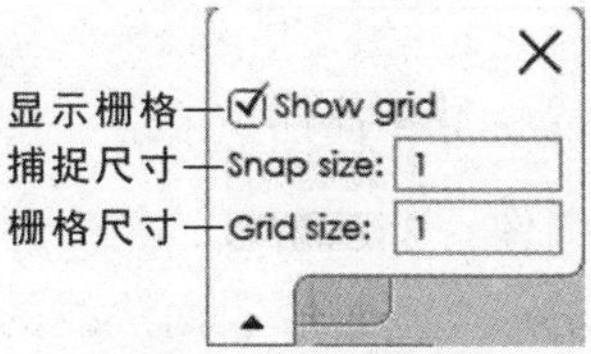

图 2-29 设置选项卡

其中，显示栅格复选项是控制视图区中是否显示栅格的开关，默认是勾选它，所以每个视图中都显示了栅格。用鼠标单击复选框，取消选择，则视图区中不再显示栅格，如图 2-30 所示。

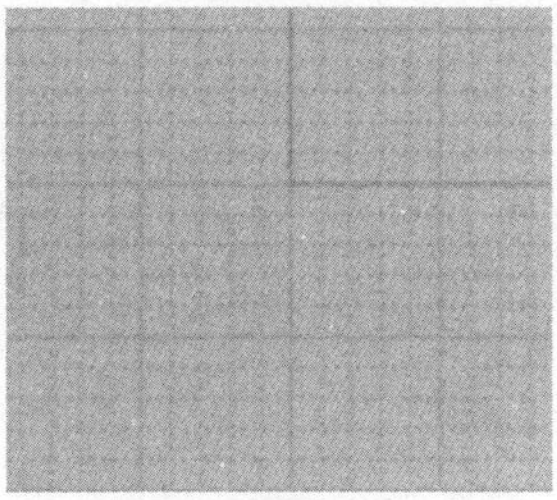

a）显示栅格

b）取消显示栅格

图 2-30 栅格的显示与取消

栅格尺寸和捕捉尺寸都默认设置为 1，所以前面绘制直线的端点会落到栅格点上。但它们可以设置为不同的值，这是什么意思呢？通俗地解释，视图中的栅格就像铺了一张坐标纸，栅格尺寸设置的是可见的格子的间距，而捕捉尺寸是确定落点的位置，允许设置与栅格尺寸不同的值。捕捉实质上是一种看不见的栅格，移动鼠标时能够看到捕捉的效果。我们把栅格尺寸设置为 1，捕捉尺寸设置为 0.5，绘制一条直线，如图 2-31 所示。放大视图，显示出清晰可见的单元格，当鼠标滑移时，会看到能够捕捉到单元格的边线中点或者单元格中心，这是因为捕捉尺寸设置为 0.5 的缘故。

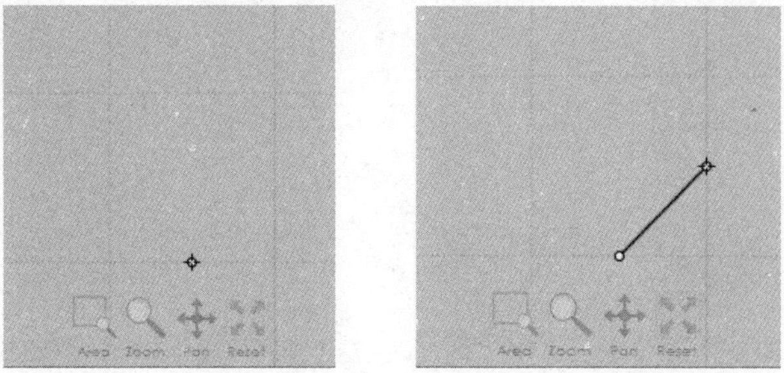

图 2-31 捕捉尺寸设置为 0.5，能够捕捉到单元格中点

相信你应该明白了，栅格与捕捉是 MoI3D 的两种不同的特性。

2.5.2 直接捕捉

直接捕捉是一种过滤器，设定了几种捕捉方式，可以更容易、更准确地创建和编辑图形。通俗地理解，直接捕捉有些像一个三角板，约束你画出直线。除了绘制一定角度的直线外，直接捕捉还提供了捕捉切点、垂足和表面法线的功能。单击这个按钮可以控制直接捕捉的关闭和启用。当直接捕捉处于启用状态时，按钮以橙色高亮显示。

我们还是先不启用直接捕捉来画一条直线。视图中不会出现提示性信息，你可以自己估计是否画垂直了。接着单击直接捕捉按钮，再次画一条直线。此时会出现一条虚线，在所画线的起点处出现了一个 Y，表示所绘制的直线与 Y 轴平行，当然，也可以绘制与 X 轴平行的直线，如图 2-32 所示。

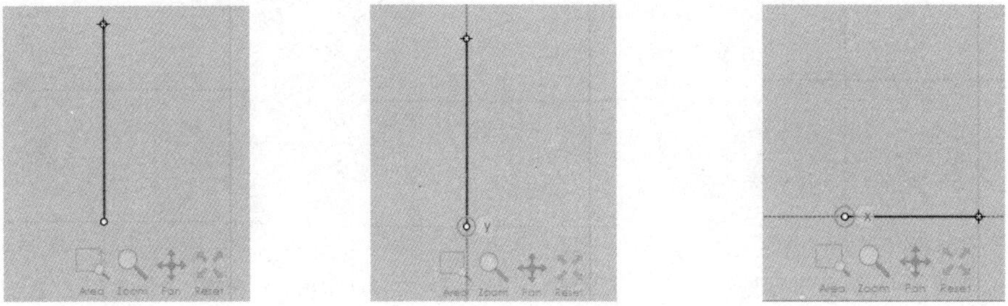

a）不启用直接捕捉　　b）启用直接捕捉，垂直方向　　c）启用直接捕捉，水平方向

图 2-32　直接捕捉

如果在绘制图形时，需要临时约定某个角度，可以在数值输入的角度输入框中直接输入具体的数值。以绘制直线为例，先确定直线的起点，然后用鼠标在角度输入框中单击一下，接着直接输入一个数值，如 45，然后按 Enter 键确认，或者利用弹出的输入面板，单击具体数字进行输入，结束时记得要单击 OK 以确认。此时，绘制的直线可以捕捉到 45° 或 315° ，即确定了直线的方向，然后再去确认直线的长度，如图 2-33 所示。

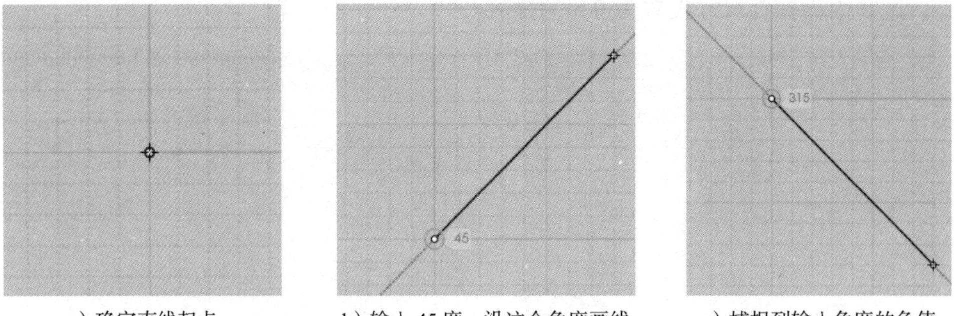

a）确定直线起点　　b）输入 45 度，沿这个角度画线　　c）捕捉到输入角度的负值

图 2-33　约定角度绘制直线

启用直接捕捉，允许使用不同的角度参数，可以实现自由绘图的目的。因此，保留默认

参数 90°，绘图时使用角度限制，在需要的时候再临时输入其他角度值是一个很好的办法。

2.5.3　对象捕捉

在绘图过程中，常常需要在一些特殊的几何点之间连线，如过圆心、直线的中点。在这种情况下，如果不借助辅助工具，是很难直接拾取这些点的。为了帮助用户快速、准确地拾取特殊几何点，MoI3D 提供了一系列不同形式的对象捕捉功能。单击对象捕捉按钮，就可以控制对象捕捉功能的启用和关闭。当对象捕捉按钮处于启用状态时，同样以橙色高亮显示。

将光标停留到这个按钮上时，会显示向上的黑三角，单击它会弹出一个选项卡，用来选择使用对象捕捉的某种类型。默认所有形式的类型都被激活，如图 2-34 所示。如果不想使用某种类型，在其名称上单击，它前面的✓就会消失，表示已取消这个捕捉类型。

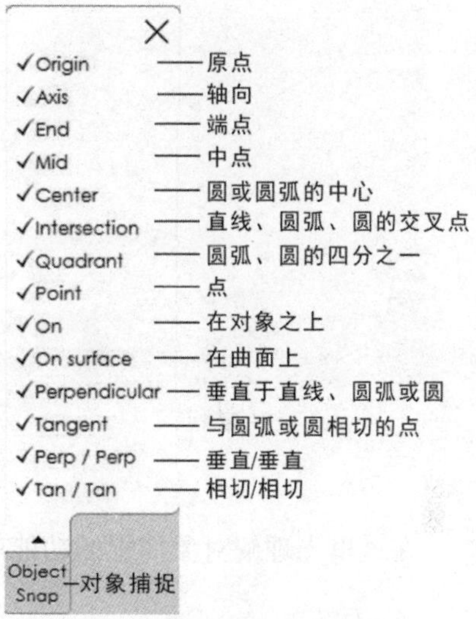

图 2-34　对象捕捉设置选项卡

对象捕捉功能是精确绘图的有力助手，在 AutoCAD 中同样提供了多种捕捉类型。为了使读者理解对象捕捉的功能，下面先举一个简单的例子。我们不得不用到【绘制曲线】（Draw curve）工具中绘制直线和圆的命令，不过也很简单，看图标就能够理解。先随意绘制一个圆和一条直线，接下来再使用【绘制直线】命令，把鼠标移至圆上，会看到捕捉到了圆上的一点，同时显示了当前捕捉类型是 On，MoI3D 随时会提示你现在使用的捕捉类型，如图 2-35 所示。

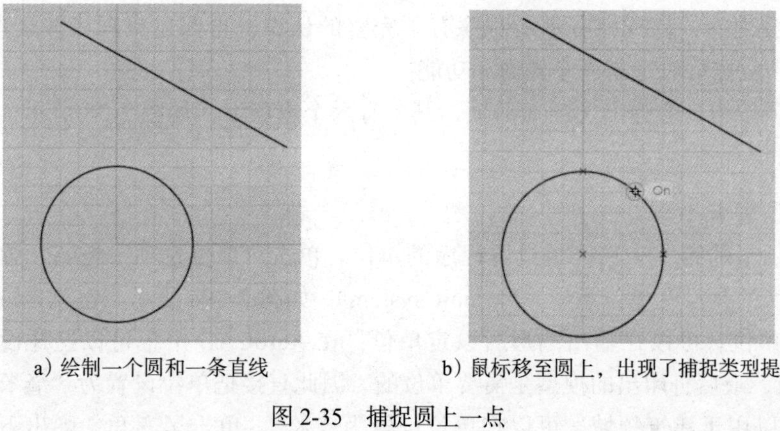

a）绘制一个圆和一条直线　　b）鼠标移至圆上，出现了捕捉类型提示

图 2-35　捕捉圆上一点

单击鼠标，确认直线的起点在圆上，然后把鼠标移至已存在直线的一个端点上，提示

捕捉类型是 End，如图 2-36a 所示。在直线上移动鼠标，会出现不同的提示，如果想要绘制的直线与已有直线垂直，捕捉到 Perp，如图 2-36c 所示。单击确认，就得到一条自圆上一点到既有直线的垂线。

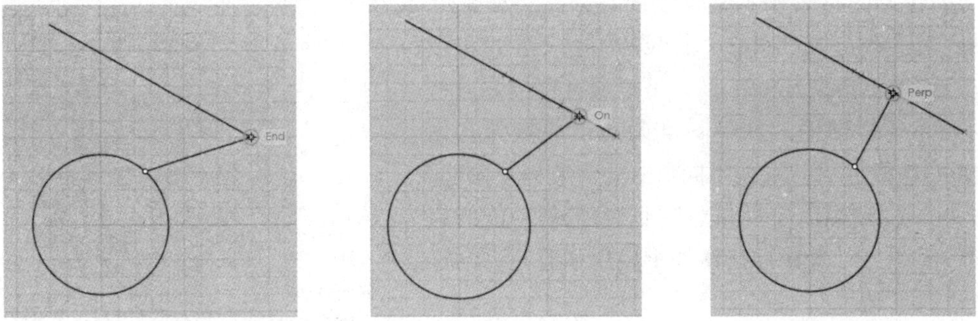

a）捕捉到端点　　b）捕捉到直线上一点　　c）捕捉到垂足

图 2-36　对象捕捉做垂线

在这里先理解对象捕捉的功能就可以了，后续会详细介绍不同类型的作用。

2.6　选项设置和帮助

屏幕右侧下方还有四个按钮，如图 2-37 所示，下面我们分别来介绍它们的功能。

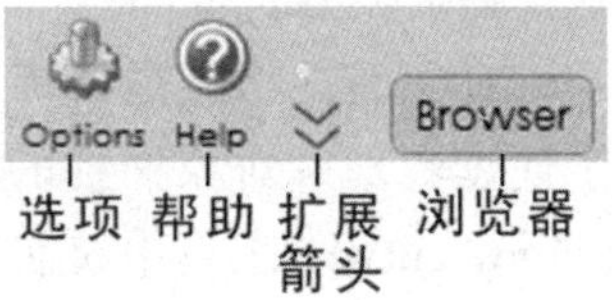

图 2-37　四个按钮

2.6.1　选项设置

选项按钮可以设置整个程序的方方面面，可以控制用户界面的大小，可以用来调整所有用户界面中的功能按钮和文字的大小，是非常重要的部分。不过对于初学者来说，可以先了解部分内容，待读完本书对程序有了完整的认识，再回过头深入体会本节的内容。一句话，选项设置可以定制程序界面和功能。

单击选项按钮，会弹出选项对话框，其中有六个选项卡。如图 2-38 所示，下面分别给出中英文对照。

1. 常规选项卡

常规选项卡的第一个选项是设置程序的单位。单击“单位选项”按钮，弹出单位选项对话框，默认的是没有单位系统（No unit system），如图 2-39a 所示。也就是说，所画的一条线不存在单位，可以在输出图形时设定单位，在 AutoCAD 中也可以这样设置。但是在 3D 打印领域，最后打印出的模型是需要单位的，因此直接把单位设置为“毫米”。别忘了，MoI3D 也可以用于建筑领域，可以把单位设置为“米”。单击黑三角，弹出下拉列表，设置单位，如图 2-39b 所示。

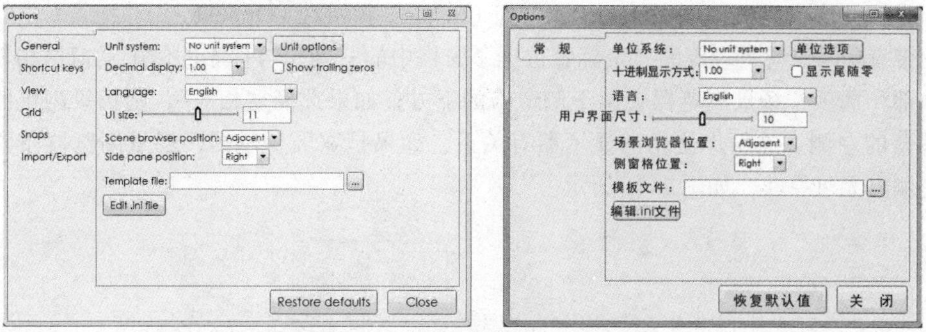

图 2-38　选项 – 常规选项卡

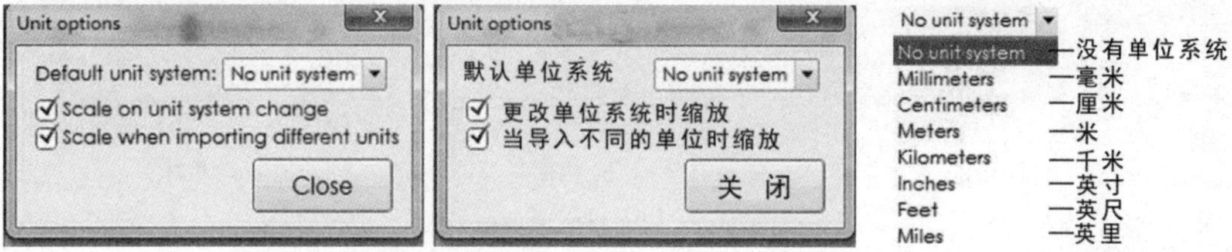

a）单位选项对话框　　b）可选用的单位

图 2-39　单位选项中设置单位

“十进制显示方式”用来设置小数点后显示几个零（0）。“语言”选项用来设置程序使用的语言。语言中没有中文，网上虽然有汉化的 MoI3D 版本，本书还是依据英文版本讲解这个软件。“用户界面尺寸”设置了工具按钮和右侧任务窗格的尺寸，默认值为 10，左右拖动滑动条上的滑块，就会实时看到界面尺寸的变化，如图 2-40 所示。

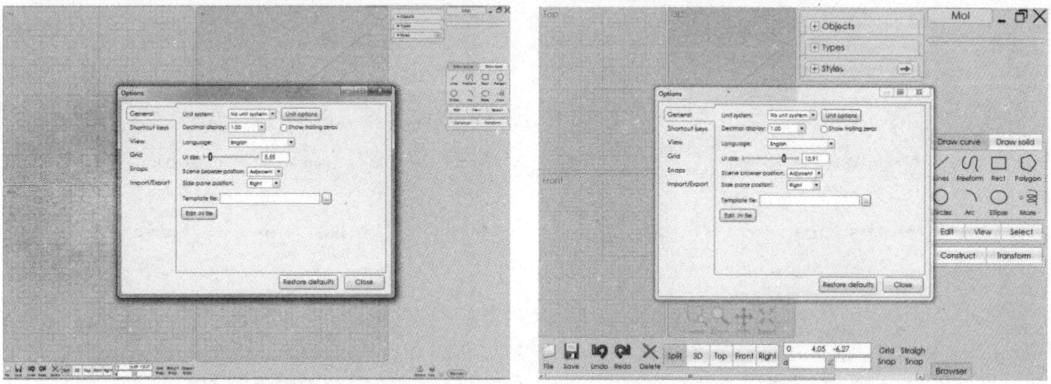

a）向左拖动滑块　　b）向右拖动滑块

图 2-40　拖动滑块调整窗格尺寸

场景浏览器指的是用来浏览视图中对象的浏览器，提供管理对象的手段。“场景浏览器位置”有三种选项：相邻（Adjacent）、内部（Inside）和相对（Opposite）。“相邻”是默认的设置，带有

等的三个标签占据了窗格中的一列，与程序的侧工具窗格相邻；选择“内部”选项，场景浏览器会位于侧窗格的下方；如果选择“相对”，则场景浏览器会布置在屏幕的左侧。这与你使用的显示器有关系，如果是宽屏显示器，场景浏览器布置在屏幕的左侧也无可厚非，如图 2-41 所示。

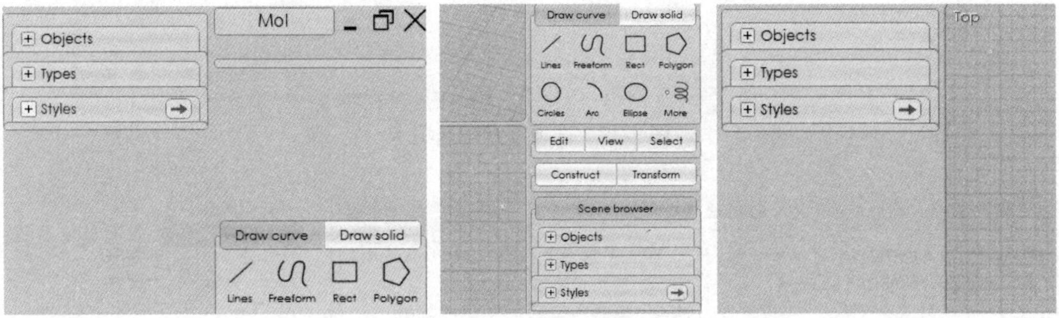

a）相邻　　b）内部　　c）相对

图 2-41　场景浏览器设置

侧窗格的位置既可以放在屏幕右侧，也可以放在屏幕左侧，因此“侧窗格位置”有两个选项：右侧（Right）和左侧（Left）。位于屏幕右侧，操作时移动鼠标的距离要短一些，而放置在屏幕左侧，与日常接触到的大部分程序类似，如图 2-42 所示。记住，现在是定制化程序的用户界面，可以根据自己的喜好来决定。

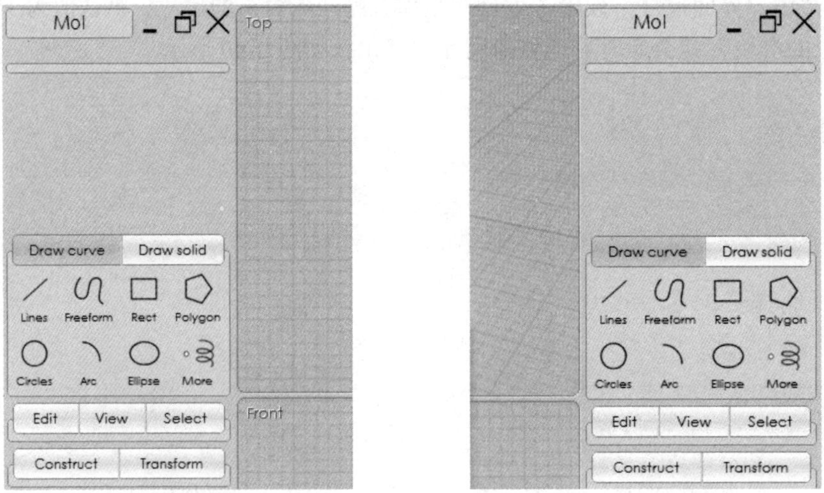

a）左侧　　b）右侧

图 2-42　侧窗格位置

“模板文件”设置的是每次启动 MoI3D 时都会启用的模板，模板中可以带有图形设置和参数。使用模板的目的是每当开始一个新项目时，可以减少你对建立新图形的设置。当启用模板时，它的内容会在一开始自动加载到新图形当中。Microsoft Word、AutoCAD 和 SolidWorks 都可以设置从模板启动。单击[...]按钮，可以选择要用做模板的文件。

单击“编辑 .ini 文件”按钮，将弹出一个对话框，如果想要编辑 .ini 文件，继续单击“退出 Moi 并开始编辑 moi.ini”按钮，关闭 MoI3D，并用记事本程序打开 moi.ini，如图 2-43 所示。不过，其中都是些代码行，初学者没有能力去修改它。

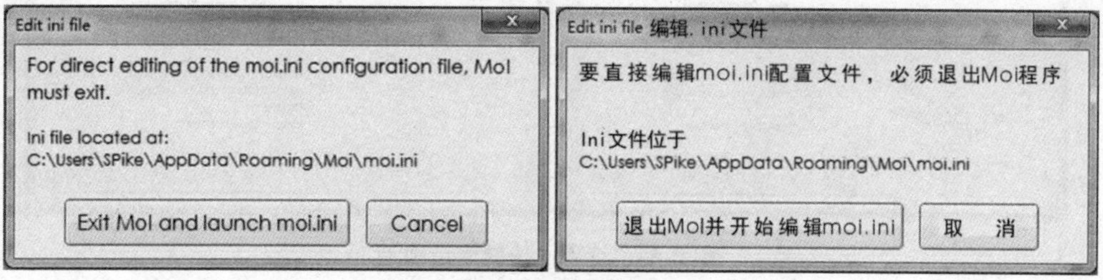

a）编辑 .ini 文件对话框

b）记事本中的代码行

图 2-43 编辑 .ini 文件

单击选项对话框右下角的“恢复默认值”按钮，MoI3D 会把所有选项和参数恢复到程序默认的值；单击关闭按钮则退出选项设置对话框。

2. 快捷键选项卡

允许自定义快捷键是大部分 3D 设计程序都会提供的功能。允许用户定义一套自己的快捷键，可以加快设计流程。MoI3D 程序自身定义的快捷键很少，需要用户来定义自己的快捷键。快捷键选项卡如图 2-44 所示。

程序已为 Enter 键和 Esc 键指定了具体功能，当执行某个命令，可以使用 Enter 键作为“完成”（Done）的快捷键。退出命令时，按 Enter 键可以重复操作这个命令。Esc 键可以作为取消或者退出某种模式的快捷键。如果当前正在操作某个命令，按 Esc 键可以退出这个命令，效果与单击右侧窗格中该命令属性面板中的“取消”（Cancel）按钮一样。如果已退出某个命令了，第一次敲击 Esc 键可以取消选定物体，再次敲击 Esc 键关闭通过“显示点”激活的所有点。按下 F1 键，将打开 MoI3D 程序的在线帮助。

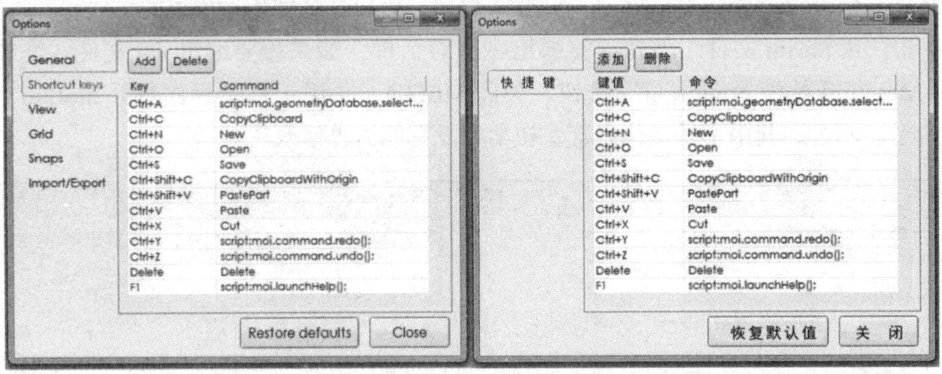

图 2-44 选项 – 快捷键选项卡

如果想要创建一个新的快捷键，单击“添加”(Add) 按钮，然后在表格内输入键和命令。快捷键可以使用单个字母（A ～ Z)、功能键 F1 ～ F12、上下左右方向箭头，以及 Home、End、PageUp、PageDown、Insert、Delete、Backspace、Space 键等，也可以加一个或几个前缀作修饰，如 Ctrl+，Shift+ 或 Alt+ 等。表 2-1 给出了快捷键实例。

表 2-1 快捷键实例

字符	说明
A	快捷键为单个字母“A”
Ctrl+A	按住 Ctrl 和 A 键
Ctrl+Shift+A	同时按住 Ctrl 和 Shift 以及 A 键
Ctrl+UpArrow	按住 Ctrl 和上箭头键

一般而言，单个字母键可以分配给最常用的命令，控制键加字母的组合可以赋予不太常用的命令，这样，你就可以自定义一套适合自己的快捷键。熟练应用快捷键，会使你成为一个键盘艺术家，不过这并不要求初级用户都能达到，所以下面只是简单介绍如何创建快捷键。

单击“添加”按钮后，在表格中新增一个空白行，在键值（Key）下面的空白处单击鼠标，会看到闪动的光标，此时，可以直接输入字母“ E”。接着在命令（Command）下面单击，在这里输入想要执行的命令，如最常用的拉伸（Extrude）命令，按 Enter 键确认，就成功创建了一个快捷键，如图 2-45 所示。单击“关闭”按钮，退出选项对话框。在建模过程中，就可以使用 E 键执行拉伸命令。

试试看。先绘制一个圆形，然后用鼠标单击此圆形，它会以黄色亮显，接着按住键盘上的 E 键，上下移动鼠标，拉伸的厚度可不断变化，单击鼠标确认厚度，快捷键 E 就实现了它的功能，如图 2-46 所示。

掌握了创建快捷键的操作步骤后，就可以根据需要创建了。有一点需要注意，如果想使用“控制键 + 字母”的组合，如 Ctrl+A，这个“ Ctrl”不是按键盘上的 Ctrl 键就能输入的，而是要逐个字母输入。快捷键选项卡中的列表是表格属性，所以，输入 Ctrl 或 Shift 等键最简洁的方法是用鼠标选择表格中现有的 Ctrl，与在 Word 程序中选择某一部分文字的操作相同，选中后会亮显为 Ctrl，然后按 Ctrl+C 复制，按 Ctrl+V 复制到键值下面。你最好别为快捷键表中已有的组合分配新的功能，以免造成混乱。如想要使用方向键上面的 Home 键，“Home”也要逐个字母输入。

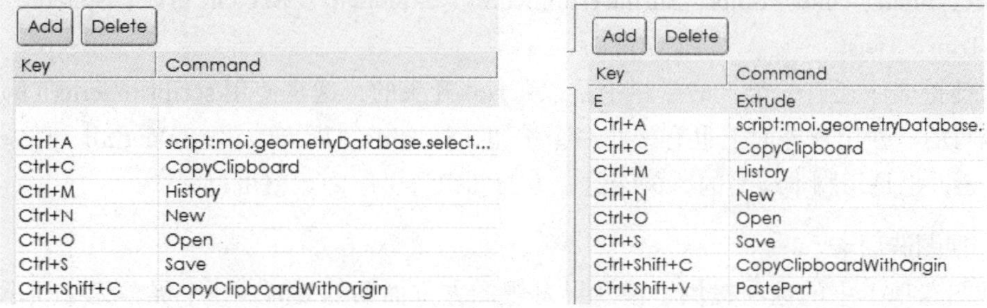

图 2-45　创建一个快捷键

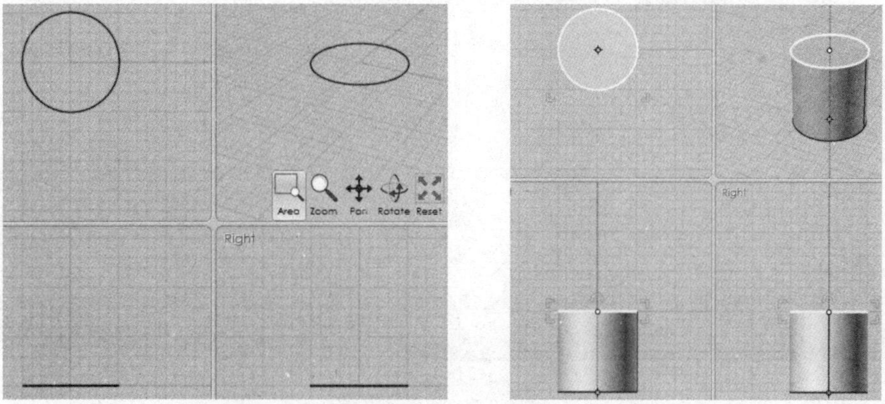

图 2-46　尝试使用创建的快捷键 E 的功能

如果想要删除某个快捷键，先用鼠标单击该快捷键命令行，然后单击表格上方的“删除”(Delete) 按钮，就删掉了不想要的快捷键。试着把刚创建的 E 快捷键删除吧！

MoI3D 中的命令名称如下：AddPoint、Align、Arc3pt、ArcCenter、ArcContinue、ArcTangent、ArrayCircular、ArrayCurve、ArrayDir、ArrayGem、ArrayGrid、Blend、BooleanDifference、BooleanIntersection、BooleanMerge、BooleanUnion、BoundingBox、BoundingBoxCenter、Box、Box3pts、BoxCenter、Chamfer、Circle、Circle3pt、CircleDiameter、CircleTangent、Cone、Conic、Copy、CopyClipboard、CopyClipboardWithOrigin、Curve、Cut、Cylinder、Delete、Ellipse、EllipseCorner、EllipseDiameter、ExplodeMove、Export、Extend、Extrude、Fillet、Flip、Flow、Helix、History、Image、Import、ImportPart、IncrementalSave、Inset、InterpCurve、Intersect、Isocurve、Join、Line、Loft、Make2D、Merge、Mirror、Move、

Network、New、NSided、Offset、Open、OpenTemplate、Orient、OrientLinetoLine、Paste、PastePart、PlanarSrf、Plane、Plane3pts、PlaneCenter、Point、Polygon、PolygonEdge、PolygonStar、Polyline、Project、RailRevolve、Rebuild、Rect3pts、Rectangle、RectCenter、RemoveDuplicates、Revolve、Rotate、RotateAxis、Save、SaveAs、Scale、Scale1D、Scale2D、Separate、Shell、ShowPoints、ShrinkTrimmedSrf、Silhouette、SketchCurve、Sphere、Sweep、Text、Trim、Twist。

快捷键表中还有一类，命令栏中是以 script 开头的，这是使用 script macros（脚本宏命令）编写的。在用户界面上也有一些命令按钮，如 Hide、Reset all、Select all、Deselect all 和 Invert，也是用脚本编写的，关于这一方面知识，了解一点就可以了。

3. 视图选项卡

视图选项卡中的选项提供了涉及屏幕视图方方面面的设置（一个屏幕无法显示完整），如图 2-47 所示。

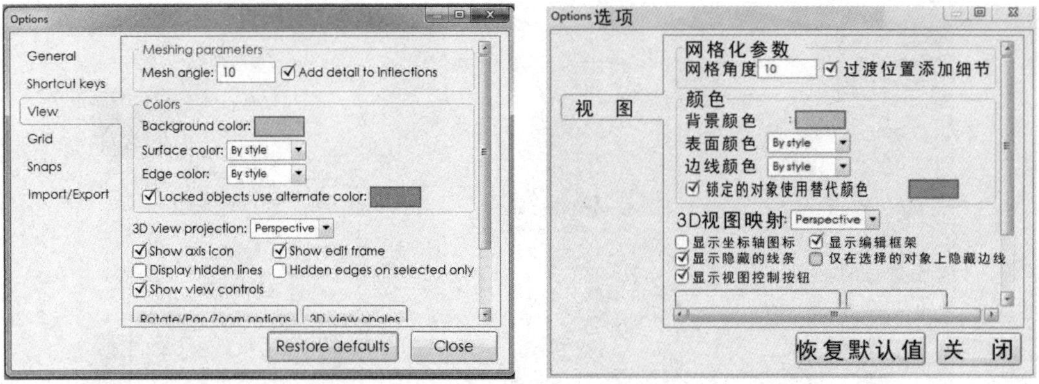

a）

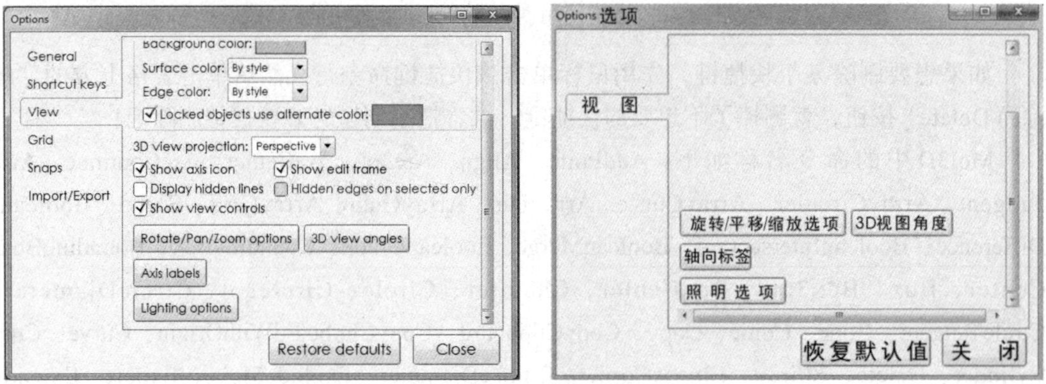

b）

图 2-47 选项 – 视图选项卡

最上面的“网格化参数”，用来设置视图区中曲面模型的显示精细程度。网格角度值设置得越小，模型显示越光滑；设置得越大，模型显示越粗糙。看一下图 2-48 的示例就会理解。

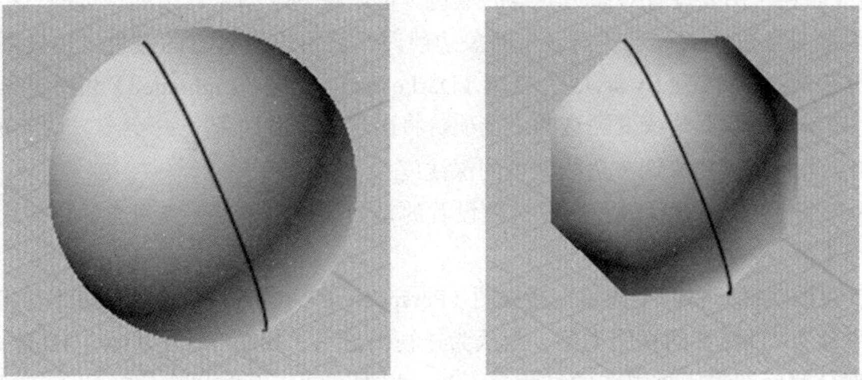

a）网格角度为 10　　b）网格角度为 80

图 2-48　网络化参数设置对比

注意，这里只是控制模型的显示，在输出模型的过程中，网格输出器也可以设置网格角度，那才是真正影响 3D 模型的参数。“过渡位置添加细节”复选项用来控制两个网格接合处的平滑，默认是勾选的，为接合面做平滑处理。

“颜色”部分用来设置视图区的背景颜色、模型的表面颜色和边线颜色。单击背景颜色的色块，会出现一个拾色器，供用户选择不同的颜色，如图 2-49 所示。对于初学者而言，如果想把视图区背景更换为不同颜色，最好先记下默认灰色的 RGB 值：R208、G213、B218，然后再任意选取颜色。如果觉得选的颜色不合适，可以直接在输入框中输入上述值，就恢复了默认颜色。

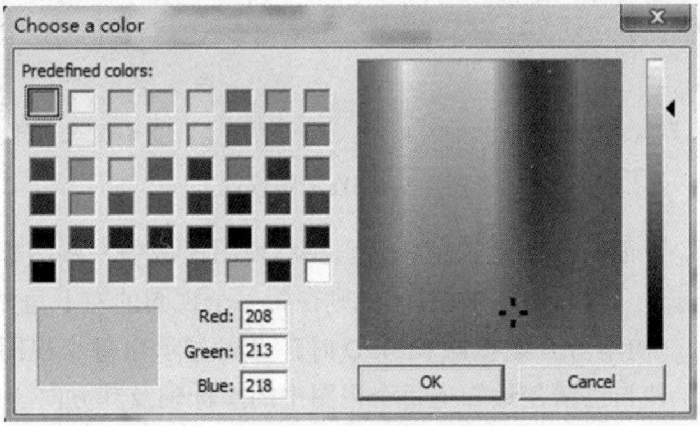

图 2-49　拾色器

表面颜色有两种选择：按样式（By style）和固定颜色（Fixed color）。场景浏览器中可以为一个对象设置颜色样式，这也是选择一组对象的手段，后面介绍场景浏览器时会介绍这部分内容。如果选择了固定颜色，则所有对象都显示为同一种颜色，这往往不是我们所需要的。选择固定颜色后也出现了颜色块，单击它可以自定义颜色。

“边线颜色”用来设置对象边界线的颜色。可以在场景浏览器中的“类型”（Types）卷展板中隐藏对象边线的显示；当显示对象边线时，就可以设置它的颜色。边线颜色的设置有四个可选项：按样式（By style）、变暗（Darkened）、变亮（Lightened）和固定颜色（Fixed color）。如果选择了变暗或变亮这两个选项，将出现一个滑动条 0.15，调节范围是从 0 到 1，用户可根据需要来调节边线颜色的深浅度。

“锁定的对象使用替代颜色”复选项设置的是如果锁定了某一类对象，则使用替代颜色显示，用来区分未锁定的对象。

“3D 视图映射”有两个选项：透视图（Perspective）和正交视图（Parallel），用来设置分割视图中带有 3D 标签的视图类型，默认为透视图显示，如图 2-50a 所示。3D 建模过程中，你将大部分时间都采用透视图的显示，不过，根据需要，有时也会切换到正交视图模式来查看模型。正交视图不符合人眼的视觉习惯，模型看起来有些别扭，如图 2-50b 所示。

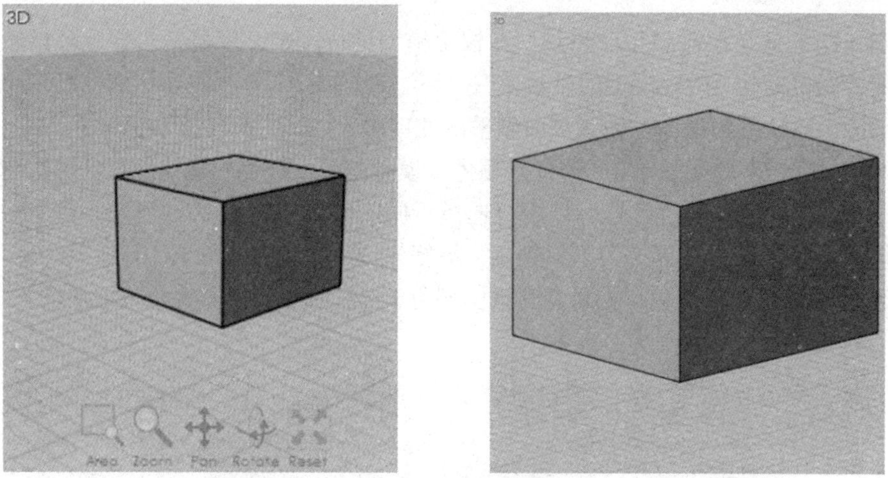

a）默认为透视图　　　　b）正交视图

图 2-50　3D 视图设置

“3D 视图映射”下面有五个复选项，分别控制视图区域中一些图标以及对象上一些元素的显示。如果勾选了“显示坐标轴图标”，则在每一个视图的左下角显示出该视图的坐标轴，如图 2-51 所示。初学者开始接触 MoI3D 时，可以显示出每个视图的坐标轴，来帮助自己建立三维概念，使自己清楚地知道每个视图中的坐标轴及其方向。当熟悉了界面以后，就无须显示坐标轴图标了。因此，程序默认不勾选这个选项。

如果勾选了“显示编辑框架”复选项，则会在三个正向视图中所选中的对象周围出现编辑框。这实际上提供了一种快速编辑对象的功能。注意，在 3D 视图中一般不会出现编辑框，只有所选的对象都是平面时，才会在 3D 视图中出现编辑框。如果不勾选这个选项，当选中了某个对象后没有出现编辑框，也就意味着不能直接编辑这个选中的对象，如图 2-52 所示。

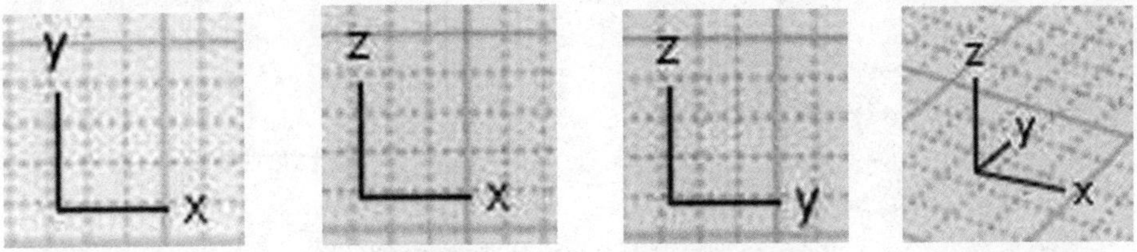

a）俯视图　b）主视图　c）右视图　d）3D 视图

图 2-51　显示视图坐标轴

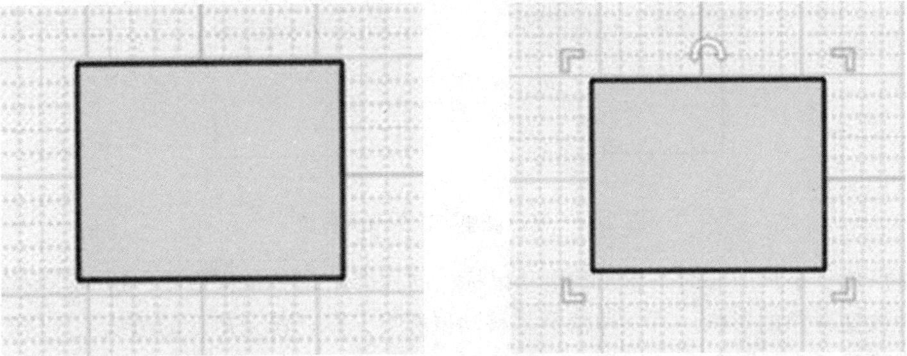

a）不勾选　b）勾选

图 2-52　显示编辑框架

图形四角的图标是抓手，单击任意一个，在与其相对的对角处会出现一个，意思是将会以这个点为基点进行缩放操作，否则就以对象的中点为基点。拖动鼠标后，会出现一条导线（虚线），辅助在这个轴向上移动鼠标。在移动的起点处，会留下一个小圆圈，这样就能够直观地观察到鼠标移动的距离。移动鼠标时，所做的缩放是不等比例缩放。另一种情况是向着对象斜向移动鼠标，鼠标指针移动到对象的边线上时再移动鼠标，以对角作为基点进行等比例缩放，如图 2-53 所示。

在单一视图中观察，基点的位置不会改变，而当你观察其他三个视图时，会发现实际上是立方体的那条棱边在一个视图中的坐标位置保持不变。所以，使用 MoI3D 进行 3D 建模时，一定要养成随时观察三个正向视图和 3D 视图的习惯。

单击一次后，再单击一次会发现这个基点跳转了到矩形的中心，所以重复单击，基点的位置也随之改变，如图 2-54 所示。在 3D 设计过程中，确定对象的变换操作是围绕哪个位置发生的是一件重要的事情。

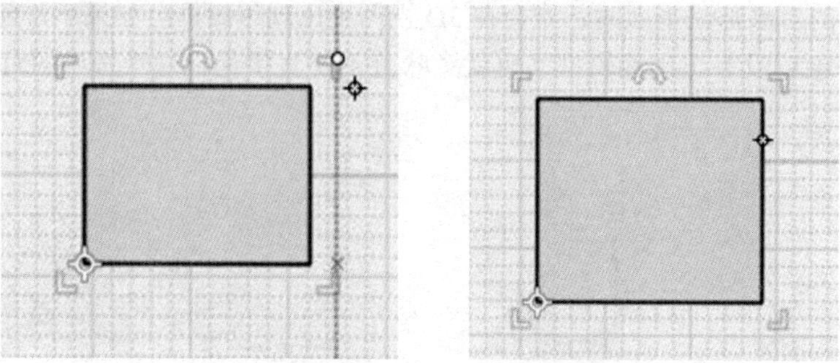

图 2-53　基点在对角时的两种变换操作

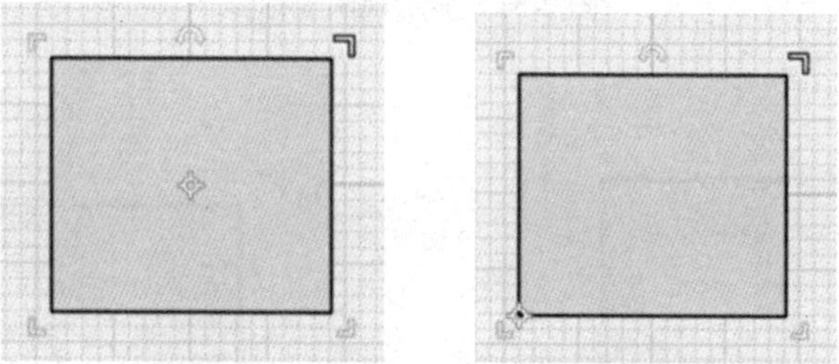

图 2-54　基点随单击次数改变位置

当基点位于矩形中心时，单击拖动鼠标，同样会出现一条构造线，这时会围绕着基点对称地改变对象的形状。另一种情形是移动鼠标后，指针移到矩形的边线上，这时所做的是围绕着基点的均匀缩放，如图 2-55 所示。

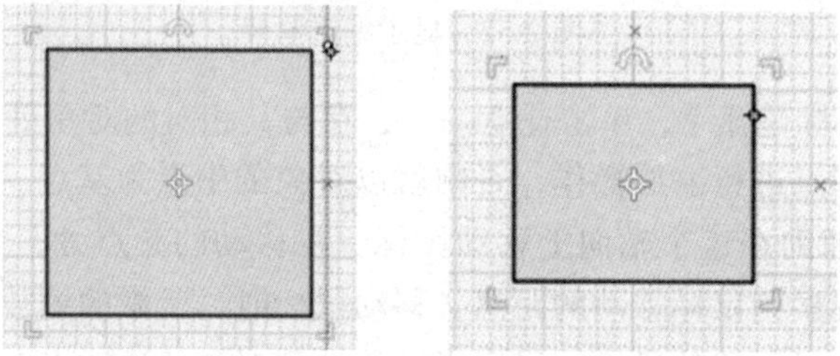

图 2-55　基点在矩形中心时的两种变换操作

单击编辑框上的旋转图标可以旋转对象，此时，视图区各个视图上都出现了圆形的旋转轨道。在每个视图中的轨道上按住并拖动鼠标，可以在不同方向上旋转对象，如图 2-56 所示。在 3D 视图中，可以直接选择一个旋转轨道执行旋转操作。

如果想约束拖动鼠标时所旋转的角度，换句话说，在拖动鼠标时能够捕捉到特定的角度，可以在选择某个旋转轨道后，按 Tab 键切换到角度输入框，输入具体的角度值，如 30，然后按 Enter 键确认。再次拖动鼠标时，就可以以 30° 的增量旋转对象，如图 2-57 所示。

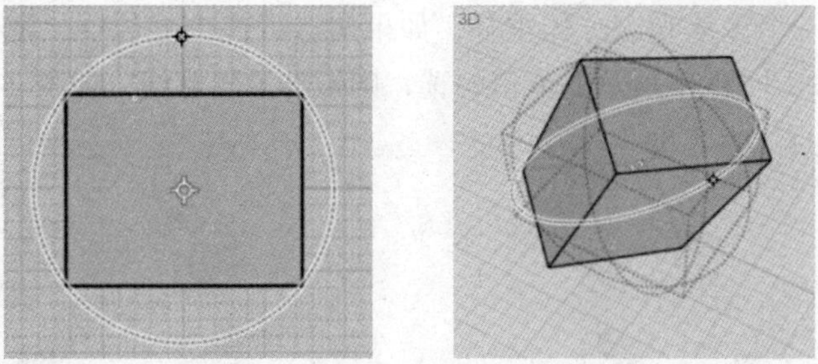

图 2-56　利用编辑框旋转对象

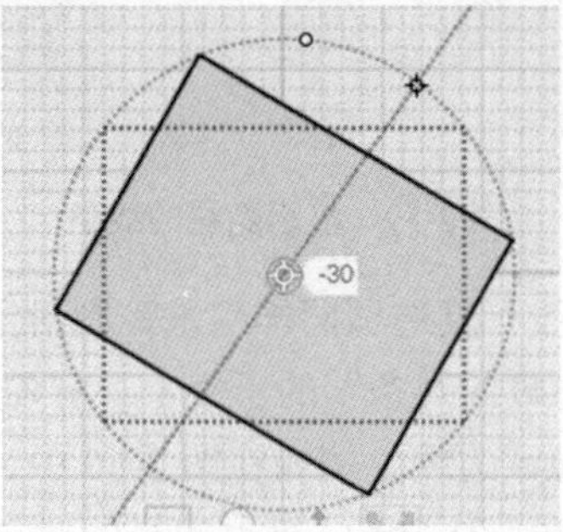

图 2-57　输入一个角度值约束旋转

用户可以自定义旋转中心。单击图标，然后移动鼠标，把它拖放到任意位置，就重新设定了旋转中心。另外，还需要在旋转轨道上定义起始点。在轨道上单击一下，按住并滑动鼠标，开始旋转对象，在起始位置处有一个，如图 2-58 所示。

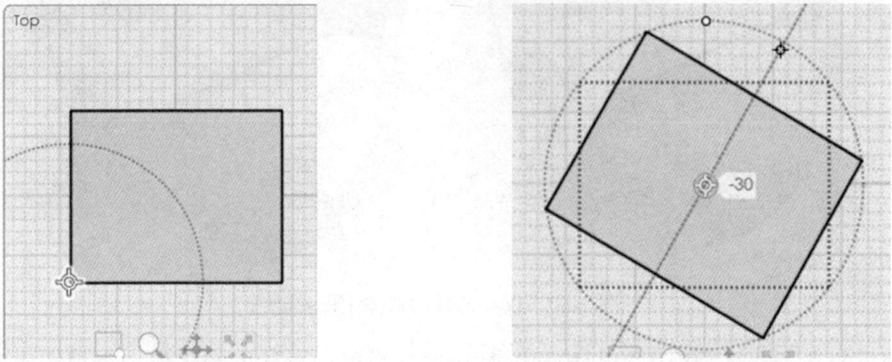

a）自定义旋转中心　　b）旋转对象

图 2-58　自定义旋转中心来旋转图像

利用编辑框还可以实现镜像对象等其他功能，这里先了解一些基本且实用的功能，后面会结合实例来讲解其他功能。

“显示隐藏的线条”复选项用来控制多个对象重叠区域内某些对象被遮挡部分的轮廓线

是否显示。例如，一个球体和立方体重叠，如果勾选了这个复选项，则遮挡部分的轮廓线用虚线显示出来，如图 2-59a 所示。取消勾选，则不显示轮廓线，如图 2-59b 所示。

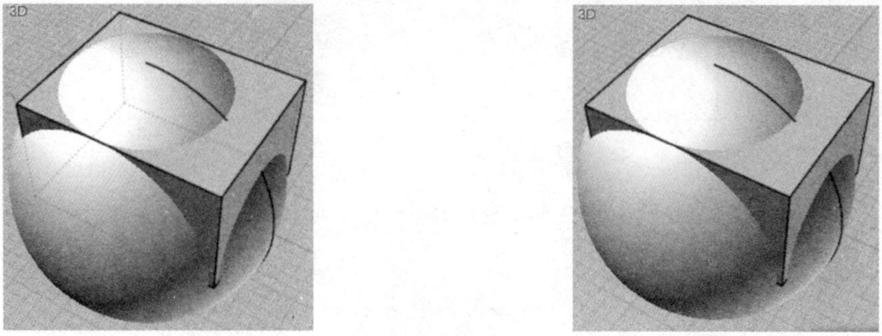

a）勾选了显示隐藏的线条　　b）不勾选显示隐藏的线条

图 2-59　显示隐藏的线条

“仅在选择的对象上隐藏边线”复选项同样用来控制对象轮廓线的显示与否。不过，这个复选项是上面介绍的“显示隐藏的线条”的子集，只有勾选了“显示隐藏的线条”，才能再决定是否隐藏所选对象上的隐藏边线。例如在图 2-60 中，选择了立方体后，注意观察圆柱体的隐藏轮廓线是显示出来的，勾选了“仅在选择的对象上隐藏边线”以后，轮廓线不再显示出来。

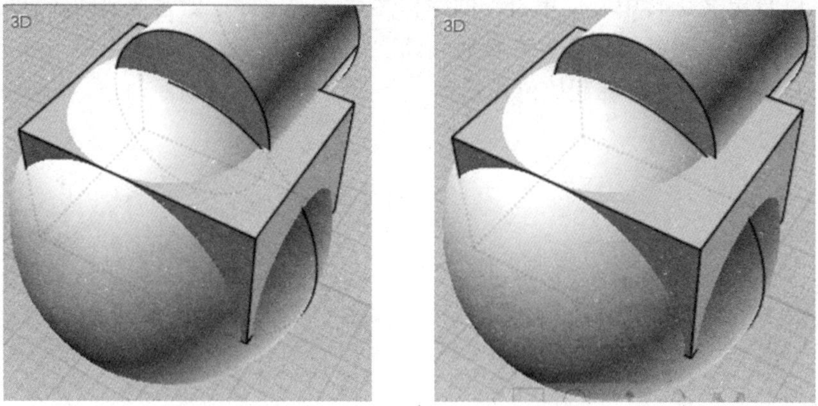

图 2-60　仅在选择的对象上隐藏边线

如果勾选了“显示视图控制按钮”复选项，当鼠标指针不在任何一个视图中时，视图区中不会有任何显示。移动鼠标到任一个视图中，这个视图的底部就会出现几个半透明的工具按钮，继续移动鼠标到按钮上，它们就会完全显示出来，如图 2-61 所示。

这些视图控制按钮是用来导航视图的一种非常直观的方法。另一种方法是利用鼠标中键和右键来操纵视图。后面会具体介绍这些按钮的功能。

接下来有四个设置按钮，单击它们会弹出相应的对话框。我们来看看这些按钮所设置的内容。

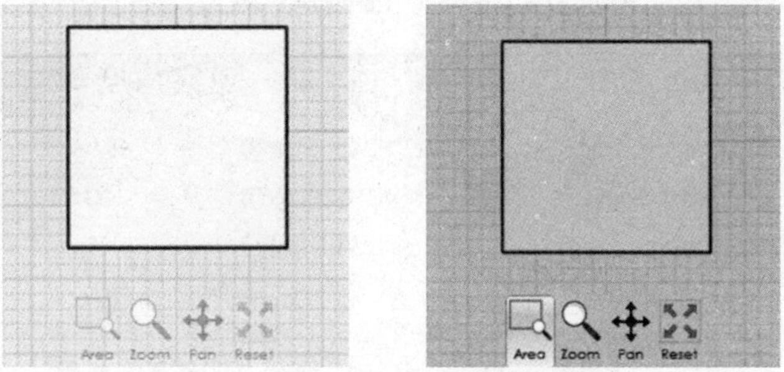

图 2-61　视图区底部的视图控制按钮

单击“旋转 / 平移 / 缩放选项”按钮，弹出图 2-62 所示的对话框。

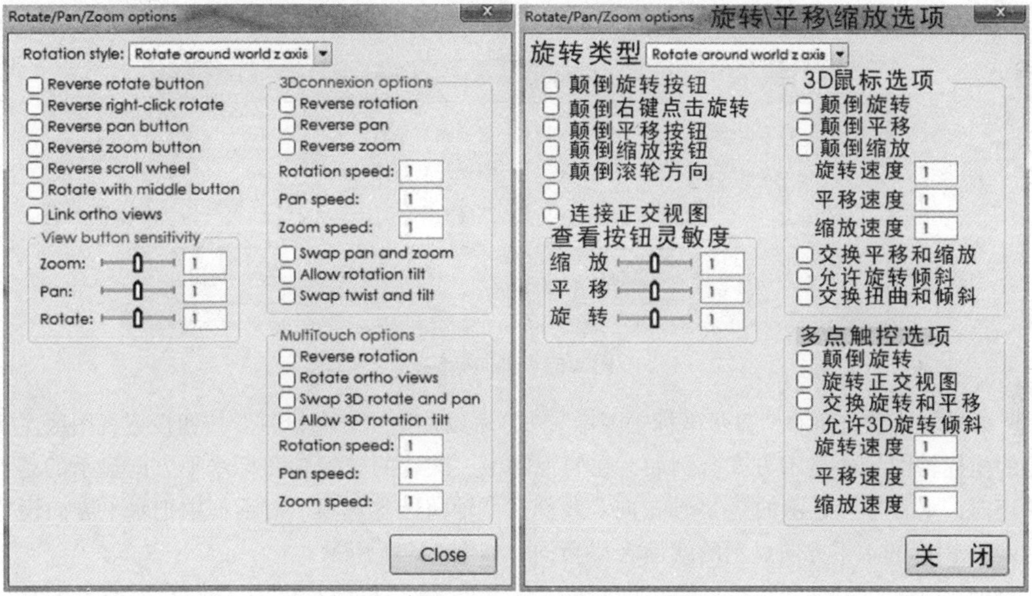

图 2-62　旋转 / 平移 / 缩放选项对话框

图 2-62 中的旋转类型共有三种：围绕着世界坐标系 Z 轴旋转（Rotate around world Z axis）、自由旋转（Free rotation）、第一人称视角（First person）(是指屏幕上不直接出现主角，而是表现为主角的视野范围，无须深究，你可能永远也用不到这个选项)。此处保持默认的选项就好，也符合一般的 3D 建模习惯。对话框中左侧一列设置的是鼠标，右侧分别是其他两种输入设备的设置选项，一般很少用到，不必深究。

单击“3D 视图角度”按钮，弹出如图 2-63 所示的对话框。

3D 视图中为什么能看到三维物体的模型？这是因为程序中设置了一个类似于人眼的摄像机，用来模拟观察到的数字 3D 物体。观察角度对话框中的几个选项设置了 3D 视图在默认位置的角度设置，使用者也无须改变它们。如果对此感兴趣，可以搜索一下摄像机角度和人眼视角等条目，了解一些相关知识。

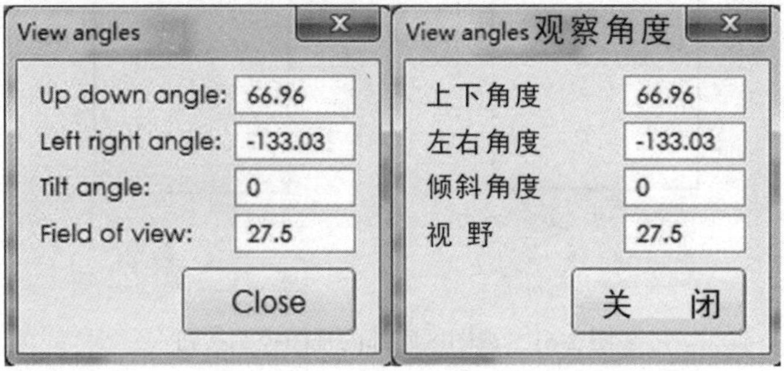

图 2-63　3D 视图角度

单击“轴向标签”按钮，弹出如图 2-64 所示的对话框。

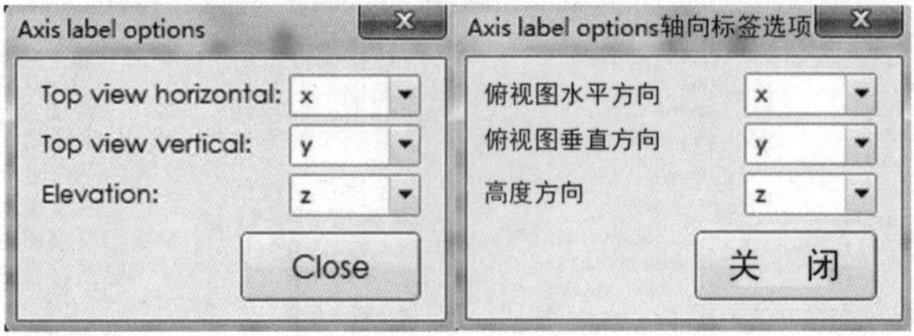

图 2-64　轴向标签

如果勾选了前面的“显示坐标轴图标”，就 可以使用“轴向标签”按钮设置视图区左下角的坐标轴图标的显示方式。例如，在俯视图中，默认的坐标轴图标水平方向显示的是 X 轴正向，垂直方向显示的是 Y 轴正向。我们在“轴向标签选项”对话框中把水平方向设置为 -X，图标的水平方向显示的就是 X 轴负向，如图 2-65b 所示。

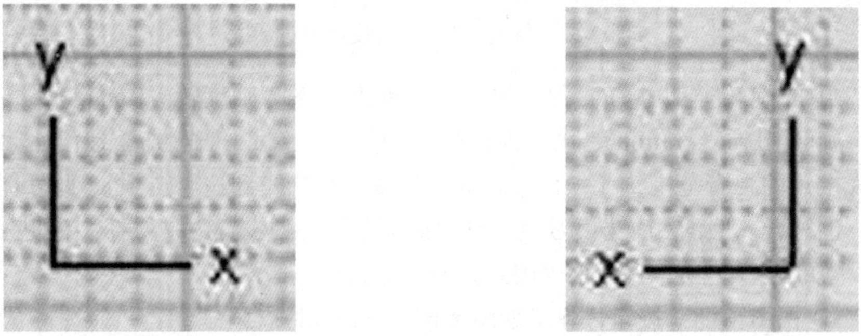

a）水平方向设置为 X　　b）水平方向设置为 -X

图 2-65　设置轴向

以上设置只是改变了视图区的外观。初学者无须改变它们。

单击“照明选项”按钮，弹出如图 2-66 所示的对话框。

我们之所以能看到 3D 视图中的数字模型，还因为程序中设置了光源，照亮了场景。“照明选项”用来更改光源的类型。不过，MoI3D 不太关注照明，也不太重视模型的色彩（色彩与照明是密切相关的），所以建议读者忽略。

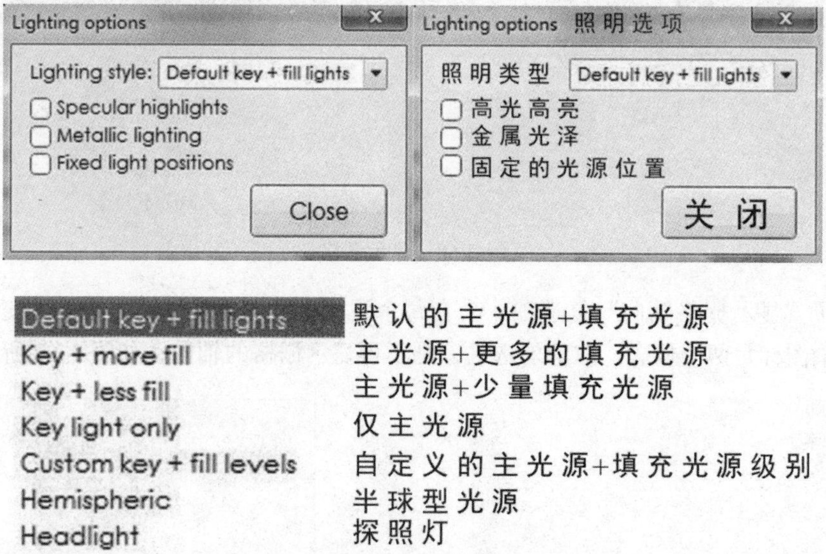

图 2-66 照明选项

4. 栅格选项卡

栅格选项卡设置了视图中是否显示栅格以及栅格显示的样式。前面我们已经介绍了栅格的一些内容，这里来介绍如何对栅格进行设置。栅格选项卡如图 2-67 所示。

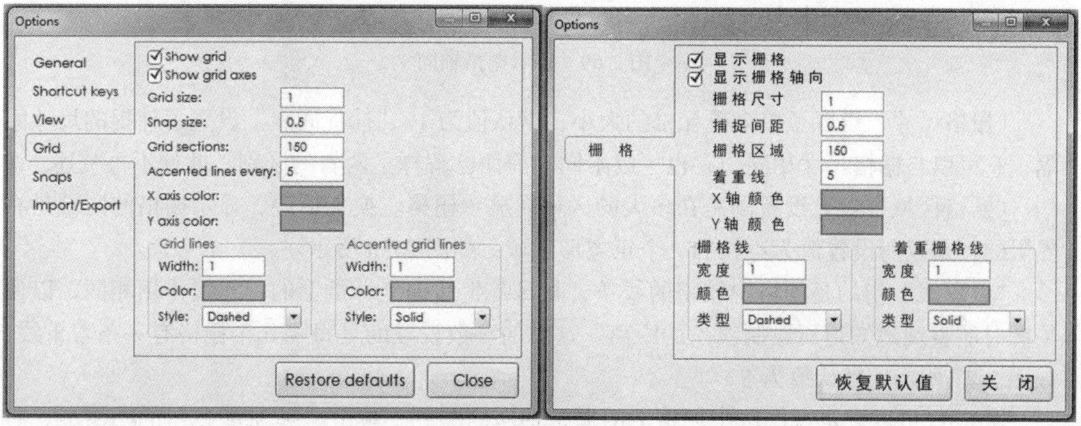

图 2-67 选项 – 栅格选项卡

在栅格选项卡的顶部有两个复选项，其中最上面一个“显示栅格”通常是勾选的，所以视图区中会显示出栅格。取消勾选它，则视图中不会显示栅格，如图 2-68 所示。

a）勾选　　b）不勾选

图 2-68　显示栅格

勾选了“显示栅格轴向”复选项，会在每个视图中央显示出栅格的轴向，这与前面介绍的坐标轴图标是两个概念。取消勾选它，则不再显示栅格的轴向，如图 2-69 所示。

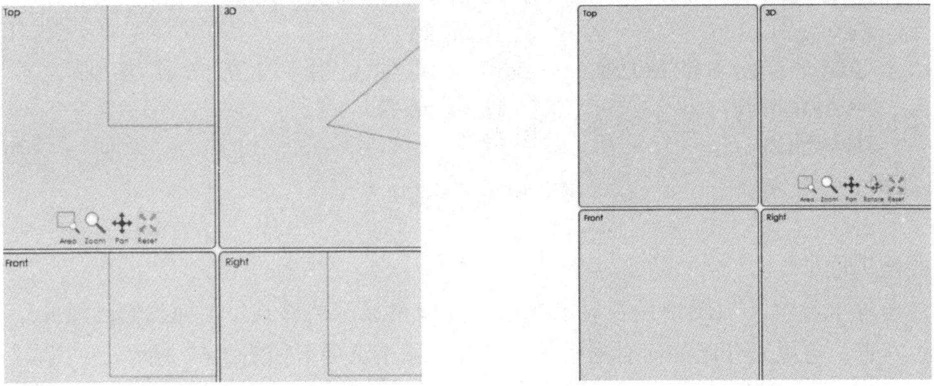

a）勾选　　b）不勾选

图 2-69　显示栅格轴向

“栅格尺寸”设置了单个单元格的大小，默认值为 1。“捕捉间距”设置了捕捉的尺寸间隔，它可以与栅格尺寸相同，它也可以不同。前面已解释了两者的区别，此处不再赘述。

“栅格区域”参数设置的是在多大的区域内显示栅格。换句话说，显示栅格的区域是有界限的，是以所设置值为边长的一个正方形区域，如图 2-70 所示。

“着重线”指的是栅格中较粗的线条，与日常生活中坐标纸上的粗实线作用相同，以便绘图时能直观地知道所绘制线条的距离。这里的参数设置的是每隔几个栅格有一条着重线，如图 2-71 所示，默认值为 5。

MoI3D 可以设定视图区中栅格上的栅格轴向的颜色。单击“X 轴颜色”的 ，将会出现拾色器，为了清楚起见，把 X 轴设置成红色，把 Y 轴设置为绿色，如图 2-72 所示。

在改变颜色之前，最好先记下默认灰色的颜色值，后续可直接输入数值把颜色改回来。如果单击“恢复默认值”按钮，选择“仅当前部分”（Current section only）按钮也可以恢复到默认值。

图 2-70　栅格区域的概念

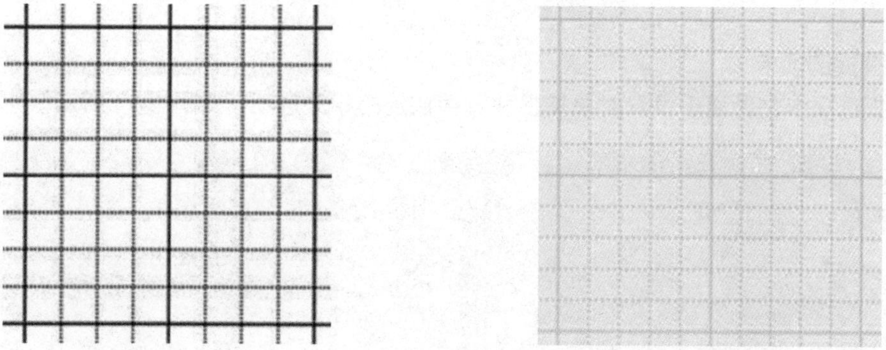

a）坐标纸中的粗实线　　b）栅格中的着重线

图 2-71　着重线

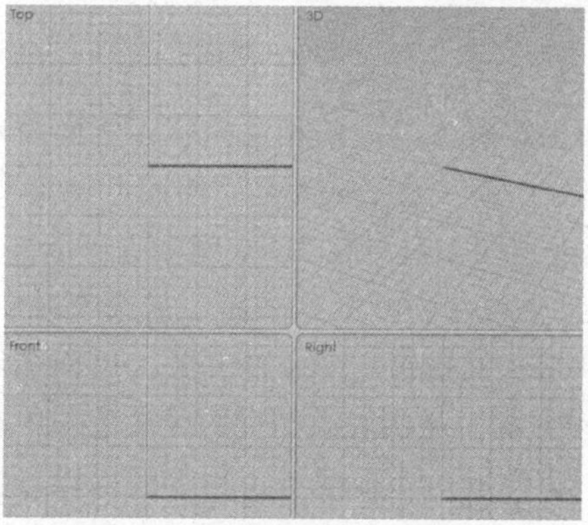

图 2-72　设置栅格轴向的颜色

选项卡底部的“栅格线”和“着重栅格线”部分所设置的内容是相同的，所以此处只介绍栅格线的设置。“宽度”设置单根栅格线条的宽度值。注意无须设置太宽，否则会给绘图制造一些麻烦。“颜色”设置栅格线的颜色，“类型”设置栅格线的线型。分别试着设置一下，就会加深理解，如图 2-73 所示。

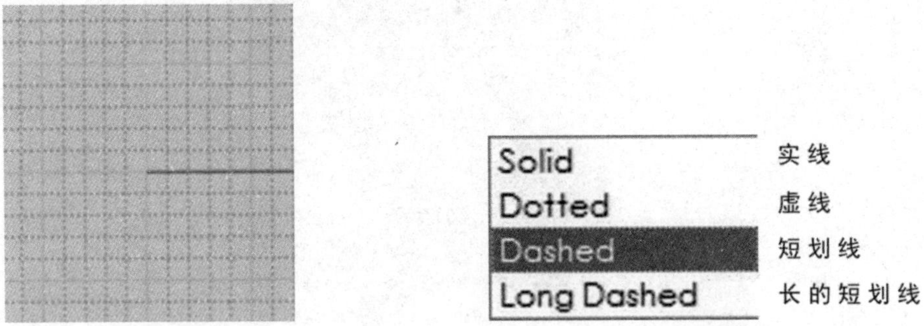

a）设置栅格线的颜色　　b）四种可以使用的线型

图 2-73　删格线设置

5. 捕捉选项卡

捕捉选项卡主要用于设置对象捕捉和直接捕捉的相关选项，如图 2-74 所示。

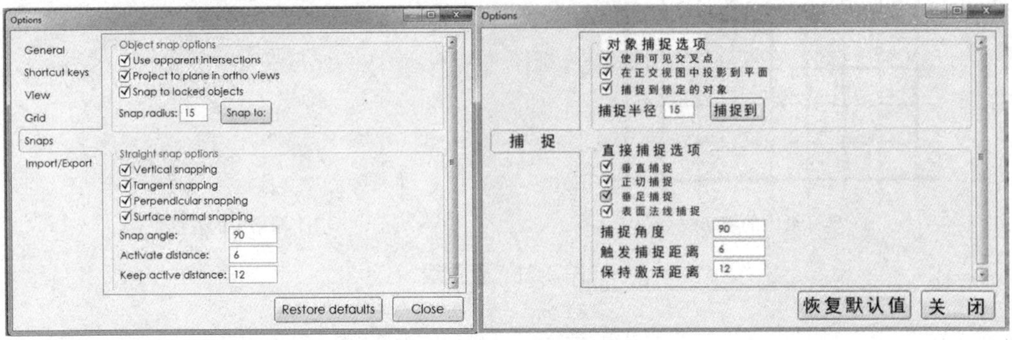

图 2-74　选项 – 捕捉选项卡

前面已经介绍过直接捕捉和对象捕捉的相关内容，下面简单解释一下各选项所起的作用。在“对象捕捉选项”部分，第一个复选项是“使用可见交叉点”，勾选它，捕捉两个对象看起来相交的交点，实际上这两个对象在 3D 空间中有可能并不相交。此外，这项操作不会捕捉不可见的交点。“在正交视图中投影到平面”复选项极少用到，可以忽略。“捕捉到锁定的对象”复选项是控制是否捕捉锁定对象的开关，后面会解释锁定一个对象的具体含义。“捕捉半径”设置当移动鼠标时激活对象捕捉的区域范围，其功能有点像探雷器。

单击“捕捉到”按钮，会弹出一个选项卡，在里面可以设置所有对象捕捉的类型。单击选项前面的✓，可以启用或禁用对应的捕捉类型。选项卡中的复选项与前面图 2-34 中对象捕捉设置选项卡中的内容完全一致，如图 2-75 所示。

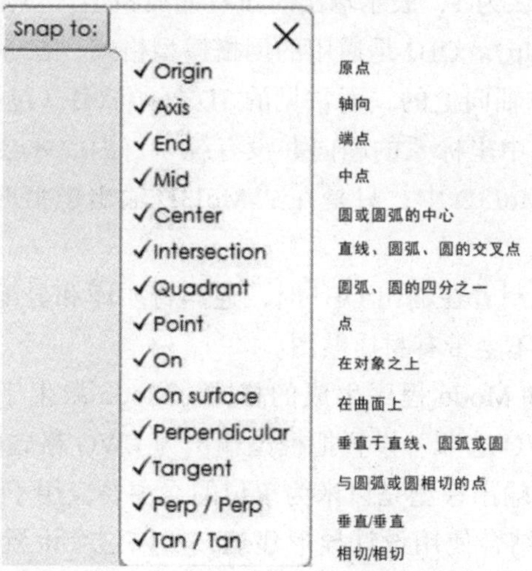

图 2-75　“捕捉到”选项卡

“直接捕捉选项”部分包括四种直接捕捉模式的设置：垂直捕捉、正切捕捉、垂足捕捉和表面法线捕捉。“捕捉角度”默认是 90°；“触发捕捉距离”指鼠标靠近某个位置能够激发捕捉动作；“保持激活距离”是移开鼠标后，移动到多远时此处的捕捉就会消失，类似于你离开自己的无线网络（WiFi）多远，手机就连不上网络了。注意使用者无须更改以上设置。

6. 导入 / 输出选项卡

在导入 / 输出选项卡中可以设置把模型文件导入 MoI3D，也可以设置把在 MoI3D 程序中创建的模型输出为其他格式文件，如图 2-76 所示。

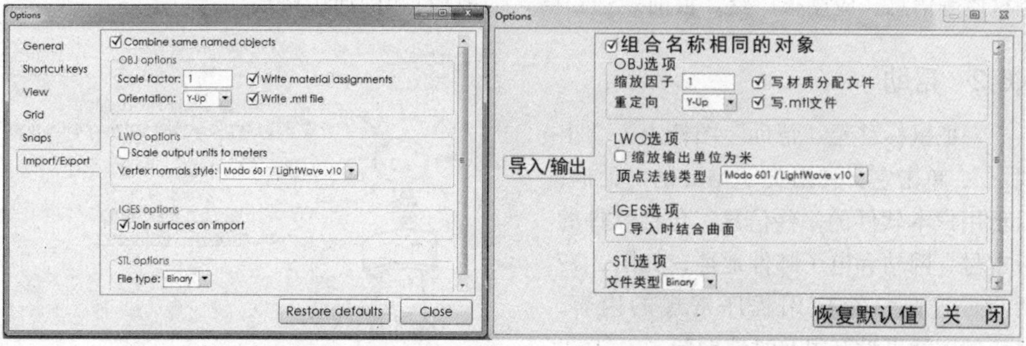

图 2-76　选项 – 导入 / 输出选项卡

第一个复选项是“组合名称相同的对象”，作用是把名字相同的对象组合起来，导入对象时出现名字相同的情况较少发生。由于建模时会产生多个对象，为它们命名时难免会出现同名的情况，所以此项功能通常用在输出文件过程中。

“OBJ 选项”部分有“缩放因子”和“重定向”两个复选项，用来设置输出模型的大小和朝向。缩放因子一般默认为 1，表示输出时没有缩放模型。重定向有两种选择：Y 轴朝上（Y-Up）和 Z 轴朝上（Z-Up）。OBJ 是通用的网格模型格式，在 Maya、Modo 等多边形建模软件中，世界坐标系是 Y 轴向上的，而常见的 3D 打印软件（包括切片软件），则是 Z 轴朝上的。由于不同建模软件中坐标系的朝向并没有统一，因此才会存在这个问题。你不能把 OBJ 格式的模型导入到 MoI3D 中，只是在从 MoI3D 输出模型时，需要确定是 Y 轴朝上，还是 Z 轴朝上。

右边的两个复选项控制着在输出 OBJ 时，连同材质库和分配文件一同输出；如取消勾选，则只输出模型本身，不会带有材质贴图。

LWO 是 LightWave 和 Modo 程序生成的格式。Modo 派生于 LightWave，与 MoI3D 源自 Rhino 有些类似。“LWO 选项”设置把模型输出为 LWO 格式时的两个选项。“缩放输出单位为米”复选项控制所输出模型是以米为单位的，主要应用于建筑领域。前面也提到过，MoI3D 可以与 SketchUp 结合使用设计异形建筑，所以这个设置与 3D 打印没有什么关系。接下来的“顶点法线类型”选项可选 LightWave 和 Modo 的不同版本。大部分初学者都不会选择输出 LWO 格式的。

IGES 是微机和工作站上用于数据交换的图形文件的一种标准，MoI3D 既可以导入，也可以输出这种格式文件。IGES 包括曲线和曲面轮廓数据。“导入时结合曲面”复选项控制导入 IGES 文件时是否把曲面轮廓结合起来。这种格式主要应用于数控加工领域，与 3D 打印的关系不大。

最下面的 STL 选项是设置在输出为 STL 文件时，选择使用二进制还是 ASCII（文本）的 STL 格式。STL 文件是在计算机图形应用系统中，用来表示三角形网格的一种文件格式，用来表示封闭的面或者体。它的文件格式非常简单，只能描述三维物体的几何信息，不支持材质等信息，应用很广泛。目前，STL 格式是 3D 打印的通用格式。

2.6.2 帮助

把鼠标移至“帮助”图标上，会出现，单击它，弹出关于 MoI 的对话框，提示用户本软件的一些信息，包括软件的版本号、网站和电子邮件地址，如图 2-77 所示。这是一个应用程序常规的内容，MoI 的网站也没有很及时地更新。

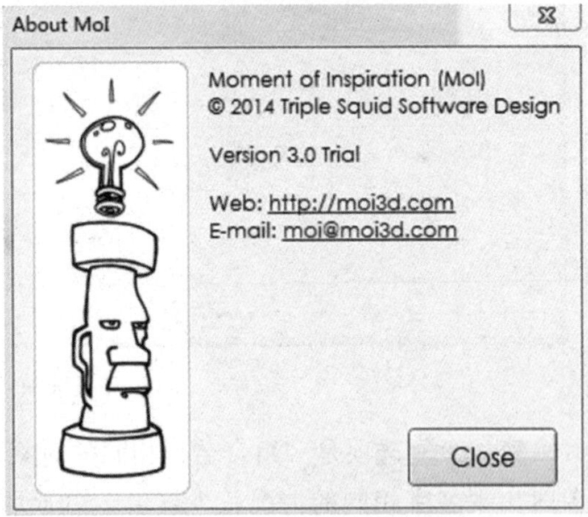

图 2-77 “关于 MoI”对话框

如果直接单击“帮助”图标，将会出现一个页面，里面包含了 MoI3D 的帮助列表。如果使用者英文水平不错的话，这里是很好的学习资源，特别是在网站中的论坛（Forum）里，你可以向软件开发者（Michael Gibson）提问题，与他们进行交流，还可以看到其他人应用 MoI3D 制作的模型以及别人开发的脚本文件等。

2.6.3　扩展和浏览器按钮

在帮助按钮旁边的小箭头默认向下时，能够看到屏幕最底部的 Windows 任务栏，如果在扩展按钮上单击鼠标，直观的感觉是 Windows 任务栏消失，MoI3D 的界面充满整个屏幕，而这个按钮变为向上。这个按钮的功能就是挤占 Windows 任务栏的空间。再次单击，可以还原任务栏的显示。

Browser 浏览器按钮控制是否显示场景浏览器。单击它一次，会取消显示场景浏览器，再次单击，则恢复显示。场景浏览器是重要的管理视图区中对象的工具，轻易不要关闭它的显示。后面会介绍场景浏览器中各部分的作用。

2.7　视图控制按钮

如果在选项 – 视图选项卡中勾选了“显示视图控制按钮”，在每一个视图的底部会出现一排用于控制视图导航的按钮。前面已经解释过，需要把鼠标指针移到相应的区域，才会显示出这些按钮，如图 2-78 所示。这是 MoI3D 软件提供的最直观的控制视图的方式。当熟悉了软件操作之后，最常用的操作是使用鼠标和键盘的组合。

a）三个正向视图的视图控制按钮　　b）3D 视图的视图控制按钮

图 2-78　视图控制按钮

使用区域缩放工具可以放大某一特定的区域，并使这个区域位于视图的中心。具体操作步骤是：先单击区域缩放按钮，然后用鼠标在一个视图（先以正向视图为例）中的某个位置处单击一点，如图 2-79a 所示；松开鼠标左键，向外拖动鼠标，拉出一个矩形框，如图 2-79b 所示。这个矩形框以前面鼠标所单击的点为中心，框内的对象将来会显示在视图中，且把所单击的点置于视图中心，最终效果如图 2-79c 所示。

区域缩放其实就是局部缩放，用来显示你所选择区域的局部细节。

在 3D 视图中，鼠标单击的那一点会成为新的旋转中心，因此，有时候可以使用区域缩放功能来重点观察某一特定区域。并且，你可以以特定点为旋转中心，围绕它来观察 3D 视图，如图 2-80 所示。

a）用鼠标单击一点　　b）松开鼠标，拉出一个矩形框　　c）显示的结果

图 2-79　区域缩放工具

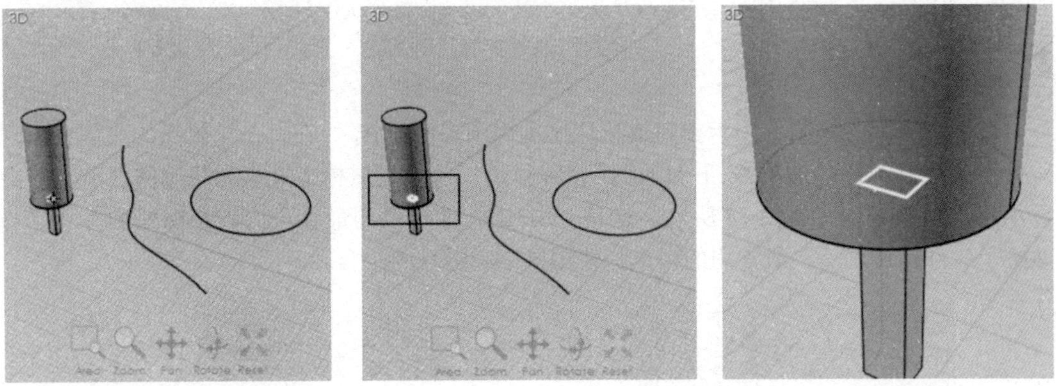

a）在 3D 视图中，用鼠标单击一点　　b）松开鼠标，拖出一个矩形框　　c）显示的结果

图 2-80　3D 视图中使用区域缩放工具

读者很可能会按住鼠标不放来试图拉出一个矩形框，可结果是会拉出一条虚线。这条虚线叫作构造线，也是非常实用的绘图辅助手段。注意，视图中会出现一个图标，右键单击它，将出现一个对话框，如图 2-81 所示。在对话框中可以对构造线重新进行设置，后面会具体介绍设置的过程（中文对照见图 3-3）。

缩放按钮用来实现对视图放大缩小的功能。当然，滚动鼠标中键是最快捷的方式。想要缩放视图，先单击缩放按钮，按住左键不放，上下移动鼠标。向上移动鼠标是放大视图，向下移动鼠标是缩小视图，如图 2-82 所示。左右移动鼠标，缩放速度较慢。由于这个按钮默认是相当灵敏的，因此，并不需要把鼠标移动非常大的距离，就能实现缩放。

利用平移按钮可以上下左右平移视图。要实现平移功能，先单击并按住平移按钮不放，然后上下左右移动鼠标，视图就会随之平行移动了。有一点需要理解，鼠标的移动方向和视图移动方向是反向的，也就是说，向左拖动鼠标，视图会向右平移，向下拖动鼠标，视图则会向上平移，如图 2-83 所示。

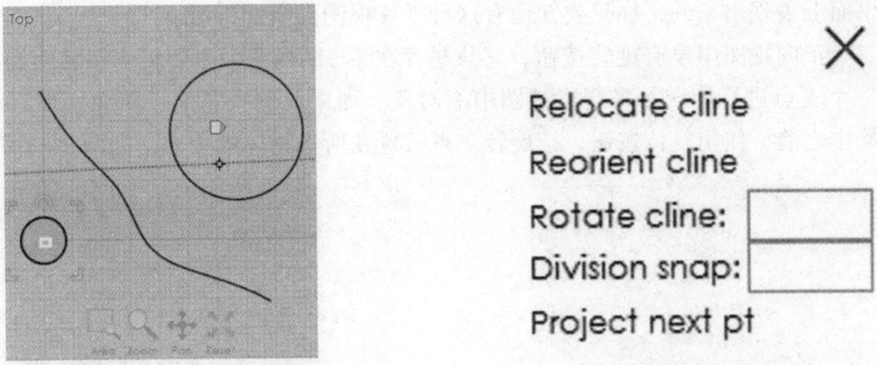

a）按住鼠标不放，拉出一条构造线　　　　b）重新设置构造线对话框

图 2-81　构造线

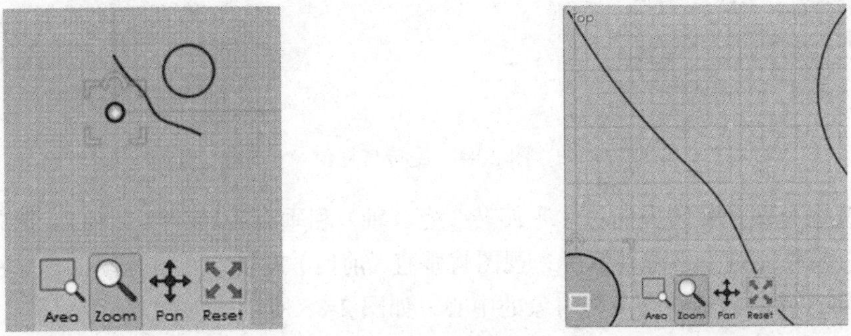

a）缩小视图　　　　b）放大视图

图 2-82　缩放视图

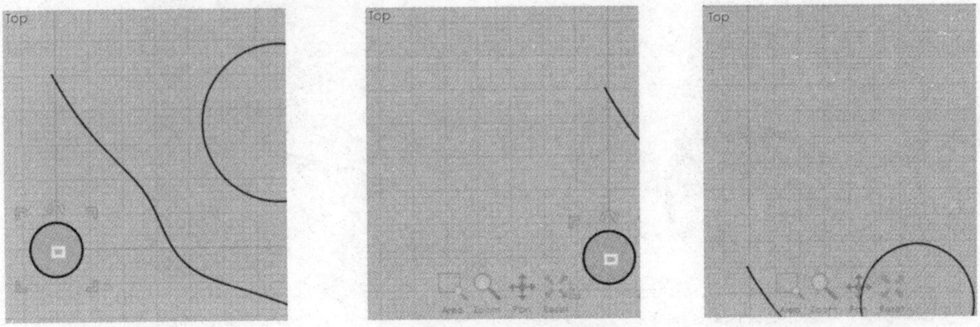

a）初始视图　　　　b）向右平移视图　　　　c）向下平移视图

图 2-83　平移视图

平移是逐渐加速的过程，如果按住鼠标不动，保持一段时间以后，再把鼠标移动一小段距离后保持静止，视图就会在鼠标所跳动的方向上继续移动（视图平移方向与拖动鼠标的方向相反）。如果移动的距离稍大一些，将会加速平移运动的速度。这种移动速度的快慢是

无法在书面上表现出来的，你只要知道有这种平移视图的模式即可。

在三个正向视图中没有旋转按钮，它只是存在于 3D 视图中。旋转按钮的功能是使视图围绕着一个支点进行旋转，来观察视图中的对象。如果已选择了某个对象，那么可以在执行旋转操作之前，使用复位按钮，把旋转支点放置在所选物体的中心，如图 2-84 所示。

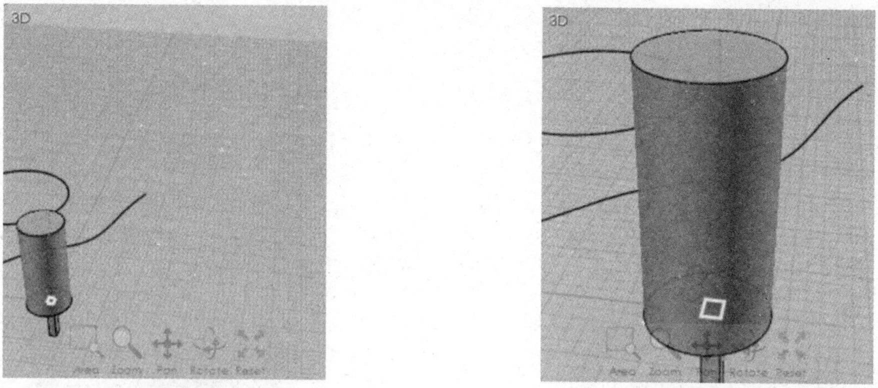

a）初始视图　　b）执行复位命令

图 2-84　旋转与复位

旋转按钮有两个旋转方向：水平旋转（绕 Z 轴）和垂直旋转（绕 X 轴）。把鼠标置于旋转按钮上，按住左键上下拖动鼠标，视图将垂直（前后）旋转，左右拖动鼠标，视图将水平（左右）旋转，此时的旋转支点是对象的中心，如图 2-85 所示。

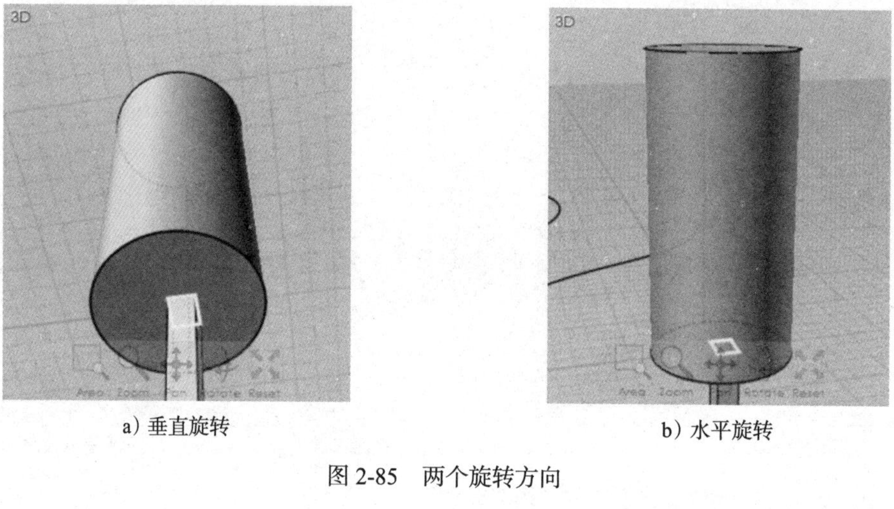

a）垂直旋转　　b）水平旋转

图 2-85　两个旋转方向

前面已经提到过，可以把区域缩放按钮所确定的区域中心作为旋转中心。在下面的例子中，把旋转中心设置在所选择的黄色小矩形上，然后使用旋转按钮来旋转视图，在垂直方向的旋转中看得很清楚，视图不再以所选对象的中心进行旋转，而是以区域缩放功能所确定的中心为支点进行旋转，如图 2-86 所示。

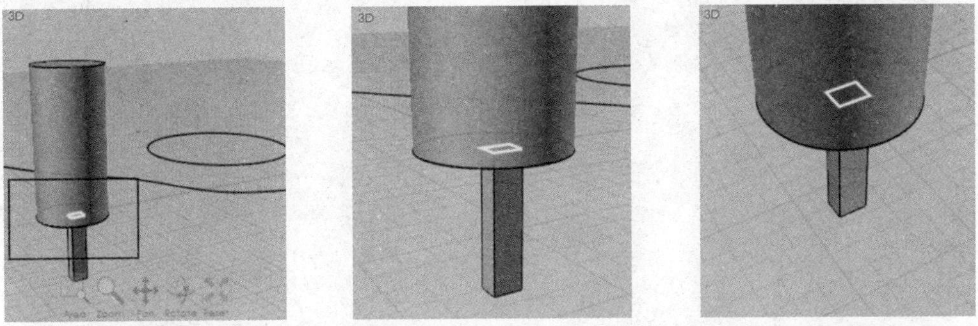

a）确定缩放中心　　b）缩放区域　　c）垂直旋转

图 2-86　改变缩放中心

与平移按钮类似，旋转按钮也具有实现加速旋转的功能，操作方式也是相同的。在这种模式下，会看到快速旋转的视图（在 Modo 中也具有同样的观察模式）。

有些时候，经过多个操作步骤以后，在某一个视图中会看不到某个对象，此时可以使用复位按钮，使所选的对象或者所有对象充满整个视图显示，从而找回看不到的对象。

如图 2-87a 所示，在右视图内已看不到所选择的对象，此时第一次单击复位按钮后，所选择物体就会完整地在视图中显示出来，如图 2-87b 所示。如果再次单击复位按钮，将会把所有对象缩放到能够在视图中完全显示，如图 2-87c 所示。

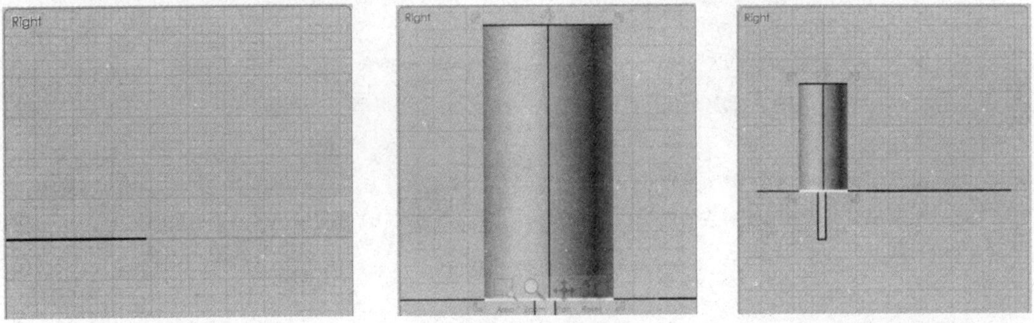

a）所选择对象不在右视图中　　b）单击一次复位按钮　　c）再次单击复位按钮

图 2-87　复位

如果用鼠标右键单击任一视图中的复位按钮，就会把所有视图复位。第一次单击是使选择的物体布满每个视图，第二次单击则会使每个视图中显示出全部对象，如图 2-88 所示。

在 3D 视图中，复位功能在视图缩放结果的中心处为旋转视图放置了轴心点，后续如执行旋转视图操作，将围绕这个点旋转。对于显示所有对象的视图，旋转轴心点是固定的，而对于复位显示所选择对象的视图，轴心点落在所选对象的中心上。由于 MoI3D 没有显示出轴心点所在位置，因此这可能有些费解，只能使用者自己尝试着练习和体会，如图 2-89 所示。

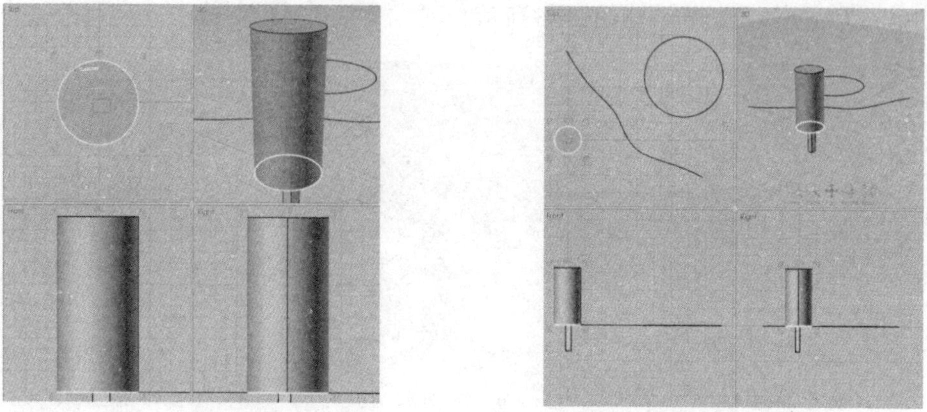

a）右键单击一次复位按钮　　b）再次右键单击复位按钮

图 2-88　右键复位

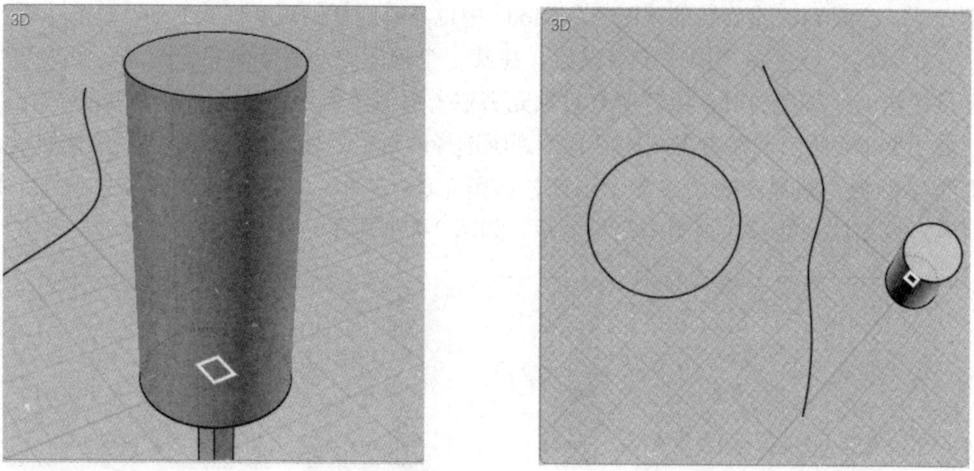

a）复位后显示所选择对象的视图　　b）复位后显示全部对象的视图

图 2-89　复位

2.8　最小化、最大化按钮

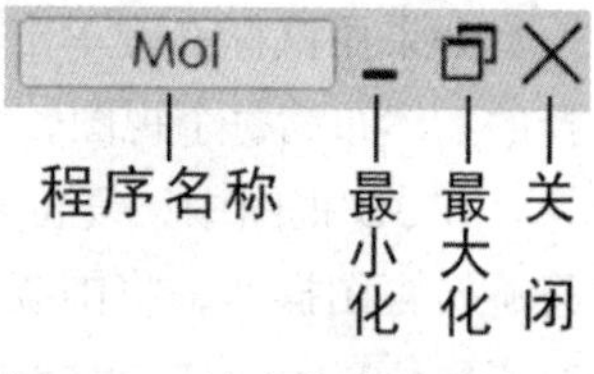

图 2-90　最小化、最大化按钮区域

这个区域包括程序名称以及标准 Windows 程序的最小化、最大化和关闭程序按钮，如图 2-90 所示。

这些按钮只在视窗最大化的时候出现。使用这些控制按钮来最小化或者还原 MoI3D 视窗，单击✕退出 MoI3D。还原后的窗口是标准视窗，标题栏会显示出来，当前所打开文件的名字会立刻显示在标题栏中。

2.9　属性面板和命令选项

在最小化、最大化按钮区域的下方是属性面板和命令选项区域，在没有执行任何创建对象或选择操作时，此区域呈现折叠状态。如果执行的是创建对象命令，会在这里显示需要执行的动作和相关的数值。这部分内容会放到后面讲解命令面板时详细介绍。这里先介绍处于选择模式下，没有执行某个命令之前显示出的所选对象属性的相关内容。

为了说明这部分内容，先创建一个对象。单击绘制实体（Draw solid）标签，从中选择球体（Sphere），在任意一个正向视图中单击一点，然后拖动鼠标，再次单击鼠标以确认，就完成了球体的绘制过程。接着单击球体，球体变为黄色，表示已被选中，如图 2-91 所示。

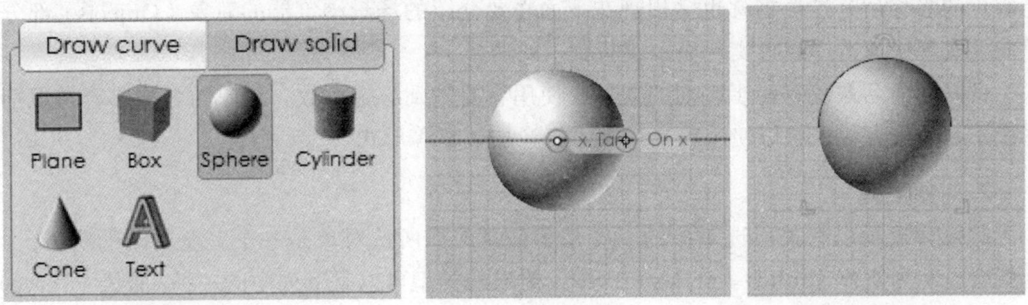

a）选择绘制球体命令　　b）拖出球体　　c）左键选择球体

图 2-91　绘制实体

来看看属性面板中显示出的信息，如图 2-92 所示。

图 2-92　属性面板显示的信息

如果选择了一个对象，属性面板会显示四类信息：对象名称、对象类型、样式和对象尺寸。

1. 对象名称

在创建一个对象时，可以先为它起个名字。“对象名称”处显示当前所选对象的名称。由于我们并没有给球体命名，所以此时显示为“未命名”（Unnamed）。当创建一个对象后，单击此处，将会弹出一个“编辑对象名称”（Edit object name）对话框，如图 2-93 所示，在此对话框中可以为对象命名。

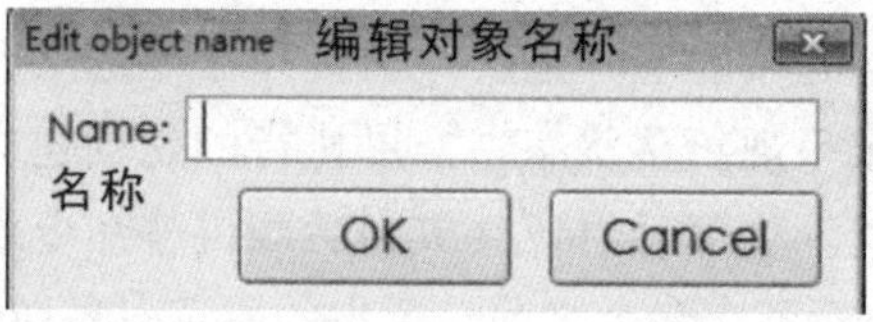

图 2-93　编辑对象名称对话框

为对象命名是非常重要的。对于一个大型项目，场景中可能会有几十个甚至上百个对象，某些对象会被大一些的对象遮挡，导致你根本无法在视图中选择它们。给对象起个容易辨识的名称后，这个名称也会出现在下面将要介绍的场景浏览器的对象（Objects）部分，就能够实现快速选择或者实现显示或隐藏它的功能。

良好的命名系统有赖于事前的规划，使用者要做到心中有数。对象的名称要容易识别，尽量不起中文名称，可以使用英文、汉语拼音加数字等形式。

2. 对象类型

此处会显示出有关所选对象的一些基本信息，如所选对象是一个完全封闭的实体，此处就会显示为实体（Solid）。在 MoI3D 中，对象的类型可以是下列中的一种：曲线（Curve）、闭合曲线（Closed crv）、边（Edge）、面（Face）、曲面（Surface）、结合面（Joined srf）、实体（Solid）、点（Point）。此外，如果选择了多个对象，还会在此处显示出当前选择的对象数量。

3. 样式

此处显示了指派给当前所选择对象的样式。左键单击这一行，会弹出一个样式对话框，可以给所选对象重新指派不同的样式，如图 2-94 所示。

图 2-94　样式对话框

注意，不要被“样式”这个名称所迷惑。在 AutoCAD 中，有多种样式，如文字的样式、点的样式、标注的样式等。而此处所谓的样式，就是对象的颜色。还有一种指定对象样式的方法，即在场景浏览器的样式部分实现，在场景浏览器一节会详细介绍如何添加新样式和编辑样式。

右键单击这一行，会弹出一个编辑样式（Edit style）对话框，可以编辑样式，如图 2-95 所示。

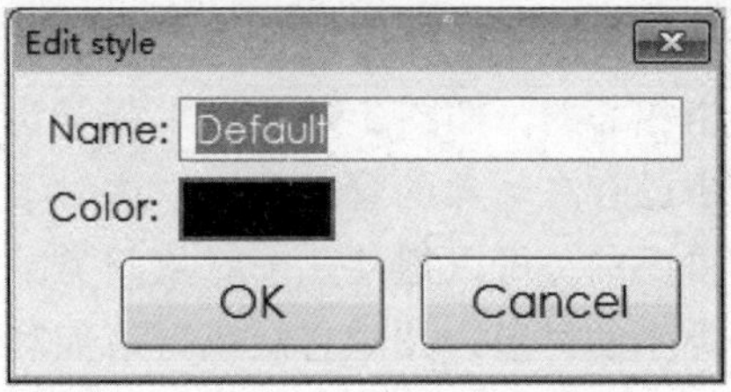

图 2-95　编辑样式对话框

4. 对象尺寸

此处显示当前所选对象四周的边界尺寸。在这一行上面单击，能够缩放对象到不同的尺寸。在 MoI3D 中，既可以在世界坐标系下显示边界尺寸，如果设置了构造平面（Cplane），也可以显示构造平面的坐标系。某些对象具有特殊的尺寸数值。例如，选择了一条直线，将会显示出它的长度；圆形、圆弧、球体或修整后的圆柱将显示出其半径；完整的圆柱或圆锥将显示出它们的半径和高度。如果同时选中几个几何体，将显示尺寸边界框的长、宽、高的数值，如图 2-96 所示。

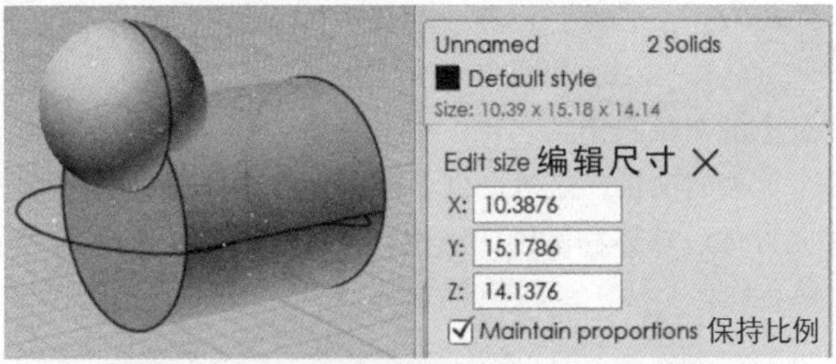

图 2-96　编辑尺寸下拉列表

单击数值，会出现编辑尺寸下拉列表，其中有一个保持比例（Maintain proportions）复选框，你可以通过勾选或不勾选它来控制当编辑某一个数值时，对象是均匀缩放还是允许其仅在一个方向上发生变化。

还可以在输入框中输入公式，如“20/4*3”，也可以在公式中使用表 2-2 所示的变量。

表 2-2　可使用的变量

字母	所代表的含义	字母	所代表的含义
x	边界 X 的尺寸	d	直径
y	边界 Y 的尺寸	h	圆柱或者圆锥的高度
z	边界 Z 的尺寸	l	直线的长度
r	半径		

例如，如果你想要设置一个圆柱体的高度是它半径的两倍，可以先取消勾选“保持比例”复选项，然后在高度输入框中输入“r * 2”。还可以在输入框中输入以“+”或“-”号开头的值，进行数值的相对调整。例如，如果在半径输入框中输入了“+5”，结果是为当前半径值增大 5 个单位。

2.10 场景浏览器

我们一般保持场景浏览器的默认位置，它是与侧窗格相邻的，如图 2-97 所示。场景浏览器提供了针对场景中已存在对象的管理手段，这对于建立复杂模型是非常重要的。可以把某几个对象归类，选择某一个或者某一类别的对象，并对它们执行诸如隐藏、显示、锁定等操作。MoI3D 的场景浏览器还是比较简单的，大型 3D 建模软件会提供更加复杂的对象管理手段。

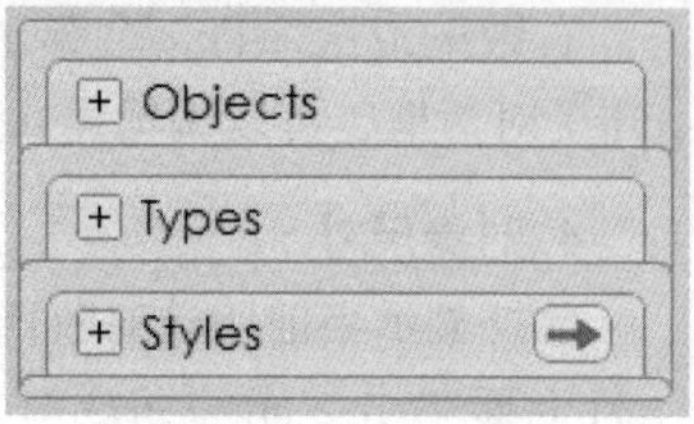

图 2-97 场景浏览器

场景浏览器分为对象（Objects）、类型（Types）和样式（Styles）三个部分，默认是折叠起来的，单击标题区域或者⊞号，可以展开相应部分，其中每一部分使用了一种归类方式。场景浏览器各部分下面列出的每一项代表了一个对象类别，可以单击项目中的不同对象，对属于该项目中同一类别的所有对象执行同一操作。

2.10.1 对象部分

当你已经给场景中的对象指定了名称，展开场景浏览器的对象部分，会显示出每个对象的名称，作为一个单独的项目，这里提供了根据名称来管理对象的手段。如图 2-98 所示是在场景中拖出了立方体、球体和圆锥的示例，并为它们起了简单的名字，可以看到对象部分列出了全部对象名称。

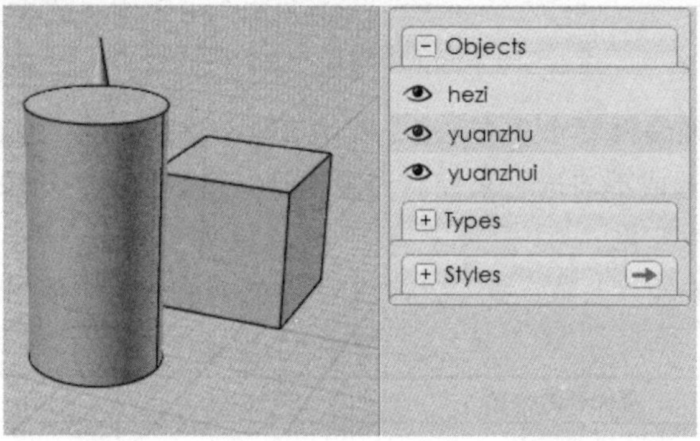

图 2-98 场景浏览器中对象部分的显示

接下来，在视图中单击圆柱体，圆柱体名称的右侧会出现黄色小圆，如图 2-100a 所示，表示圆柱体已被选中。但这种选择对象的方式不是提供场景浏览器的初衷。把鼠标滑移到对象名称的右侧，会出现一个小方框，单击则会选中场景中的对象，这就是根据对象名称选择对象的操作方式，如图 2-99b 所示。

对象名称前面的👁图标是状态标识，可以用来显示或隐藏对象。正常显示对象时，这个区域是个眼睛图标，用鼠标单击该图标就会隐藏该对象，如图 2-100 所示。

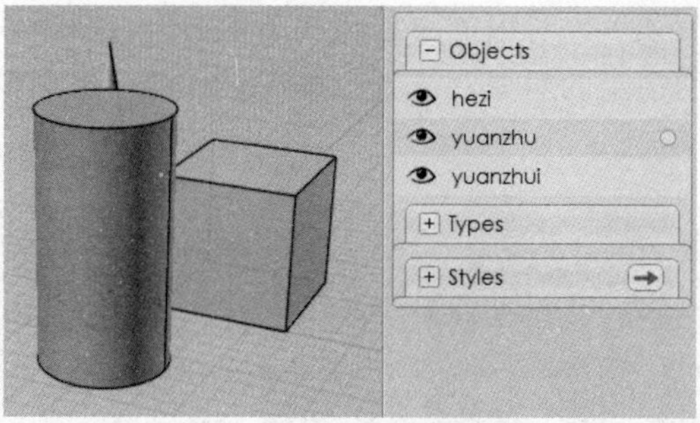

a）先在场景中选择一个对象

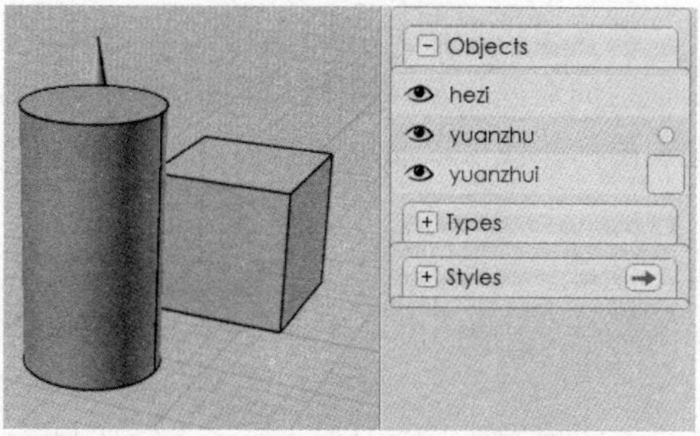

b）对象名称右侧出现了小方框

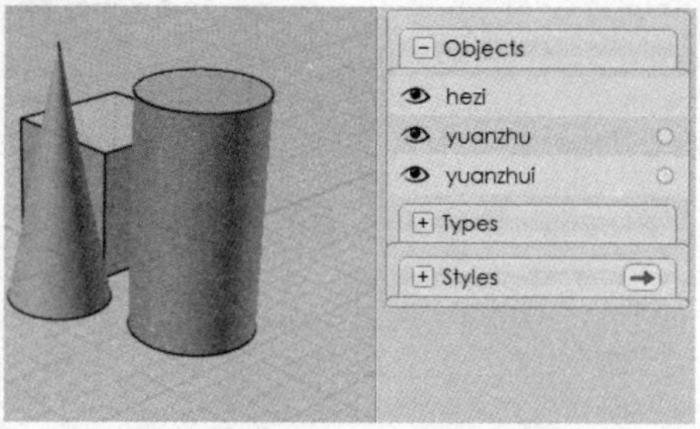

c）单击鼠标，选中另一个对象

图 2-99　根据名称选择对象

图 2-100　单击眼睛图标，可以隐藏对象

还可以右键单击状态区来分离出这个对象，这样做的结果将隐藏所有其他对象，只显示该对象。再一次右键单击这个区域，会显示出全部对象，如图 2-101 所示。

还可以按住鼠标不放，在几个相邻的状态区滑动，实现用一次移动鼠标动作设置多个对象的状态，如图 2-102 所示。这需要读者实际操作并感受。

状态区还能够显示是否锁定了对象。按住 Ctrl 键，单击一个对象的眼睛图标，视图区中的对象会显示为深灰色，而对象名称左侧显示为一把锁图标，表示这个对象已被锁定。在建模过程中锁定某个对象是一种保护行为，不能再对锁定的对象进行如移动、缩放等操作。继续单击锁图标，状态区变成一把非常暗的锁形，对应的对象在视图中消失，即隐藏了锁定的对象。如果左键单击锁图标，可以显示锁定的对象；或者，按住 Ctrl 键，再次单击锁图标，就可以显示和解锁对象，如图 2-103 所示。

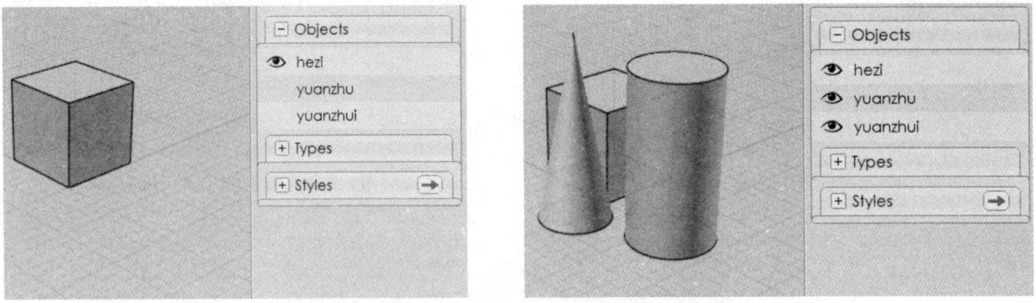

a）右键单击眼睛图标，隐藏其他对象　　b）再次右键单击，显示所有对象

图 2-101　分离对象

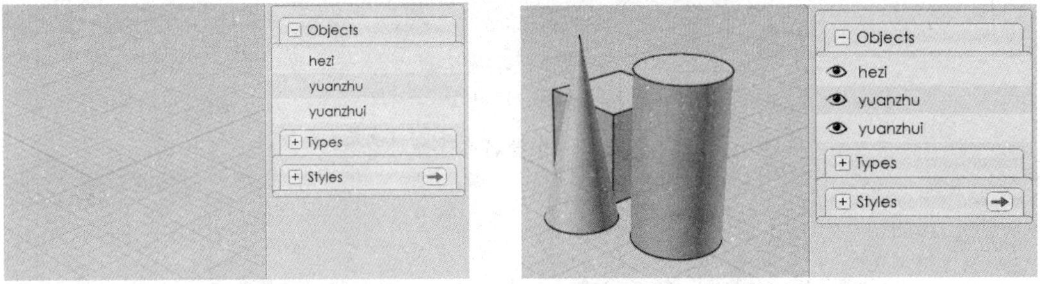

a）按住鼠标滑过状态区一次　　b）再次滑过状态区的结果

图 2-102　一次设置多个对象的状态

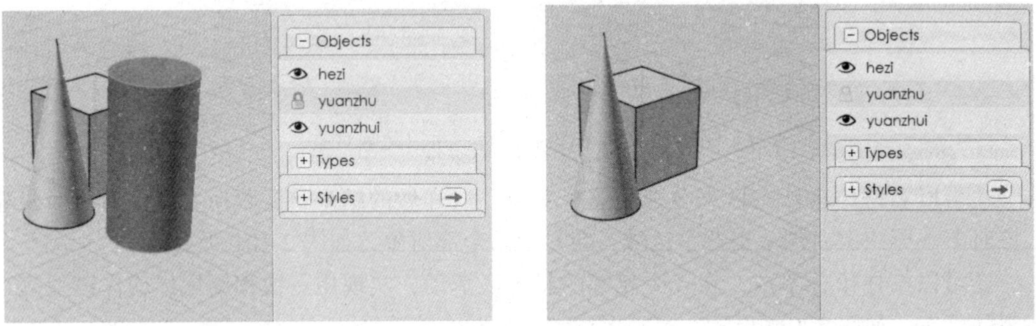

a）锁定圆柱对象　　b）隐藏锁定的圆柱对象

图 2-103　锁定对象与隐藏对象

对象名称右侧的选择标识○，给出了关于对象选择的一些信息，可以单击这个区域进行

选择操作。利用选择标识，可以进行对象选择、取消选择和设置选择过滤器等操作。选择对象的操作与在眼睛图标上单击来切换对象的可见性类似。如果选择了一个对象，则选择标识显示为完整的黄色小圆，而没有选中的对象的这个区域是空的。但是，不能使用这种操作选择隐藏的对象，如图 2-104 所示。

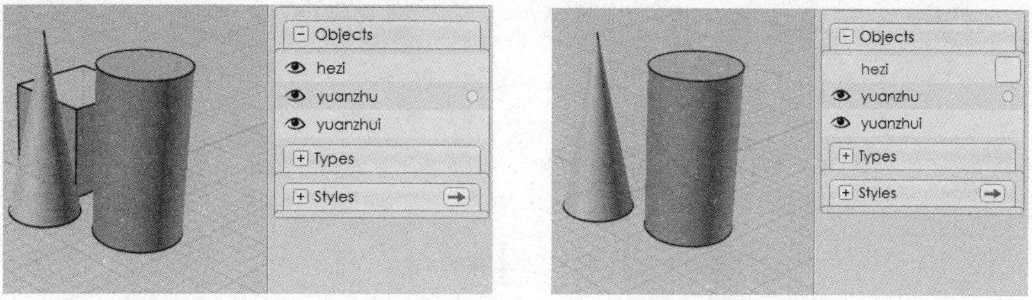

a）选择的对象右侧出现黄色小圆　　b）单击隐藏对象的选择区无法选中对象

图 2-104　选择标识

前面讲解的是针对单个命名对象的状态控制和选择操作，下面来讲解把几个对象归类、命名，然后对同一个类别的多个对象进行状态设置和选择操作。这种归入一类的多个对象与一般建模软件中的成组功能并不相同，且如果原来的单个对象已经命名，当为这一组对象指定了名字以后，在场景浏览器中只会显示新的名称，而不能在下一个层级中显示出单个对象的名字。

图 2-105 中的对象主要分为两大类：几何体和线条。先选择几何体。分别单击对象名称右侧的选择区，选中它们。接着单击属性面板中的对象名称一行，输入 jiheti，会看到原来的三个形体对象的名称不见了，取而代之的是“jiheti”，也就是说，这个名称包含了这一类对象。

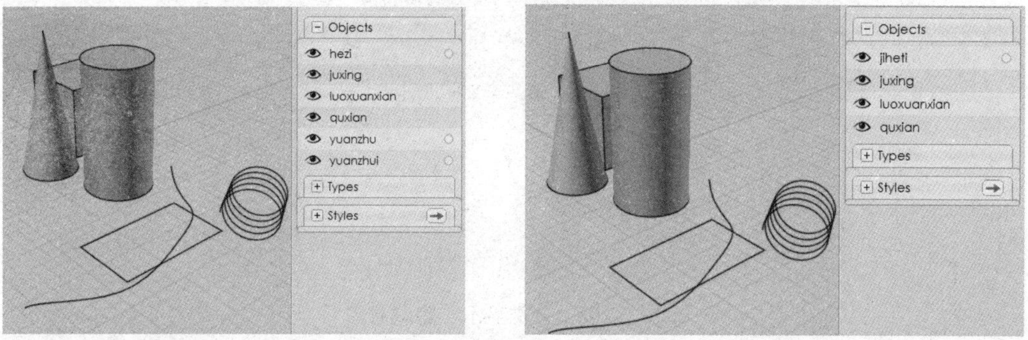

a）选择场景中的三个形体　　b）把这一类形体命名为 jiheti

图 2-105　对象分类（一）

在图 2-106 中，用同样的操作把另外三个线框图形命名为“xiantiao”。

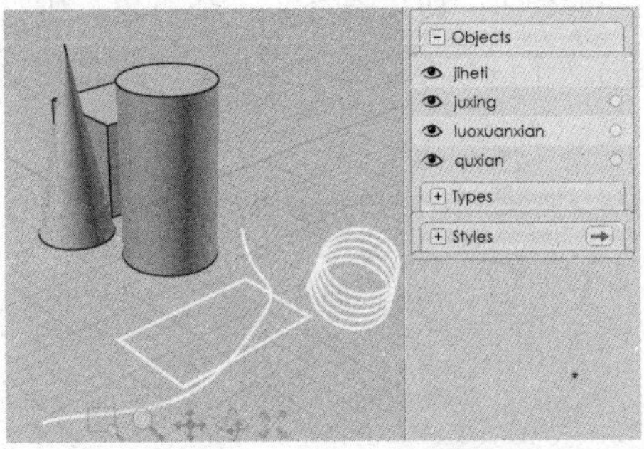

a）选择场景中的另外三个线形

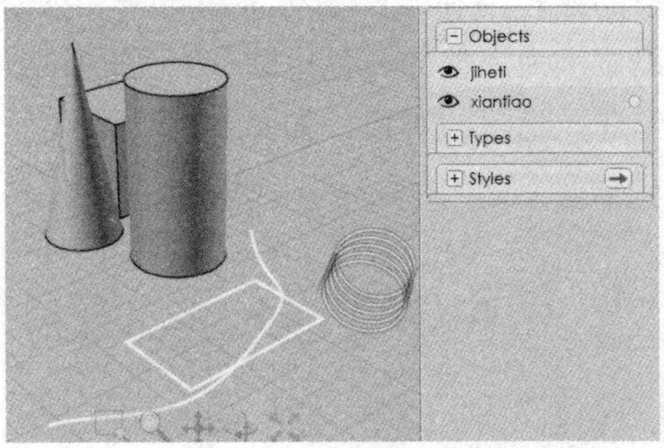

b）把这一类对象命名为 xiantiao

图 2-106 对象分类（二）

现在，对象部分的两个名称分别表示了两大类对象，一类是几何体对象，另一类是线框图形。在建模过程中，你可以把对象分成几大类，分别命名，然后按类别进行统一操作，如图 2-107 所示。

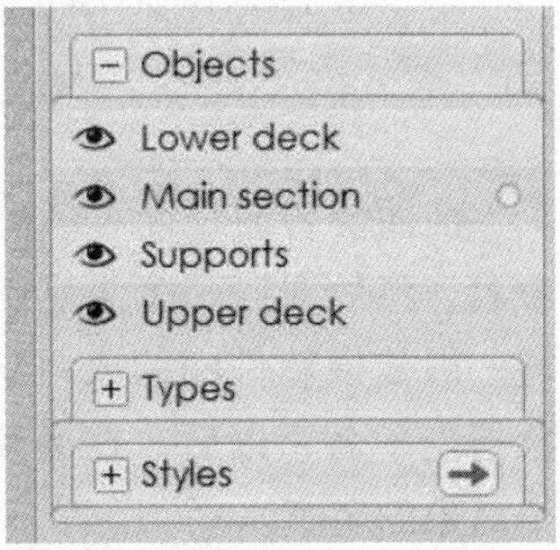

图 2-107 分类命名对象

如果属于该类别的所有对象都设置为显示，状态标识将显示为眼睛图标；如果属于该类别的所有对象都被隐藏了，状态标识显示为空白。如图 2-108 所示，所有属于 jiheti 的对象都处于显示状态，而所有属于 xiantiao 的对象都已隐藏。

图 2-108 分类显示、隐藏对象

按住 Ctrl 键并单击状态区域，可以在锁定和解锁状态之间切换。

某一类别中的对象有各种不同的状态，状态区也可以显示出混合的状态标识。如果某一类别中的一部分对象呈显示状态，而另一部分是隐藏状态，则状态区显示为半睁眼睛图标。如果这一类别中有部分对象锁定而另外的对象未锁定，状态区显示为用斜线分隔的眼睛标识和锁标识，如图 2-109 所示。按住 Ctrl 键，单击鼠标，可以清除这种混合的锁定状态。

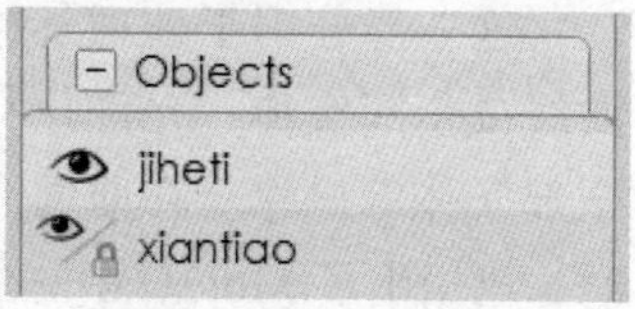

图 2-109　显示出混合的锁定状态

再来看看针对某一类别的选择区域的标识。如果选择了属于一个类别的全部对象，选择标识将显示为一个完整的黄色小圆；如果属于该类别的所有对象都没有被选择，这个区域显示为空白；如果选择了其中一部分对象，则选择标识显示为半圆形，如图 2-110 所示。

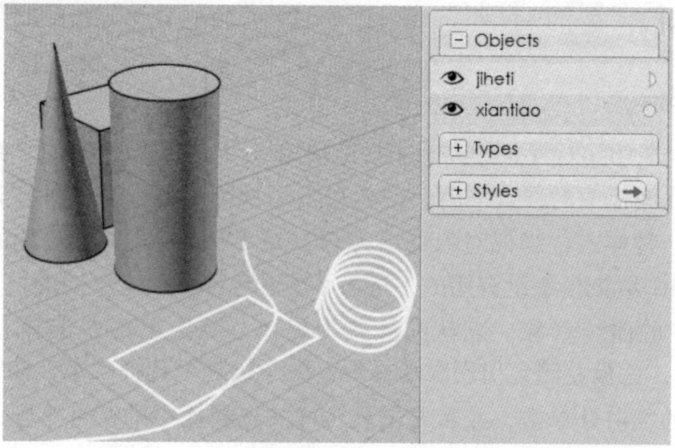

图 2-110　全部或部分选择一个类别中的对象

在选择区内单击时，只会选择那些没有被隐藏的对象。按住 Shift 键单击选择区，会选择该位置的所有对象，而不会考虑当前类别中对象的可见性状态，所有隐藏的对象也将显示出来。右键单击选择区会执行一个分离选择，将选择该类别中的对象，所有其他对象都取消了选择，如图 2-111 所示。读者可以分别试一下，观察执行操作后得到的结果。

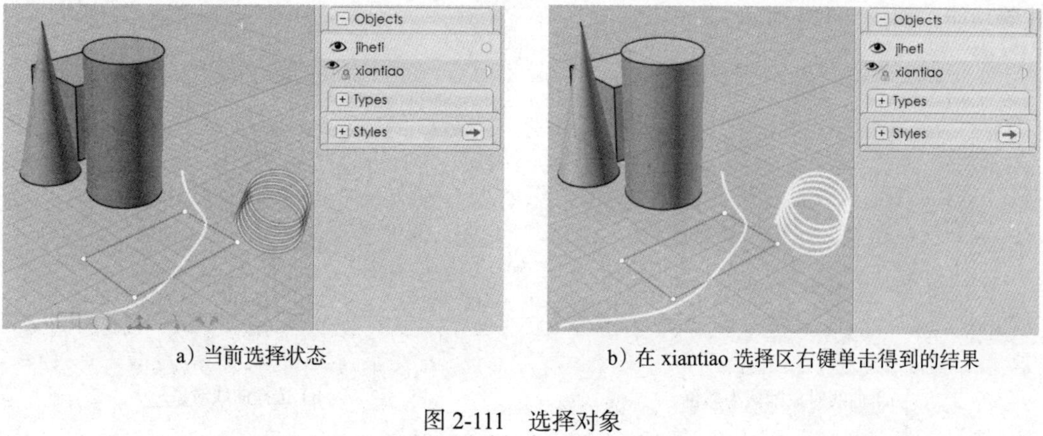

a）当前选择状态　　b）在 xiantiao 选择区右键单击得到的结果

图 2-111　选择对象

2.10.2 类型部分

这一部分用于处理某种类型的所有对象，如全部曲线或全部实体。允许执行诸如隐藏全部曲线或选择全部实体等操作。在前面介绍属性面板中显示的信息时，已给出了 MoI3D 中对象的全部类型。

在图 2-112 中，目前的选择状态是选择了部分曲线，由于存在锁定的对象，出现了锁标识，显然没有选择全部对象。状态区与选择区的用法和显示的标识与对象部分是一致的。

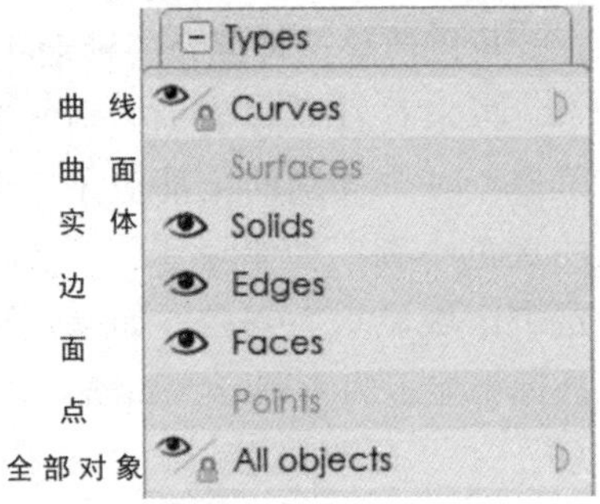

图 2-112 对象类型部分

2.10.3 样式部分

样式用来把对象组织成不同的颜色类别，这部分允许处理已分配了特定样式的所有对象。通过单击属性面板中的样式一行，或者单击场景浏览器中某一种样式的色板，可以为所选的对象指定一种样式。当把对象输出为 OBJ 或 LWO 格式时，分配的样式将会变成材质设定（这对于将来渲染模型是有用的，可为不同颜色部分设定不同的材质）。

如图 2-113 中的曲线对象，默认的样式为黑色，顺次单击并选择它们。在红色色板 Red 上单击鼠标，色板左侧会出现眼睛标识，由于仍处于选择状态，曲线对象仍亮显为黄色。在任一视图的空白处单击，或者单击红色样式选择区中的黄色小圆，取消选择，就会看到曲线对象全部显示为红色。

要替换掉默认的样式集，可以建立一个包含想要使用样式的 3DM 文件，然后在 Options（选项）→ General（常规）→ Template file（模板文件）中指定这个文件作为启动模板。这样，当启动 MoI3D 或者执行 File（文件）→ New（新建）命令时，就包含了所设置的样式，还有其他的文件预设置。

通过单击样式部分标题右侧的箭头，能够展开一个样式工具菜单，实现添加或编辑样式等功能，如图 2-114 所示。

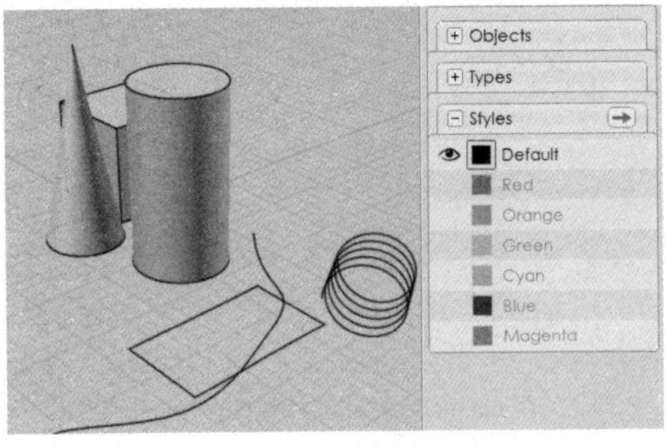

a）曲线对象默认为黑色

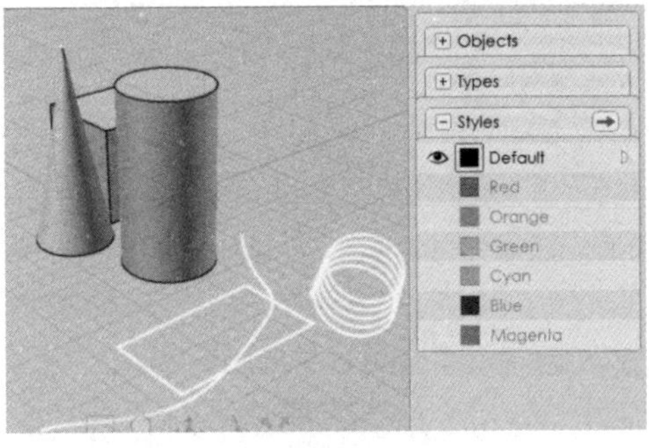

b）选择曲线对象

图 2-113 为对象指定样式

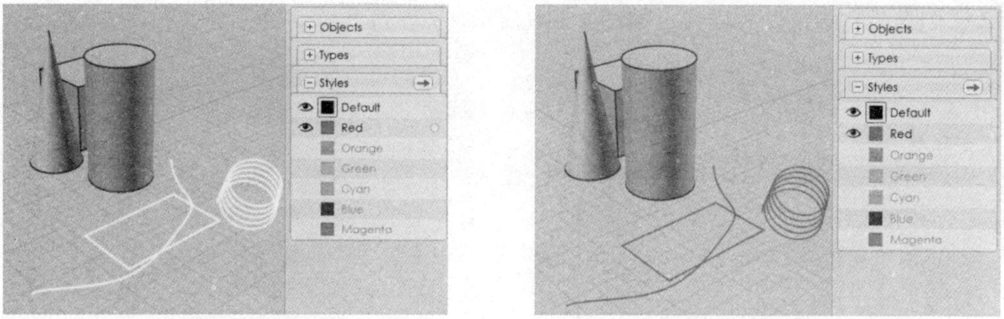

c）选择状态下，看不出什么　　d）为曲线对象指定了红色样式

图 2-113（续）

图 2-114　样式工具菜单

单击“添加新样式”按钮会出现一个对话框。在对话框中可以输入新样式的名称和设置颜色，添加新样式到样式列表中。注意，也可把新样式分配给当前选择的对象。先在名称（name）部分输入名字 sai，然后单击色板，弹出了一个调色板，默认颜色是黑色，如图 2-115 所示。这个调色板在 Word 程序中也存在，有一个预定义颜色区域，可以直接使用这些预定义颜色；如果对颜色有一定的认识，也可以直接输入 RGB 值；还有一种方式是使用右侧的调色板，在颜色区域中单击鼠标，十字靶标会移到此处，但颜色依然显示为黑色，此时需要上下滑动最右侧的◀，就可以观察到颜色的变化。单击 OK 按钮，确定颜色。

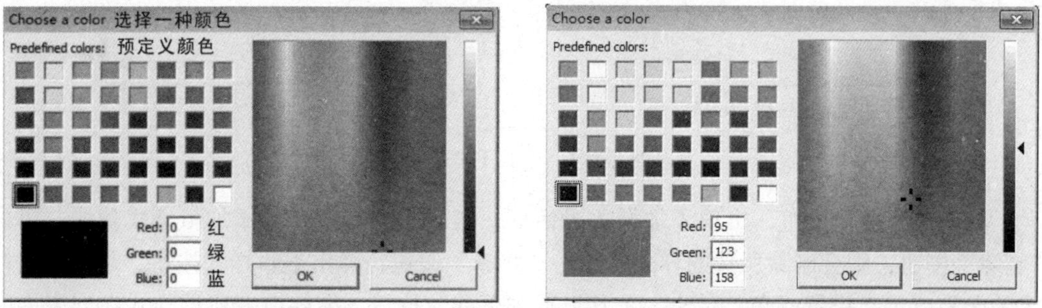

a）调色板　　b）确定一种颜色

图 2-115　调色板

单击添加样式对话框中的 OK 按钮，在样式列表中就会出现 sai 这种样式。如果选择了

对象，则会为它指定这种样式，如图 2-116 所示。

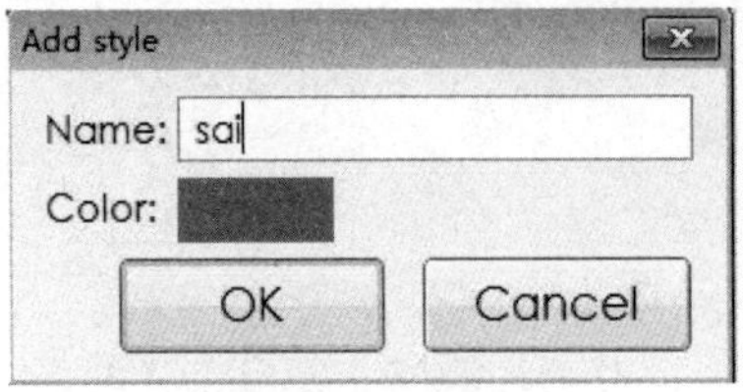

a）sai 样式

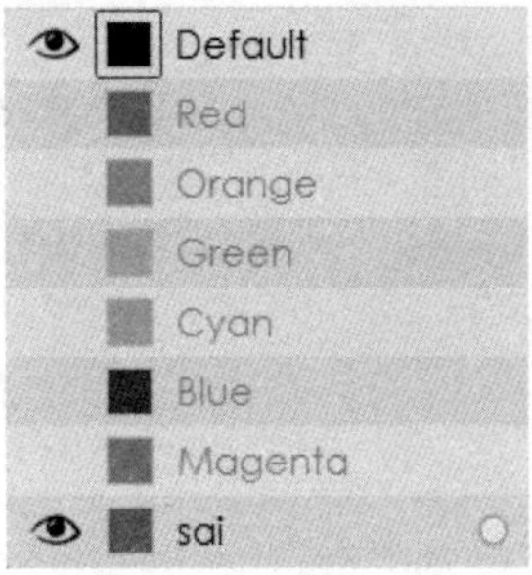

b）新样式被添加到了样式列表中

图 2-116　添加新样式

单击“编辑样式”按钮，打开编辑样式对话框如图 2-118a 所示。在此对话框中，能够使用不同的方式来编辑样式列表，包括添加新样式、删除样式、编辑已有样式的名称或者颜色，以及在列表中上下移动某个样式。

在最初出现的编辑样式对话框中，只有添加（Add）可用，其余的按钮都是灰色，不能使用。单击某个样式名称，比如 sai，选中的样式就变为蓝色，右侧的按钮就变得可用，如图 2-117b 所示。

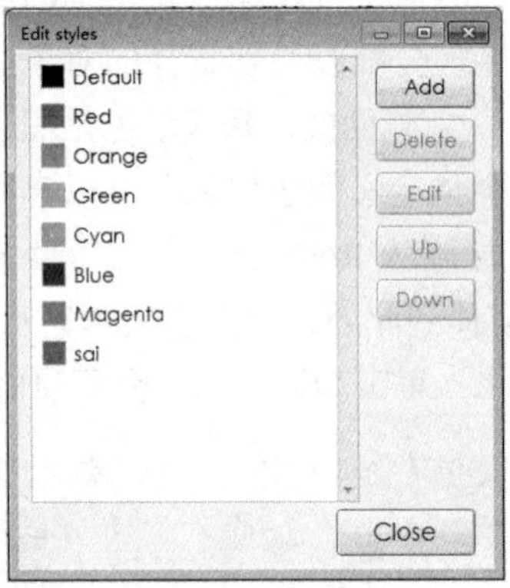

a）出现的编辑样式对话框

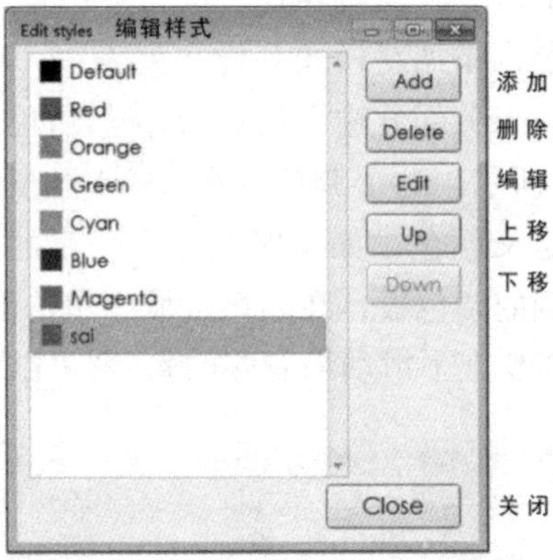

b）选中某个样式

图 2-117　编辑样式对话框

单击“添加”按钮，出现添加样式对话框，实现了前面所述的添加新样式功能；单击“删除”按钮，则会删除所选的样式；单击“编辑”按钮，弹出编辑样式按钮，可以更改样式的名称或重新设置颜色；单击“上移”或“下移”按钮，能够改变所选样式在列表中的位置，如图 2-118 所示。这些都是比较简单的操作，亲自动手体验一下就会理解了。

“添加默认样式”按钮用来给当前模型添加默认的样式集合，可以使用标准的默认样式。或者如果已在 Options（选项）→ General（常规）→ Template file（模板文件）中指定了一个启动模板，也可以使用这个模板文件。如果你正在使用别人发过来的文件，并且你想要改为自己通常使用的所有样式，有可能会用到这个功能。不过，一般情况下不会用到。

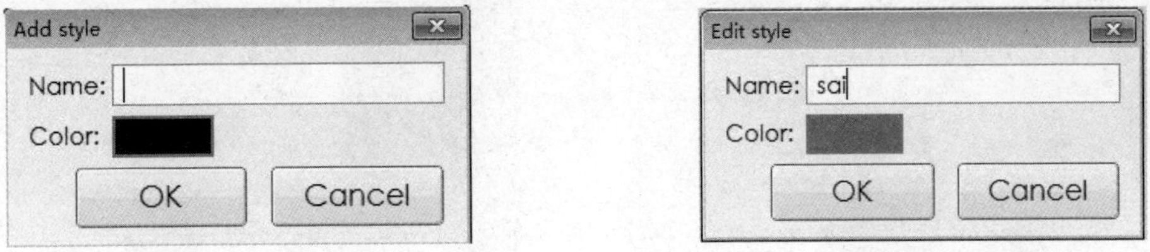

a）添加样式对话框　　b）编辑样式对话框

图 2-118　样式对话框操作

在编辑样式的过程中可以使用一些快捷键。在编辑样式对话框中，右键单击某一个样式，作为选择它的快捷方式，与按下“编辑”按钮的作用相同；在一个场景浏览器色板上，“Ctrl+ 左键单击”将会弹出颜色选择器，可以快速编辑样式的颜色；在属性面板中，右键单击样式一行，会弹出编辑样式对话框，能够编辑该样式的名称或者颜色。

可以通过设置激活的样式来控制新绘制对象所使用的样式。右键单击某一个样式色板，或者在没有选择任何对象时左键单击一个色板，可以将该样式设置为激活的样式。如图 2-119 中，已把蓝色设置为激活的样式，可以看到样式列表中蓝色色板周围环绕一圈外框，以后绘制的对象将显示为蓝色。

当在场景浏览器三个部分的选择区域中执行“Ctrl+ 单击”操作时，将会激活一个选择过滤器，如图 2-120 所示。

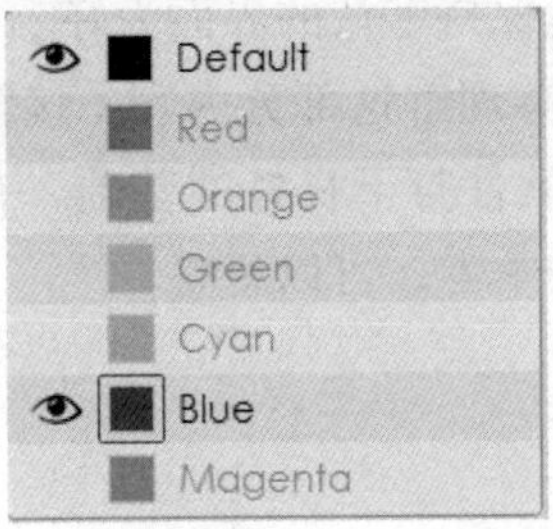

图 2-119　设置蓝色为激活的样式

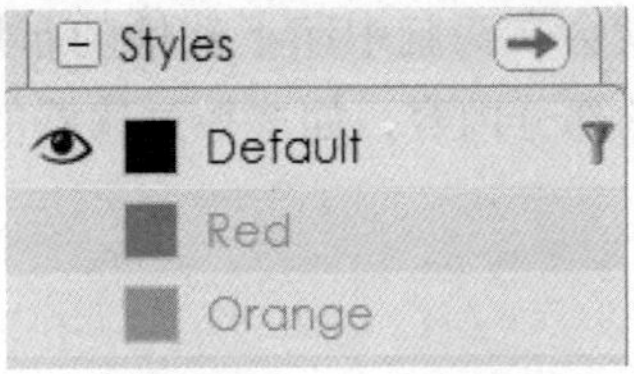

图 2-120　选择过滤器

再次“Ctrl + 单击”这个区域，将清除选择过滤器。或者把 ESC 键设置为快捷键，当使用完过滤器时，用其来清除任何激活的过滤器。通常，最好仅使选择过滤器保持激活一段时间，如果未能及时清除过滤器，将不能进行其他选择。选择过滤器会影响到所有类型的选择操作，包括使用鼠标选择对象、全选和使用场景浏览器选择对象等。

当选择过滤器处于激活状态时，只有属于某一类别的对象才会执行选择动作，如同一颜色的样式、同为曲线的类型等。如果想要选择全部黑色的曲线，可以在样式列表中把黑色设置为一个过滤器，然后转到类型部分，单击曲线类型的选择区域，结果是只选择那些样式为黑色的曲线，如图 2-121 所示。

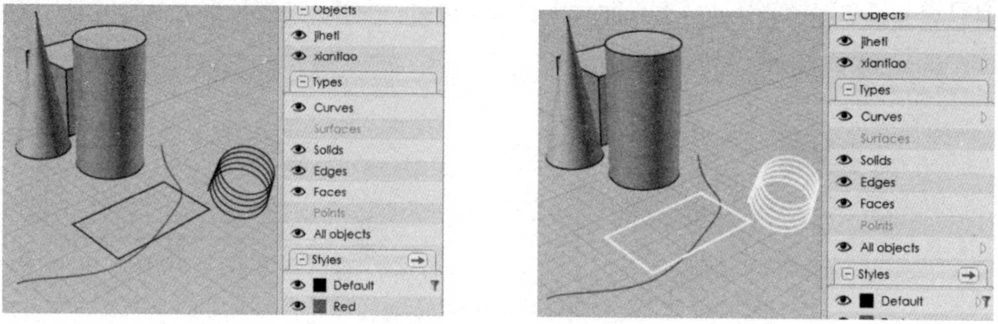

a）为黑色样式设置了过滤器　　b）编辑样式对话框

图 2-121　设置过滤器

另外，允许同时设置多个选择过滤器，只有那些符合全部过滤条件的对象才会被选中。当激活选择过滤器时，它不会改变任何现有的选择，只会影响之后的新选择。允许分几步建立一个选择。如果不想保留现有的选择，那么在设置过滤器之前将其清除掉。

2.11　小结

本章全面介绍了 MoI3D 软件界面中的绝大部分内容，使读者对界面中的各个项目有初步的认识，了解其功能和作用。实际上，MoI3D 的软件界面是允许用户定制化的，不过对于初学者而言，无须在界面布置上花费更多的精力，还是保持默认的界面为好。

MoI3D 的界面非常直观，通过学习，相信读者都能够理解这部分内容。接触软件时间久了，就会在头脑中印下软件的布局，为得心应手应用软件打下良好的基础。有关场景浏览器中的部分内容，如选择过滤器的应用可能并不适合初学者，可以忽略。

第 3 章 Chapter 3

为建模做准备

前面已经讲解了 MoI3D 界面的部分知识，在开始应用命令进行创建对象之前，还要了解一些相关的内容。耐心一点，你掌握的软件相关的知识越多，工作起来就越顺手，磨刀不误砍柴工嘛!

3.1 如何导航视图

在建模过程中，需要随时对视图进行旋转、平移和缩放操作以观察模型的不同部位。在第 2 章介绍视图控制按钮的部分已解释了一种导航视图的方法，这里再总结一下。

使用鼠标来导航视图时：要旋转视图，可在 3D 视图中按住右键进行拖动；要平移视图，按住鼠标中键，在任一视图中拖动鼠标进行平移。在三个正向视图（俯视图、主视图、右视图）中，还可以使用鼠标右键来平移视图。前后滚动鼠标的滚轮，能够实现缩放视图的功能。

也可以使用视图底部的视图控制按钮实现旋转、平移或者缩放视图的功能，这是一种最直观的方法。要实现这些功能，按住按钮后移动鼠标即可。这些控制都是相当敏感的，所以只需稍微移动鼠标即可。这些功能的参数都可以在 Options（选项）→ View（视图）→ Rotate/Pan/Zoom（旋转 / 平移 / 缩放）选项中进行调整。

3.2 如何执行各种命令

在 MoI3D 中，通过运行命令可完成不同的任务。有一些命令只需要直接执行后退出。

还有一些命令，可能需要经过不同的阶段，比如拾取点、选择其他对象或者调整不同的参数才能完成。有时需要单击“完成”（Done）按钮来确认完成了命令的某个阶段。当然，也可以通过在视图中右键单击来执行完成操作，或者按“回车”(Enter) 键结束。

编辑或操纵一个对象的命令，一般应该在运行命令之前先选择对象。

当运行某个命令时，MoI3D 主窗口右上方的命令选项区域中会显示出一些信息。对于一些命令，命令选项的上部区域会给出提示，告诉操作者接下来要使用什么命令。例如，当执行“直线”(Line) 命令时，会显示“拾取起点”的提示，意味着这个命令正等待使用者指定一个点的位置，既可以在视图中单击一下鼠标，也可以用键盘输入 X、Y、Z 值，如果使用者遇到不知该如何操作的情况，看看命令的提示可能会有所帮助。

在提示的下方，一个命令可能会有几个控制选项，如文字输入、一些按钮、复选项和下拉菜单，用于调节不同选项，使命令产生不同的动作，如图 3-1 所示。

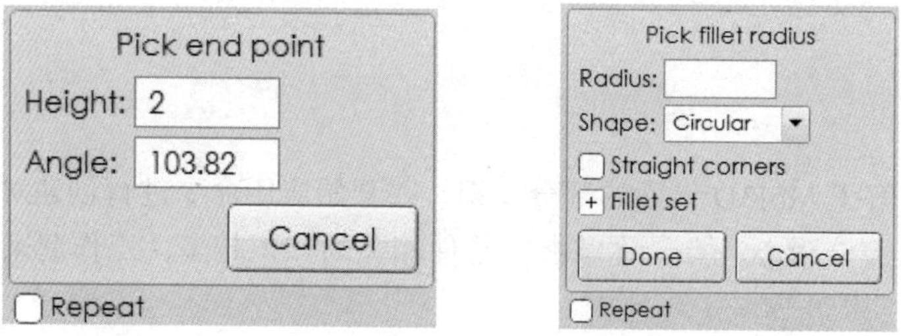

图 3-1 针对不同的命令，命令选项区域会出现不同的提示

要终止一个命令，可以单击“取消”(Cancel) 按钮，或者按下 Esc 键。

当不执行任何命令时，视图处于选择模式之下，允许选择对象，并且可以拖动它们。通常，退出一个命令后，就返回到了选择模式，可以重新调整所选择的对象，为执行下一个命令做好准备。在选择模式下，可以使用鼠标右键或 Enter 键，来重复刚才已执行过的命令。例如，刚才已绘制完成了一条直线，可以单击鼠标右键，继续执行绘制直线的命令。对于一些命令，当命令还在执行时，也可以单击位于命令选项最下方的“重复”(Repeat) 复选框，使命令自动重新执行，直到单击“取消”按钮才结束。例如，如果想要绘制大量的直线，不需要每次都右键单击，使用重复执行直线命令即可。

3.3 如何绘制 / 拾取点

许多命令都需要定义点来生成一个对象。例如，直线命令需要确定起始点和终点来生成一条线段。用鼠标拾取点的方法是在视图中单击左键。MoI3D 提供了几种方法来帮助精确放置点，包括栅格捕捉、直接捕捉、对象捕捉和建造线。前面已解释过，栅格捕捉、直接捕捉、对象捕捉可以通过按钮来控制启用或者关闭，当控制按钮处于橙色高亮显示时，表示其处于启用状态。

栅格捕捉能够使一个点锁定到栅格的交叉点上，可以在 Options（选项）→ Grid（栅格）中调节捕捉尺寸。栅格捕捉比对象捕捉的优先级要低，如果对象捕捉影响到了定位点捕捉到栅格上，需要关闭对象捕捉。

直接捕捉可以在相对于前一点的直线上锁定点，当鼠标移动到靠近轴线附近时，这个功能会起作用。直接捕捉的默认值是 90°，不过，可以在 Snaps（捕捉）→ Straight snap options（直接捕捉选项）→ Snap angle（捕捉角度）中设置其他角度。保留默认值 90° 其实更为方便一些，当需要特别锁定到其他角度时，再临时改变角度值。

对象捕捉能使点捕捉到已存在对象上不同的位置，如一条直线的端点或者中点、圆的中心点等。

构造线是一种辅助工具，可以用于帮助精确地放置点。如果按下鼠标左键，保持住并且拖拉，而不是点一下立刻释放鼠标，就会出现一条临时的构造线。构造线这项功能使得在使用任何一种捕捉时，都能快速地创建一条辅助校准线。

例如，单击命令面板中的“直线”命令，命令选项区域会出现拾取起始点的提示，把鼠标移至俯视图中，按下左键不放，拖动鼠标就会出现一条虚线，这就是帮助确定起点的构造线，如图 3-2 所示。

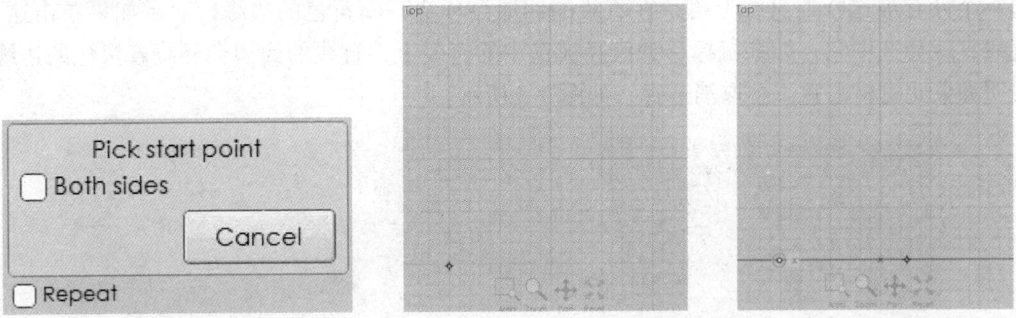

a）拾取起始点的提示　　b）按下鼠标左键　　c）拖出构造线

图 3-2 构造线

拖着构造线旋转，会感觉到它能够捕捉到水平和垂直的位置。在水平位置释放左键，就把构造线放置到了水平方向上。此时会出现一个标记，左键点击标记，弹出一个菜单，用来重新设置构造线，如图 3-3 所示。

现在，在构造线上移动鼠标，单击左键确认直线的起点。然后提示拾取终点，同样可以拖出构造线，在构造线上确定直线的终点。当绘制完一段直线后，构造线就消失了，如图 3-4 所示。

除了用鼠标拾取点外，还可以输入 X、Y、Z 的具体数值来确定点。第 2 章 2.4 节已解释了具体输入数值的方法，此处不再赘述。

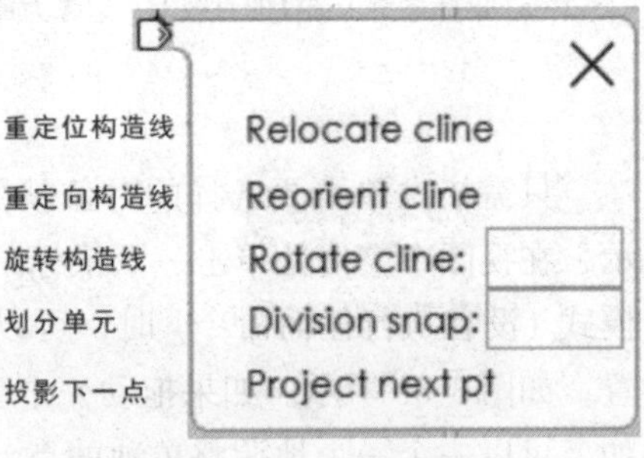

图 3-3 重设构造线菜单

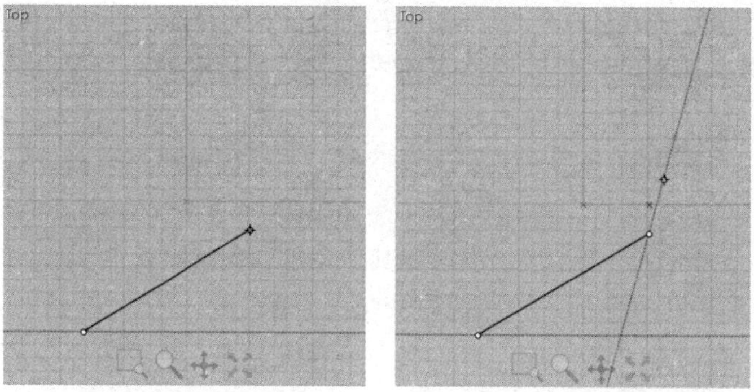

a）确定起始点　　b）放置终点时，也拖出构造线　　c）在构造线上确定终点

图 3-4　重设构造线

3.4　选择对象的方式

在 MoI3D 中，可以直接单击一个对象来选中它，这是最直接的一种方式。当把鼠标移到一个没有被选择的直线上时，在直线的四周会环绕一圈黄色的边缘，表示如果单击这条直线，就会选中它；如果鼠标移到已经被选中的直线上，直线的四周会环绕着黑色的边缘，表明如果此时单击它，会取消选择，如图 3-5 所示。

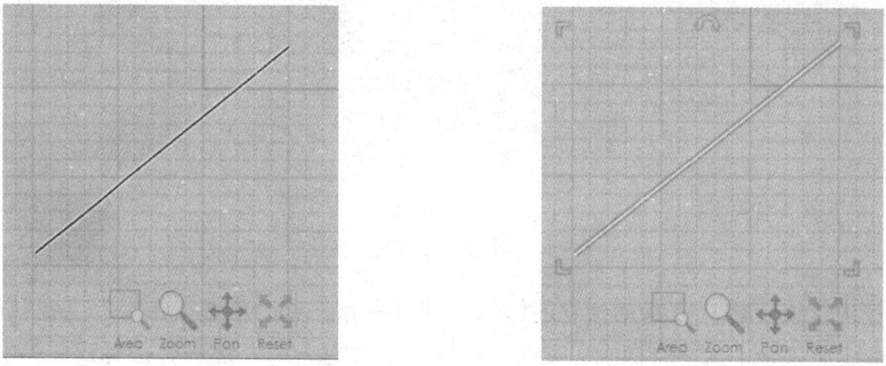

a）鼠标移至未选择的直线上，边缘为黄色　　b）鼠标移至已选择的直线上，边缘为黑色

图 3-5　选择直线

只需依次单击要选择的对象就能够进行多重选择，而无须按住 Shift 键。如图 3-6a 所示，在视图中空白处单击一下鼠标，或者按 ESC 键，可以取消选择全部对象。当处于选择模式（没有执行任何命令）时，可以单击并拖动某个对象或者一个点，重新调整它们的位置，如图 3-6b 所示。如果拖动一个事先没有被选择的对象，它将成为唯一选择的对象。例如，可以一个一个地调整单独的点，而且在每次拖动之前，并不需要在空白处单击来取消

前面的选择。

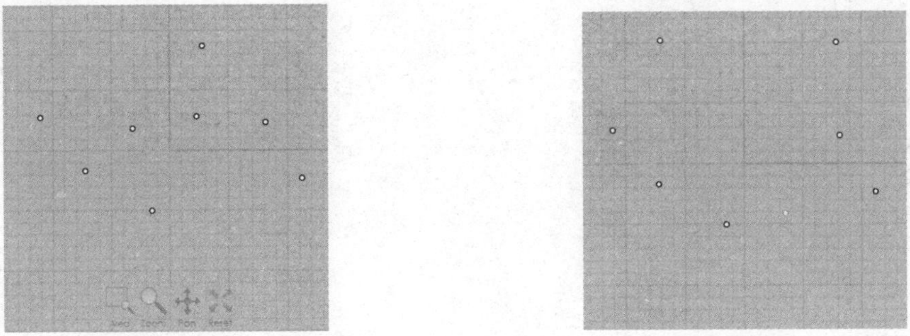

a）取消选择　　b）拖动点

图 3-6　选择对象与调整对象

在视图区的空白处单击并拖动鼠标会生成区域选择框，也就是所谓的框选，如图 3-7 所示。如果单击一下鼠标，按住并向右拖动，会拉出一个实线框。只有完全位于矩形框内的对象才会被选中。如果从右向左拖动鼠标，会拉出一个虚线框。凡是与虚线框相交的对象都会被选中。

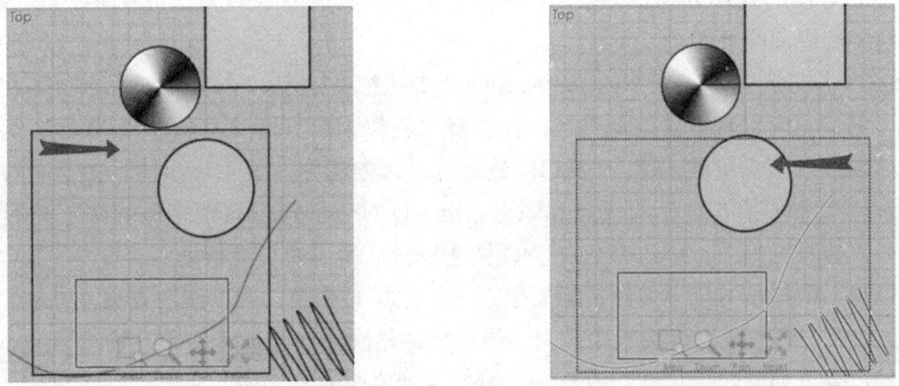

a）自左向右拖出实线框，选中内部对象　　b）自右向左拖出虚线框，选中相交对象

图 3-7　框选

在某些操作中，可能只需要选择实体中的一条边线或者一个面。例如，要为实体中某个特定的边执行倒角操作时，在执行倒角命令之前需要先选中这条边。第一次在实体上单击会选择整个实体，第二次单击就会选中它的一条边或者一个面。可以这样理解，第一次单击实体做的是整体选择，第二次单击就进入了下一个层级——能够选择构成实体的边线或者面，如图 3-8 所示。

当执行完这种次一级选择后，接下来的点选或者区域选择都只针对次级对象，而不是整个实体。例如，如果已经选择了一条边线，接下来可以使用范围更大的区域选择，并且只会选择到这个区域内部的所有边线。

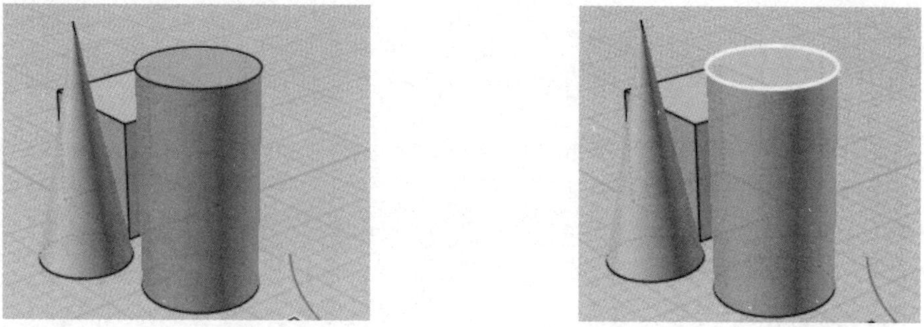

a）第一次单击，选择了整个实体　　b）第二次单击，可以选择线和面

图 3-8　选择线或面

3.5　基本建模概念

MoI3D 专注于使用 NURBS 对象进行建模。这些对象由平滑曲线和曲面面片组成。在 MoI3D 中，典型的建模方式是先绘制出能够定义不同轮廓形状的关键轮廓曲线，也就是说，建模从绘制轮廓曲线开始。

MoI3D 中的建模方法与 Polygon 或 Sub-D 中建模方法有一个显著的区别。如在 Sub-D 软件中，更多倾向于对单独的点进行操作，有些类似于雕刻造型。而 MoI3D 的建模方法更类似于插画或者素描绘画，因为 MoI3D 是通过绘制的轮廓曲线生成实体。在不同的应用领域，每种建模方法都有自己的优点和弱点：Sub-D 对于创建带有很多精细细节的形体具有优势，如人的脸部刻画；MoI3D 在工业领域建模时显得更快、更精确。

如果有一个扫描的位图文件，想要把它用作建模的参照，可以使用查看（View）→图像（Image）命令，将它放置到场景中。对于绘制好的轮廓曲线，通常使用“构建”（Construct）标签中的命令，如旋转、拉伸、放样、扫掠等，创建面或者实体。

创建了一些基本对象之后，通常会使用布尔运算，使模型变得更精确。布尔运算可以利用其他轮廓线切割对象，也可以组合或者减去不同的实体，将对象变成一个大的装配体。

最后，使用倒圆角命令将因不同对象交叉而生成的锐边变成圆滑的过渡。

3.6　输出模型到其他软件

MoI3D 仅仅专注于建模流程。通常在 MoI3D 中创建了模型之后，需要输出模型到其他软件以执行其他任务。例如，可能要将模型导入到其他渲染程序中建立照明并分配材质，来生成高度逼真的图像；或者可能要将模型导入到 CAM 程序中，计算可以把模型用于一个

CNC 设备的刀具路径。

MoI3D 能支持的部分文件格式可以包含曲线和曲面。.3dm 和 .igs 文件格式支持曲线和曲面，所以这些格式最能代表 MoI3D 模型数据。其他格式仅包含多边形网格类型的数据，.obj、.stl、.3ds 和 .lwo 都是以多边形网格为基础的文件格式。

.pdf 和 .ai 格式生成一个平滑的 2D 图形，用于打印或导入到 2D 绘图程序中。.dxf 格式既可以保存一个 2D 绘图，供导入到一个 2D CAD 程序中进行标注和打印；或者，如果输出线框曲线为 DXF，还有一个用于写入 3D 曲线数据的选项。

当保存一个多边形网格文件格式时，MoI3D 中创建的曲面会转换成多边形网格小面，将显示出“网格化选项”对话框，提供一些调整选项来控制网格化过程。例如，可以调整网格来生成数量较少的多边形，这样数据会更小，但是外观会粗糙些；或者可以使用密度更大的网格，生成大文件尺寸，外观更光滑。

一般而言，多边形网格文件格式不会在内部保存线框曲线。如果模型只是由线框组成（例如在俯视图中绘制的 2D 线条和圆），必须先创建面，然后再生成多边形数据格式。

3.7 输出数据的一些事项

通常使用文件（File）→另存为（Save As），把模型导出为不同的文件格式。还可以使用文件（File）→输出（Export）（输出是“输出所选”的简写）——这个命令只会输出所选择的对象到文件中，而另存为命令则保存全部对象，无论选择与否。

大多数渲染程序都专注于处理多边形网格数据。一些程序支持导入 .3dm 或者 .igs 文件，随后会将曲面转换为多边形，但是通常这种转换不是很成功。通常，在 MoI3D 中做这种转换比较好一些，因为 MoI3D 有一个非常出色的网格模型输出器。在本书第 13 章会详细解释网格化选项的参数，本节只是先粗略了解部分内容。

一般情况下，使用者会使用 .obj 格式的文件把多边形网格数据导入到一个渲染程序（渲染器，如 Mental Ray、Render Man、Arnold、KeyShot 等）中进行最终渲染。OBJ 文件是 Alias Wavefront 公司（开发 Maya 的公司，已被 Autodesk 公司收购）为它的一套基于工作站的 3D 建模和动画软件 Advanced Visualizer 开发的一种标准 3D 模型文件格式，非常适合用于 3D 软件模型之间的互导，也可以通过 Maya 读写。比如，在 3ds Max 或 LightWave 中创建了一个模型，如果想把它调到 Maya 里渲染或制作动画，导出 OBJ 文件就是一种很好的选择。目前几乎所有知名的 3D 软件都支持 OBJ 文件的读写，OBJ 已成为多边形网格模型的标准文件格式。此外，可以使用 .lwo 格式供 Modo 或 LightWave 调用，为 3ds Max 输出 .fbx 格式文件。

一些程序不能很好地处理 N-gons（由超过 4 条边组成的多边形构成的模型），所以，如果输出后效果不好，就需要转到网格化选项，选择“输出：四边形 & 三角面”（Output: Quads & Triangles）或者“输出：仅三角面”（Output: Triangles only）试一下。

此外，单击网格化选项对话框左下角的向下箭头可以看到“沿边线焊接顶点”（Weld vertices along edges）复选项，如果不勾选它，一些程序可能会工作得更好。

.3ds 格式有一些限制，所以最好是在没有别的选择的情况下才考虑使用此种格式。一些类型的 CAM 程序可能更适合读取 .3dm、.igs 或 .stp 数据，而另外一些程序可能只适合使用 .stl 格式。

可以将线框曲线数据输出为 SketchUp 的 .skp 格式，这样操作将会把曲线转换为多段线。MoI3D 与 SketchUp 结合使用，在建筑设计领域非常有用。

由于 Rhino 和 MoI3D 出自同一个开发小组，因此不需要把模型保存为一个文件，只要使用复制、粘贴操作，就可以在 Rhino 和 MoI3D 之间相互共享数据。

还能够使用复制 / 粘贴功能，在 MoI3D 和 Adobe Illustrator 或者一些其他 2D 绘图软件之间传递数据。MoI3D 能够识别剪贴板中的 PDF 或 AI 格式，并能使用常规的粘贴功能把这些数据粘贴到 MoI3D 中。在快捷键设置部分，使用下列的脚本可以实现数据从 MoI3D 进入 Illustrator 的另一个方向：

```
script: /* Copy AI format to clipboard */ moi.geometryDatabase.copyToClipboardAI();
script: /* Copy PDF format to clipboard */ moi.geometryDatabase.copyToClipboardPDF();
```

初学者可能并没有这种需求，了解一下即可。

如果对象是由单个分离的曲面构成的，须使用编辑（Edit）→结合（Join）命令，在它们的公共边缘处把曲面粘合到一起，然后再输出。网格输出器沿着结合的边缘来创建一个均匀的网格，这需要做大量的工作。如果曲面单独地被网格化，而没有与相邻的面结合，在每一个网格上都有可能会造成不同的顶点结构，形成缝隙。

在 Mol3D 中，可以通过指定样式来控制材质，然后以 .obj 和 .lwo 格式输出。现在通常是把模型输出到 Keyshot 中设置材质，然后再渲染。

3.8 小结

本章简要介绍了在建模之前应了解的一些内容，包括如何导航视图、绘制和拾取点、选取对象的方式以及如何输出模型到其他软件等。本章只作简要介绍，使读者先有一个大致的认识，在后续的实际操作中再具体掌握这些内容。

从下一章开始，我们会接触命令面板中的不同命令，逐个学习每个命令的功能和用法，体会 Mol3D 强大的绘图与建模能力。由于命令面板集中了建模所需的主要命令，分布在不同的面板（pane）中，所以后续章节按不同的功能标签（Tab）进行了划分。

第 4 章　Chapter 4

2D 绘图命令

本章我们开始学习如何应用命令面板中的各种命令，进行绘制 2D 曲线、构建 3D 对象、编辑修改模型等操作。MoI3D 界面右侧的面板依据功能不同划分为三个部分，每一个面板又由不同的标签构成，标签中包含了一系列命令，如图 4-1a 所示。这些标签与一些程序的菜单或工具栏类似，只不过在 MoI3D 中，把命令分布在右侧窗格中，以便于选取。在不同的标签上单击，会显示出不同的命令集。如果再次单击已经突出显示的标签，它将会折叠起那个面板，如图 4-1b 所示。这与在 Photoshop 中可以折叠右侧的调板类似。

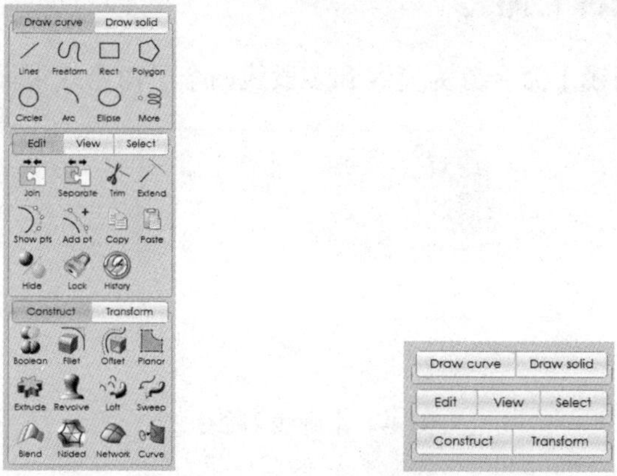

a）完全展开的命令面板　　b）把命令面板全部折叠起来

图 4-1　命令面板

我们已经知道，NURBS 建模首先是从绘制不同形状的轮廓曲线开始的，所以本章首先介绍与绘制 2D 图形有关的命令，这是最基础的知识。在多边形建模软件中，建模的起点是一个基本几何体，如立方体，通常所说的“盒子建模”，就是由立方体开始创建各种模型，如人的头部、手掌等。既然要从绘制 2D 图形开始，掌握相关命令的用法就非常重要。此处假定读者没有任何应用 AutoCAD 和 Adobe Illustrator 的经验，也就是从未接触过任何平面设计和 CAD 绘图的知识，因此本章会尽可能详细地解释这些命令的功能和操作方法。

想要使用面板中的某个标签中的命令，只需单击这个标签，标签头会突出显示，然后单击某个命令。一些命令中还包含有几个子命令，单击该命令后，出现的子命令会挤占面板的一部分位置。例如，单击【绘制曲线】（Draw curve）标签（见图 4-2）下的【画线】（Lines）命令，会出现【直线】(Line）和【多段线】(Polyline）两个子命令，如图 4-3 所示。

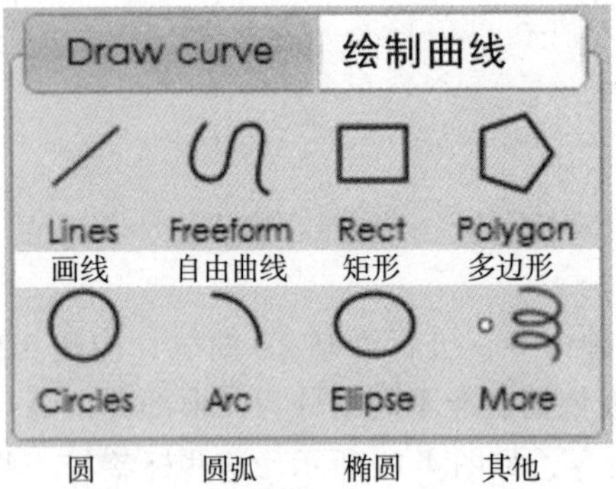

图 4-2 【绘制曲线】标签中的命令

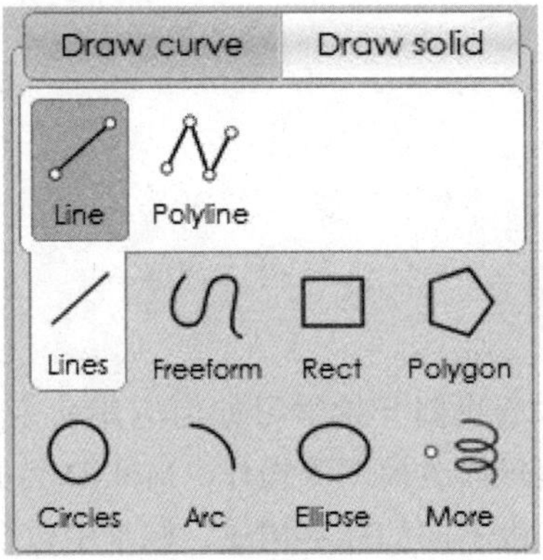

图 4-3 【画线】命令下的两个子命令

4.1 【画线】(Lines）命令

如图 4-4 所示，【画线】命令分为直线和多段线两个子命令，下面分别作介绍。

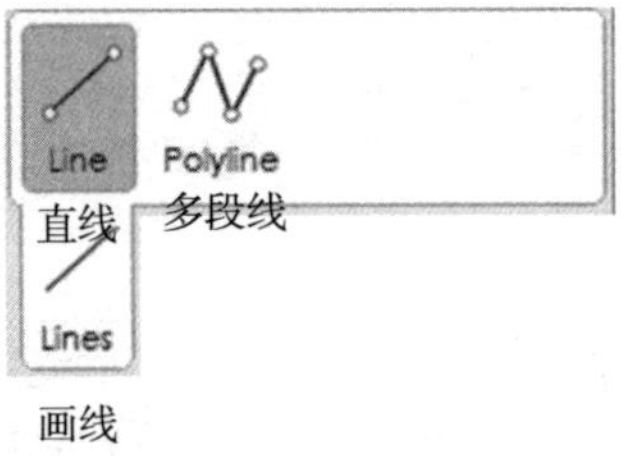

图 4-4 【画线】命令

4.1.1 【画线：直线】(Line）命令

直线是 2D 图形中最常见、最简单的构成要素，所以【画线：直线】命令是最常使用的命令之一。绘制直线的具体操作是通过指定线段的两个端点来画线。单击【画线：直线】

按钮，命令选项区域会出现操作步骤的提示和一些选项。把鼠标指针移到一个视图中，如俯视图，同时会看到在其他视图中也有一个十字靶标✦随动，注意观察数值显示与输入区域，X、Y、Z的坐标值也在不断地发生变化。为简化起见，本章假定在俯视图（Top）进行图形绘制，Z值为0。

使用鼠标来绘制直线是非常简单的。先在视图中单击一点，确定直线的起始点，接着再单击一下，确认直线的终点，如图4-5所示。

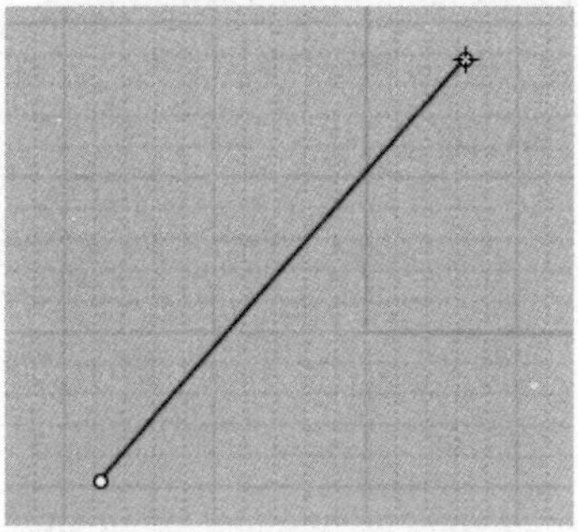

a）单击确定直线的起点

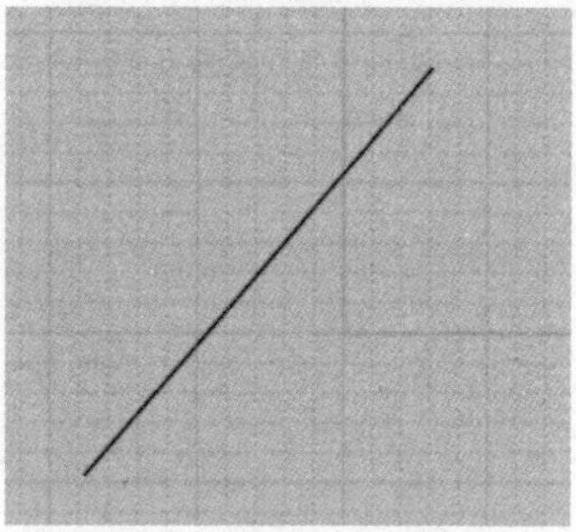

b）再次单击确定直线的终点

图　4-5

不过，要清醒地认识到，这么做无法确定直线的长度，所以要借助栅格捕捉功能来确定直线的长度。对于垂直或者水平的直线，根据设置的捕捉精度，加上数格子，可以确定直线的长度。也可以使用直接捕捉、对象捕捉和构造线来辅助绘制直线。

在数值显示与输入区域输入具体数值是精确画线的基础。现在到了具体应用这部分内容的时候了，你需要了解如何输入具体的数值。X、Y、Z输入框显示了在鼠标指针下当前点的坐标信息，距离框可以用来显示前一拾取点与当前点之间的距离，角度框显示开始拾取的点和当前点之间连线与轴线所形成的角度。

如想使用键盘在X、Y、Z输入框中输入坐标值，不需要在输入之前在XYZ框中单击，直接输入数值，输入的值就会自动出现在那个位置。X、Y、Z输入框允许几种不同的输入方式，在键盘上直接输入代表X、Y、Z的数值，使用逗号或者空格分隔，输入值会对应地填入到XYZ输入框中。例如，单击【画线：直线】命令，需要确定起始点时，可以在键盘上直接输入（2，3，0），按Enter键就拾取了起点；继续输入（5，5，0），按Enter键就确定了直线的终点。实际上，对于Z轴为0时，可以只输入X、Y的值，本例中只要输入（2，3）和（5，5）就能完成直线的绘制，如图4-6所示。

只输入数字0可以作为原点（0，0，0）的快捷键；还可以在X、Y、Z值使用前缀r，rXYZ或者rXY使新点相对于上一个点选取，是相对坐标的用法。也可以用于拾取第一点，它将设置从鼠标下方的点开始偏移的距离。如先确定一点是（0，0），则“r5，5”表示了第二点是在第一点的基础上，X、Y值各偏移为5，如图4-7所示。

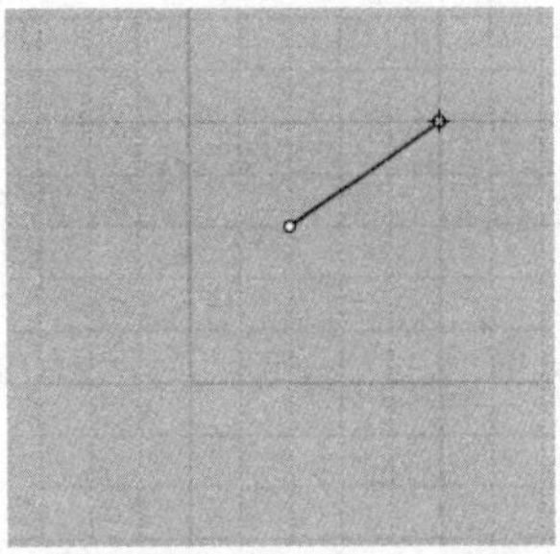

a）单击确定直线的起点（2,3）

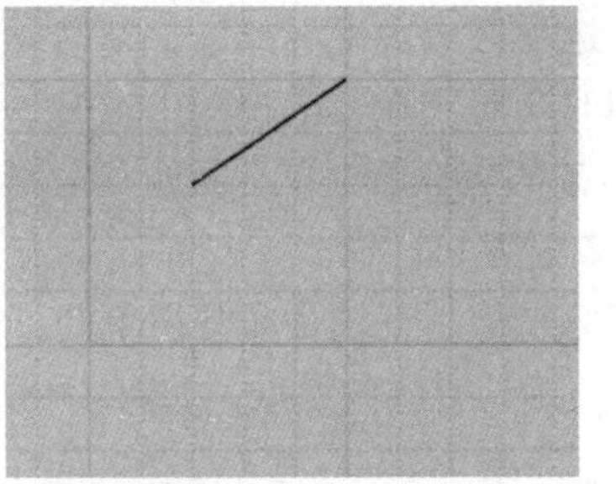

b）再确定终点（5,5）

图 4-6　键盘输入绘制直线

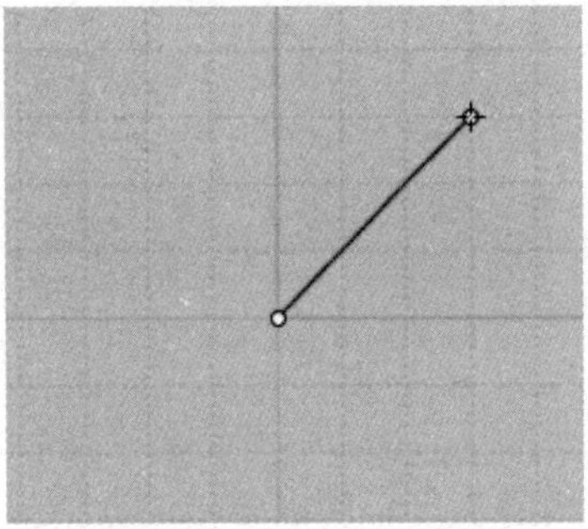

a）直线的起点在原点（0,0）上

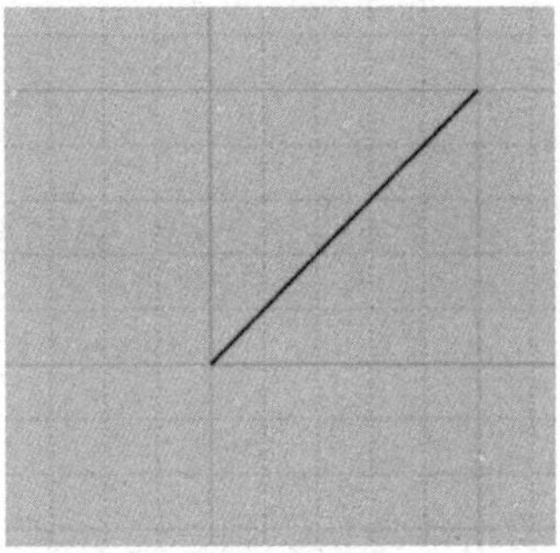

b）“r5,5” 确定了第二点

图 4-7　相对坐标用法

当已设置了全局的构造平面（cplane），可以使用带有前缀 w 的坐标值，如 “wX,Y,Z” 或 “ wX，Y” 或 w0，表示在世界坐标系中的位置，而不是在当前的构造平面的坐标系中。本书后续会解释构造平面的相关知识。

如果输入了除 0 以外的单个数字，就意味着直接输入了距离值，无须在距离输入框中单击鼠标。例如，输入 5，则是表示直线的长度为 5。只输入距离并不能确定直线的终点，你可以拖着这根线转动 360 度。所以，还需要给定一个角度值。一个 “ <” 后面加一个数字，就输入了角度，如 “<45”，单击鼠标确认，就绘制出了长度为 5、与水平夹角是 45° 的直线，如图 4-8 所示。

在一个距离值后面输入 “ <”，后面再加上一个角度值，如 “5<45”，就会生成相对于前一个点的极坐标，这种表示法与 AutoCAD 中的极坐标相同。也可以加一个前缀 w，使产生的极坐标是相对于原点的。虽然极坐标表示法有时非常简便，但对于初学者来说，还需要自己找一些关于极坐标的资料，了解极坐标的定义。

此外，这个 XYZ 输入框也可以用作输入命令的 “迷你” 命令行。要想输入命令，先按 Tab 键，会允许在此处输入某个命令。在第 2 章快捷键选项卡一节已给出了 MoI3D 中的命令。此处可以输入命令如 Ellipse，然后按 Enter 键执行这个命令。这类似于 AutoCAD 文本窗口中的命令行。也可以在此处输入一个对象名称，选择匹配该名称的对象，甚至可以使用通配符 *，如“*body”，就能够选中所有名称中带有 body 的对象。

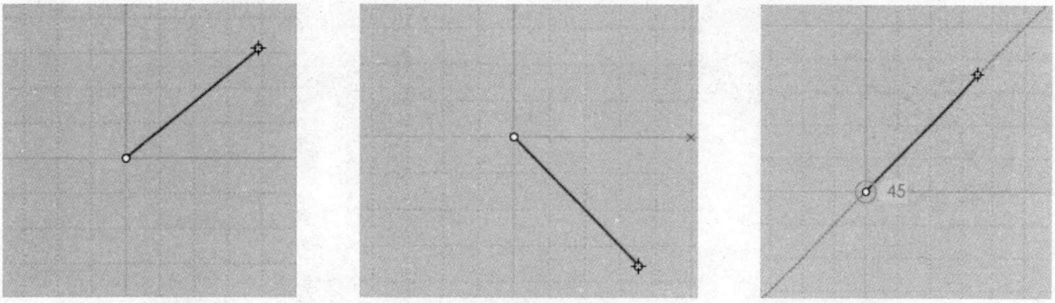

a）输入数字 5　　b）可以拖动这根线转动　　c）输入“<45”

图 4-8　距离与角度确定直线

接下来看看命令选项区域中的选项，如图 4-9 所示。

a）拾取起始点　　b）拾取终点

图 4-9　命令选项区域中的选项

如果勾选了“两侧”（Both sides）复选项，所绘制的直线将以第一点作为中点，在中点的两侧确定端点，如图 4-10 所示。

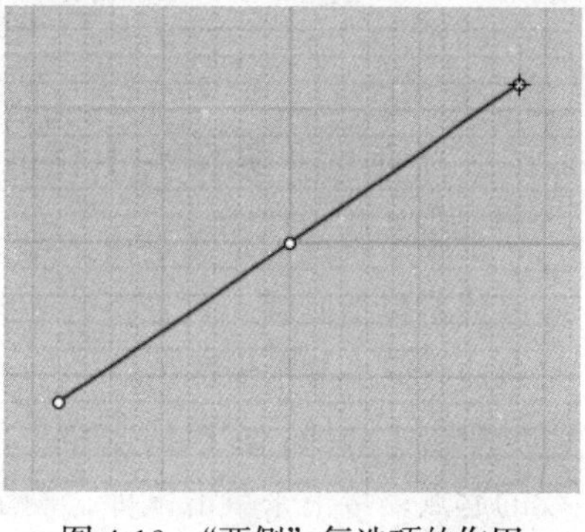

图 4-10　“两侧”复选项的作用

勾选“重复执行”(Repeat）复选项，可以多次执行绘制直线命令，直至取消这个命令。单击【画线：直线】命令，勾选“重复执行”复选项，启用栅格捕捉，在俯视图中单击原点，向上绘制出长度为 10 的直线，如图 4-11a 所示。接着把鼠标移至直线的端点（能够捕捉到这一点)，单击左键，借助栅格，向右绘制出长度为 10 的直线，如图 4-11b 所示。在这个过程中，观察命令选项区域可以看到，绘制直线的命令一直在运行，省去了右键单击的过程（前面已解释过，执行完一个命令后，右键单击也可以重复执行刚才的命令）。

继续向下和向左绘制相同长度的直线，形成一个矩形，如图 4-12 所示。单击“取消”（Cancel）按钮，结束绘制直线的过程。注意在这种模式下，实际上每次都是分段绘制一条直线，拾取下一段直线的起始点时要捕捉到上一条直线的终点，并非是连续地绘制过程，不要与下面讲解的多段线混淆了。

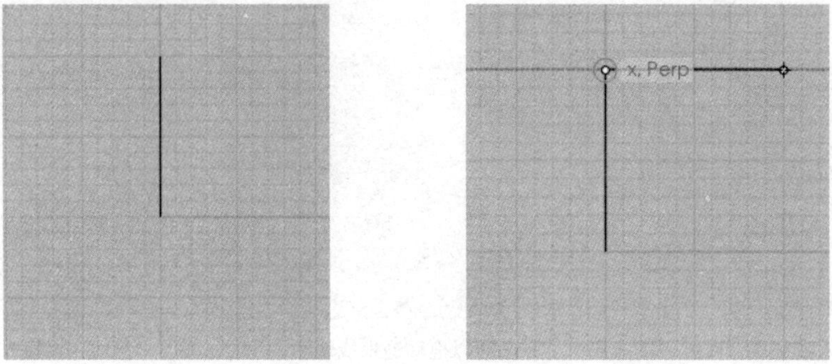

a）向上绘制长度为 10 的直线　　b）向右绘制同样长度的直线

图 4-11　重复绘制直线

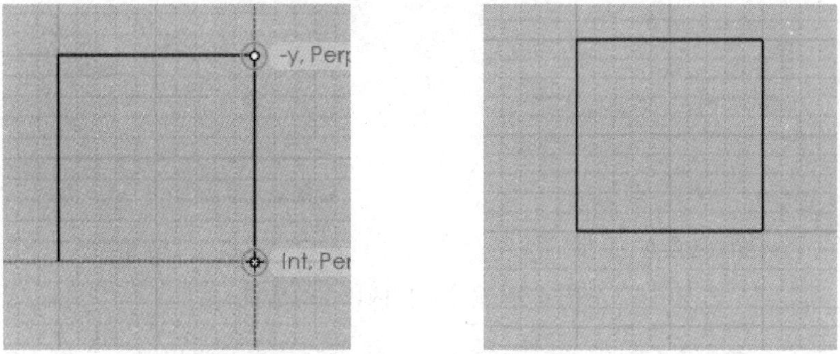

a）继续向下绘制直线　　b）向左绘制水平直线，形成矩形

图 4-12　继续绘制直线成为矩形

4.1.2 【画线：多段线】(Polyline) 命令

常规多段线的定义是由一组直线和圆弧组成，但整条多段线是一个整体。Mol3D 中的多段线不包括圆弧，只是由若干条线段组合起来的曲线。单击图 4-13 中的多段线，会看到整条曲线突出显示为黄色。

单击【画线：多段线】命令，在命令选项区域提示拾取起始点，单击鼠标，确定多段线的起点；接下来单击鼠标，确定下一点。后面的操作都是相同的，可以不断地单击鼠标，画出折线，如图 4-14a 所示。当鼠标回到起始点时，出现一个提示“ Closed”，表示要闭合所绘制的形状，如图 4-14b 所示。

在绘制线段的过程中，撤销（Undo 或 Ctrl+Z）命令可以用来消除最后一个拾取点，重复执行撤销命令，就可以逐点回撤，然后开始新的绘制过程。使用“编辑”(Edit) →“分离”

(Separate) 命令，可以把一条完整的多段线打断成为独立的线条。

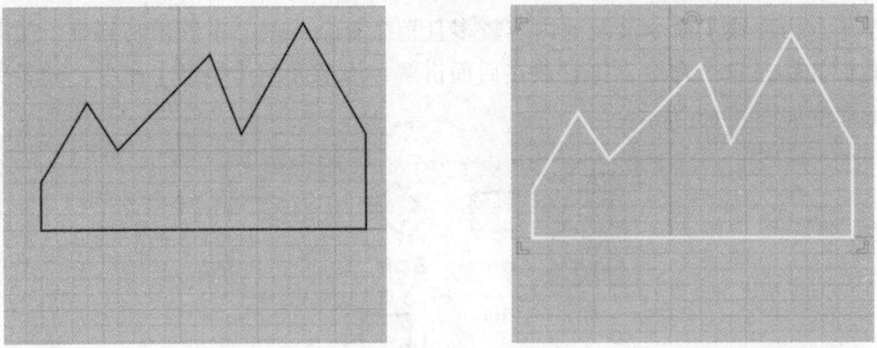

图 4-13 多段线示例

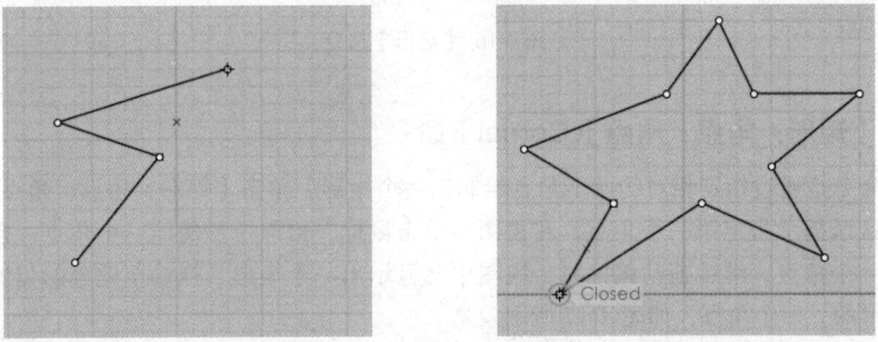

a) 确定起点后，顺次单击鼠标　　b) 闭合绘制的图形

图 4-14 绘制闭合曲线

在应用【画线：多段线】命令时，命令选项区域也有“重复执行”(Repeat) 复选项，如果勾选它，在绘制完一个形状后可以接着绘制下一个图形，且能够分别选择不同的图形，如图 4-15 所示。因此，【多段线】命令使用起来非常方便。

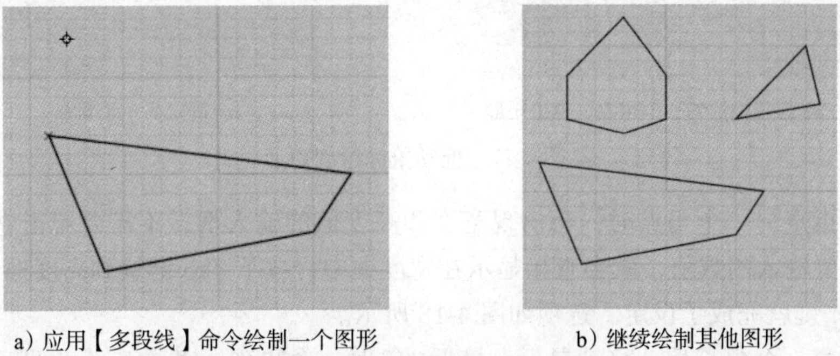

a) 应用【多段线】命令绘制一个图形　　b) 继续绘制其他图形

图 4-15 重复绘制不同的多线段

4.2 【矩形】(Rect) 命令

由于【自由曲线】命令涉及的内容较多且稍微复杂一些，本着由易到难、循序渐进的顺序，我们先跳过这个命令，把它放在后面讲解，本节介绍【矩形】命令，读者更容易接受。矩形命令如图 4-16 所示。

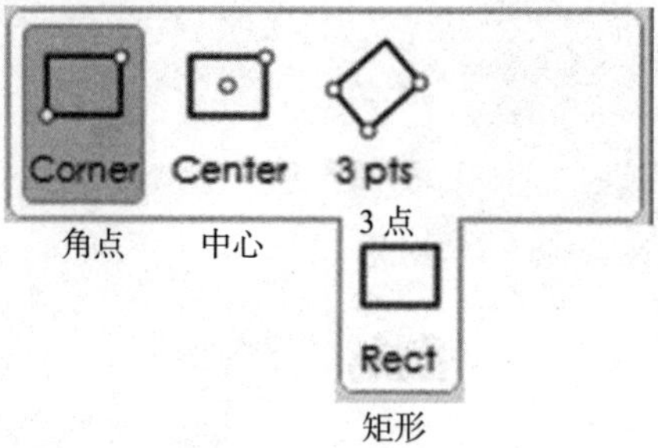

图 4-16 【矩形】命令

4.2.1 【矩形：角点、角点】(Corner) 命令

此命令是通过指定相对的两个角点绘制出一个矩形。单击【矩形：角点、角点】，在命令选项区域提示指定第一个角点，在视图中单击鼠标，拾取矩形的第一个角点。接着提示指定另一个角点，继续拖动鼠标时，视图中会显示出一个矩形，拖动至适当的位置，单击确定矩形的另一个角点，如图 4-17 所示。

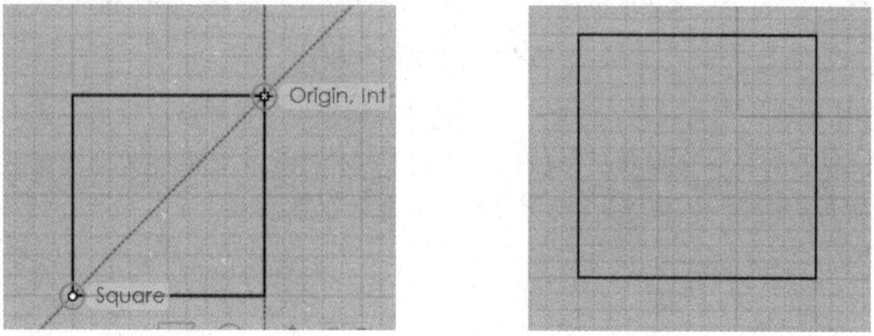

a）指定矩形的一个角点，拖出矩形　　b）确定另一个角点

图 4-17　拖动鼠标绘制矩形

在提示指定另一个角点时，会出现宽度和高度值的输入框，不需要单击它们，只需在键盘键入想要输入的数值，就会直接显示在宽度框中，按下 Tab 键跳到高度框，输入数值，然后按 Enter 键就完成了设定。选项如图 4-18 所示。

确定了第一个角点后，移动鼠标，接近 45° 时，会出现一条构造线，此时可以绘制一个正方形。在指定第二个角点之前，如果勾选了“圆角”复选项，单击鼠标指定第二个角点后，还会出现确定圆角半径的选项，可以直接键入一个较小的数值，就可以绘制一个圆角矩形，如图 4-19 所示。

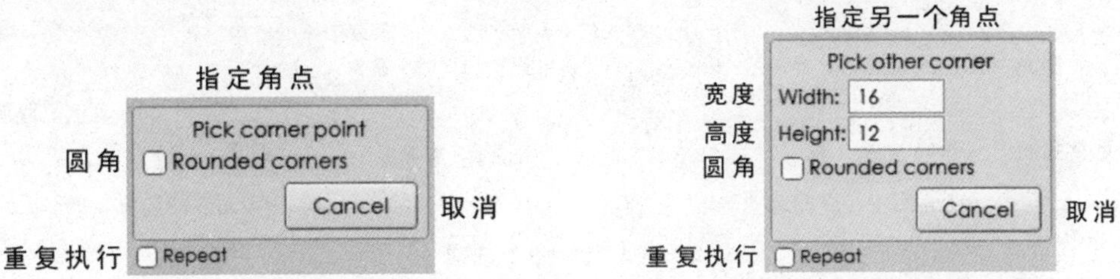

a）指定角点的选项　　b）指定另一个角点的选项

图 4-18　指定角点绘制矩形

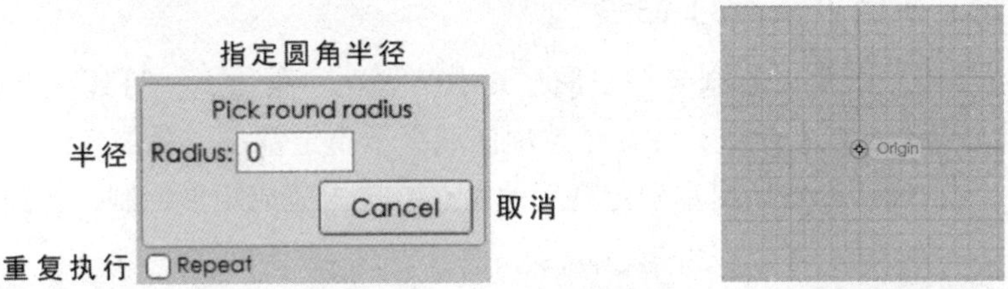

a）指定圆角半径的选项　　b）绘制的圆角矩形

图 4-19　绘制圆角矩形

“重复执行”（Repeat）复选项的作用与【画线：直线】命令中的作用相同，后面都不再重复介绍。

4.2.2 【矩形：中心、角点】(Center) 命令

此命令是通过指定一个中心和某一个角点，绘制出一个矩形。单击【矩形：中心、角点】，命令选项区域会提示指定一个中心点，单击鼠标就确定了中心点。然后提示指定一个角点，并出现矩形宽度和高度值的输入框，确定角点之后，就绘制出了矩形，如图 4-20 所示。相关命令选项如图 4-21 所示。

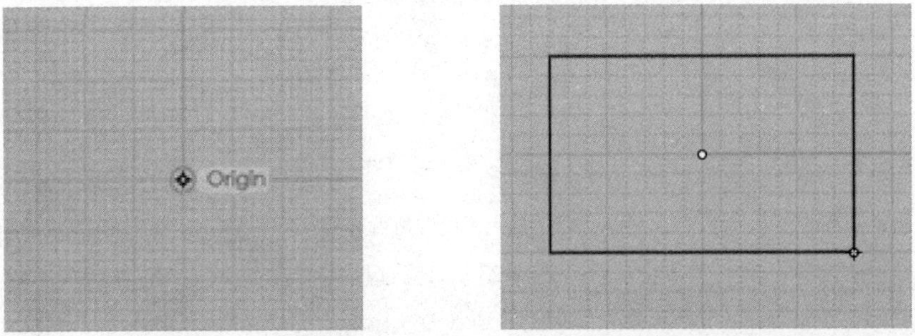

a）指定中心点　　b）确定一个角点

图 4-20　使用“中心、角点”方式绘制矩形

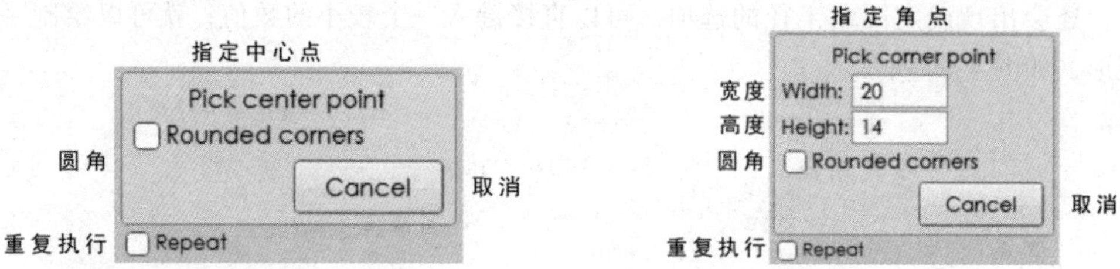

a）指定中心点的选项　　b）指定角点的选项

图 4-21　命令选项

其他选项与前面【矩形：角点、角点】命令中的作用相同，不再重复解释。

4.2.3 【矩形：3 点】(3 pts) 命令

此命令是使用三个角点绘制一个矩形，其中两点在一条边上，另外一点确定了矩形的高度。单击【矩形：3 点】命令，在命令选项区域提示指定基点，单击确认；接着提示指定宽度的角点，单击确认；然后提示确定高度的角点，单击完成矩形绘制，如图 4-22 所示。

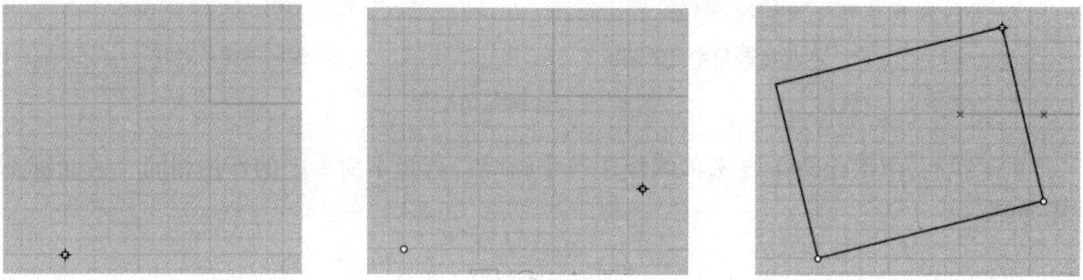

a）指定基点　　b）确定宽度的角点　　c）确定高度的角点

图 4-22　使用 3 点命令绘制矩形

在提示指定宽度和高度时会出现相应的数值输入框，可以直接输入具体的数值。当指定第三个点时，可利用方形捕捉（出现 Square）来绘制一个正方形。对应选项如图 4-23 所示。

a）指定基点的选项　　b）确定宽度的角点选项　　c）确定高度的角点选项

图 4-23　对应选项

4.3 【多边形】(Polygon) 命令

多边形命令及子命令如图 4-22 所示。

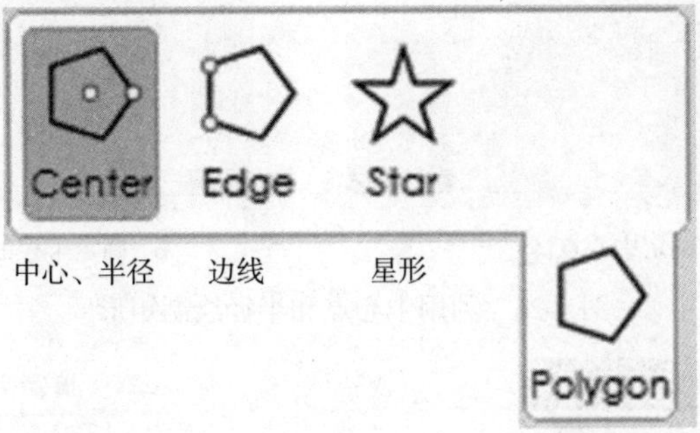

图 4-24 【多边形】命令

首先要理解一点,【多边形】命令绘制的是规则多边形，即正多边形，是一个等边的多边形。如果边数设置得很高，会看起来像个圆形，如图 4-25 所示。

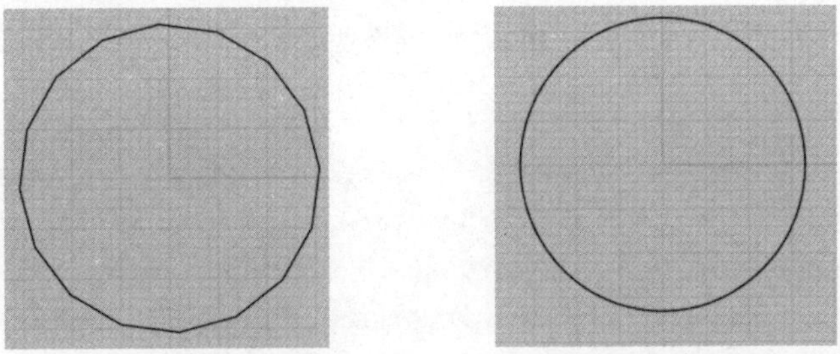

a）边数设为 16　　b）边数设为 200

图 4-25　边数多少影响图形效果

4.3.1 【多边形：中心、半径】(Center) 命令

此命令是指定一点作为多边形的中心，再确定一条半径的端点，绘制一个多边形。单击【多边形：中心、半径】，在命令选项区域输入边数为 5，提示指定中心点，单击确认；随后提示要指定半径的端点，再次单击确认，就完成了多边形的绘制过程，如图 4-26 所示。命令选项如图 4-27 所示。

命令选项中的“外切”（Circumscribed）复选项控制所绘制的多边形是内接于圆还是外切于圆。默认不勾选，绘制出的多边形是内接于圆的，也就是多边形的顶点都落在同一个圆周上；如果勾选了这个选项，绘制出的多边形是外切于圆的，多边形每一条边的中点都是该边与同一个圆的切点，如图 4-28 所示。

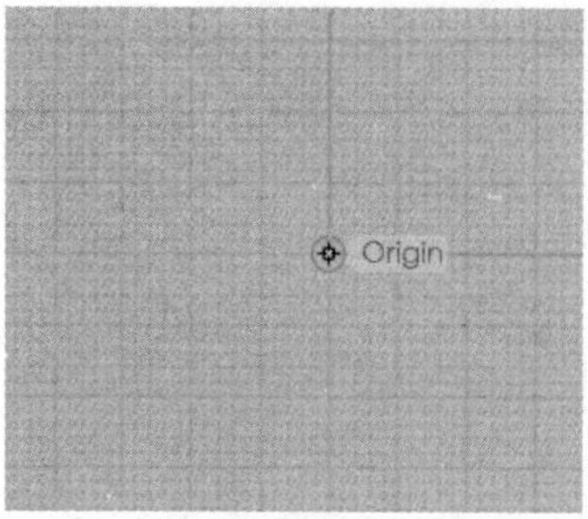

a）确定中心点

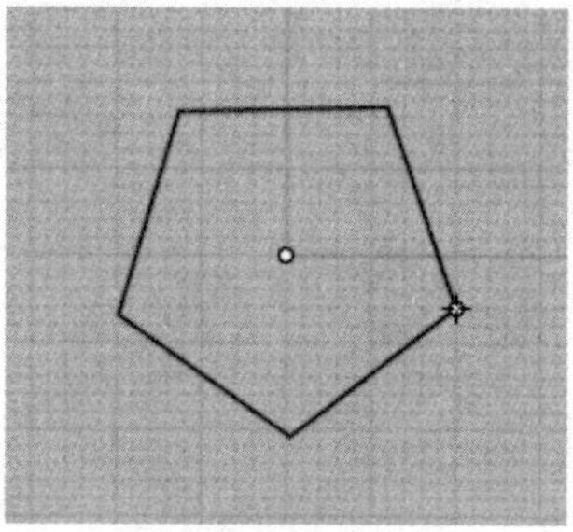

b）确定半径的端点

图 4-26　利用中心点和半径绘制矩形

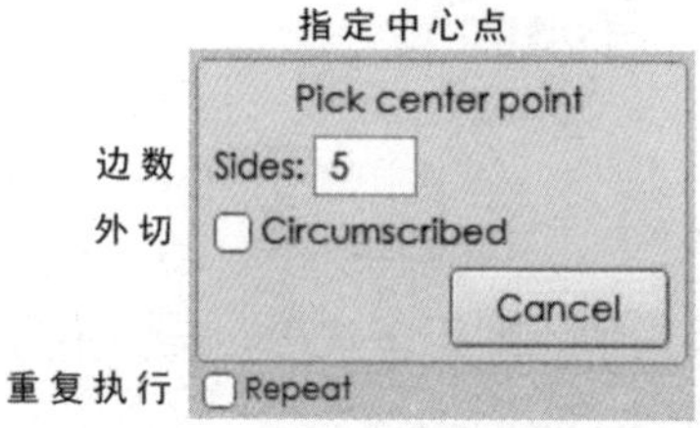

a）确定中心点的选项

b）确定半径端点的选项

图 4-27　命令选项

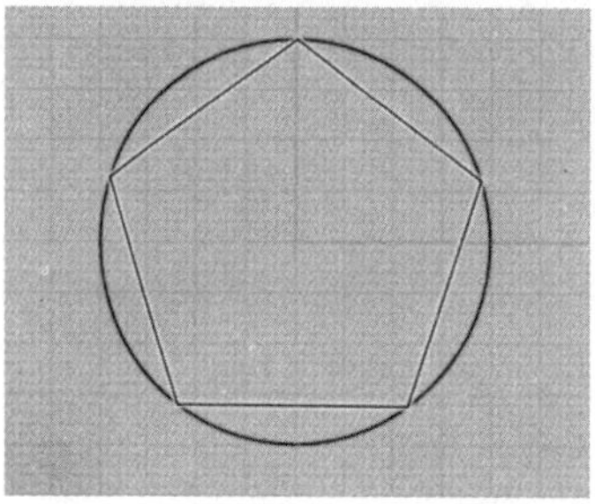

a）内接于圆

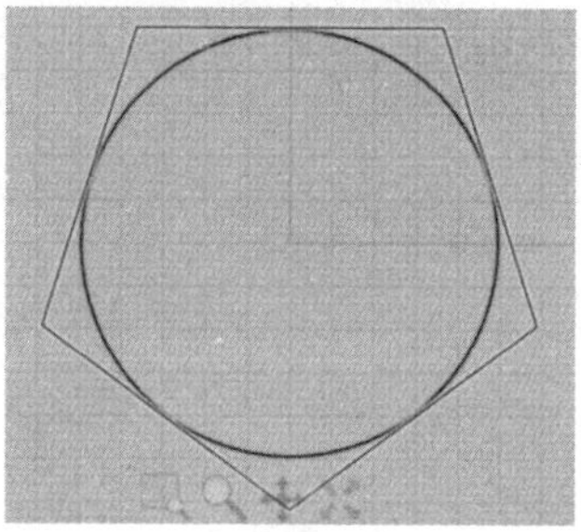

b）外切于圆

图 4-28　“外切”复选项勾选的效果

利用数值显示与输入区域中的距离输入框，能够给定一个精确的半径值。

4.3.2 【多边形：边线】(Edge) 命令

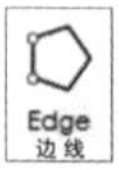

此命令利用输入正多边形的边长确定多边形。单击【多边形：边线】，在命令选项区域输入边数为 5，提示指定边线的起点，单击确认；接着提示指定边线的终点，再次单击确认，即可绘制出一个多边形，如图 4-29 所示。命令选项如图 4-30 所示。

命令选项中的“翻转”（Flip）复选项控制绘制出的多边形的方向。如图 4-29b 所示，是没有勾选“翻转”复选项得到的结果。如果勾选这个复选项，得到的多边形如图 4-31 所示。

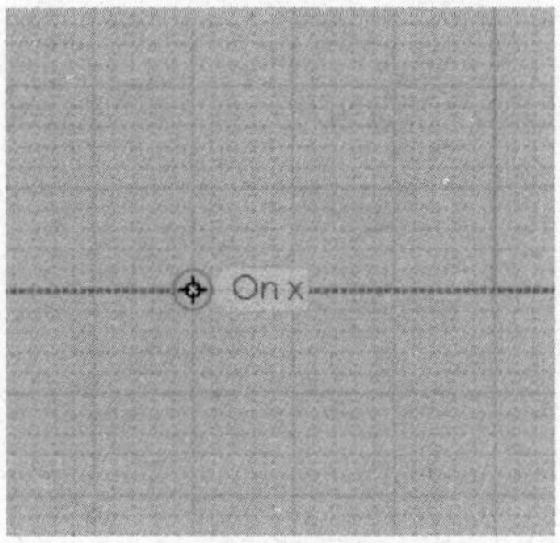

a）确定边线的起点

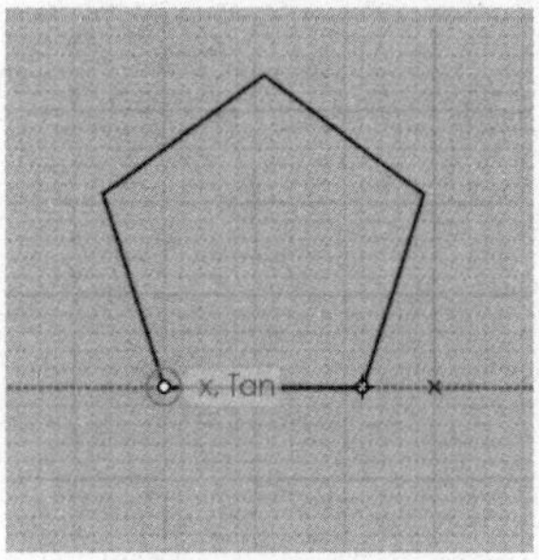

b）确定边线的终点

图 4-29　利用边线绘制多边形

a）确定边线起点的选项

b）确定边线终点的选项

图 4-30　命令选项

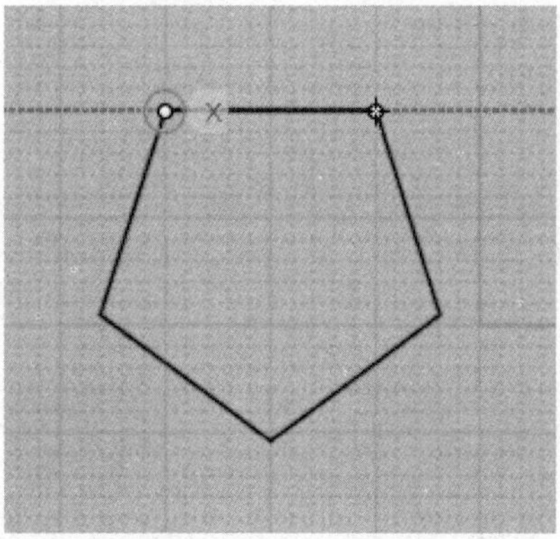

图 4-31　勾选“翻转”得到的多边形

数值显示与输入区域中的距离输入框可以用来控制边线的长度。

4.3.3 【多边形：星形】(Star) 命令

此命令使用中点和半径绘制一个星形。单击【多边形：星形】，在命令选项区域输入边数为 5，提示指定中心点，单击确认；随后提示指定星形的顶点，在适当的位置单击确认，完成星形的绘制过程，如图 4-32 所示。命令选项如图 4-33 所示。

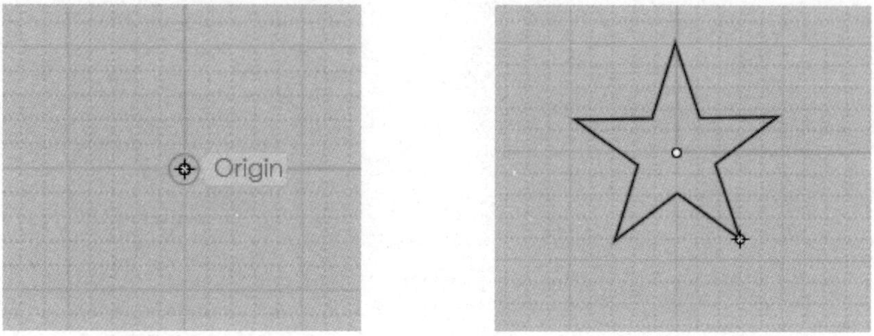

a）确定星形的中心点　　b）确定星形的顶点

图 4-32　绘制星形

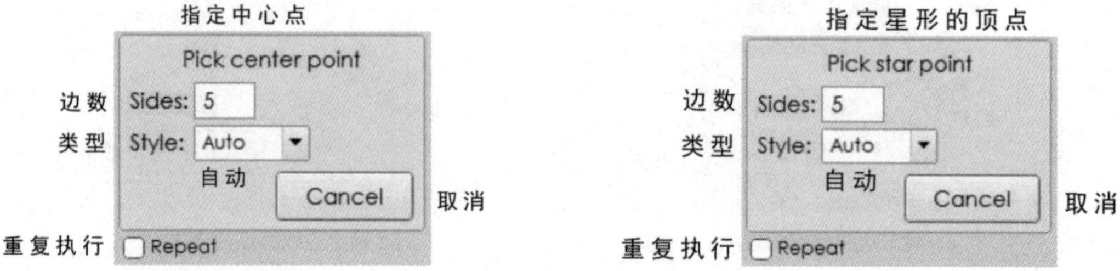

a）确定星形的中心点　　b）确定星形的顶点

图 4-33　命令选项

其中类型有两种：自动（Auto）和自定义（Custom）。选择“自动”类型，可以画出常规比例的星形；如果选择“自定义”类型，可以通过指定第三点来确定星形内部半径值。例如，要绘制一个 8 条边的星形，在确定了中心点和第一顶点之后，还可以确定第二点，向内或向外移动鼠标会生成不同的形状，这一点与 CorelDRAW 中的星形工具类似。如图 4-34 所示。

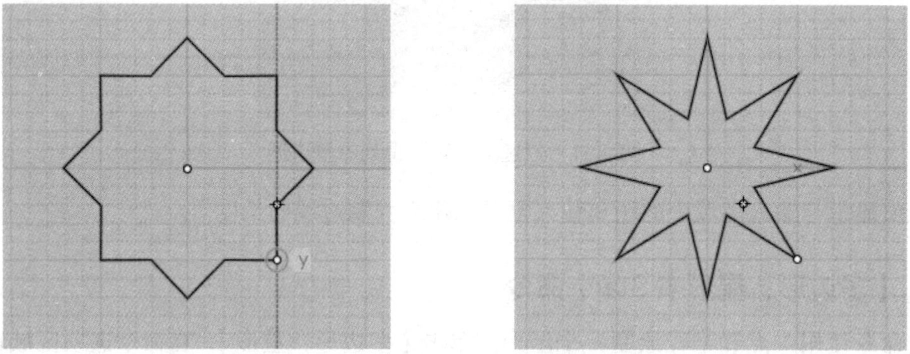

a）确定星形的第一顶点　　b）向内拖动鼠标，确定星形的第二点

图 4-34　“自定义”类型绘制星形

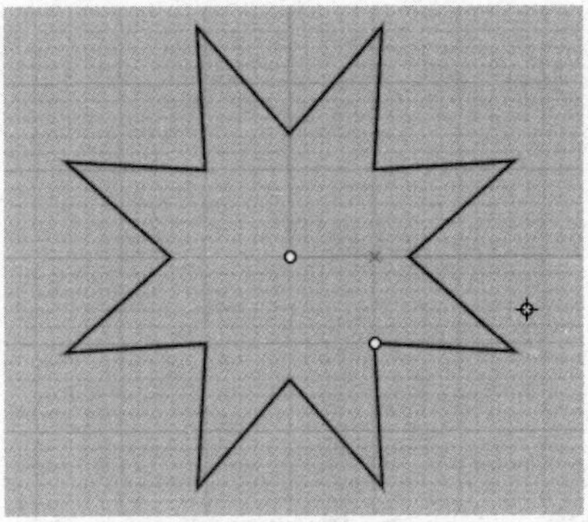

c）向外拖动鼠标，确定星形的第二点

d）指定星形第二顶点的选项

图 4-34 （续）

4.4 【圆形】(Circles) 命令

【图形】命令及其子命令如图 4-35 所示。

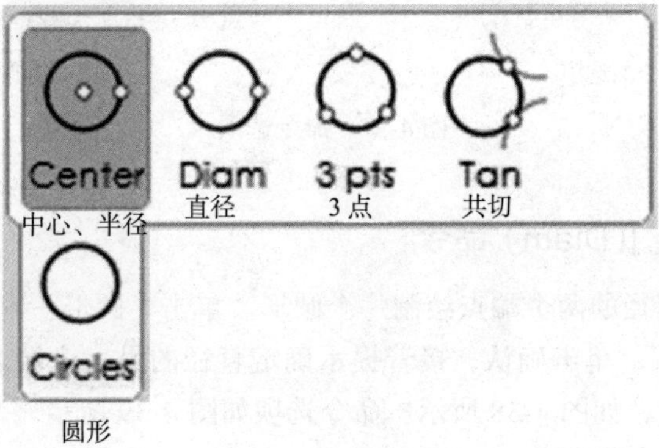

图 4-35 【圆形】命令

4.4.1 【圆形：中心、半径】(Center) 命令

此命令是通过圆心和半径来绘制一个圆。单击【圆形：中心、半径】，命令选项区域会提示指定圆心，单击确认；接着提示确定半径，可以输入具体数值或单击鼠标确认，完成圆形的绘制，如图 4-36 所示。命令选项如图 4-37 所示。

在指定半径的选项中，单击半径右侧的小箭头，可以在输入半径和直径之间转换，相应的会变成直径（Diameter）标签。如果勾选“垂直”(Vertical) 复选项，会使圆形翻转 90°，垂直于绘图平面，在绘制 2D 图形时不会用到它。

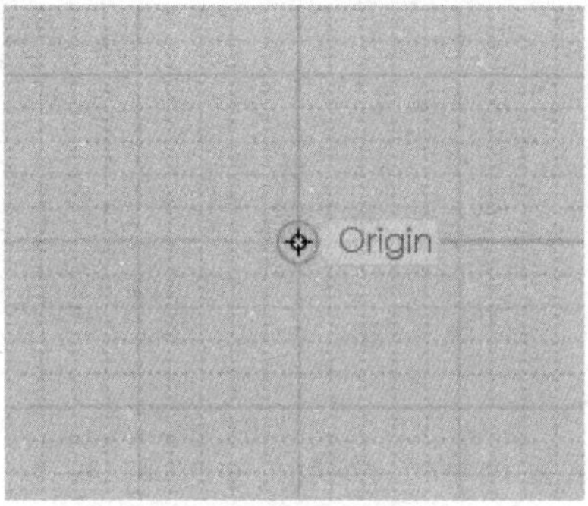

a）指定圆心

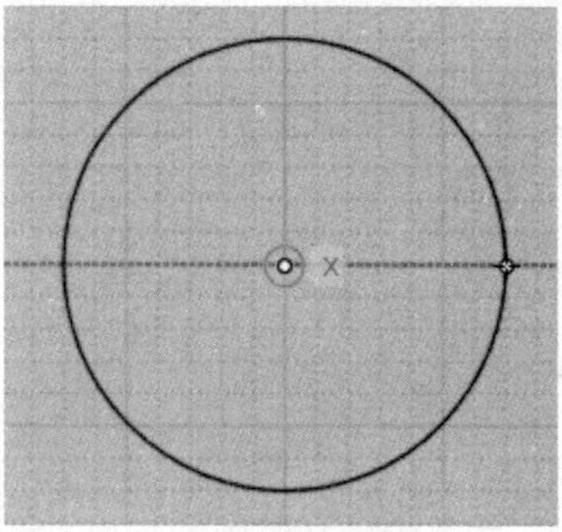

b）确定圆的半径

图 4-36　绘制圆形

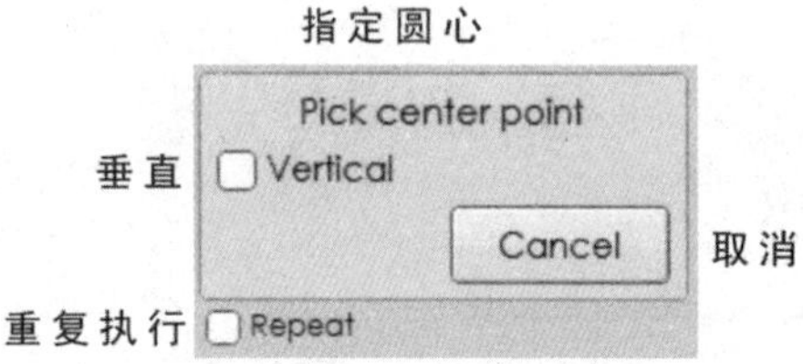

a）指定圆心的选项

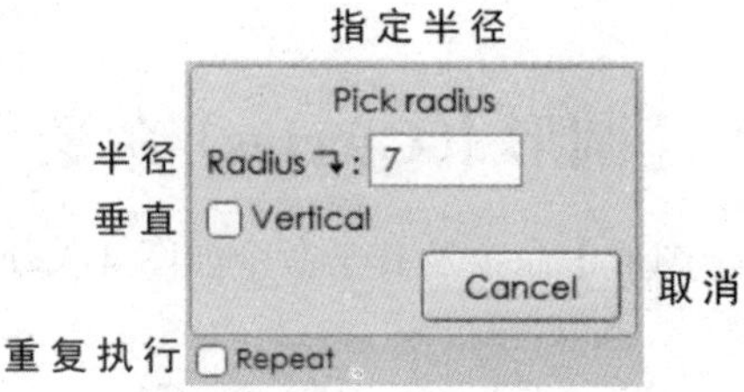

b）指定圆的半径选项

图 4-37　命令选项

4.4.2 【圆形：直径】(Diam) 命令

此命令通过确定直径的两个端点绘制一个圆形。单击【圆形：直径】，命令选项区域提示指定直径的一个端点，单击确认；接着提示确定直径的另一个端点，再次单击确认，就完成了圆形的绘制过程，如图 4-38 所示。命令选项如图 4-39 所示。

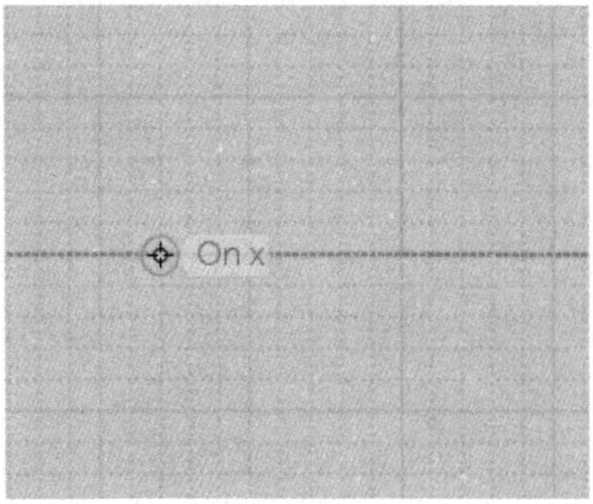

a）指定直径的一个端点

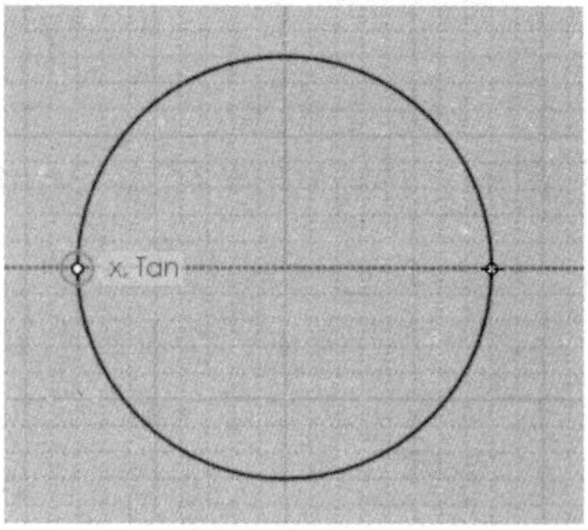

b）确定直径的另一个端点

图 4-38　绘制圆形

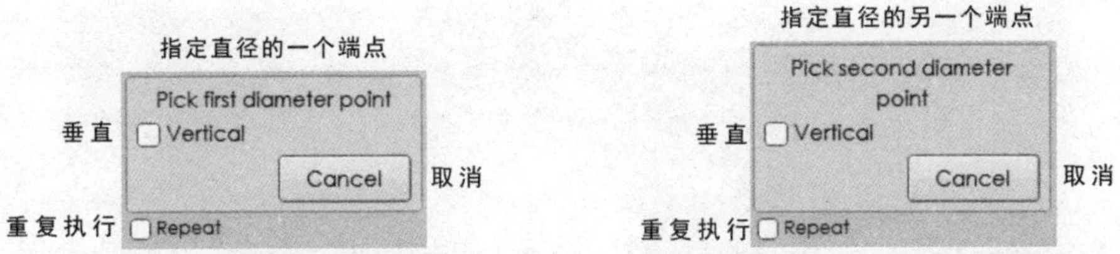

a）指定直径的一个端点选项　　b）指定直径的另一个端点选项

图 4-39　命令选项

4.4.3 【圆形：3 点】(3 pts) 命令

此命令通过确定圆周上的 3 点来确定一个圆。单击【圆形：3 点】，命令选项区域提示指定圆周上的第一点，单击确认；然后提示指定圆周上的第二点，单击确认；最后指定圆周上的第三点，单击确认，就完成了圆形的绘制过程，如图 4-40 和图 4-41 所示。

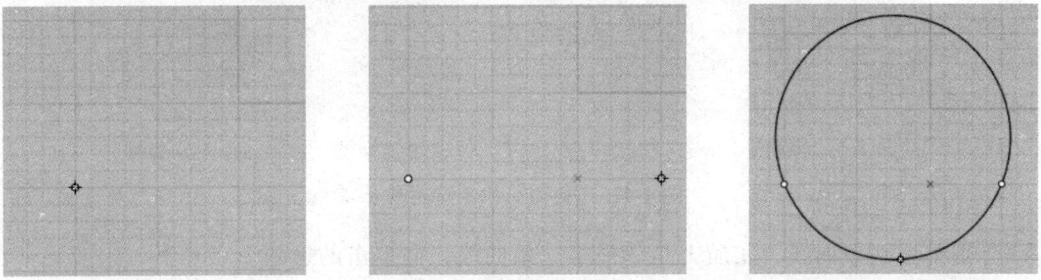

a）指定圆上第一点　　b）指定圆上第二点　　c）指定圆上第三点

图 4-40　三点绘制圆形

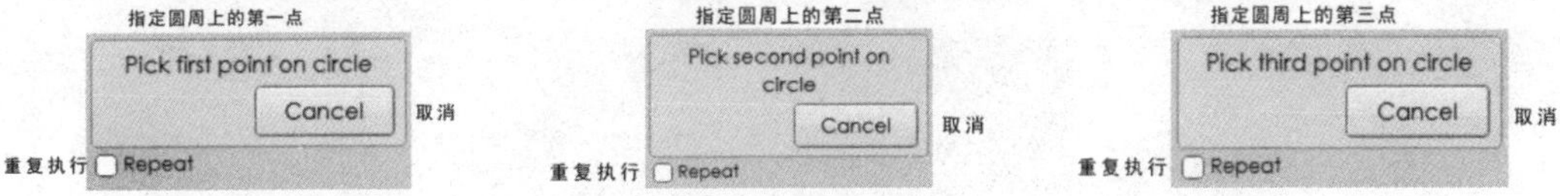

a）指定圆上第一点选项　　b）指定圆上第二点选项　　c）指定圆上第三点选项

图 4-41　命令选项

4.4.4 【圆形：共切】(Tan) 命令

这个命令能够绘制一个与现有曲线相切的圆形，最初的两点必须捕捉到已经存在的曲线上，分为绘制与两条曲线相切的圆和与三条曲线相切的圆两种情况。先看看如何绘制与两条曲线相切的圆。首先绘制好两条曲线，单击【圆形：共切】，命令选项区域提示指定第一点，在一条曲线上单击一点以确认；接着在另一条曲线上再单击一点以确认；然后提示指定圆的半径，可以拖动鼠标确定，如图 4-42 所示。

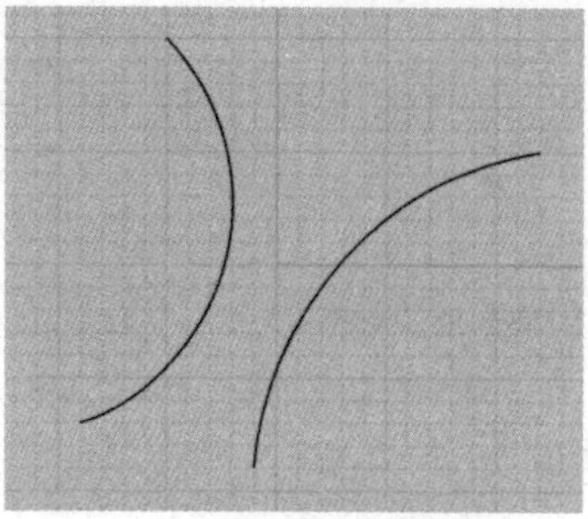

a）先绘制出两条曲线

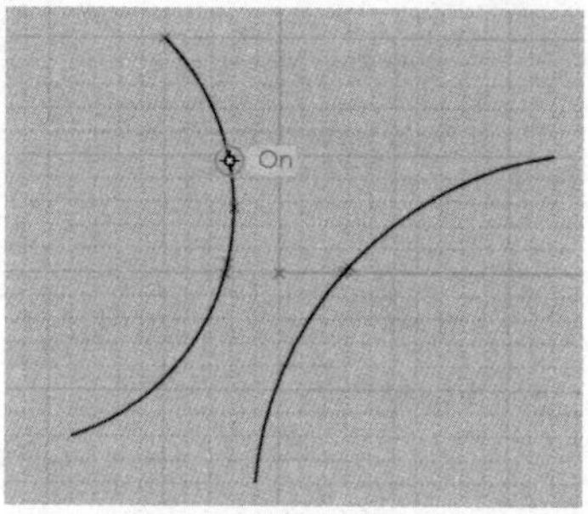

b）在一条曲线上指定第一点

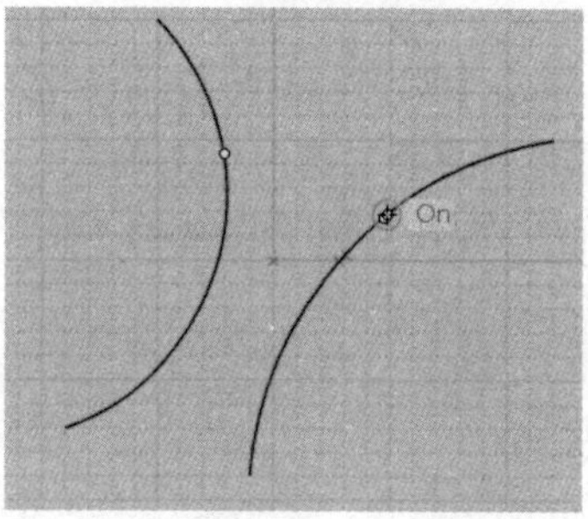

c）在另一条曲线上指定第二点

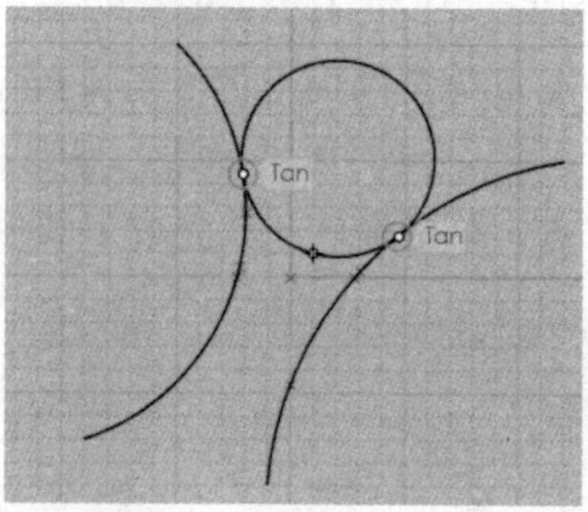

d）指定半径，生成与曲线共切的圆

图 4-42　“共切”命令绘制圆形

分别单击两条曲线，实质上是选择了这条曲线，而单击的这两个点并不一定能够存在一个圆正好在此位置分别与曲线相切。在拖动鼠标确定圆的半径时会看到圆与曲线相切的切点用小圆表示。最终创建出了与两条曲线相切的圆，如图 4-43 所示。相关选项如图 4-44 所示。

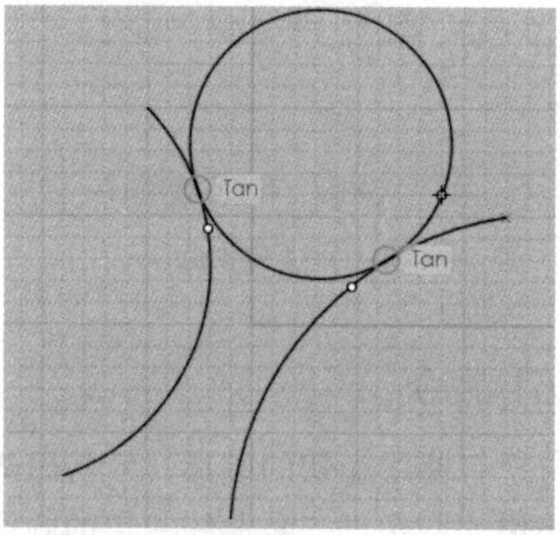

图 4-43　与曲线共切的圆并不一定通过所单击的两点

绘制与三条曲线相切的圆时，只是在上述指定半径的步骤中，捕捉到第三条曲线上的一点并确认，如图 4-45 所示。注意只存在一个圆形能够与三条曲线相切。

a）指定曲线上的第一点　　b）指定另一曲线上的第二点　　c）指定半径

图 4-44　命令选项

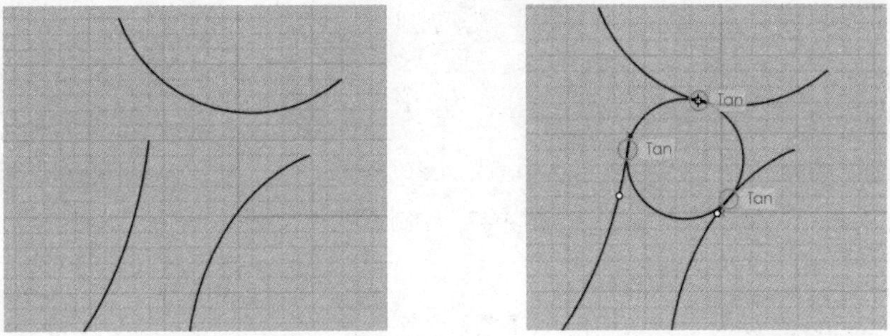

a）已有的三条曲线　　b）与三条曲线共切的圆形

图 4-45　绘制与三条曲线相切的圆

4.5 【弧形】(Arc) 命令

【弧形】命令及其子命令如图 4-46 所示。

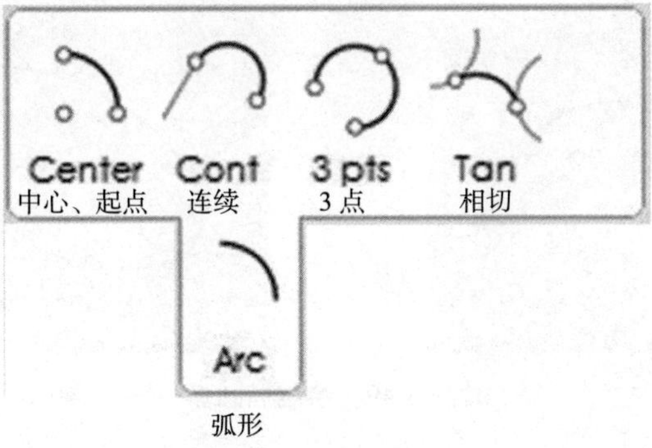

图 4-46 【弧形】命令

4.5.1 【弧形：中心、起点】(Center) 命令

此命令通过中心、起点和角度绘制一段弧形。单击【弧形：中心、起点】，命令选项区域提示指定弧形的中心，在视图中拾取一点；接着提示确定弧形的起点，单击选取一点；然后需要确认弧形的终点，此时既可以直接输入角度值，也可以通过鼠标点取一点以确认。

如果直接输入角度值，需要了解输入正值时弧形是逆时针生成的，输入负值则顺时针生成弧形。你可以沿着两种旋向分别移动鼠标，观察角度输入框中数值的变化情况，如图 4-47 所示。命令选项如图 4-48 所示。

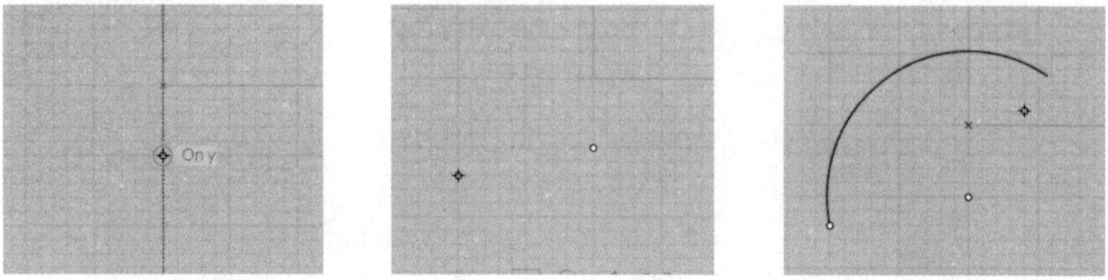

a）先指定弧形的中心　　b）确定弧形的起点　　c）确定弧形的终点

图 4-47　绘制弧形

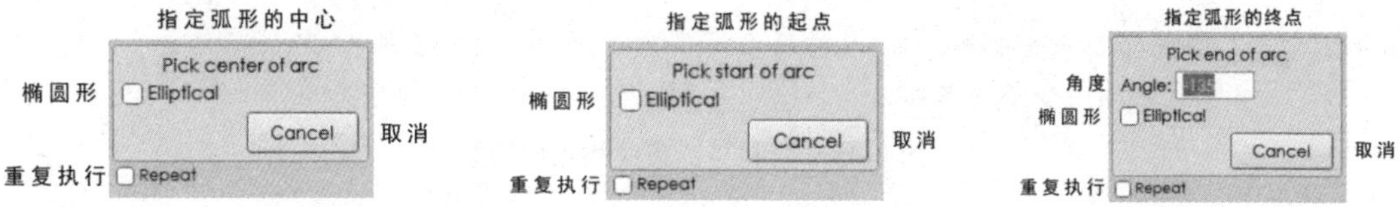

a）指定弧形的中心选项　　b）确定弧形的起点选项　　c）确定弧形的终点选项

图 4-48　命令选项

命令选项区域中有个“椭圆形”(Elliptical）复选项，如勾选它，绘制的是椭圆弧，如图 4-49 所示。在一些软件中，绘制圆弧与绘制椭圆弧是分开的两个命令。

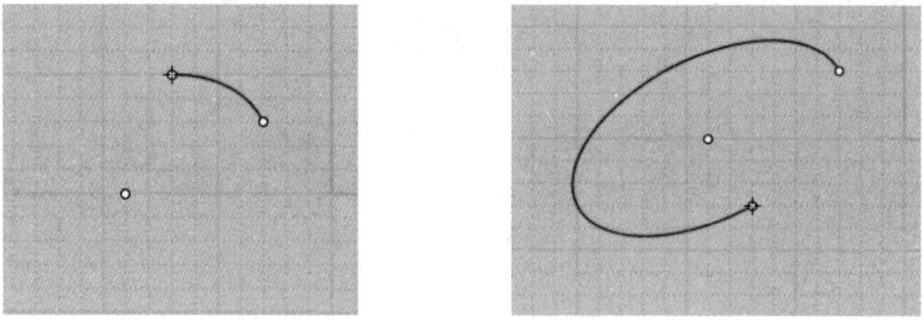

图 4-49　绘制椭圆弧

4.5.2 【弧形：连续】(Cont）命令

此命令用来绘制与已存在的曲线末端正切的一段弧形，并且与之连续，从命令图标可以看出它的功能。所拾取的第一点应该接近已存在曲线的末端。单击【弧形：连续】，命令选项区域提示拾取靠近一条曲线末端的起始点，把鼠标移至已有曲线的一个端点附近，会捕捉到这个端点，单击确认；然后提示确定端点，拖动鼠标到适当的位置，单击确认，如

图 4-50 和图 4-51 所示。

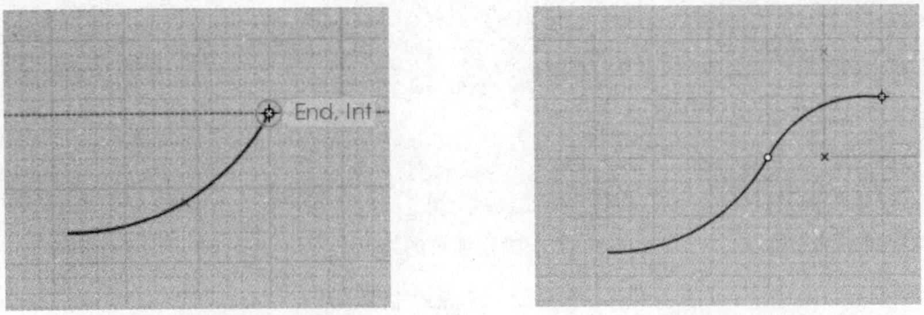

a）拾取一条曲线末端的起始点　　　b）绘制出弧形

图 4-50　绘制弧形

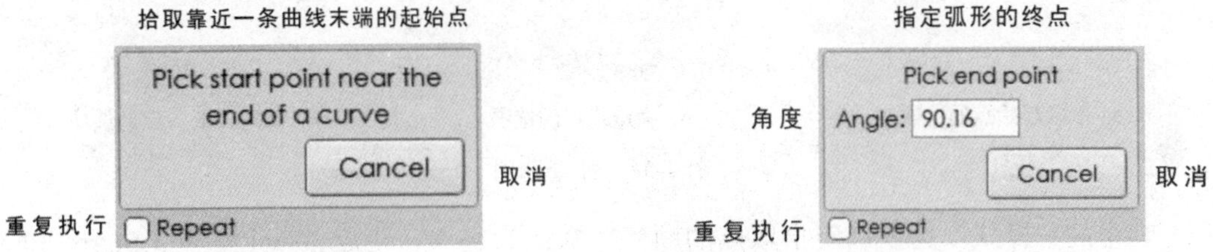

a）拾取起始点的选项　　　b）指定弧形终点的选项

图 4-51　命令选项

这样所绘制的弧形与曲线是相切的。不断重复上述操作，可以绘制出连续的弧线，如图 4-52 所示。

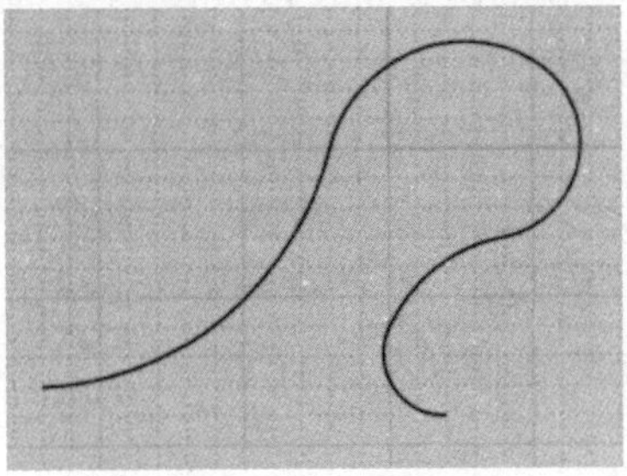

图 4-52　绘制连续的弧线

4.5.3 【弧形：3 点】(3 pts) 命令

三点绘制一段弧形是最常用的方法。这里的三点是指弧形的起点、弧上任意一点以及弧形的终点。单击【弧形：3 点】，命令选项区域提示拾取弧形的起始点，单击一点以确认；接着提示确定弧形的终点，单击确认一点；然后提示确定弧上的一点，用鼠标拖动弧形，有些像扯橡皮筋的感觉，单击确认弧的形状，如图 4-53 和图 4-54 所示。

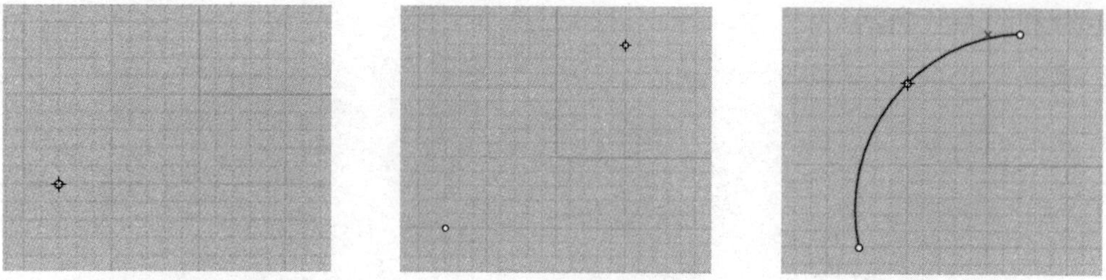

a）拾取弧形的起始点　　b）确定弧形的终点　　c）确定弧上一点

图 4-53　3 点绘制弧形

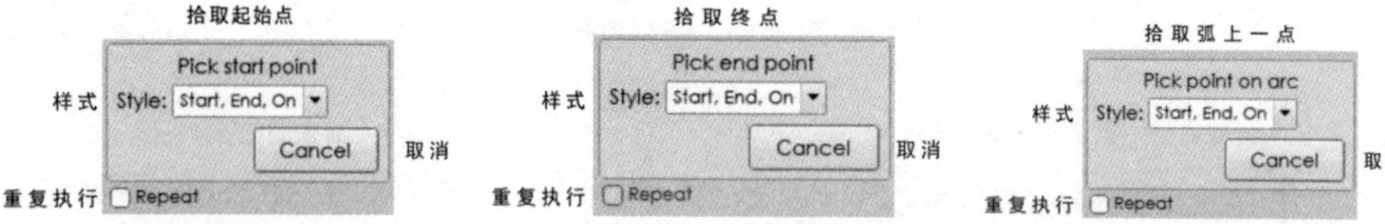

a）拾取起始点的选项　　b）确定终点的选项　　c）确定弧上一点的选项

图 4-54　命令选项

其中的“样式”选项确定拾取点的顺序，默认为起点、终点、弧上一点（Start，End，On）。另一种拾取点的顺序是起点、弧上一点、终点（Start，On，End）。读者可以选择后一种方式，自己尝试一下。

4.5.4 【弧形：相切】(Tan) 命令

此命令用于绘制一个与已存在的两条曲线相切的弧形。最初拾取的两个点一定要捕捉到已存在的两条曲线上。当放置了两点之后，可以输入半径值，或者拾取一点形成一个基圆。建立了基圆以后，还需要单击一次确定想要保留的弧度，在想要保留的那条弧线处单击。

单击【弧形：相切】，命令选项区域提示拾取一条曲线上的第一点，在一条曲线上单击；接着提示在另一条曲线上拾取第二点，在另一条曲线上单击；拖动鼠标出现一个圆形，这就是一个基圆，如图 4-55 所示。在拖动基圆的过程中，到一定位置基圆会消失，表明不存在与两条曲线相切的弧形。

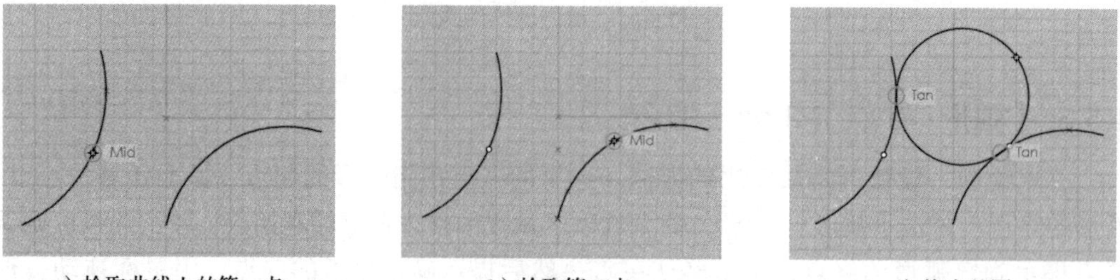

a）拾取曲线上的第一点　　b）拾取第二点　　c）拖出基圆

图 4-55　绘制基圆

单击确认后，还需要确认要保留哪一段弧线，如图 4-56 所示。相关选项如图 4-57 所示。

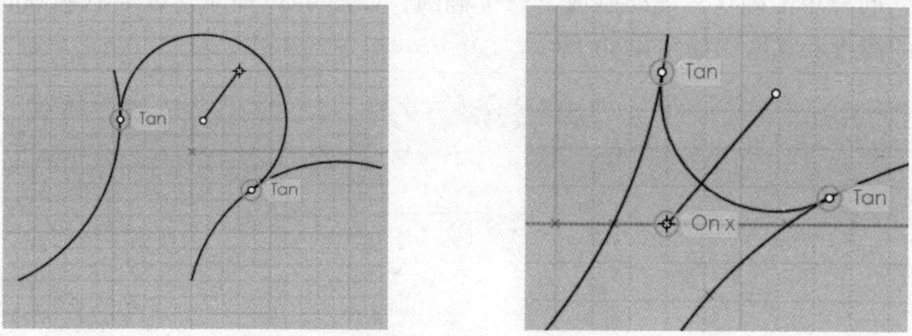

图 4-56 确认要保留哪一段弧线

a）拾取第一点的选项 b）拾取第二点的选项

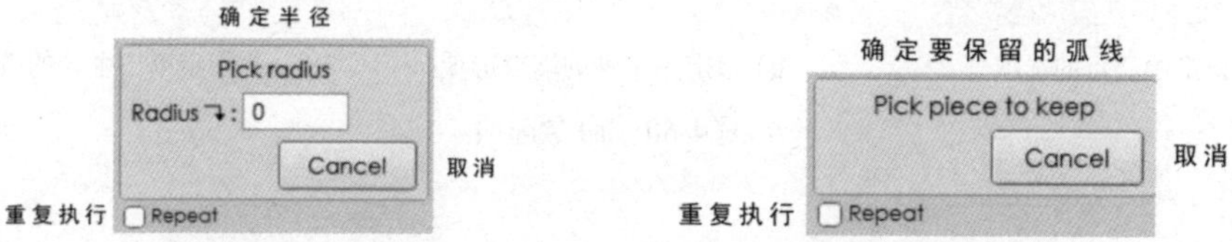

c）确定半径的选项 d）确定要保留弧线的选项

图 4-57 命令选项

4.6 【椭圆】(Ellipse）命令

【椭圆】命令及其子命令如图 4-58 所示。

椭圆是一种特殊的圆，它的中心到圆周上的距离是变化的。图 4-58 中所说的直径，指的是椭圆的长轴和短轴。

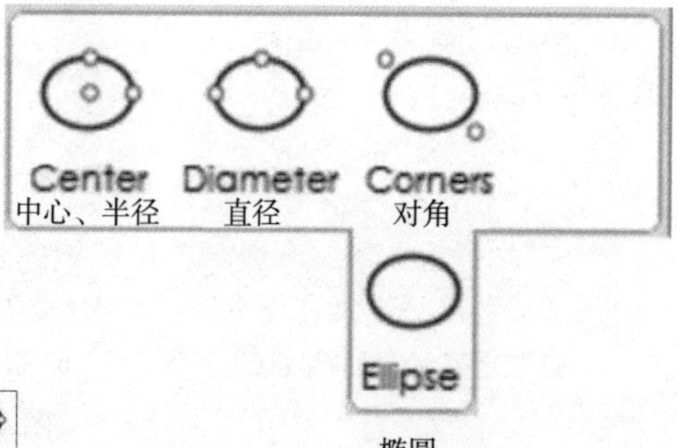

图 4-58 【椭圆】命令

4.6.1 【椭圆：中心、半径】(Center) 命令

此命令通过椭圆的中心和长短轴上的点绘制出椭圆形。单击【椭圆：中心、半径】，命令选项区域提示拾取中心点，单击一点确

认；接下来提示指定椭圆的轴端点，单击一点作为一个轴向的端点；然后提示指定另一轴向的端点，同样单击确认，就绘制成了一个椭圆，如图 4-59 所示。在绘制椭圆时，也可以输入特定的高度和宽度，如图 4-60 所示。

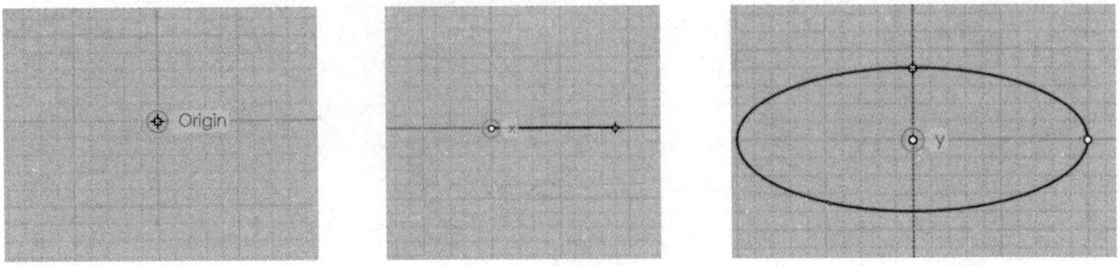

a）确认中心点　　b）确认一个轴的端点　　c）确认另一个轴的端点

图 4-59　绘制椭圆

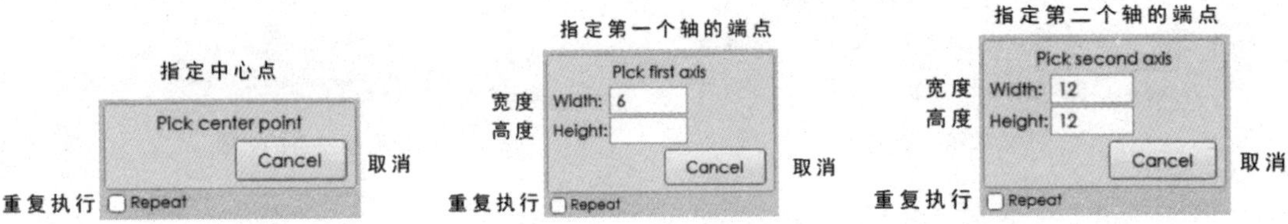

a）指定中心点的选项　　b）指定一个轴的端点选项　　c）指定第二个轴的端点选项

图 4-60　命令选项

4.6.2 【椭圆：直径】(Diameter) 命令

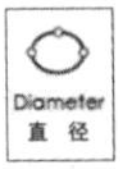

此命令是通过两点确定椭圆的一个轴，随后使用另外一点确认另一个轴，绘制出椭圆。单击【椭圆：直径】，命令选项区域提示确认第一轴的起始点，单击一点以确认；接着提示确认第一轴的终点，单击一点；然后提示确认另一个轴的端点，拖动鼠标到适当的位置单击确认，椭圆绘制完成，如图 4-61 所示。

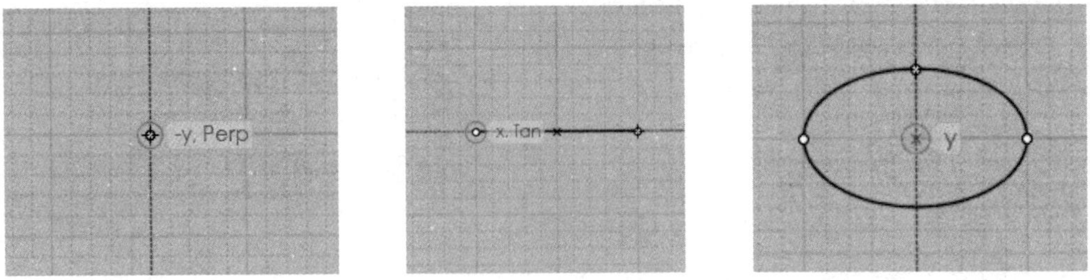

a）指定第一个轴的起始点　　b）指定第一个轴的终点　　c）指定另一个轴的端点

图 4-61　绘制椭圆

a）指定第一个轴起始点的选项　　b）指定第一个轴终点的选项　　c）指定第二个轴端点的选项

图 4-62　命令选项

4.6.3 【椭圆：对角】(Corners) 命令

此命令是通过确定边界框的两个对角点，来绘制一个椭圆。单击【椭圆：对角】，命令选项区域提示确定边界框的一个对角点，单击一点确认；随后提示确定另一个对角点，同样单击一点确认，完成椭圆的绘制，如图 4-63 所示。

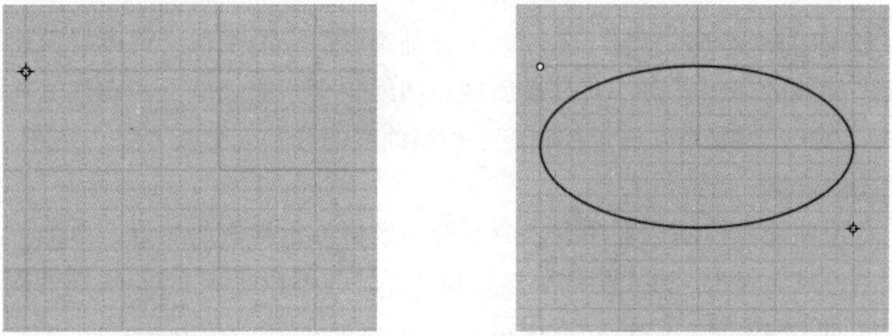

a）指定第一个对角点　　b）指定另一个对角点

图 4-63　绘制椭圆

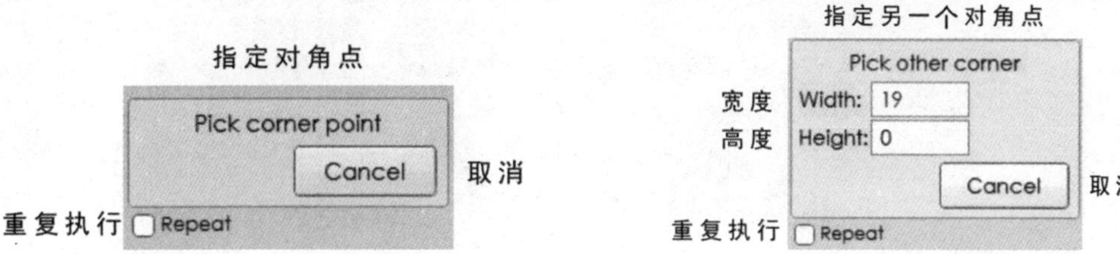

a）指定第一个对角点的选项　　b）指定另一个对角点的选项

图 4-64　命令选项

在确定了第一个对角点以后，也可以通过输入边界框的宽度和高度值来确定另一个对角点。

4.7 【自由曲线】(Freeform) 命令

【自由曲线】命令及其子命令如图 4-65 所示。

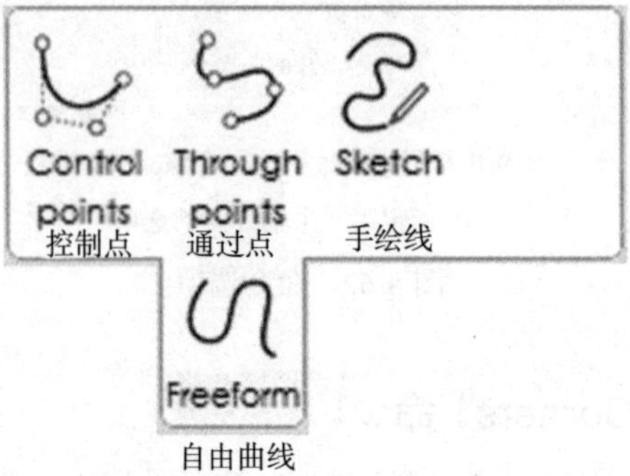

图 4-65 【自由曲线】命令

4.7.1 【自由曲线：控制点】(Control points) 命令

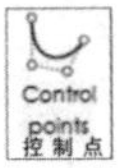

此命令是使用控制点来绘制一条曲线。仔细观察命令的图标，可以看出通过第一、二点的线定义了曲线的切线方向，通过最后两点的线定义了曲线端点的切线方向，进而控制曲线的方向。因此，需要小心放置控制点来控制曲线的开始或结束方向。另外，必须使用3个以上的点才能确定一条曲线。

单击【自由曲线：控制点】命令，命令选项区域提示拾取起始点，单击一点确认；接着提示拾取下一点，单击一点（要理解这是控制点，并不在曲线上）；后面的提示都是相同的，直到完成曲线的绘制，如图 4-66 所示。

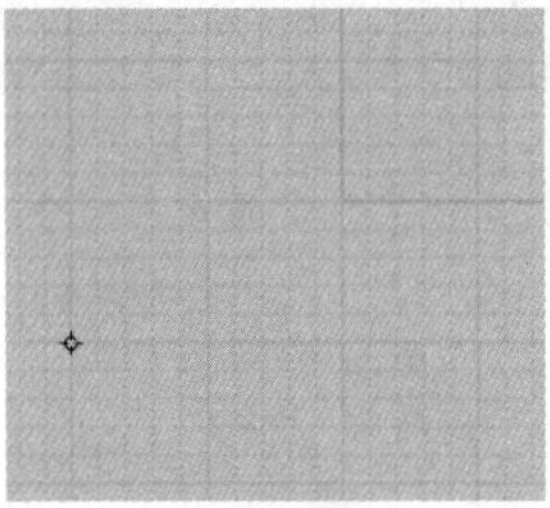

a）确定起始点

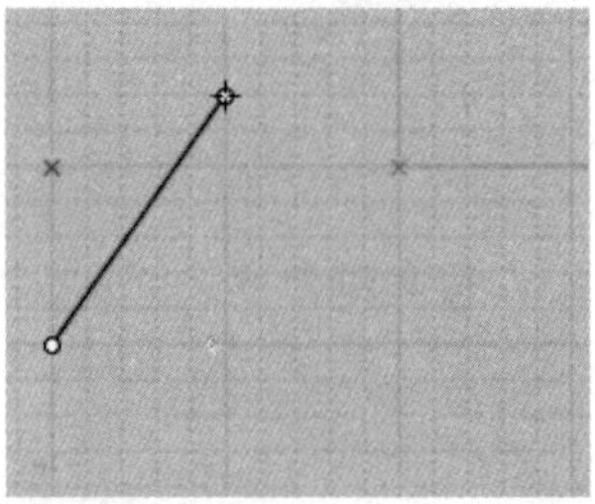

b）确定下一点

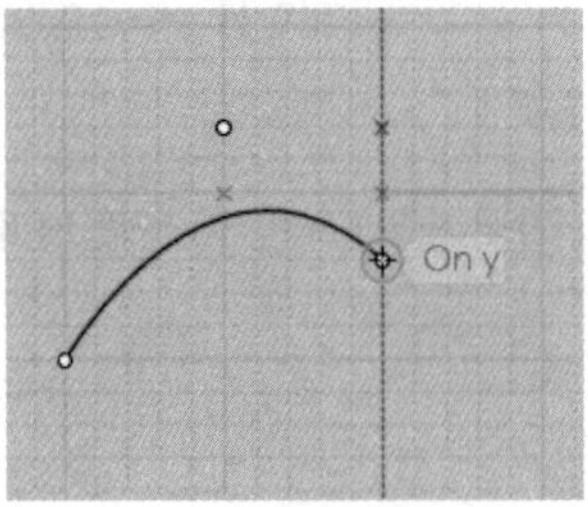

c）确定第三点

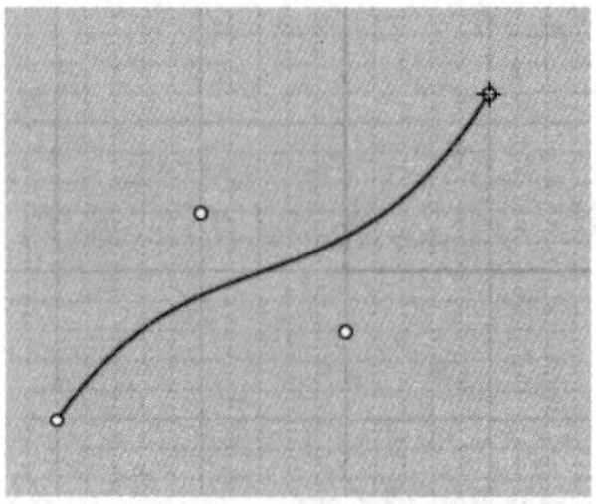

d）确定第四点

图 4-66 “控制点”命令绘制自由曲线

结束绘制曲线以后，可以选择这条曲线，应用“编辑”(Edit) 标签中的“显示点”(Show pts) 命令，会看到控制点和切线，如图 4-67 所示。相关选项设置如图 4-68 所示。

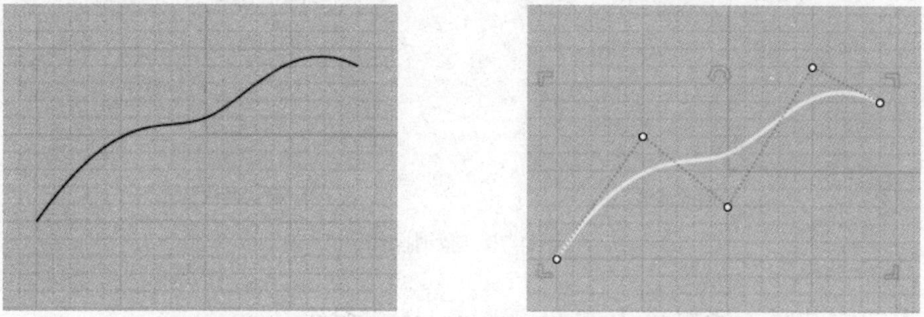

图 4-67　应用“显示点”命令，可以显示出控制点

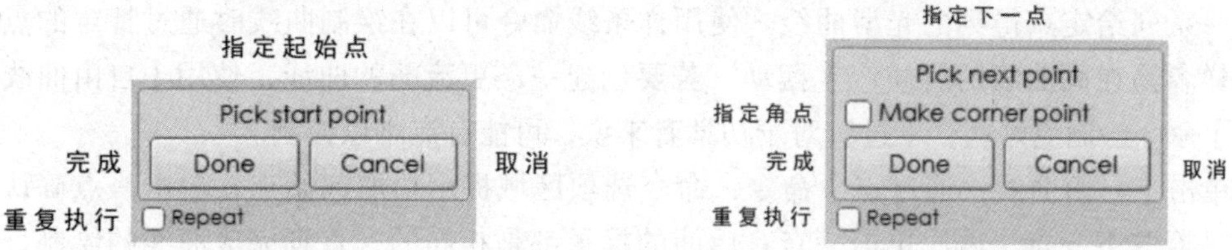

a) 指定起始点的选项　　b) 指定下一点的选项

图 4-68　命令选项

前面绘制的曲线是连续的，如果要绘制有转角的曲线，需要勾选“指定角点”复选项。两条曲线之间的角点是硬转折，看图 4-69a 就可以理解。指定了起始点后，在每次确定下一个控制点前都勾选“指定角点”选项，就能够绘制出折线图形。在绘图过程中，根据自己的需要勾选“指定角点”选项。

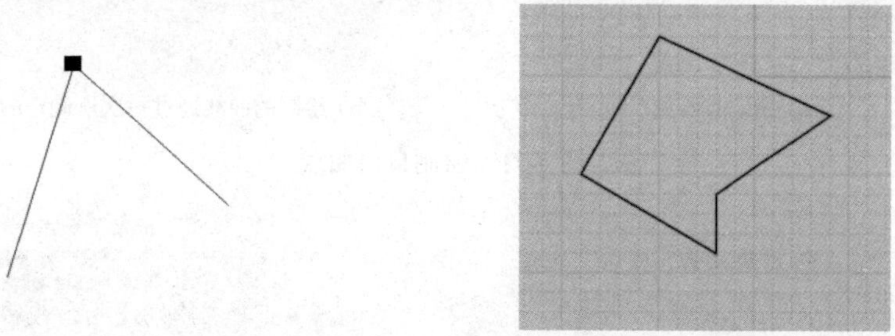

a) 角点　　b) 每次勾选“指定角点”选项，绘制的折线图形

图 4-69　绘制折线图形

在绘制曲线的过程中，可以应用“撤销”(Ctrl+Z) 命令来移除最后一次拾取的点，然后重新放置控制点，如图 4-70 所示。

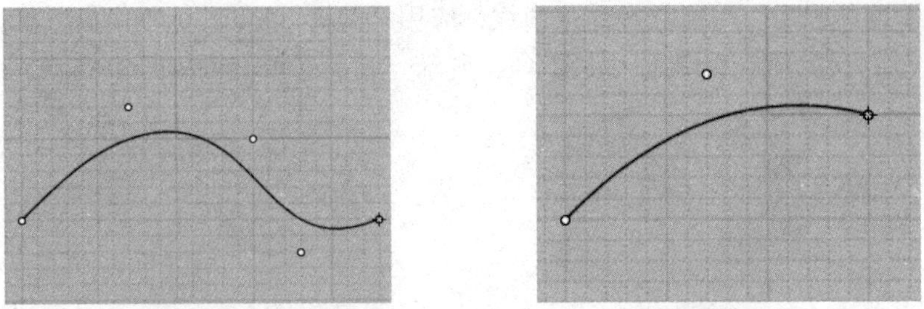

a）绘制的曲线　　b）撤销两次的结果

图 4-70　撤销操作

4.7.2 【自由曲线：通过点】(Through points）命令

此命令通过一些想拾取的点画一条任意曲线，实质上绘制的是样条曲线。样条曲线是通过一系列给定点得到的光滑曲线。使用样条线命令可以在绘制曲线时通过特定的点，不过这样容易在画曲线的时候产生摆动。若要创建一条更流畅的曲线，使用【自由曲线：控制点】命令绘制更好些，不过，对于初学者来说，可能有点难以控制。

单击【自由曲线：通过点】命令，命令选项区域提示拾取起始点，单击一点确认；接着提示拾取下一点，再次单击一点；后面的提示都是相同的，直到完成曲线的绘制，曲线会通过每次所确定的点，如图 4-71 和图 4-72 所示。

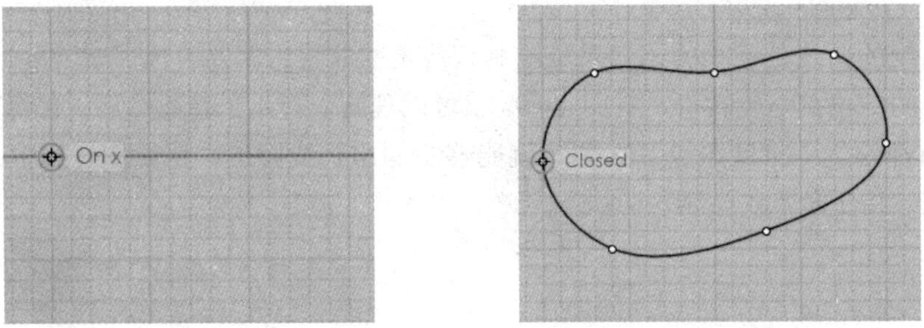

a）指定起始点　　b）绘制的曲线通过每次所确定的点

图 4-71　绘制自由曲线

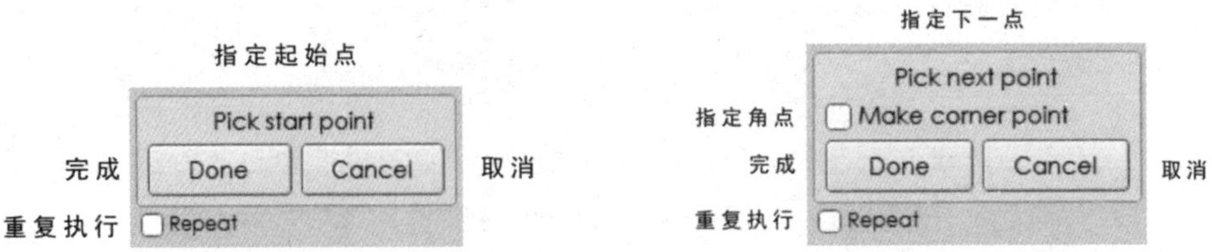

a）指定起始点的选项　　b）指定下一点的选项

图 4-72　命令选项

在指定下一点的提示中，“指定角点”复选项可以实现尖锐的转折，能够画出曲线和直线混合的图形。其实，不是每次指定点时都需要勾选“指定角点”复选项，在单击鼠标前按下 Ctrl 键即可指定角点，这同样适用于【自由曲线：控制点】命令。同样地，在绘制曲线过程中，可使用撤销命令来移除最后一次拾取的点。

4.7.3 【自由曲线：手绘线】(Sketch) 命令

此命令即使用鼠标单击、按下然后以拖拉的方式绘制一条自由曲线。徒手绘制曲线的方式很灵活，如要绘制封闭的图形，有些像画简笔画，按住鼠标一气呵成，当靠近起始点时，曲线会自动封闭。

单击【自由曲线：手绘线】命令，命令选项区域提示单击并拖动来绘制曲线，按住鼠标连续地画线即可，如图 4-73 所示。

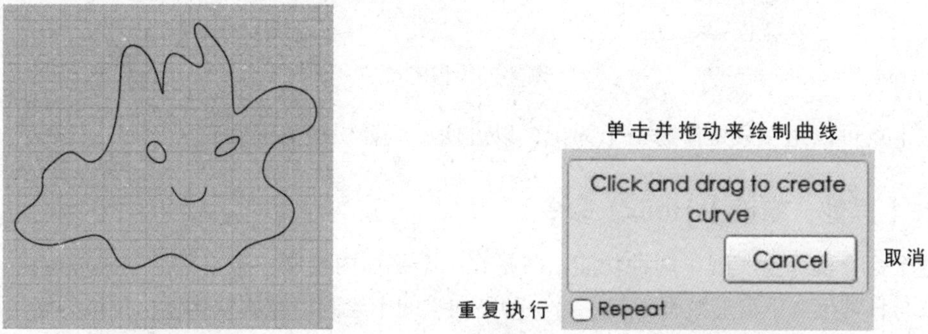

a）手绘的曲线　　b）手绘线的选项

图 4-73　手绘曲线

4.8 【其他】(More) 命令

【其他】命令及其子命令如图 4-74 所示。

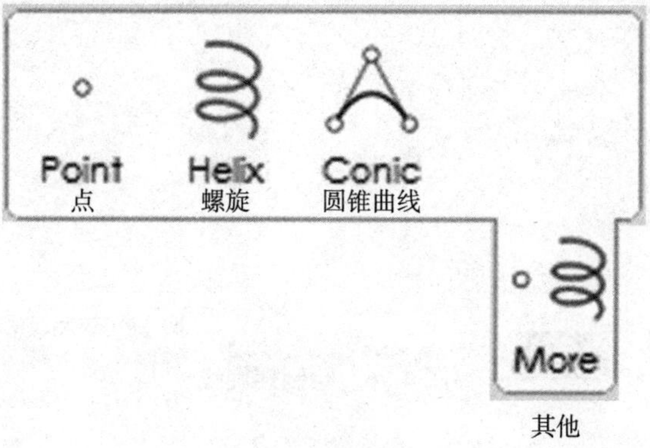

图 4-74 【其他】命令

4.8.1 【其他：点】(Point) 命令

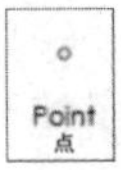

点是最基本的图形元素，只需要指定其坐标，即可在视图中确定一个点。此命令用来绘制独立的点，非常简单。单击【其他：点】命令，命令选项区域提示拾取一个点，此时既可以直接输入坐标值，也可以使用鼠标单击一点确认，如图 4-75 所示。

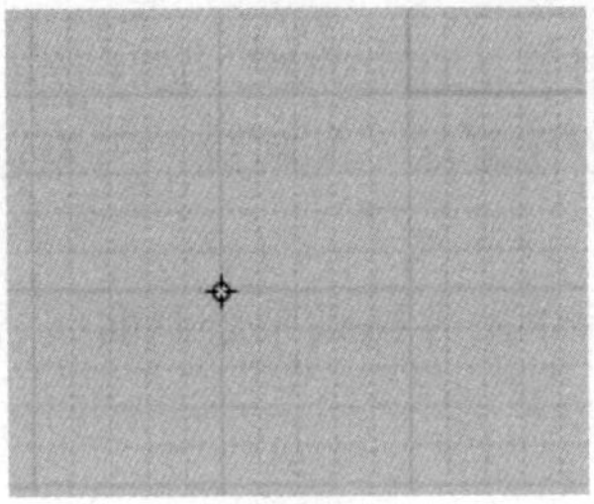

a）确定一点

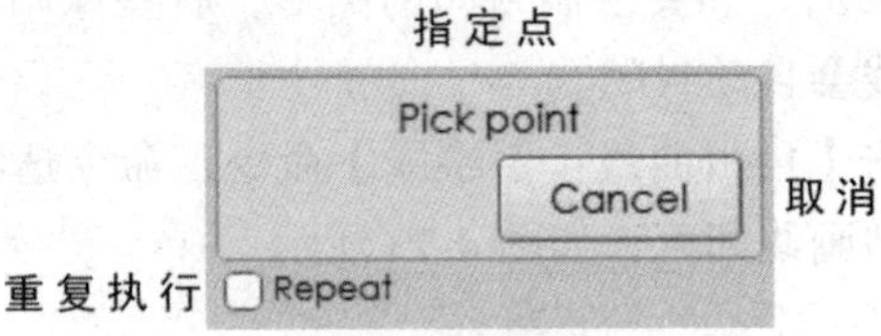

b）指定点的选项

图 4-75 指定点

这个点可以用在某处作为一个标记，以方便后续轻松地捕捉到它。

4.8.2 【其他：螺旋】(Helix) 命令

这个命令实际上实现了两种功能：一是在一个平面内绘制一条平面的二维螺旋线，这个螺旋线与日常生活中盘形蚊香类似；另一种是在空间中绘制出螺旋状物体，类似弹簧形状。

如果要绘制一条二维螺旋线，单击【其他：螺旋】命令，命令选项区域提示拾取轴的起点，单击一点确认；接着提示指定轴的终点，此时单击“平面螺旋”按钮，则刚才单击的第一点成为二维螺旋线的中心，视图中出现以这个点为中心的圆，提示确认起始半径和锚点，单击鼠标确认；接下来提示指定螺旋线终点的半径，单击确认；然后出现了螺旋选项，可以设置圈数和螺旋的旋向，如图 4-76 所示。相关选项设置如图 4-77 所示。

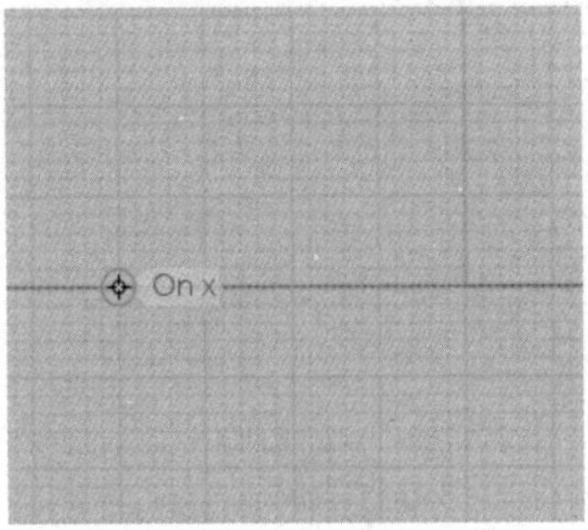

a）拾取轴的起点

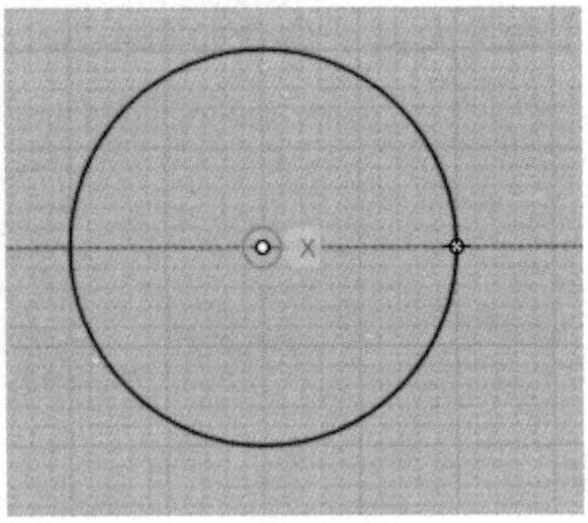

b）确定螺旋线的起始半径

图 4-76 绘制螺旋线

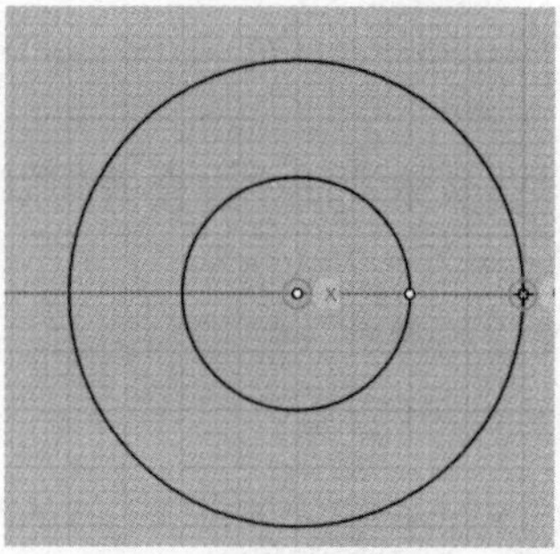

c）拾取轴的终点

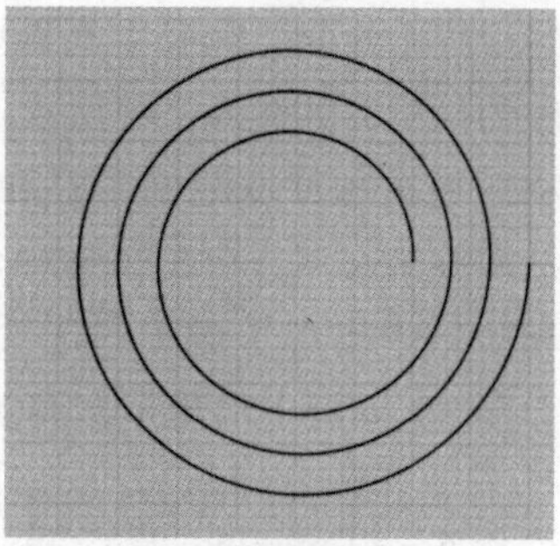

d）确定圈数和旋向

图 4-76 （续）

a）拾取轴的起点选项

b）指定轴的终点选项

c）拾取起始半径和锚点选项

d）指定终点半径选项

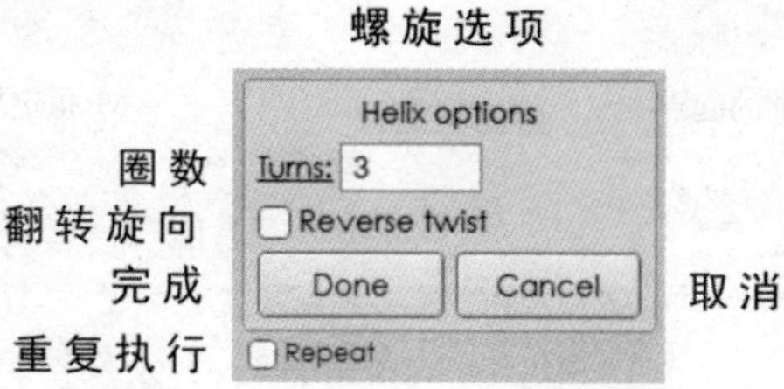

e）螺旋选项

图 4-77 命令选项

绘制二维螺旋线可以看作绘制螺旋状物体的一个特例。接下来看看如何在空间中绘制螺旋状物体。观察图 4-78 中的弹簧，有助于理解螺旋状物体的构成。

单击【其他：螺旋】命令，命令选项区域提示拾取轴的起点，此时要通过两点来确认中心轴线和螺旋的高度，这根轴通过了每一圈的圆心。由于是在空间绘图，轴线和圆应该分别在不同的视图中绘制。先在主视图中单击确认一点，如图 4-79a 所示；接着指定轴的终点，确定螺旋的高度，如图 4-79b 所示。

命令选项区域提示拾取起始半径和锚点，把鼠标移至俯视图中，会看到以轴线为中心的圆，锚点是螺旋的起点，单击鼠标确认，如图 4-79c 和图 4-79d 所示。

命令选项区域中出现了螺旋的选项，可以设置螺旋的圈数、螺距和旋向。螺距是两圈之间的距离。在 3D 视图中出现了圆弹簧的形状，如图 4-79f 所示。

a）圆弹簧

b）塔形弹簧

图 4-78　弹簧

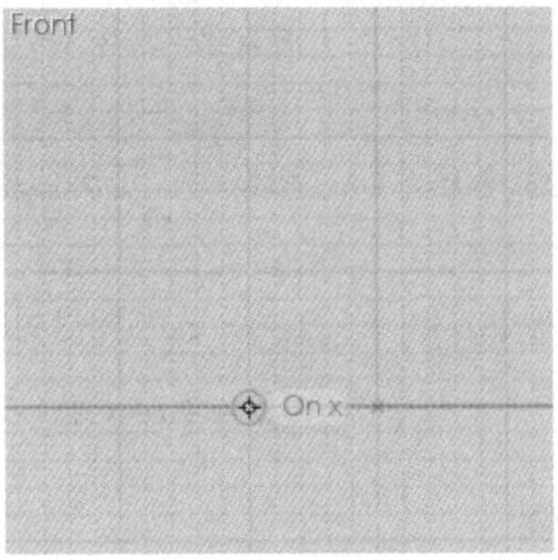

a）拾取轴的起点

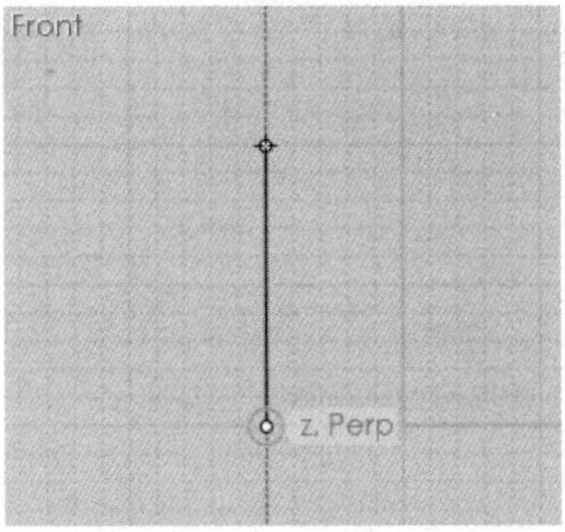

b）指定轴的终点

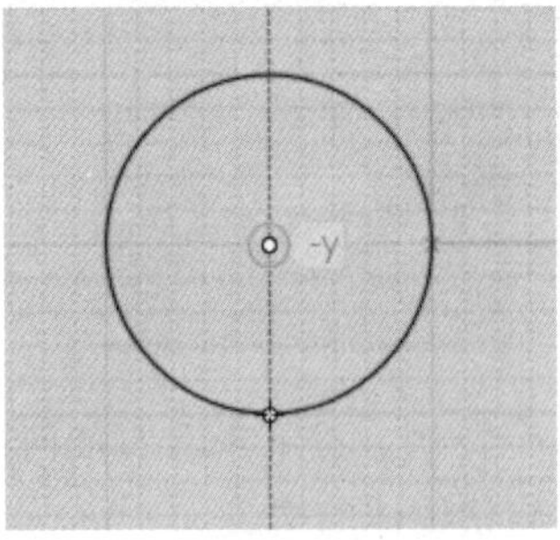

c）确定起始半径和锚点

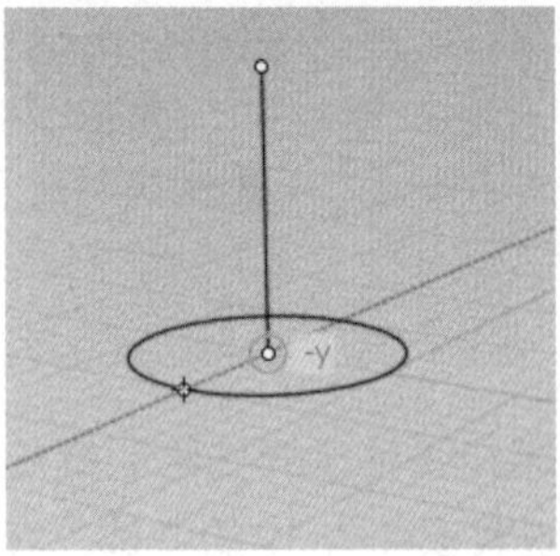

d）3D 视图中的显示

图 4-79　绘制螺旋曲线

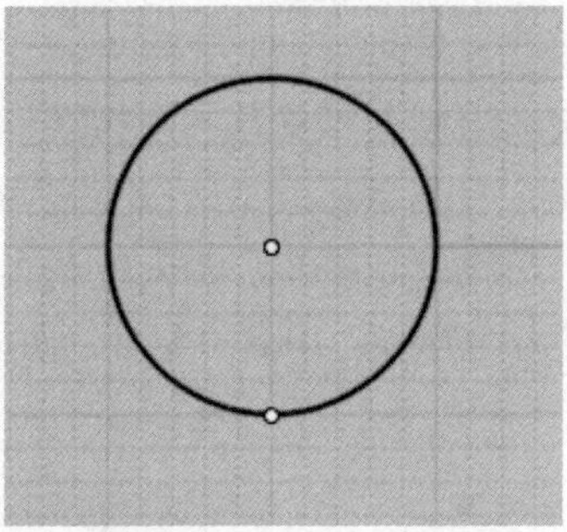

e）俯视图中看不出什么

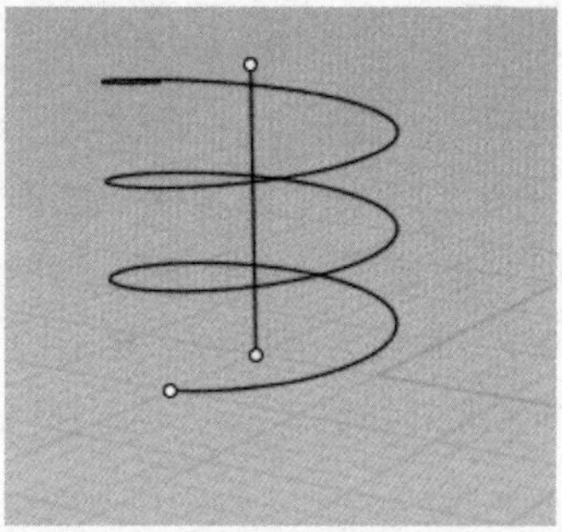

f）3D 视图中显示了圆弹簧的形状

图 4-79 （续）

相关选项设置如图 4-80 所示。

如果勾选了“锥形的”（Tapered）复选项，在确定了起始半径和锚点后，允许指定末端半径，结果得到一个塔形螺旋形状，如图 4-81 所示。

a）拾取轴的起点选项

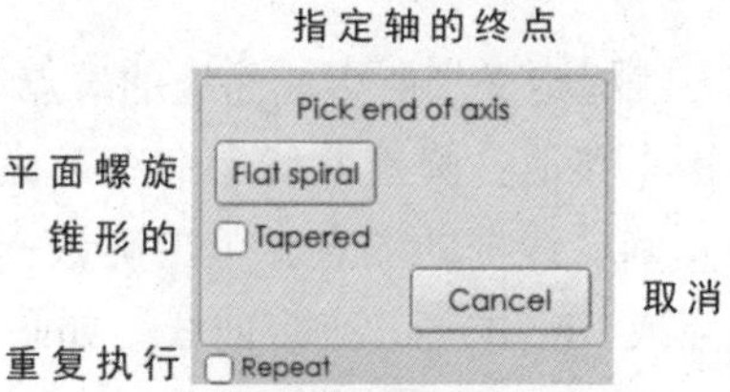

b）指定轴的终点选项

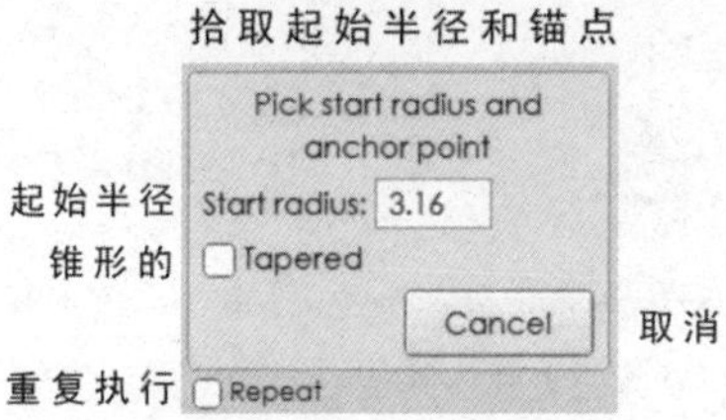

c）拾取起始半径和锚点选项

d）螺旋选项

图 4-80　相关选项

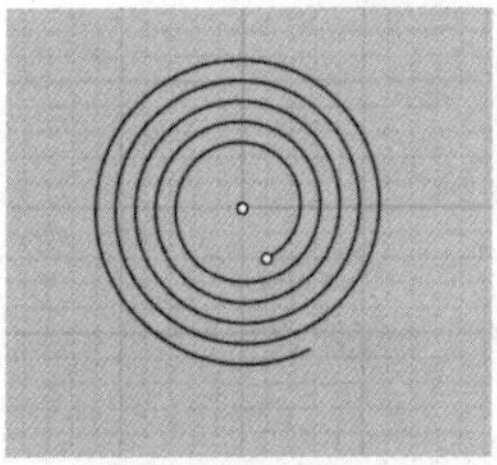

a）指定末端半径

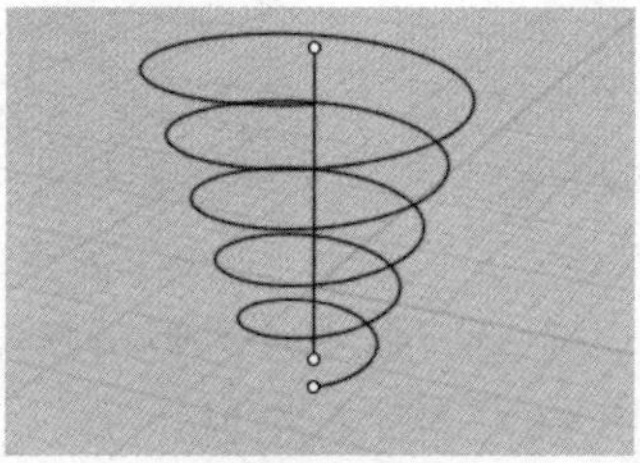

b）3D 视图中的显示

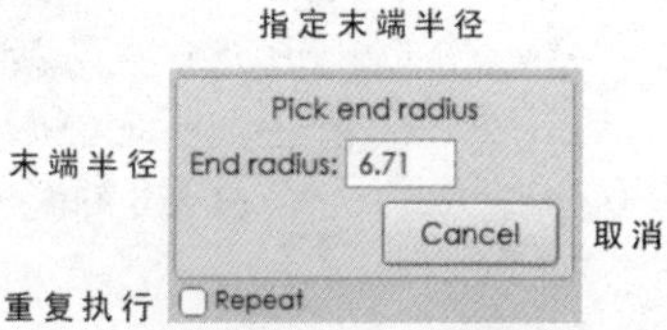

c）指定末端半径的选项

图 4-81　绘制塔形螺旋弹簧及相关参数

4.8.3 【其他：圆锥曲线】(Conic) 命令

此命令利用三点线框加上通过点，或者 Rho 值来绘制圆锥曲线（抛物线、双曲线或椭圆段）。Rho 值决定了每个二次曲线截面的完整程度，它表示从两个边缘点之间的弦中点到顶点的距离所占的分数。一般情况下 Rho 值越小，曲线就越平坦；Rho 值越大，曲线就越饱满。Rho<0.5，曲线为椭圆段；Rho=0.5 时，曲线为抛物线；Rho>0.5 时，曲线为双曲线。图形显示如图 4-82 所示。

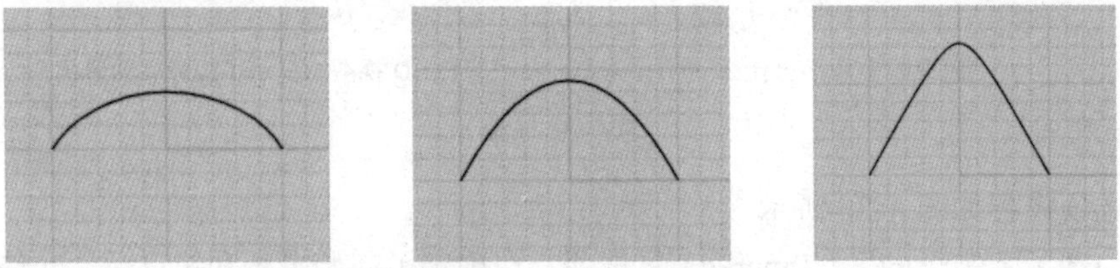

a）Rho=0.3，椭圆段　　b）Rho=0.5，抛物线　　c）Rho=0.8，双曲线

图 4-82　Rho 值决定曲线的形状

三点线框定义了所生成曲线的端点和切线方向。

单击【其他：圆锥曲线】命令，命令选项区域提示拾取线框的起点，单击一点确认；接着提示确认线框的端点，单击确认；然后提示确认线框的峰值点，单击确认；最后要指定通过点或 Rho 的值，确定曲线，如图 4-83 所示。

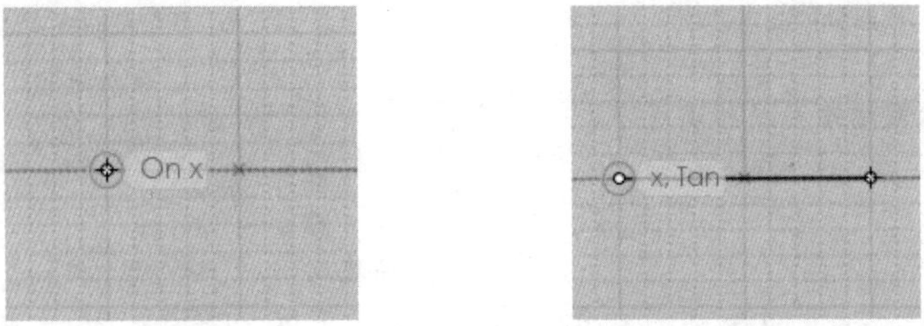

a）拾取线框的起点　　b）确认端点

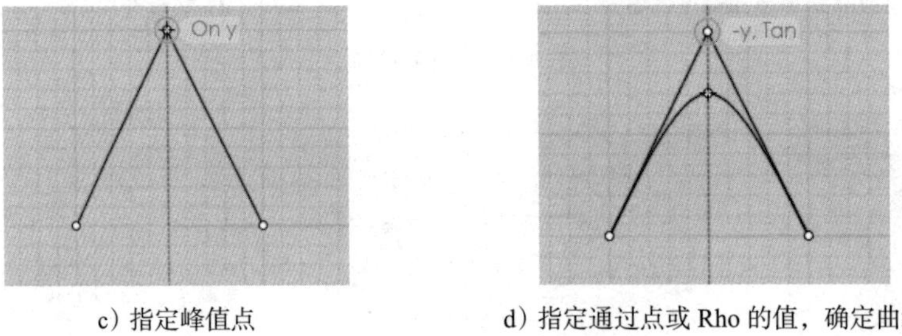

c）指定峰值点　　d）指定通过点或 Rho 的值，确定曲线

图 4-83　绘制圆锥曲线

相关参数设置如图 4-84 所示。

a）拾取起点的选项

b）指定端点的选项

c）指定峰值点的选项

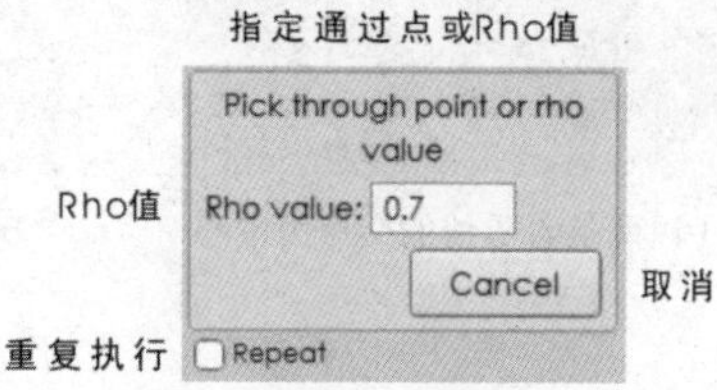

d）指定通过点或 Rho 值的选项

图 4-84　相关参数设置

4.9　绘图实例

上面已经介绍完【绘制曲线】标签下的全部 2D 绘图命令。为了引导读者开始绘制图形，下面列举三个简单的例子。还要说明一下，绘制复杂的图形会用到一些编辑命令，现在还未接触它们，所以先从简单的例子开始。

实例 1——绘制如图 4-85 所示图形

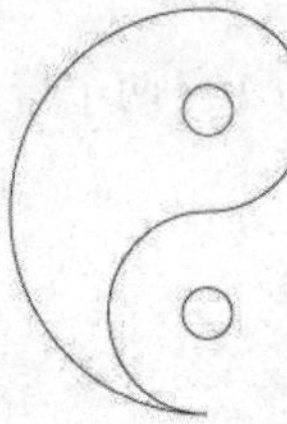

a）实例图形 1

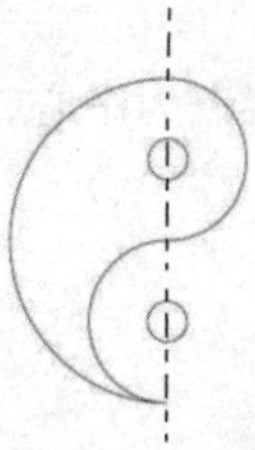

b）在原图上画一条线

图 4-85　实例 1 图形

要绘制图 4-85a 所示的图形，应首先分析图形的构成：它基本上是由圆形和圆弧组成，在图上通过两个小圆的圆心画一条直线，就会理解。另外，要借助视图中的栅格来确定尺寸，需要认真数一下栅格的数量。绘图步骤如下。

1）要绘制平面图形，先单击界面下方的视图配置标签中的俯视图（Top），切换到单一的俯视图。此外，还要借助栅格中的着重线。首先，应用【弧形：中心、起点】命令，在垂直方向上绘制半径为 5 的半圆，单击两条着重线相交的点作为中心，单击其上的另一条着重线的点（距离为 5）作为起点绘制一个半圆，如图 4-86 所示。

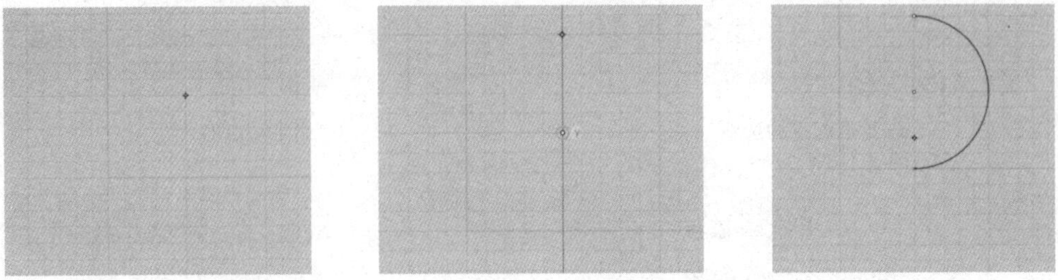

a）以两条着重线的交点为中心　　b）其上距离为 5 处作为起点　　c）绘制半圆

图 4-86　绘制半圆

2）同样地，在刚才绘制的半圆下方绘制向左的半圆。不必在命令面板中单击图标，在视图区空白处右键单击就可以重复执行上一次的命令，如图 4-87 所示。

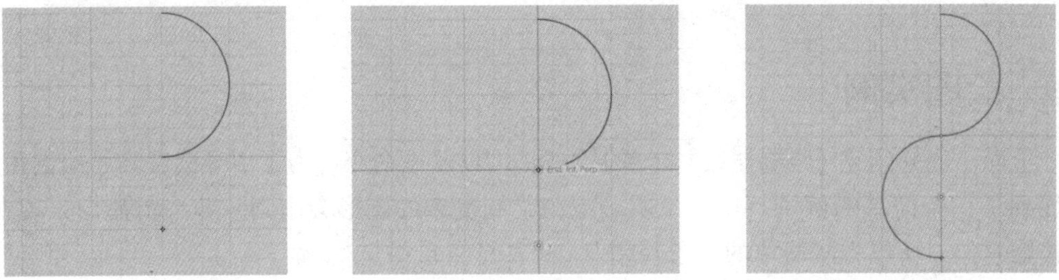

a）确定半圆中心　　b）确定半圆的起点　　c）绘制出另一个半圆

图 4-87　绘制另一半圆

3）以两个半圆的连接点为中心，在左侧绘制半径为 10（两个着重线的距离）的大半圆，如图 4-88 所示。

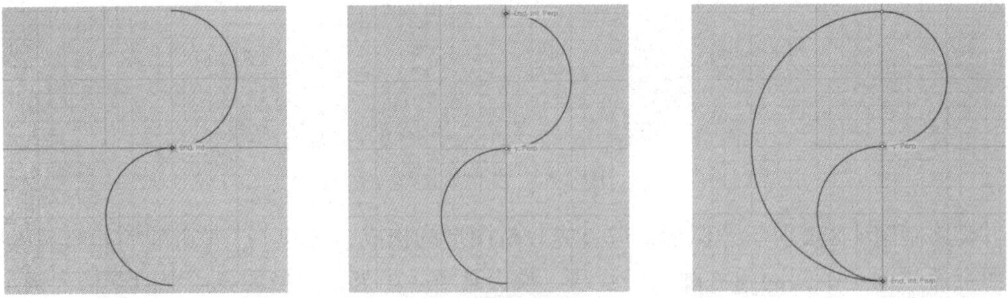

a）两个半圆的连接点为中心　　b）确定大半圆的起点　　c）绘制出大半圆

图 4-88　绘制大半圆

4）使用【圆形：中心、半径】命令，以两个半圆的中心为圆心，分别绘制两个半径为 1（借助栅格）的小圆，得到最终结果，如图 4-89 所示。

a）绘制上部的小圆　　b）绘制下部的小圆　　c）得到的最终结果

图 4-89　绘制完成

注意在绘图过程中，要启用栅格捕捉和对象捕捉，为绘图提供便利。

实例 2——绘制如图 4-90 所示图形

图 4-90 中的图形看起来很简单，由于并没有给出中央正方形的尺寸，要严格按照尺寸要求绘制，还是需要动些脑筋的。下面给出的仅是一种思路，还有其他绘制这个图形的方法，读者可自行摸索。

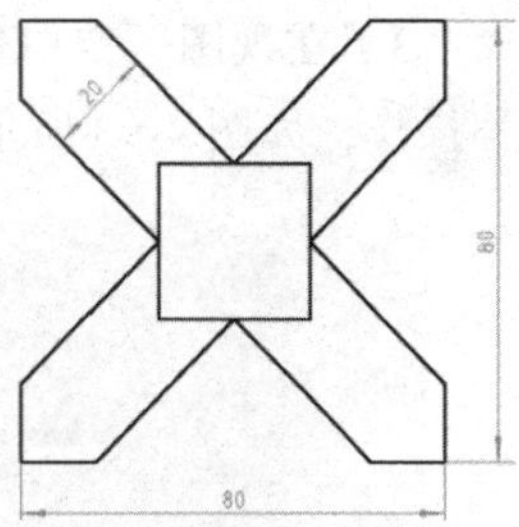

图 4-90　实例图形 2

1）最外侧四个顶点位于 80×80 的正方形上，所以先使用【其他：点】命令，数栅格上的着重线，确定位于正方形上的四个点。虽然不画这四个点也能实现后续的绘制过程，但每次都需要数格子，而且也不方便捕捉，所以这几个点可以视作临时参考点。然后应用【画线：直线】命令连接两个对角点，如图 4-91 所示。

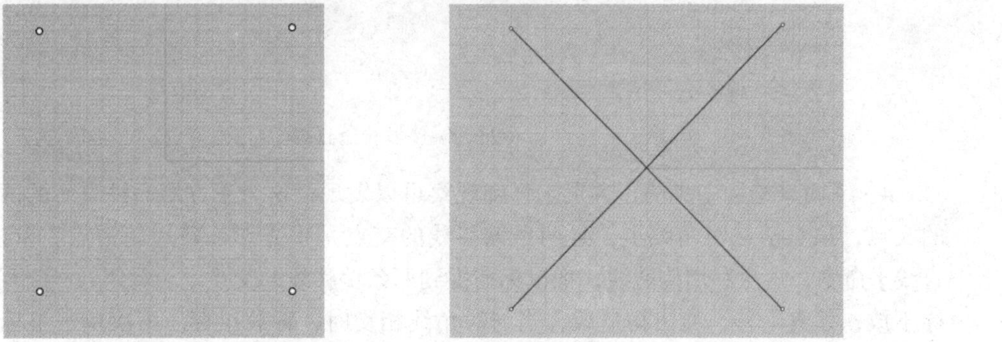

a）确定正方形的四个角点　　b）连接对角的点

图 4-91　确定点和直线

2）接下来要用到【构建：偏移】（Construct:Offset）命令（先借用一下，后续会详细讲解这个命令的功能）。单击【构建：偏移】图标，命令选项区域提示选取要偏移的对象，单击一条直线，按 Enter 键确认。用键盘直接输入数值 10，就确定了偏移距离。移动鼠标，会看到在选定直线的一侧出现了一条偏移距离为 10 的直线，单击确认。单击右键，在另一侧也偏移出一条直线，如图 4-92 所示。

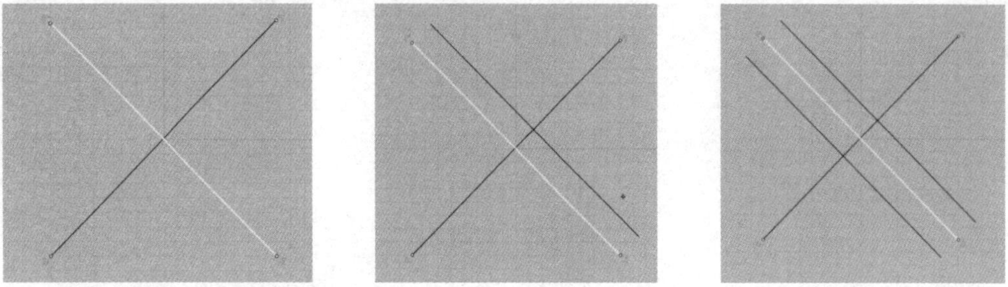

a）选择要偏移的直线　b）偏移出一条直线　c）偏移出另一条直线

图 4-92　使用“偏移”命令绘制直线

3）在视图区空白处单击鼠标，取消选择。然后选择另一条对角的直线，执行相同的偏移操作，如图 4-93 所示。

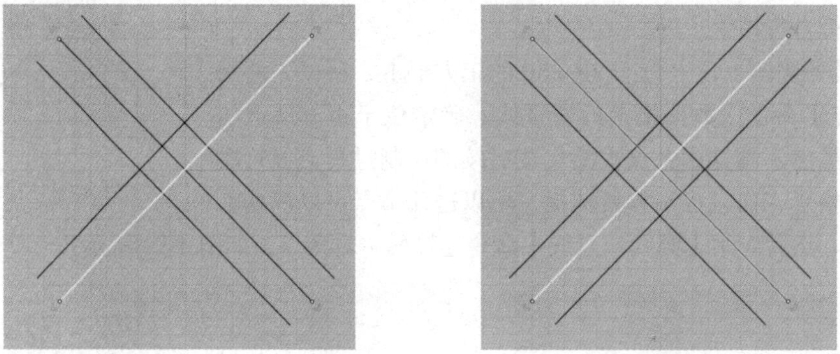

a）偏移另一条对角的直线　b）偏移结果

图 4-93　偏移另一条直线

4）下面来绘制中央的正方形。仔细观察可以发现，这个正方形通过交叉的两条偏移线的交点，角点落在对角线上，且两条偏移线的交点是正方形一条边的中点。单击【画线：直线】命令，这次利用构造线，把鼠标捕捉到两条偏移线的交点上（看到 Int 字样），按住鼠标不放，垂直上移，拖出构造线，当与对角线相交时，释放鼠标。再次单击鼠标，会以这个点作为起点开始画线。向下垂直画，与另一条对角线相交，完成直线的绘制，如图 4-94 所示。

5）接下来就简单了。应用【画线：直线】命令，捕捉到刚才绘制的直线与对角线的交点，向左通过偏移线的交点，与另一对角线相交，画出正方形的另一条边。重复相同的操作，画出剩下的两条边，形成矩形，如图 4-95 所示。

6）下面开始绘制四个尖角部分。应用【画线：直线】命令，捕捉到最先放置的四个点中的一个，水平向左捕捉到一条偏移线，绘制一段直线；然后再从这个点垂直向下绘制一段直线，如图 4-96 所示。

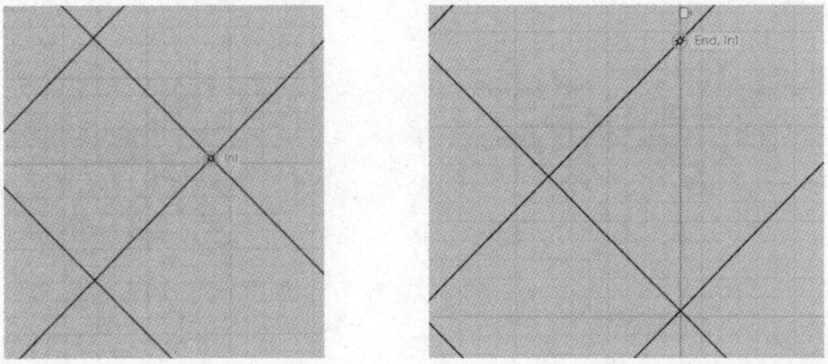

a）构造线要通过偏移线的交点　　b）在对角线上找到直线的起点　　c）绘制出直线

图 4-94　利用构造线绘制直线

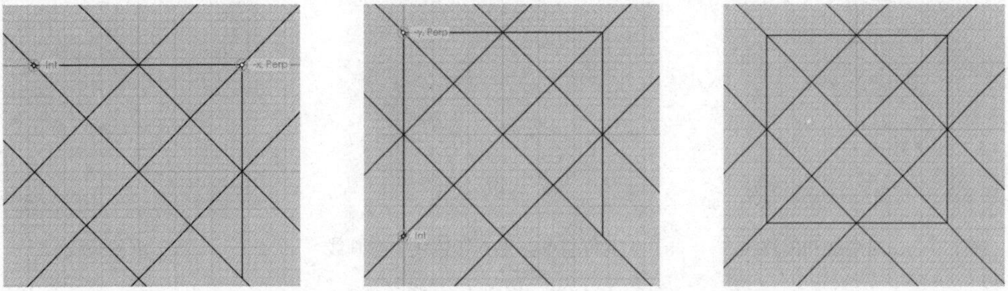

a）向左绘制正方形的一条边　　b）向下绘制正方形的一条边　　c）完成正方形的绘制

图 4-95　绘制矩形

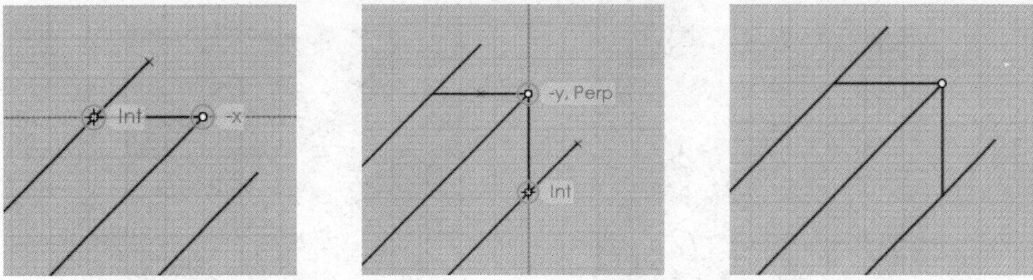

a）向左水平绘制一段直线　　b）向下垂直绘制一段直线　　c）绘制的两条线段

图 4-96　绘制尖角

7）对于其余的三个尖角部分，顺次完成前面的操作，从放置的点向偏移线画水平或垂直相交的线段，如图 4-97 所示。

8）如果学习了【编辑：修剪】（Edit：Trim）命令，完全可以修剪掉多余的线条，得到最终的图形。我们先不应用这个命令，用其他方式解决余下的问题，即把对角线和偏移出的线条连同最初放置的四个点全部删除，只需要依次单击要删除的对象，按 Delete 键就可以了。接着应用【画线：直线】命令，从尖角部分线段的端点向正方形的边线中点画线，如图 4-98 所示。

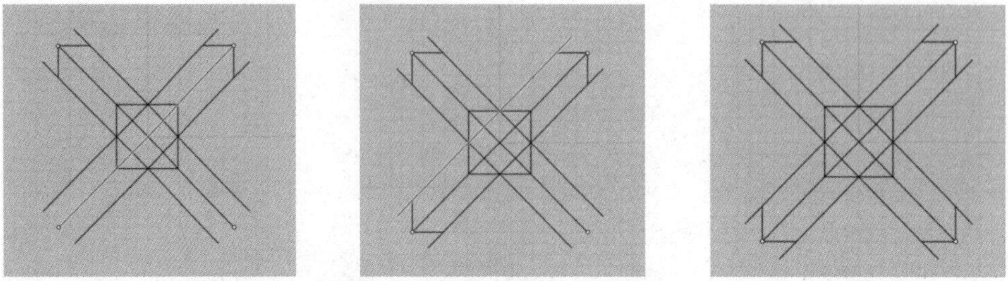

图 4-97　顺次完成绘制其余三个尖角部分

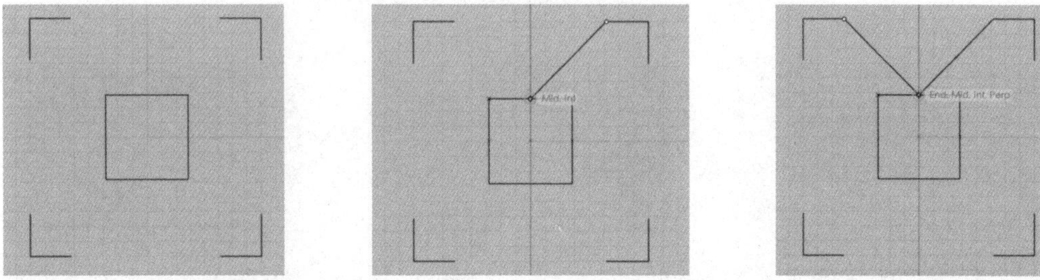

a）删除顶点、对角线和偏移线　b）从尖角端点向正方形边线中点画线　c）重复画线

图 4-98　修剪多余线条

借助对象捕捉可以很容易完成绘制过程，得到最终结果。可以把尖角处的两个端点连接起来，用鼠标单击它，看看长度是否为 20（当然是的），如图 4-99 所示。

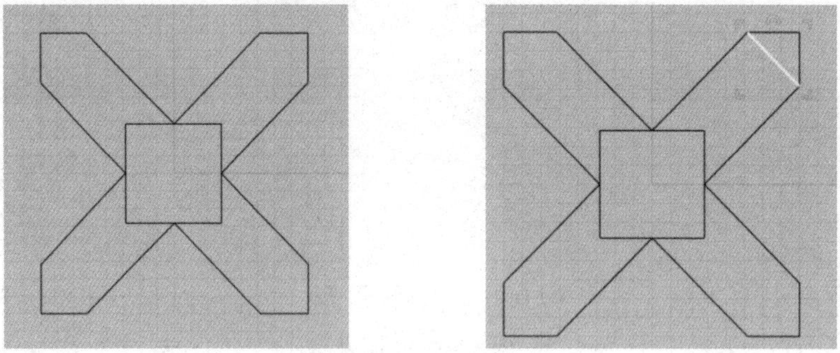

图 4-99　最终结果

实例 3——绘制如图 4-100 所示图形

本实例主要练习使用键盘来输入坐标值，这种方法允许用户输入点和画出特定长度和角度的直线。虽然本书的目的并不是培训 CAD 制图工程师，但了解这种方法，对于初学

者也有重要的意义，你可以使用鼠标和数值输入相结合的方式工作来保证所绘制图形的精确性。

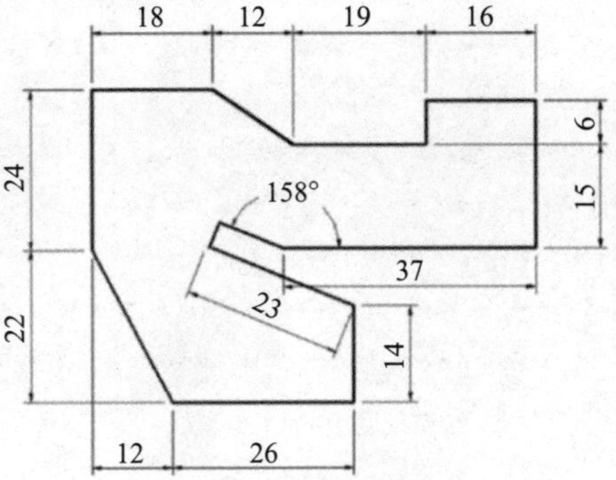

图 4-100 实例图形 3

在平面图形中，一个点由（x，y）坐标表示，对于二维（2D）绘图，所有工作都可以使用（x，y）坐标来完成。如果绘图工作涉及三维（3D）模型，那么必须增加 Z 轴，3D 点使用（x，y，z）表示。

图 4-100 中主要的难点在于尺寸为 23 的线段和 158° 那个部分点的确认，其他都是比较容易理解的。

1）应用【画线：直线】命令，把最左侧尺寸线 22 和 24 之间的点放置到坐标原点，开始向上画直线。垂直向上 24，可以直接输入 24，按 Enter 键，同时观察数值显示与输入区域，单击鼠标确认；右键单击，捕捉到刚才的结束点，水平向右，输入 18，确认，如图 4-101 所示。

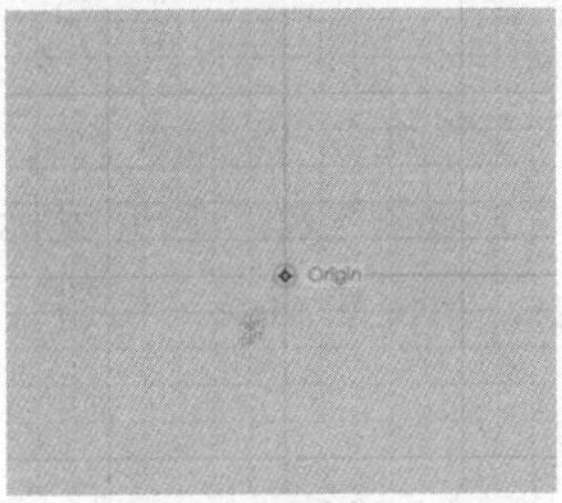

a）在原点放置长度为 24 的直线起点

b）向上画长度为 24 的直线

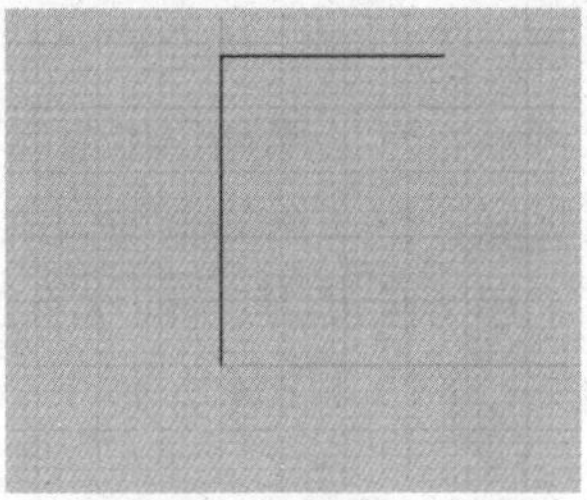

c）向右画长度为 18 的直线

图 4-101 绘制直线

2）接下来画向下倾斜的斜线，水平移动距离是 12，向下移动距离是 24−15=9，它的相对坐标是（r12，−9），输入“r12，−9”，得到斜线；继续画水平直线，输入 19，确认；画垂直向上的直线，输入 6，确认，如图 4-102 所示。

3）继续画图。由于向右长度为 16 的直线、向下长度为 6+15 的垂线包括向左长度为 37 的直线没有什么难度，所以忽略了绘制过程。接下来绘制图形的下半部分，从原点画斜线，输入“r12，−22”，确认，如图 4-103 所示。长度为 26 的水平线和垂直长度为 14 的线段也很容易绘制，略去绘制过程。

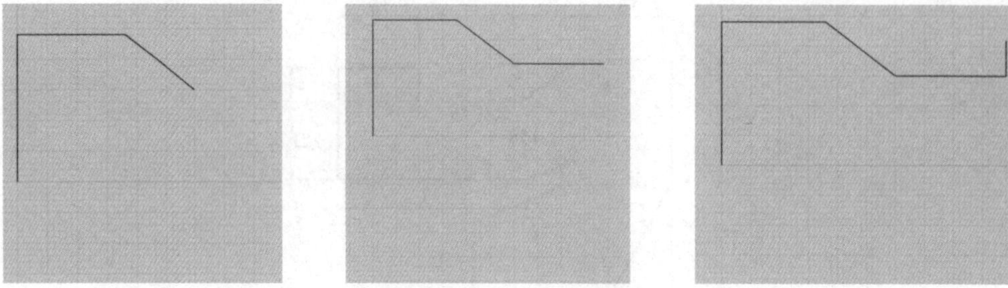

a）绘制斜线　　b）绘制长度 19 的水平直线　　c）绘制垂直长度为 6 的直线

图 4-102　绘制斜线（一）

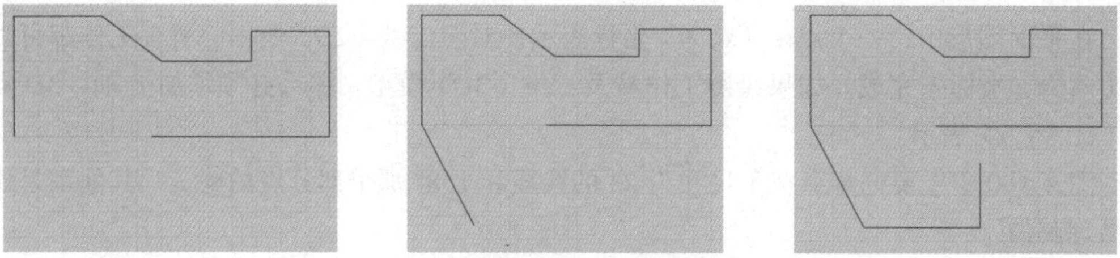

a）绘制的上半部分　　b）从原点绘制向下的斜线　　c）下半部分的绘制进度

图 4-103　绘制斜线（二）

4）下半部分长度为 23 的斜线与其上的短斜线是平行的，所以角度为 158°。应用【画线：直线】命令，输入“23<158”（使用的是极坐标的方式），确认。继续画线，这里是重点要理解的内容，体会构造线的用法。再次应用【画线：直线】命令，捕捉到长度为 23 的斜线端点，按住鼠标拖出与之垂直的构造线，释放鼠标；把鼠标移至长度为 37 的水平线端点，捕捉它，按住鼠标拖动到刚才拖出的构造线上，直到出现垂直（Perp）字样，松开鼠标。现在，单击长度为 37 的水平线端点，然后捕捉到构造线上的垂足，画出短斜线，构造线全部消失，如图 4-104 所示。

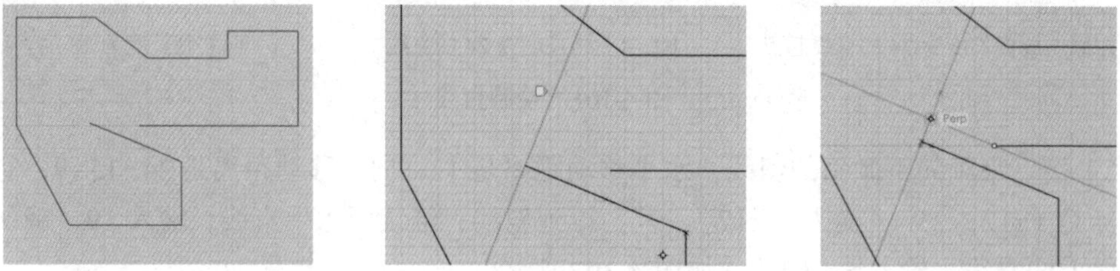

a）绘制长度为 23 的斜线　　b）拖出垂直斜线的构造线　　c）在构造线上找到垂足

图 4-104　绘制完成

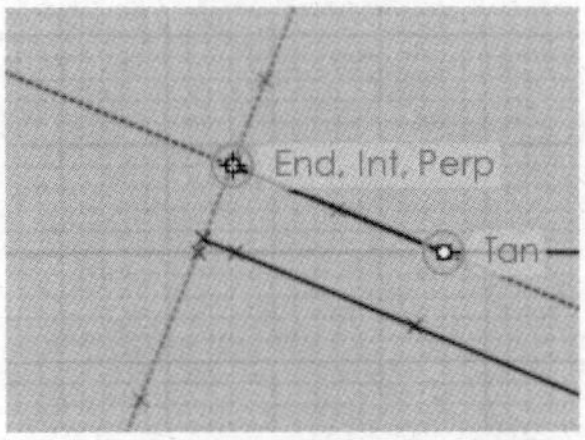

d）正式画斜线

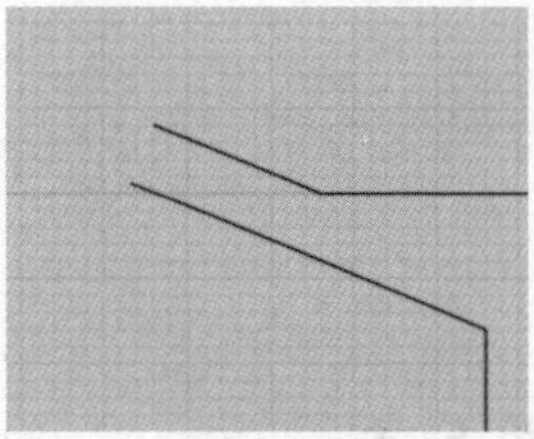
e）得到的结果

图 4-104 （续）

5）应用【画线：直线】命令，把两个斜线的端点连起来，结束绘制过程。最终图形如图 4-105 所示。

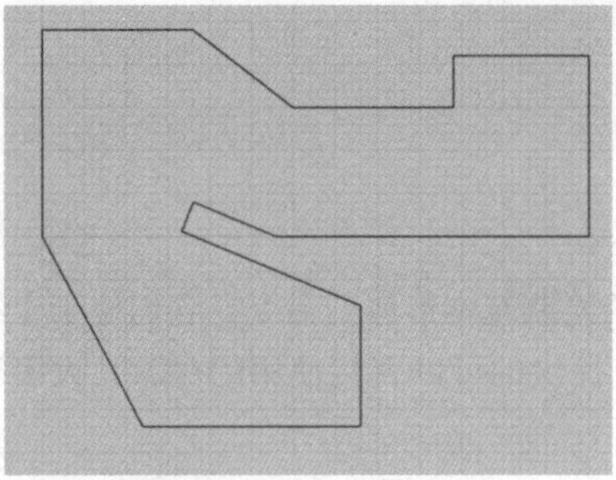

图 4-105　最终图形

4.10　小结

本章讲解了【绘制曲线】标签下的绘制 2D 图形的全部命令，读者可以应用这些命令来绘制简单的图形。其实，这些内容是 3D 设计的起点，也是很多初学者最薄弱的环节，我假定有很多读者没有接触到平面设计中所应用的绘图程序，如 CorelDRAW、Illustrator、AutoCAD 等。MoI3D 提供的绘制 2D 图形命令已经非常丰富了，能够完成构建模型所需的绘制图形的任务。

本章给出的实例主要是引导读者能够精确地按尺寸要求画图，用键盘输入具体数值是既灵活又方便的功能。读者可以到网上找一些 CAD 练习题，通过持续地练习，完全能够掌握这些命令的用法。另外，数值显示与输入区域具备了 AutoCAD 文本窗口中命令行的功能，并不局限于输入坐标值、距离和角度，且能够输入世界坐标、相对坐标和极坐标，对于精确建模已够用了。

Chapter 5 第5章

绘制实体命令

本章讲解 MoI3D 提供的绘制基本形体的命令，它们位于【绘制实体】（Draw solid）标签中。基本形体是建模程序提供的可以直接使用的对象，大多数多边形建模软件都提供了可直接使用的基本形体。

首先来了解 MoI3D 中实体（solid）的概念。由于 MoI3D 是与 Rhino 同宗的，因此它沿用了 Rhino 中实体的概念。在 Rhino 术语中，通过将两个或多个连续的 NURBS 曲面接合在一起，形成多重曲面，如果单独的 NURBS 曲面（如球体或椭圆体）或多重曲面形成封闭的体积，而且没有任何间隙或开口，那么这个模型就是实体模型，如图 5-1 所示。计算机中的实体模型完整地表达了一个对象，它集成了包括曲面和边缘数据以及该模型所描述对象的体积数据等数据。除了视觉展示和制造之外，还可以使用实体建模的数据进行设计计算。

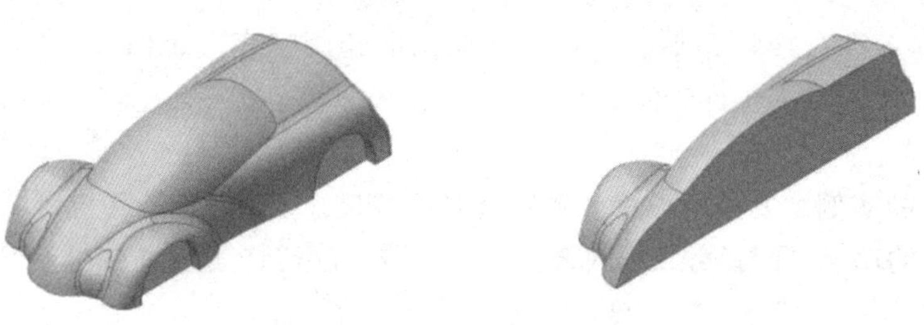

a）实体模型　　b）模型的剖面

图 5-1　实体模型

多重曲面（Polysurface）由多个曲面构成，关键是要有共同边。在 Rhino 中，如果多重曲面或任何单个曲面（例如，其边缘折叠到一点的球体或椭圆体）封闭成水密的形体（在各个曲面之间不存在任何间隙、开口或交叉)，则形成了实体。可以使用两种基本方式来构建实体：直接使用实体建模命令，或者通过转换一组连续的 NURBS 曲面合成一个实体。

本书无意探讨更多概念性内容，MoI3D 也只是具备 Rhino 的部分功能，应用它构建需要设计的模型才是主要目的，所以，让我们开始学习【绘制实体】标签中的命令吧！相关命令如图 5-2 所示。

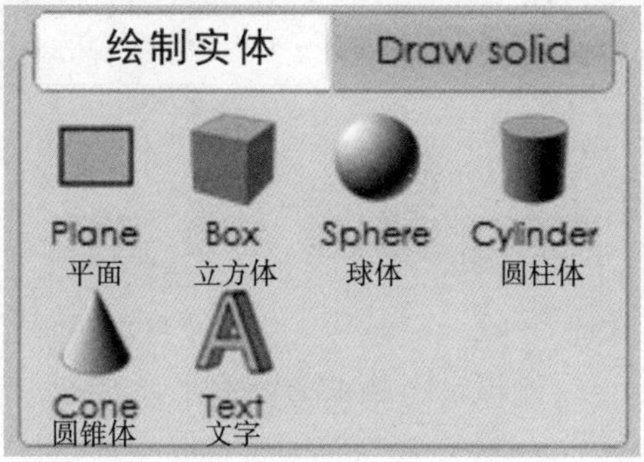

图 5-2 【绘制实体】标签中的命令

5.1 【平面】(Plane) 命令

【平面】命令及子命令如图 5-3 所示。

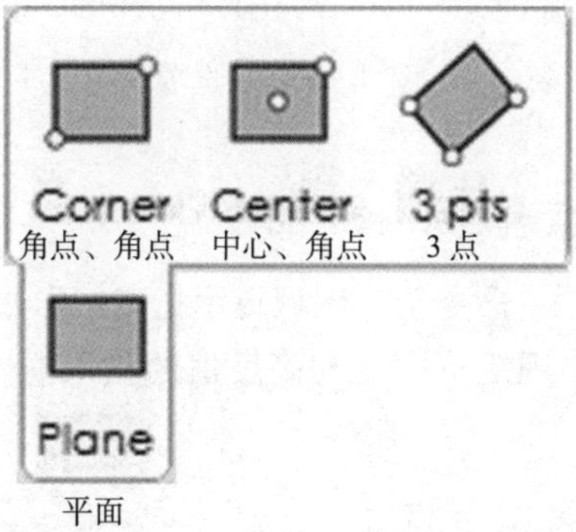

图 5-3 【平面】命令

平面在建模过程中有多种用途。严格说来，应用【平面】命令绘制的平面是一个曲面，而不是实体，并没有厚度。另外，绘制平面与绘制矩形的过程非常类似，所以本书不再对三种绘制方式进行分节了。

5.1.1 【平面：角点、角点】(Corner) 命令

此命令通过对角两点绘制一个矩形平面，类似于用对角点绘制矩形。单击【平面：角

点、角点】，命令选项区域提示指定一个角点，在某个视图中单击鼠标，就拾取了平面的第一个角点。接着提示指定另一个角点。继续拖动鼠标时，视图中显示出了一个矩形平面，拖动它至适当的位置，单击确定平面的另外一个角点，就形成了一个平面，如图 5-4 所示。当然，也可以直接输入平面的宽度和高度。

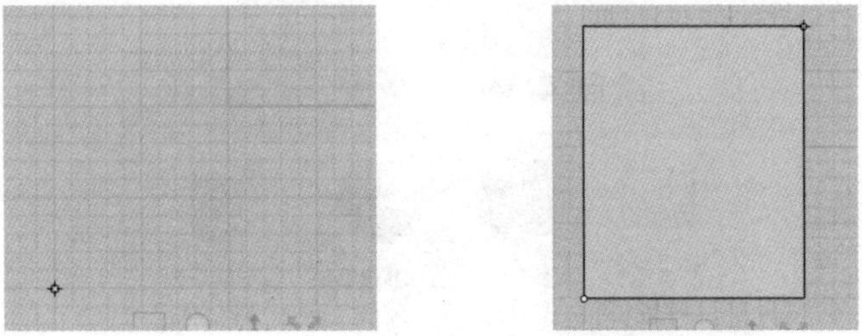

a）指定一个角点　　b）确定平面的另一个角点

图 5-4　拖动鼠标绘制平面

命令选项如图 5-5 所示。

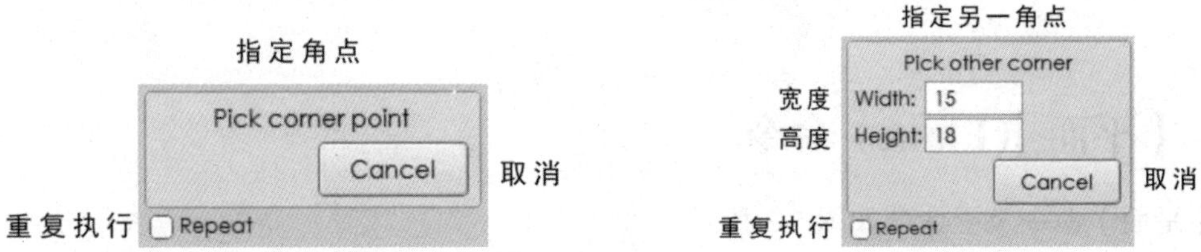

a）指定角点的选项　　b）指定另一角点的选项

图 5-5　命令选项

5.1.2 【平面：中心、角点】(Center) 命令

单击【平面：中心、角点】，命令选项区域提示指定矩形平面的中心点，单击鼠标确认。然后提示指定一个角点，并出现矩形宽度和高度值的输入框。确定角点之后，就绘制出了平面，如图 5-6 所示。

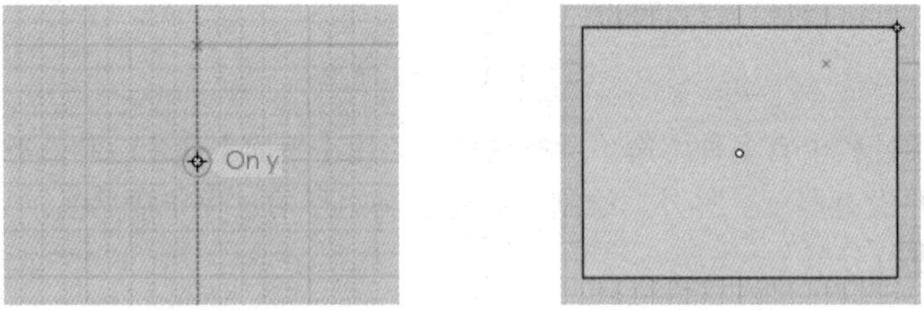

a）指定中心点　　b）确定一个角点

图 5-6　确定中心点和角点

命令选项如图 5-7 所示。

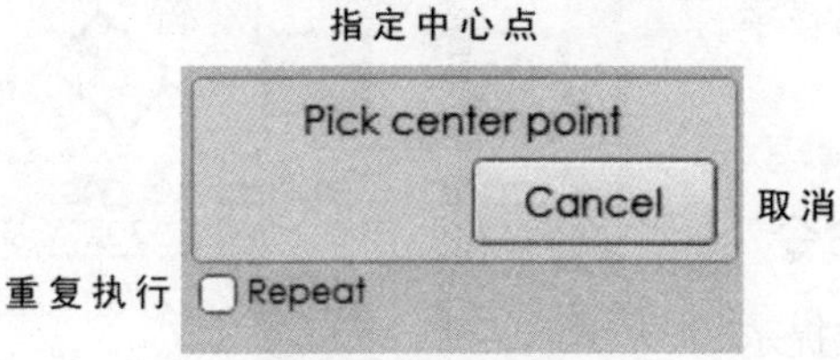

a）指定中心点的选项

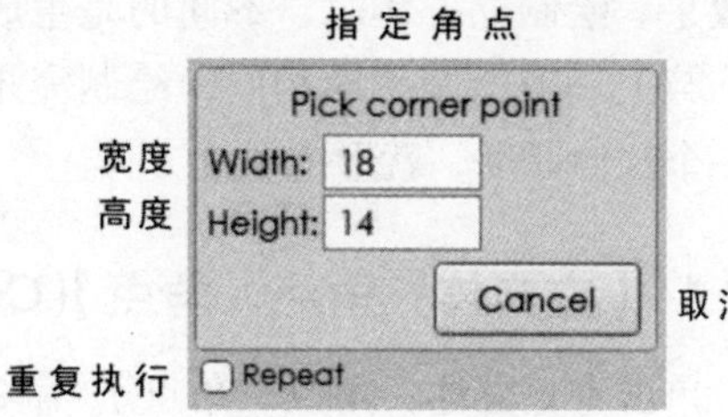

b）确定角点的选项

图 5-7　命令选项

5.1.3 【平面：3 点】(3 pts) 命令

单击【平面：3 点】，命令选项区域提示指定基点，单击确认一点。接着提示指定宽度的角点，单击确认。然后提示确定高度的角点，单击完成绘制矩形平面，如图 5-8 所示。命令选项如图 5-9 所示。

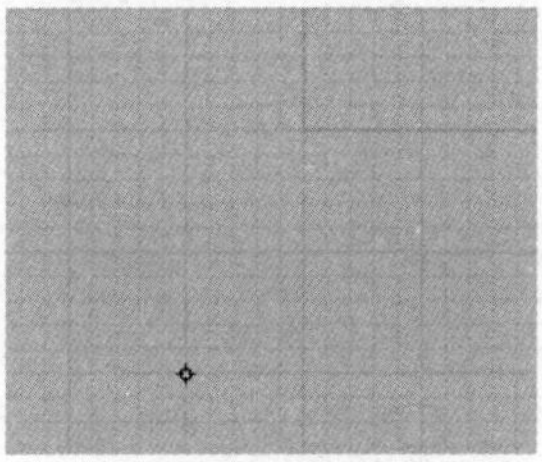

a）指定基点

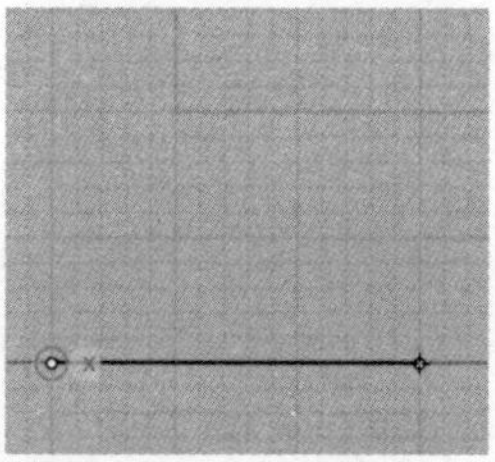

b）指定宽度的角点

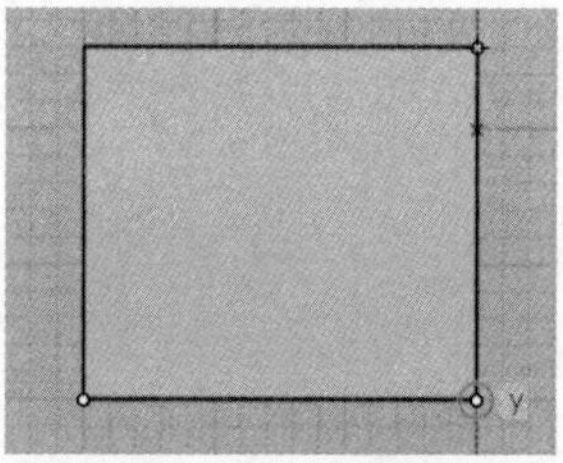

c）确定高度的角点

图 5-8　3 点方式绘制平面

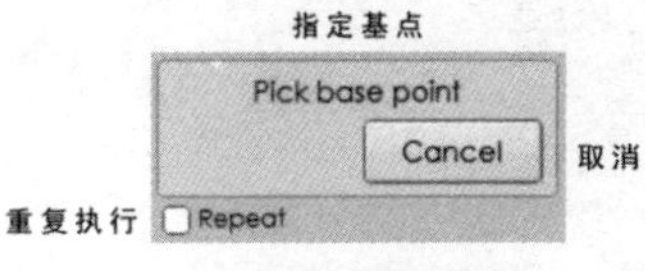

a）指定基点的选项

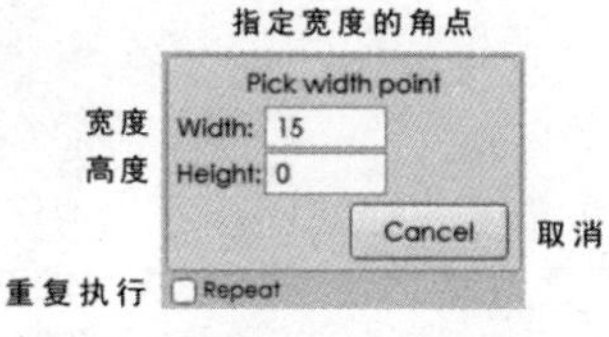

b）指定宽度的角点选项

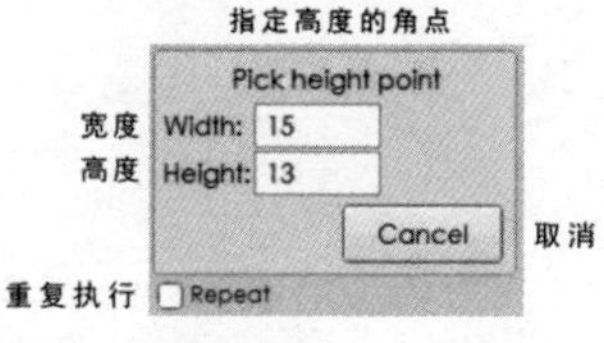

c）确定高度的角点选项

图 5-9　命令选项

5.2 【立方体】(Box) 命令

【立方体】命令及其子命令如图 5-10 所示。

从绘制立方体开始，是 3D 建模的常规途径。绘图时需要先选择一个正向视图绘制图形，然后再生成一定的厚度，同时要随时观察三个正向视图，并在透视图中查看模型的立体效果。绘制立方体时，不同的是生成矩形的三种方式。与上一节绘制平面相同，绘制完矩形后，再赋予其一个拉伸厚度，就形成了立方体。

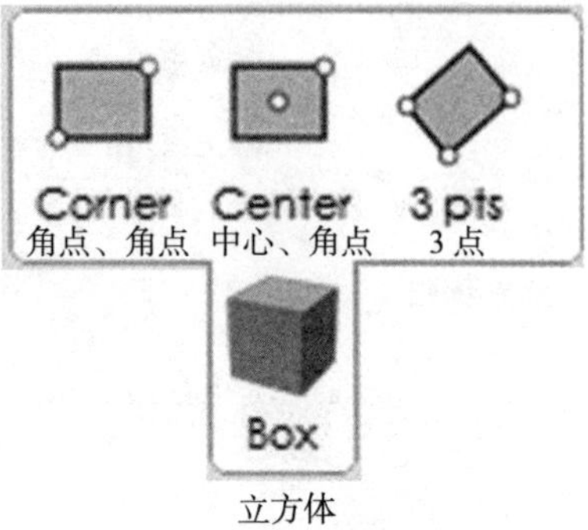

图 5-10 【立方体】命令

5.2.1 【立方体：角点、角点】(Corner) 命令

单击【立方体：角点、角点】，命令选项区域提示指定一个角点，在某个视图中单击鼠标，就拾取了矩形的第一个角点。接着提示指定另一个角点，继续拖动鼠标至不同的正向视图，该视图中显示出一个矩形，拖动鼠标至适当的位置，单击确定矩形的另外一个角点，形成了一个矩形平面。接下来，以这个矩形为基础，指定一个拉伸距离，绘制出一个立方体，如图 5-11 所示。

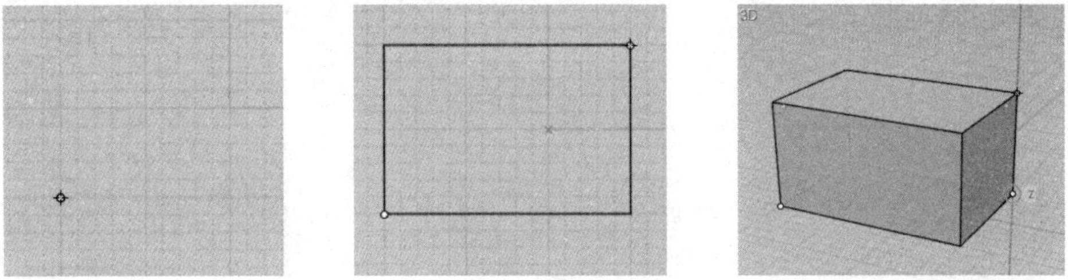

a）指定矩形的第一个角点　b）确定另外一个角点　c）指定一个拉伸距离

图 5-11　角点方式绘制立方体

三视图及命令选项如图 5-12 所示。

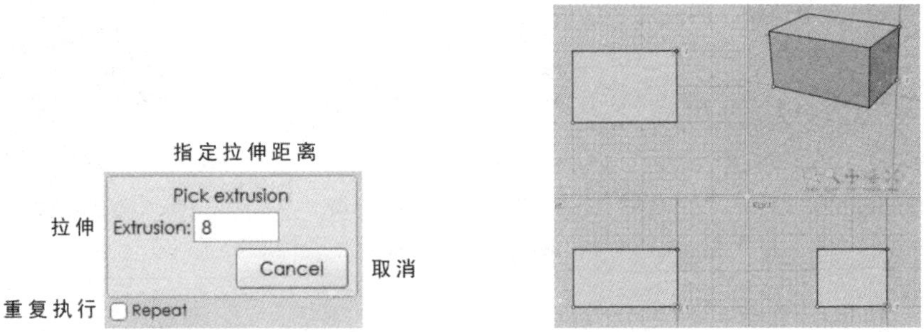

a）指定拉伸距离的命令选项　b）生成立方体时的三视图

图 5-12　三视图及命令选项

可以使用对象捕捉功能，绘制一个精确的正方形或者正方体。

5.2.2 其他两种方法

【立方体：中心、角点】命令是用中心和一个角点绘制出矩形，然后以这个矩形为基础，指定一个拉伸距离，绘制出一个立方体。

【立方体：3 点】命令是用三点绘制矩形的方式，两点在一点边上，第三点确定宽度，绘制出一个矩形。然后以这个矩形为基础，指定一个拉伸距离，绘制出一个立方体。

5.3 【球体】(Sphere) 命令

此命令通过指定中心和半径来绘制一个实心球体。单击【球体】命令，命令选项区域提示拾取中心点，单击一点确认；然后提示指定半径，此时既可以使用鼠标确认，也可以直接输入半径的数值。单击 Radius 右侧的小箭头，可以切换为直接输入直径模式，如图 5-13 所示。

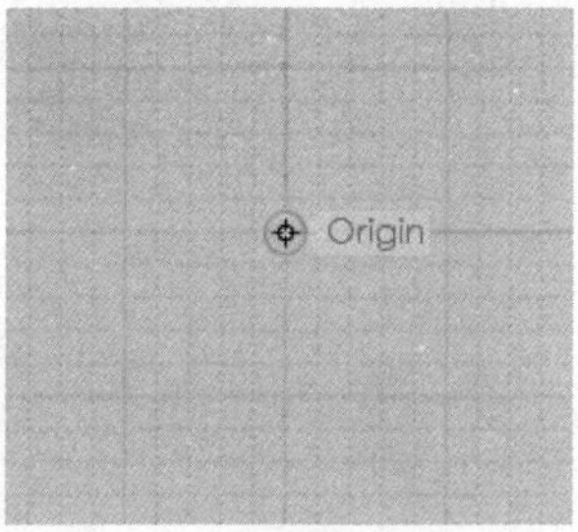

a）拾取中心点

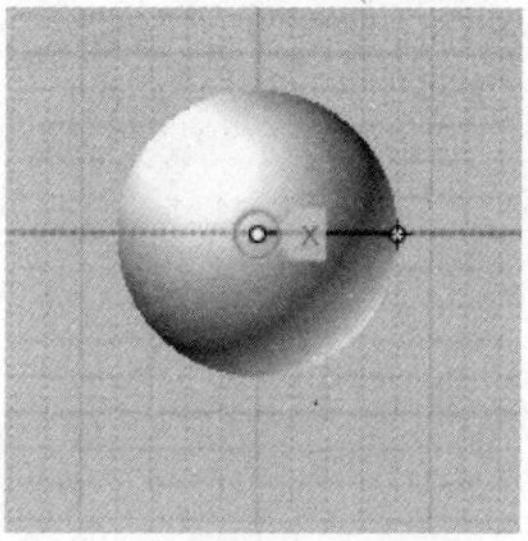

b）指定半径

图 5-13 绘制实心球体

命令选项如图 5-14 所示。

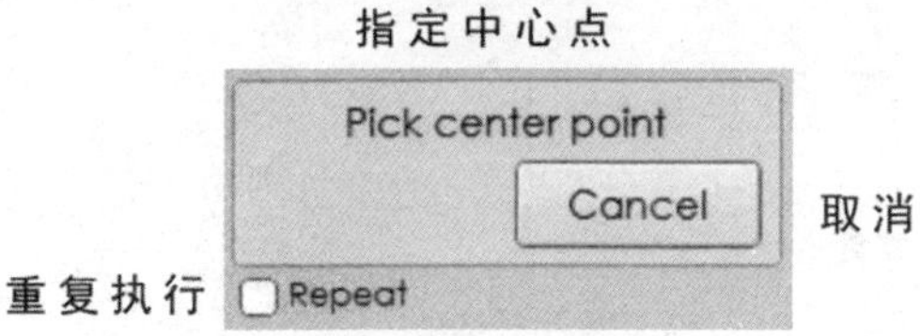

a）指定中心点选项

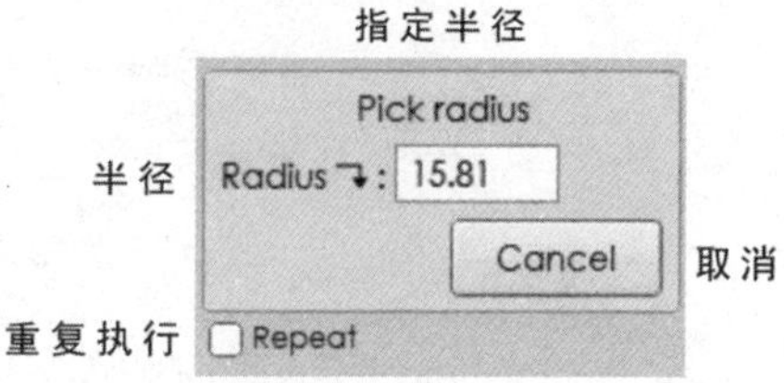

b）指定半径选项

图 5-14 命令选项

5.4 【圆柱体】(Cylinder) 命令

此命令通过指定一个圆的中心点和半径绘制圆形，然后给定一个高度，绘制一个圆柱

体。单击【圆柱体】命令，命令选项区域提示拾取圆的中心点，在某个正向视图中单击一点确认。接下来提示指定半径，同样可以使用鼠标或直接输入数值确定。然后，将鼠标移至其他两个正向视图中的一个，确定圆柱体的高度。在不同视图中确定高度，生成的圆柱体朝向不同，如图 5-15 所示。

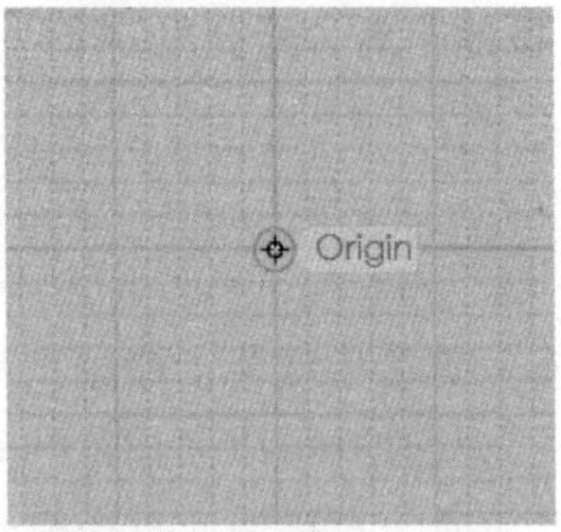

a）指定圆的中心点

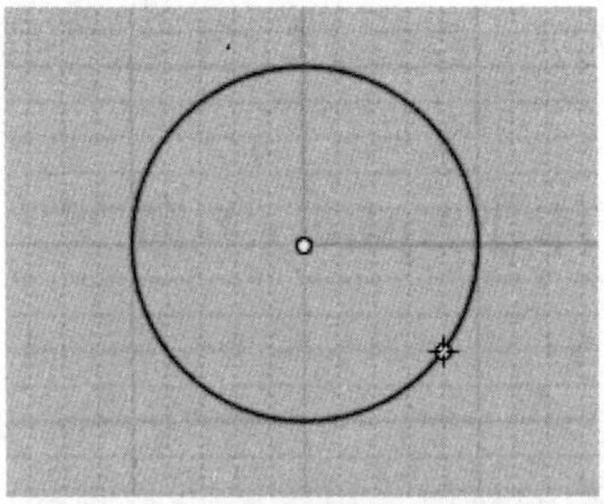
b）指定半径

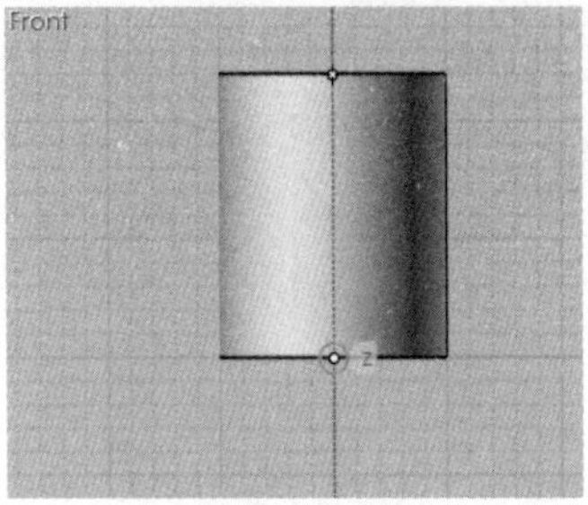

c）指定圆柱的高度

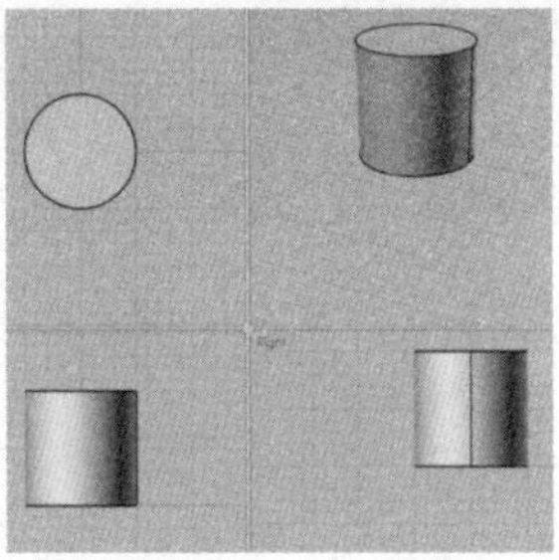
d）四个视图中的显示

图 5-15 生成圆柱形体

命令选项如图 5-16 所示。

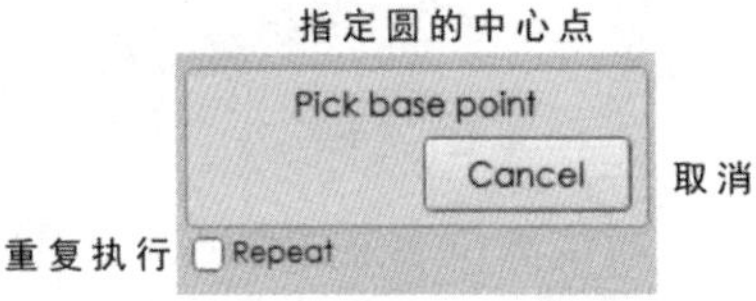

a）指定圆的中心点选项

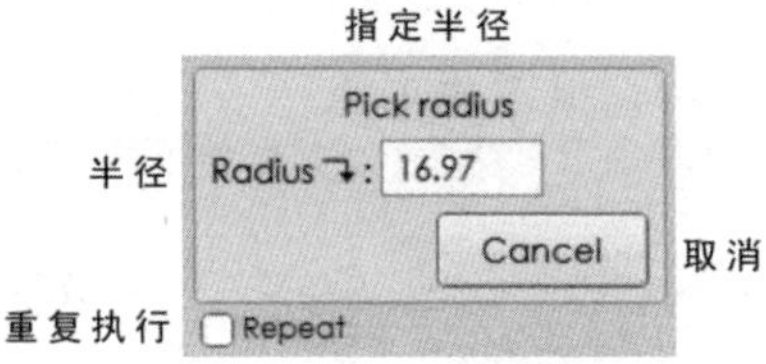

b）指定半径选项

c）指定端点选项

图 5-16 命令选项

5.5 【圆锥体】(Cone) 命令

此命令与绘制圆柱体类似，先通过指定一个圆的中心点和半径绘制圆形，然后给定一个高度，附加一个角度值，绘制一个实体圆锥体。单击【圆锥体】命令，命令选项区域提示拾取圆的中心点，在某个正向视图中单击一点确认。接下来提示指定半径，可以使用鼠标或直接输入数值确定。然后将鼠标移至其他两个正向视图中的任一个，确定圆锥体的高度，并给定一个圆锥角度，如图 5-17 所示。

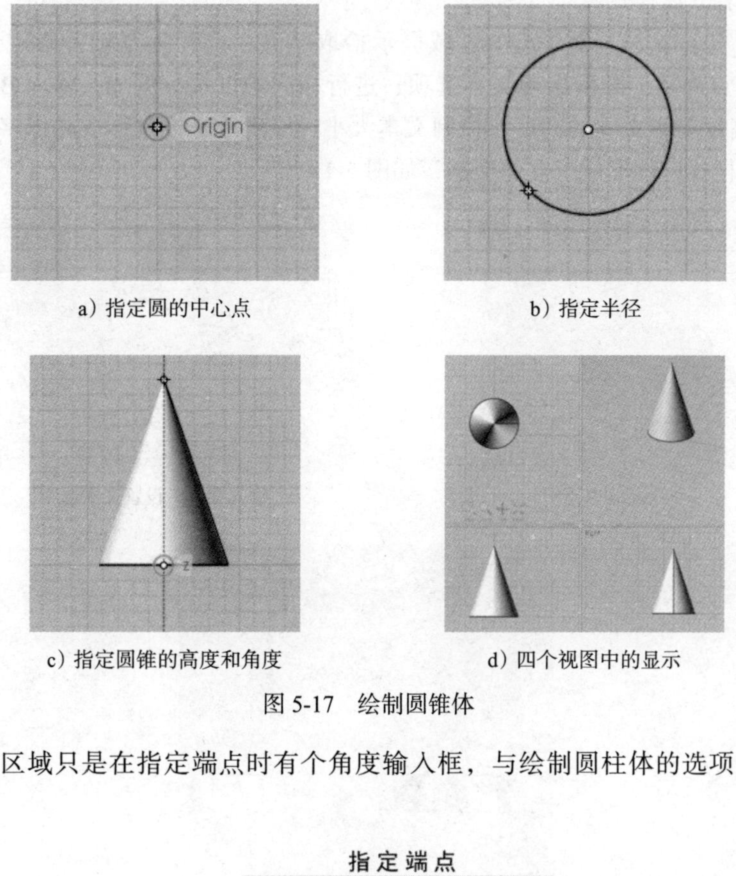

a）指定圆的中心点　b）指定半径

c）指定圆锥的高度和角度　d）四个视图中的显示

图 5-17　绘制圆锥体

命令选项区域只是在指定端点时有个角度输入框，与绘制圆柱体的选项略有不同，如图 5-18 所示。

图 5-18　绘制圆锥体的指定端点的选项

5.6 【文字】(Text) 命令

文字在3D设计软件中也是一种常见的对象。【文字】命令用来创建立体文字。首先拾取一个基点，这个点位于文本的左下角，视图中的栅格可以用来辅助定位文字。在不同视图中拾取基点文字朝向不同，例如，如果在主视图中拾取基点，文字方向会平行于主视图，文字朝向Z轴（高度部分）。在确定了基点后，输入文本，接下来可以编辑各种选项了，如文字内容、字体、高度、厚度等。也可以更改“创建”选项来设计不同的文字样式，选择线框、平面或者立体样式。

单击【文字】命令，命令选项区域提示拾取基点，以此为基础，确定文本的位置和高度，单击一点确认。随后出现文本选项，进行相应的设置，例如，输入Boy，选择一种Arial字体。高度是指文本的高度，控制文本大小；厚度才是控制形成立体字的数值。选择创建中的立体样式，就形成了立体文字，如图5-19所示。

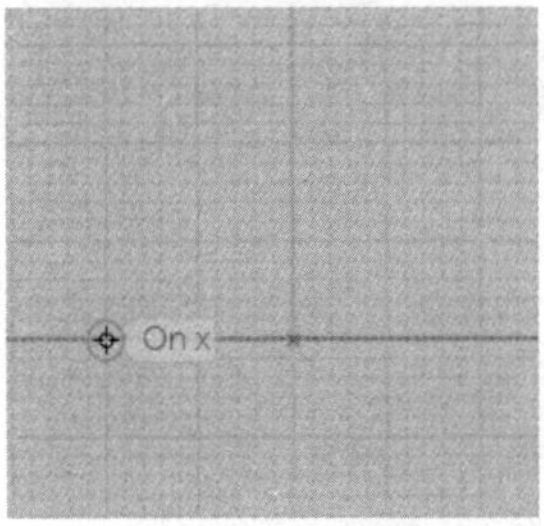

a）指定基点

b）输入文字，设置文本选项

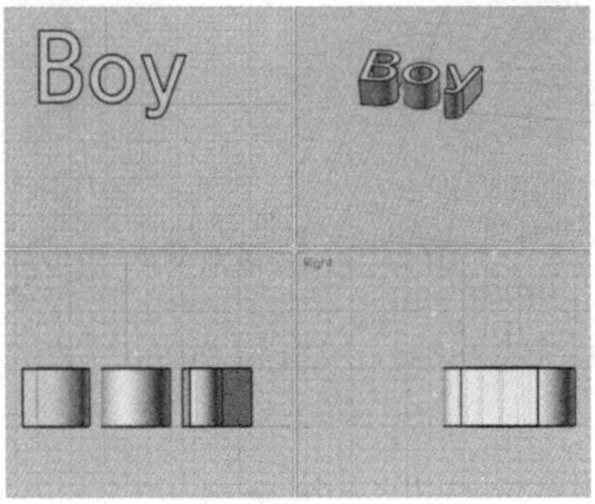

c）生成立体文字

图5-19 创建文字

拾取基点的选项很简单，步骤省略，下面重点看一下文本选项中的内容，如图5-20所示。

对于接触过平面设计软件的读者而言，能够理解文本选项只是涉及了最基本的文本设置。其中，文本输入框是输入文字的区域，单击字体（Font）右侧的▾，可以选择一种字体。如果勾选“粗体”复选项，文本将会加粗，而选择“斜体”，文本会产生一定角度的倾斜，如图 5-21 所示。

图 5-20　文本选项

a）正常　　b）粗体　　c）斜体

图 5-21　文本设置

高度值控制了文本的大小，厚度值控制了文本凸起的程度。创建部分有三种样式：立体（Solids）、平面（Surfaces）和线框（Curves），选择立体样式，会生成立体字；如果选择了平面样式，文本会生成平面的类似填充的效果；选择线框样式只是生成文字的线条。如图 5-22 所示。当然，每一种样式都有各自的用途。

a）立体　　b）平面　　c）线框

图 5-22　文字样式

每个单词生成的立体文字并不是一个整体，可以单独选择字母。还要注意一点，西文的字母相对简单，而中文有些字的笔画较多，有时不能生成正确的立体文字，如“饕餮”。

5.7 小结

本章主要介绍了 MoI3D 绘制实体的一些命令，内容比较简单。通过学习本章内容，读者对基本形体应有所了解。

MoI3D 提供的绘制基本形体的命令不多，但这都是最常用的几何体，建模过程中会经常使用。如果利用这些实体建模，往往会应用切割或布尔运算，因此本章没有给出建模的实例。

第 6 章 *Chapter 6*

编辑命令

从本章开始，我们开始了解右侧第二个面板中的一些命令。本章介绍【编辑】(Edit) 标签中的命令。

在绘图过程中，不仅要绘制新的对象，而且也要不断修改已经存在的对象。MoI3D 提供了一些编辑命令，满足使用者编辑对象的需求。

6.1 【连接】(Join) 命令

此命令用于将两条曲线连接成一条长的曲线，或者沿着公共边将曲面结合起来。不过，并不是把两条曲线放在一起就能实现连接，两条曲线要连接的端点距离必须非常近。同样地，连接两个曲面时，二者之间的距离必须在 0.005 单位之内。这么苛刻的条件，可不是手动可以把两个对象简单地放置在一起能够满足的，而是使用【编辑：修剪】命令对曲线或曲面修剪之后才可以实现操作。

两个曲面只能在公共且没有接触的边进行连接。如果在组合过程中需要使组合的两个对象有某种程度的相交并去掉某些部分，那么请使用布尔相加命令 (Boolean Union)。

此处先借用一下【编辑：修剪】命令。在俯视图中绘制一条直线和与之垂直相交的平面。其实【编辑：修剪】命令可以直接剪断一条曲线，不过为了使读者更容易理解，此处使用平面来切割直线。单击【编辑：修剪】命令，在命令选项区域提示选择要被修剪的对象，单击直线，按右键确认。接下来提示选择切割对象，也就是用作切割的工具，单击平面，按右键结束；在出现的选项中，模式选择保留（Keep），单击“完成”（Done），直线在与平面相交处被断开，如图 6-1 所示。

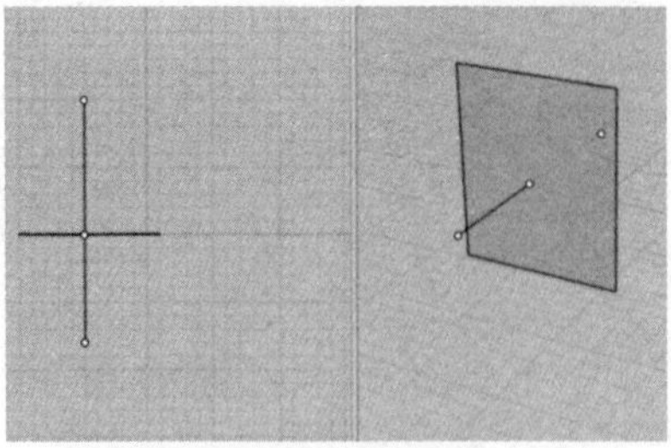

a）绘制直线和与之相交的平面

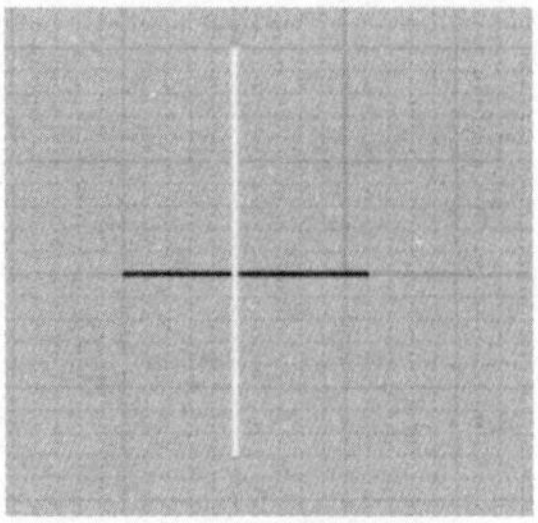

b）选择直线

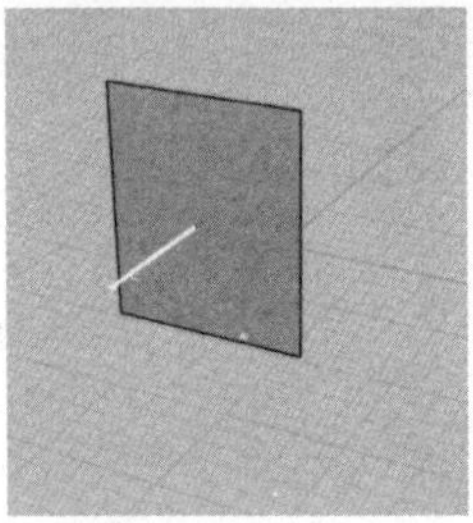

c）选择平面作为切割工具

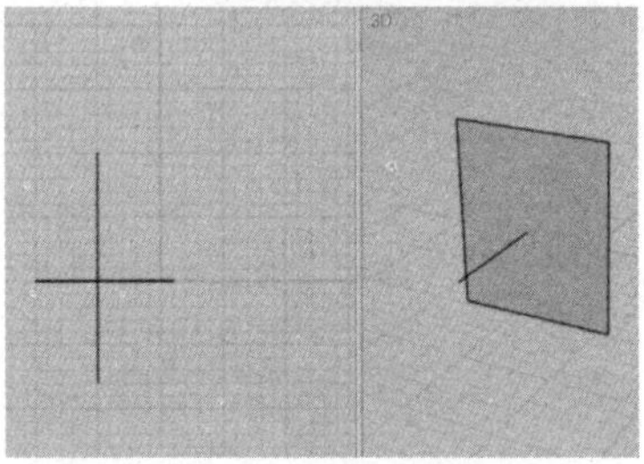

d）直线被切割成两段

图 6-1　用平面切割直线

当把鼠标移至某一段直线时，此段直线周围出现黄色的光晕，表示可以选择该段直线了，如图 6-2 所示。

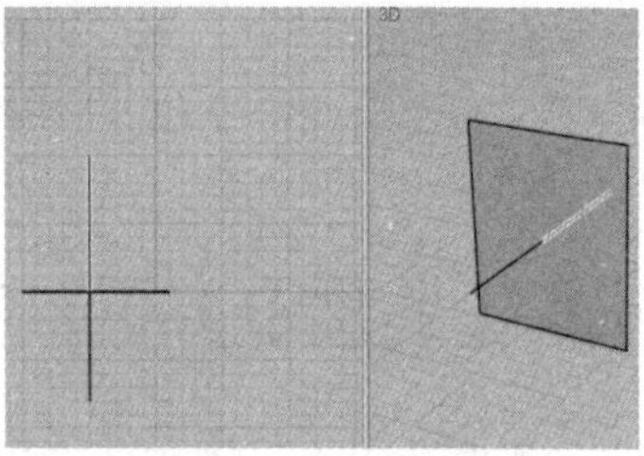

图 6-2　可以分段选择剪断的直线

接下来就可以使用【编辑：连接】命令把断开的两段直线连成一条直线。单击【编辑：连接】命令，在命令选项区域提示选择要连接到一起的对象，分别单击两段直线，按右键或单击“完成”，就把两段直线连接到了一起，如图 6-3 所示。

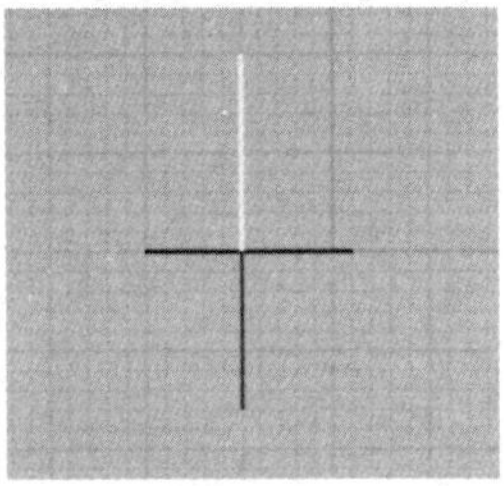

a）选择一段直线

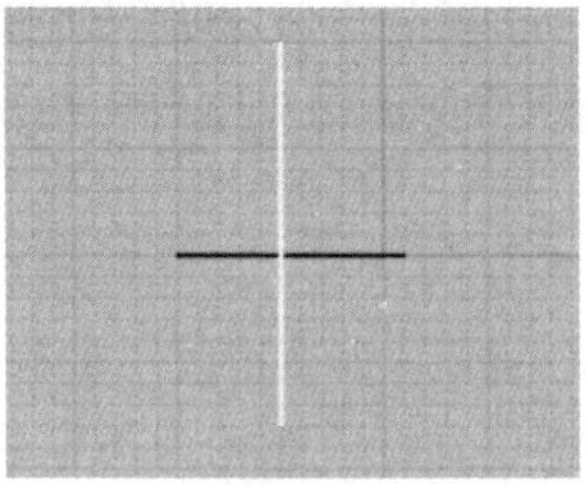

b）再选择另一段直线

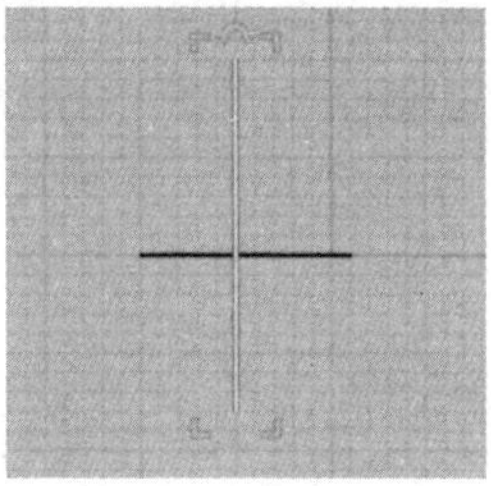

c）两段直线连成一条直线

图 6-3　连接两条直线

【编辑：连接】命令还可以连接两个曲面，先来看看什么样的曲面可以被连接起来。我们通过用一个平面来切割圆柱体来演示连接曲面的过程。绘制一个圆柱体和一个平面，移动平面的位置，然后使用【变换：旋转】（Transform:Rotate）命令使平面旋转一个角度，与圆柱体斜切。接下来使用【编辑：修剪】命令，先选择圆柱作为要被切割的对象，选择平面作为切割工具，模式设置为保留，单击完成结束。如图 6-4 所示，圆柱体被切割成了两部分。

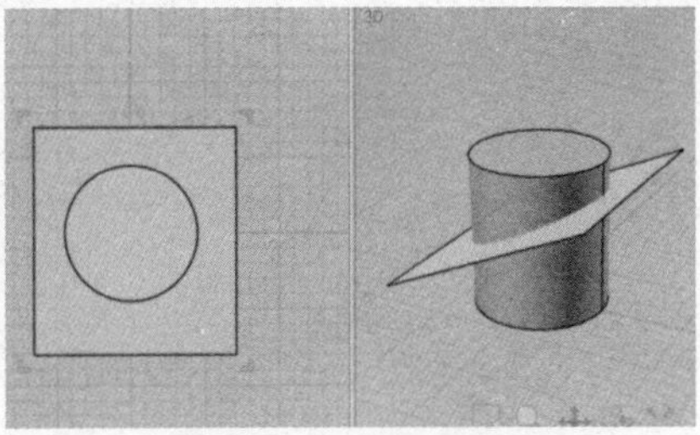

a）绘制圆柱体和平面

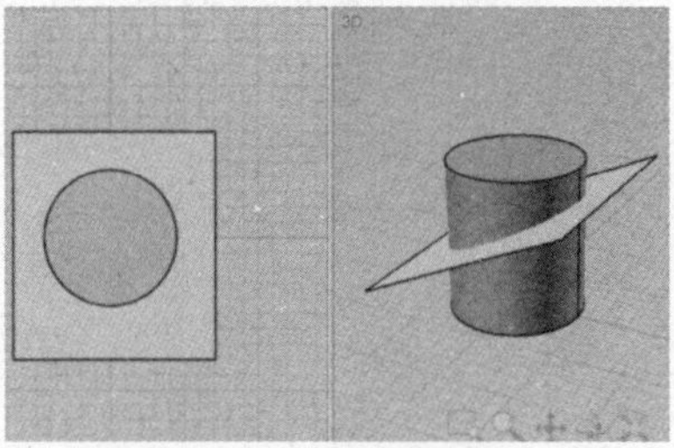

b）应用修剪命令

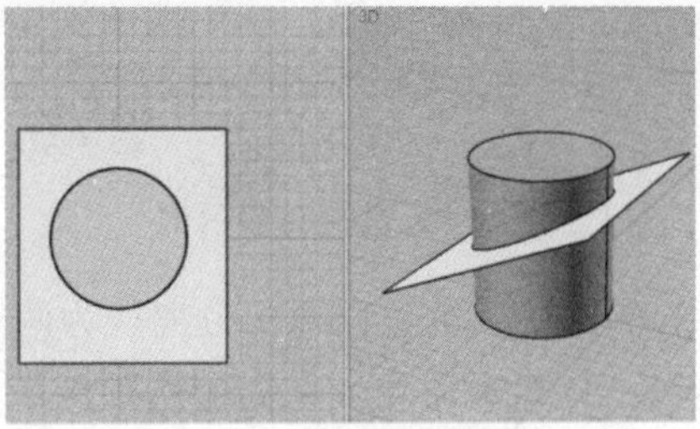

c）得到的结果

图 6-4　平面切割圆柱体

可以单击圆柱体的上部，向上拖动它，并旋转一下视图，看看修剪后的情况，再按 Ctrl+Z 撤销回来。选中圆柱体的上部时，属性面板中显示出的对象类型为接合的曲面(joined srf)。应用【编辑：连接】命令，分别单击圆柱体的上、下两部分，按右键结束操作，两部分就又连接到了一起，如图 6-5 所示。再单击圆柱时，属性面板中显示出的对象类型为实体（Solid）。

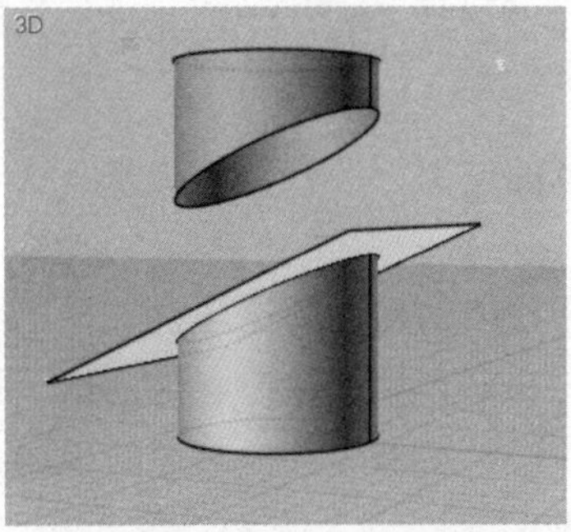

a）观察切割后圆柱体的内部

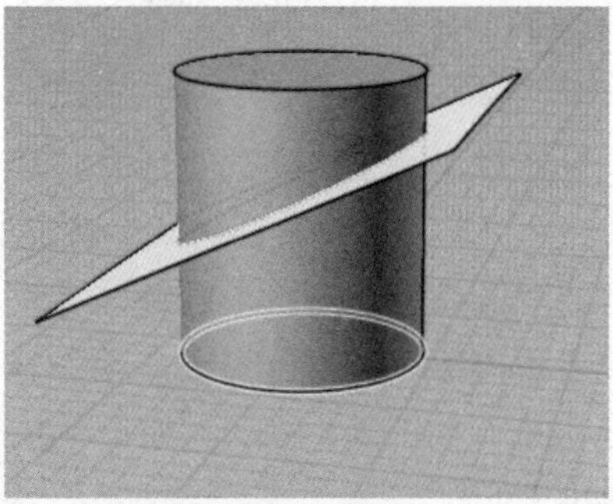

b）连接两部分圆柱体

图 6-5　圆柱体连接

6.2 【分离】(Separate) 命令

此命令用于把连接在一起的对象分离成独立的对象，如一个矩形可以分解成四条独立的线段；一个实体可以被分离成多个独立的面。如图 6-6 所示，一个立方体被分离为 6 个平面。

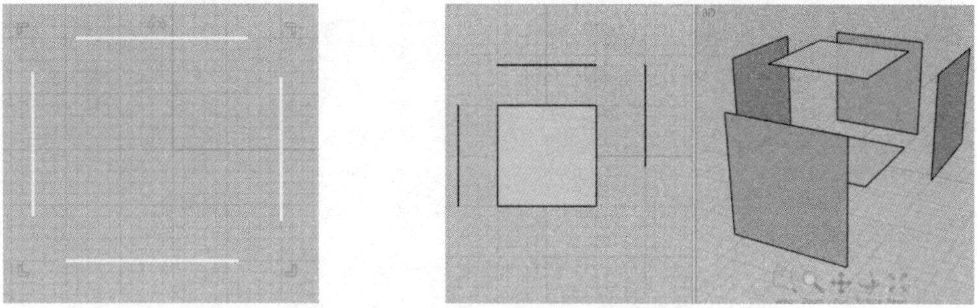

a）分离一个矩形　　b）分离一个立方体

图 6-6　分离对象示例

对于修剪后又连接到一起的曲线，也可以再次分离成为两段。图 6-7a 中的曲线是已被连接起来的曲线，单击【编辑：分离】命令，在命令选项区域提示选择要分离的对象，然后按右键或单击“完成”，曲线被分离成两段，如图 6-7 所示。

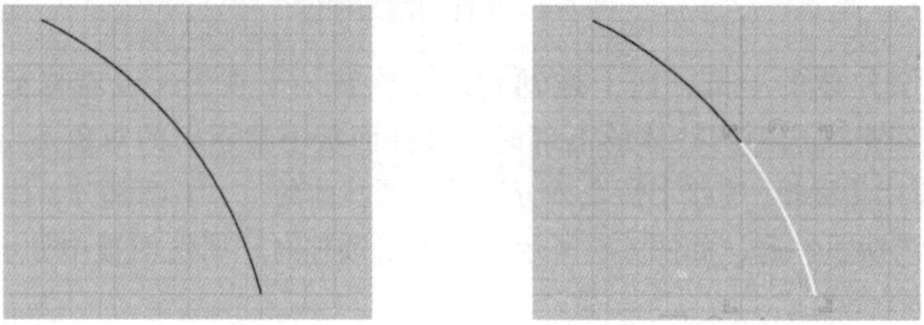

a）连接到一起的曲线　　b）曲线被分离成两段

图 6-7　曲线再次分离

如果只选择了一个实体的一部分，那么只有选择的这部分会被分离出来。这种操作可以用于从一个大的实体中分离出某个特定的子对象。

绘制一个圆柱体，先单击圆柱体一次，再单击圆柱体的顶面，这样就选择了圆柱体的顶面；接着单击【编辑：分离】命令，分离圆柱体的顶面；用鼠标向上拖动这个顶面，能够单独拖出来，如图 6-8 所示。如果不执行分离操作，虽然也能选择圆柱的顶面，但是不能把它拖出来。

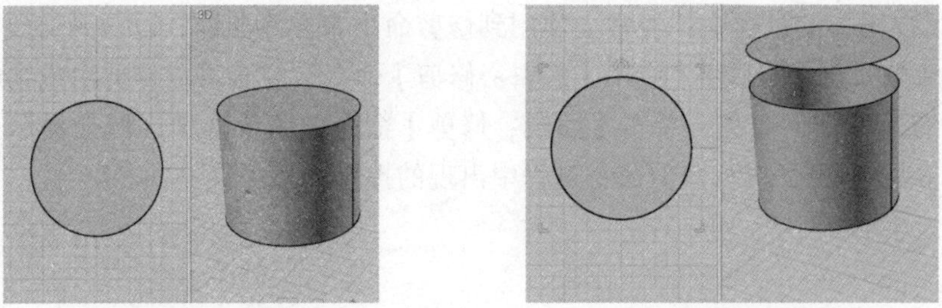

a）选中圆柱体的顶面　　b）可以移动分离后的顶面

图 6-8　分离圆柱体的顶面

6.3 【修剪】(Trim) 命令

此命令像一把万能的剪刀，用来切割对象。对象可以是曲线、曲面和实体。修剪是一个用途广泛的命令，例如可以去除对象的某一部分来生成孔洞，还可以任意选择要保留所有分割对象的哪一部分。

执行修剪命令的一般过程是首先选择要被切割的物体，然后执行【编辑：修剪】命令，接着选择要使用的切割工具，然后选择要去除的部分，如果想要保留全部，那就单击“完成”或者右键单击视图。

先从最简单的修剪曲线开始练习。图 6-9a 中有一条曲线和一条直线，先单击曲线选中。接着单击【编辑：修剪】命令，在命令选项区域提示选择要使用的切割工具，其他选项先放一下，单击直线，按鼠标右键结束选择。最后一步是选择要去除的部分，在直线两侧的曲线上单击其中的一段即可去除它。注意如果直接单击“完成”，就会全部保留两侧的曲线，如图 6-9f 所示。

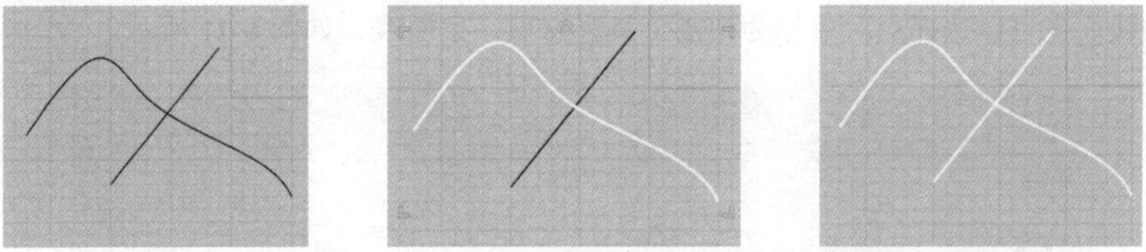

a）一条曲线和直线　　b）先选择曲线　　c）单击直线作为切割工具

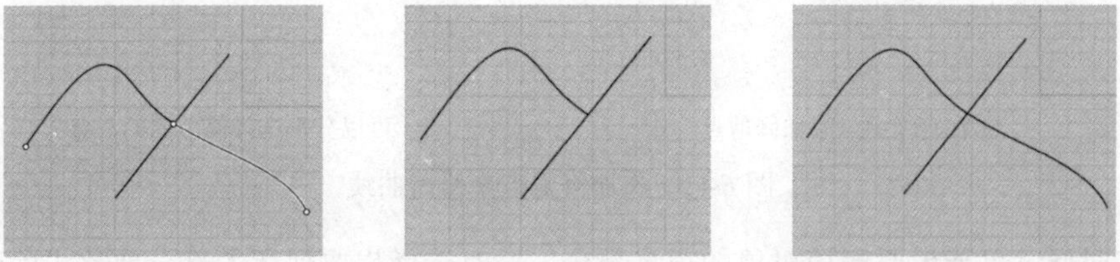

d）单击直线一侧的曲线　　e）修剪掉曲线　　f）全部保留两侧的曲线

图 6-9　修剪曲线

在绘制2D图形的过程中，经常会使用到修剪命令来去除曲线，以得到需要的形状。对于前面第4章的实例2步骤8，应用【编辑：修剪】命令，完全可以修剪出最终的图形。

如果没有选择任何对象，单击【编辑：修剪】命令，命令选项区域会提示选择要修剪的对象，图6-10列出了执行修剪命令过程中出现的提示。

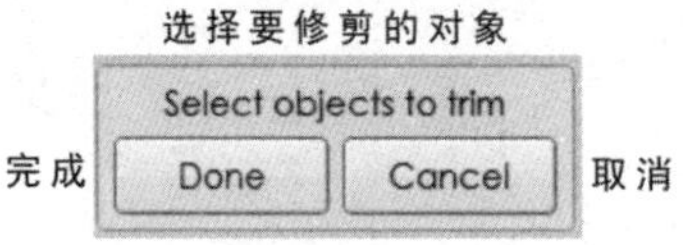

a）选择要修剪的对象选项

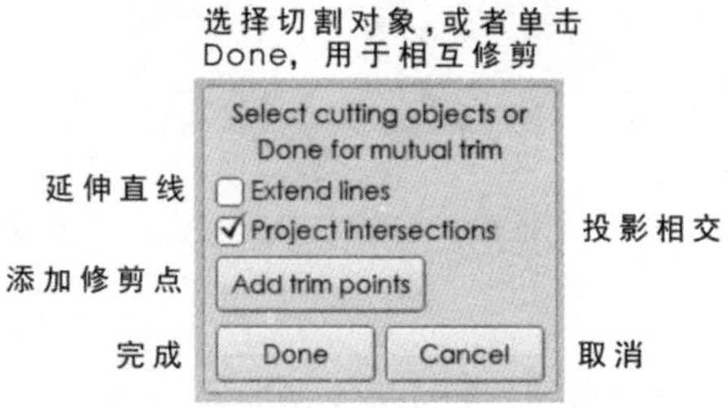

b）选择切割对象选项

c）选择要去除的部分选项

图6-10　执行修剪命令的提示

在切割一条曲线时，可以通过单击“添加修剪点”（Add trim points）按钮来实现在某个指定的点分割曲线。例如，想要在一条线的中点切割曲线，选择这条线，执行修剪命令，单击“添加修剪点”按钮，然后单击这条线的中点，接着单击“完成”，这样就会在中点处分割曲线。也可以选择点对象作为切割工具来修剪一条曲线，如图6-11所示。

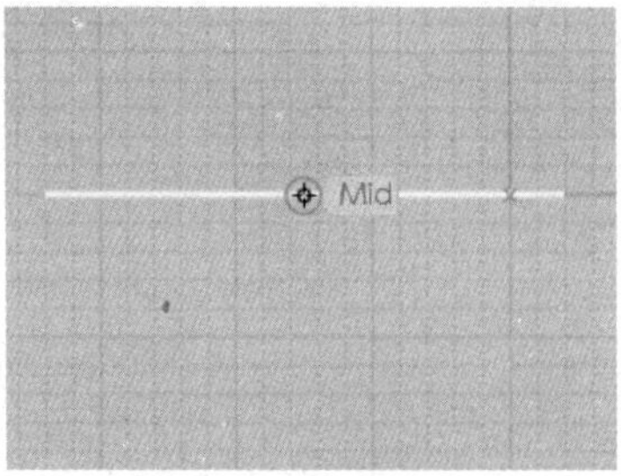

a）在直线中点添加修剪点

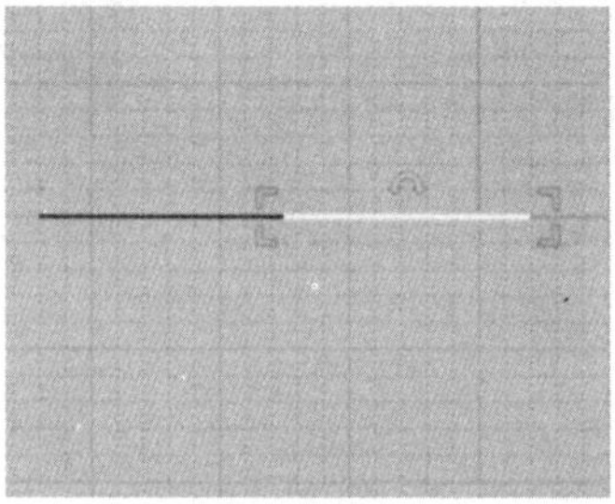

b）可以分别选择修剪后的对象

图6-11　添加修剪点来修剪曲线

有些时候，可能想要删掉对象的很多部分。这时选择想要保留的部分要比去除部分容易得多。这可以通过切换模式选项为“保留”（Keep）实现，以简化操作过程。默认的模式选项为

“去除”(Remove)，在最后一步选择时，鼠标单击的部分将被删除。如图 6-12a 中的曲线，要保留向上凸起的部分，执行【编辑：修剪】命令，在最后一步选择要去除的部分时，更改模式选项为“保留”(Keep)，单击曲线的凸起部分，则删除了下面两侧的曲线，如图 6-12c 所示。

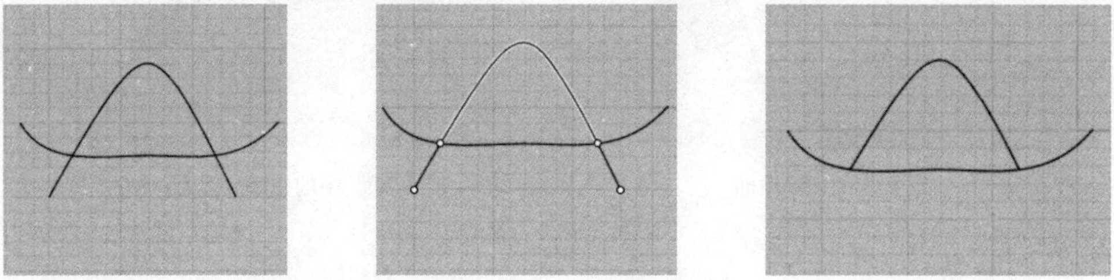

a）两条相交的曲线　　b）单击曲线要保留的凸起部分　　c）修剪后的结果

图 6-12　改“去除”为“保留”

下面来看看修剪曲面的情形。当修剪单个曲面时，将会显示出一个“结构线”(Isocurve)按钮，意思是允许选择曲面自身的 U/V 方向线之一作为切割对象。如图 6-13a 中所示的曲面：先单击曲面，然后单击【编辑：修剪】命令，命令选项区域会提示选择要使用的切割工具，并出现一个“结构线”（Isocurve）按钮；单击这个按钮，出现拾取一个点的提示；将鼠标移至曲面上，曲面出现了黄色的 UV 结构线，这是因为“方向”(Direction) 选项设置的是“两者”(Both)。此时可根据需要选择 U 或 V 方向，我们选 V 方向，在曲面上单击一点，也可以连续放置几个点，按右键确认，于是在 V 方向上通过这个点分割了曲面，鼠标单击该曲面并拖动一段距离来体会一下，如图 6-13d 所示。

在执行修剪命令之前，不需要把曲线投影到曲面上。因为修剪操作内包含了一个投影的过程，因此只需直接把曲线作为切割对象进行使用。回到图 6-13a 的状态，这次使用直线作为工具切割曲面。单击曲面，然后单击【编辑：修剪】命令，命令选项区域会提示选择切割工具，单击直线，按右键确认。此时会看到直线的投影切割了曲面。最后一步同样允许选择模式选项是去除还是保留，在设置为去除的情况下，单击要去除的部分，单击“完成”或者右键单击视图结束，如图 6-14 所示。

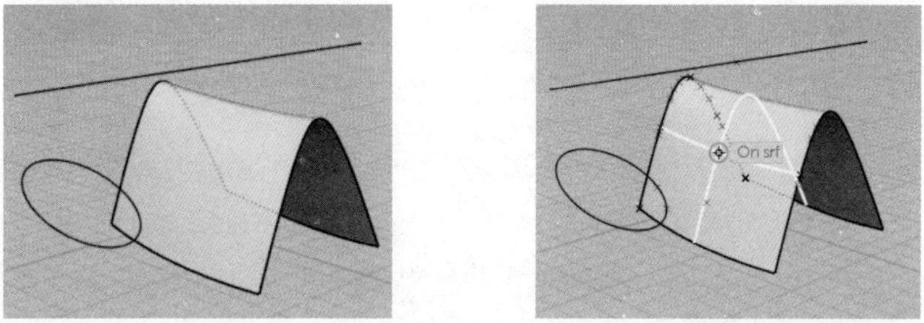

a）单击选择曲面　　b）方向设置为两者

图 6-13　使用结构线来分割曲面（一）

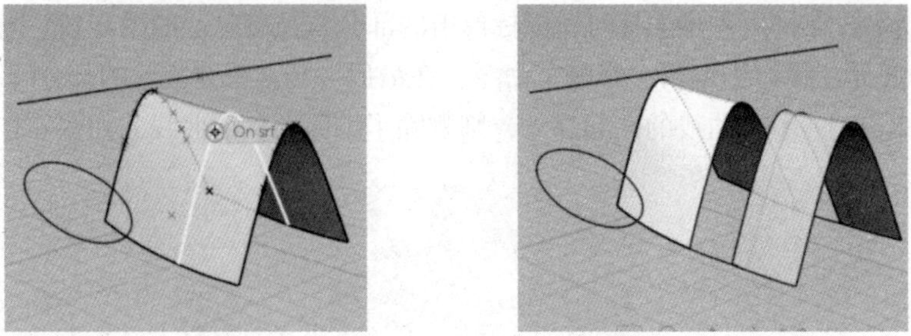

c）V 方向切割曲面　　d）移动其中的一部分曲面

图 6-13 （续）

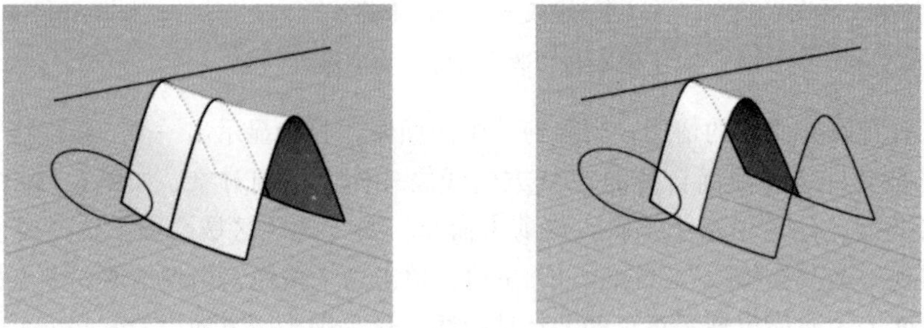

a）直线的投影切割了曲面　　b）去除不想要的部分

图 6-14　使用结构线来分割曲面（二）

再次返回到图 6-13a 的状态，这次使用椭圆作为工具来切割曲面。单击曲面，然后单击【编辑：修剪】命令，命令选项区域会提示选择切割工具，单击椭圆，按右键确认。此时会看到椭圆的投影切割了曲面，注意是在曲面的两侧同时切割。在最后一步，选择不想要的部分，单击它，可以在曲面上挖一个孔洞，如图 6-15 所示。

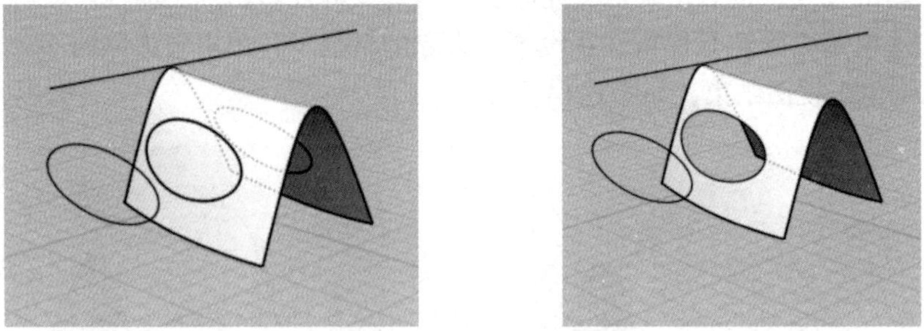

a）椭圆的投影切割了曲面　　b）在曲面上挖出了孔洞

图 6-15　使用椭圆切割曲面

选项中提到的相互修剪操作，意思是如果两个对象相交，想要修剪掉彼此相交多出的部分，只需要两个都选择，执行修剪命令后单击完成，就能准确地完成切割。如图 6-16a 中的两个相交对象，先选择这两个对象，然后单击【编辑：修剪】命令，在提示选择切割对象时，直接单击“完成”（Done）按钮进入相互修剪模式。最后一步的模式选项设置为“保留”（也可以根据需要选“去除”，删除不需要的部分），单击曲面之间的圆柱部分，并单击“完成”结束，如图 6-16b 所示。

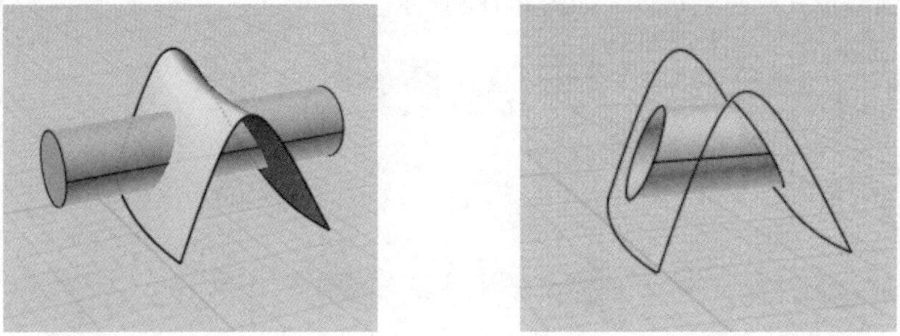

a）先要选择两个对象　　b）执行相互修剪后的结果

图 6-16　相互修剪

修剪命令只切割一个实体的外表面。如果想要切割一个实体对象并使它仍然保持为实体，那么就要使用布尔运算。

还可以对曲面的边线应用修剪命令，将边线分割成更小的独立线段。选择边线后，应用【编辑：修剪】命令，单击“添加修剪点”按钮，就可以分割边线了（此时由于是用绘制的曲线生成的曲面，我先把轮廓线删除了，要单击两次才能选择曲面的边线），如图 6-17 所示。这个过程的反向操作是【应用合并】(Merge）命令（没有出现在工具面板中），将分割后的边线粘合，连接成长一些的单个边线。

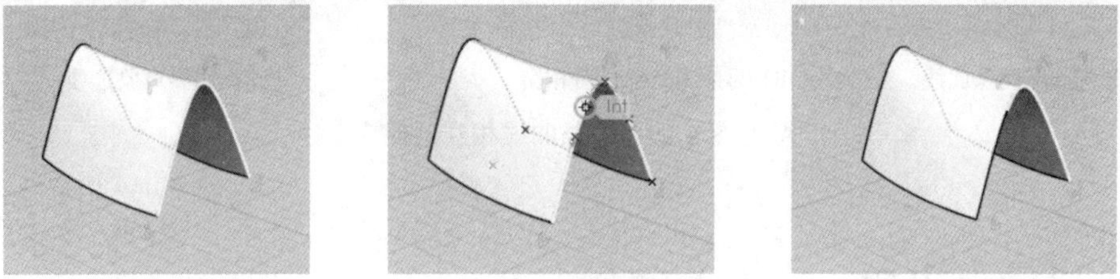

a）先选择边线　　b）添加修剪点　　c）分割了曲面的边线

图 6-17　分割连线

6.4 【延伸】(Extend）命令

此命令用于延伸曲线到与所选用作边界的对象相遇。边界对象可以是曲线、曲面或实体，目前只支持延伸曲线对象。直线和曲线的延伸都是通过直线来实现的，圆弧以弧线进行延伸。

对于图 6-18a 中的曲线和直线，先选择左侧的直线和曲线，然后单击【编辑：延伸】命令，命令选项区域提示选择边界对象，单击长斜线，然后单击“完成”或者右键单击视图结束。此时会看到上部的曲线以直线方式延伸到边界；中间的直线直接延长到边界；而下部的圆弧以弧线形式延长到边界，如图 6-18c 所示。

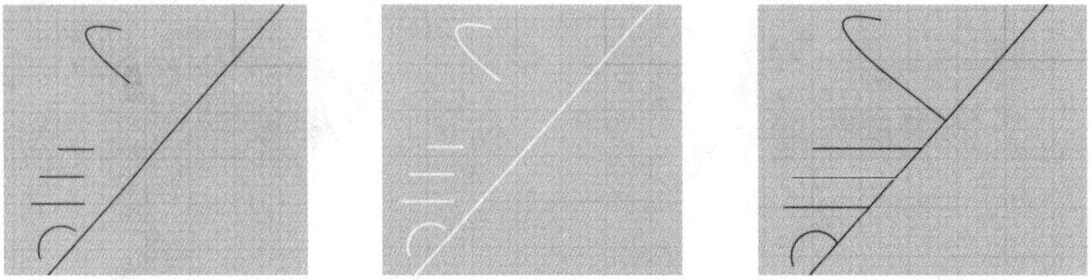

a）示例线型和长斜线　　b）选择长斜线作为边界　　c）线型延伸到边界

图 6-18　延伸到边界

这个命令还可以用来延伸两条曲线，使它们相交，叫作相互延伸。要实现这种功能，先选择两条曲线，然后执行【编辑：延伸】命令，单击“完成”而不是选择一个边界对象，两条曲线会相交，如图 6-19 所示。

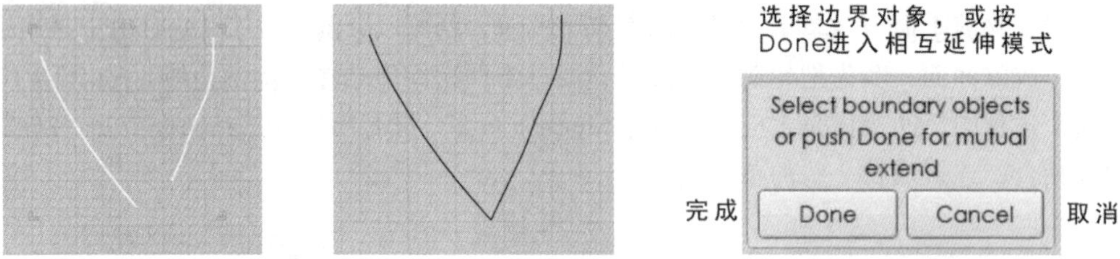

a）先选择两条曲线　　b）两条曲线延长后相交　　c）选择边界对象选项

图 6-19　两条曲线相互延伸

6.5 【显示点】(Show pts）命令

此命令用于显示或关闭显示控制点。当显示出一条曲线的控制点时，如果单击并在一条没有被选择的曲线上拖动，就可以使用一个附加的编辑模式。这叫作在曲线上拖动点模式，可以拖动在曲线上滑动的点，任意改变曲线的形状。原来需要移动几个相邻控制点的工作，现在可以在一个动作内完成，这对刻画曲线形状很有帮助，如图 6-20 所示。

这种模式显示了控制点，但没有选择曲线。把鼠标移至曲线上，按住鼠标拖动曲线，就可以改变曲线的形状，无须单独调整曲线的控制点，如图 6-21 所示。

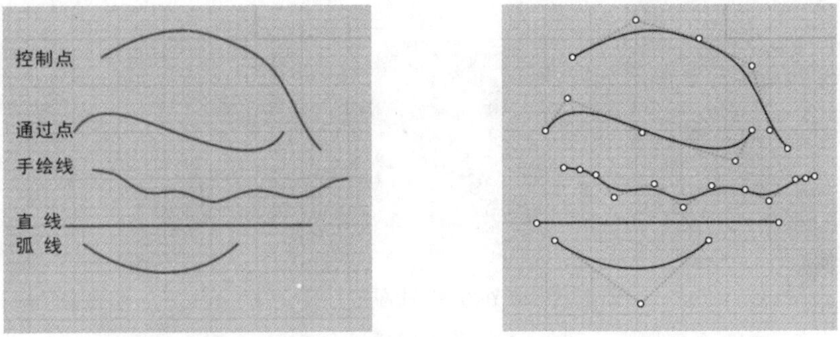

a）绘制的五条曲线　　b）显示编辑点

图 6-20　拖动曲线上的点

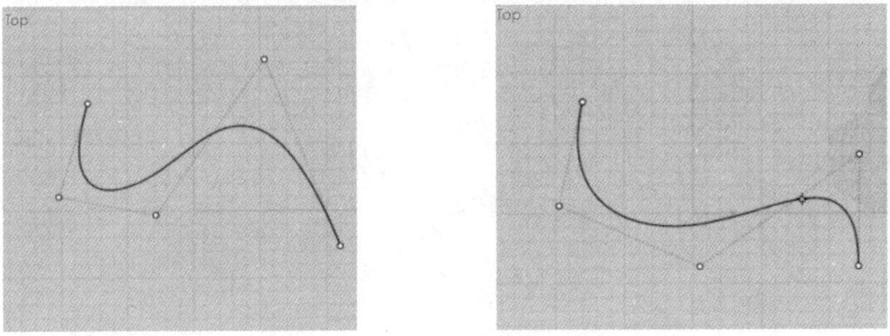

a）显示控制点，没有选择曲线　　b）按住拖动曲线，改变曲线形状

图 6-21　拖动曲线来改变曲线的形状

曲线和独立的曲面可以一直显示控制点。由曲面通过公共边连接到一起的实体，如果全部曲面沿着公共边共享点，实体可以处在显示控制点状态。如果连接在一起的两个面沿着结合边有不同的构造，就不能显示点，因为这样容易将面分离出来，破坏公共边。如果是这种情况，就可以使用【编辑：分离】（Edit : Separate）命令来分离连接的曲面，变成几个分离的面，然后对单独的曲面应用【显示点】命令。

6.6 【添加点】（Add pt）命令

此命令用于为曲线添加一个新的点，或者为曲面添加一行或一列新的点。

对于曲线，通过勾选“指定角点”选项，可以在其上添加一个角点。或者在单击时同时按住 Ctrl 键，也可以在曲线上添加角点。如果想要添加多个点，可以勾选“重复执行”复选项，或者右键单击，重复最后一次操作来添加。

为曲线添加点有两种方式。如果在已显示曲线的控制点状态下，在现有的两个点之间的虚线框上单击，将添加一个新点，就像用这个附加点绘制了曲线同样的效果。其他的点会停留在它们当前所处的位置，曲线的形状会略有变化，如图 6-22 所示。

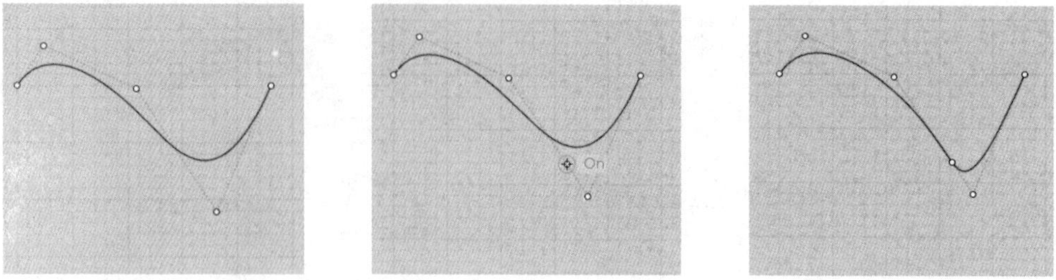

a）显示了控制点的曲线　　b）在虚线框上单击一点　　c）得到的结果

图 6-22　为曲线添加点（一）

第二种增加点的方式是不显示控制点，直接在曲线上单击，在单击处的附近会建立一个新的点，已经存在的点会轻微移动，但是不会改变曲线的形状，如图 6-23 所示。

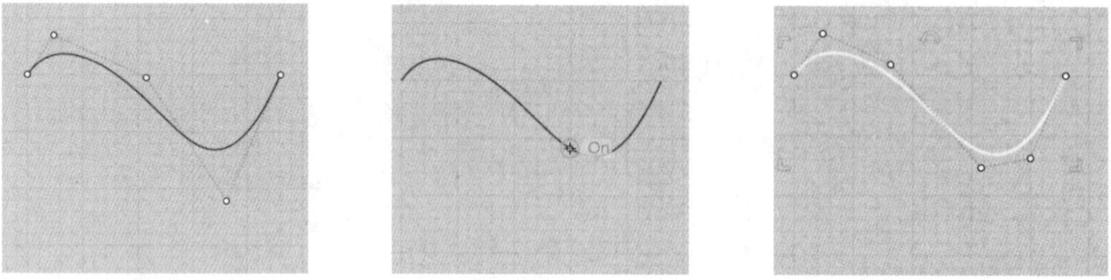

a）最初的曲线　　b）不显示控制点，在曲线上单击一点　　c）移动了控制点

图 6-23　为曲线添加点（二）

对于曲面，要在 U 或 V 方向上添加一整列的点，可以在其上选择一个点，以指明细化区域。曲面本身的形状将保持不变，靠近细化区域的现有控制点会略有变化。如图 6-24a 中的曲面：先选择曲面，然后单击【编辑：添加点】命令，把鼠标移至曲面上，会出现曲面的 UV 线，随着鼠标所在位置的变化，可以看到曲面的 UV 方向上控制点的变化。“方向”（Direction）选项有三种：两者（Both）、U、V，读者可以分别选择尝试一下，如图 6-24b 至图 6-24d 所示。

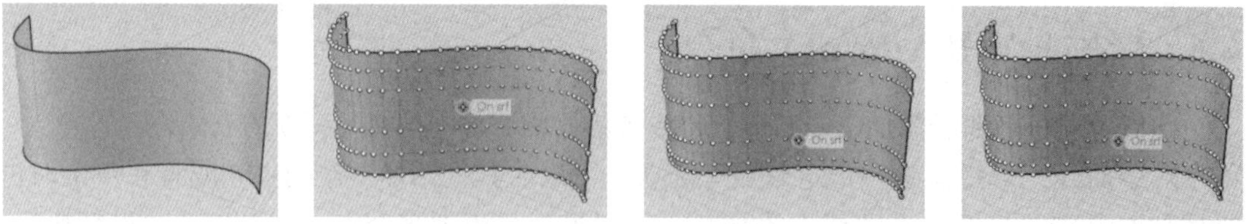

a）示例曲面　　b）两者　　c）U 方向　　d）V 方向

图 6-24　为曲面添加点（一）

命令选项中还有一个“对称”（Symmetrical）复选项，如果勾选它，影响的是所选取点两侧结构线的对称性，选择它，再选择不同的方向试一下，移动鼠标，然后仔细观察，如

图 6-25 所示。

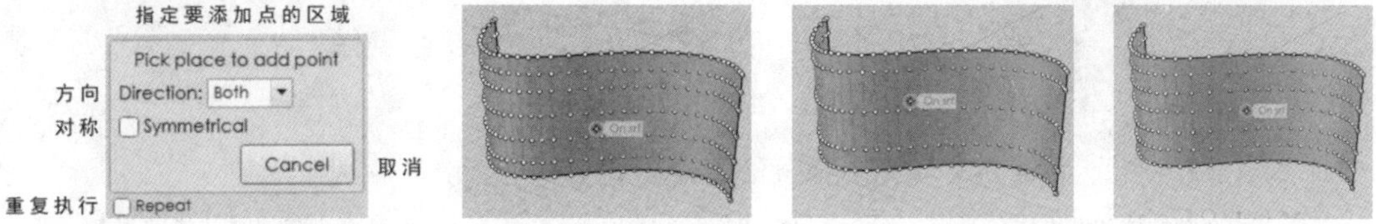

a）指定要添加点的区域选项　　b）两者　　c）U 方向　　d）V 方向

图 6-25　为曲面添加点（二）

6.7 【复制】(Copy) 命令

此命令把选中的对象复制到剪贴板中，快捷键是 Ctrl+C。

例如，可以复制实体的一条边到剪贴板中，然后使用粘贴命令来创建这条边的副本，使其成为一条独立的曲线对象。当然，这个命令也能够复制实体对象。如图 6-26 所示，先选择圆柱体的圆形边线，把它复制到剪贴板，然后粘贴回来，移动到外部，边线就成了新的曲线对象。

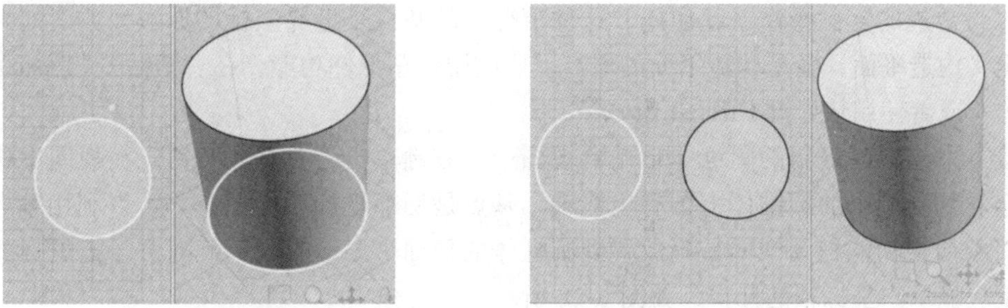

a）选择圆柱的边线　　b）复制、粘贴后，成为新对象

图 6-26　复制实体边线

另一种复制方式是带基点复制。这种方式能够将所选的对象复制到剪贴板，并带有一步定义基点的步骤。这种操作通常与下面的“粘贴部件”（Paste part）命令组合使用。允许粘贴的对象被定位和重新定向，使之与现有形体对齐，对象的基点将被映射到粘贴时拾取的目标点上。使用方法是右键单击“复制”(Copy) 按钮，或者使用快捷键 Ctrl+Shift+C。

对于图 6-27 中的圆柱体和圆锥体，单击圆锥体，右键单击复制命令图标，命令选项区域出现了指定基点的提示信息，将基点定位到圆锥底面的中心，单击“完成”结束。复制的圆锥体带有基点，但此处看不出什么，需要在下面的粘贴部件（Paste part）命令中继续解释。

a）一个圆柱体和圆锥体　　b）指定基点选项　　c）复制圆锥体，指定基点

图 6-27　带基点复制

6.8 【粘贴】(Paste）命令

从剪贴板中粘贴对象，快捷键是 Ctrl+V。

可以在 MoI3D 与犀牛（Rhino）软件之间复制、粘贴对象，不过 MoI3D 与犀牛（Rhino）要同时运行，才能这样操作。

直接粘贴比较简单，这里来解释“粘贴部件”（Paste part）命令。粘贴部件是从剪贴板中粘贴对象，并有一个步骤来调整所粘贴对象的方向，如将它们与现有的曲面垂直对齐。这种用法通常与带基点复制组合使用，允许为复制的对象指定一个基点。不过，这种方法也可以与常规的复制操作一起使用，这种情况下的基点是世界坐标的原点，或者如果设置了自定义构造平面，会是构造平面的原点。要应用粘贴部件功能，在“粘贴”（Paste）按钮上右击，或者使用快捷键 Ctrl+Shift+V。

接下来将上面复制的圆锥体粘贴到视图中。右键单击“复制”按钮，在视图中移动鼠标，会看到复制出的圆锥体上带有坐标轴，基点是局部坐标系的原点。可以利用基点，并借助对象捕捉功能把圆锥体精确放置到圆柱体的顶面中心，实现精确对齐。把鼠标放在坐标轴上会显示出坐标轴的标识，如图 6-28 所示。

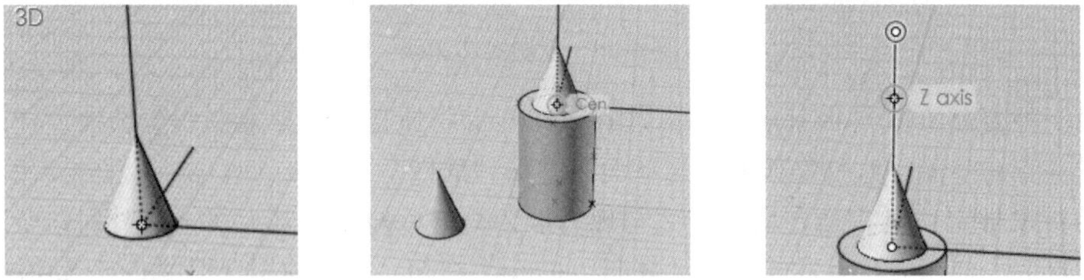

a）粘贴出带基点的圆锥体　　b）利用基点对齐对象　　c）显示坐标轴的标识

图 6-28　将圆锥体粘贴到视图中

最后一步，还可以调整坐标轴的朝向。方法是将鼠标放置到某一根轴上按住鼠标不放，然后拖动。可以根据需要，在三个正向视图中拖动，重新定向坐标轴的朝向，如图 6-29 所示。

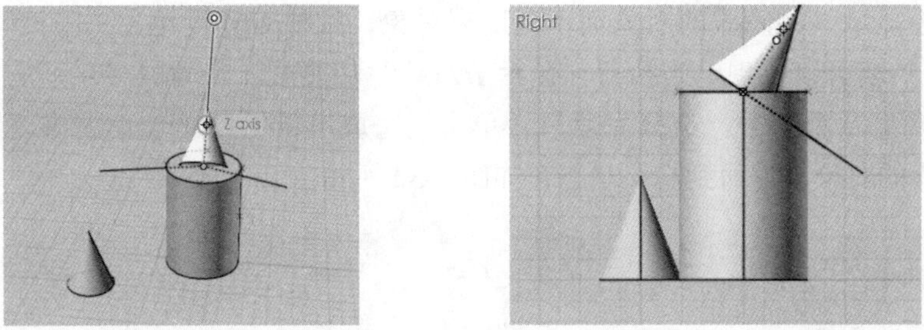

a）按住某一根轴拖动　　b）可以在某个正向视图中旋转

图 6-29　调整坐标轴的朝向

命令选项如图 6-30 所示。

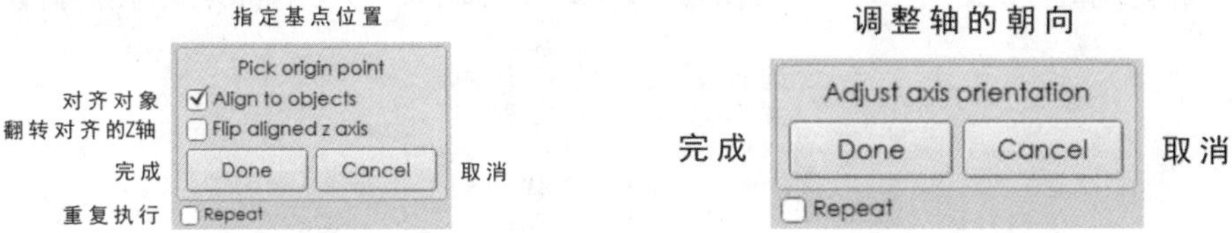

a）指定基点位置选项　　b）调整轴的朝向选项

图 6-30　命令选项

在指定基点位置选项中，有“翻转对齐的 Z 轴”复选项，如果勾选它，将会使 Z 轴的朝向与默认的方向相反，试一下就会理解了。

6.9 【隐藏】(Hide) 命令

此命令用于隐藏或者显示对象。当单击【隐藏】(Hide) 命令图标的时候，如果选择了对象，那么就会隐藏这些对象；当单击隐藏图标的时候，如果没有选择对象，被隐藏的物体就会显示出来。

右键单击隐藏图标，还可以实现隔离功能。隔离功能只保留所选择的对象是可见的，并隐藏所有未被选择的对象。当再次运行隔离功能时，一切都将恢复到隔离之前的状态，如图 6-31 所示。

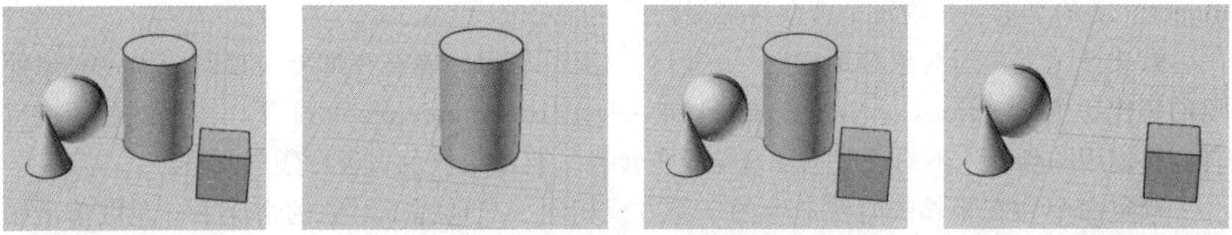

a）选择三个对象　　b）隐藏对象　　c）选择了三个对象　　d）隔离对象

图 6-31　隔离功能隐藏对象

如果只想显示一些隐藏的对象而不是所有对象，按住 Ctrl 键单击“隐藏”按钮，执行“显示子对象”就可以实现。当执行“显示子对象”功能时，将暂时显示所有隐藏的对象，你可以选择要显示哪一个。选择完以后，单击“完成”或右键单击，就恢复了常规显示，任何没有选择的对象将返回到隐藏状态，如图 6-32 所示。

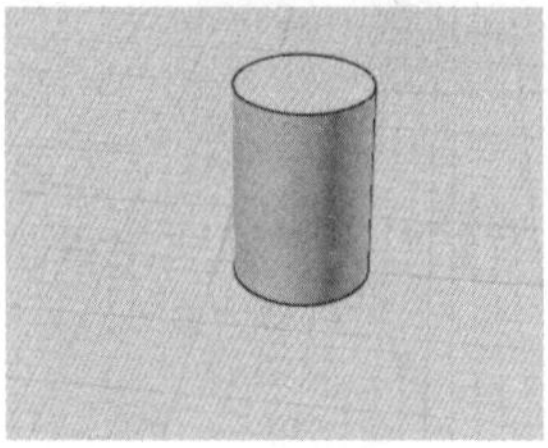

a）隐藏掉三个对象

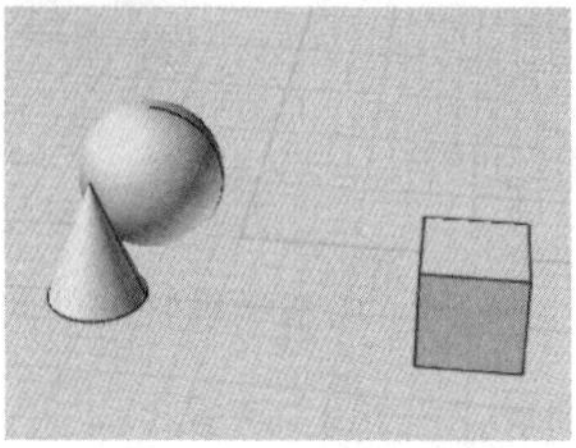

b）应用显示子对象，选择球体

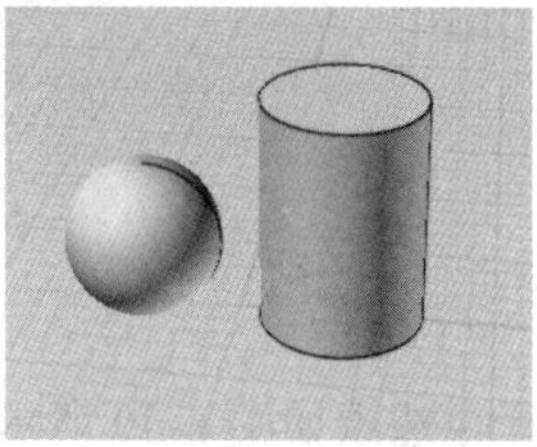

c）显示球体，其余两个隐藏

d）选择要显示的对象选项

图 6-32　显示子对象及命令选项

除了使用隐藏命令，前面介绍了还可以使用场景浏览器，通过单击不同对象类别的眼睛图标来批量隐藏和显示对象。左键单击场景浏览器中的眼睛图标，会在隐藏和可见之间切换，而右键单击眼睛图标，将隔离该对象并隐藏掉其他对象。

6.10 【锁定】(Lock) 命令

此命令用于锁定或解锁对象。当对象被锁定时，能够防止它们被选中，但是保留了它们在场景中的可见性，用作视觉或捕捉时参考，如图 6-33 所示。可以用在选项→捕捉→对象捕捉选项→捕捉到锁定的对象（Options → Snaps → Object snap options → Snap to locked objects）下的复选项，确定是否允许捕捉到锁定的对象。

默认情况下，当对象被锁定时，它们会以灰色显示。能够在选项→视图→锁定对象使用的替代颜色（Options → View → Locked objects use alternate color）下，禁用颜色切换或者调整使用的颜色。不勾选复选框避免颜色转换，或单击颜色表进行颜色调整。

锁定命令和它相邻的隐藏命令的工作方式相同。在选择了对象的情况下，左键单击锁定图标，会锁定所有选定的对象。没有选择对象的情况下，左键单击锁定图标可以解锁全部对象。

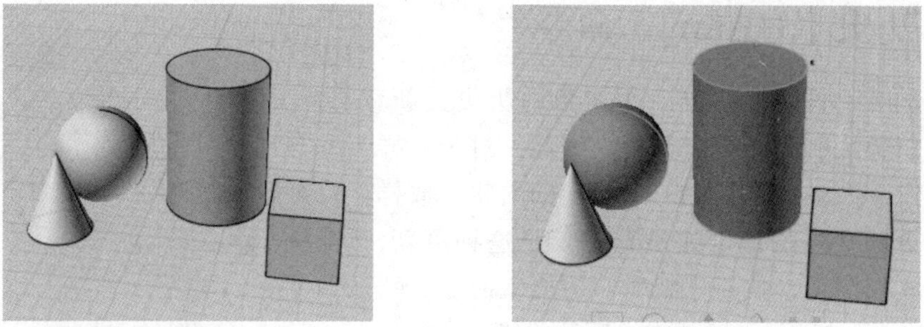

a）选择两个对象　　b）锁定对象

图 6-33　选择并锁定对象

右键单击锁定图标，隔离当前选择的对象，锁定除了它之外的所有对象。再次右键单击，恢复到隔离之前的状态，如图 6-34 所示。

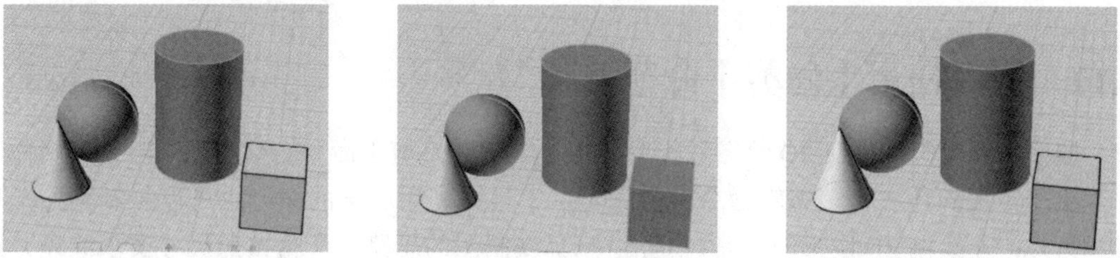

a）选择一个对象　　b）隔离选定的对象　　c）恢复先前的状态

图 6-34　锁定对象

Ctrl+ 左键单击锁定图标，执行“解锁子对象”功能，将临时显示所有当前锁定的对象，并允许选择其中一些对象进行解锁。当结束了选择之后，单击“完成”或右键单击，将会恢复常规显示，所有没有选择的对象将返回到锁定状态，如图 6-35 所示。

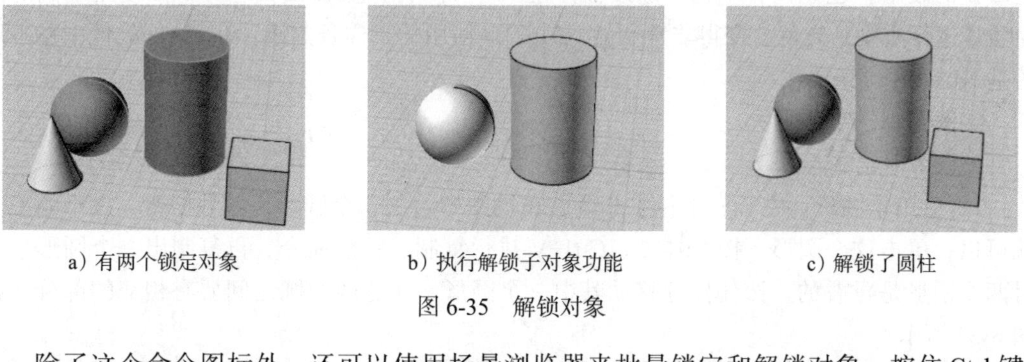

a）有两个锁定对象　　b）执行解锁子对象功能　　c）解锁了圆柱

图 6-35　解锁对象

除了这个命令图标外，还可以使用场景浏览器来批量锁定和解锁对象。按住 Ctrl 键，单击场景浏览器中的眼睛图标，即可在锁定和解锁之间切换。

6.11 【历史】(History) 命令

此命令用于关闭或打开一个对象的历史更新。有一些命令默认启用了历史更新，例如，对于放样（Loft）操作，如果编辑其中一个原始的曲线，放样命令将会更新放样曲面。如果想要禁止这种更新，可以选择放样曲面，执行【编辑：历史】命令，然后单击“禁止更新”。之后再编辑原始曲线时，放样曲面就不再进行更新。此外，默认情况下一些命令禁用了历史，如变换→复制（Transform → Copy）或变换→旋转（Transform → Rotate），这种情况下可以使用历史→启用更新（History → Enable update），打开这些命令结果的历史更新。历史更新选项如图 6-36 所示。

图 6-36　历史更新选项

6.12 练习使用【修剪】命令

接下来，我们练习在 2D 绘图过程中使用【编辑：修剪】命令。绘制图形时，编辑命令非常重要，虽然还有很多编辑命令有待学习，不过，利用已学的命令也可以绘制一些图形了。另外，在绘制 2D 图形时，常规是沿着 CAD 制图的思路，严格按照尺寸要求绘制，这在第 4 章的实例中已给出了思路。本节将使用另一种思路绘图，类似于在 Adobe Illustrator、Corel Draw 等软件中绘制传统风格的 2D 贝塞尔曲线。

有一点需要解释清楚，Adobe Illustrator、CorelDraw 等软件中使用的贝塞尔曲线只有 G1 连续，而没有 G2 连续，这是 MoI3D 没有使用“贝塞尔手柄”方法绘制的原因之一。实际上，使用那种方法根本无法获得正确的平滑曲线。对于 2D 轮廓图形，这并不可怕（即使是敏锐的眼睛，也往往看不到不连续性），但一旦开始构建 3D 曲面，并试图使用不同的曲面质量进行渲染，它就会变得非常明显。MoI3D 使用的是样条曲线，在 CAD 软件中基本用的是 NURBS 样条曲线。

实例 1——绘制心形

先来练习绘制心形。

1）应用【圆形：中心、半径】命令，在视图中绘制一个圆形，数数栅格，大小差不多就可以；单击这个圆形，按 Ctrl+C、Ctrl+V 执行复制、粘贴命令，再复制出一个圆形，此时两个圆形是重叠的。按住鼠标移动其中一个圆形，注意两个圆之间要有相交的部分，如图 6-37 所示。

2）使用【画线：直线】命令，在第一个圆形的左下方单击一点（最初的这一点要凭经验了）。随后拖动鼠标，可以看到第一点附近出现了相切（Tan）。接着利用构造线确定第二点。把鼠标移至两个圆上面的交点，按下鼠标，拖出构造线，使它通过下面的交点，如

图 6-38 所示。

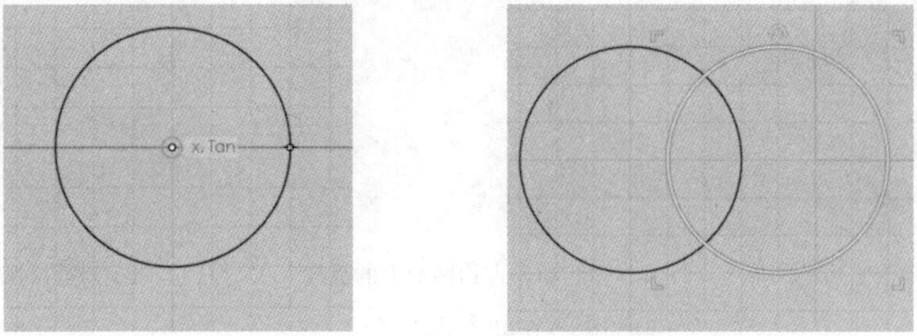

a）绘制圆形　　b）将复制出的圆形移动位置

图 6-37　绘制两个相交的圆形

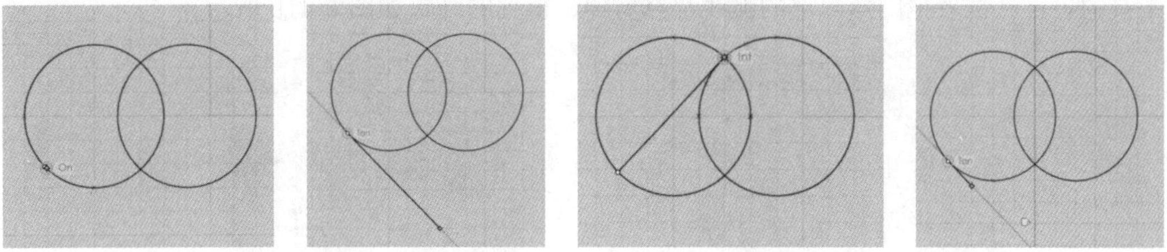

a）单击一点　　b）确定相切时的情况　　c）从交点引出构造线　　d）构造线通过交点

图 6-38　画构造线

3）在构造线上确认直线的另一点，注意这条直线要与圆相切。按鼠标右键，重复绘制直线命令，捕捉刚才确定落在构造线上的直线端点，另一个端点捕捉到另一个圆上，这条直线也要与之相切，然后单击确定，如图 6-39 所示。

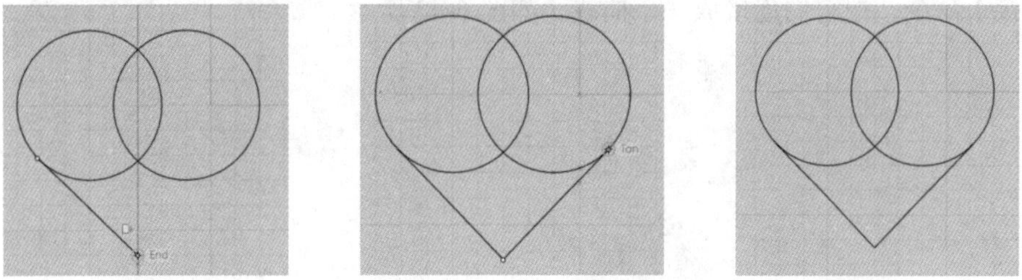

a）确定直线的端点　　b）绘制另一条直线　　c）形成的图形

图 6-39　绘制另一条线

4）使用【编辑：修剪】命令修剪图形内部的线条（应用布尔运算可以简化一些步骤，由于还没有讲解，此处完全使用【编辑：修剪】命令处理多余的线条）。单击左边的圆形，执行【编辑：修剪】命令，再单击右边的圆形，按右键确认，模式选择“去除”，单击左边圆形上的一段弧线，按右键确定，就删除了这段弧线，如图 6-40 所示。

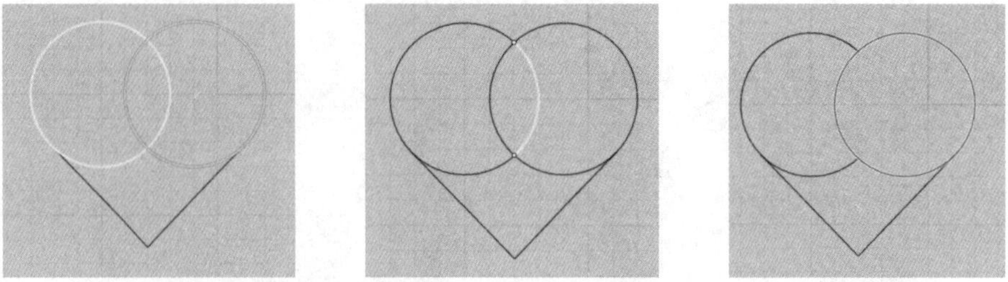

a）单击右边的圆形　　b）单击左边圆形上的弧线　　c）修剪掉弧线

图 6-40　删除弧线

5）继续使用【编辑：修剪】命令，顺序是左右交换，把右边圆形上的弧线删除。操作过程中要记住：先选择要修剪的对象，再使用修剪命令，后选择工具，两条直线也是用作工具的。自己试着把图形内部的弧线都修剪掉，得到的结果如图 6-41b 所示。

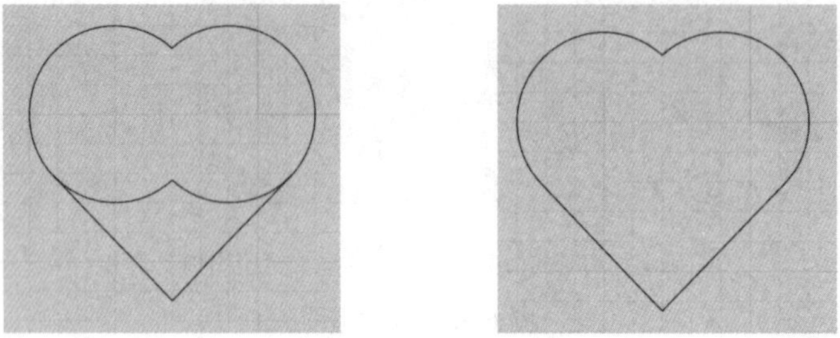

a）修剪右边圆形上的弧线　　b）修剪掉剩余弧线的结果

图 6-41　修剪掉全部多余弧线

6）现在的弧线和直线都是分段的，可以分别单击它们体会一下。全部选择，应用【编辑：连接】命令，把它们连接成一条曲线，如图 6-42 所示。

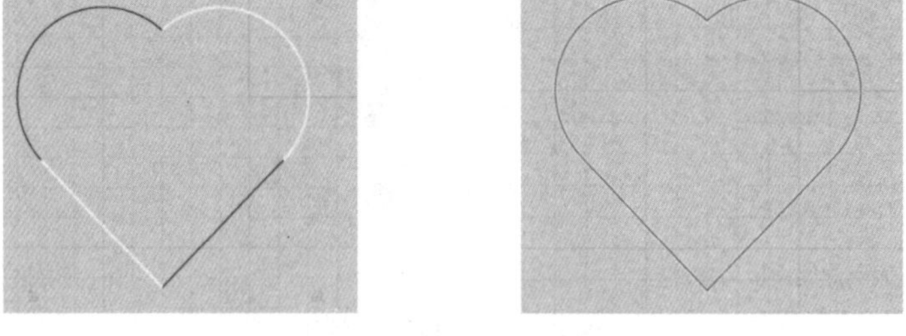

a）弧线和直线并不是一体　　b）连接成为一个整体

图 6-42　连接为一条曲线

7）使用【编辑：显示点】命令显示出图形的控制点。现在可以拖动控制点来调整图形的形状了。还可以使用【编辑：添加点】命令在直线部分添加点，调节为曲线，如图 6-43 所示。自己试一下吧！

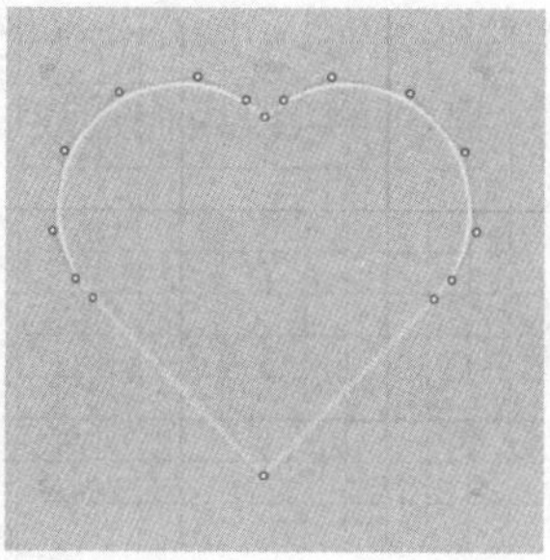

a）显示出图形的控制点

b）添加点，然后调整形状

图 6-43　调整形状

实例 2——绘制如图 6-44 所示标识

绘制步骤如下。

1）应用【圆形：中心、半径】命令，在视图中绘制两个圆形。内部的圆形可以使用后面所讲的偏移命令偏移，现在还是利用捕捉功能再画一个圆，如图 6-45 所示。

2）接着应用【矩形：3 点】命令绘制下部的十字形。为了绘制与圆环差不多的宽度，我关闭了栅格捕捉功能，矩形的两个角点画在圆环内部，如图 6-46 所示。

图 6-44　示例标识图片

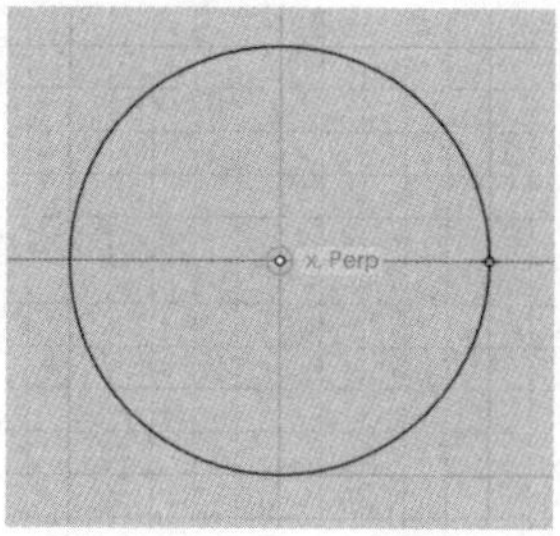

a）先绘制一个圆形

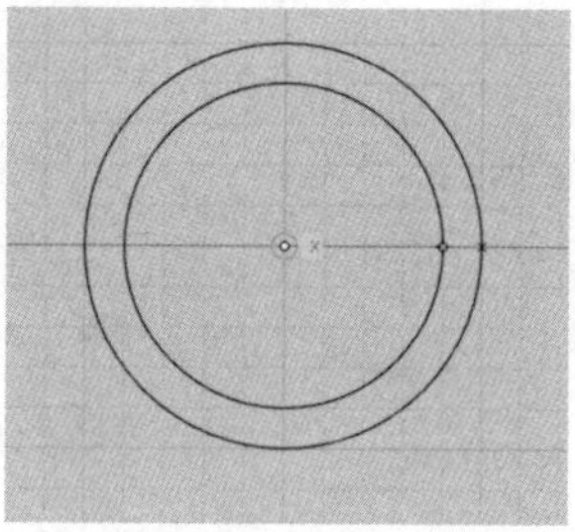

b）再绘制内部的圆形

图 6-45　绘制两个同心圆

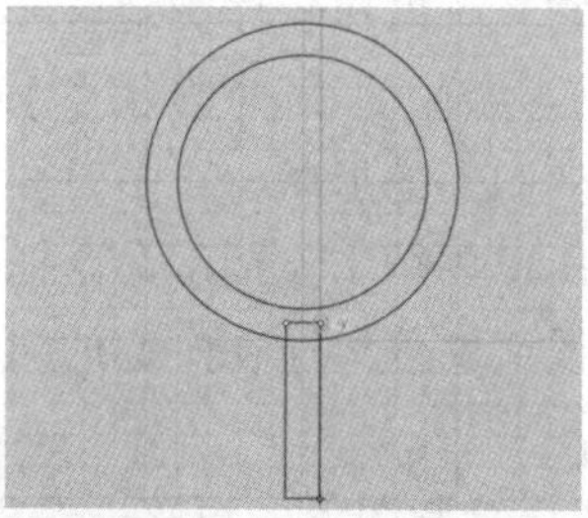

a）在圆环内部开始画矩形

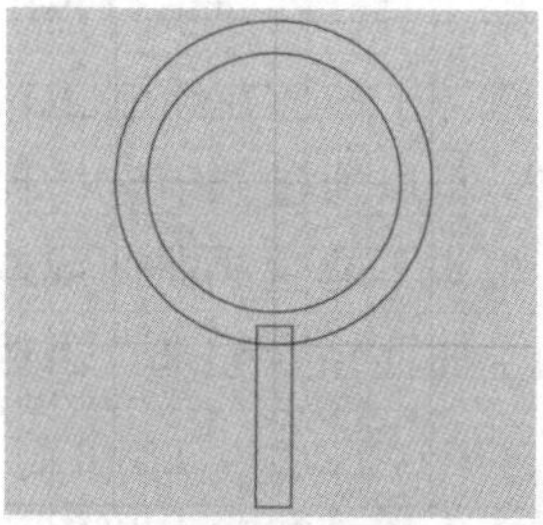

b）得到的结果

图 6-46　绘制矩形

3）继续应用【矩形：3 点】命令，绘制下部横放的矩形。由于没有把图片作为背景，位置差不多就可以了，如图 6-47 所示。另外，绘图过程中可以使用构造线。

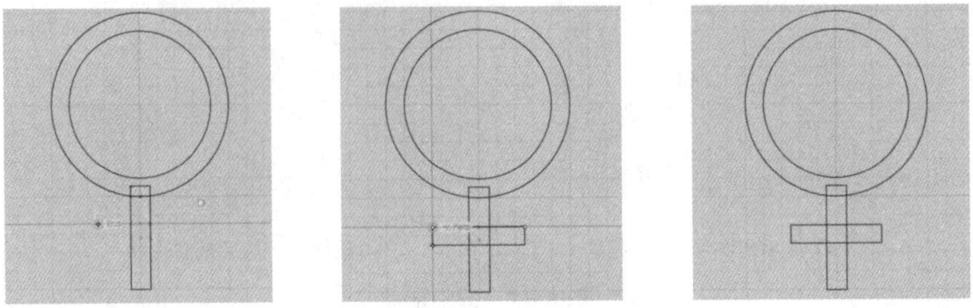

a）拖出构造线　b）绘制 3 点矩形　c）得到大致的形状

图 6-47　绘制另一个矩形

4）接下来应用【编辑：修剪】命令，把多余的线条修剪掉。具体的修剪过程略去。结果如图 6-48 所示。

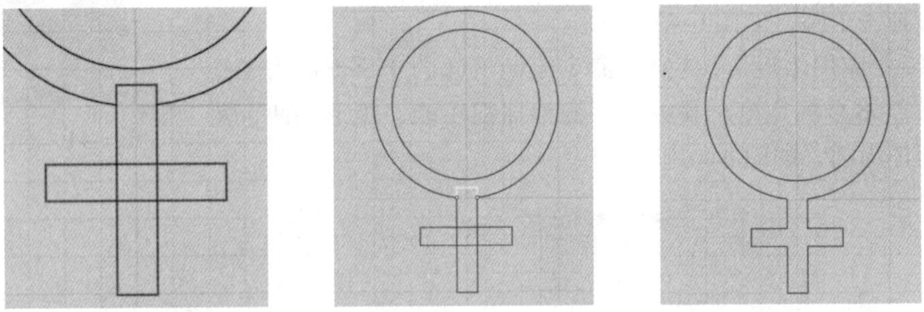

a）修剪圆弧　b）修剪深入圆环的矩形　c）得到的最终结果

图 6-48　修剪多余线条

6.13　小结

本章讲解了【编辑】标签中的各种命令，重点是【修剪】命令，这是一个能够切割曲线、曲面和实体的万能工具，在建模过程中经常用到它，所以比较详细地解释了它的用法，并给出两个实例，练习了如何在绘制 2D 图形时修剪多余的曲线。【显示点】命令能够显示出曲线上的控制点，可以通过调节这些控制点来改变图形的形状。很多时候，曲线或曲面之间并没有相连，根本不能生成曲面或构成实体，所以要用【连接】命令把它们结合成一条曲线，或者把两个曲面结合起来。当然，有些时候又要分离连在一起的曲线或曲面，就要用到【分离】命令。

练习实例传达了像 Adobe Illustrator 等软件那样绘制图形的思路。这里主要用【修剪】命令完成了绘图过程，所提供的例子比较简单，希望能起到抛砖引玉的作用，读者可以自行找些图形练习。

第7章 Chapter 7

查看和选择命令

MoI3D 中的【查看】和【选择】标签提供了几个观察视图和选择对象的命令，大部分非常简单，所以把它们合并到一章进行介绍。在 3D 建模过程中，选择对象是非常重要的，很多程序往往会提供几种选择对象的方式，以方便用户快速选择对象。

7.1 【重置】(Reset all) 命令

此命令用于重置所有视图，以便于查看。第一次单击重置图标，只是针对所选择的对象，第二次单击重置图标，将变成针对所有对象，而不再是只对被选择的对象起作用。通过右键单击单个视图下面的重置按钮也可以重置所有视图，如图 7-1 所示。

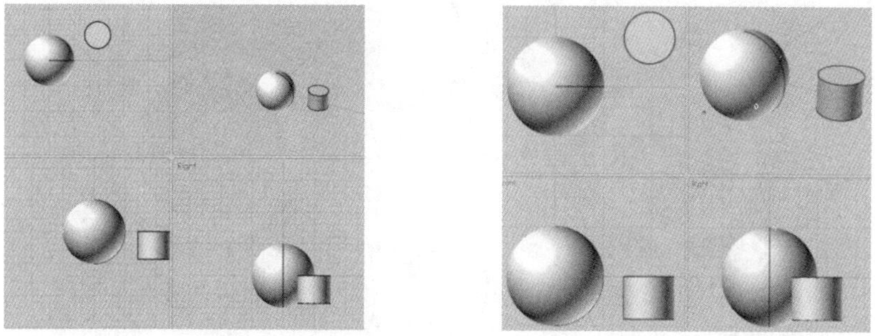

a）最初的视图　　b）重置视图后的布局

图 7-1　重置视图

7.2 【图像】(Image) 命令

此命令用来放置和编辑参考图像。在3D建模过程中，往往需要导入几张位图文件作为参照，比如一个物体三个角度的照片，然后按照片中的尺寸进行建模。建模时要求尽可能与原始物体保持一致，相当于在计算机中还原这个物体。这一功能在多边形建模软件中很常见，无论是Maya还是3ds Max等软件都提供了此功能。在平面设计软件中，依照图片绘制图形是把位图矢量化的过程。

单击【查看：图像】命令，命令选项区域出现的选项比较多。在没有添加图像之前，只有“添加”(Add)按钮是可用的。单击这个按钮，找到图像所在的位置，就会向视图中放置一张图像。当添加了一个图像以后，将会显示出所有图像的列表，可以选择列表中的一条记录进行隐藏、显示、删除图像操作。如图7-2b所示。

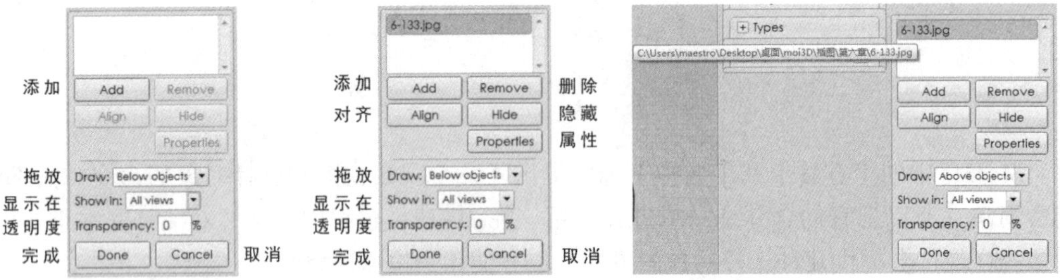

a) 单击添加按钮出现的选项　b) 添加了图像之后的选项　c) 鼠标放置在一条记录上，出现了完整路径

图7-2　添加按钮的功能

如果把鼠标悬停在列表中一条记录的上面，就能显示图像的完整路径，如图7-2c所示。

添加的图像可以用作绘图时的参照。如第6章中的实例2，可以先把图像导入视图，参照原图绘制线条，这样做会更准确一些，如图7-4所示。对齐位置时，有时需要关掉三种捕捉功能。

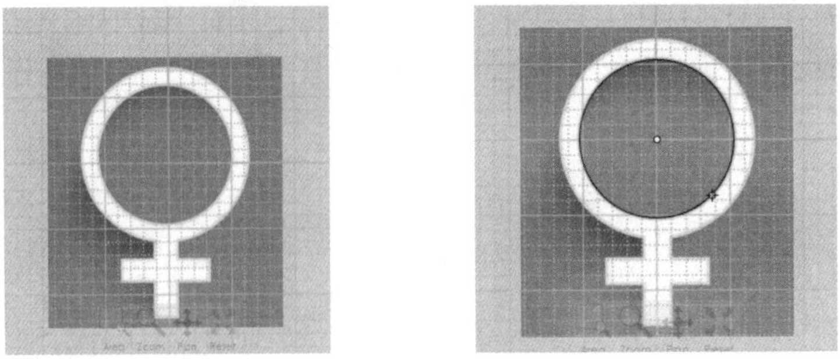

a) 导入的位图图像　b) 以图像为参照，绘制图形

图7-3　以图像作为绘图参照

导入图像时，可以把它放置在某一个正向视图中。注意，位图图像没有厚度，只在一

个视图中完全显示，而在其余两个正向视图中显示为一条线。单击“添加”按钮，找到要导入的图像，确定要在哪一个视图中放置图像，在命令选项区域提示要确定一个角点，单击确认；拖动鼠标，提示确定另一个角点，这个过程决定了图像的大小，此时可以根据栅格来大致判断一下尺寸，单击确定，如图 7-4 所示。

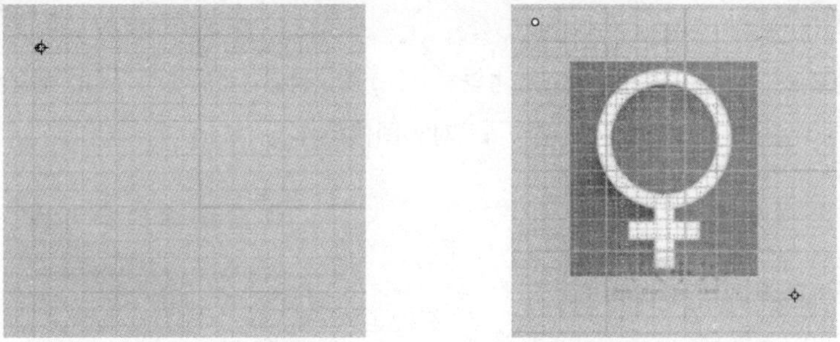

a）确定图像的一个角点　　b）确定另一个角点

图 7-4　确定图像角点

当处在图像命令当中时，可以编辑背景图像。把鼠标放置在图像之上，图像周围出现黄色的光晕，此时可以单击并拖动图像，重新确定它的位置。拖拉四角上的小框，可以放大或缩小图像。拖动旋转图标能够旋转图像。在旋转图标上单击，然后释放鼠标，会自动出现 3 个旋转方向的操纵器。在这个操纵器中任何一个圆形轨道上单击并拖动，图像可以围绕着某个轴向旋转。在轨道之外单击，即可离开这种模式。以上全部操作如图 7-5 所示。此外，当处在图像命令中时，可以使用“撤销”（Undo）命令来撤销对背景图像的编辑。

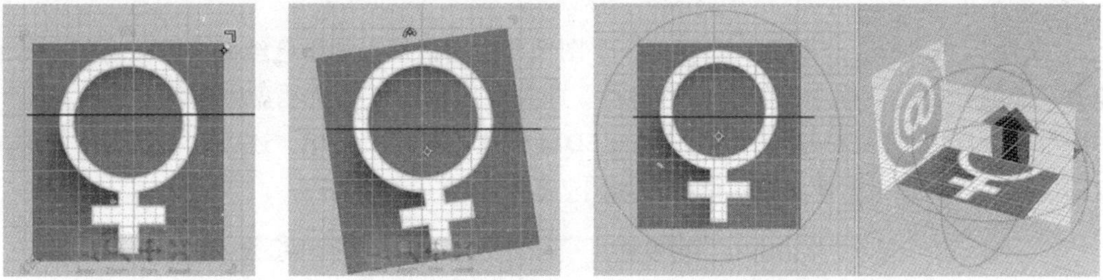

a）缩放图像　　b）旋转图像　　c）可绕三个轴向旋转的操纵器

图 7-5　编辑背景图像

如果要删除某个图像，可以在列表中单击它，按“删除”（Remove）按钮即可删除，按 Ctrl+Z 可以恢复删除。

“对齐”（Align）按钮允许在所选图像上选择两点，随后在构建的模型上选择两点，把图像与模型对齐。这将会移动、旋转和缩放图像，以使拾取的线重合，如图 7-6 所示。

以上操作对应的选项按钮如图 7-7 所示。

a）指定图像的基点　b）指定图像的参考点　c）指定目标对象的基点　d）指定目标对象的参考点

图 7-6　对齐图像操作

a）指定图像的基点选项

b）指定图像的参考点选项

c）指定目标对象的基点选项

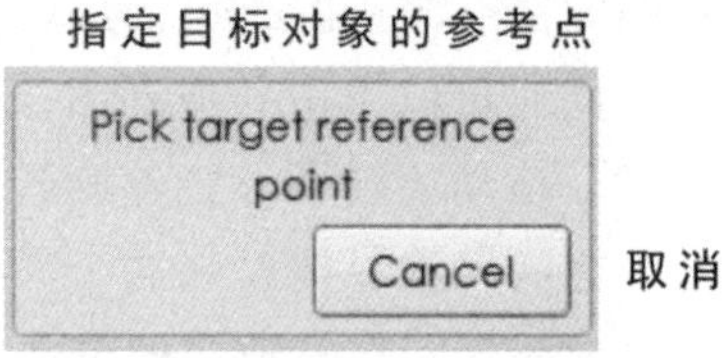

d）指定目标对象的参考点选项

图 7-7　对齐操作及相关按钮

“属性”（Properties）按钮将会弹出一个图像属性对话框，如果已经把图像移动到了其他地方，能够在此对话框中编辑图像的路径。此外，图像还可以从硬盘中重新加载，并且其中还有一个选项可以直接把图像数据嵌入 3DM 格式的模型文件中。还可以在列表中右键单击图像的文件名弹出图像属性对话框，如图 7-8 所示。

图 7-8　图像属性对话框

在按钮的下面有三个选项，它们影响了整个图像。首先是“拖放”（Draw）选项，它有三种选择，如图 7-9 所示。

拖放至对象之下（Draw below objects）——选择这个选项，拖放的图像将作为背景，位于其他对象的下面。

拖放与对象一体（Draw with objects）——这个选项将图像融入场景中，就像它们是普通的对象一样。

拖放至对象之上（Draw above objects）——这个选项把图像放置在其他对象之上，起到覆盖的效果。这一功能通常与透明选项一起使用，透过透明的图像看到其他对象，类似于透明胶片。

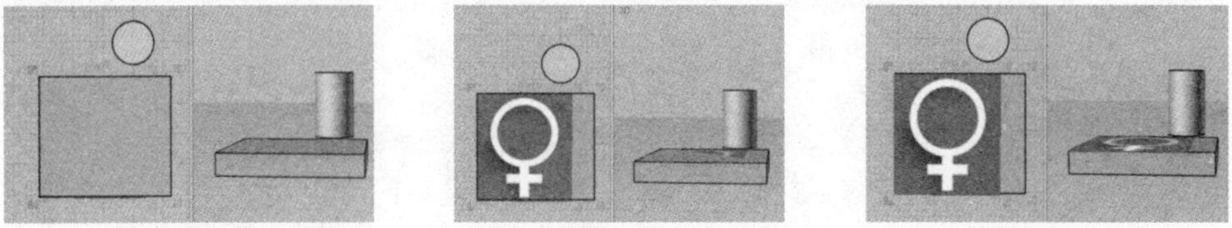

a）拖放至对象之下　　b）拖放与对象一体　　c）拖放至对象之上

图 7-9 “拖放”选项的三项功能

“显示在”（Show in）选项有两项功能，如图 7-10 所示。

全部视图（All views）——在所有视图中显示图像。

仅正交（Ortho only）——只在俯视图、主视图或右视图中显示图像，而不在透视图中显示出来。

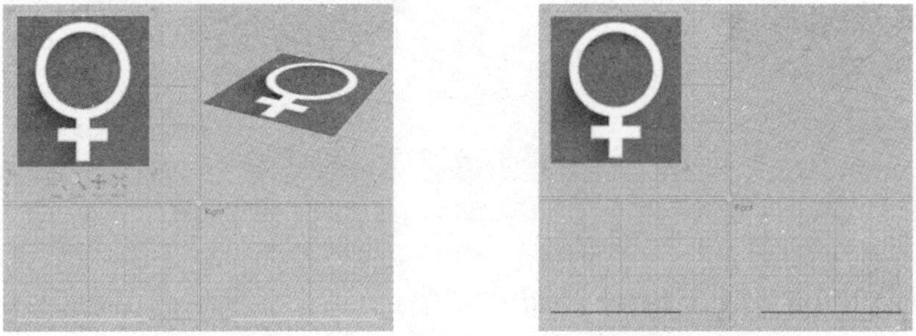

a）显示在全部视图　　b）仅显示在正交视图

图 7-10 “显示在”选项的两项功能

“透明度”（Transparency）选项可以设置图像的透明程度，如图 7-11 所示。

透明度（Transparency）——可以在此处输入一个百分比，0% 是完全不透明，100% 是完全透明，中间值的半透明。

上面介绍了如何导入位图图像作为绘图参考的内容。在建模过程中，这是非常有用的。现在，手机拍照已非常普及，对于一个物体，可以拍下其三个角度的照片，导入 MoI3D 中建模，就尽可能准确地模拟这个物体。当然，如果有物体的三视图文件更好，能够把模型建得更准确。在放置图像时，要遵照三视图的规则，还需要仔细调整每个视图的尺寸，如图 7-12 所示。在第 12 章的建模练习中，会应用到本节所讲的内容。

a）透明度为 0%　　b）透明度为 100%　　c）透明度为 50%

图 7-11 “透明度”选项的功能

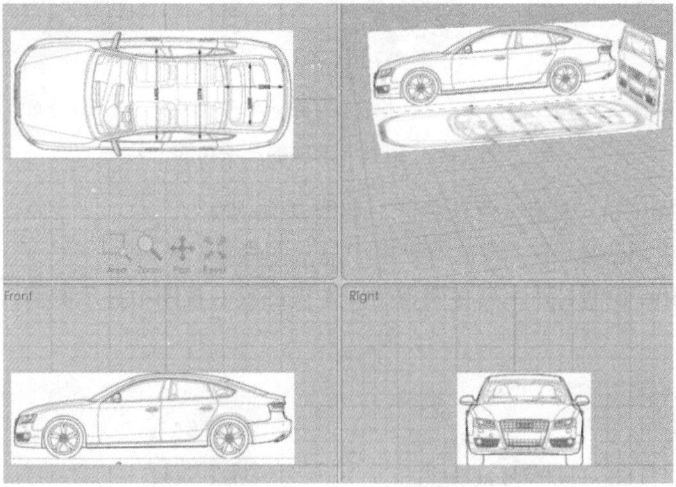

图 7-12 车辆的三个参考图像的摆放

7.3 【构造平面】(CPlane) 命令

【构造平面】(CPlane）工具允许重新定位绘图平面和三个正向视图，以使在没有与世界坐标轴线方向对齐的对象上工作起来更容易。建立构造平面的实质是建立了用户坐标系，用户自己定义局部坐标系，而不是在世界坐标系下工作。由于涉及了坐标轴的方向变化，初学者可能要适应一段时间。

需要注意的是：在 MoI3D 中也允许使用对象捕捉直接在曲面上绘制图形，所以并不经常需要手动设置一个构造平面；但是，如果在想要绘图的位置没有可用的曲面，或者如果想要在栅格上对图形做更详细地控制，就可以设置一个构造平面。

构造平面由指定的原点和使用方向选择器确定的 X、Y、Z 轴的朝向重新定位，并且可以把它捕捉到模型上的曲面或曲线上，为这个区域提供局部的工作环境，这相当于把默认的栅格平面临时移动到某个位置。

如图 7-13a 中的立方体，经过旋转以后发生了倾斜，而我们如果想要在深灰色的顶面上绘制图形，就可以在顶面建立一个构造平面。单击【查看：构造平面】命令，命令选项区域出现了“指定构造平面原点”的选项；在视图中拖移鼠标，指针变成了三个坐标轴的标识；现在要确定局部坐标系的原点，应该开启捕捉功能，以便能捕捉到一些特殊的点；把原点定位到立方体的角点，如图 7-13b 所示，单击确认。

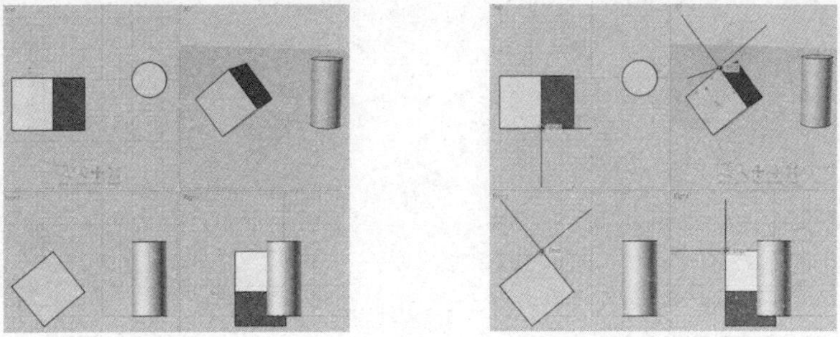

a）将立方体旋转一个角度　　b）原点放置到立方体的角点上

图 7-13　建立构造平面

随后出现了“调整轴的朝向”选项。将鼠标移至每一根轴上，看看具体是哪一个坐标抽。我们要把 X 轴和 Y 轴放置到立方体的顶面上（深灰色的面），X 轴指向斜下方，Y 轴指向屏幕内侧。上面步骤已经确定了顶点位置，现在要确定坐标轴的朝向。

要清楚三个正向视图所代表的平面。如果不太清楚，找到 Options → View → Show axis icon 选项，可以显示出坐标轴图标。在主视图中单击 X 轴，然后按住鼠标拖动，把 X 轴旋转到与立方体的棱边重合；在右视图中单击 Y 轴，也按住鼠标拖动，同样把 Y 轴旋转到与立方体的边线重合。具体效果如图 7-14 所示。

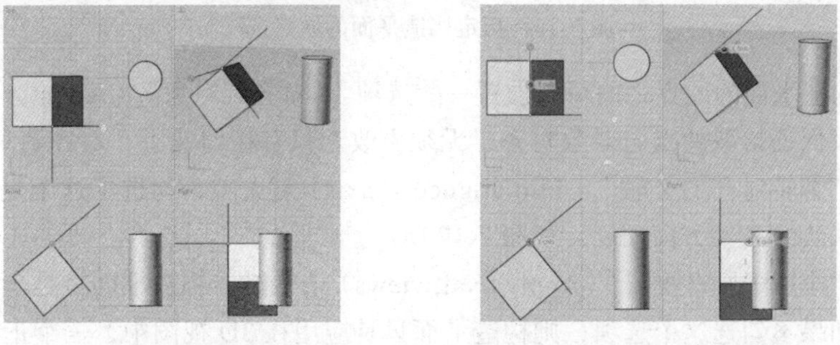

a）在主视图中旋转 X 轴　　b）在右视图中旋转 Y 轴

图 7-14　确定坐标轴的朝向

单击“完成”按钮，完成构造平面的设置，如图 7-15 所示。在 3D 视图中就会看到栅格平面倾斜地贴到了立方体的顶面上。此时可以旋转透视图观察一下。

设置了一个构造平面后，如果想要返回默认的栅格平面位置，单击构造平面按钮启用，再单击其中的“重置构造平面”（Reset CPlane）按钮，栅格平面会返回到默认的位置。还可以通过右键单击查看标签中的构造平面按钮重置栅格平面，使其返回到默认位置。选项如图 7-16 所示。

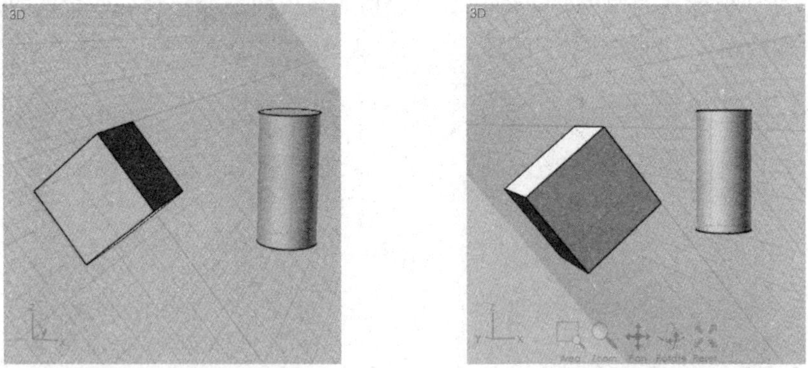

a）栅格平面贴到了立方体的顶面上　　b）旋转透视图

图 7-15　构造平面设置完成

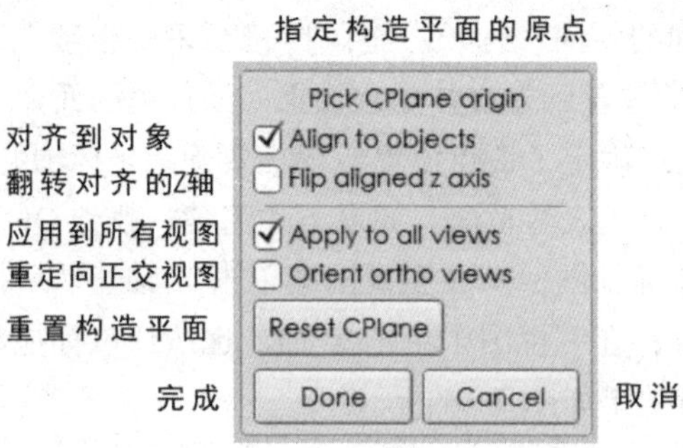

图 7-16　指定构造平面的原点选项

在确定构造平面的原点之前可以设置一些选项。“对齐到对象”（Align to objects）默认是勾选的，以保证拾取的点与对象对齐，无须更改。只有在勾选了“对齐到对象”选项后，才可以设置“翻转对齐的 Z 轴”（Flip aligned Z axis）复选项，勾选了这个复选项，会使 Z 轴的方向与默认的 Z 轴方向相反，如图 7-17 所示。

当启用“应用于所有视图”（Apply to all views）选项时，构造平面将是全局的，应用于全部视图。如果不勾选这个选项，则构造平面只是应用在 3D 视图中，三个正向视图保持使用其常规的世界坐标平面。前面解释如何放置构造平面的过程中并没有勾选这个选项。

当设置全局的构造平面时，默认情况下，俯视图、主视图和右视图将转换成构造平面的平面视图。例如，俯视图将转换为从构造平面的 Z 方向垂直向下看，而不是从世界坐标系的 Z 轴方向向下看。已经以这种方式转换过的视图，在视图名称处带有“构造平面”（cplane）标签。这样的正向视图是以构造平面为基础的，而且经过了三维映射，并不太好理解。不过，要在某个正向视图中绘制图形，如在上面的倾斜立方体的顶面绘制图形，你可以在俯视图（cplane）中绘制曲线，如图 7-18 所示。也可以通过取消勾选“重定向正交视图”（Orient ortho views）选项来禁用方向的转换。

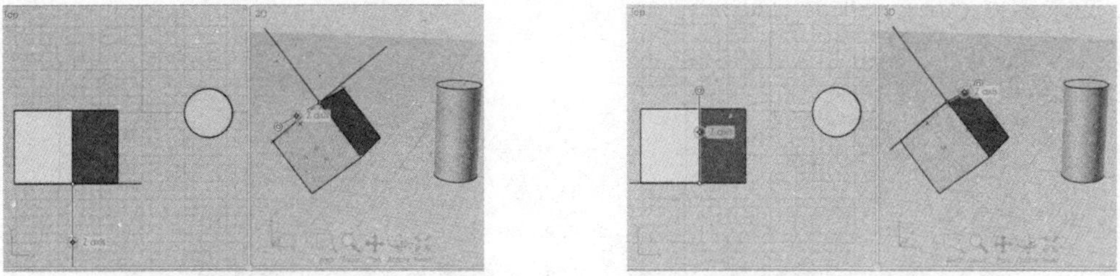

a）默认的 Z 轴方向　　b）勾选后 Z 轴的方向

图 7-17 “翻转对齐的 Z 轴”选项的效果

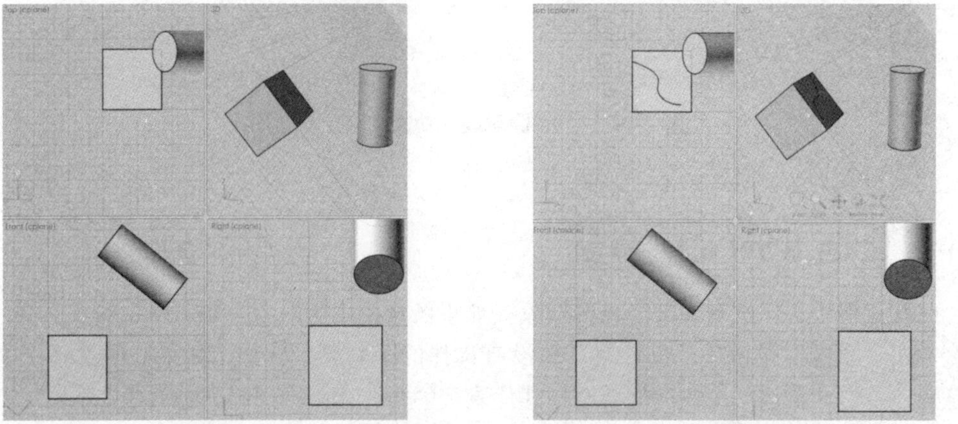

a）经过转换的正向视图　　b）在立方体顶面绘制曲线

图 7-18 在已转换的图形中绘制曲线

设置一个全局的构造平面也会影响到 x、y、z 坐标点的输入。输入的数值是在构造平面的坐标系中的值，而不是在世界坐标系中的数值。例如，输入 0.0、0，会在构造平面的原点放置点，而不是在世界坐标的原点。当构造平面处于激活状态时，可以使用带 w 前缀的点（例如 w5、2、1）键入世界坐标系的点。屏幕底部数值输入框中显示出鼠标的 x、y、z 点坐标，也是鼠标在构造平面坐标系中的位置，在它们的前面带有 c 字母，表示它们是处在构造平面坐标系中，而不是世界坐标系。

最后一步出现的“调整坐标轴的朝向”（Adjust axis orientation）选项中出现的文字，在指定文字的基点选项中都存在，就不再解释了。

在【查看】标签最下面，还有一个“显示隐藏线”（Display hidden lines）复选项。它的作用是启用或禁用隐藏线的显示，如图 7-19 所示。启用时，那些被遮挡住的曲线和边线会使用淡色的虚线绘制出来，并且也可以作为选择的目标对象使用；禁用时则不显示隐藏线。

下面讲解【选择】(Select) 标签中的三个命令。前面章节中已介绍了选择对象的几种方法，这里的命令是针对所有对象的简单选择命令。

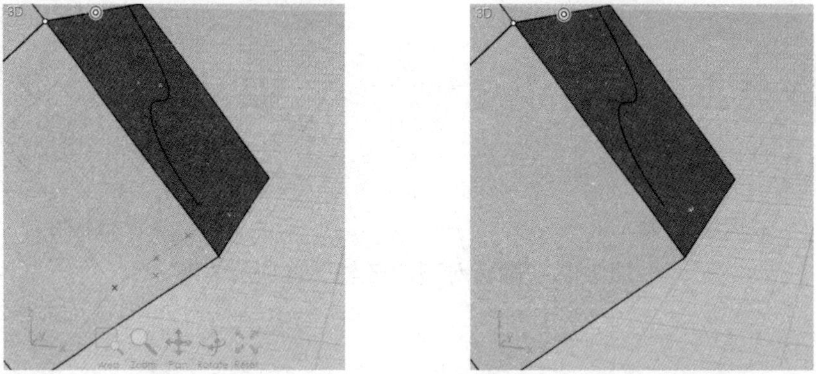

a) 启用显示隐藏线　　b) 禁用显示隐藏线

图 7-19 “显示隐藏线”功能的启用与禁用

7.4 【全选】(Sel all) 命令

此命令用于选择所有未被隐藏的对象。如果已选择了子对象（如实体中的点、线、面），那么单击“全选”按钮后，仅针对其他没有选择的子对象。例如，如果已经选择了实体的一条边，单击“全选”按钮后就会选择其他剩余的边，而不会选择其他对象。

7.5 【取消选择】(Desel all) 命令

此命令用于取消选择所有对象。也可以按 Esc 键执行取消选择操作。由于实现的功能单一，此处无须更多的解释。

7.6 【反选】(Invert) 命令

此命令用于反转选择的对象，已选择的对象将会变成没有被选择的状态，而对于前面没有选择的对象，执行命令后就会变成被选择的对象。

如果已选择了子对象，使用反选命令，则只针对其他子对象。例如，如果选择了实体的一条边，执行【反选】命令就会反向选择实体剩余的其他边，而不会选择其他对象。

7.7 小结

本章介绍了【查看】和【选择】标签中的几个命令，重点讲解了【图像】和【构造平面】命令的使用方法。导入一个位图图像作为建模时的参照，能够准确地构建出 3D 模型，这是比较常见的做法。用户可以根据需要建立构造平面，以方便建模时对局部做进一步的控制。由于涉及了坐标系的变换，初级用户理解起来会有些困难，慢慢接触后就会适应。

从第 8 章开始，将开始接触构建曲面与实体的命令，也就是【构建】标签下的命令。如果都放在一章内讲解，这一章的内容会非常多，因此本书按三行命令图标的顺序分三章讲解。

Chapter 8 第 8 章

布尔运算及倒角命令

本章讲解的命令位于【构建】(Construct) 标签之下，包括【布尔运算】(Boolean)、【倒角】(Fillet)、【偏移】(Offset) 和【平面化】(Planar) 命令。

MoI3D 提供的布尔运算可以应用于曲线、曲面和实体对象，或者是它们之间的混合对象，是非常灵活的工具。倒角和偏移也是使用率非常高的命令。

8.1 【布尔运算】(Boolean) 命令

布尔运算（Boolean）本来是对二维对象的逻辑判断，被引申到了三维对象的处理过程中。布尔运算通过对两个以上的对象进行并集、差集、交集的运算，从而得到新的对象形态。MoI3D 提供了四种布尔运算方式：并集（Union)、交集（Intersection)、差集（Difference，包括 A-B 和 B-A 两种）和合并（Merge)。本章我们不探讨理论性内容，而是借助直观的图像结果以使命令更容易理解。

8.1.1 【布尔：差集】(Diff) 命令

此命令是指从一个对象上减去与另一个对象相交的部分。操作过程是：首先选择要被切割的对象，然后运行布尔差集命令，再选择要用于减去的对象。第二次选择理解为工具更容易接受，对于实体而言，也就是先选择了一个物体，再选择一个工具挖一下，移走相交的部分。

例如对于图 8-1a 中的实体 A，可以用另一个与之相交的实体 B 切除一部分，所保留的新实体不再含有实体 B 及 A 和 B 相交的部分。

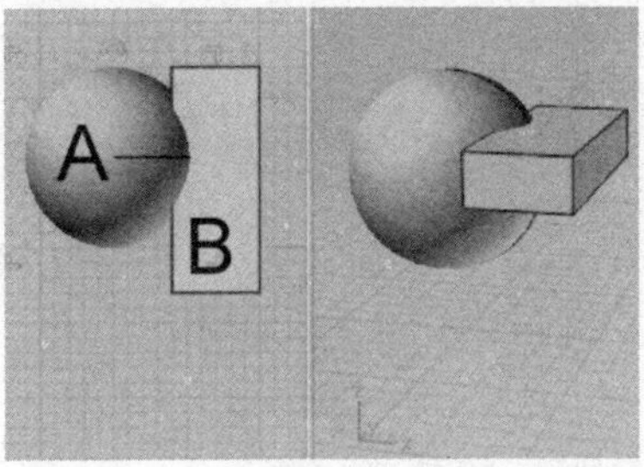

a）先选择实体 A

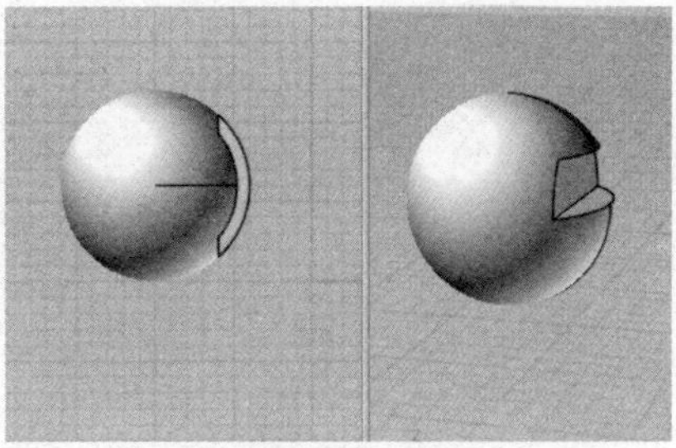

b）得到的结果

图 8-1　执行布尔差集命令

不同类型的对象也可以互相起作用。例如，一个实体可以被与之相交的实体、曲面、2D 曲线线条切除一部分。一条曲线也可以被另一条与之相交的 2D 曲线切除一部分，如图 8-2 所示。

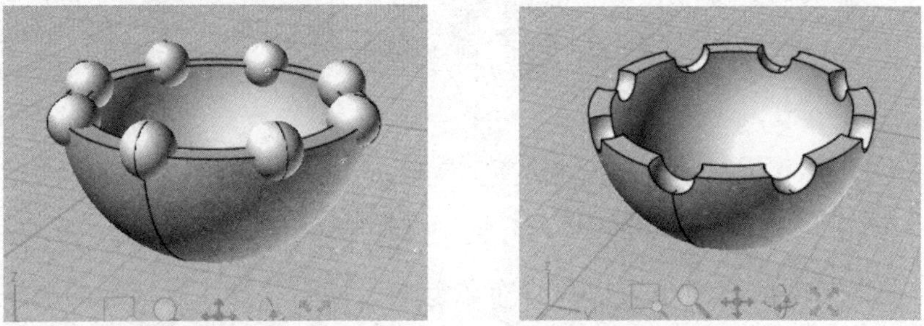

图 8-2　实体与实体的布尔差集

还可以利用 2D 曲线直接切割实体，用来创建一个实体的最终效果。如果要切割全部实体，则不需要将 2D 切割形状拉伸到实体内部，如图 8-3 所示是对一个实体使用布尔差集后用 2D 曲线切割出来的形状。

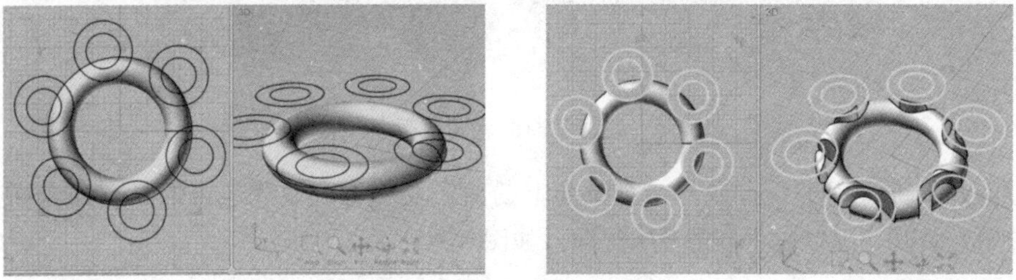

图 8-3　对实体使用 2D 曲线执行布尔差集

图 8-4 是另外一个实体与曲线执行布尔差集的例子。此处实体被线段切割，结果是分割成更小的几段实体（为了看得更清晰，我稍微调整了一些小段实体的位置）。如果要选择图中的一排曲线，用鼠标从左到右拖出一个矩形框，把它们都框入即可。

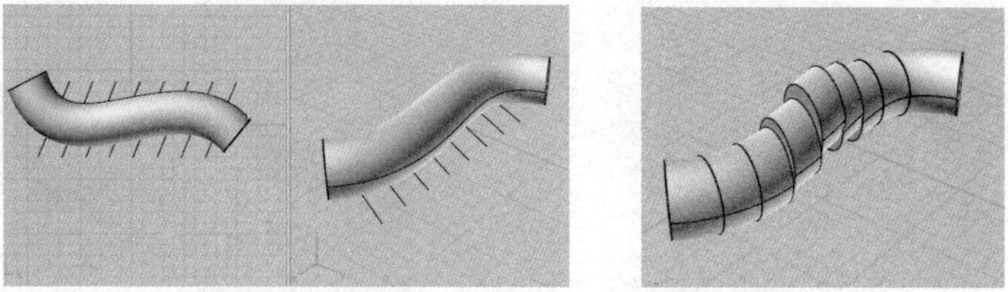

图 8-4　实体和曲线执行布尔差集的另一个例子

也可以将实体和开放的非实体曲面执行布尔差集，结果会使实体被分割成几块实体，然后选择并删除掉任何不想保留的部分，如图 8-5 所示。

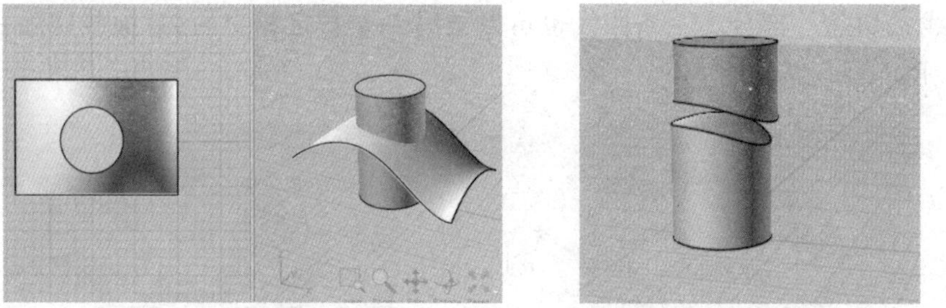

图 8-5　实体和曲面执行布尔差集

当然，曲面与曲面之间也可以执行布尔差集，只不过要注意选择的顺序，如图 8-6 所示。

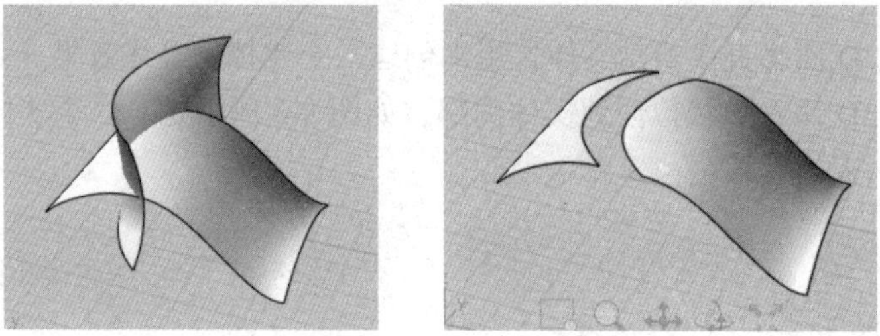

图 8-6　在两个曲面之间执行布尔差集

布尔差集也适用于所有在同一个平面上的曲线。闭合的曲线还可以具有嵌套在其中的另外的闭合曲线，以形成中空的 2D 区域，如图 8-7 和图 8-8 所示。

对于图 8-8，是先选择了一排曲线，然后用四个圆形切割了曲线。

在什么都不选择的情况下单击【布尔：差集】命令，出现的命令选项如图 8-9 所示，首先是选择一个要被切割的对象（基对象），然后选择用于减去的对象（工具）。

其中的“保留对象”（keep objects）复选项决定了是否保留后选择的切割工具。如果不勾选这个选项，执行布尔差集命令后，切割工具将会消失；勾选这个选项，则会保留切割工具，如图 8-10 所示。

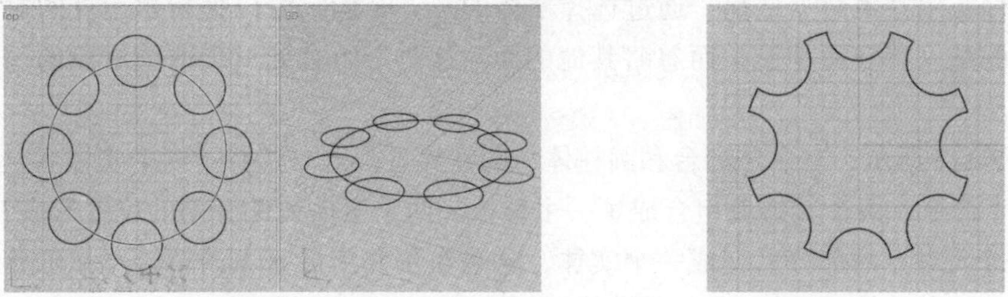

图 8-7　曲线之间的布尔差集

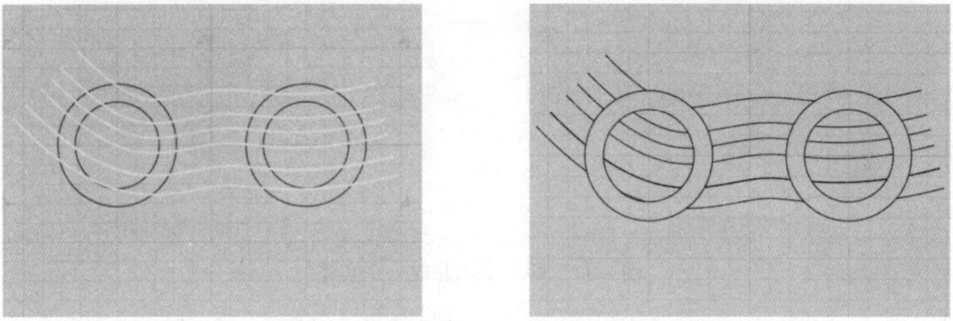

图 8-8　执行布尔差集后，形成中空的 2D 区域

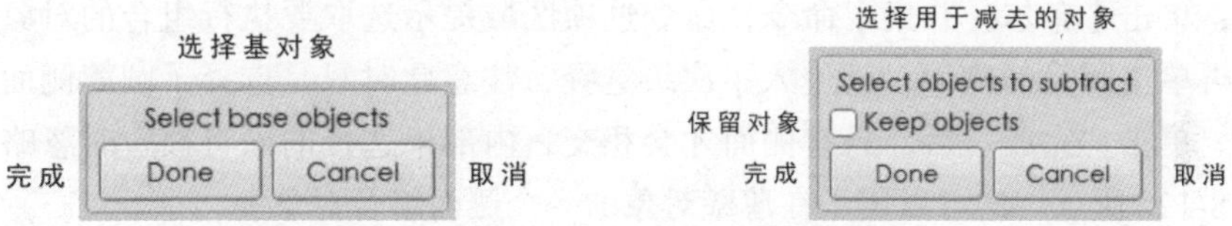

图 8-9　未作选择时执行布尔差集命令

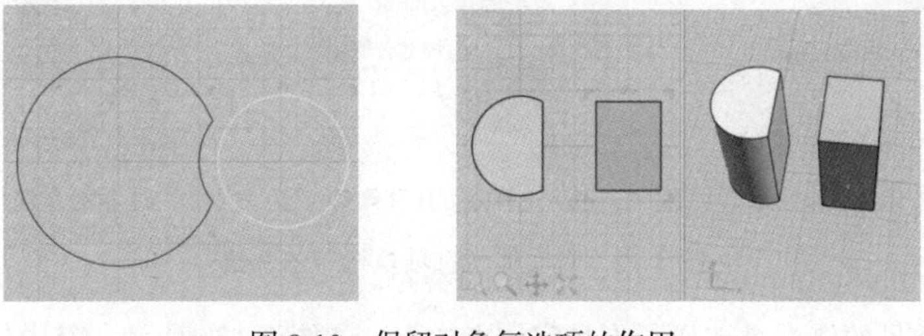

图 8-10　保留对象复选项的作用

8.1.2 【布尔：并集】(Union) 命令

此命令用于把对象在相交的位置组合成一体。并集没有选择对象的先后顺序之分，实

体可以与实体或者曲面组合，二维曲线也可以与另外一条二维曲线组合起来。

在执行布尔并集命令之前，通过选择实体的某一个面，可以把布尔运算的对象限定为仅与实体的某一特定面相交，而忽略其他的面。这对于组合到一个薄壁对象的一边是非常有用的。

如图 8-11a 所示，有一个圆台和圆柱体，圆柱穿过圆台。选择了两个实体后，单击【布尔：并集】命令，两个实体就组合成了一个整体。两个实体彼此分割的位置形成新了的边，删掉彼此进入对方的部分后变成一个实体，这是布尔并集最基本的功能。布尔并集没有命令选项。

a）圆柱贯穿圆台　　b）执行布尔并集后的结果

图 8-11　两个实体并成一个实体

下面是对实体的子选项（实体的边线、面）执行布尔并集的例子。首先通过选择实体的一个面，将布尔运算限定到了特定区域。如图 8-12a 所示，一个立方体穿过圆筒的侧壁先选择立方体，单击【布尔：并集】命令，命令选项区域提示选取要执行组合的对象，单击一次圆筒，再单击圆筒的侧面，就进入了次级选择，注意此时只是选择了圆筒侧面，而不是整个圆筒。单击“完成”后，只有侧面才会相交，内部未选择的面将被暂时忽略，产生的结果如图 8-12c 所示。这可以用于在薄壁对象的一个侧面组合对象。

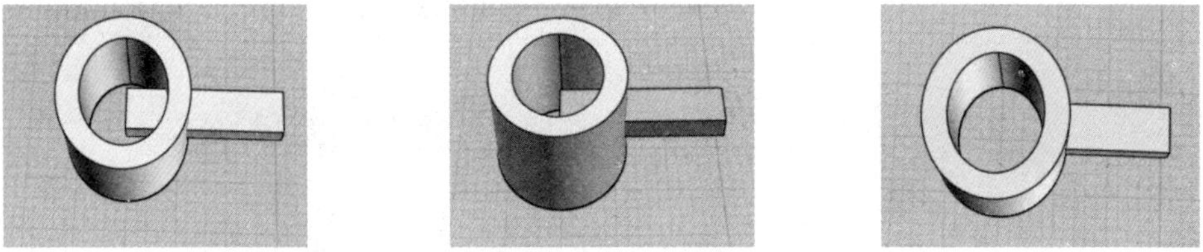

a）立方体穿过圆筒壁　　b）选择立方体和侧壁　　c）执行布尔并集的结果

图 8-12　对实体子选项执行布尔并集

这样操作常见的错误是选择了不是实体上的面。如图 8-13a 所示，其中的半碗形看似实体，而实际上不是，执行【布尔：并集】命令后，位于碗内的立方体并没有消失，结果只是切割了立方体。

以上问题出在碗形不是实体，要想得到正确的结果，需要把碗形连接成真正的实体。

布尔并集也适用于所有在同一个平面上的曲线。可以先选择要组合的全部曲线，然后单击【布尔：并集】命令把曲线组合起来，构造成新的形状，如图 8-14 所示。

a）选择立方体和碗侧面　　b）执行并集后的结果　　c）分离被切割的立方体

图 8-13　常见错误

a）选择要组合的曲线　　b）执行并集后得到的结果

图 8-14　合并曲线

8.1.3 【布尔：交集】(Isect) 命令

此命令用于将对象组合到一起，只保留所有对象的公共部分。要使相交的对象作为两个不同的集合，先选择一个对象集合执行布尔交集命令，然后选择另外一个集合。

实体可以与另外的实体、曲面或曲线进行相交操作；2D 曲线可以彼此相交，在同一个面上的 2D 曲线将生成一条曲线；在不同平面上的 2D 曲线可以组合起来，生成一个实体。

例如，图 8-15a 中有两个相交的实体，先选择其中一个实体，执行【布尔：交集】命令后再选择另一个实体，单击“完成”后得到图 8-15b 所示的结果。

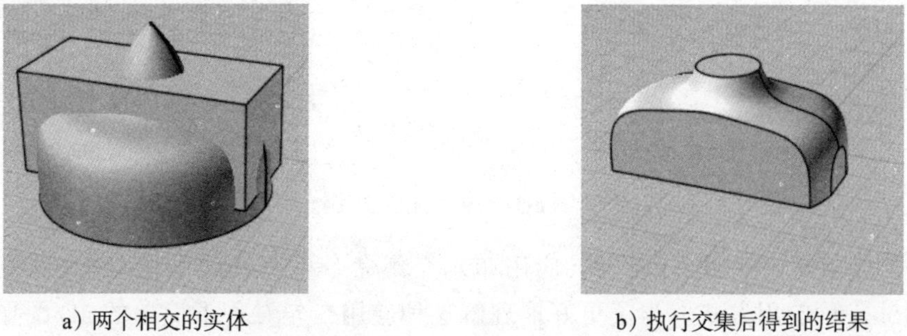

a）两个相交的实体　　b）执行交集后得到的结果

图 8-15　合并相交实体

再来看一个实体与2D曲线相交的例子。如图8-16所示，曲线内的区域都被保留，从某种意义上来说，这是与布尔差集相反的效果，不是在球上挖出一个星形孔，而是得到一个星形状的实体。

a）一个实体与2D曲线　　b）执行布尔交集后得到的结果

图8-16　合并实体与2D曲线

对位于同一个平面中的2D曲线也可以应用相交命令。如图8-17a所示，先选择两个小圆，单击【布尔：交集】命令，再单击大圆，单击“完成”得到图8-17b所示的图形。

a）先选择两个小一些的圆　　b）执行布尔交集后得到的结果

图8-17　合并两条2D曲线

图8-18所示是另外一个对曲线执行布尔交集的例子。

a）先选择偏移出的曲线　　b）执行布尔交集得到的结果

图8-18　曲线相交实例

对于两个互为90º的2D轮廓，应用布尔交集命令可以快速创建一个3D模型，这是非常有用的一种应用方式。为了更好地理解这种应用，先看一下简单的2D图形例子。图8-19a中的矩形和椭圆形相互排成90º。先选择椭圆形，接下来单击【布尔：交集】命令，再选择矩形，会看到由两个 2D 图形相交而成的扁圆柱体，如图 8-19b 所示。

a）椭圆形和矩形互为 90º　　b）执行布尔交集得到的扁圆柱体

图 8-19　互为 90º 的轮廓相交

图 8-20 所示是两个互相垂直的小汽车的截面曲线相交后得到的结果。图中两条曲线互相交叉，创建了一个汽车模型。配合运用【历史】命令可以更改曲线的形状，即时观察 3D 模型的更新。

a）相互垂直的小汽车截面曲线　　b）执行布尔交集后的结果

图 8-20　创建汽车模型

另一个例子是高跟鞋的模型。可以导入鞋子两个视图的图片，绘制出它的 2D 截面曲线，然后应用【布尔：交集】命令，得到鞋子的大致轮廓，如图 8-21 所示。

a）鞋子的两个截面曲线　　b）执行布尔交集后的结果

图 8-21　创建高跟鞋模型

布尔交集命令相关选项如图 8-22 所示。

前面已经讲过，布尔交集命令把要相交的对象作为两个不同的集合，在不选择任何对象的情况下，当单击【布尔：交集】命令后，命令选项区域提示选取第一个对象集合，其中有“组合对象集合”（Union sets）复选项。这个选项的作用是把第一个对象集合内的多个对象组合起来。在后面出现的命令选项中也有这个复选项，作用相同。下面通过具体的例子解释这个选项的作用。如图 8-23a 所示，先不做任何选择，单击【布尔：交集】命令，选择圆柱体和圆锥作为第一个对象集合，默认不勾选“组合对象集合”复选项，按右键确定；第二个对象集合选择立方体，单击“完成”确认。对于相交的结果，可以选择圆柱体，然后把它移开，如图 8-23c 所示。

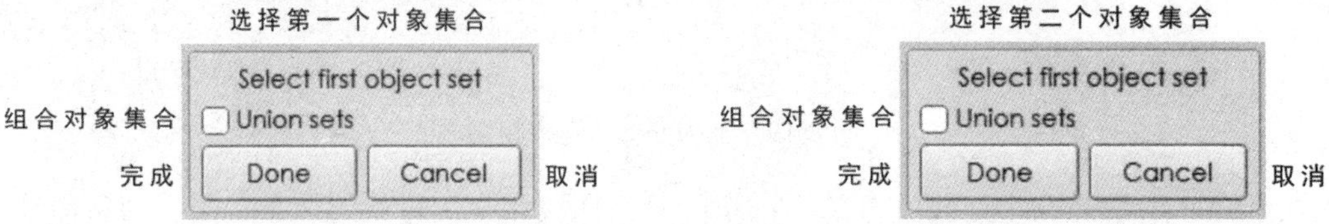

a）选择第一个对象集合选项　　b）选择第二个对象集合选项

图 8-22　相关选项

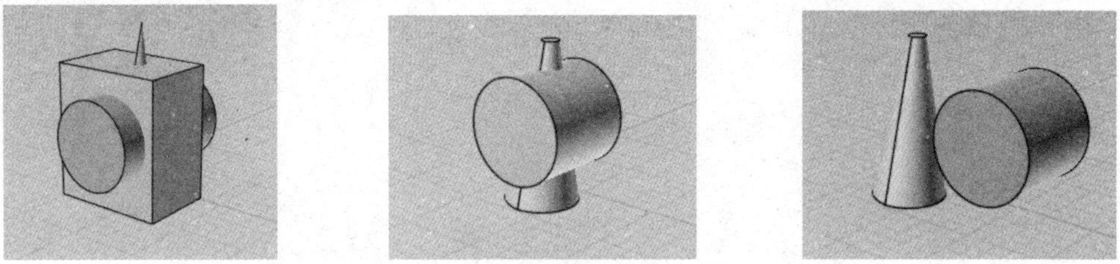

a）先选择圆柱和圆锥　　b）执行布尔交集的结果　　c）可以分别移动对象

图 8-23　对象未组合

如果在第一次选择时，勾选了“组合对象集合”复选项，得到的交集结果就不能单独选择圆柱体，因为圆柱和圆台已组合为一个整体了，如图 8-24 所示。

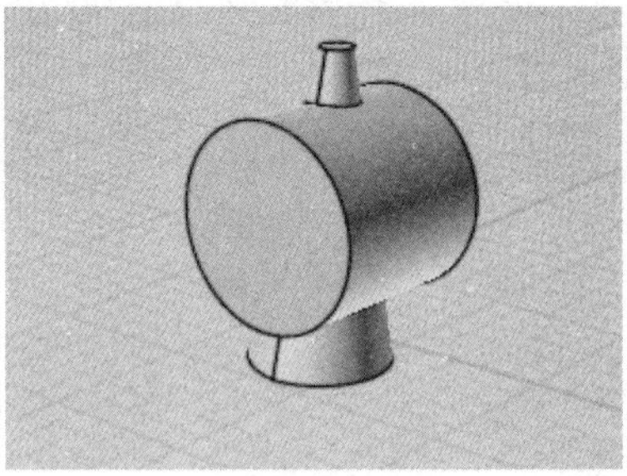

图 8-24　圆柱和圆台成为一个整体

8.1.4 【布尔：合并】(Merge) 命令

这个命令可以把对象组合起来，同时分离出单独的元素。布尔差集、并集和交集都会删除掉某一个对象，布尔合并也能以相同的方法来分割对象，不过能保留所有的实体部分。布尔合并也可以用于实体、曲面或者曲线之间以不同的方式组合。

先看一下两个实体之间的合并过程，注意合并没有选择的顺序之分。如图 8-25a 所示，圆柱体与立方体相交，单击【布尔：合并】命令，命令选项区域提示选择要合并的对象，单击立方体和圆柱体，按“完成”确认。合并的结果没有看出什么变化，但如果把每一个对象移开，就能看出此命令不同的效果，如图 8-25c 所示。

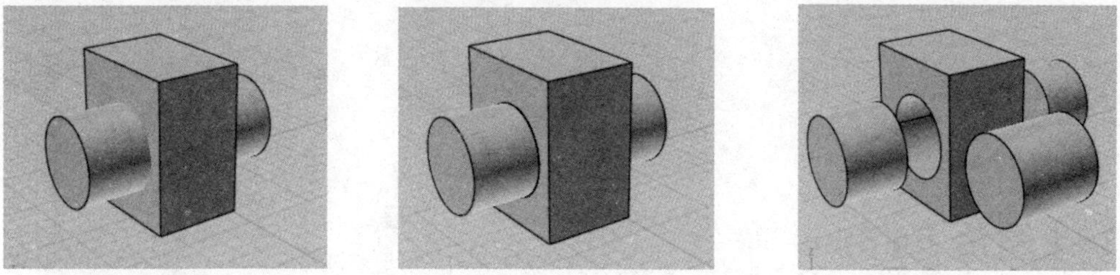

a）圆柱和立方体相交　　b）执行布尔合并的结果　　c）分别移动每一个对象

图 8-25　布尔合并命令的效果

执行布尔合并命令后，两个对象相交的部分分离成单独的对象，其余部分全部保留。

还可以把 2D 曲线合并到实体上，并在实体上留下 2D 曲线的形状，这个形状切割了实体，还能保留全部对象，如图 8-26 所示。

a）心形与球体　　b）执行布尔合并后的结果　　c）移出切割的部分

图 8-26　2D 曲线与实体合并

布尔合并命令用于同一平面上的 2D 曲线，能够得到一些复杂的形状，如图 8-27 所示。

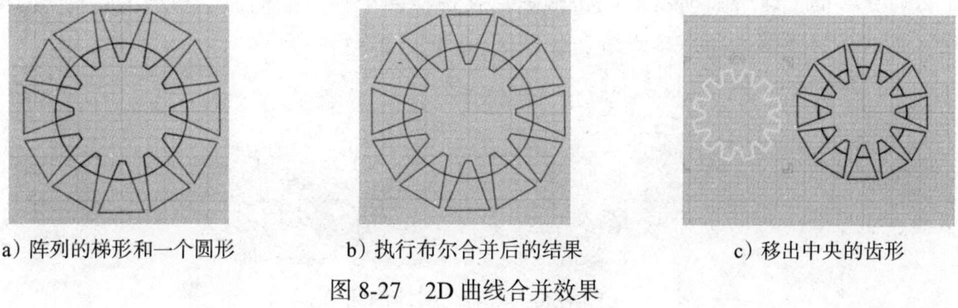

a）阵列的梯形和一个圆形　　b）执行布尔合并后的结果　　c）移出中央的齿形

图 8-27　2D 曲线合并效果

此外，还可以使用布尔合并命令从一系列相交的曲面中提取一个公共的实体，这是非常灵活的构建实体手段，也是NURBS建模的强项。如图8-28a中有三个曲面相交，执行【布尔：合并】命令后，可以得到三个曲面围成的、看起来像鼠标的实体，如图8-28c所示。

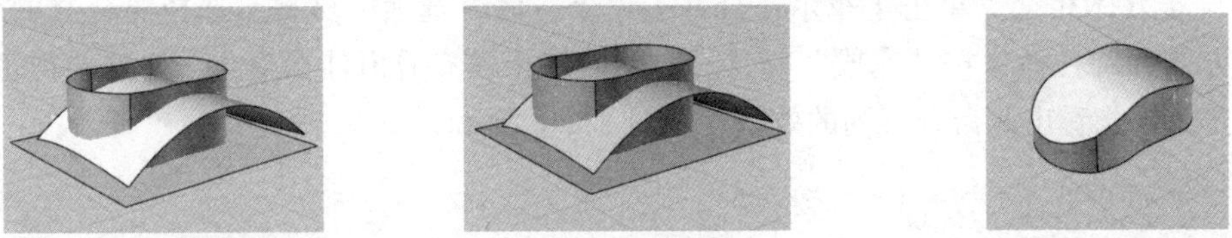

a）三个曲面　　b）全选曲面，合并　　c）三个曲面围成的实体

图8-28　提取公共实体

8.2 【倒角】(Fillet) 命令

为了去除零件上因机加工产生的毛刺，也为了便于零件装配，一般会在零件端部做出倒角。有两种类型的倒角：倒斜角（Chamfer）和倒圆角（Fillet）。将90º角的地方切掉一个等边直角三角形，就是倒斜角；如果将直角的位置加工成圆弧过渡的形式，就是倒圆角，如图8-29所示。

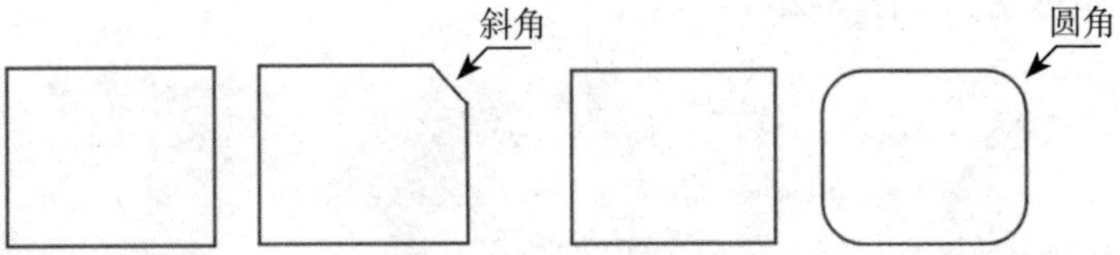

a）倒斜角　　b）倒圆角

图8-29　倒角

8.2.1 【倒角：倒圆角】(Fillet) 命令

倒圆角命令用于圆滑尖锐部位。根据所选择对象的不同，有不同的倒圆角方式。选择整个实体，会对实体的所有边线倒圆角；选择实体的一条边，只会针对这条边倒圆角；选择实体的某些面，将针对所选面的边倒圆角；选择两个独立的曲面，执行的是面/面倒圆角操作，而不会对周围的边产生影响，如图8-30至图8-33所示。

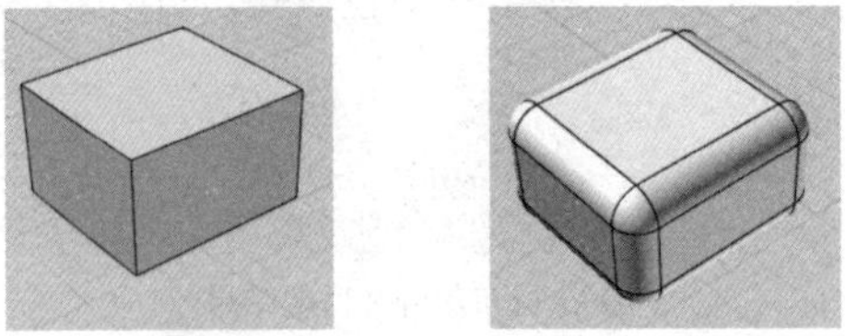

图8-30　对整个实体倒圆角

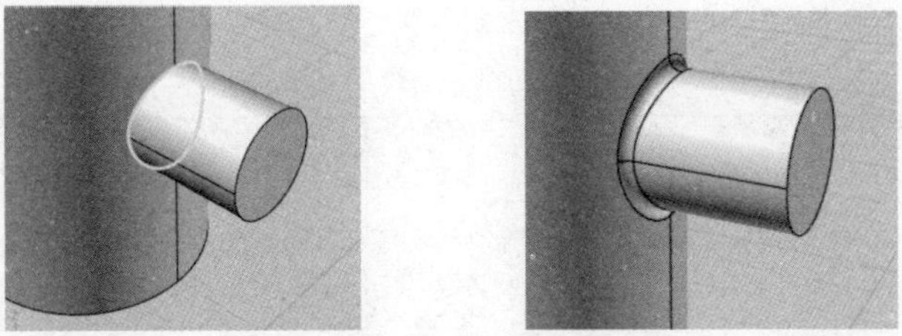

图 8-31　选择某一边线倒圆角

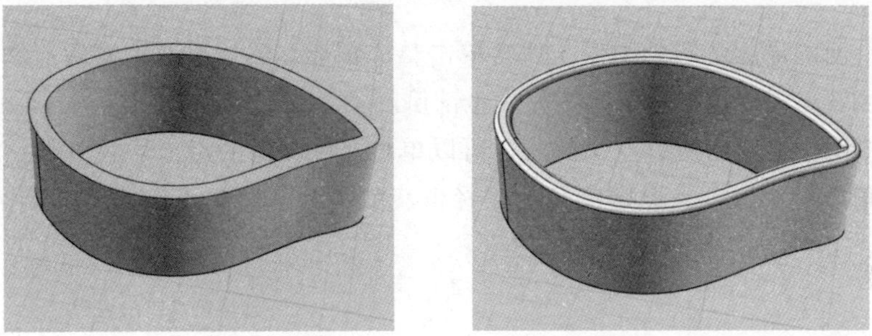

图 8-32　选择实体的一个面倒圆角

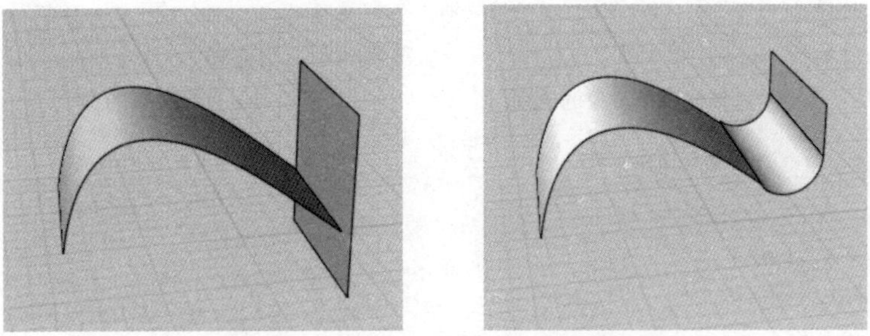

图 8-33　选择两个独立的面倒圆角

对于同一个平面中的两条线，选择它们，会在二者之间产生倒圆角效果。如有必要，两条线会被延伸或者修剪，如图 8-34 所示。

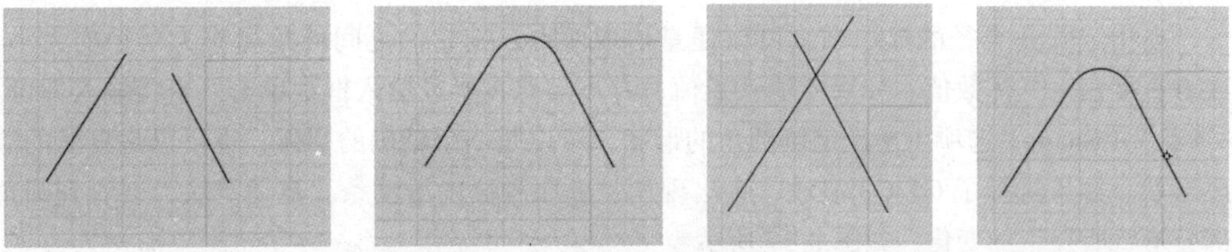

图 8-34　选择两条线的倒圆角效果

选择闭合图形内的几个角（例如一个矩形），将会对部分或者全部的角产生倒圆角效果，如图 8-35 所示。

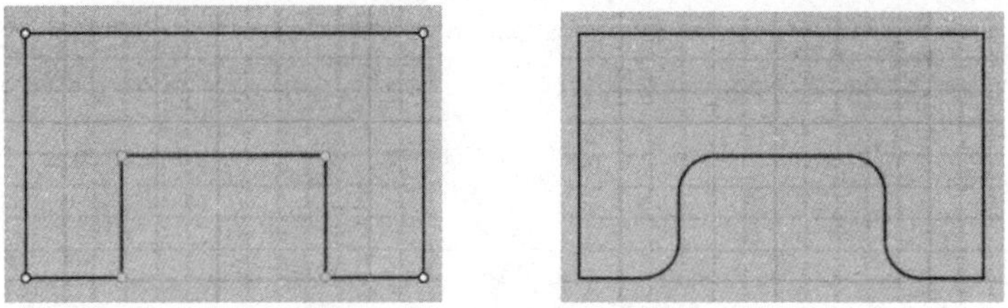

图 8-35　局部倒圆角的效果

要执行上面的局部倒圆角操作，先要单击整个图形，然后单击【倒角：倒圆角】命令，在命令选项区域出现“选择角点或按完成全部倒圆角”（Select corners,or push done to do all）提示，而图形中会显示出所有点，此时，可以单击要倒圆角的点，然后单击“完成”。随后出现指定圆角半径的选项，设定圆角的半径值，就会为这些角点倒圆角。倒圆角选项如图 8-36 所示。

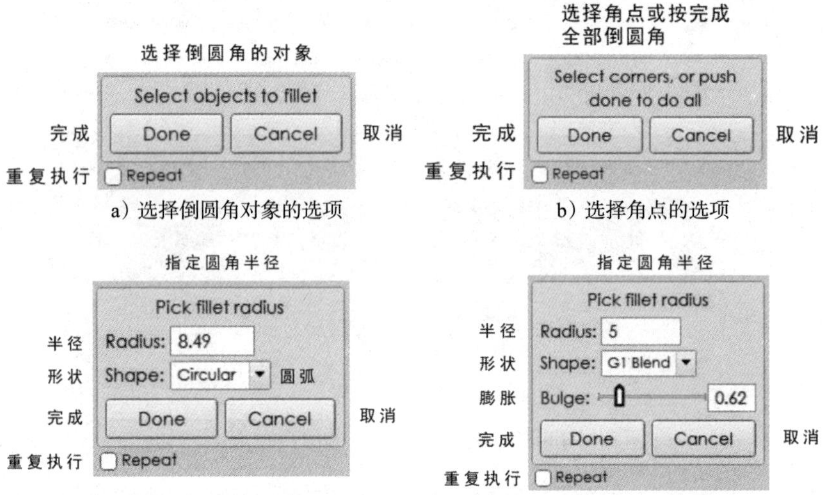

a）选择倒圆角对象的选项　　b）选择角点的选项

c）指定圆角半径的选项　　d）形状设置为 G1 混成时的选项

图 8-36　倒圆角选项

在指定圆角半径的提示中，可以任意拾取两点，把它们之间的距离作为半径的大小，或者直接输入具体数值。如果要输入数值，并不需要在半径输入框中单击，直接输入即可。“形状”（Shape）选项用来设定倒圆角的形状，可以是一个精确的圆弧，也可以是自然的混成形状。如果选择了 G1-G3 混成，会出现调整膨胀程度的滑动条。拖动滑块，会看到圆角部分形状所发生的变化，如图 8-37 所示。

如果选择的是整个实体或者两个曲面，指定圆角半径的选项区域与选择曲线时的情形有所不同，如图 8-38 所示。

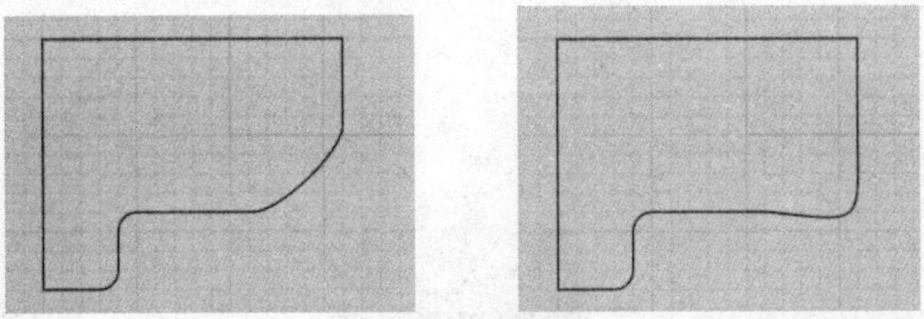

图 8-37　设定不同的膨胀值时圆角部分的变化

图 8-38　选择实体时，指定圆角半径的选项

其中，“直角”（Straight corners）复选项控制在圆角相交的地方是产生圆倒角，还是每个倒角沿着自己的方向延伸至相交处，如图 8-39 所示。

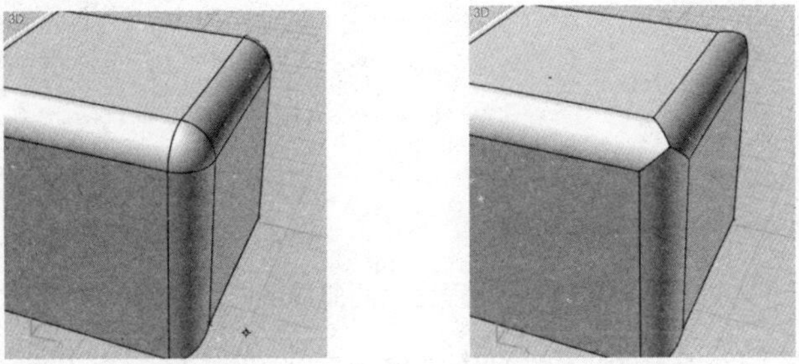

a）不勾选　　b）勾选

图 8-39　“直角”复选项的作用

使用“直角”选项，在某些情况下可能会发生错误，例如倒圆角处延伸却没有彼此交叉时。如图 8-40b 所示是一个选项没有起到作用的实例，图中孔洞处是尝试使用“直角”选项的结果。图 8-40d 显示说明这种情况下，把面连接在一起对角的修补是很有必要的。

倒圆角往往是一个复杂的面积计算过程。对于有太多小面的区域，或者很多边线汇集到一个共同的点时，倒圆角时会容易产生错误计算。在构建模型时，注意尽量使用宽大的面和简单的角结构，这样有利于倒圆角。

倒圆角时，使用大于模型本身内部的倒圆角半径也会造成错误计算。最好先尝试着从一个较小的值开始，例如 0.1，然后逐步加大。应用倒圆角命令时，表面上小的半径，例如 1 或 2，会在模型中占用多少空间往往出人意料，尤其是模型中有细小的或者有凹面类型的区域。

a）要倒圆角的部位　　b）勾选“直角”选项后失败　　c）修复角部面片

图 8-40　倒圆角失败

模型中拐角的区域也会限制倒圆角的最大值。下面用一个实例来解释。如图 8-41 所示，把弯曲的曲线设想为一个模型中弯曲弧度小的区域，直线代表倒圆角的半径，半径值比弯曲的弧度大。当沿着曲线倒圆角时，尽量保持直线的长度。可以看出在弯曲程度最大的区域，线条没有清晰地分离，而是相互触碰并相交。同样的内部交叉聚集成一束的情况也会发生在弯曲程度大的区域而又使用了比较大的半径来倒圆角的时候。如果想在模型中实现一个大半径的倒圆角，需要尽量避免出现这种弯曲程度很大的区域。

a）曲线模拟了模型中弧度小的区域　　b）线条在转角处产生交叉汇聚

图 8-41　弯曲程度大的曲线倒圆角效果

通常，对实体的倒角是应用到模型的边线上。选择两个独立的未连接曲面执行倒圆角命令，能够实现另一种替代的倒圆角方法（可以使用【编辑：分离】命令，将模型分解成单个的曲面）。这种曲面与曲面间的倒圆角，仅计算两个曲面的部分而不是试图沿着边线产生倒角，有时候可用于一些难以一次性完成倒角的地方。不过这种方式需要用较多的手动修剪来处理倒角相交的地方，用边线的倒角方式可以自动修剪并处理这种相交区域。

倒圆角命令还能够在实体沿着边线的某些点处的圆角半径产生变化，进行可变半径倒圆角，如图 8-42 所示。

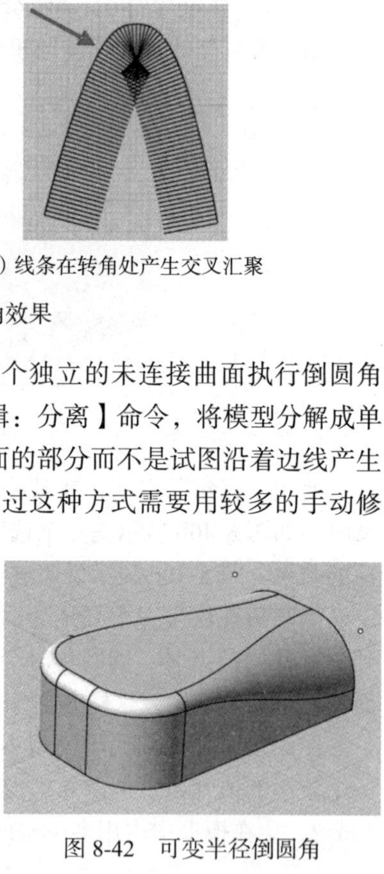

图 8-42　可变半径倒圆角

可以通过展开倒圆角中的“圆角子集”（Fillet set）部分，使用“可变半径圆角”选项，通过拾取边线上的点添加一个新点。当定义了一个点集后，输入的下一个半径将控制这些点处的半径。可以单击“当前子集”（Current set）行，弹出一个菜单控制当前哪一个点集是激活的，并被“半径”（Radius）控制项所操控，并且还能够删除先前的点集，如图 8-43 所示。

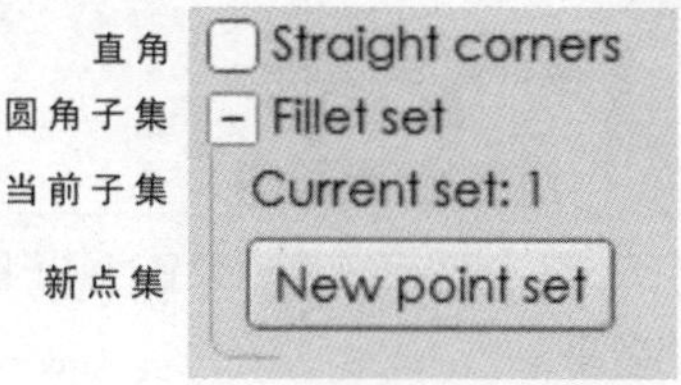

a）展开圆角子集

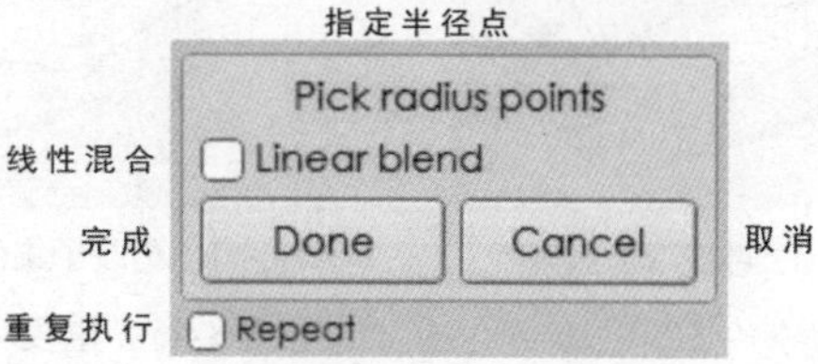

b）指定半径点的选项

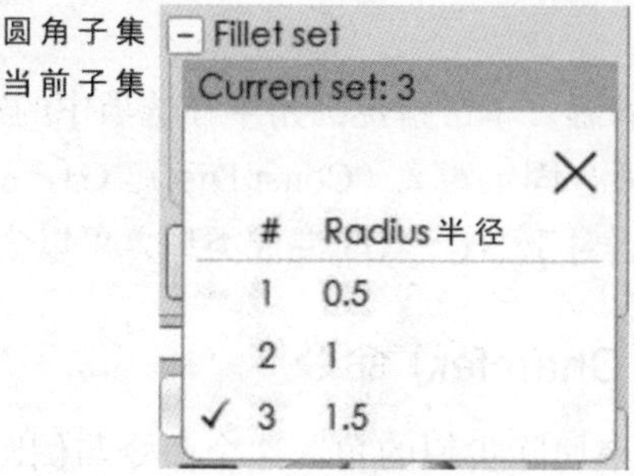

c）指定当前的子集菜单

图 8-43　圆角子集

对一个立方体应用【倒角：倒圆角】命令，展开命令选项区域的圆角子集（Fillet set）部分，单击“新点集”（New point set）按钮，会出现指定半径点的提示，在立方体的边线上单击一点，设定圆角半径值，然后单击“完成”确定，单击处的圆角半径会发生变化，如图 8-44 所示。

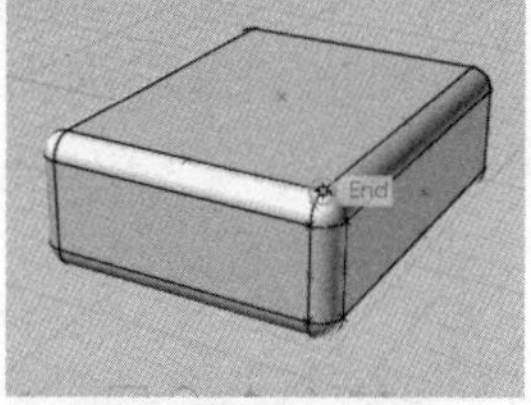

a）对立方体倒圆角

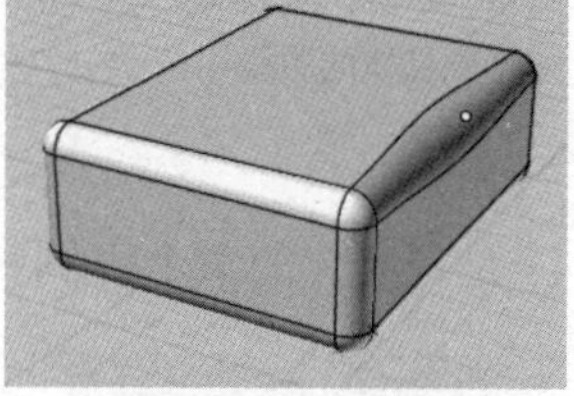
b）新增一个点集，改变半径值

图 8-44　新增点集倒圆角

再次单击“新点集”按钮，这次在立方体顶面相对的边线各单击一点并确认，把圆角半径值设置得更大些，容易观察变径的效果。由于单击了“新点集”按钮两次，当前子集显示为 3，单击“当前子集”行，在出现的弹出菜单中单击序号，可以更改当前子集，然后更改圆角半径值，倒角效果将产生新的变化，如图 8-45 所示。要删除某个点集，把鼠标放置到该行的右侧，会出现☒，单击它就删除了此点集。

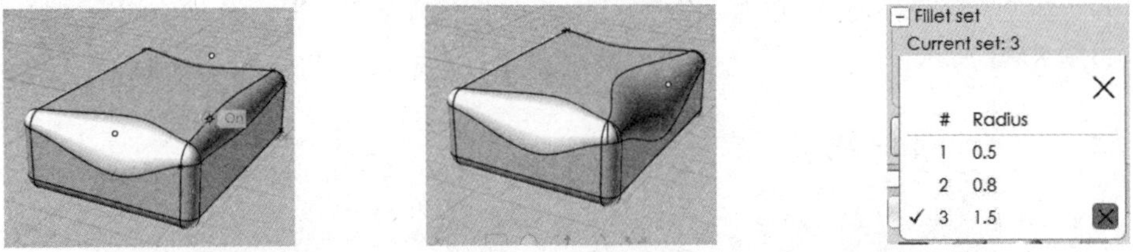

a）再次增加点集　　b）更改子集的圆角半径　　c）设置当前子集

图 8-45　重复增加点集效果

在指定半径点的选项中有一个线性混合的复选项，它控制了点集处与原来的圆角半径的过渡形式。

如果对倒圆角效果感到满意，单击指定圆角半径选项中的完成按钮结束倒圆角操作。

倒圆角的形状选项有圆弧、固定距离（Const Dist）、G1 ～ G3 混成类型，读者可以分别选择它们试试所产生的效果。对于 G1 ～ G3 混成类型，可以尝试调节膨胀滑动条。

8.2.2 【倒角：倒斜角】(Chamfer) 命令

倒斜角是指用小的平面来切除尖锐的角。这个命令与倒圆角非常相似，只是使用斜面取代圆弧过渡。图 8-46b 是对实体的边线倒斜角的例子。

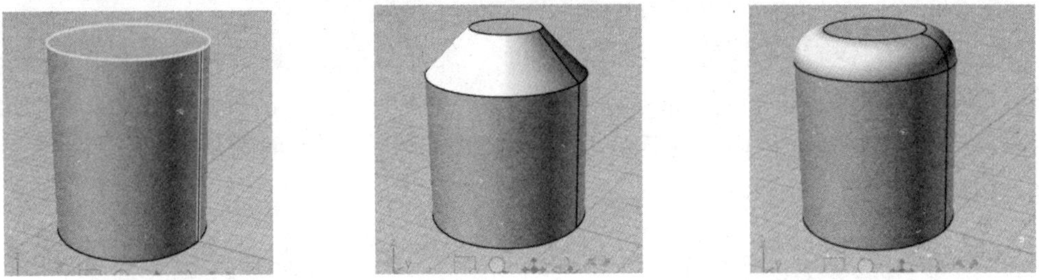

a）选择圆柱体的边线　　b）对边线倒斜角　　c）与倒圆角进行对比

图 8-46　对实体倒斜角

图 8-47 是对实体的某个面倒斜角的例子。

a）选择实体的一个面　　b）对这个面倒斜角

图 8-47　对实体某个面倒斜角

图 8-48 是对整个实体倒斜角的例子。

a）选择整个实体　　b）对所有边线倒斜角

图 8-48　整个实体倒斜角

没有选择对象时，单击【倒角：倒斜角】命令，顺序出现的命令选项如图 8-49 所示。

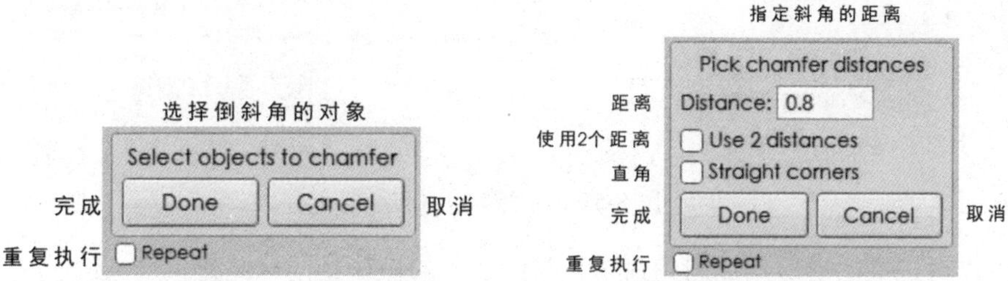

a）选择倒斜角的对象选项　　b）指定斜角的距离选项

图 8-49　未选择对象的命令选项

在指定斜角距离的选项中，有一个“直角”复选项，作用与倒圆角选项中的直角是相同的，每个斜角面沿着自己的方向延伸至相交处，如图 8-50 所示。

a）不勾选　　b）勾选

图 8-50　“直角”复选项的效果

软件默认倒斜角是把实体的边角切割成一个等边三角形的斜边。在指定斜角距离的选项中，有“使用 2 个距离”（Use 2 distances）复选项，可以指定两个不同的数值来控制斜面的倾斜程度。如果选择了某些面进行倒角，那些选定的面上将使用距离 1 和 2 应用到相邻的未选择的面上。如果选择了实体的边线而不是选择面进行倒斜角，则检查边线，看它们是否共同构成了一个面，如果是在一个面上，这个共同的面将使用距离 1，把距离 2 应用到相邻的面。图 8-51 为对一个实体的面倒斜角的例子，并解释如何设置斜角的两个距离。

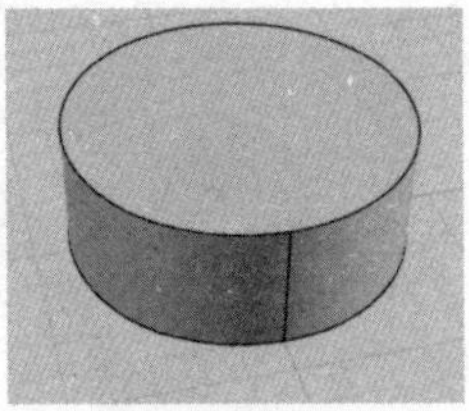

a）选择圆柱的顶面

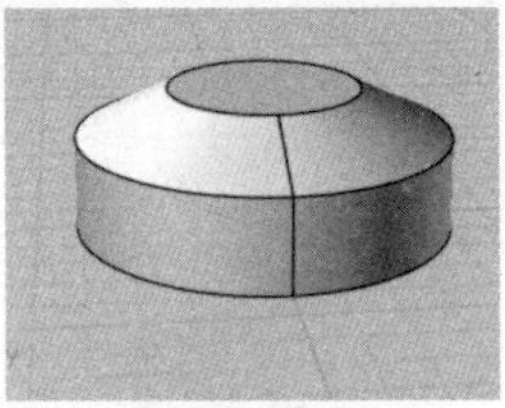

b）倒斜角的效果

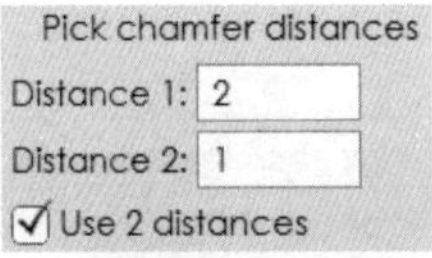

c）设置的两个距离值

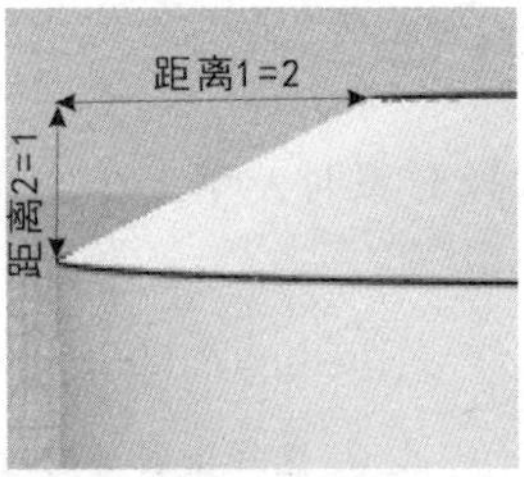

d）两个距离的应用位置

图 8-51　对实体的面倒斜角

还可以对二维图形应用倒斜角命令，与倒圆角的操作相同，此处不再举例。

8.3 【偏移】(Offset) 命令

【偏移】命令下有三个子命令：【偏移】(Offset)、【抽壳】(Shell) 和【凹槽】(Inset)。通常情况下，【偏移】命令主要在编辑二维曲线时使用，【抽壳】命令主要用于实体和曲面上，【凹槽】命令用于实体模型上。

8.3.1 【偏移：偏移】(Offset) 命令

此命令是相对于已有对象，以恒定距离偏移并生成新的对象。【偏移：偏移】命令可用于曲线、曲面或实体。下面先来看偏移二维曲线的例子，如图 8-52 所示。

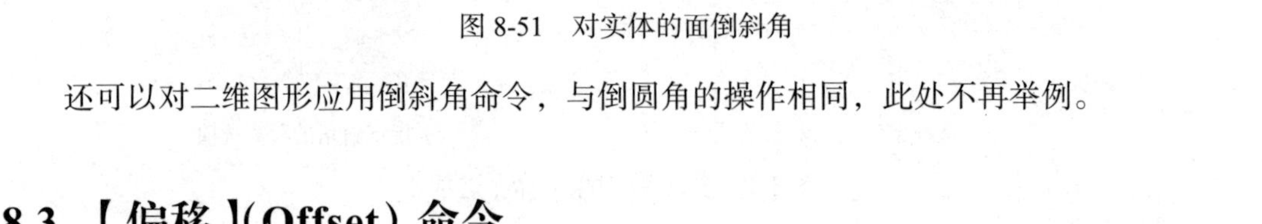

图 8-52　偏移二维曲线的例子

执行【偏移：偏移】命令过程中，命令选项区域的提示如图 8-53 所示。

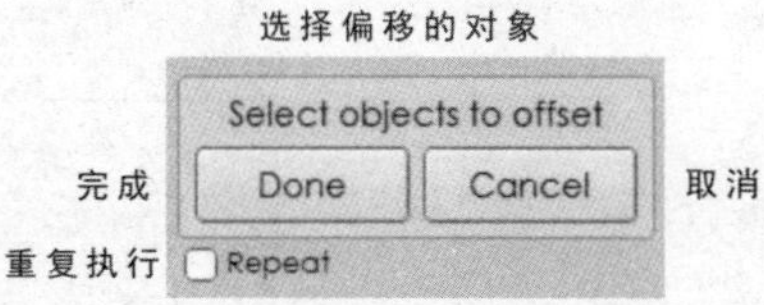

a）选择偏移的对象选项

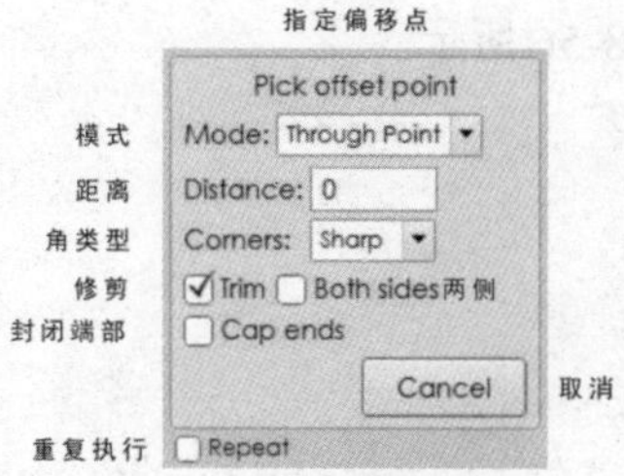

b）指定偏移点选项

图 8-53 选项提示

在指定偏移点选项中，偏移有两种模式：通过点（Through Point）和给定距离（By Distance）。通过点模式允许选择一个点，并计算通过该点的偏移量，不过，距离值一直显示为 0；给定距离模式允许在距离输入框中输入特定的偏移距离，随后使用鼠标单击来选择曲线的哪一侧来偏移。要理解一点，给定距离模式是等距偏移，输入具体数值后在曲线两侧确定偏移一条曲线。两种模式的偏移效果如图 8-54 所示。

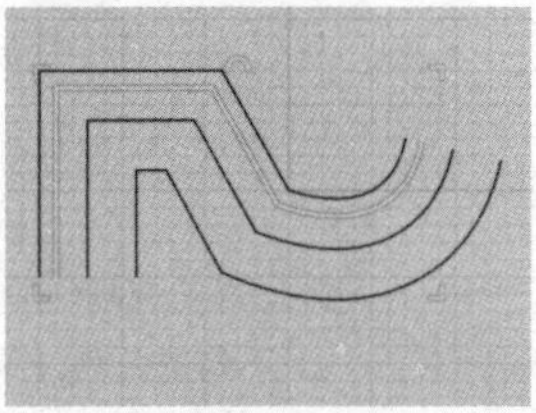

a）通过点模式

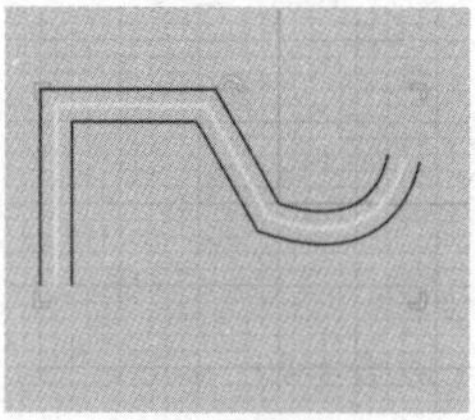

b）给定距离模式

图 8-54 两种模式的偏移效果

“角类型”(Corners) 复选项控制偏移出来的曲线的转角类型，有两个选择：尖角 (Sharp) 和圆角 (Round)。图 8-55 示例了两种角类型的效果。

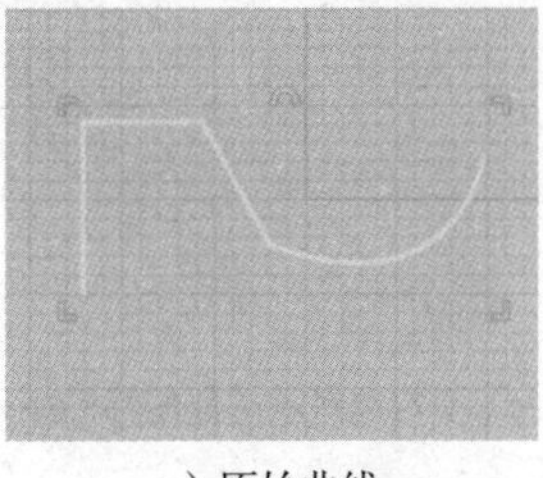

a）原始曲线

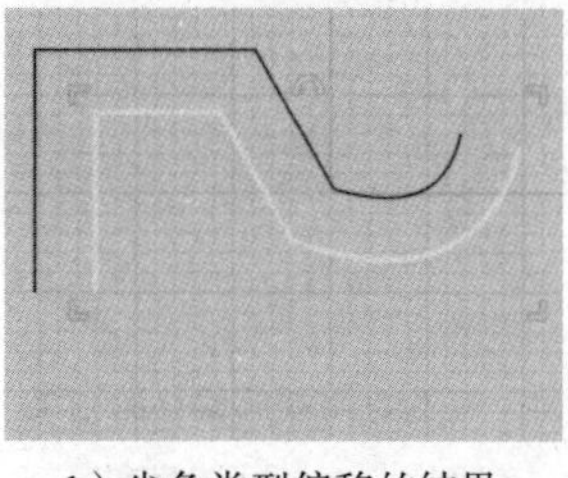

b）尖角类型偏移的结果

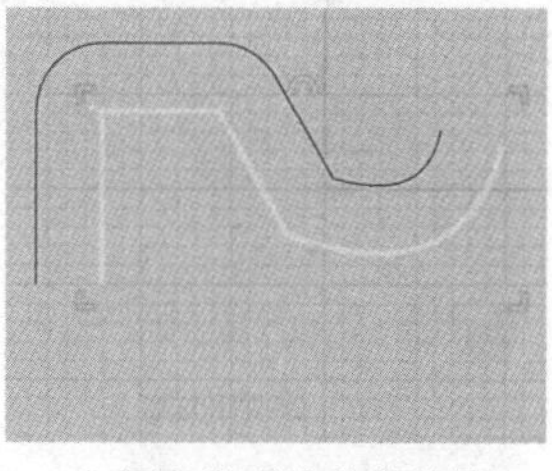

c）圆角类型偏移的结果

图 8-55 两种角类型的效果

在指定偏移点选项中还有三个复选项：修剪、两侧和封闭端部。下面来分别解释它们的作用。

如果勾选了“修剪”（Trim）复选项，偏移出的曲线是经过修剪的、类似原始曲线的形状；如果不勾选，则会出现多余的交叉的线条，往往不是所需要的，所以默认勾选“修剪”

（Trim），如图 8-56 所示。

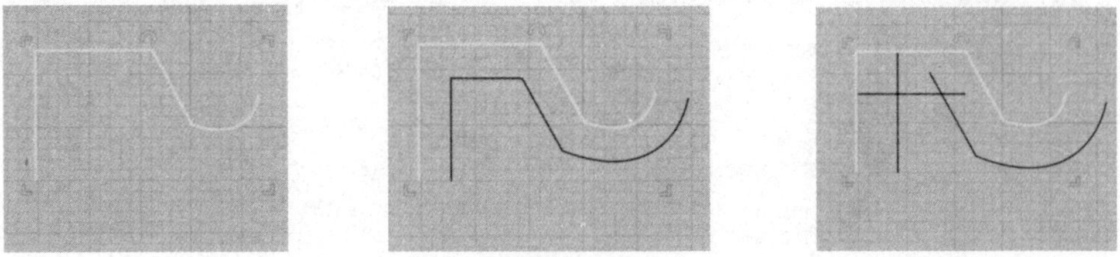

a）原始曲线　　b）勾选修剪偏移后的结果　　c）不勾选修剪偏移后的结果

图 8-56　修剪

如果勾选了“两侧”（Both sides）复选项，会在原始曲线的两侧同时各偏移出一条曲线；不勾选时，只会在单侧偏移出一条曲线。使用者可根据需要来决定是否启用这个功能，如图 8-57 所示。

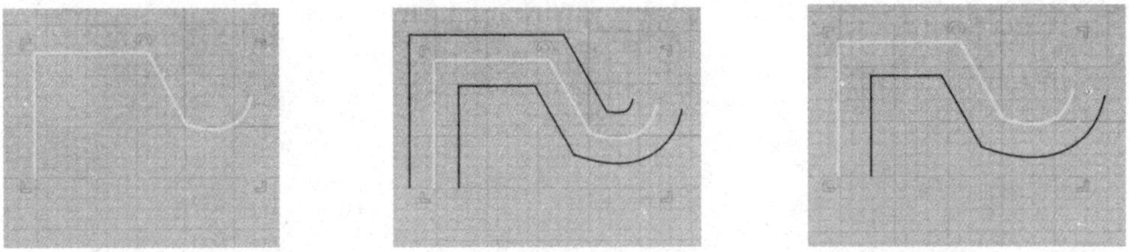

a）原始曲线　　b）勾选两侧，偏移的结果　　c）不勾选两侧，单侧偏移

图 8-57　两侧

如果勾选了“封闭端部”（Cap ends）复选项，偏移出的曲线与原始曲线两端会自动封闭；不勾选，则是敞口的，如图 8-58 所示。

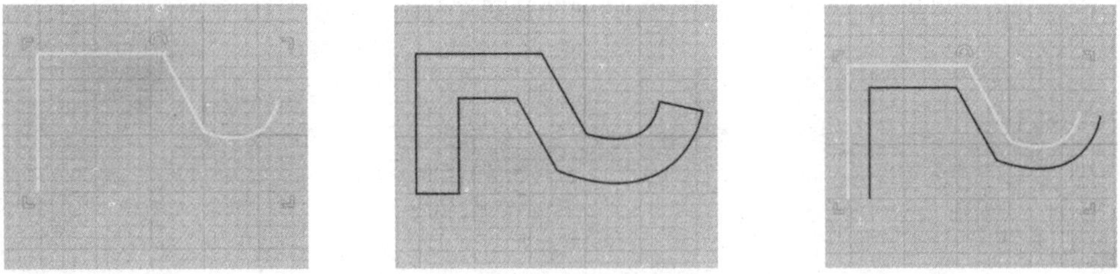

a）原始曲线　　b）勾选封闭端部偏移的结果　　c）不勾选封闭端部偏移的结果

图 8-58　封闭端部

当对实体执行偏移操作时，需要确认的只有偏移距离。既可以直接输入特定的数值，也可以在视图中单击两点来定义偏移距离，如图 8-59 所示。

在指定偏移距离选项中，有“反向”（Flip）复选项。对实体的偏移操作，正常是向模型外侧偏移。如果勾选了“反向”，偏移是向模型内部进行的。图 8-60b 所示为向内偏移出来的结果，移开两个实体并单击它们，观察属性面板中的对象尺寸，发现会比原始实体的尺寸小一些。

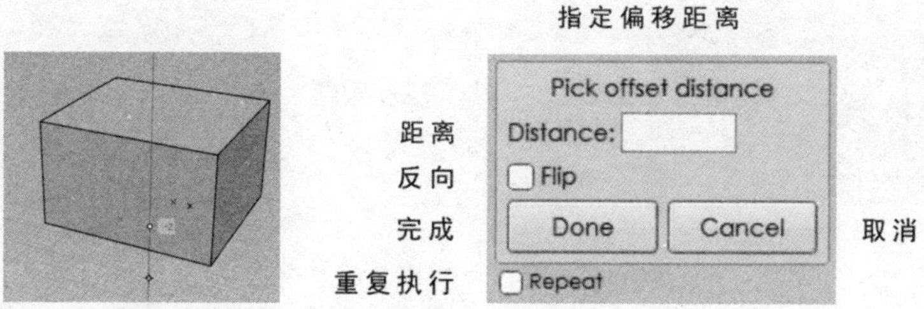

a）拾取两点　　b）指定偏移距离选项

图 8-59　确认偏移距离

a）原始实体　　b）勾选反向，偏移出实体

图 8-60　反向偏移

对于图 8-61 所示曲面的偏移，与偏移实体的选项相同，不作更多解释。

a）偏移单个曲面　　b）偏移实体的某个面

图 8-61　曲面偏移

8.3.2 【偏移：抽壳】(Shell) 命令

此命令是指把一个实体模型修改成有壁厚的实体，或者使曲面成为带有厚度的板层。此命令混合了实体建模软件中的“抽壳命令”的功能和多边形建模软件中的“加厚”功能，针对不同类型的对象，分开理解这个命令的功能会更容易一些。

曲面是由多个面片（Patch）构成的、没有厚度的薄片。应用【偏移：抽壳】命令，可以使曲面成为有厚度的实体，如图 8-62b 所示。这对于 3D 打印建模是很重要的。

a）选择单个曲面　　b）应用抽壳命令

图 8-62　给曲面厚度

指定厚度和方向选项如图 8-63 所示。

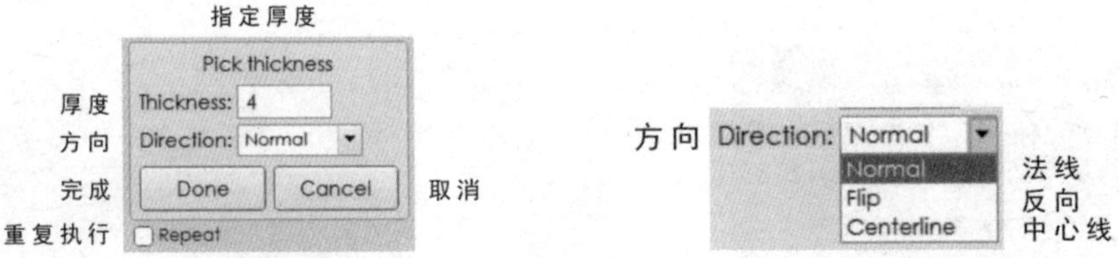

a）指定厚度的选项　　b）方向中的三种选项

图 8-63　相关选项

在“方向”选项中的三种选项，第一种是沿法线方向增厚曲面，第二种是沿着与法线相反的方向增厚，第三种是以所选曲面作为中心线，在两个方向分别加厚曲面，如图 8-64 所示。法线是用来描述曲面的方向的。曲面的方向很重要，比如你贴一张图像在一个表面上，就像在玻璃上贴一个字，在反面看这个字就会是个反字，所以表面法线的方向决定了“贴图”的正确与否。虽然在 MoI3D 中没有强调法线，但为了与犀牛（Rhino）软件的统一，曲面也是有方向的。法线与曲面的每一处位置垂直。

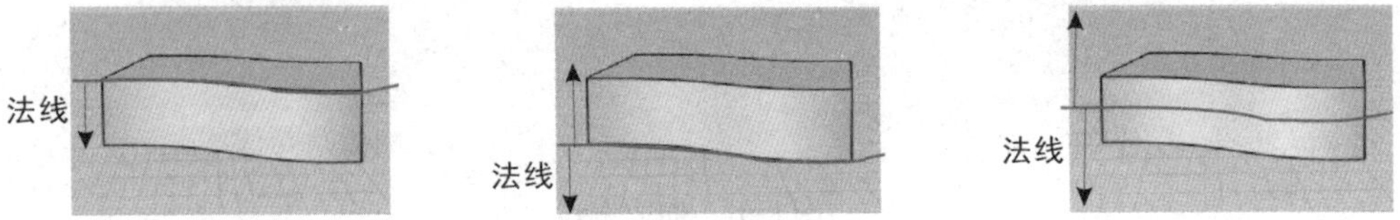

a）法线　　b）反向　　c）中心线

图 8-64　方向三种选项的效果

如果曲面带有很尖的折弯或者扭曲，可能会出现一些问题。

对于实体应用【偏移：抽壳】命令时，如果选择了整个实体，结果是实体成为一个内部中空的对象。如果选择了实体的某些面，会沿着被选择的面开口，设定的壁厚度会应用到其他未选择的面上，这是一种最典型的用法。

如图 8-65 所示圆柱体，选择它，应用【偏移：抽壳】命令，要注意，方向选项默认的是“法线”，是向圆柱内部加厚的。如果要向圆柱外侧增加厚度，需要使用“反向”选项。

画一条直线，分别与加厚的圆柱体执行【布尔：差集】、【编辑：修剪】和【布尔：合并】命令，观察一下生成的空腔是什么样子。

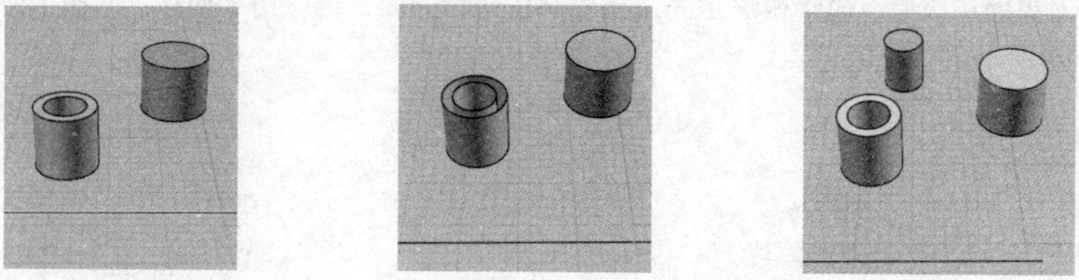

a）布尔：差集　　b）编辑：修剪　　c）布尔：合并

图 8-65　对圆柱体抽壳实例

通常最好针对一个完全封闭的实体或者实体上某些面来执行【偏移：抽壳】命令，如图 8-66 所示。

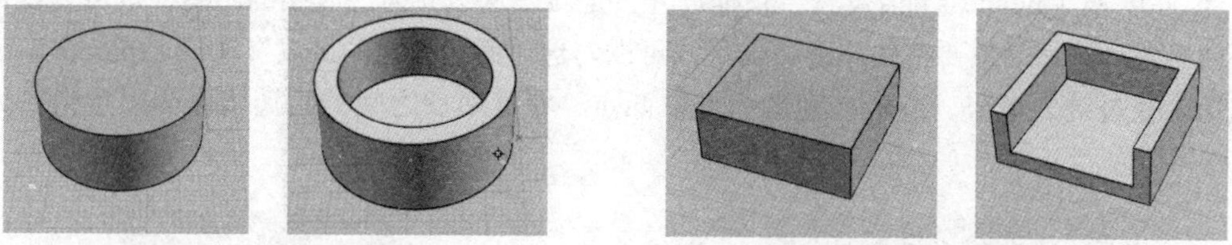

a）选择一个面，抽壳成圆筒　　b）选择两个面，抽壳成凹槽

图 8-66　抽壳命令应用实例

对由几个连接的面组成的实体执行【偏移：抽壳】命令时，如果没有构成完整的实体，会出现错误。在这种情况下，MoI3D 很难去创建适合的转角。创建一个完整的实体，更有利于使用【偏移：抽壳】命令。

8.3.3 【偏移：凹槽】(Inset) 命令

Inset 是嵌入、镶嵌的意思，此命令可以用于沿着所选择面的轮廓生成内陷的凹槽，也可以用来生成外突的凸台，如图 8-67 所示。

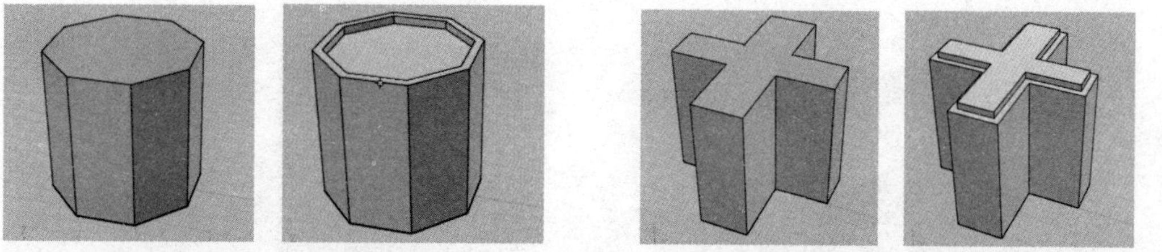

a）选择一个面，生成内陷的凹槽　　b）选择一个面，生成外凸的凸台

图 8-67　生成凹槽和凸台

【偏移：凹槽】命令使用了实体的面作为输入对象。在没有做任何选择的时候，命令选项区域会提示选择要凹陷的面，不过这样操作并不是很好。由于要选择实体的面，进入选择子对象的层级后，通常做法是先选择要制作凹槽的面，再应用【偏移：凹槽】命令，如图 8-68 所示。

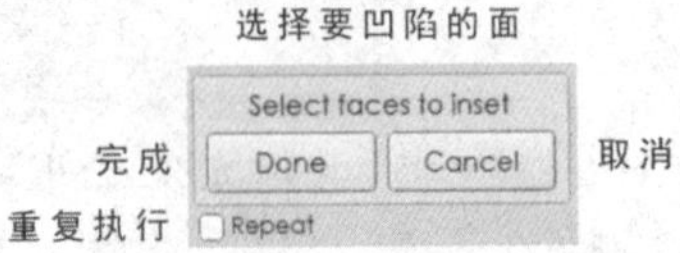

a）选择要凹陷的面选项

b）凹槽选项

图 8-68 相关选项

“厚度”（Thickness）值设置了边框尺寸，也就是从边界向内收缩的距离，也可以设置向外凸出多远。如果想要单独调整凸出量，可以勾选“使用单独的高度”（Use separate height）选项。通过键入数值，或者在视图内拾取两点，将这两点之间的距离将作为厚度值，如图 8-69 所示。

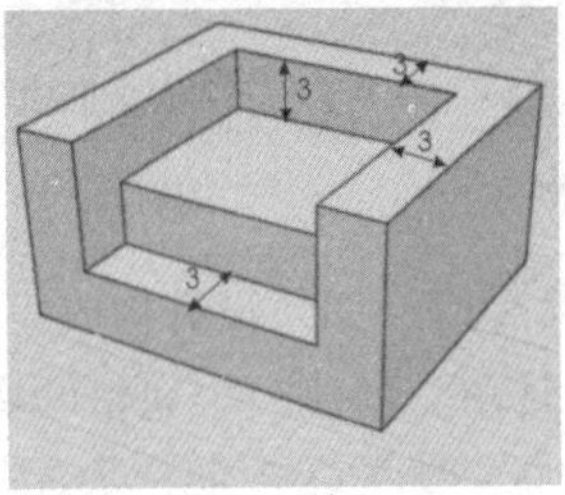

a）向内凹陷的示意

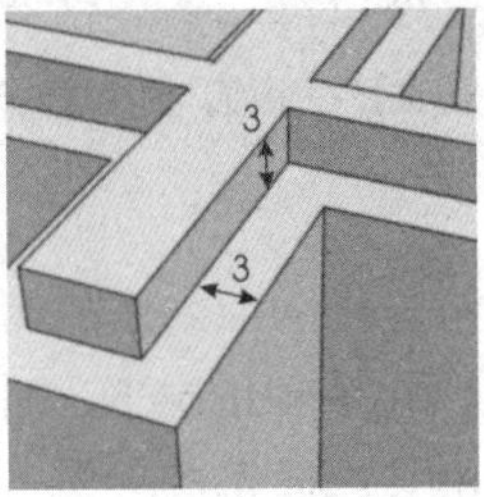

b）向外凸出的示意

图 8-69 厚度设置

“方向”选项有两种选择：朝向内部（Inwards）和朝向外侧（Outwards），分别设置了是朝向物体内部凹陷，还是朝向外侧凸出，如图 8-70 所示。

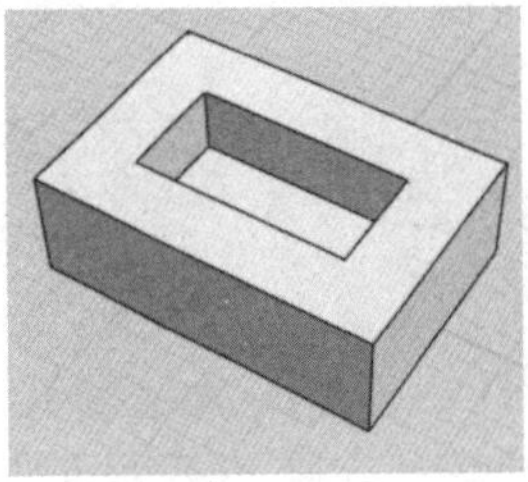

a）朝向内部

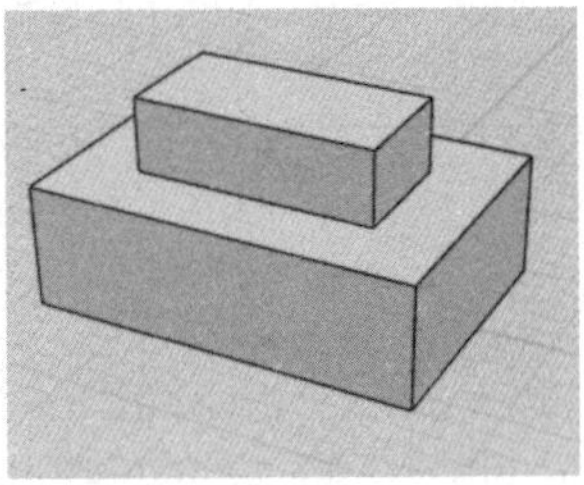

b）朝向外侧

图 8-70 方向设置

当方向设置为朝向外侧时，会出现一个附加的“扩展”（Expand）复选项，勾选它，可以使外凸的部分向四周扩展，产生帽檐的效果，如图 8-71 所示。

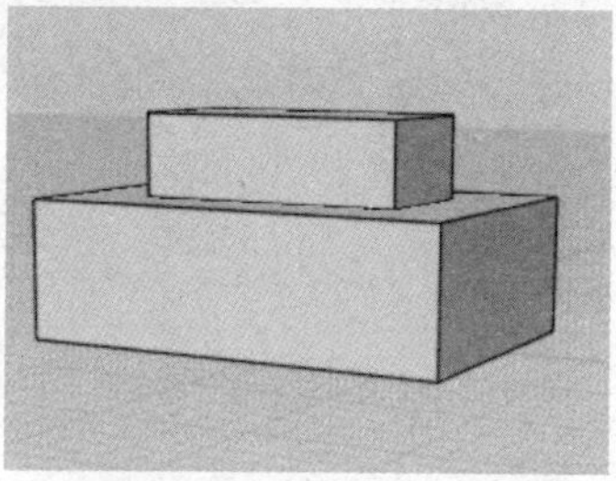

a）朝向外侧，不勾选扩展选项

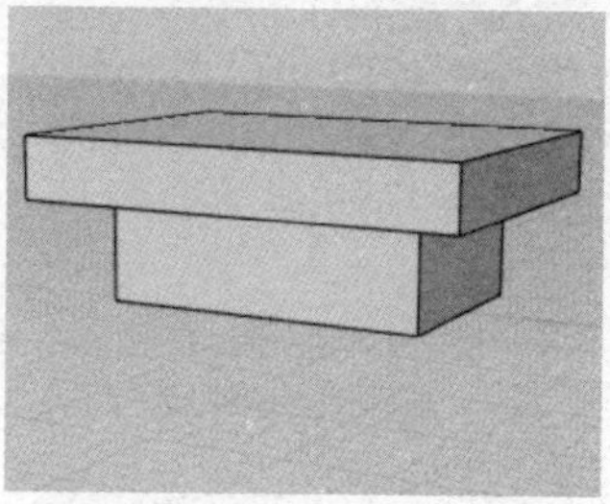

b）朝向外侧，勾选扩展选项

图 8-71　向外扩展

“使用单独的高度”（Use separate height）复选项对两种方向都起作用。当设置为朝向内部时，勾选这个选项，会出现高度值的输入框，给定一个数值，凹陷的深度和边框的厚度不再相同，如图 8-72 所示。

a）不使用单独的高度

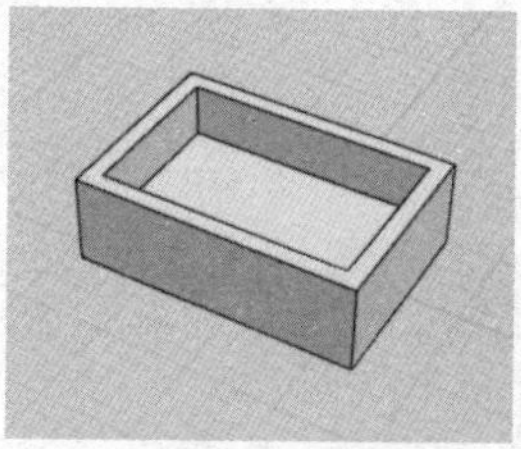

b）使用单独的高度

c）输入高度值

图 8-72　是否使用单独高度

当方向设置为朝向外侧时，勾选这个选项，得到的结果很容易理解，如图 8-73 所示。

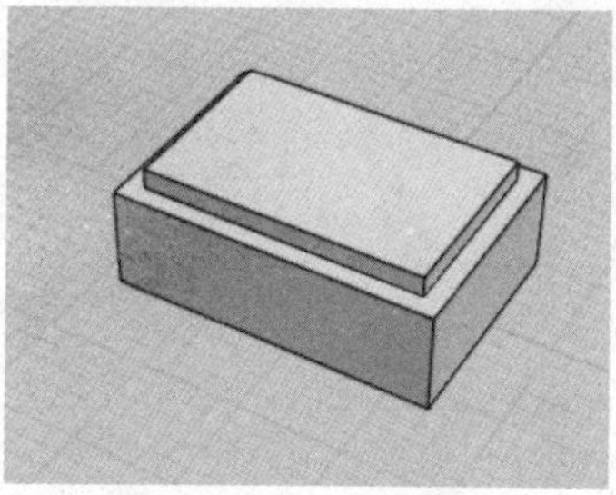

a）不使用单独的高度

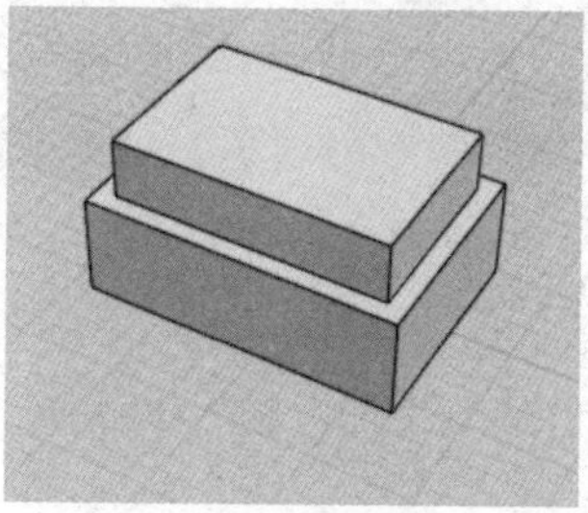

b）使用单独的高度

图 8-73　方向向外时的效果

还有一个“沟槽”（Grooved）选项可以选择。它提供了另一个沟槽宽度输入框，在方向设置为朝向内部时更形象，也更容易理解，如图 8-74 所示。

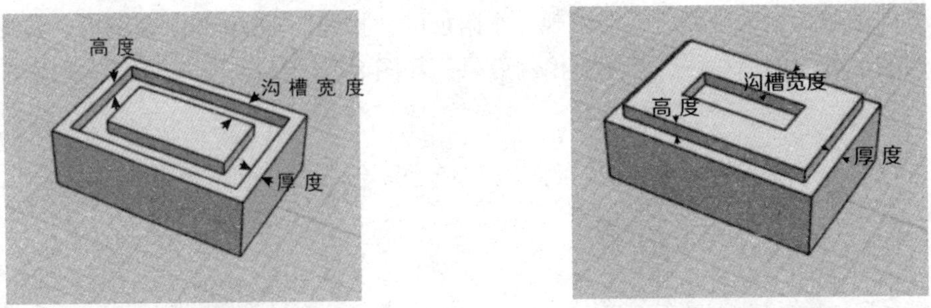

a）朝向内侧勾选　　b）朝向外侧勾选

图 8-74　沟槽效果

在方向设置为朝向内部时，如果勾选了“沟槽”选项，但不输入槽宽或设置槽宽为 0，会生成一个单独的对象与主体插入配合，如图 8-75a 所示。把它移出一个距离就容易理解了，如图 8-75b 所示。

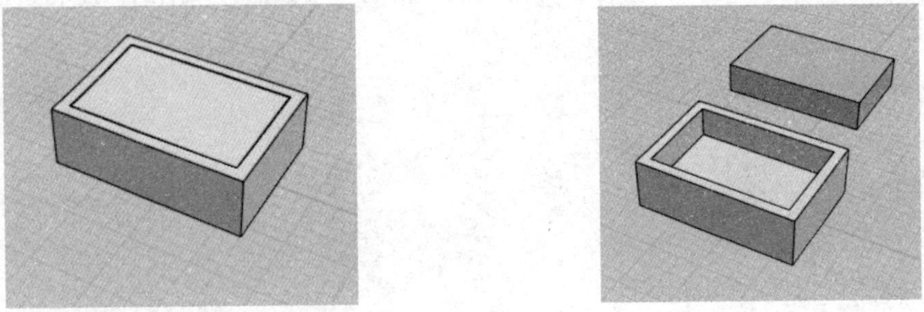

a）朝向内侧，槽宽度设置为 0　　b）把生成的内部对象移出

图 8-75　方向向内的沟槽效果

图 8-76 示例了为相对复杂形状生成凹槽的例子。

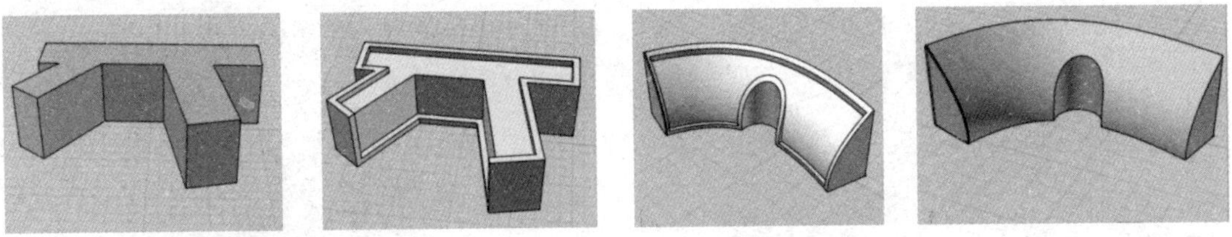

图 8-76　相对复杂的形状生成凹槽的例子

8.4 【平面化】(Planar) 命令

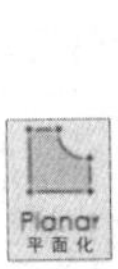

此命令有两个功能：一是利用轮廓曲线生成一个平面，概括为“线成面”；另一个功能是使用平面来封闭曲面的开口边线，如图 8-76 所示。

a）选择轮廓曲线　　b）生成平面

图 8-77　应用平面化命令

【平面化】命令在运行时能够将线连在一起，因此没有必要先执行一个【连接】命令。相互交叉的曲线应用【平面化】命令不起作用。此时，需要先使用【编辑：修剪】命令修剪掉多余的线条后再使用该命令，如图 8-78 所示。

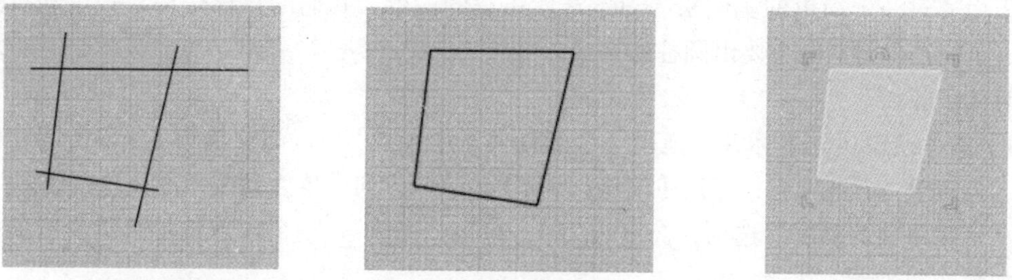

a）相互交叉的曲线　　b）修剪掉多余的线条　　c）平面化

图 8-78　先修剪再平面化

由几段曲线构成的封闭环路将会变成平面，还允许在其中嵌套轮廓，如生成孔洞，如图 8-79 所示。

a）带有多个圆形的轮廓　　b）平面化后的孔板

图 8-79　封闭环路嵌套轮廓平面化

对于曲面来说，【平面化】命令会检测是否有独立的、未连接的边。如果边构成了闭合环路，边线会被连接在一起生成平面，如图 8-80 所示。

a）选择曲面的边线　　b）平面化的结果

图 8-80　曲面边线平面化

8.5　布尔运算实例

下面通过一个简单的实例来练习本章所讲解的内容。我们的目标是构建一个烟灰缸的模型，最简单的烟灰缸主要由圆柱体构成。

具体步骤如下。

1）从【绘制实体】标签中拖出一个圆柱体，半径设为 7，高度设为 4。单击圆柱体的顶面，再次单击，选中它，应用【偏移：凹槽】命令，方向设置为朝向内部，厚度设置为 2，勾选“使用单独的高度”选项，高度设为 3，单击“完成”，一个大致的烟灰缸形状就出来了，如图 8-81 所示。

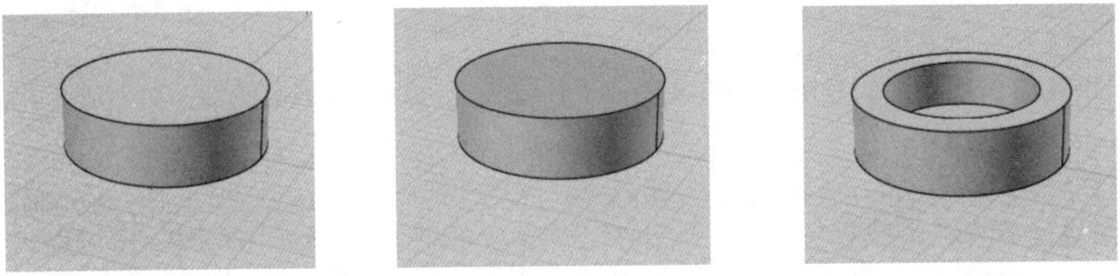

a）拖出圆柱体　　b）选择圆柱的顶面　　c）生成凹槽

图 8-81　制作烟灰缸的形体

2）选择形体上部的两条边线，执行【倒角：倒圆角】命令为上边线倒圆角，形状设为圆弧，圆角半径设为 0.4，单击“完成”确认，如图 8-82 所示。

3）再拖出一个圆柱体，在主视图中确定基点，放置在烟灰缸上边沿处，半径设置为 0.5，然后在俯视图中确定圆柱的长度，注意要比烟灰缸形体的直径稍微长一些。单击细圆柱，按住鼠标向下拖动，移一下位置。按 Ctrl+C 和 Ctrl+V，复制并粘贴出另一个细圆柱，现在，两个圆柱是重叠的。按住编辑框上的旋转图标，将复制出的细圆柱旋转 90º，如图 8-83 所示。

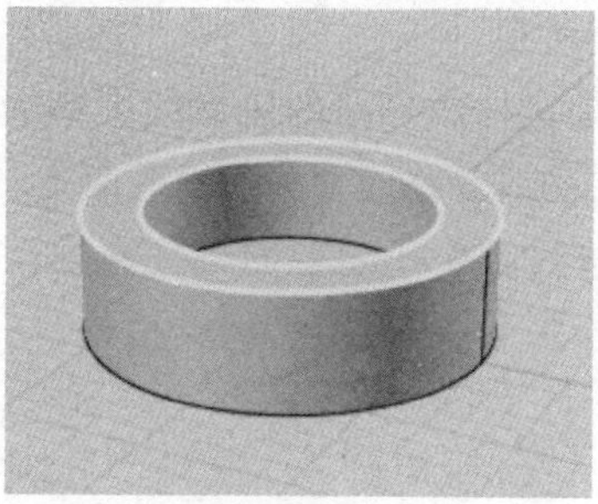

a）选择形体上部的两条边线

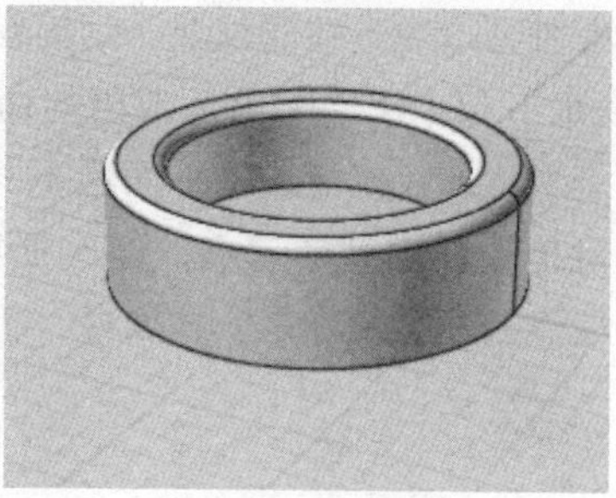

b）应用倒圆角命令

图 8-82 为上边线倒圆角

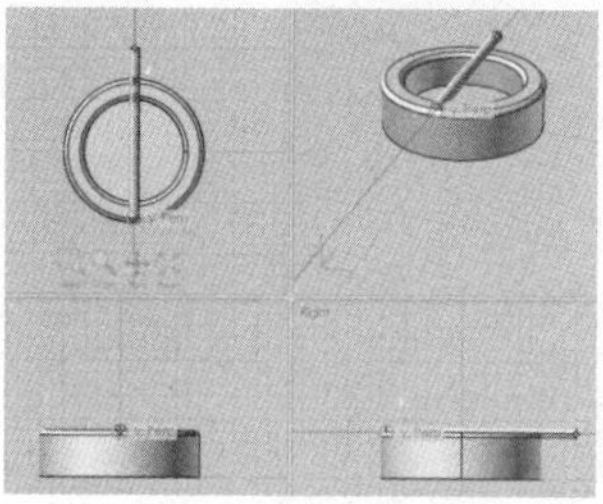

a）拖出一个细圆柱体

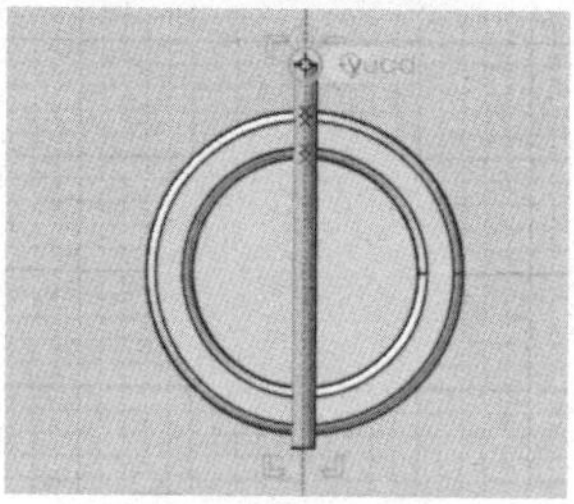

b）向下移动细圆柱

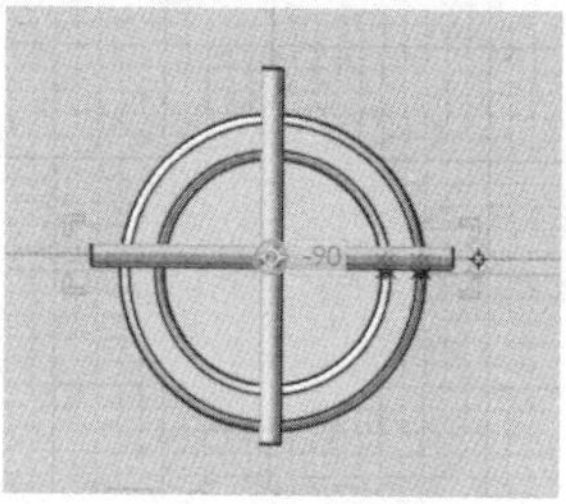

c）复制并旋转细圆柱

图 8-83 放置细圆柱

4）取消所有选择。单击烟灰缸形体，应用【布尔：差集】命令，选择用于减去的对象（工具）时，选取两个细圆柱，单击“完成”确认，就得到了一个烟灰缸的模型，如图 8-84 所示。

a）点选形体

b）选取细圆柱作工具

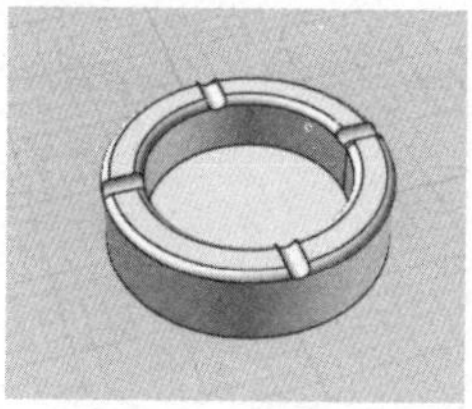

c）布尔差集后得到烟灰缸

d）实物图片

图 8-84 完成制作

8.6 小结

本章主要讲解了【构建】标签下的【布尔运算】、【倒角】和【偏移】命令的用法。重点是要理解布尔运算的四个命令，掌握针对不同对象类型的使用方法，高效、灵活地创建需要的对象。布尔运算虽然简单，构建模型的能力却很强大，是常用的构建模型的手段。

当然，有时会出现失败的情况，这时需要仔细查找原因所在。

【倒角】和【偏移】也是常用的命令。【平面化】是把构成环路的轮廓线成型为一个面的工具。当然，仅仅能成型平面还不够，后面会讲解把曲线环路成型为曲面的命令。

本章是构建模型的起点，但在面向3D打印的建模过程中一定要时刻注意模型要有厚度，所创建的模型最好是实体属性，需要在场景浏览器中及时查看模型的类型。

第 9 章 Chapter 9

二维转三维的四种基本方法

本章继续介绍 MoI3D 中构建模型的方法。下面将要学习的这四种建模方式是从二维曲线或曲面转换成三维模型最经典、最基本的方法。无论是在实体建模软件（如 Auto CAD）中还是在混合建模软件（如 3ds Max 等 CG 类建模软件）中都有这四种建模方式，虽然操作过程略有差异，但都遵循相同的基本原则。这些都是计算机图形学经过多年发展且经过实践证明是行之有效的建模手段，它们分别是【拉伸】(Extrude)、【旋转】(Revolve)、【放样】(Loft) 和【扫掠】(Sweep)。在 3D 建模软件（雕刻类软件除外）中，它们就像数学中的四则运算一样重要。

9.1 【拉伸】(Extrude) 命令

此命令也被称作“挤压”，是指针对所选择的曲线或曲面，沿着某个方向创建曲面或实体。先看两个拉伸的实例，如图 9-1、图 9-2 所示。

a) 选择曲线　　b) 拉伸成曲面

图 9-1　曲线拉伸成曲面

a）选择曲线轮廓

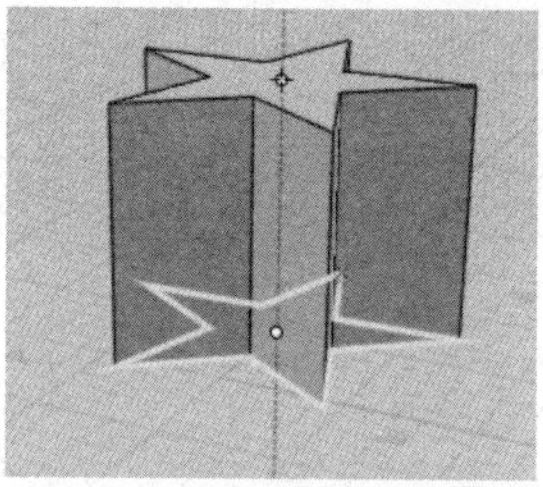

b）拉伸成实体

图 9-2　曲线轮廓拉伸成实体

也可以拉伸交叉的曲线，不过生成的曲面并不是一个整体，如图 9-3 所示。

a）选择交叉的曲线

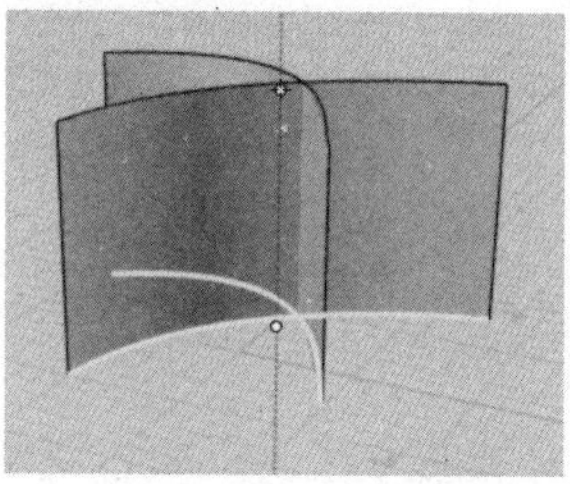

b）拉伸出曲面

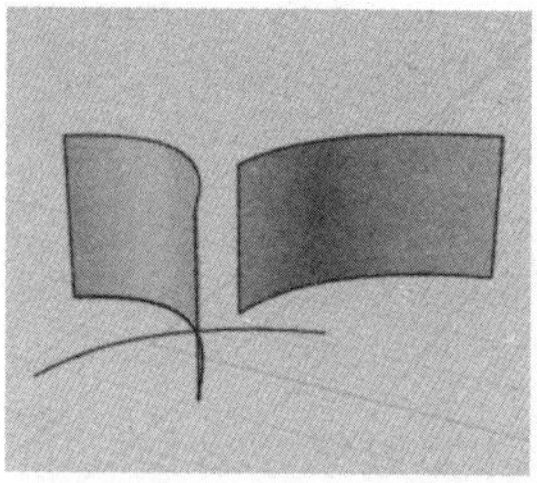

c）移动其中的一个曲面

图 9-3　拉伸交叉曲线

闭合曲线内部还允许包含其他的封闭曲线，最终会形成孔洞，如图 9-4 所示。

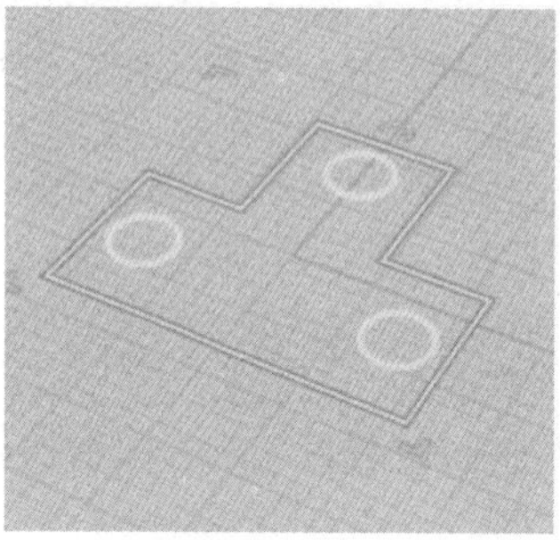

a）选择所有轮廓曲线

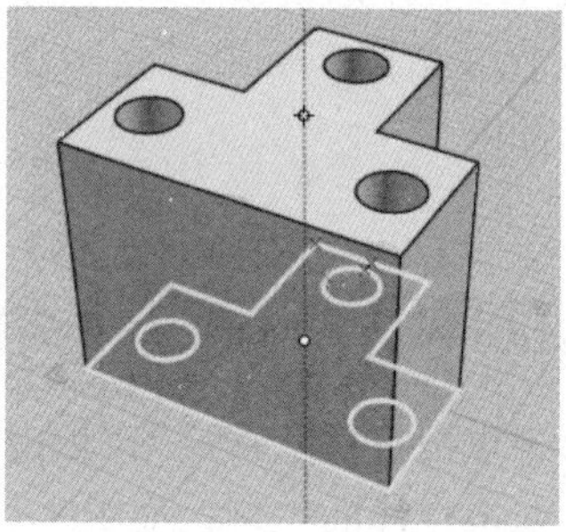

b）拉伸出带孔洞的实体

图 9-4　曲线拉伸成带孔洞的实体

如果自动指定的方向不是所要的方向，可以单击“设置方向”（Set dir）按钮，拾取两点来确定拉伸的方向，不过要注意选择正确的视图。确定两点后会出现一条构造线，沿着构造线确定拉伸厚度，得到的结果不再是垂直拉伸，而是改变了拉伸的方向，如图 9-5 所示。

下面来看看在拉伸过程中命令选项区域出现的提示信息，如图 9-6 所示。为了全面理解拉伸命令的复选项和按钮的功能，以一条曲线和矩形轮廓为例，对比介绍它们的功能。

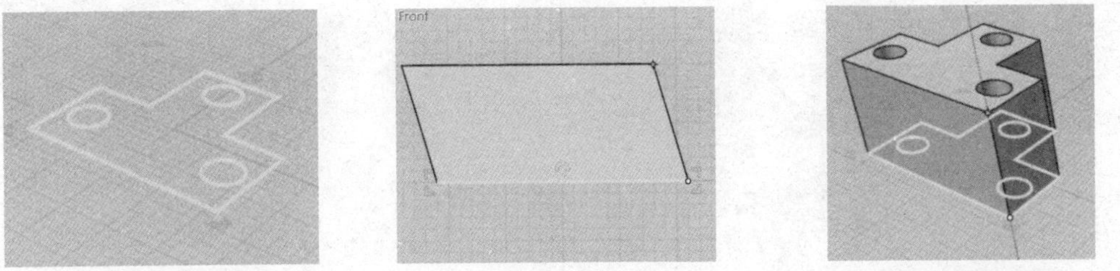

a）选择轮廓曲线　　b）在主视图中确定两点　　c）沿构造线确定高度

图 9-5　改变拉伸方向

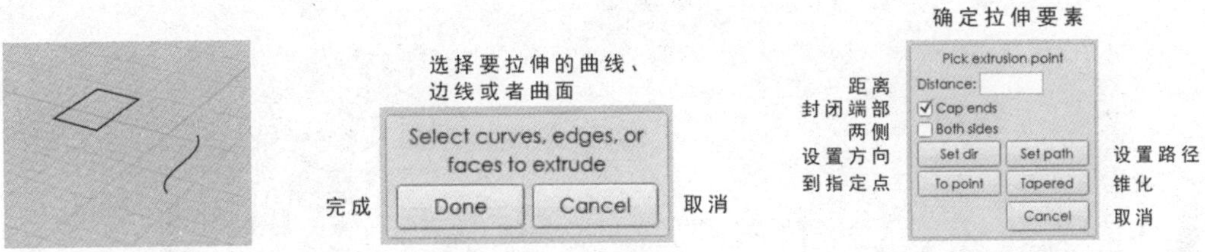

a）曲线和轮廓　　b）选择要拉伸的对象选项　　c）确定拉伸要素选项

图 9-6　提示信息

"距离"（Distance）选项设定了拉伸厚度，可以直接输入具体数值，或使用鼠标确认。对于轮廓曲线而言，下面的"封闭端部"（Cap ends）复选项决定了拉伸出来的是实体还是曲面。默认是勾选的，即拉伸出实体对象，在场景浏览器的类型（Type）部分可以看到新增的类型。如果不勾选它，轮廓曲线会拉伸出曲面。此选项对于曲线不起什么作用。图 9-7 示例了几种拉伸结果。

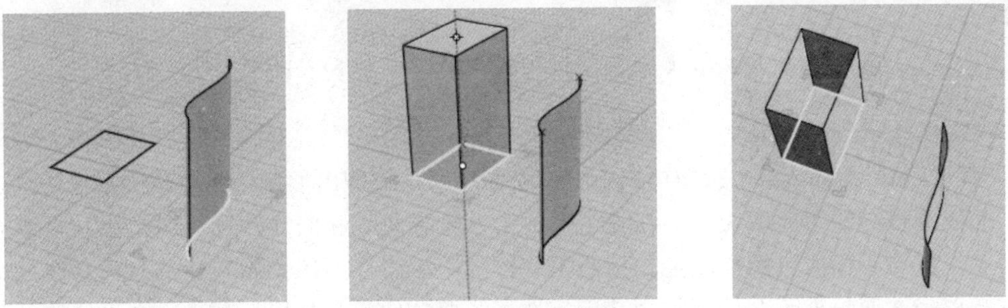

a）拉伸曲线成曲面　　b）轮廓曲线拉伸成实体对象　　c）轮廓曲线拉伸成曲面

图 9-7　拉伸结果示例

"两侧"（Both sides）复选项确定是否在曲线两侧同时拉伸。不勾选它，只是单侧拉伸；如果勾选它，会产生双侧拉伸。效果如图 9-8 所示。

选项区域还有四个按钮。前面已介绍过"设置方向"（Set dir）按钮，单击它可以改变拉伸的方向，不再是直上直下地拉伸曲线或轮廓曲线，如图 9-9 和图 9-10 所示。

a）单侧拉伸　　b）两侧同时拉伸

图 9-8　单侧拉伸与双侧拉伸

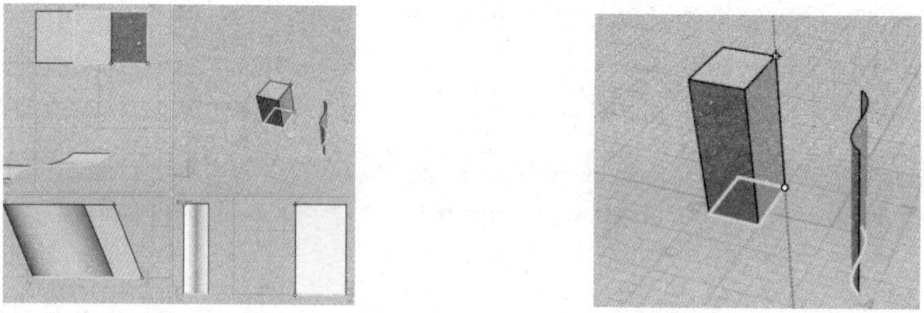

a）指定第一个方向点　　b）在指定的方向上确定拉伸厚度

图 9-9　设置方向

a）拾取第一个方向点选项　　b）拾取第二个方向点选项

图 9-10　相关选项

“设置路径”（Set path）按钮可以拾取一条曲线路径拉伸出形状，而不是用常规的直线路径。曲线路径与轮廓曲线应该不在一个平面上，轮廓曲线和曲线路径可以组合起来形成输出形状。这与后面所讲的沿路径扫掠是不一样的。沿路径扫掠会旋转轮廓截面，使之垂直相交于路径，而拉伸不会旋转轮廓截面。选择了要拉伸的对象以后，单击“设置路径”按钮，会出现选取路径曲线的提示，选择一条曲线，单击“完成”确定，如图 9-11 所示。

拉伸与设置路径的组合具有特殊的属性，输出面和用于生成它的曲线具有精确的控制点结构。所以，如果想要生成一个曲面，并通过操控曲面的控制点产生形状上的变化，这一点就非常有用。要想实现这一功能，在拉伸出曲面以后，单击【编辑：显示点】命令，显示出路径曲线的控制点，然后拖动曲线上的控制点就可以改变曲面的形状，如图 9-12 所示。

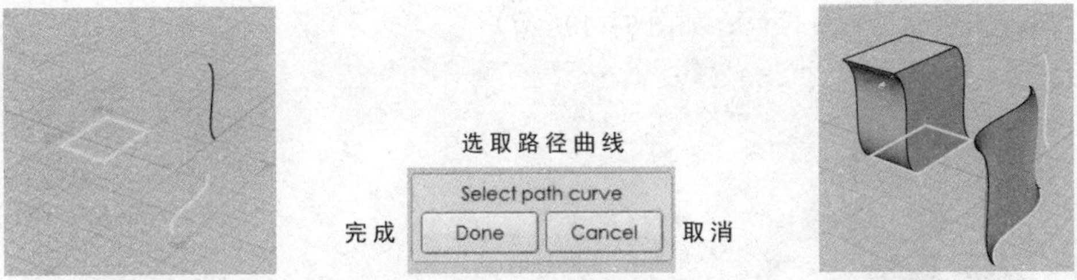

a）选择要拉伸的曲线　　b）选取路径曲线选项　　c）沿路径拉伸

图 9-11　设置拉伸路径

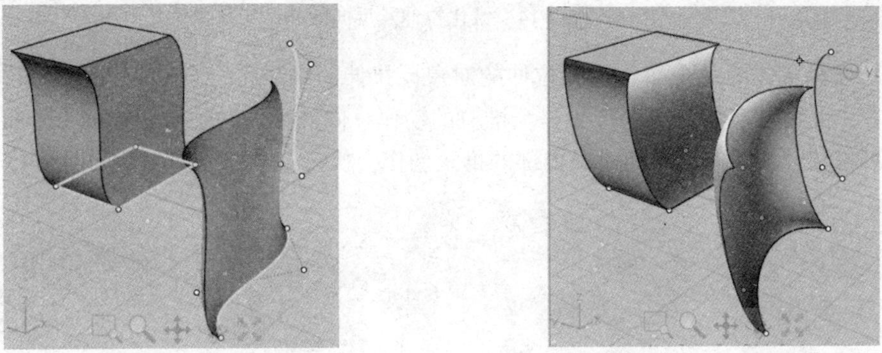

a）显示出曲线的控制点　　b）拖动控制点，改变曲面的形状

图 9-12　使用控制点控制曲面形状

"到指定点"（To point）按钮可以用来生成锥状物体或金字塔形体。单击它以后，所选择的点会沿着通过形状中心的垂线生成规则的形体。如果想要解除这种约束，单击指定拉伸点提示中的"解除方向"(Unlock direction）按钮，允许将顶点放置到任意位置，如图 9-13 所示。

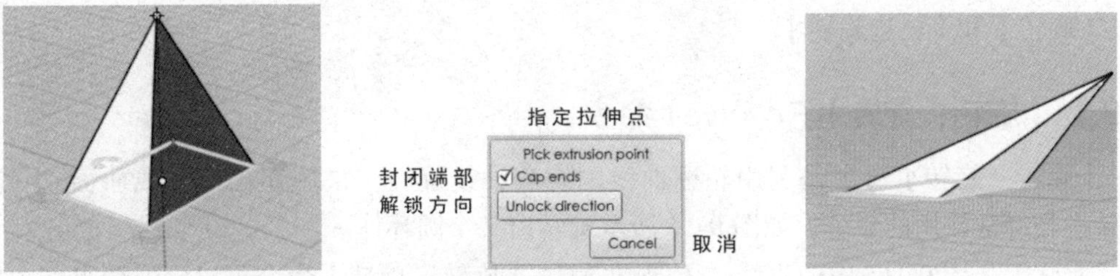

a）选择要拉伸的曲线　　b）选取路径曲线选项　　c）示例

图 9-13　解除方向效果

"锥化"(Tapered）按钮允许生成一个带有拔模斜度的形体，使侧壁以一个指定的角度倾斜。锥化拉伸的高度通常会限制在不会造成轮廓不同的边拉伸后相互冲突的最小值。指定拉伸点的提示中有一个"反向"（Flip）复选项，勾选它后，顶端将不再是收敛（上小下大）

状，而是呈开放状（上大下小），如图 9-14 所示。

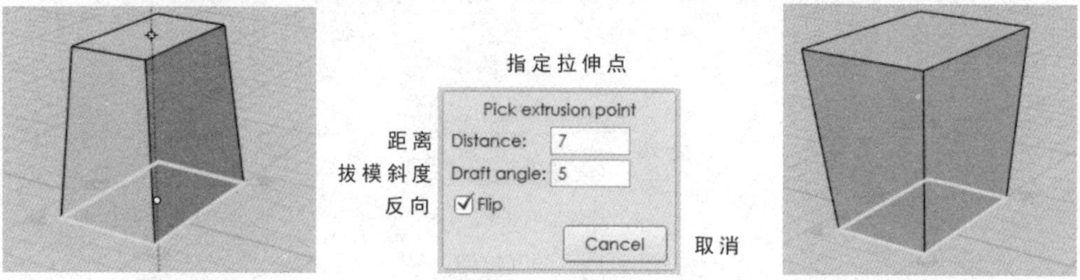

a）锥化拉伸的结果　　b）指定拉伸点选项　　c）勾选反向得到的结果

图 9-14　锥化拉伸及反向效果

如果选择实体的某个面作为要拉伸的对象，拉伸的结果将会自动与原始对象执行一个布尔运算，允许在实体对象上产生一个推拉的动作。向外拉伸的结果会执行一个布尔并集，与原始对象结合为一体，而向对象内部的推入动作会执行一个布尔差集，如图 9-15 所示。

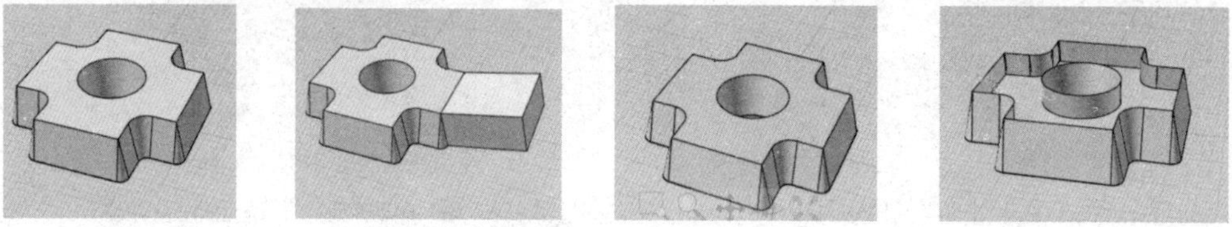

a）选择一个面　　b）向外拉伸　　c）选择一个面　　d）向模型内部推入

图 9-15　推拉动作

9.2 【旋转】(Revolve) 命令

旋转体是日常生活中常见的物体，如杯子、碗、易拉罐等。MoI3D 提供了两种旋转命令：【旋转】和【轨迹旋转】。

9.2.1 【旋转：旋转】(Revolve) 命令

【旋转：旋转】命令是利用轮廓曲线围绕着轴线旋转，来创建出实体或曲面。【旋转：旋转】是经常使用的命令，如图 9-16 所示旋转出一个圆环体。

实际上，图 9-16a 中的直线并不是必需的，【旋转：旋转】命令可以拾取两点作为旋转的轴线。如果想要改变轴线的角度，单击第一点后，由第二点决定轴线的方向，如图 9-17 所示。

从某种意义上来说，使用【旋转：旋转】命令绘制轮廓曲线是主要的任务，可以对绘制的曲线应用【编辑：显示点】命令，显示出曲线的控制点并慢慢调节它们，得到想要的曲线形状，如图 9-18 所示。

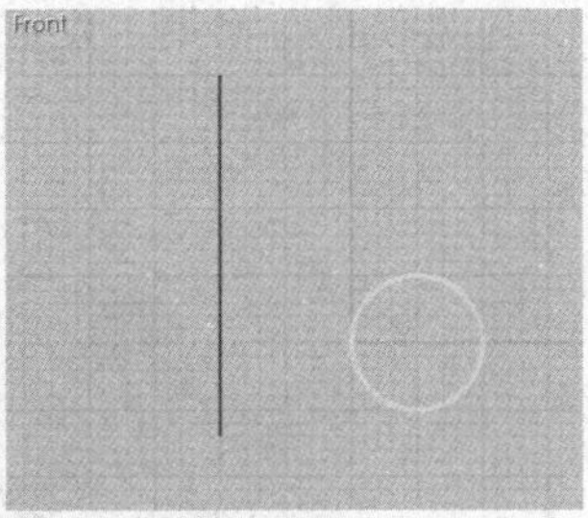

a）选择一个轮廓曲线

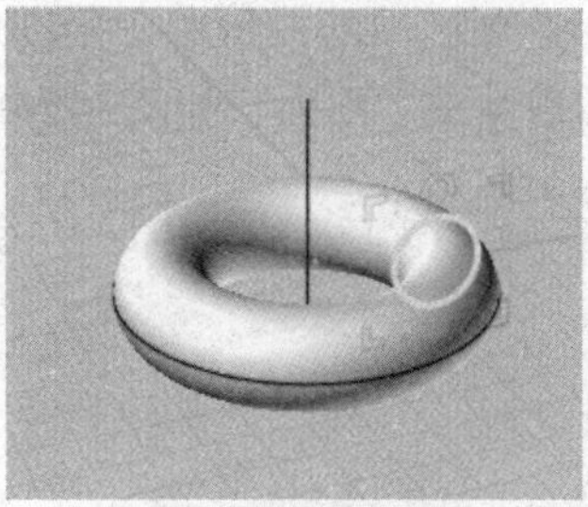

b）绕轴线旋转成圆环体

图 9-16 旋转圆环体

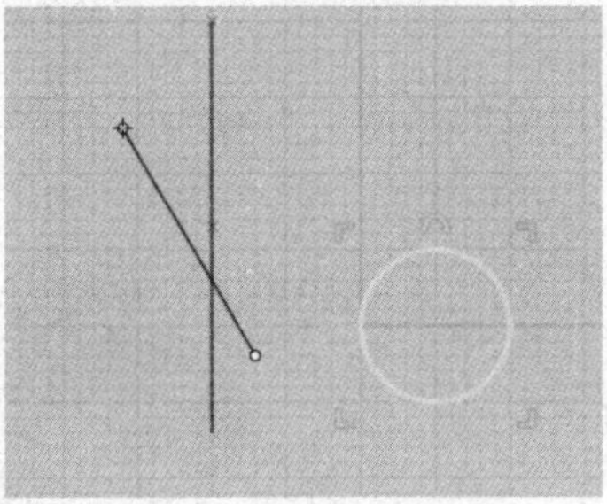

a）拾取两点作为旋转的轴线

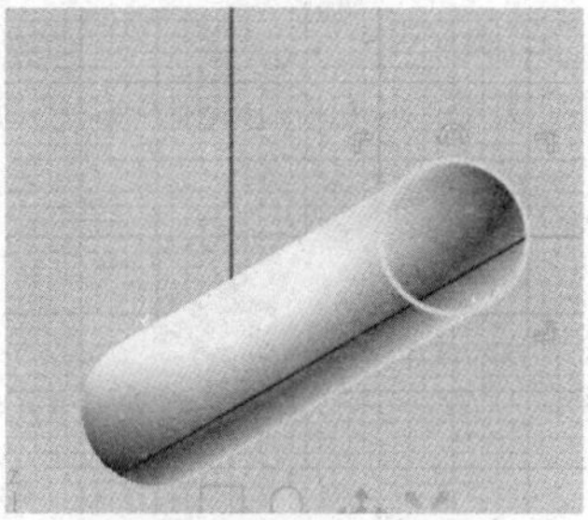

b）绕倾斜的轴线旋转

图 9-17 指定旋转角度

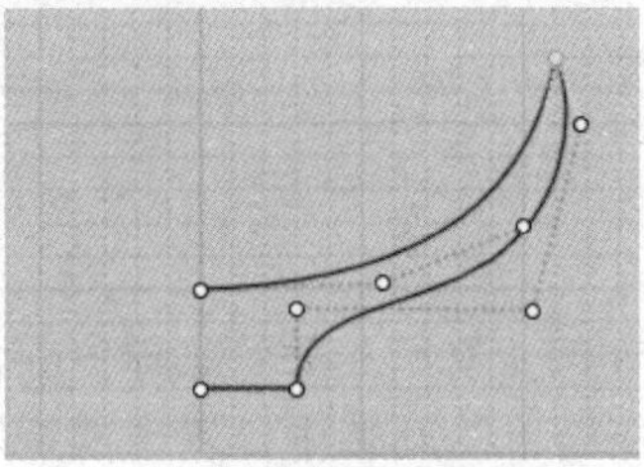

a）调节轮廓曲线的控制点

b）旋转结果

图 9-18 旋转碗形

相关提示选项如图 9-19 所示。

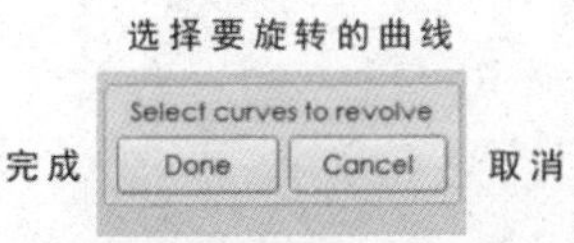

a）选择旋转曲线选项

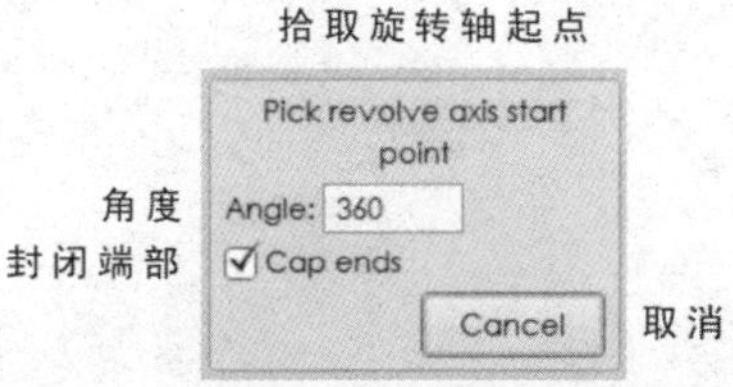

b）拾取旋转轴起点选项

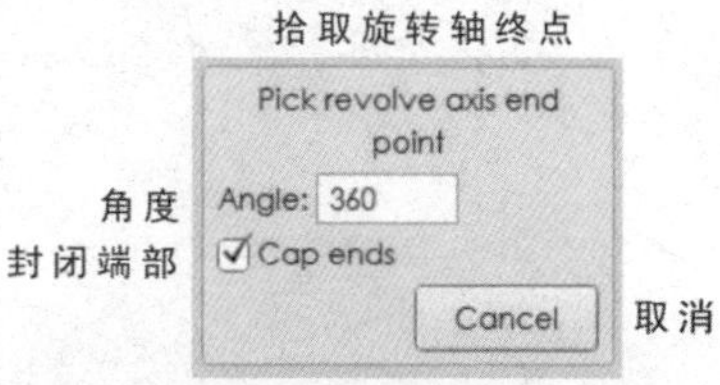

c）拾取旋转轴终点选项

图 9-19 相关提示选项

命令选项区域的提示中，角度值设定的是旋转 360º，还是仅部分圆周。设定小于 360º 的值旋转后生成了曲面，如图 9-20 所示。

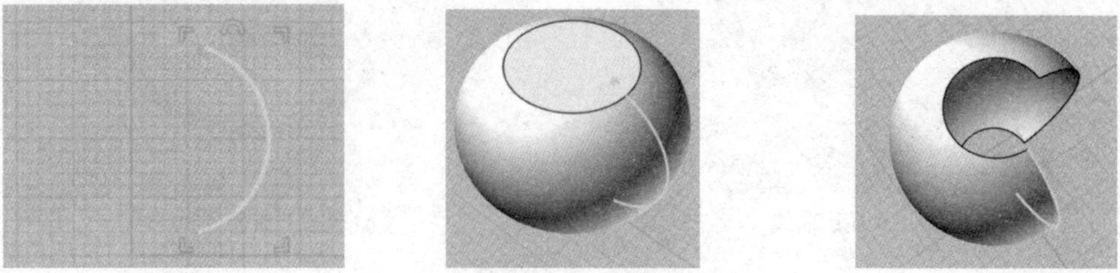

a）要旋转的曲线　　b）旋转 360 度　　c）旋转 270 度

图 9-20　旋转曲面

“封闭端部”（Cap ends）复选项确定是否封闭旋转对象的两端。不勾选它，旋转生成的是曲面，如图 9-21 所示。

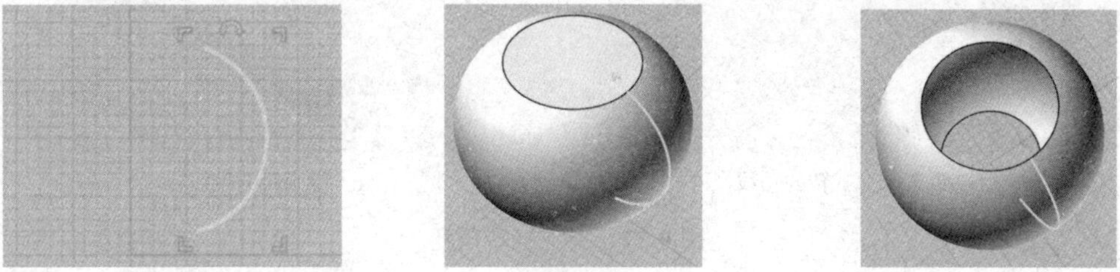

a）要旋转的曲线　　b）封闭端部　　c）不封闭端部

图 9-21　封闭端部旋转

9.2.2 【旋转：轨迹旋转】(Rail revolve) 命令

【旋转：轨迹旋转】实际上就是沿路径旋转，与上面的【旋转：旋转】命令类似，但允许额外指定一条路径曲线，用来生成实体或者曲面。在简单的旋转中，轮廓围绕轴线，沿着一个环形路径旋转。在沿轨迹旋转过程中，可以使用一条自定义路径，而不是常规的环形路径。最终的曲面会绕着轴线匹配自定义的路径生成，旋转轴线由两点确定，如图 9-22 所示。

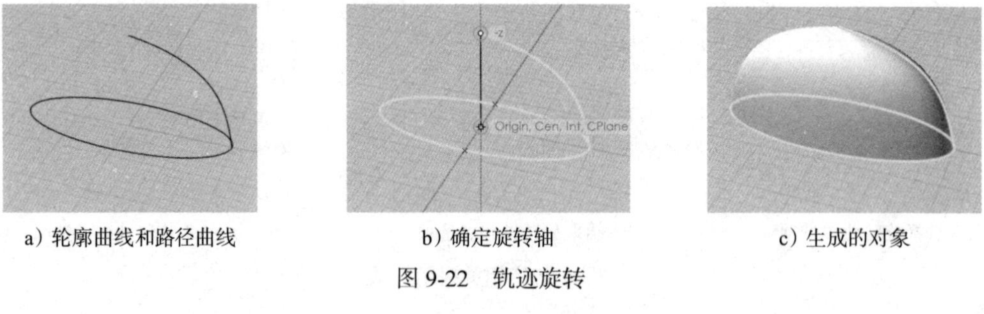

a）轮廓曲线和路径曲线　　b）确定旋转轴　　c）生成的对象

图 9-22　轨迹旋转

执行完轨迹旋转命令后，也可以应用【编辑：显示点】命令显示出轮廓线和轨迹曲线的控制点，分别调节它们的形状，可以边调节边观察，以得到理想的形体，如图 9-23、图 9-24 所示。

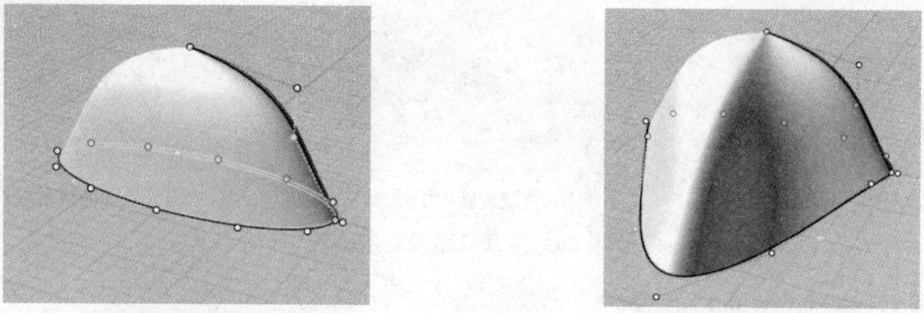

a）调节轮廓曲线的控制点　　b）调节路径曲线的控制点

图 9-23　调节控制点

a）轮廓曲线和路径曲线　　b）轨迹旋转出的形体　　c）调节轮廓曲线控制点

图 9-24　旋转结果

轨迹旋转允许使用一个路径曲线，不再是简单的 360° 圆形旋转出形体，极大地增强了 MoI3D 的造型能力，如图 9-25 所示。

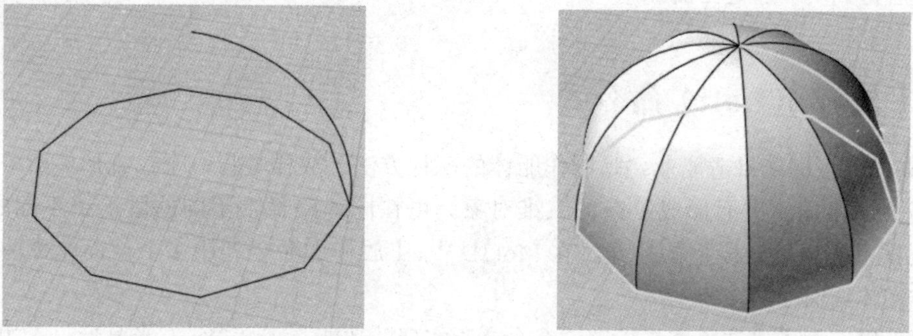

a）轮廓曲线和路径曲线　　b）旋转出形体

图 9-25　路径曲线示例

也可以尝试沿着一个开放路径来旋转一个轮廓线，得到的是曲面，但结果不太可控。

随后试着调节曲线的控制点，看看是否能得到想要的曲面，如图 9-26 所示。

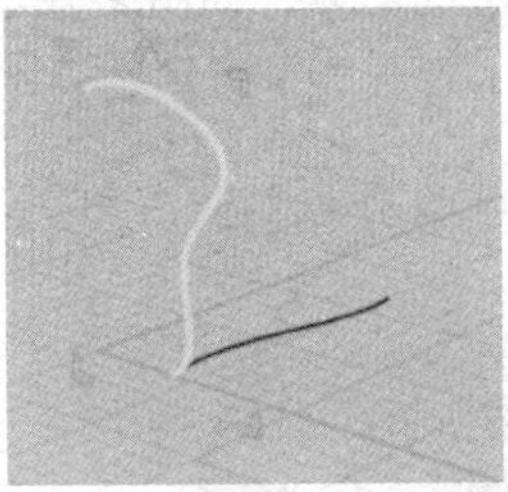

a）轮廓曲线和开放路径曲线

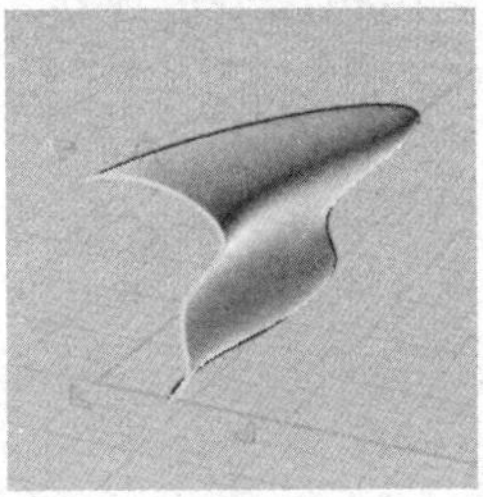

b）轨迹旋转出的曲面

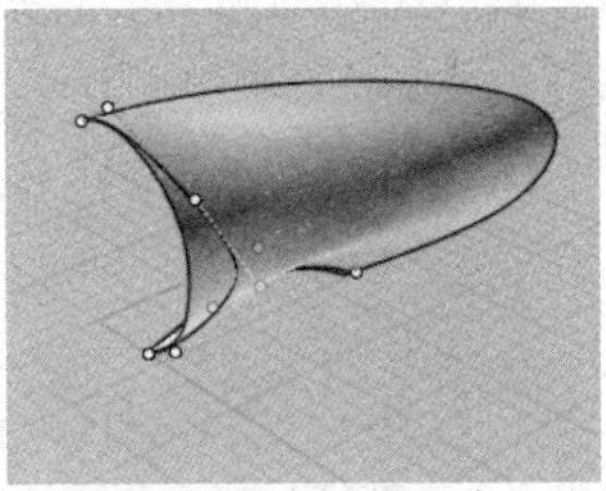

c）调节轮廓曲线的控制点

图 9-26　沿开放路径轨迹旋转

相关提示选项如图 9-27 所示。

a）选择轮廓曲线的选项

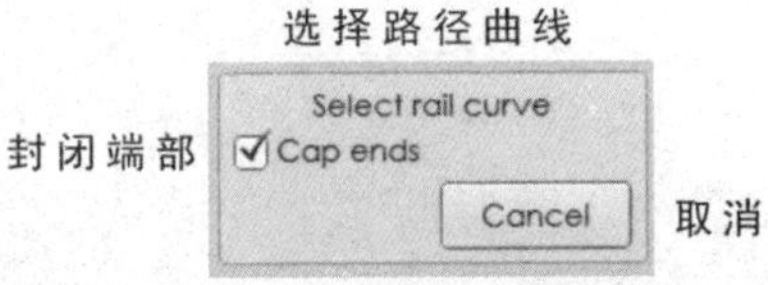

b）选择路径曲线的选项

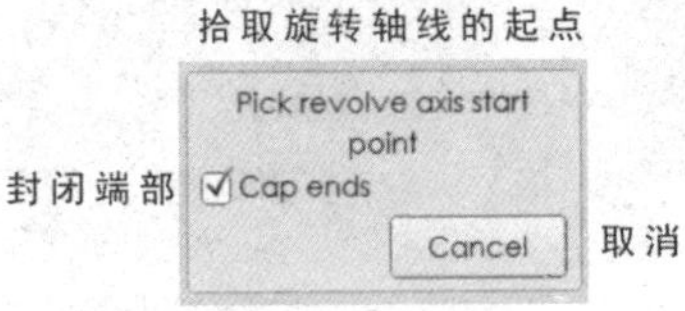

c）拾取旋转轴线的起点选项

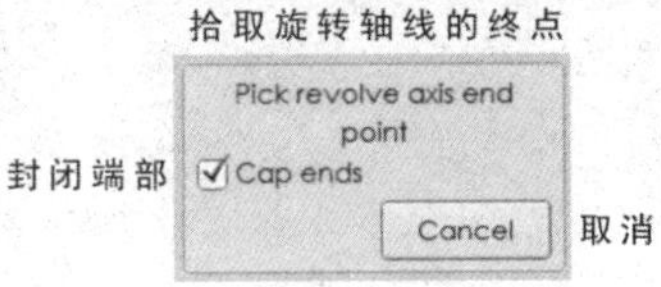

d）拾取旋转轴线的终点选项

图 9-27　相关提示选项

在【旋转：轨迹旋转】命令选项区域的提示中，“封闭端部”复选项的作用是控制着轨迹旋转后得到实体还是曲面。

9.3 【放样】(Loft) 命令

“放样”一词来自造船业，是制作船体的一种方法。放样是将一个二维形体对象作为沿某个路径的剖面，进而形成复杂的三维对象。可在同一路径上不同的段给予不同的形体，利用放样来实现复杂模型的构建。在 MoI3D 中，【放样】命令利用多个截面轮廓曲线来创建一个实体或曲面。

先看以下例子或许更容易理解这个命令所实现的功能。图 9-28a 有半月形、五边形和矩形截面，应用【放样】命令后，半月形过渡到五边形然后融合到矩形，形成了复杂的形体。相关提示及选项见图 9-29。

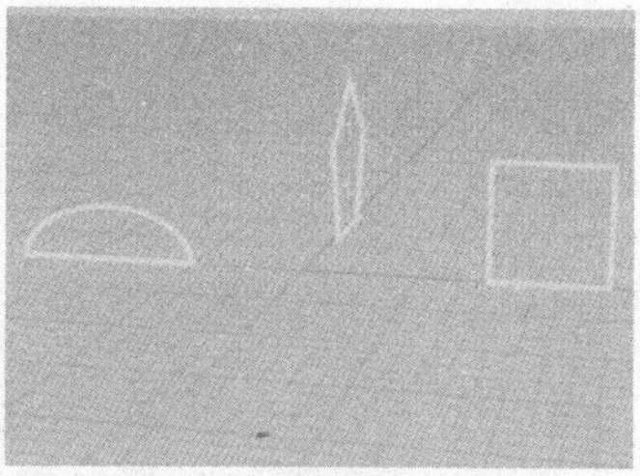

a）三个不同截面的轮廓曲线

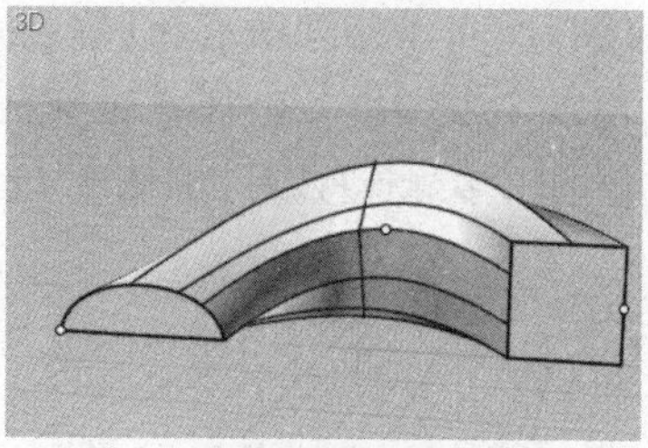

b）放样得到的形体

图 9-28　放样得到复杂形体

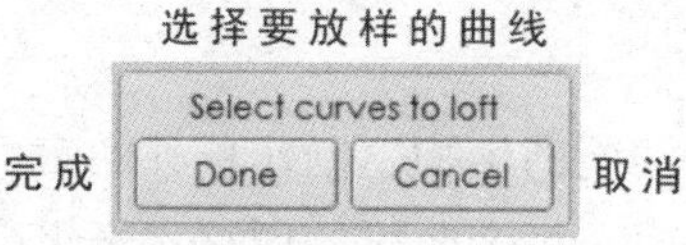

a）选择要放样的曲线选项

b）放样选项

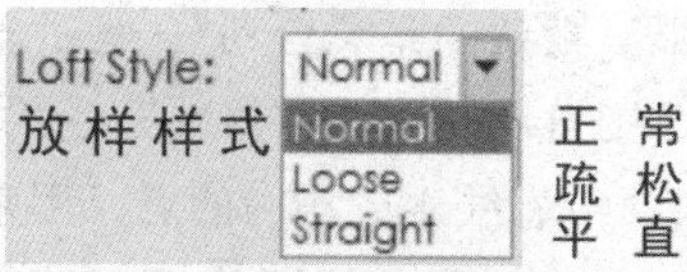

c）放样样式选项

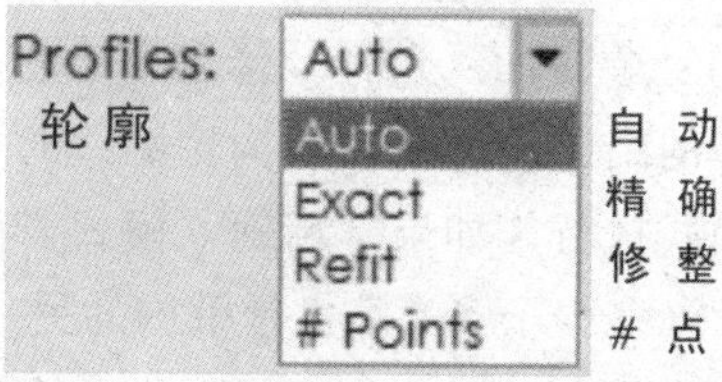

d）放样轮廓选项

图 9-29　相关选项

在放样选项中，有三种放样样式可供选择。“正常”样式是指放样将会通过所有轮廓面。“疏松”样式会创建出由轮廓截面引导，但并不是强迫穿过每一个轮廓面，可以用来创建一个更不受拘束、更光滑的曲面。“平直”样式使每一个轮廓面之间的部分是直面连接，而不是使所有轮廓面之间平滑曲面连接，如图 9-30 所示。

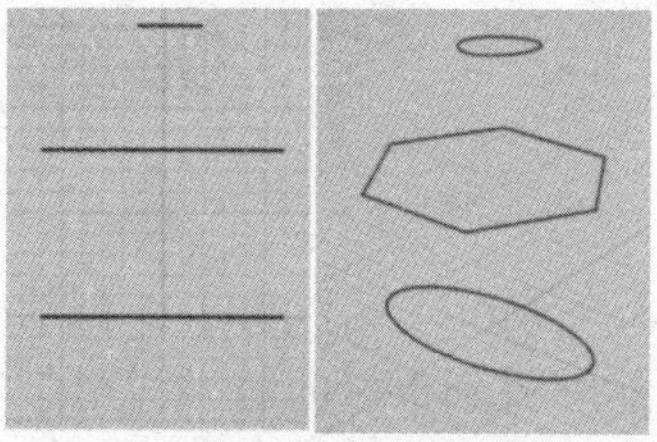

a）不同高度的轮廓曲线

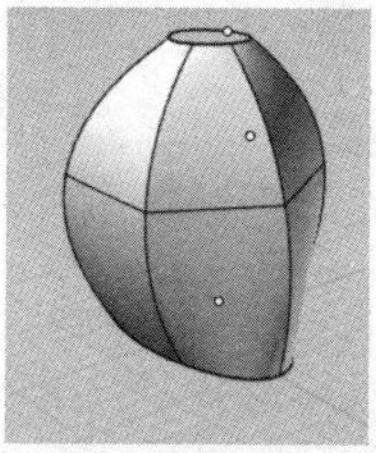

b）正常样式

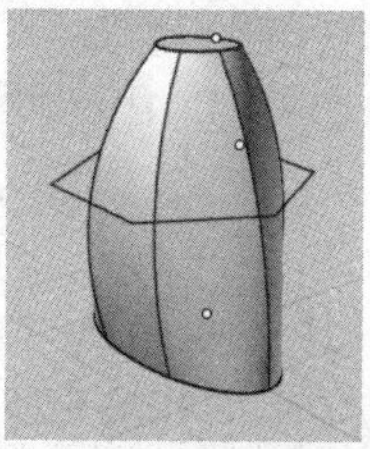

c）疏松样式

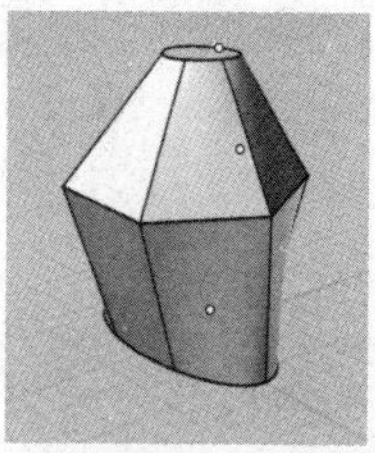

d）平直样式

图 9-30　放样三种样式

MoI3D 会自动排列所有轮廓截面，以减少扭曲，不过也可以进行调整。在放样选项状态下，可以在视图中单击任意轮廓截面来反转方向。在封闭轮廓截面上会出现一个点。拖动它以编辑接缝连接点，如图 9-31 所示。

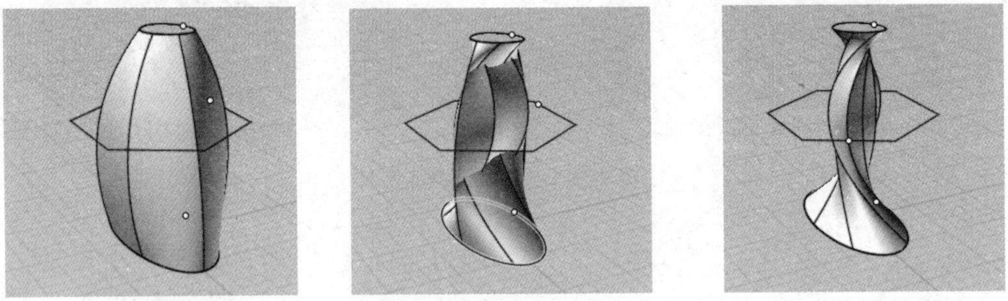

a）放样得到的形体　b）单击中间的轮廓截面，反转方向　c）拖动连接点的结果

图 9-31　放样结果扭曲

放样过程的一部分是将多个轮廓截面组合成一个共同的结构，制作单独的表面。轮廓选项控制着截面是如何连接的，选择“精确”可通过插入每个曲线的所有点来组合曲线结构，这将保留了每个轮廓的形状，但是如果每条轮廓线有不同的点结构，可能生成带有许多点的复杂曲面。选择“修整”会重构每条轮廓线以便最终形成一个整体，这会得到一个更简单的结果，但是在重构轮廓线时可能产生扭曲效果。默认的是“自动”，尝试着按“精确”模式执行。如果“精确”模式产生太复杂的结果，则自动转换为“修整”模式。最后，“# 点”（多少个点）模式是重构的另一种“修整”模式，沿着线生成均衡的点，用来重构曲线。可以选择“# 点”，这种模式的输出结果很平滑，但是轮廓曲线可能会丢失细节。图 9-32 示例了这四种轮廓选项的结果，不过有些选项的变化是细微的，需要在计算机中才能观察到，读者自己试着练习一下。

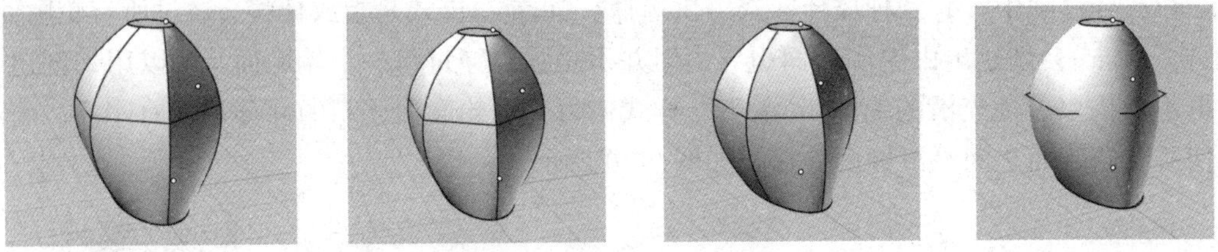

a）自动模式　b）精确模式　c）修整模式　d）# 点模式

图 9-32　轮廓选项的结果

可以选择点对象（在绘制曲线 → 其他 → 点（Draw curve → More → Point）中创建），作为放样的起始和 / 或结束的轮廓截面。当放样样式为松散时能够得到很好的结果，用于生成具有平滑封闭的尖部的有机形体。图 9-33、图 9-34 是放置终点点对象在与最后一个平面轮廓曲线相同的平面上，同时放样样式设为“疏松”得到放样结果的例子。

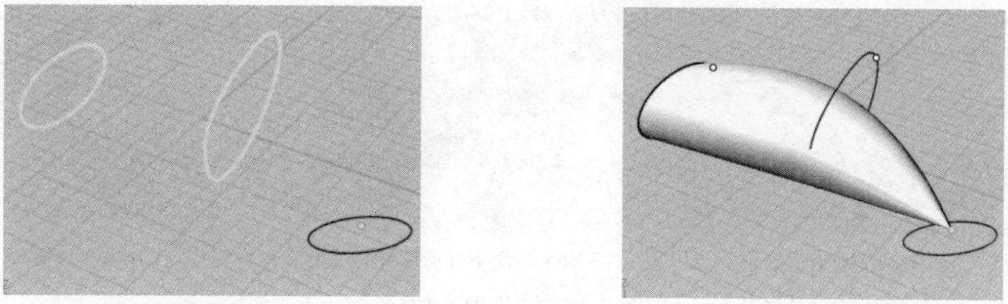

a）轮廓截面和点　　b）放样出尖头形体

图 9-33　放样尖头物体

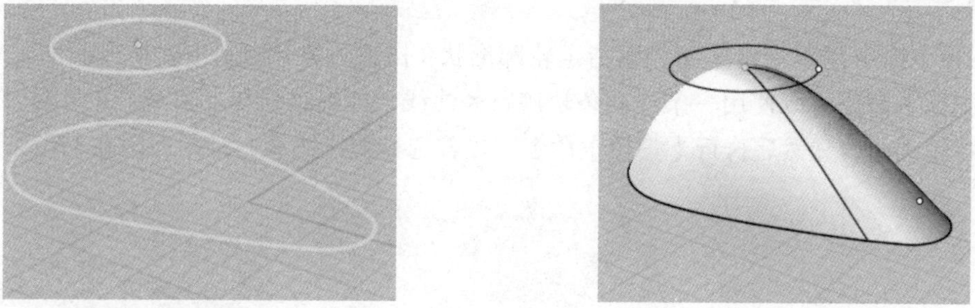

a）选择轮廓截面和点　　b）放样出圆顶形体

图 9-34　放样圆顶物体

在绘制图 9-35a 所示的图形时，由于是分段绘制的，一定要把所有曲线连接成一条闭合的轮廓线，否则不能得到正确的放样结果。

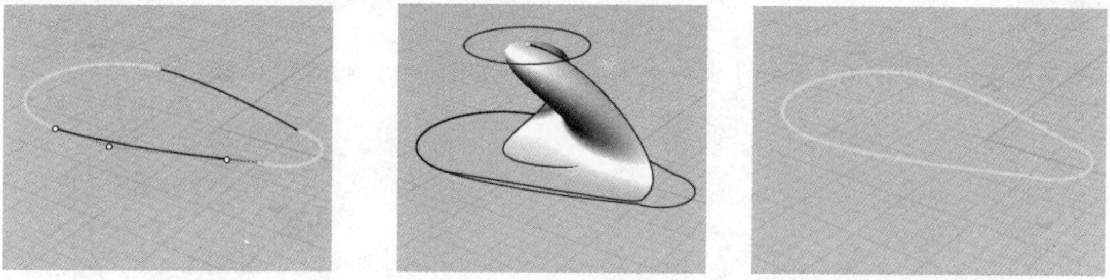

a）分段绘制的曲线　　b）放样的结果不正确　　c）连接成闭合的曲线

图 9-35　闭合曲线放样

对于多个轮廓截面，选取截面的顺序至关重要。虽然 MoI3D 会尝试着放样出形体，但结果可能不是所要的。选择轮廓线时，可以右键拖出矩形框一次性全选曲线，也可以依次单击某个截面，单选它们，然后执行放样命令，结果如图 9-36 所示。

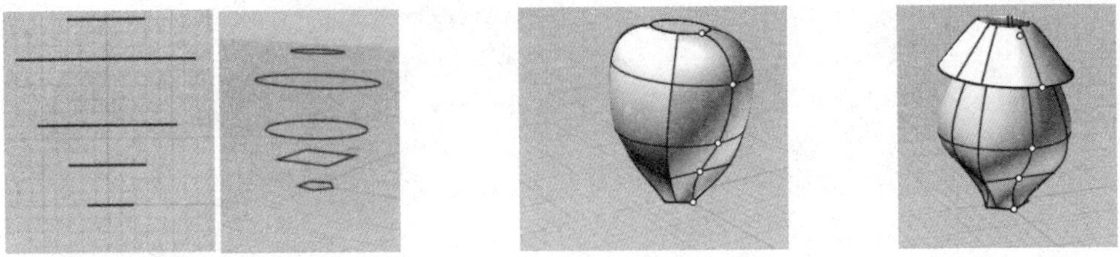

a）有多个截面曲线　　b）一次全选后放样的结果　　c）单选，放样

图 9-36　全选曲线放样

9.4 【扫掠】(Sweep）命令

【扫掠】命令用于沿指定路径以指定轮廓形状（扫掠对象）绘制出实体或曲面。MoI3D 中的【扫掠】命令可以使用一条或两条轨迹路径曲线，能够创建出非常复杂的实体或曲面。首先选择轮廓曲线，然后执行【扫掠】命令，接着选择轨迹曲线，结果如图 9-37c 所示。

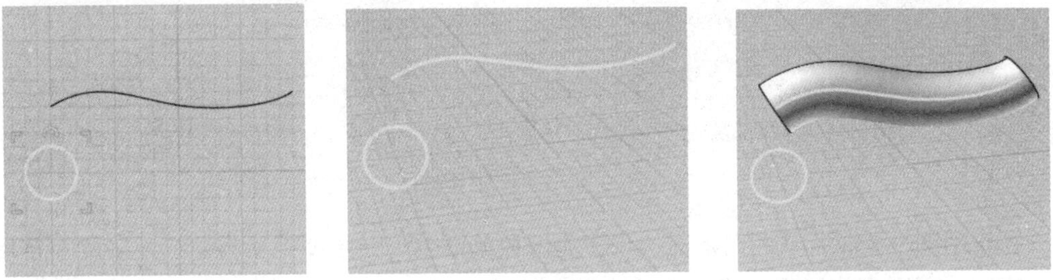

a）选择轮廓曲线　　b）选择轨迹曲线　　c）轮廓线沿路径扫出形体

图 9-37　扫掠示例

对曲线也可以应用【扫掠】命令来生成曲面，如图 9-38 所示。

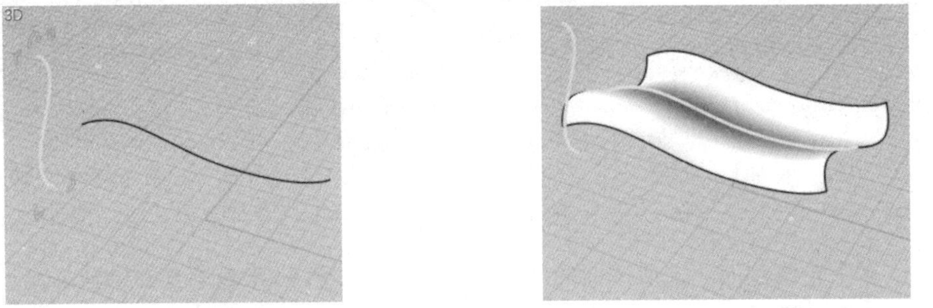

a）选择开放的曲线　　b）扫掠成曲面

图 9-38　曲线扫成曲面

根据使用的是一条轨迹曲线或是两条轨迹曲线，【扫掠】命令具有不同的选项和行为，选择三条或以上的轨迹，将被视为沿着各自的轨迹曲线执行一个单轨扫掠的批量操作。

9.4.1　单轨扫掠

单轨扫掠（One rail sweep）使用一个轨迹曲线进行扫掠，沿着轨迹曲线推移轮廓横截面，沿着路径滑动时垂直于轨迹，是制造管状物体的重要工具。轮廓曲线既可以垂直于轨迹，也可以与轨迹线放置在同一个平面上，离开路径一段距离，MoI3D 会自动移动并旋转轮廓截面，把它们顺着轨迹曲线摆放。要启用自动摆放模式，需确保轮廓截面处于轨迹曲线的边界框（bounding box）以外的区域。在自动摆放模式下，可以使用多个轮廓曲线，只要把它们从左到右排列。一个对象的边界框，就是单击它出现的四角⌟的范围，如图 9-39 所示。

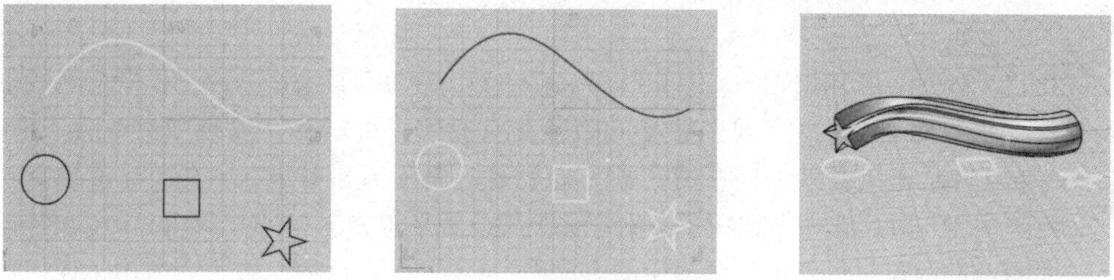

a）曲线的边界框　　b）选择轮廓曲线　　c）扫掠出的形体

图 9-39　单轨扫掠

如果轨迹曲线上有尖角，并且只有一条轮廓曲线，产生的扫掠结果在拐角处成为斜接角，如图 9-40 所示。

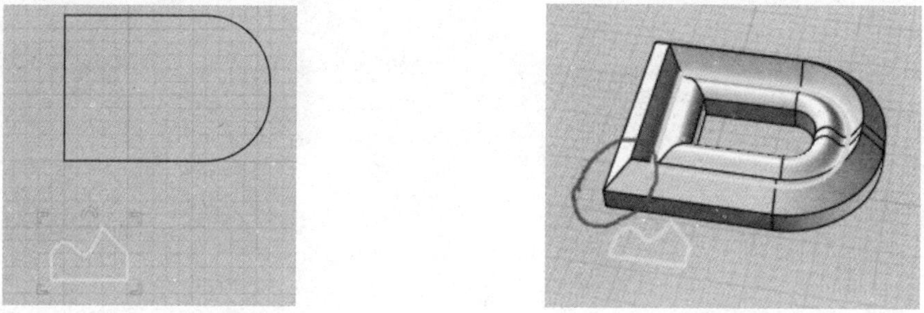

a）轮廓曲线和轨迹曲线　　b）扫掠结果

图 9-40　转角处的斜接方式

下面来看看【扫掠】命令中的选项，如图 9-41 所示。

a）选择轮廓曲线选项　　b）选择轨迹曲线选项

图 9-41　相关选项

c）扫掠选项

d）选项中的内容

图 9-41 （续）

“扭曲”（Twist）默认设置为“自由”（Freeform），单轨扫掠会沿着路径曲线的轨迹逐渐旋转轮廓截面。这对于3D空间中循环的路径非常有效。可以将扭曲选项更改为“平坦”（Flat）。平坦只允许在世界坐标系的Z轴方向旋转，使轮廓相对于XY平面保持稳定。当扭曲设为“平坦”时，在命令选项中会出现一个“设置平坦方向”（Set flat direction）按钮，单击它能够拾取两点，重新定义要使用的方向。“自由”是默认值，因为它适用于任何形状的路径，而平坦在轨迹曲线中有直接朝向Z轴的正切线时不起作用，如图9-42所示。

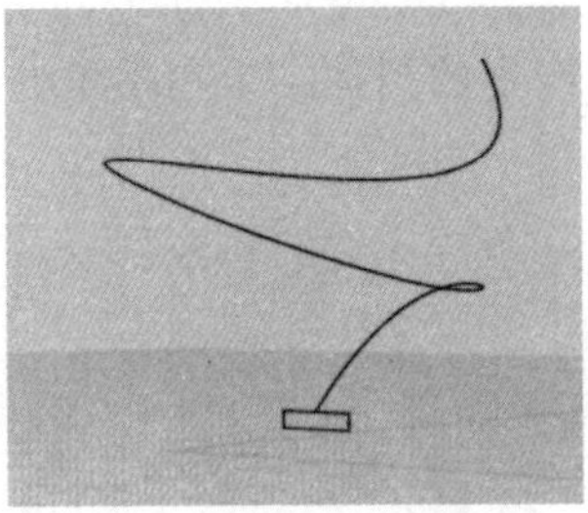

a）空间的轨迹曲线

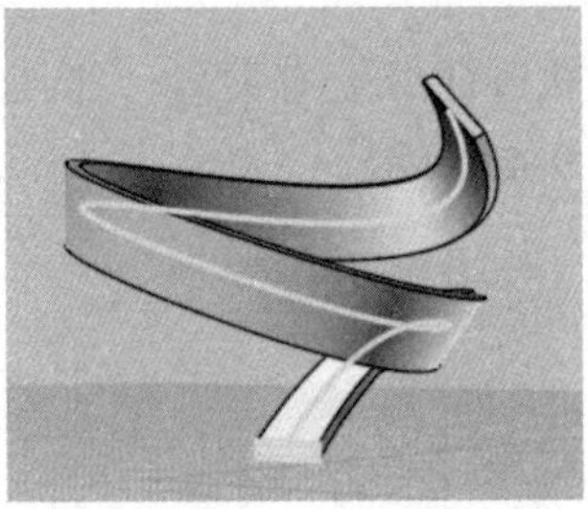

b）扭曲设为“自由”

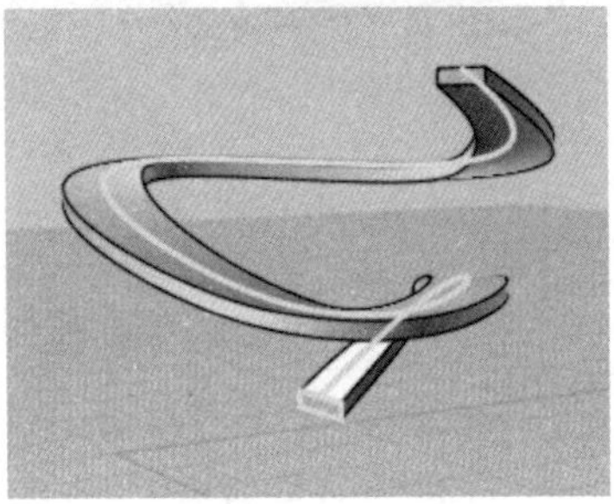

c）扭曲设为“平坦”

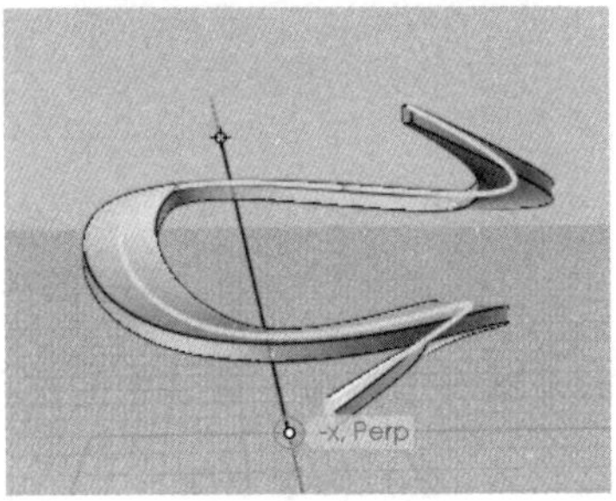

d）重新设置平坦方向

图 9-42 自由与平坦

“两端形式”（Ends）确定了起始端和尾端是否为尖突形状。可以使用两端形式选项来制作一个单轨扫掠收敛效果，使起始端或者尾端汇集到一点，成为触须形状，如图 9-43 所示。

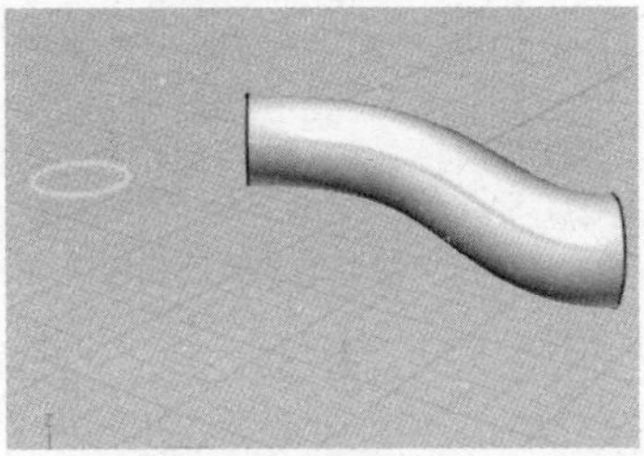

a）常规

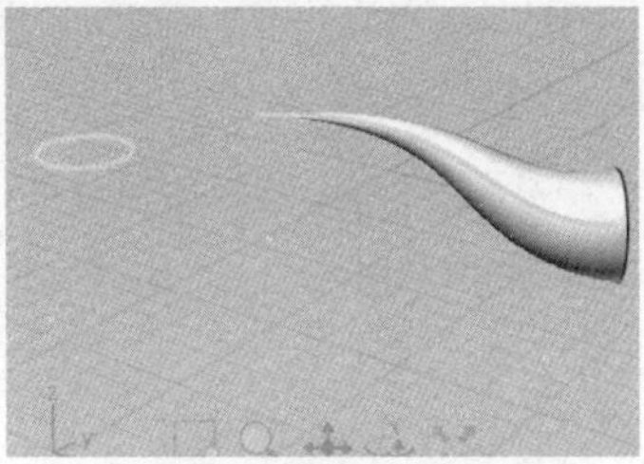

b）尾端尖突

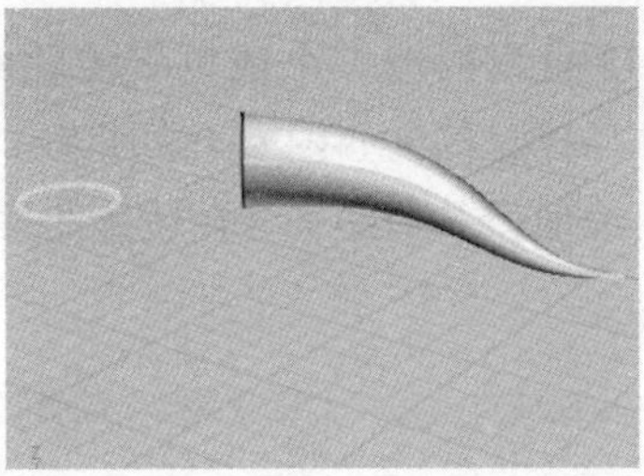

c）始端尖突

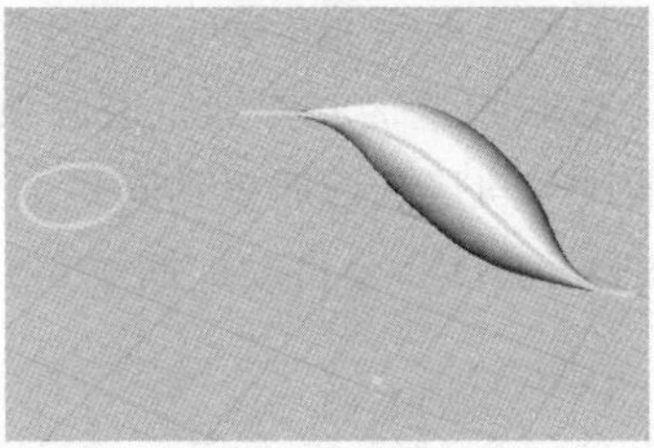

d）两端尖突

图 9-43　两端形式

“拾取缩放轨迹线”（Pick scaling rail）选项允许再拾取一条轨迹曲线，使扫掠结果变形。沿着原来路径扫掠的轮廓截面，再按照比例缩放来匹配缩放轨迹线。从某种意义上说，这提供了一种控制扫掠的纵向轮廓截面的方法。当使用缩放轨迹线时，会出现一个“保持高度”（Maintain height）选项，可用于控制是否缩放仅在朝向导轨的一个方向上施加一种拉伸效果，或者轮廓截面在所有方向上均匀地缩放。缩放轨迹允许使用更容易控制的一条曲线来进一步微调扫掠的形状。只使用一条曲线比起使用大量的横截面更容易控制。缩放轨迹效果应该覆盖扫掠的整个区域，每个轮廓能够垂直延伸以触碰到它。图 9-44 是应用缩放轨迹线的示例。图 9-45 是保持高度选项的示例。

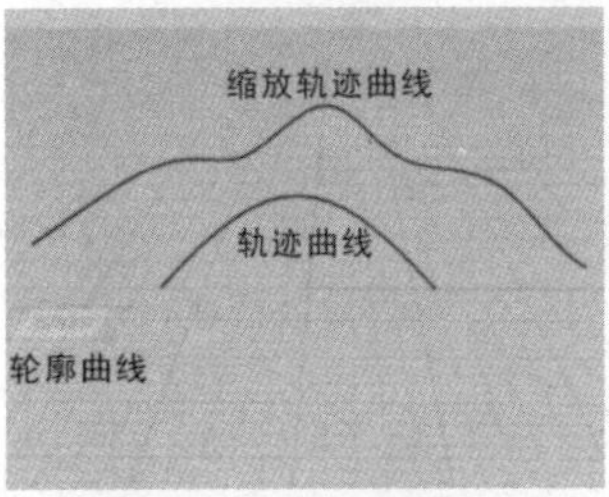

a）三条曲线

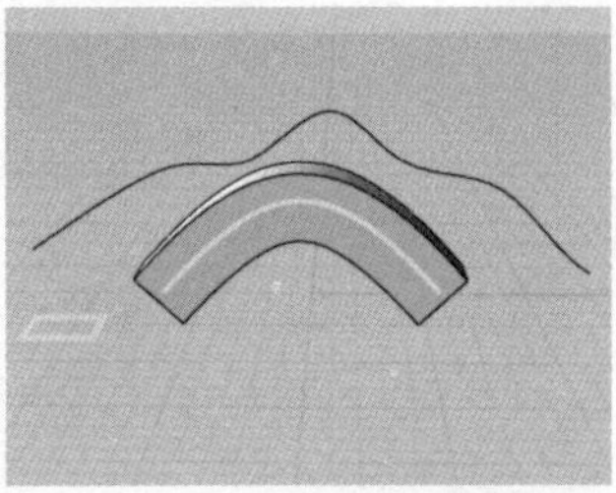

b）常规扫掠的效果

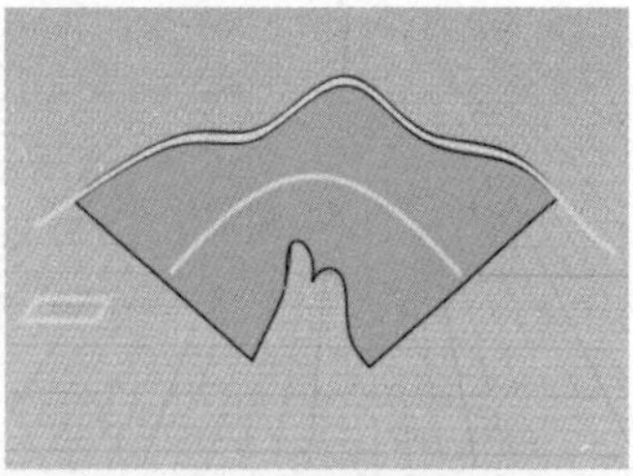

c）应用缩放轨迹线得到的结果

图 9-44　应用缩放轨迹线示例

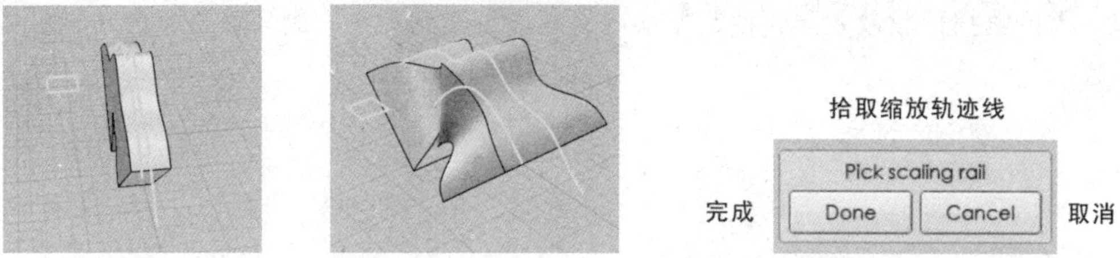

a）勾选保持高度选项　b）不勾选保持高度选项　c）拾取缩放轨迹线选项

图 9-45　保持高度选项的示例

9.4.2　双轨扫掠

双轨扫掠（Two rail sweep）时，可以沿着两条轨迹曲线扫掠一个或更多的轮廓截面。可以把轮廓截面直接放置到轨迹曲线上（或者像单轨扫掠那样），如图 9-46a 所示；也可以把轮廓曲线与轨迹曲线放置到同一个平面上，与轨迹曲线保持一段距离（在轨迹曲线的边界框之外），MoI3D 将会自动地摆放它们，如图 9-46b 所示。

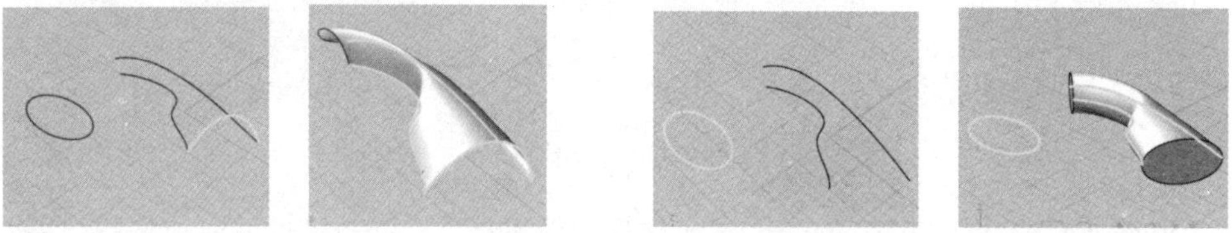

a）选择开放曲线扫掠成曲面　b）选择闭合轮廓曲线扫掠成实体

图 9-46　扫掠出曲面成实体

别忘记了，双轨扫掠也可以使用多个闭合曲线，如图 9-47 所示。因此，双轨扫掠是构建曲面的利器。将轮廓曲线和轨迹曲线摆放到一个平面，由 MoI3D 自动扫掠生成曲面有时得不到想要的结果，此时，就需要用户自己绘制轮廓曲线并放置到轨迹的正确位置上，然后再扫掠成曲面，如图 9-48 所示。

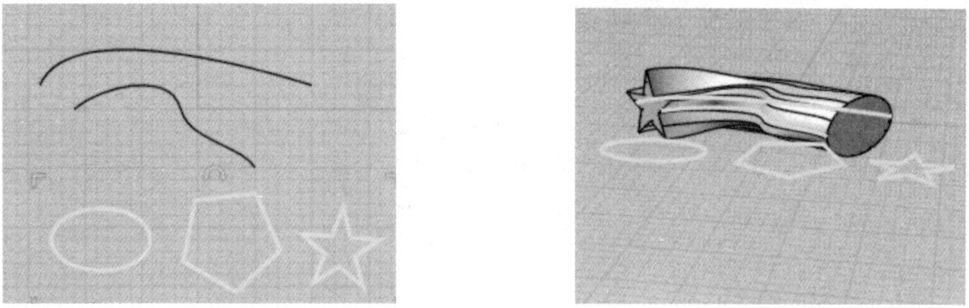

a）选择多个闭合的轮廓曲线　b）扫掠结果

图 9-47　扫掠出复杂实体

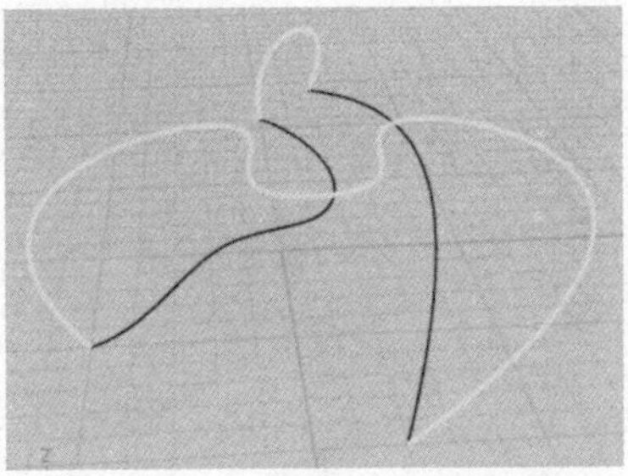

a）选择两个轮廓曲线

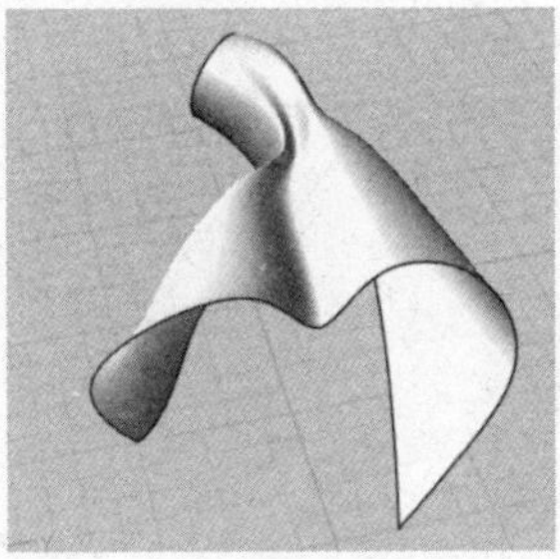

b）双轨扫掠成曲面

图 9-48　自行绘制轮廓曲线扫掠

双轨扫掠选项如图 9-49 所示。

a）选择开放曲线时的扫掠选项

b）选择闭合轮廓曲线时的扫掠选项

图 9-49　双轨扫掠选项

在选择开放的曲线或闭合轮廓曲线时，扫掠选项略有差异，使用闭合轮廓曲线时会有“封闭端部”（Cap ends）选项。这可以理解成是因为闭合轮廓曲线扫掠的结果是实体，这个选项控制着得到的扫掠结果是实体还是曲面。“轮廓”选项的作用与前面介绍的相同，针对选择几个轮廓曲线扫掠时，控制不同的轮廓截面连接的方式。用户可以选两个封闭的闭合轮廓曲线，分别试一下看看是什么效果，如图 9-50 所示。

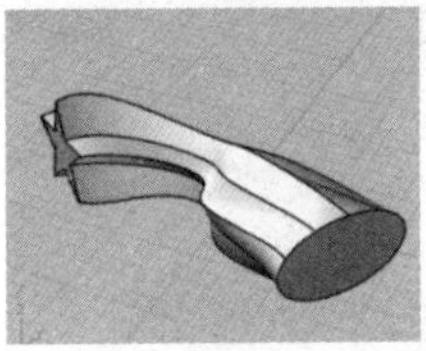

a）自动

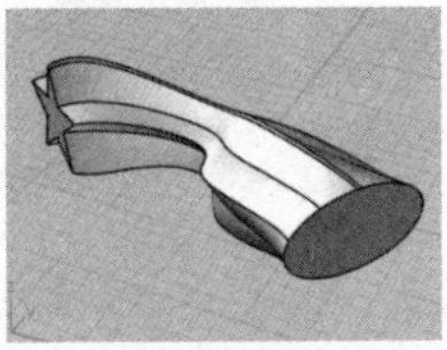

b）精确

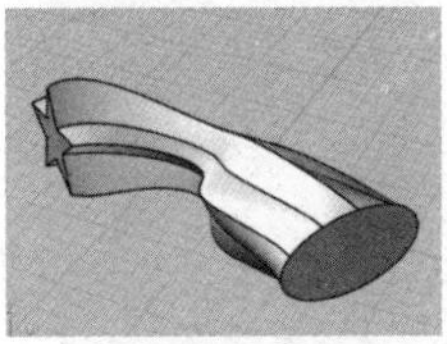

c）修整

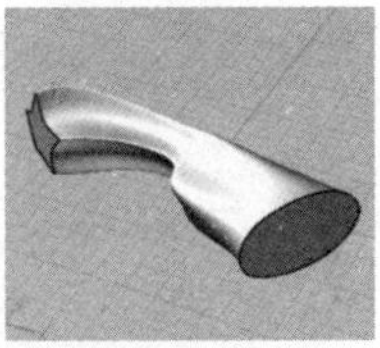

d）# 点

图 9-50　轮廓各选项扫掠结果

勾选“保持高度”选项时，轮廓截面只在一个方向延展以适合于两个轨迹之间的区域。不勾选这个选项时，轮廓截面均匀地在各个方向上缩放，如图 9-51 所示。

“拾取缩放轨迹线”按钮的工作方式类似于单轨扫掠，允许再拾取一条附加的轨迹曲线来伸展轮廓截面。在这种情况下，缩放轨迹线通常应该摆放在两条轨迹曲线的中间。图 9-52 是双轨扫掠并使用缩放轨迹线的例子。

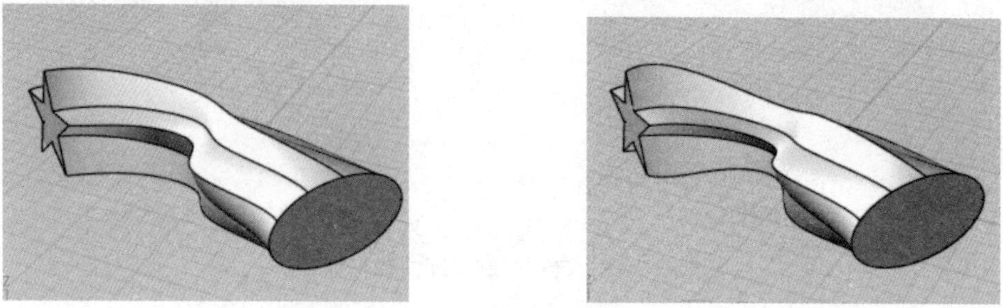

a）勾选“保持高度”选项　　b）不勾选“保持高度”选项

图 9-51　保持高度选项

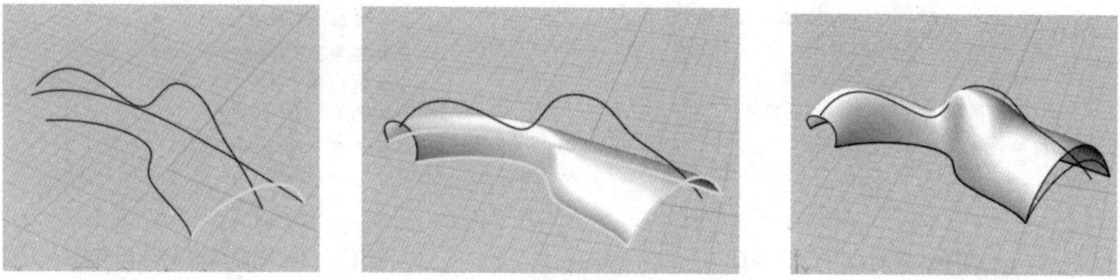

a）三种类型曲线的摆放　　b）双轨扫掠　　c）应用缩放轨迹线

图 9-52　双轨扫掠并使用缩放轨迹线

扫掠完成后，对缩放轨迹线应用【编辑：显示点】命令调节它的控制点，就可以改变曲面的形状，如图 9-53 所示。

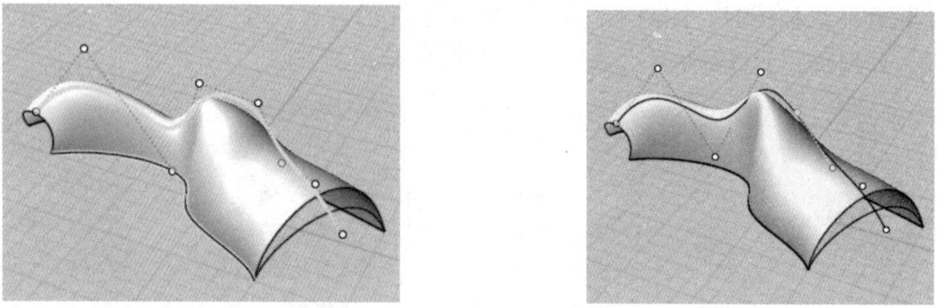

a）显示缩放轨迹线的编辑点　　b）调节编辑点

图 9-53　改变曲面形状

当使用双轨扫掠制作半个形体时，可以使用“保持相切”（Maintain tangent）复选项进行扫掠，这样镜像出另一半时不会产生褶皱。图 9-54 所示只是在双轨扫掠选项中提供了保持相切的选项，且要用到后面所讲的【镜像】命令。

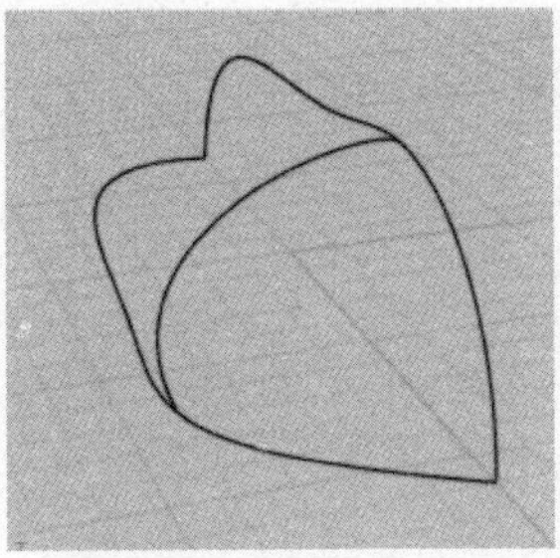
a）轮廓曲线和轨迹曲线

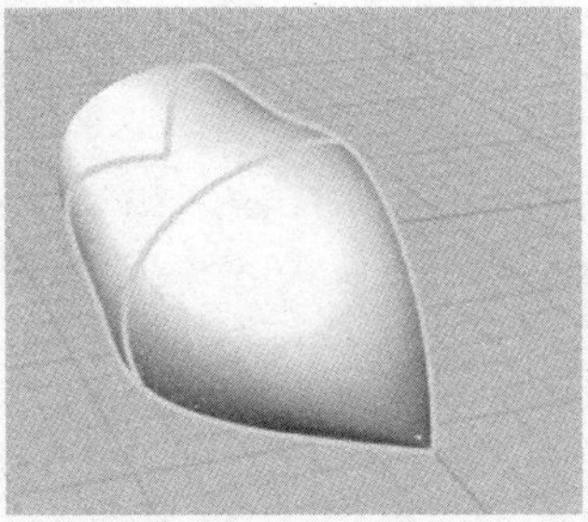
b）双轨扫掠出半个形体

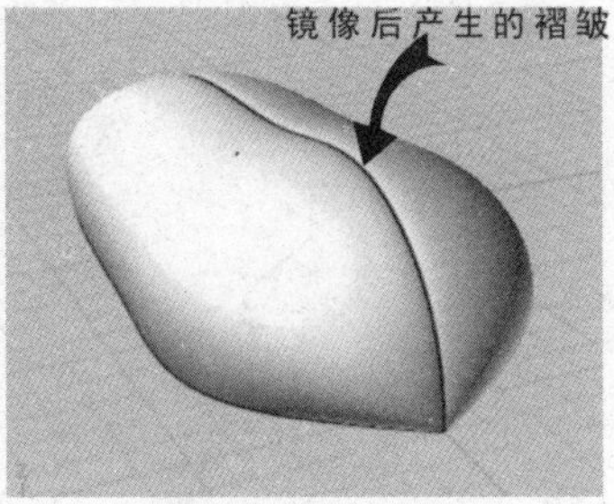

c）镜像出另一半

图 9-54　扫掠并镜像产生褶皱

产生褶皱的原因是当轮廓截面沿着轨迹滑动时，不同形状的轨迹曲线有轻微的距离差，造成轮廓截面形状产生一些扭曲。在这样的情况下可以使用“保持相切”选项来消除这种扭曲。要启用“保持相切”模式，所有的轮廓截面都沿着一条轨迹曲线共享同一正切方向，它们必须都是由平行的面构成形体。在这种模式下，滑移轮廓截面的同时会保持它们在相同的平面内，如图 9-55 所示。

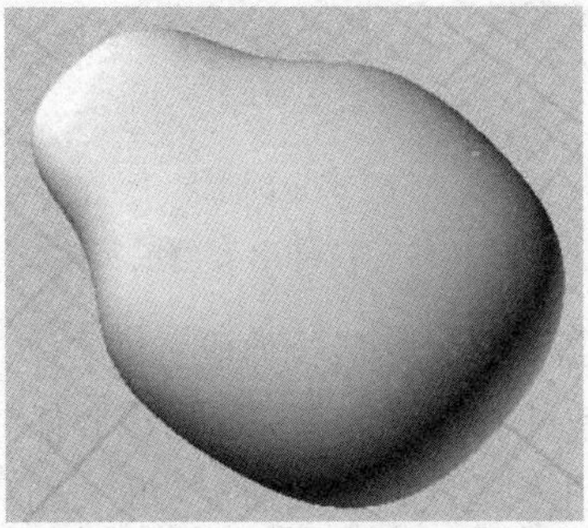

图 9-55　启用“保持相切”，扫掠后镜像得到的结果

这只是一些特定情况下的解决方法。如果镜像后得到的结果实在不满意，就考虑一次制作出完整的形体，或者使用缩放轨迹线来控制形体的形状。

9.5　建模实例

本章所讲解的【拉伸】、【旋转】、【放样】和【扫掠】是重要的由二维曲线和曲面生成三维对象的方法，下面做一些简单的练习。

9.5.1　拉伸实例

现在是把学到的知识应用到实践的时候啦！首先来创建一个实体五角星。

1）使用【多边形：星形】命令，在俯视图中绘制出一个五角星，如图 9-56 所示。

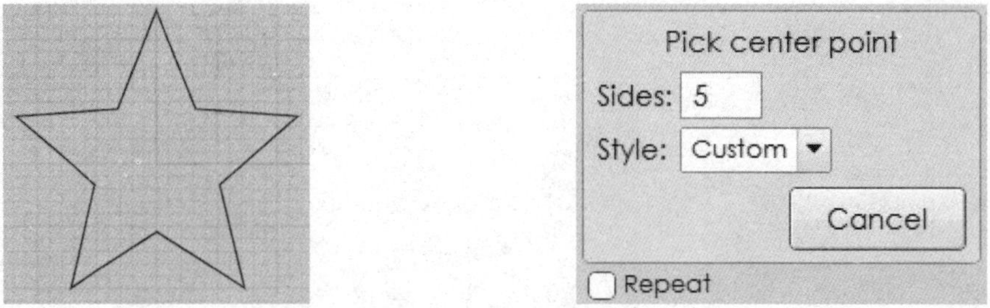

图 9-56　绘制五角星

2）选择五角星，应用【拉伸】命令，单击“到指定点”按钮，在正交视图中确定拉伸点的位置，就拉伸出了五角星的实体，如图 9-57 所示。

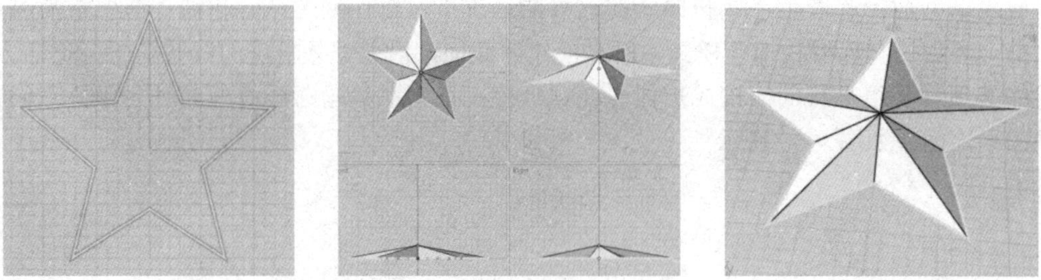

a）选择五角星　　b）确定拉伸点　　c）拉伸结果

图 9-57　拉伸出五角星实体

接下来练习按尺寸绘制二维图形，然后拉伸成三维实体。

1）对于图 9-58a 中的轴套，【拉伸】命令完全可以胜任。不过，前提是要严格按照图中所示的尺寸画出二维图形。利用构造线，启用捕捉功能，可以找到大圆和小圆的切线。

2）首先选择右侧大端的两个圆，应用【拉伸】命令，设置拉伸距离为 40，得到圆筒形体，如图 9-59 所示。

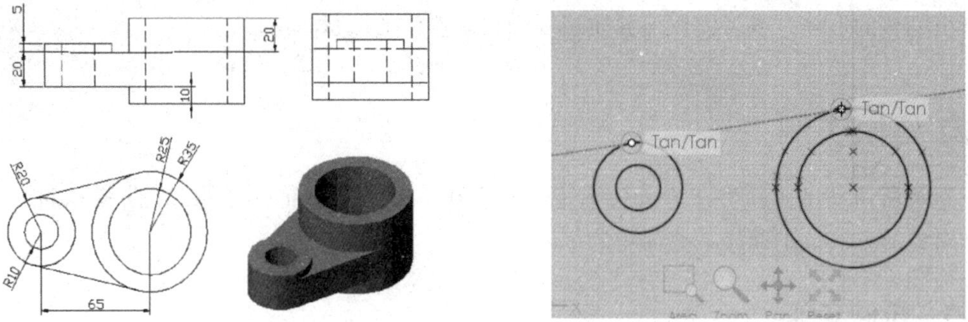

a）轴套的图纸　　b）确定大圆和小圆的切线

图 9-58　绘制二维图形

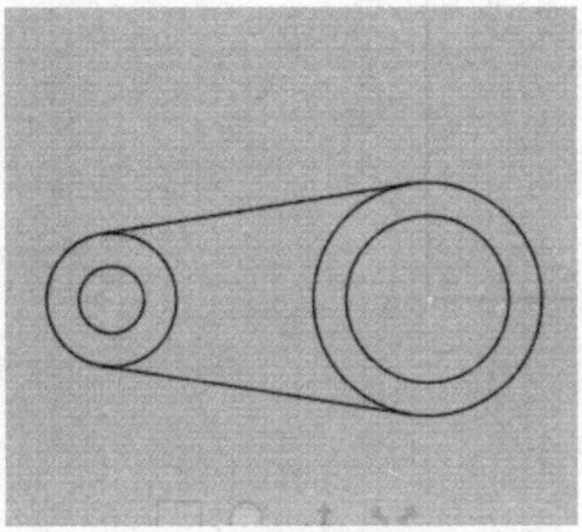

c）绘制出的二维图形

图 9-58 （续）

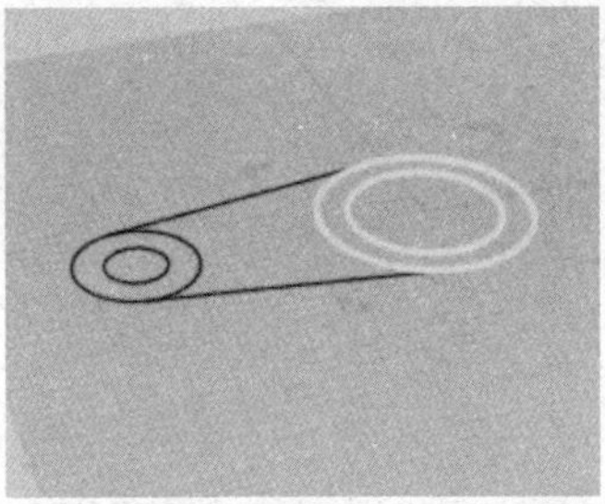

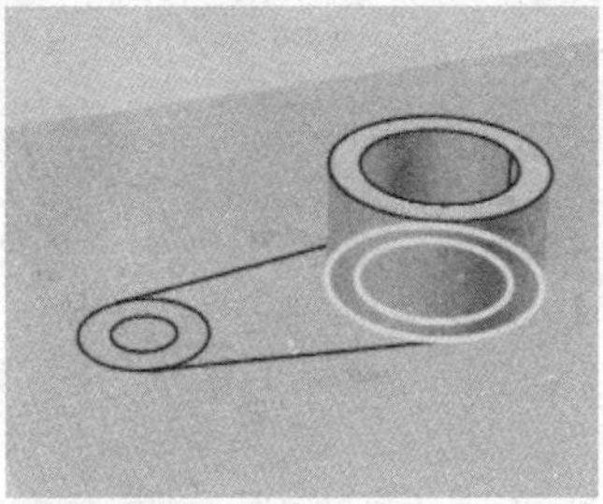

图 9-59　选择大端的两个圆拉伸出大圆筒形体

3）此时，一定要取消选择对两个大圆的选择。接下来再选择小端的两个圆，应用【拉伸】命令，设置拉伸距离为 25，拉伸出小圆筒实例如图 9-60 所示。

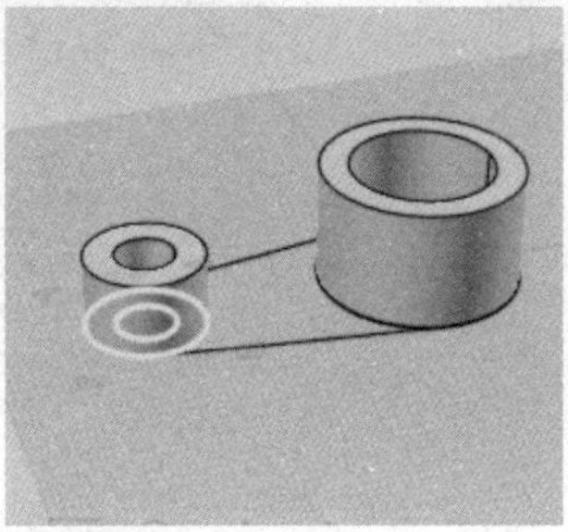

图 9-60　选择小端的两个圆拉伸出小圆筒形体

4）取消选择两个小圆，旋转 3D 视图，再次选择大端的两个大圆，应用【拉伸】命令，拉伸距离设为 −10，这次向下拉伸 10 个单位，如图 9-61 所示。

5）取消选择大圆，然后选择两端外侧的圆和两条切线，执行【布尔：并集】命令。接着选择图 9-62b 所示的内侧曲线，再次应用【拉伸】命令，拉伸距离设为 20。

6）此时，形体分为三个部分。接下来全选这些形体，应用【布尔：并集】命令，把三部分形体组合成一个形体，如图 9-63 所示。

图 9-61　再次选择大端的两个圆向下拉伸 10 个单位

a）选择外圆和切线　　b）选择内侧的曲线　　c）拉伸距离为 20

图 9-62　拉伸肋

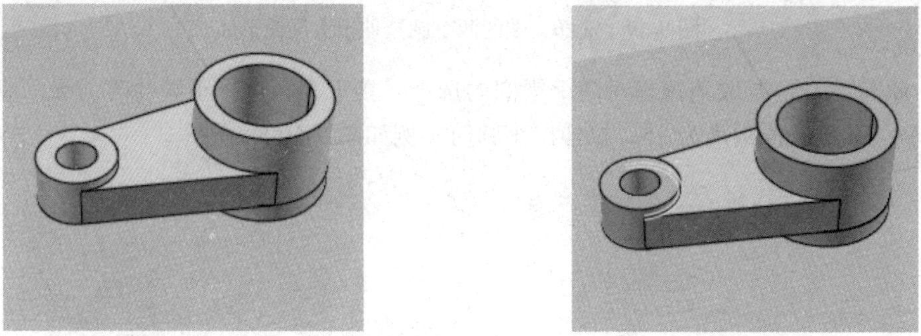

a）选择三部分形体　　b）组合效果

图 9-63　组合三部分形体后

9.5.2　旋转实例

下面练习构建一些旋转体。我们来制作盘子和杯子的模型。常规的旋转操作最重要的是绘制截面曲线，这需要平时多观察、多练习。

1）在主视图中绘制出盘子的截面曲线，如图 9-64 所示。提示一下，在绘制曲线时，按下 Ctrl 键即可指定角点。绘制完成后，可以应用【编辑：显示点】命令进入编辑状态，调节曲线的形状。

2）选择绘制的曲线，执行【旋转：旋转】命令，确定旋转轴线后，单击“完成”确认，就得到了盘子的模型，如图 9-65 所示。

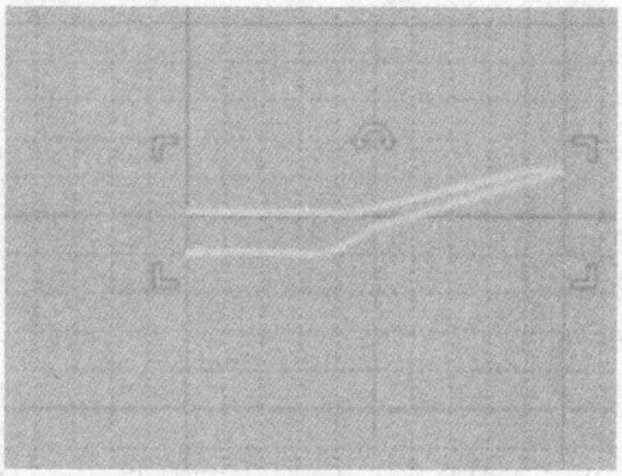

图 9-64 绘制盘子的截面曲线

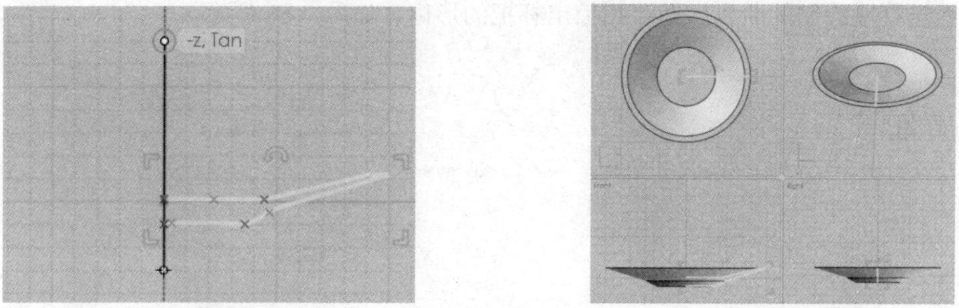

a）确定旋转轴线 b）旋转出盘子模型

图 9-65 得到盘子模型

接下来再构建一个杯子的模型。

1）在主视图中接着画出杯子的截面曲线，如图 9-66 所示。提示一下，感觉点画得不好，可以按 Ctrl+Z 返回到上一个点，重新绘制下一段曲线。

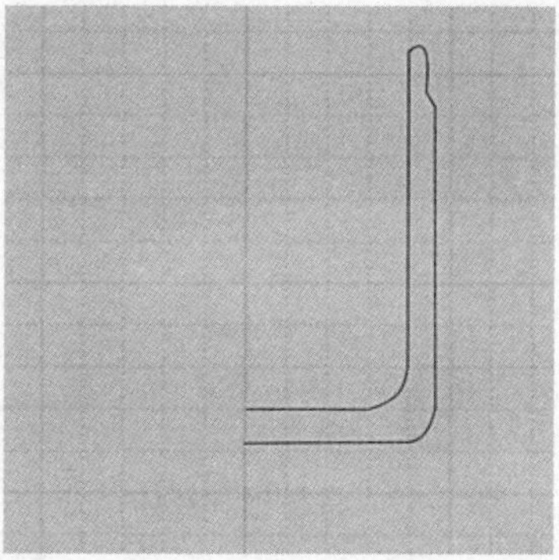

图 9-66 绘制杯子的截面曲线

2）选择杯子曲线，执行【旋转：旋转】命令，确定旋转轴线后，单击“完成”确认，就得到了杯子的主体模型，如图 9-67 所示。

a）确定旋转轴线　　b）旋转出杯子模型

图 9-67　得到杯子模型

3）在杯子的侧面绘制一条曲线，同时绘制一个小圆形。选择圆形，执行【扫掠】命令，轨迹曲线选择刚绘制的曲线，即可扫掠出杯把的形体，如图 9-68 所示。

图 9-68　扫掠出杯把

4）如果杯子把与杯子之间略有些间隙，将杯把稍微移动，靠近杯子一些，然后应用【布尔：并集】命令，把两部分结合为一个整体，如图 9-69 所示。

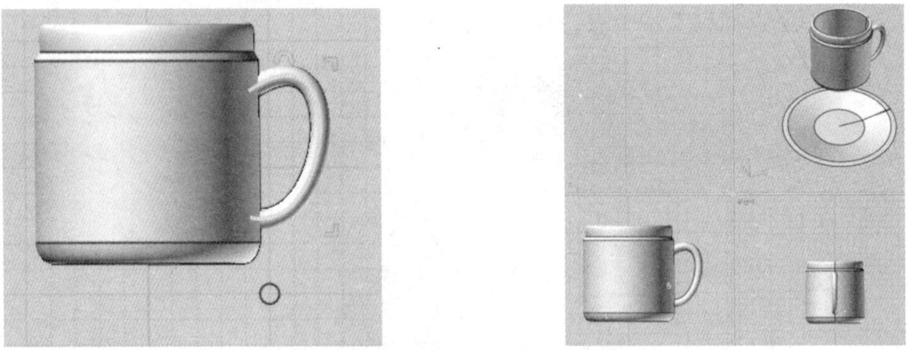

图 9-69　将杯把和杯体结合

5）移动杯子，使其坐于盘子中，如图 9-70 所示。

下面再来构建一个瓶子类的容器，练习轨迹旋转命令。

1）在俯视图中，应用【椭圆：中心、半径】命令，绘制一个椭圆。然后，使用【编辑：

显示点】命令显示出椭圆的控制点，分别将长轴两端的控制点向内拖动，形成轨迹曲线，如图 9-71 所示。

图 9-70　把杯子坐在盘子中

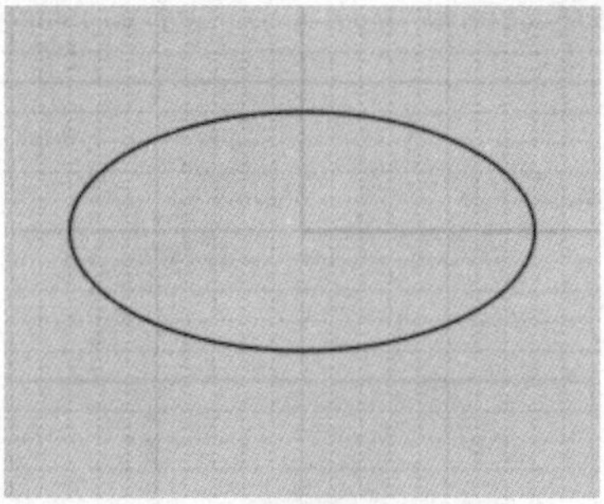

a）绘制椭圆

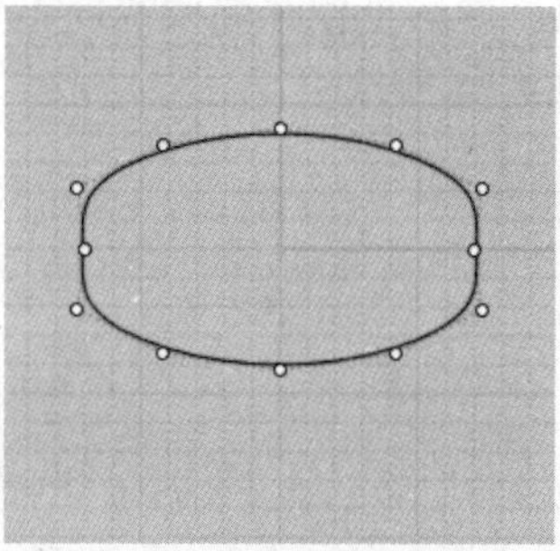

b）调节两端的控制点

图 9-71　绘制轨迹曲线

2）在主视图中，绘制截面曲线，如图 9-72 所示。

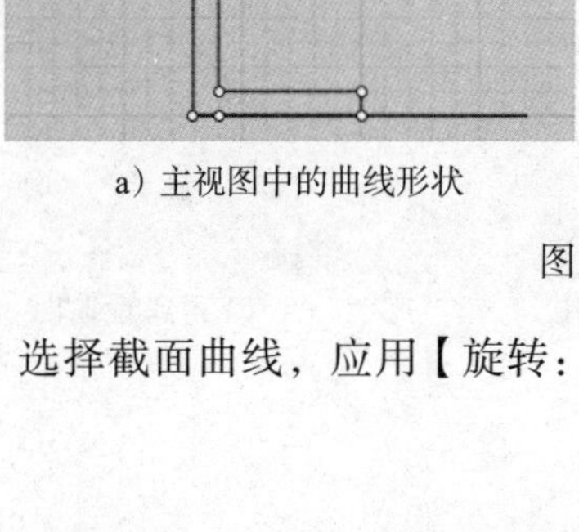

a）主视图中的曲线形状

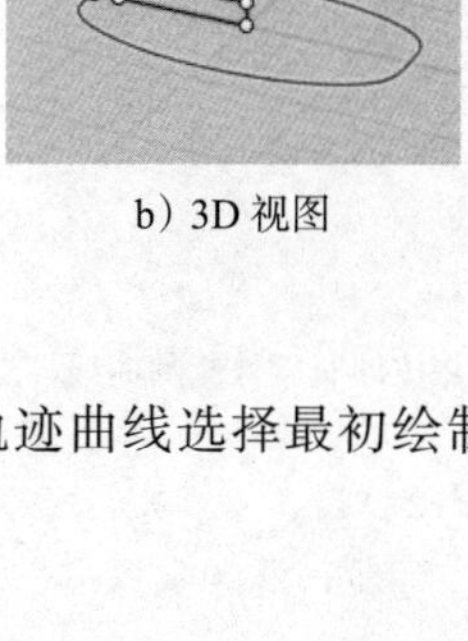

b）3D 视图

图 9-72　绘制截面曲线

3）选择截面曲线，应用【旋转：轨迹旋转】命令，轨迹曲线选择最初绘制的椭圆形，旋转出瓶体，如图 9-73 所示。

a）选择截面曲线和轨迹曲线　　b）旋转结果

图 9-73　旋转出瓶体

4）接下来构建瓶盖。选择瓶口外侧的曲线，应用【构建：偏移】命令，使其向外偏移一段距离。然后把偏移的曲线向上移动一段距离。对这条曲线应用【拉伸】命令，向下拉伸。如图 9-74 所示。

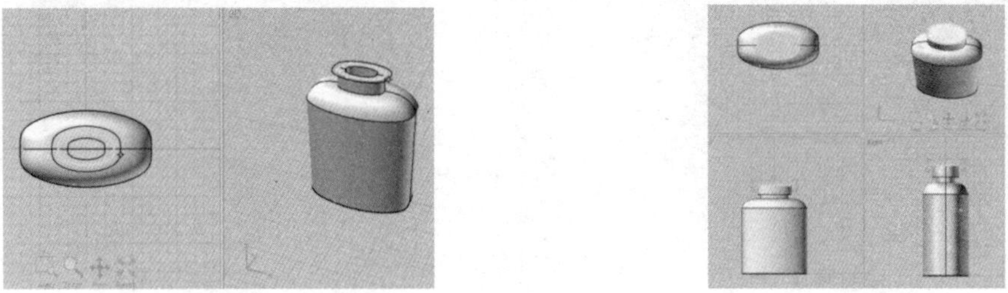

a）偏移并移动瓶口外侧曲线　　b）向下拉伸出瓶盖

图 9-74　拉伸瓶盖形体

5）此时，所谓的瓶盖还只是个扁圆柱，还需要挖空内部，使其成为真正的盖子。选择这个扁圆柱，单击【隐藏】命令，它将消失。再次选择瓶口外侧的曲线，向下拉伸，注意这次要比上次的瓶盖长些。随后显示出隐藏的瓶盖，并把瓶体隐藏。先选择最初的瓶盖，应用【布尔：差集】命令，接着选择后拉伸的扁圆柱，挖空，成为真正的盖子，如图 9-75 所示。

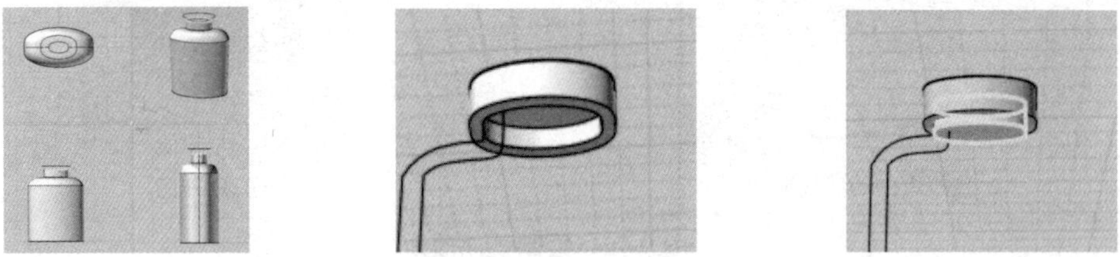

a）再次选择并拉伸瓶口外侧的曲线　　b）布尔差集两个扁圆柱　　c）得到的结果

图 9-75　得到瓶盖

6）显示出瓶体，得到了带盖子的瓶子。为了更美观，对瓶盖上沿倒圆角，如图 9-76 所示。

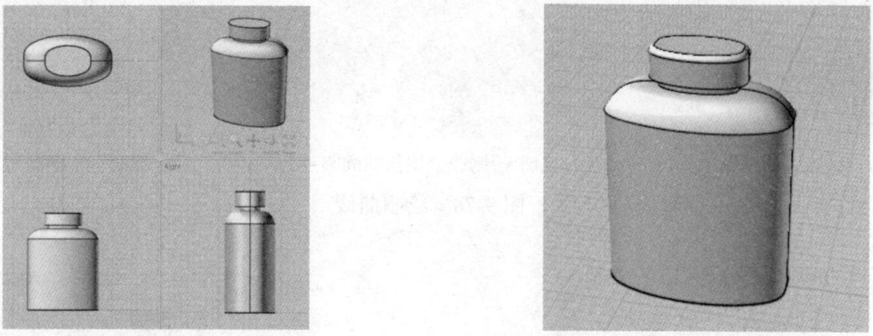

a）显示瓶体　　b）对瓶盖上边线倒圆角

图 9-76　得到最终效果

9.5.3　放样实例

扫掠和放样都可以创建出复杂的形状，应该选用哪种方式要根据具体的设计来决定。扫掠和放样之间也有一些区别，这些区别将会影响到选择哪种方法来建模。两者根本的差别在于：放样使用多个轮廓截面，但没有轨迹曲线；扫掠使用几个轮廓截面，还可用一条或两条轨迹曲线，再加上一条缩放轨迹线。考虑图 9-77 所示塑料瓶的基本结构，如果你的设计数据是瓶子前面和侧面的两条曲线所描述的外形，并且瓶子的所有横截面的形状都是相似的，那么就可以通过沿轨迹线扫掠的方式来创建这个形体。如果你的设计数据是一系列横截面，那么就可以使用放样来创建这个形体，尤其是当横截面不相似时，这种方法非常有用。

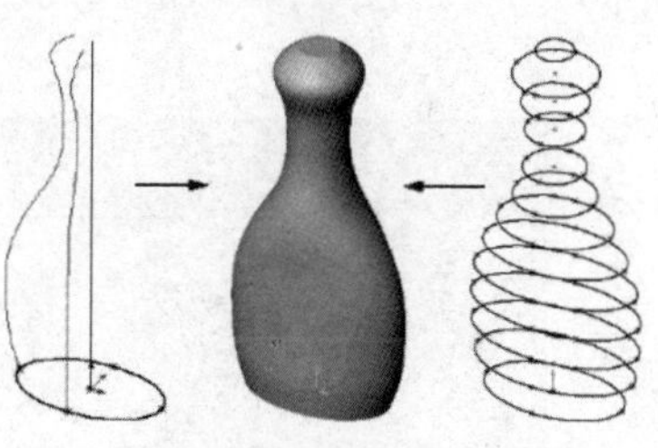

图 9-77　扫掠或放样构建同样的瓶子

下面使用【放样】命令，来创建一个洗面奶包装。

1）在俯视图中绘制一个圆形，在主视图中将它上移一段距离。接着绘制一个狭长的椭圆形，注意要尽可能窄。再绘制一个椭圆，也向上移动一些距离。放样操作主要是截面曲线的绘制，这在图 9-77 中已清楚地体现出来。如果有耐心，可以慢慢画出一些不同的形状，然后执行【放样】命令，会得到意想不到的结果。绘制的曲线如图 9-78 所示。

2）选择三条截面曲线执行【放样】命令，得到洗面奶包装的形体，如图 9-79 所示。用鼠标拖动圆上的小圆标志调节一下形状。

3）选择圆形轮廓线，向上拉伸，然后对它的上边线倒圆角，如图 9-80 所示。

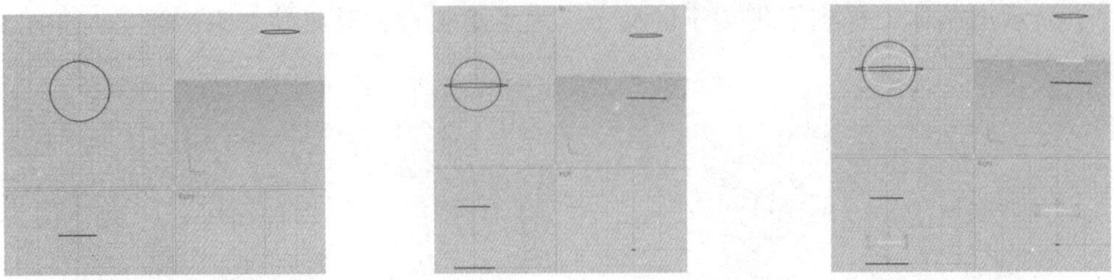

a）绘制一个圆并上移　　b）绘制一个狭长的椭圆　　c）绘制一个椭圆并上移

图 9-78　绘制曲线

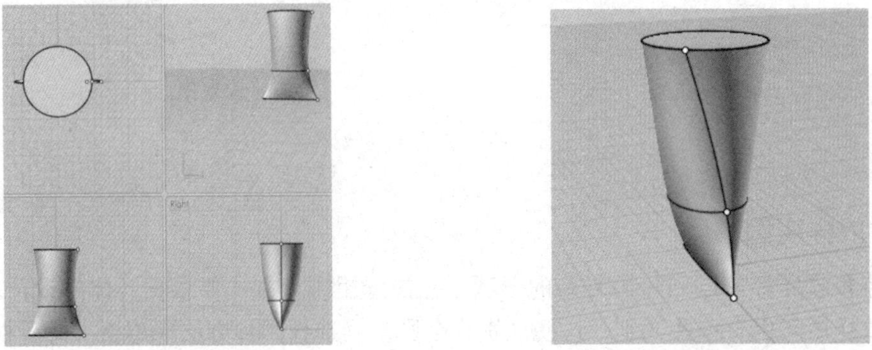

a）放样出洗面奶包装形体　　b）调节模型形状

图 9-79　得到形体

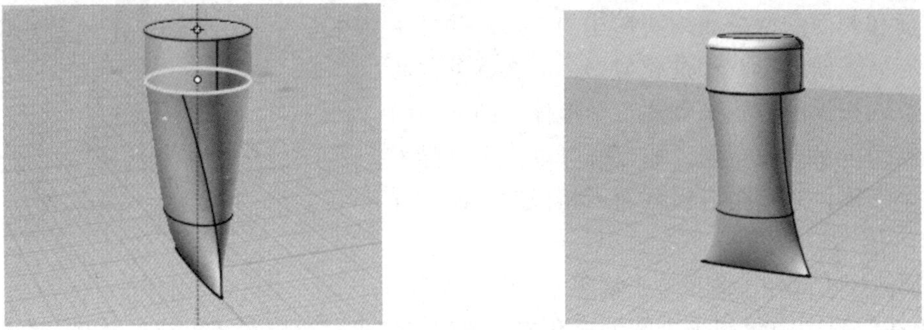

a）拉伸圆形轮廓线　　b）对上边线倒圆角

图 9-80　得到盖子模型

下面来练习构建一个钻头的模型。

1）绘制三个形状，在 3D 视图中的排列如图 9-81a 所示。然后执行【放样】命令，得到放样后的形体。调节前端星形轮廓上的小圆标志，使前端有些扭曲效果，得到钻头的初步模型。

2）选择前端的星形截面，执行【拉伸】命令，单击“锥化”按钮，使前端形成一定的锥度，得到了一个钻头模型，如图 9-82 所示。

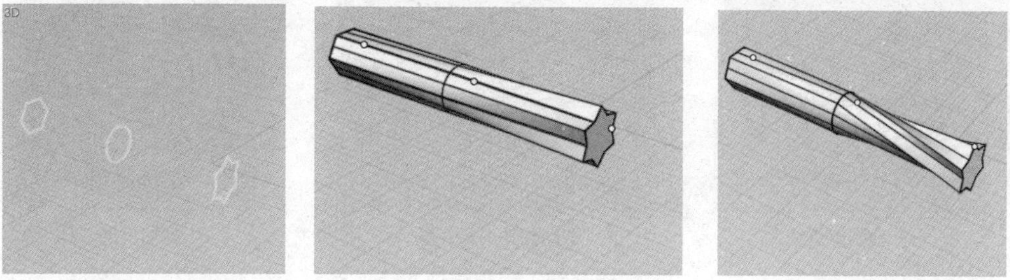

a）绘制三个形状　　b）放样得到的形体　　c）调节星形上的小圆

图 9-81　得到初步模型

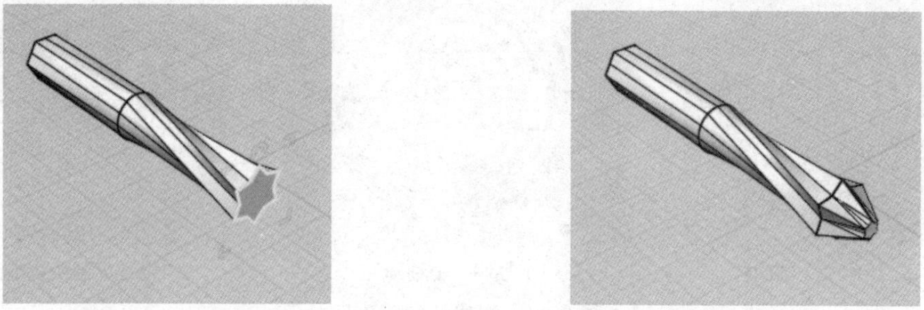

a）选择前端的星形截面　　b）拉伸出尖头部分

图 9-82　得到钻头最终模型

9.5.4　扫掠实例

在 MoI3D 中，可以使用单轨和双轨扫掠轮廓截面，创建出复杂的形体。这里，只是练习如何使用【扫掠】命令，不会涉及制作过于复杂的模型。

先来看看以平面螺旋线作为轨迹曲线的扫掠结果。

1）应用【其他：螺旋】命令，单击平滑螺旋按钮，绘制出一个平面螺旋线。接着绘制一个半径为 0.4 的小圆，应用【扫掠】命令，轨迹曲线选择“螺旋线”，确认，结果如图 9-83 所示。

2）绘制一个半径为 0.4 的细长圆柱体，跨过整个螺旋线形体。单击圆柱体，按住 Ctrl 键，单击编辑框上的旋转图标，一边旋转一边复制，复制出一个与之垂直的细圆柱。随后，再复制出摆放在 45º 位置的两个细圆柱（这个复制的过程可以应用圆周阵列功能一次完成）。这种格栅可以模拟汽车空调的出风口或音响的表面，如图 9-84 所示。

使用空间绘制的螺旋线可以构建不同样式的弹簧体。

1）应用【其他：螺旋】命令绘制一条空间的螺旋线，接着绘制一个小圆形，应用【扫掠】命令，扫掠出弹簧体，如图 9-85 所示。

a）绘制螺旋线　　b）绘制一个小圆　　c）扫掠出的形体

图 9-83　扫掠螺旋实体

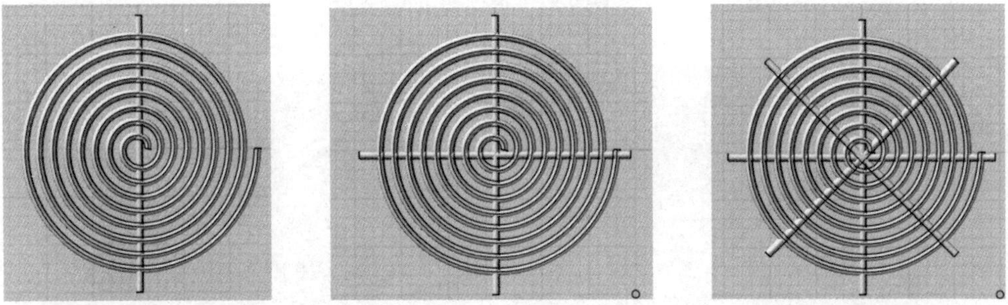

a）绘制一个细圆柱　　b）复制一个细圆柱　　c）继续复制两个细圆柱

图 9-84　创建并复制细圆柱

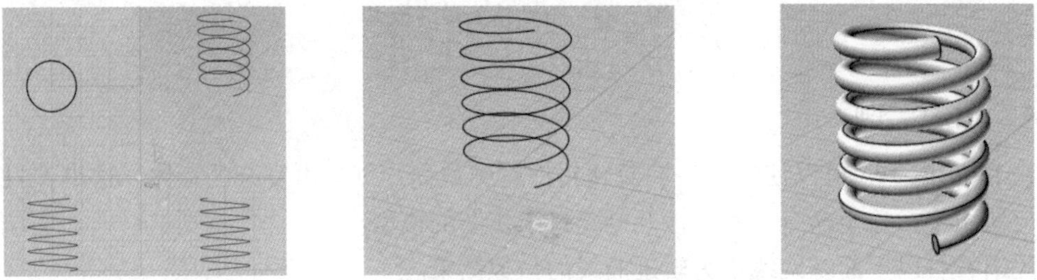

a）绘制空间螺旋线　　b）绘制一个小圆　　c）扫掠出弹簧体

图 9-85　扫掠弹簧

2）如果绘制的是锥形螺旋线，那么可以扫掠出锥簧，如图 9-86 所示。

3）利用扫掠出的弹簧可以制作螺纹。先绘制一个圆柱体，使弹簧环绕它，圆柱体要比弹簧内径略大些。选择圆柱体，执行【布尔：差集】命令，再选择弹簧，挖出螺纹的形状如图 9-87 所示。

不过，标准的螺纹起始和结束位置并不是这样的断面，螺纹还需要进一步处理。

接下来看看双轨扫掠的应用。

1）绘制一个圆形，然后复制这个圆并上移一段距离，显示出控制点。间隔选择控制点，向下移动一些，形成起伏的曲线，如图 9-88 所示。

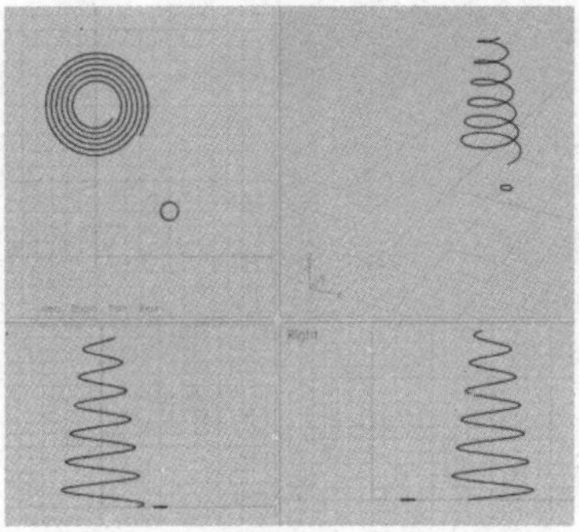

a）绘制锥形螺旋线

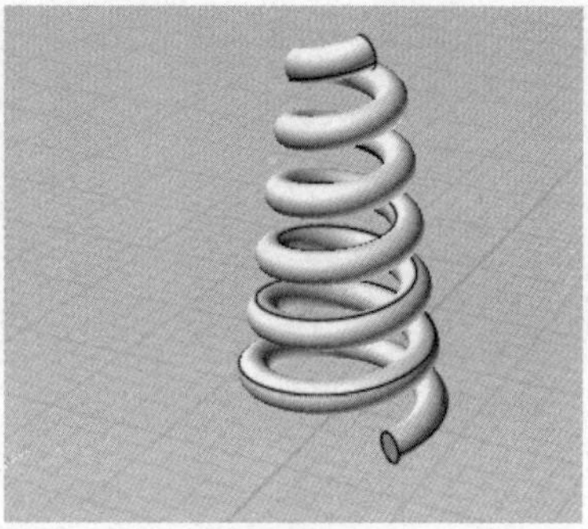

b）扫掠出锥簧

图 9-86　扫掠锥簧

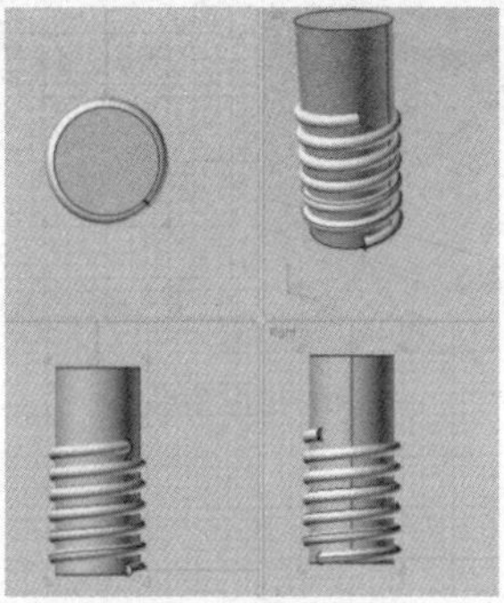

a）绘制圆柱体

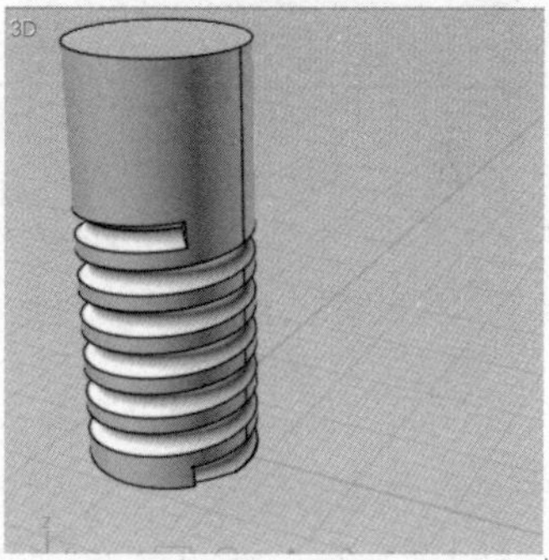

b）应用【布尔：差集】命令

图 9-87　挖出螺纹

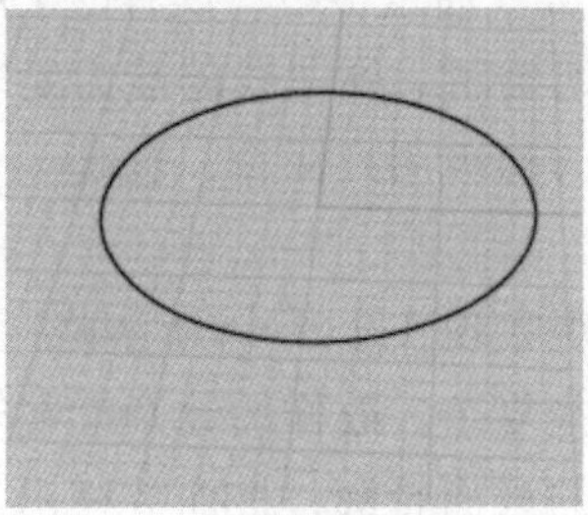

a）绘制圆形

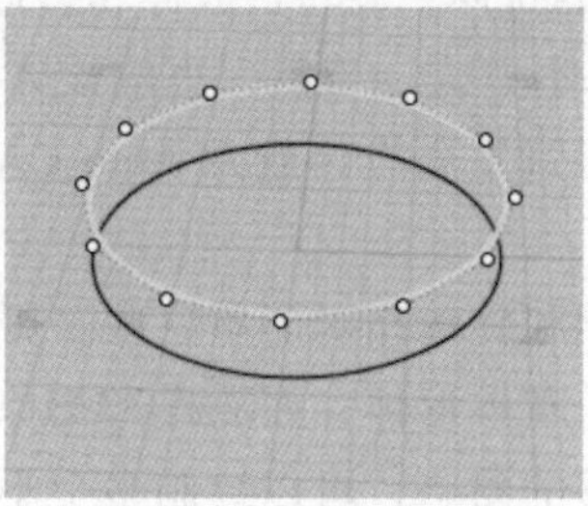

b）显示复制的圆形控制点

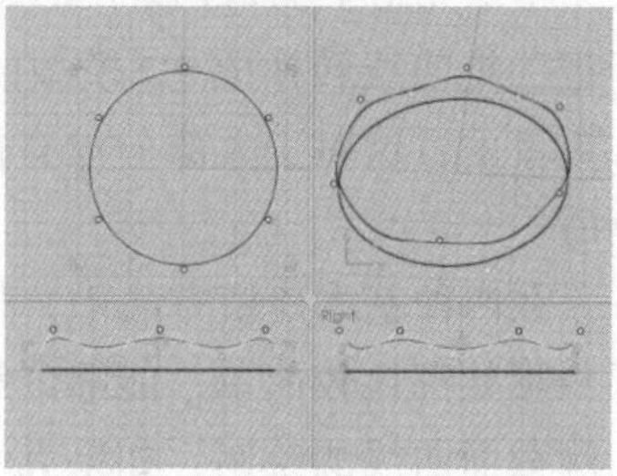

c）调节控制点

图 9-88　绘制轨迹

2）在主视图中绘制一个小圆，显示出控制点，可以用鼠标拖出一个矩形框，选取三个控制点并向上拖动，然后分别调节单个控制点，形成桃形，如图 9-89 所示。

3）选择桃形，执行【扫掠】命令，选择大圆形和变形的圆作为轨迹曲线，扫掠出形体，这可以作为制作手镯的方法，如图 9-90 所示。

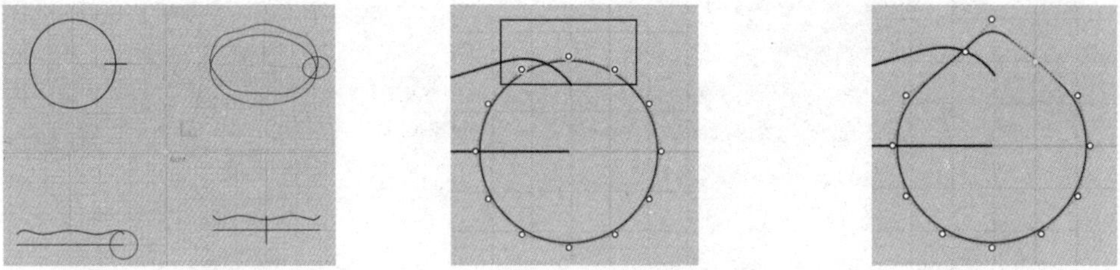

a）绘制一个小圆形　　b）框选三个控制点　　c）调节控制点

图 9-89　得到桃形

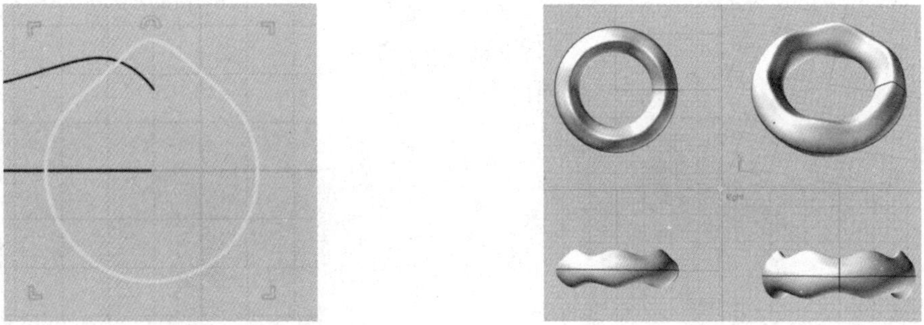

a）选择桃形　　b）扫掠结果

图 9-90　扫掠出形体

9.6　小结

本章介绍了 3D 建模中最基本的拉伸、旋转、放样和扫掠方法。通过学习，读者已了解了把二维曲线转换成 3D 模型的基本方式。当然，也应该体会到绘制二维曲线的能力是非常重要的，这对于大部分没有接触过平面设计或者 Auto CAD 的初级用户而言，也是一个障碍。

在四种基本建模方法中，拉伸和旋转相对简单一些。可以观察现实生活中的物体，大部分形状都比较简单，能够分解为基本形体；而放样和扫掠有些复杂。放样的复杂性在于轮廓截面曲线的绘制，如果有足够的耐心，可以绘制多个不同的截面轮廓，进而放样出复杂的形体；而扫掠使用了轨迹曲线，因此绘制出轮廓曲线和轨迹曲线是得到满意的形体所必需的。

通过上一章和本章的学习，读者其实已具备了强大的建模能力。四种基本建模方法结合布尔运算，是 3D 建模的精髓。此外，MoI3D 是面向工程领域的软件，并不是面向艺术领域的，所以精确是一个必须要注意的问题。

第 10 章 Chapter 10

生成曲面和曲线的方法

前面的章节已介绍了构建 3D 模型的主要方法，本章将要介绍的几个命令应该算是补充工具，用来完善建模过程中的一些细节。通俗地讲，虽是些修修补补的工具，然而却能起到锦上添花的作用。

10.1 【混合】(Blend) 命令

如果想要把两个并不接触的对象连接到一起时，可以使用【混合】命令。这个命令会用平滑的连接将两个已存在的对象连接成一个新的对象。

【混合】命令可以用于曲线或者曲面。当应用于曲线时，分别单击想要混合的两条曲线的末端，两条曲线就连接在了一起。在未单击“完成”确认之前，如果单击直线的另一个端点，则曲线的末端会与之相连，如图 10-1 所示。

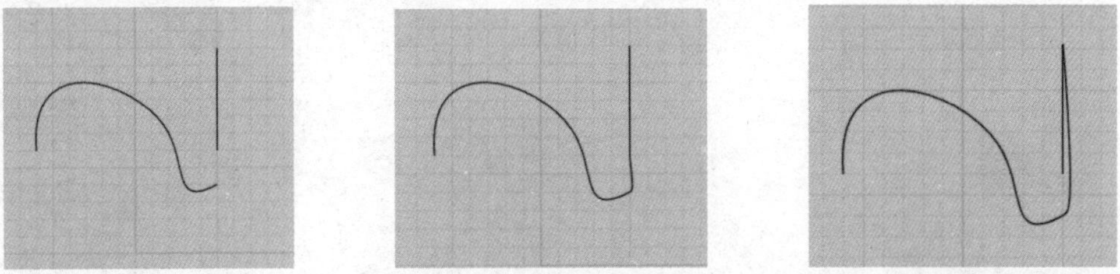

a）一条曲线和一条直线　　b）曲线与直线混合　　c）曲线与直线的另一端点混合

图 10-1　连接曲线

还需要注意的是，两条曲线混合后并没有成为一体，这从图 10-2 中可以看得很清晰。

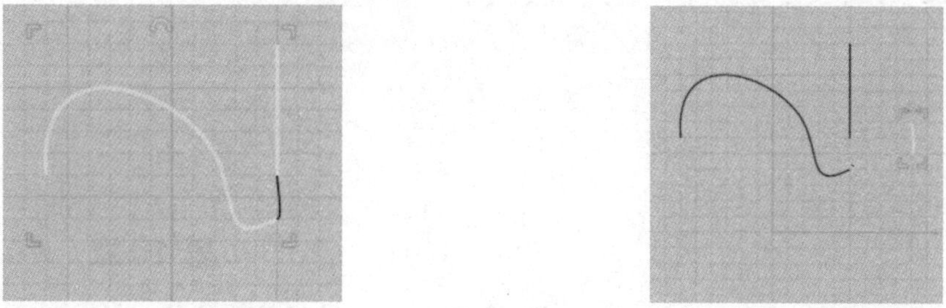

a）不选择混合出的曲线　　b）单独移动混合的曲线

图 10-2　曲线未连成一体

【混合】命令主要用来连接曲面。对曲面应用【混合】命令时，在要混合区域的两侧选择一系列没有相连的曲面边线。需要注意，如果已有一条独立的曲线重叠在曲面的边线上，如用来构建曲面的原始曲线，当单击选择曲面的边线时，很容易就选中了这些原始曲线。所以很有必要删除或者隐藏这些原始曲线，以确保能正确选择到曲面的边线上。在使用【混合】命令时，经常会遇到图 10-3 所示的问题。

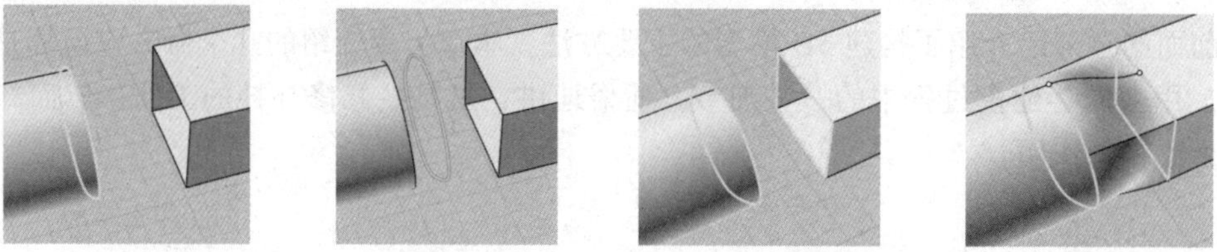

a）单击曲面边缘　　b）选择了原始曲线　　c）重新选择边线　　d）应用混合命令

图 10-3　常遇到的问题

图 10-4 给出了应用【混合】命令的几个例子。

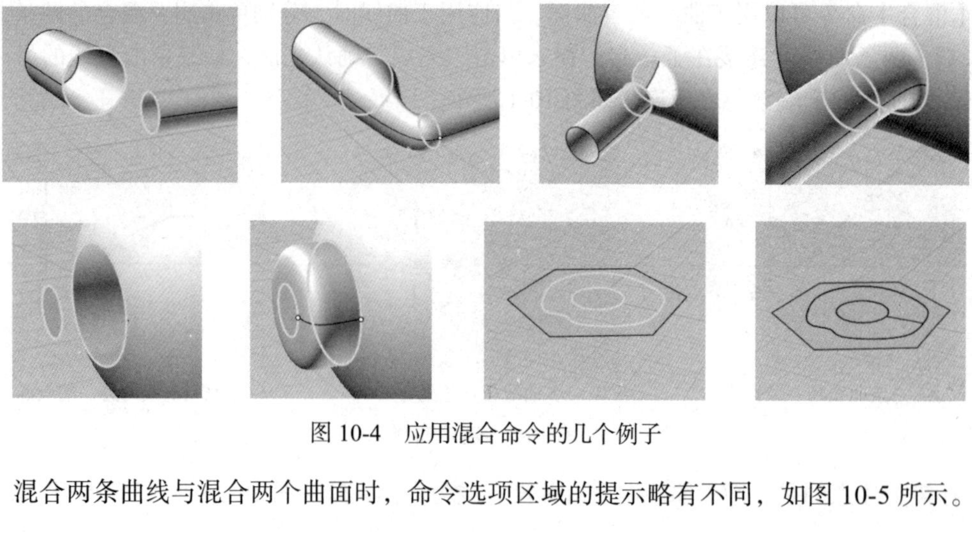

图 10-4　应用混合命令的几个例子

混合两条曲线与混合两个曲面时，命令选项区域的提示略有不同，如图 10-5 所示。

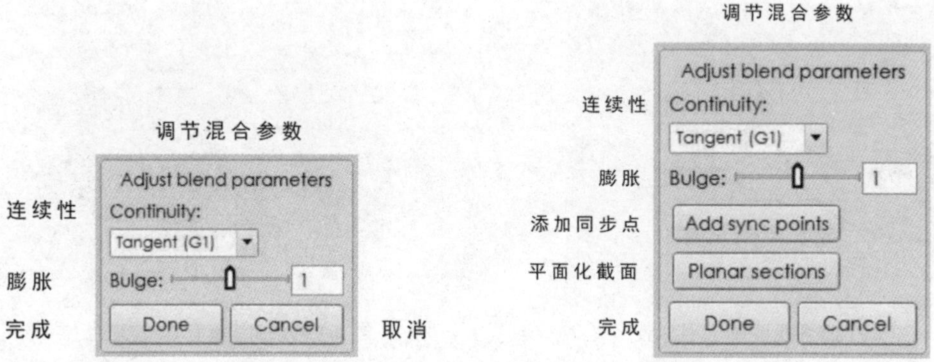

a）混合曲线时的调节参数选项　　b）混合曲面时的调节参数选项

图 10-5　提示选项

此处有一个概念是无法回避的，那就是曲线或曲面的连续性。G0、G1、G2、G3……这些都是 NURBS 软件中表示连续性的词。在“连续性”（Continuity）选项中，G0、G1、G2 中的 G 代表数学概念中的几何连续性。G0 是指“位置连续”，表达两条曲线是否相互接触。图 10-6a 中的曲线不是 G0 连续的，因为它们没有相交，图 10-6b 中的两条曲线具有 G0 连续性。

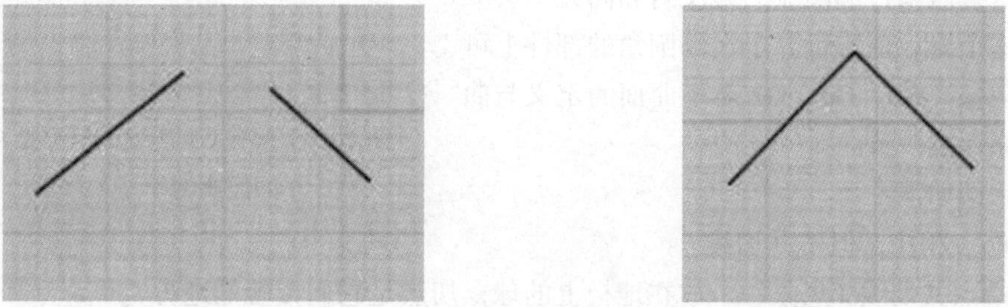

a）曲线没有相交　　b）两条曲线具有 G0 连续性

图 10-6　G0 曲线

曲线的另一个特性是曲线在任意点处存在一条切线。G1 表示“切线连续性”，也就是说，两条曲线在其末端共享相同的切线方向（除了 G0）。图 10-7 的左边曲线只有 G0 连续性，右边的曲线有 G1 连续。

上面讲得都很直观。下面的内容可能就不太好懂了。G0 表示相交，G1 表示共享切线，所以 G1 意味着曲线相对平滑，对吧？是的，它们是平滑的，但只是在一定程度上。不同品质的曲线，除了切线以外，还有一种称为“曲率”的品质。曲线的每一点不仅具有切线方向，还具有曲率值，曲率值即曲线在该点处的半径。因此，例如当曲线形成一个急弯，它在那一点上的曲率构成于一个小圆。当曲线更舒缓、平坦时，它在这些点处构成一个大半径的圆，直线段具有无限大曲率。

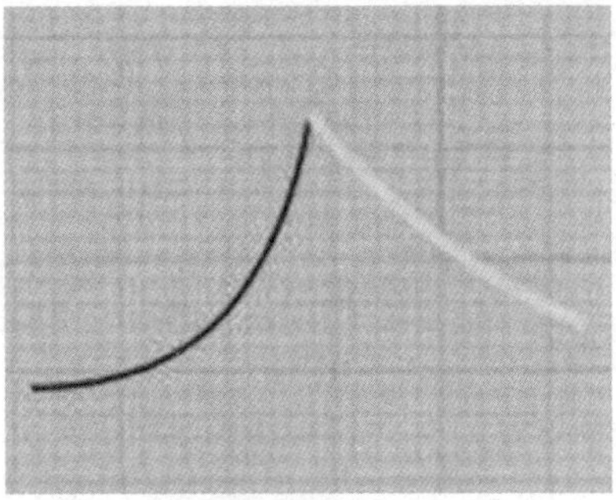

a）两条曲线具有 G0 连续性

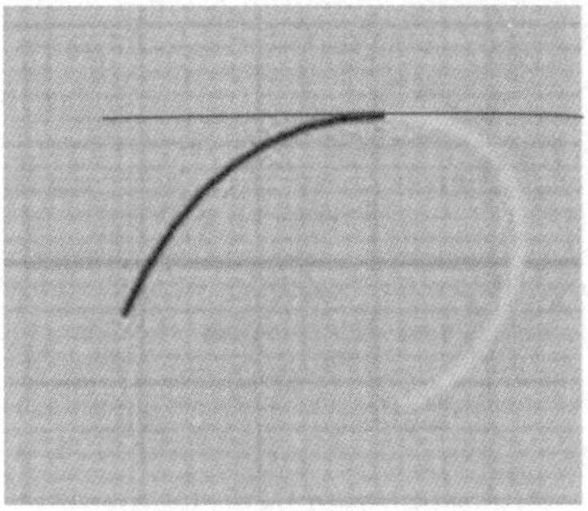

b）两条曲线具有 G1 连续性

图 10-7　G0 与 G1 比较

当两条曲线在一个交点处共享相同的曲率时，那就是具有 G2 连续性（同时包括 G1 和 G0 连续性）。

图 10-8 中的图形左边是个圆弧，右边是一条直线。它们有共同的切线，所以它们是 G1。但在它们之间曲率是突然变化的，弧线具有圆的曲率，是它的一部分，直线具有无穷大的曲率。这个突然的变化有一些后果，最明显的是反射和高光不会顺利地跨过这个缝，现实世界中在倒圆角的部件上可看到这种现象。G0、G1、G2 对于曲面的定义与曲线的工作原理是一致的。

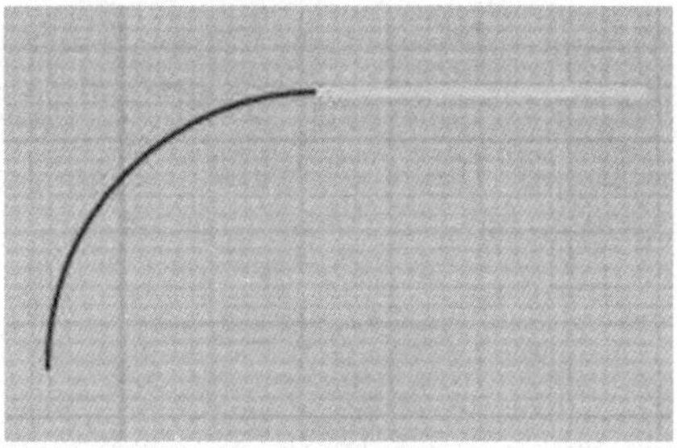

图 10-8　只有 G1 连续，但不是 G2 连续的经典例子

大致总结如下：

G0：端点相接，但不共切线。

G1：端点共切线（想象一个放在地板上的球，切点是它们接触的地方）。

G2：曲率连续。

G3：具有恒定变化率的曲率连续。

通常用曲率梳来描述这种连续性。曲率梳的梳齿代表的是曲率半径的大小以及垂直曲线的方向（法向）。长度代表曲率半径大小，曲率方向代表法向，如图 10-9a 所示。比如 G1 就是法向一致，所以两曲线相接端点处的切线方向也会一样，斜率相同；G2 则是两曲线相接端点处斜率相同并且曲率半径相同，如图 10-9b 所示。

更高阶的连续性也是存在的，应用于汽车等特定行业，但远远超出了初学者的接受能力，本书不做过多解释。

大致理解了上述的内容，就可以选择连续性选项了。

“膨胀”（Bulge）选项用于调节曲线的造型，左右移动滑动条可以看到曲线的变化，如图 10-10 所示。

混合曲面时，是沿着轨迹移动边线一段距离进行连接的。如果结果产生了一些扭曲，可以使用“添加同步点”（Add sync points）按钮来选择轨迹应连接在一起的具体位置。单击“添加同步点”按钮，命令选项区域会提示在一侧拾取同步点，在一侧曲面的边线上单击一点。然后提示在另一侧拾取同步点，就在另一侧曲面的边线上单击一点。交叉单击两个曲面的边线，可以添加一系列同步点，从而改变混合曲面的形状，如图 10-11 所示。

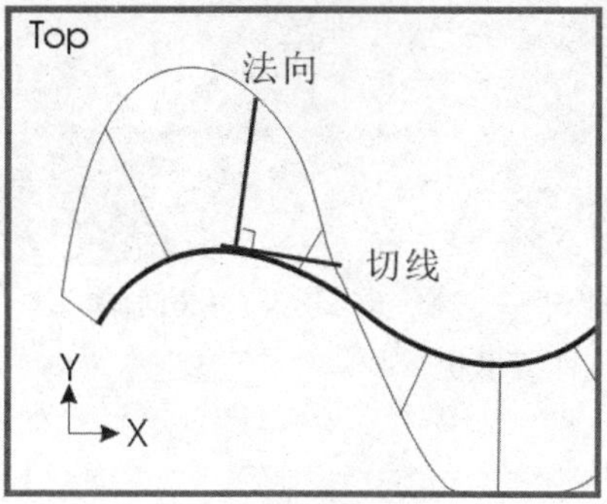

a）曲率梳

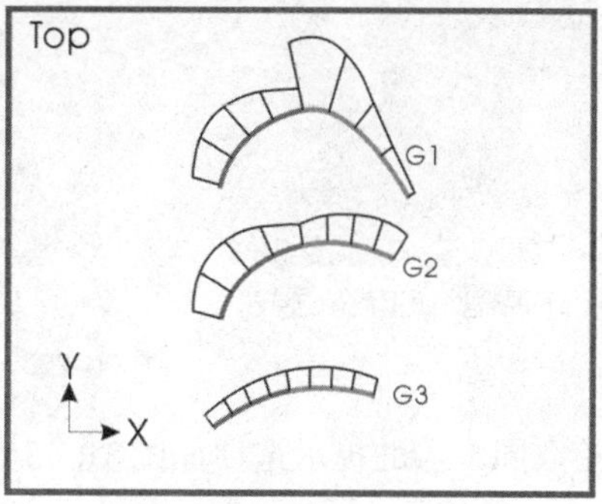

b）G1、G2、G3 的曲率梳对比

图 10-9　曲率梳描述连续性

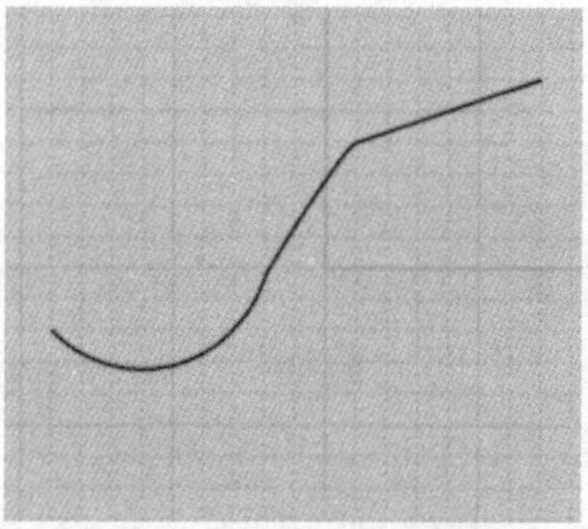

a）膨胀滑动条位于最左侧

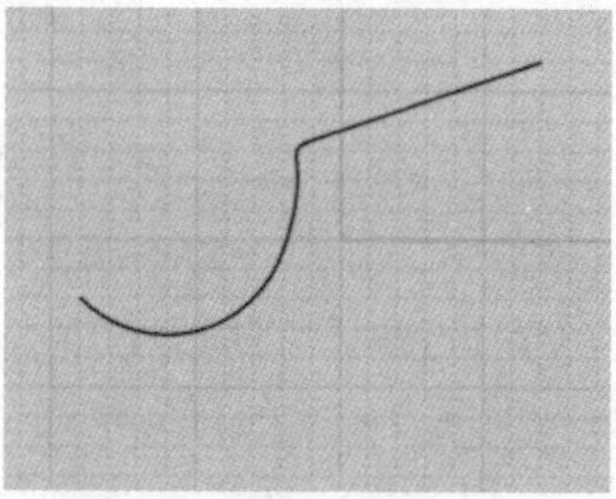

b）膨胀滑动条位于最右侧

图 10-10　膨胀选项

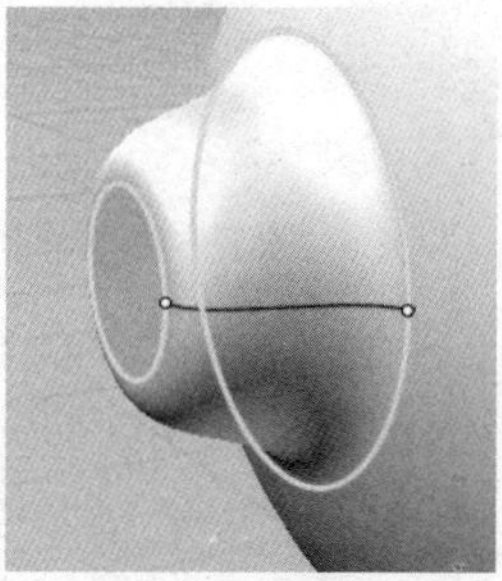

a）混合两个曲面

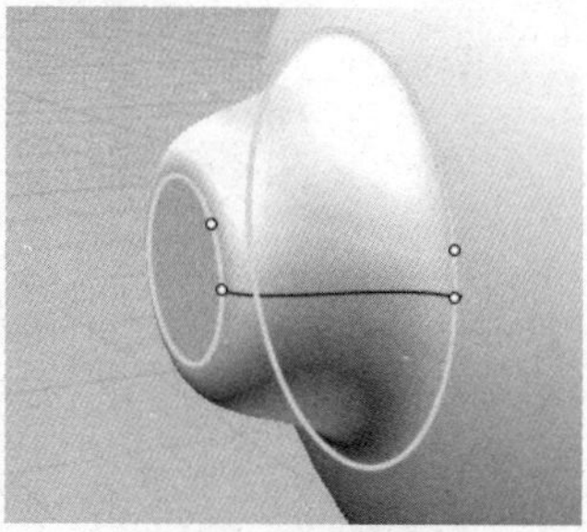

b）添加了一对同步点

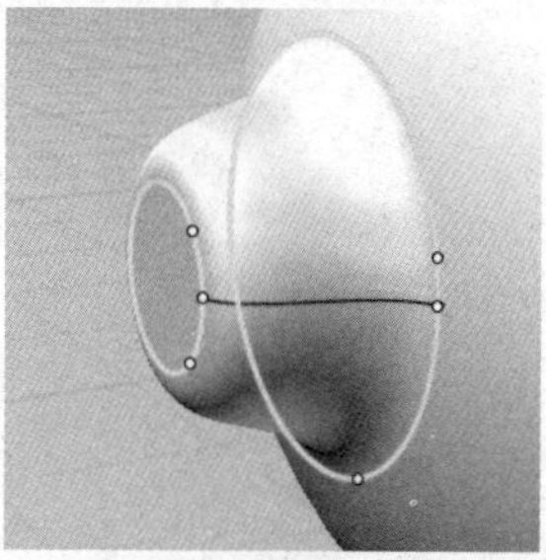

c）继续添加同步点

图 10-11　添加同步点

此外，最初的混合曲面上会出现轨迹线，拖动两端的点改变轨迹的形状进而改变混合曲面的形状（类似于放样操作）。而在添加的同步点上单击，可以改变连接的方向，混合的曲面也会产生扭曲，如图 10-12 所示。

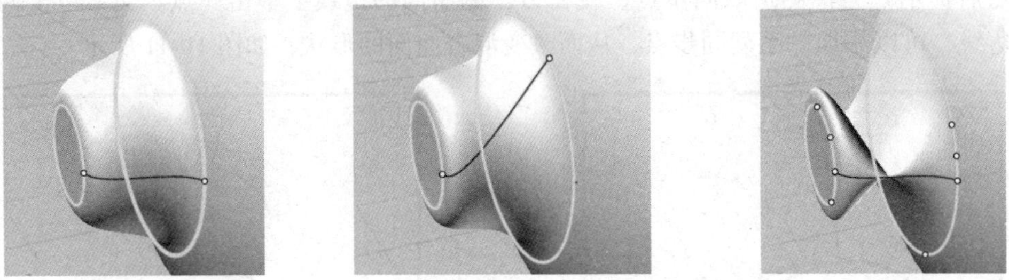

a）混合曲面上的轨迹线　　b）拖动轨迹线端点　　c）单击同步点

图 10-12　拖动轨迹线改变曲面形状

拾取同步点的提示选项如图 10-13 所示。

图 10-13　拾取同步点的选项

默认情况下，在混合两个曲面时，要混合的每一个面的边线将会垂直离开各自的面。在转角为尖角位置时，可能导致混合截面相互重叠聚集。“平面化截面”（Planar sections）选项允许另一种混合截面的行为模式：每一个横截面构成一个平面，可以减少这种类型的聚集。如图 10-14 所示，混合两个曲面的边线时，单击“平面化截面”按钮，命令选项区域提示确定与平面化截面平行的直线起点，可在混合曲面上单击一点，接着确认这条直线的终点。经过一番运算后，会看到混合曲面的形状发生了改变，类似于倒斜角的效果。

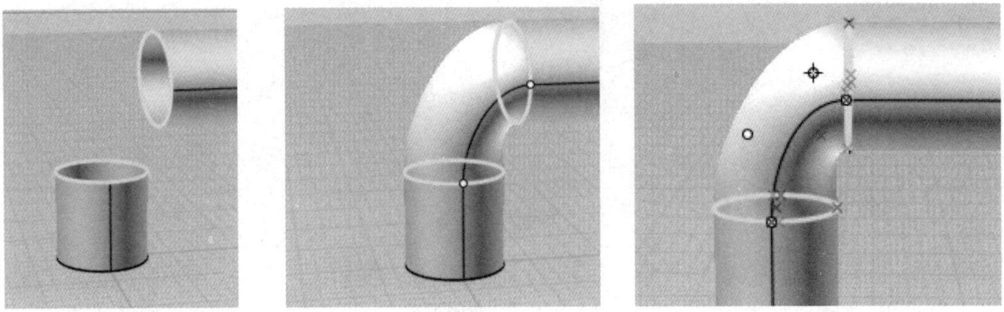

a）选择曲面上的边线　　b）混合两条边线　　c）确定直线的起点和终点

图 10-14　平面化截面操作示例

d）平面化截面的效果　　e）换个视角观察

图 10-14 （续）

10.2 【N 边补面】(Nsided) 命令

创建一组曲面，此命令用来填充由开口边界限定的孔洞，是一个补洞工具。【N 边补面】命令需要输入至少 3 个相连的形成闭环的曲面边线。注意一定要确保选中的是曲面边线，而不是原始曲线。此命令会围绕孔洞的中心点计算一个曲面图案进行填充，如图 10-15、图 10-16 所示。

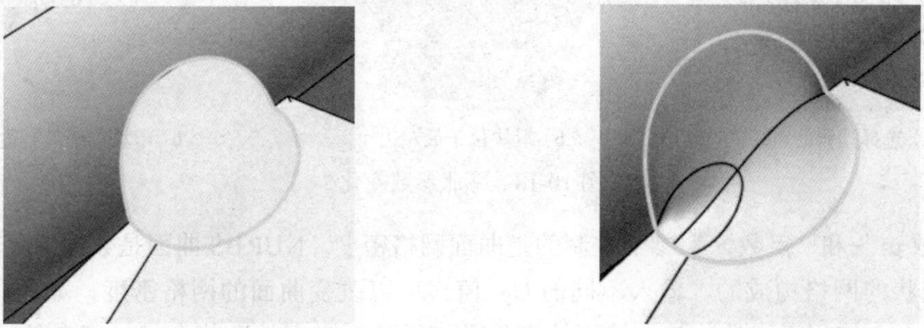

a）选择孔洞上的边线　　b）N 边补面

图 10-15　N 边补面效果（一）

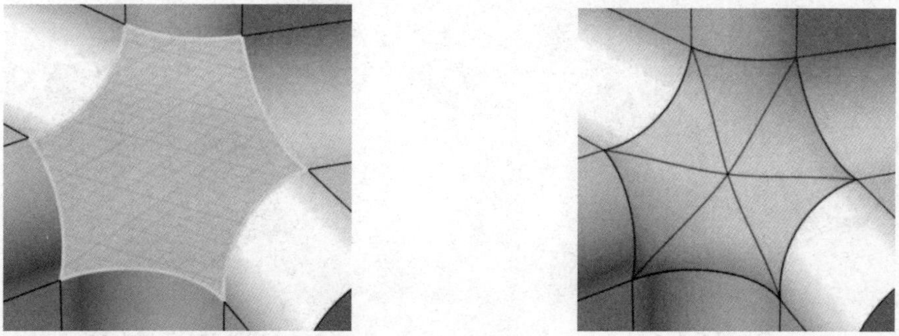

a）选择多条构成环路的边线　　b）N 边补面

图 10-16　N 边补面效果（二）

下面来看看执行【N 边补面】命令时，命令选项区域出现的提示，如图 10-17 所示。

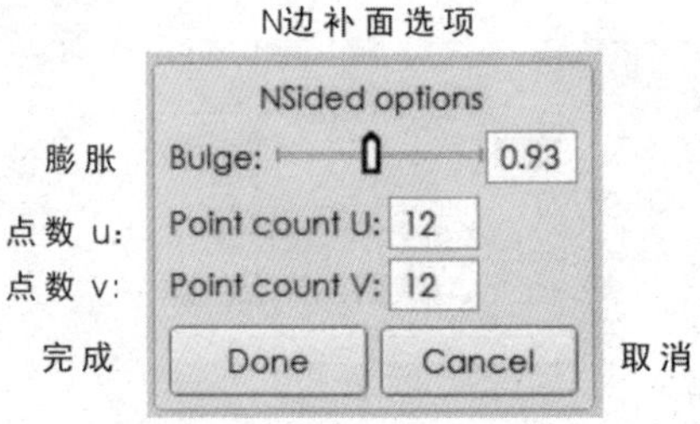

图 10-17　N 边补面选项提示

其中，“膨胀”（Bulge）参数控制着所生成面的凸起程度。我们可以左右调节滑动条来观察一下结果，如图 10-18 所示。

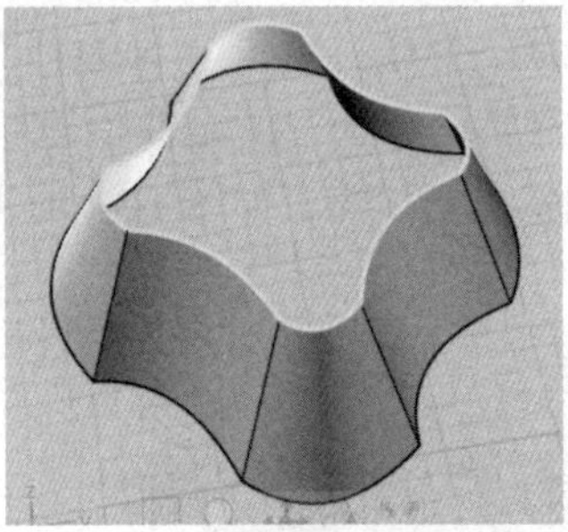

a）选择孔洞的边线

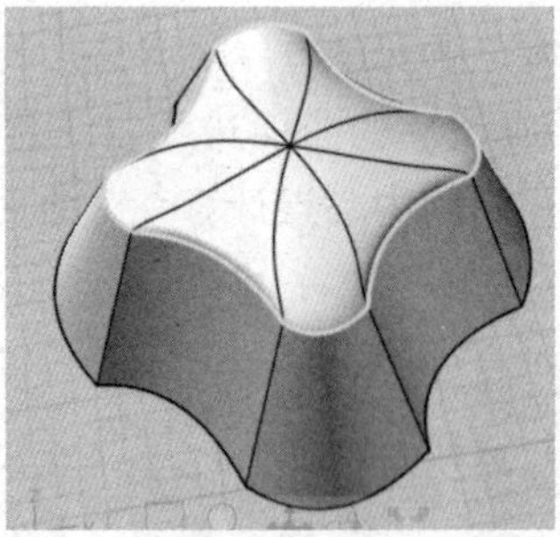

b）滑块位于最左边

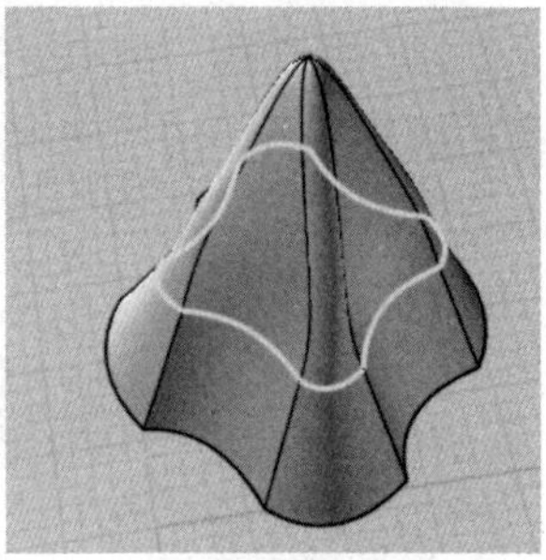

c）滑块位于最右边

图 10-18　膨胀参数变化

“点数 u:”和“点数 v:”参数控制的是曲面网格密度。NURBS 曲面是数据的灵魂所在，是由渔网状的网格构成的。输入不同的 UV 值，可以改变曲面的网格密度，如图 10-19 所示。实际上，使用不同的数值，补面的变化是细微的，过高的数值会经过复杂的计算才能完成，因此不要输入过高的数值。

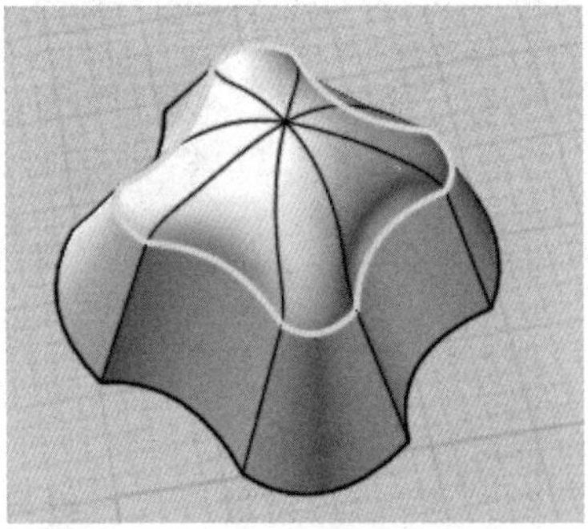

a）u 和 v 设置为 1

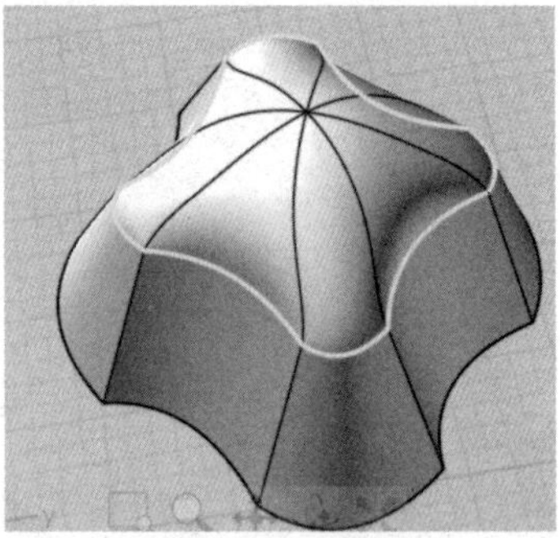

b）u 和 v 设置为 15

图 10-19　改变网格密度

10.3 【网格建面】(Network) 命令

此命令通过两个方向的交错网格线来创建曲面。为了创建网格曲面，需在执行这个命令之前选择构成网格的所有曲线。组成网格的线应该形成有两个方向的交织网格，就像渔网一样，一个网格曲面就像同时在两个方向上执行一个放样操作。要使这个命令能够工作，MoI3D 需要能够把曲线组成两个不同的集合。虽然并不需要曲线完全相交，但是它们应该彼此靠近，因为这将有助于 MoI3D 检测组织结构，并将它们分为两组。网格可以在任意方向上闭合，也可以汇聚于一点。

还可以使用【网格建面】命令，利用在一个环路内首尾相连的三条或四条曲线创建一个曲面，有时可用来制作昆式曲面。【网格建面】命令创建出来的面不太精准，只适合做大体，不适合做细节。

使用【网格建面】命令，主要工作在绘制空间曲线。这需要一些耐心，并在不同的视图中绘制。要记住，可以先在一个视图中捕捉到一点，然后移至另一个视图中绘制，如图 10-20 所示。

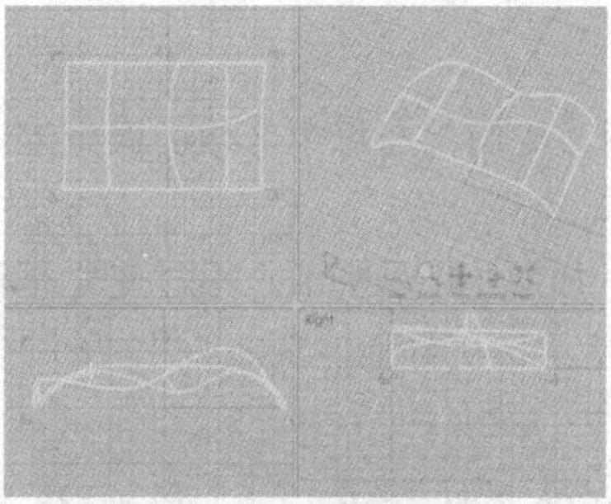

a）选择空间曲线

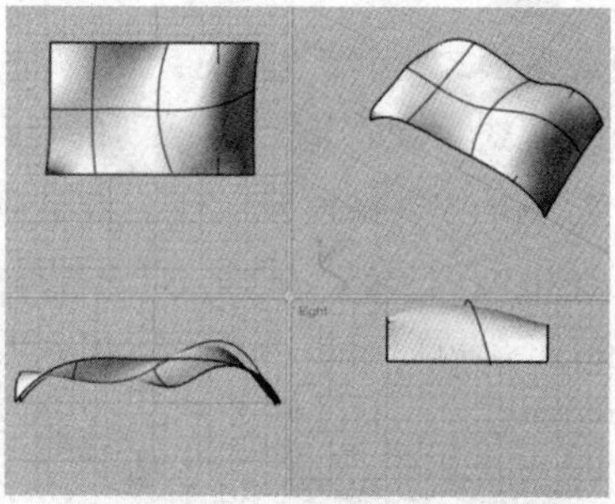

b）应用【网格建面】命令

图 10-20　绘制空间曲线

这个命令虽然简单，却提供了强大的建模能力。看看如图 10-21 所示的例子，是不是像个牛角？

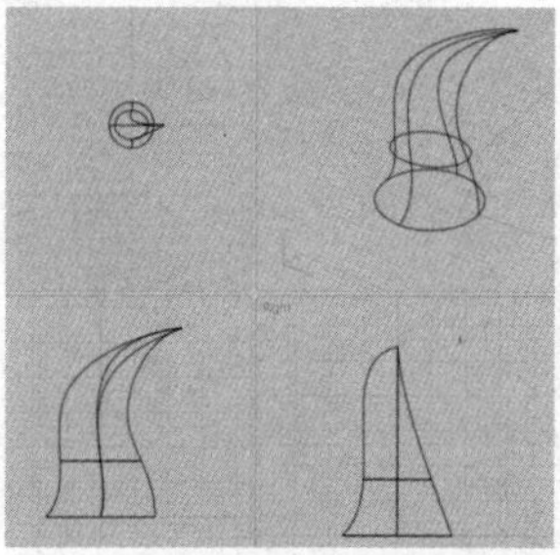

a）选择绘制的曲线

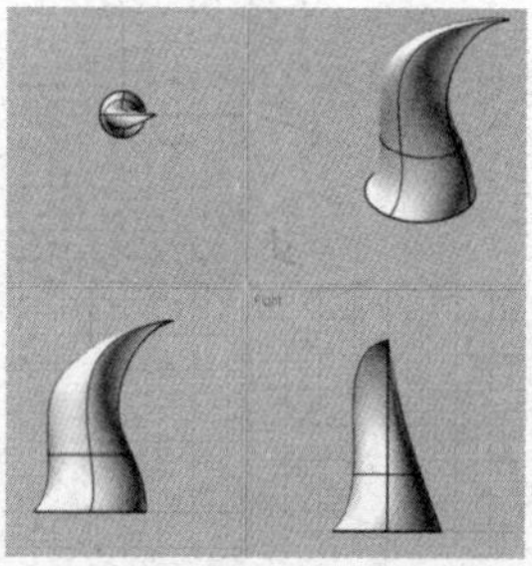

b）应用【网格建面】命令的结果

图 10-21　网格建面命令示例

网格建面过程中的选项如图 10-22 所示。

a）网格建面选项

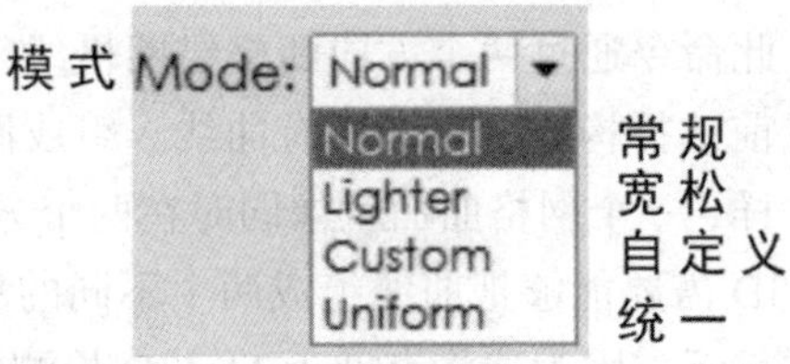

b）四种模式

图 10-22 网格建面选项

网格建面选项中的模式有四种可选，建模时可以调整选项，以便修改拟合行为。如果想要输出较少的约束和不需要边界曲线紧紧限定的、更宽松的曲面，可以选择其他模式。

常规模式：通过固定拟合公差拟合边界曲线。这使得所得到的曲面足够准确地围绕着边界曲线的形状，使其可以连接到由相同曲线构建的其他表面。

宽松模式：使曲面拟合一个更加宽松的公差，制作出一个松弛的曲面，不过，不那么附着边界曲线。

自定义模式：允许输入自己需要的容差值。

统一模式：允许输入一系列的点。网格建面的每一截面都与每个区域的固定控制点相拟合，而不是像其他模式一样，自适应地满足距离公差。

选择不同的模式，所生成的曲面会有一些变化，如图 10-23 所示。不过变化是很细微的，在屏幕上可以看出一点点变化，但在本书的插图中无法更好地体现。

a）常规

b）宽松

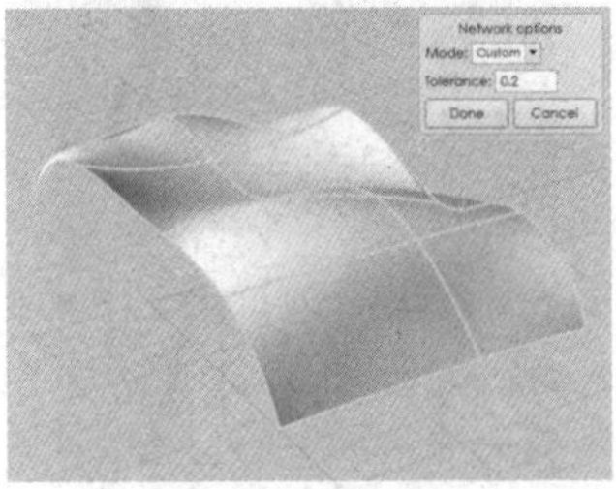
c）自定义

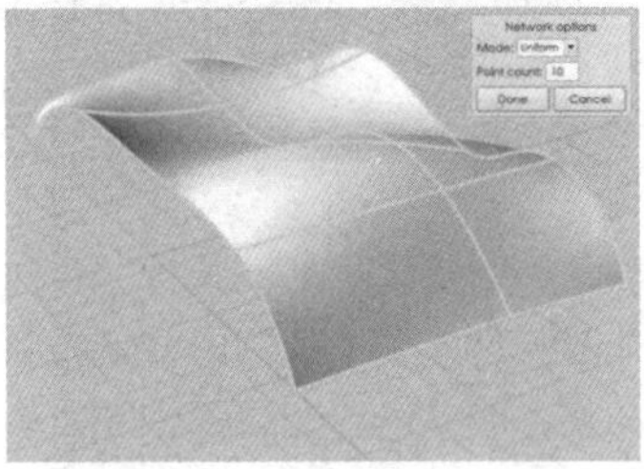
d）统一

图 10-23 不同模式的曲面变化

10.4 【曲线】(Curve) 命令

曲线是构建实体的基本要素。【曲线】命令下的子命令都是以不同方式来创建曲线的命令的。在某种情况下会用到它们。

10.4.1 【曲线：投影曲线】(Project) 命令

把一条曲线投影到曲面或者实体上，投影曲线可以得到用常规方法几乎不能完成的曲线。首先选择曲线，接着执行【曲线：投影曲线】命令，再选择接收这条曲线的曲面或者实体。此时使用默认的方向也可以拾取两点来重新定义投影的不同方向，如图 10-24 所示。

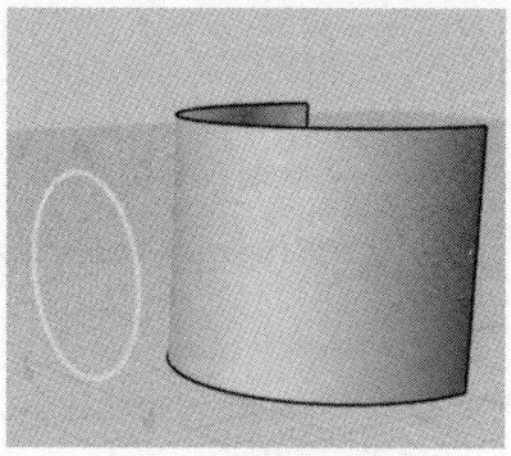

a）一条曲线和一个曲面

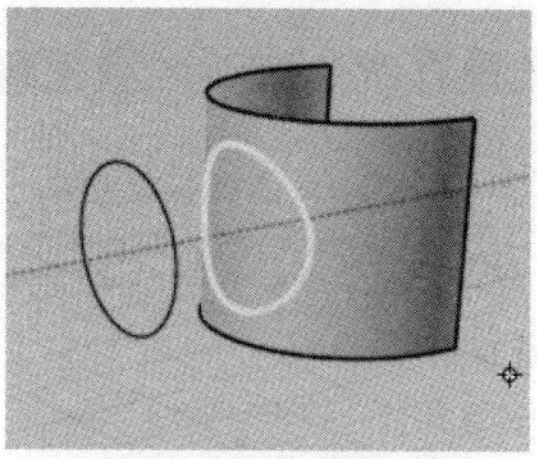

b）投影到曲面上的曲线

c）一条曲线和一个实体

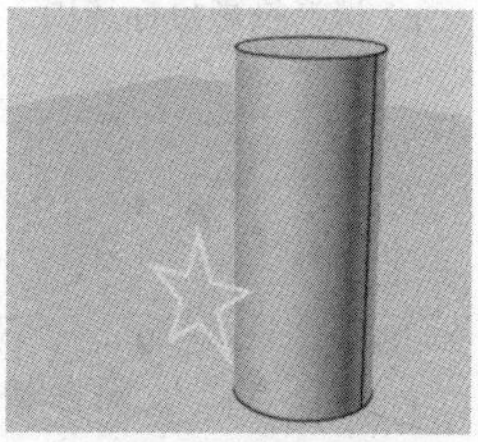

d）投影到实体上的曲线

图 10-24　曲线投影到曲面或实体上

投影到曲面或实体上的曲线，依照投影关系把曲线“画”到曲面或实体上，成为一个新的对象，可以用来修剪实体或曲面，或者利用它来创建新对象。但要注意，创建的新对象是曲面，如图 10-25 和图 10-26 所示。

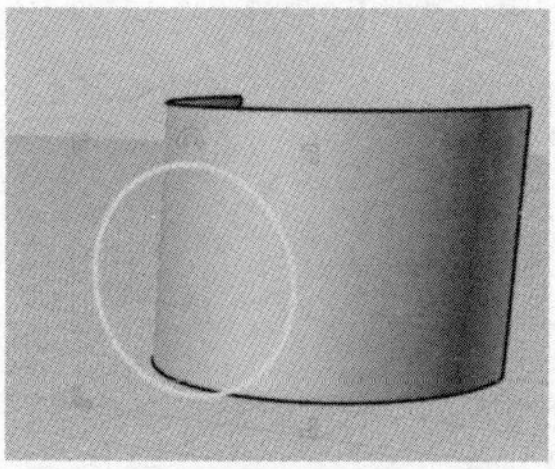

a）选择曲线

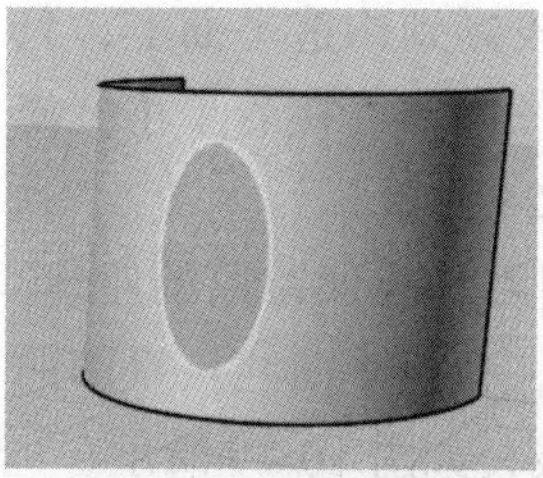

b）利用投影得到的曲线修剪曲面

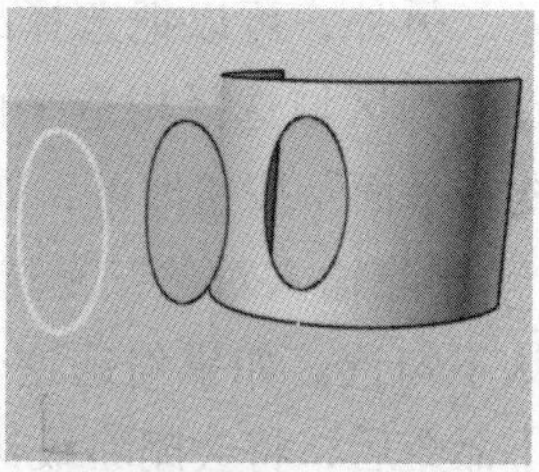

c）移出各部分观察

图 10-25　修剪曲面

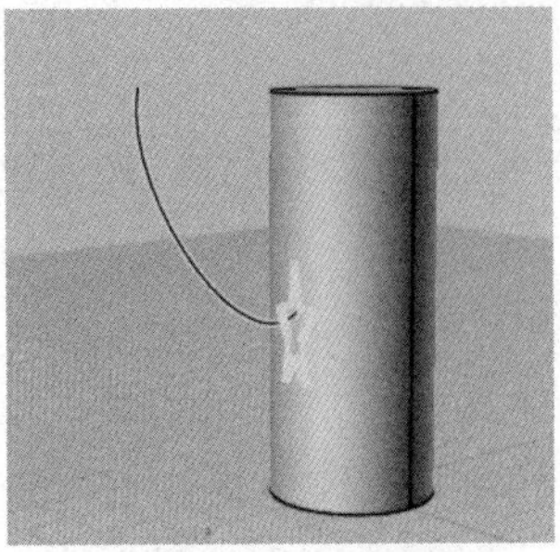

a）利用投影曲线和轨迹线扫掠

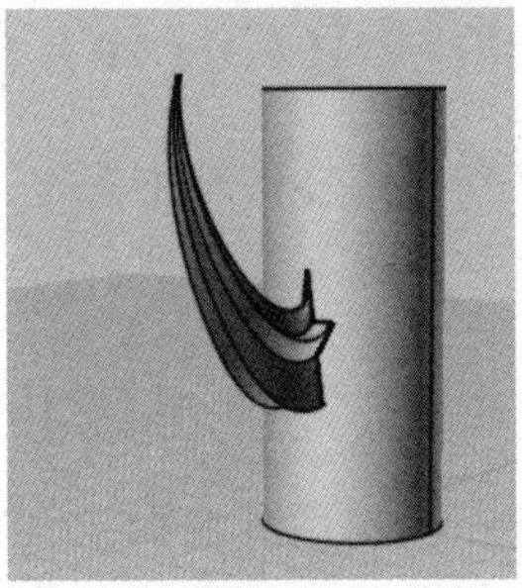

b）得到新对象

图 10-26 创建新对象

接下来看看命令选项区域出现的信息，如图 10-17 所示。

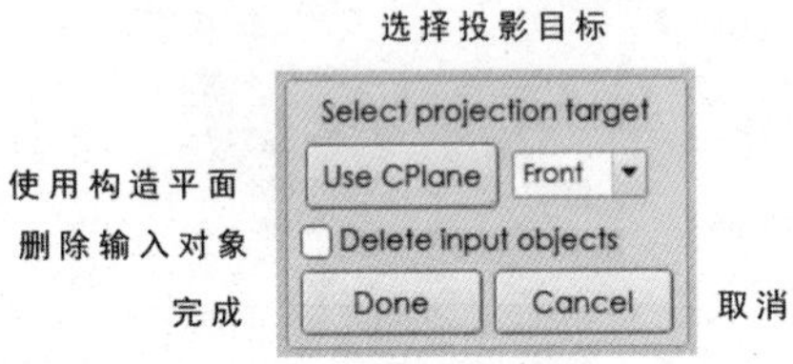

a）选择投影目标选项

b）拾取投影方向起点

c）拾取投影方向终点

图 10-27 选项信息

选择一条曲线，执行【曲线：投影曲线】命令，出现“选择投影目标”选项，这时可以选择曲面或者实体对象。另外，可以把选择的曲线投影到构造平面上，只需在选项区域选择构造平面的视图方向，接着单击“使用构造平面”按钮即可，如图 10-28 所示。

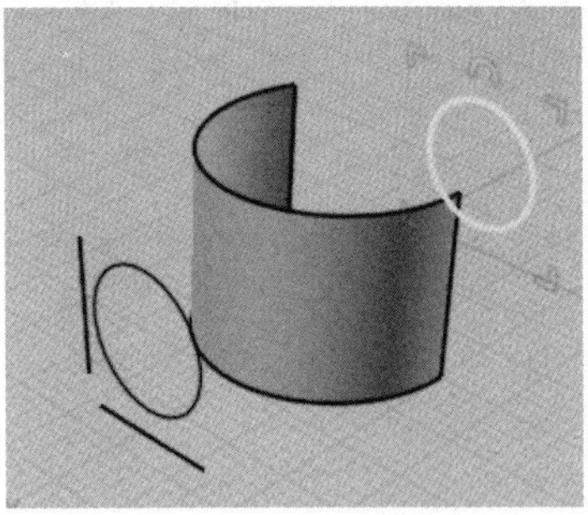

图 10-28 投影曲线到构造平面上

“删除输入对象”复选项控制着是否保留原始曲线，默认不勾选。如果勾选这个选项，执行【曲线：投影曲线】命令后，将会删除最初的曲线，如图 10-29 所示。

在选择了接收投影曲线的对象以后，就可以确认投影方向的起点和终点。如果不选择，意味着使用默认的方向。当然也可以改变投影方向，这需要选择一条直线的起点和终点，重新确定一个方向，投影的曲线也发生变化，如图 10-30 所示。

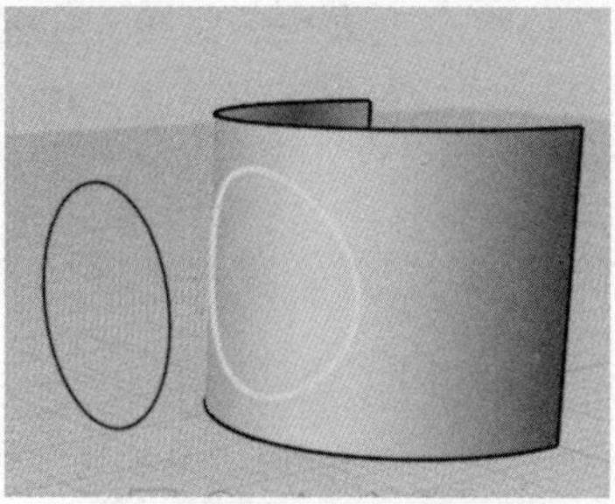

a）不勾选删除输入对象选项

b）勾选删除输入对象选项

图 10-29　删除输入对象的勾选效果

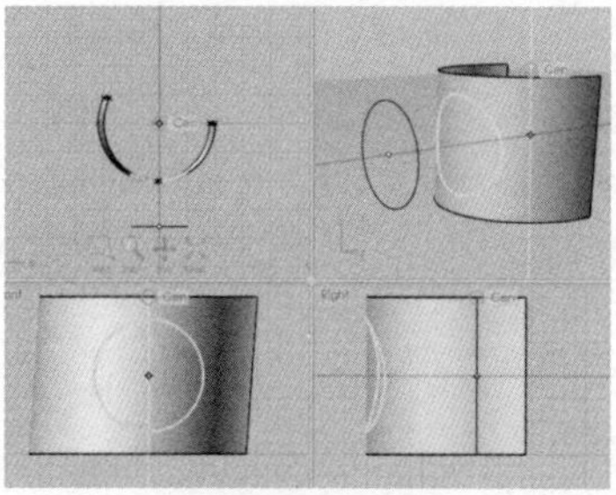

a）使用默认方向

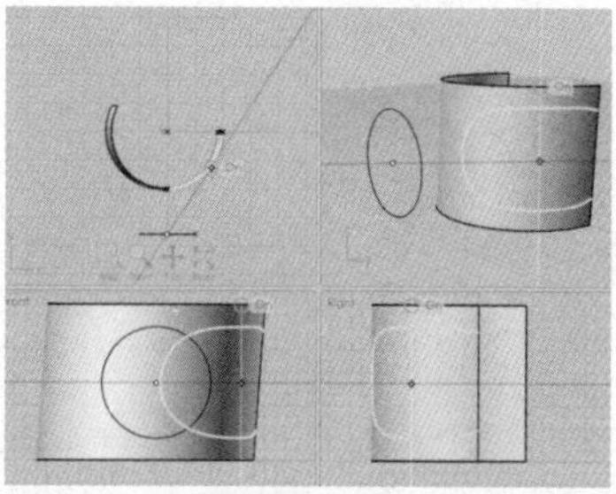

b）改变投影方向，注意俯视图中的直线

图 10-30　改变投影方向

在此过程中，有两种模式可选：方向和最近点。不同模式投影出来的曲线是不同的。选择方向模式时，在实体的前后两个面都会投影出曲线，而最近点模式只是在一侧投影曲线，如图 10-31 所示。

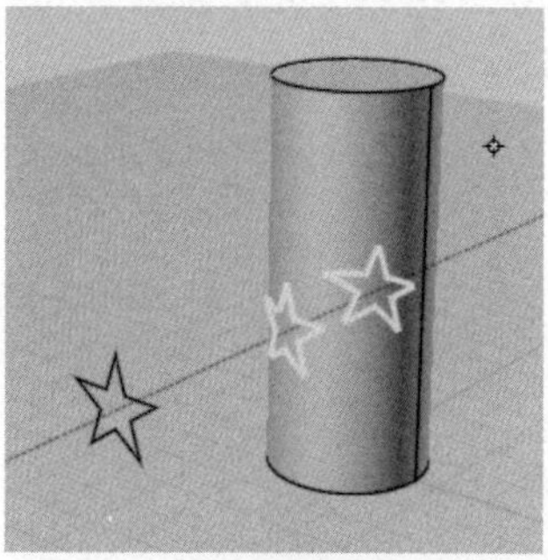

a）方向模式

b）最近点模式

图 10-31　两种模式投影效果比较

10.4.2 【曲线：相交线】(Isect) 命令

该命令在两个对象互相交叉的部位提取曲线或者点。在执行【曲线：相交线】命令前，要选择所有交叉的对象。在两个曲面或者实体交叉的部位将会生成一条曲线。在曲线与其他对象相交的位置将会生成点，如图 10-32、图 10-33 所示。与布尔运算不同，这个命令没有修整对象，只是创建了一条新的曲线或点对象。

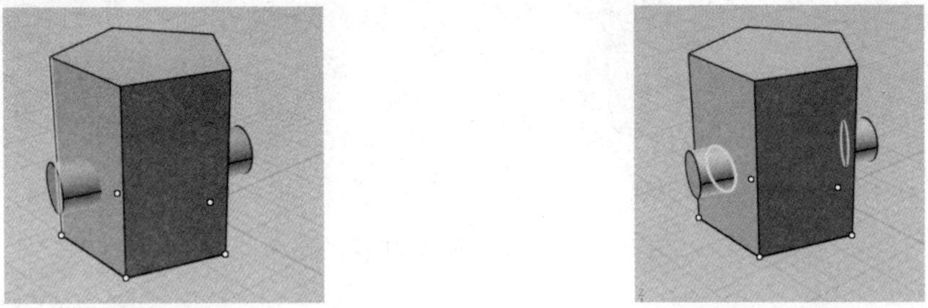

a）选择两个实体对象　　b）相交线命令提取的曲线

图 10-32　提取曲线

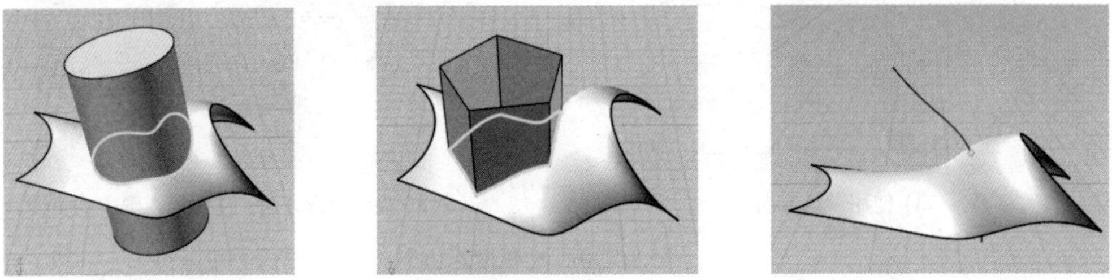

a）实体和曲面相交　　b）曲面与曲面相交　　c）曲线与曲面相交

图 10-33　曲线与其他对象相交

这个命令还可以用来创建一个来自两个视图的曲线，即在两个视图中分别绘制朝向不同方向的平面轮廓曲线，应用该命令生成一条空间曲线。这相当于先分别拉伸每一条曲线，成为曲面后再相交，然后提取相交出来的曲线，如图 10-34 所示。

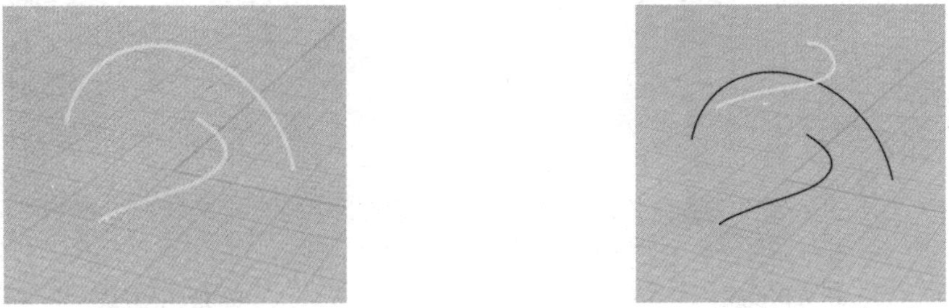

a）选择两条曲线　　b）应用相交线命令得到的曲线

图 10-34　相交得到的曲线

10.4.3 【曲线：对象轮廓】(Silhou) 命令

此命令用于从某一特定的视图绘出曲面的轮廓，创建出对象的轮廓曲线。这对于想要输出 AI 格式之前运行该命令可能很有用。设置好想要的观察角度后运行【曲线：对象轮廓】命令，生成外轮廓曲线，然后立即将这些曲线输出为 AI 格式。

在生成外轮廓曲线并导出的过程中，应确保不旋转或缩放视图，因为当它们在 3D 视图中执行时，会尝试着以特定的视点完成操作，如图 10-35 所示。

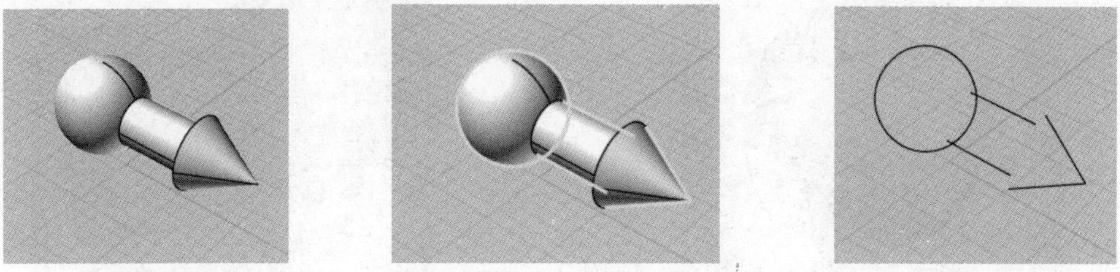

a）实体对象　　b）应用相交线命令　　c）生成的外轮廓曲线

图 10-35　生成外轮廓

生成过程中的选项如图 10-36 所示。

图 10-36　对象轮廓选项

在命令选项中，“视图”选项可以更改要生成轮廓的视图。可以分别选择它们，然后看看所选视图中生成的轮廓。“包含边线”复选项控制生成的外轮廓是否包含对象的边线。当改变了视角后，单击“重新计算”按钮，可以重新生成对象的外轮廓，如图 10-37 所示。此命令主要用于输出其他格式前的准备工作，对于建模用处不大。

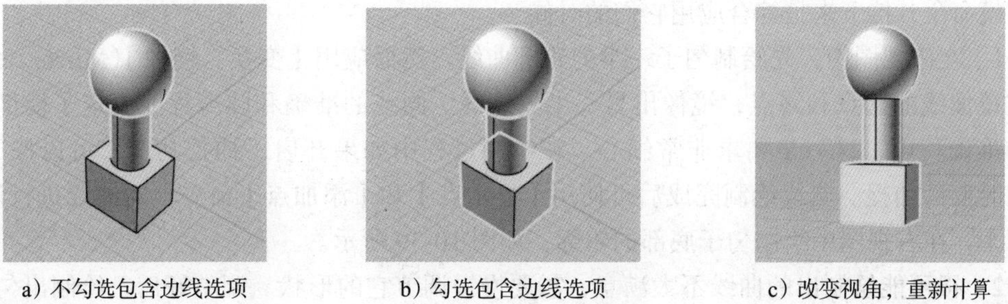

a）不勾选包含边线选项　　b）勾选包含边线选项　　c）改变视角，重新计算

图 10-37　重新生成外轮廓

10.4.4 【曲线：结构线】(Iso) 命令

此命令用于通过曲面上一点创建一个结构线（Isocurve)。结构线是沿着曲面自身的 U 或 V 方向延伸的曲线。由于它们遵循着曲面的自然矩形布局，因此会方便一些操作。对于某些类型的基本形体，结构线将是对象的关键特征。例如在一个球体上，结构线的一个方向是一个纬度的圆圈，另一个方向是它的经度弧线，如图 10-38 所示。

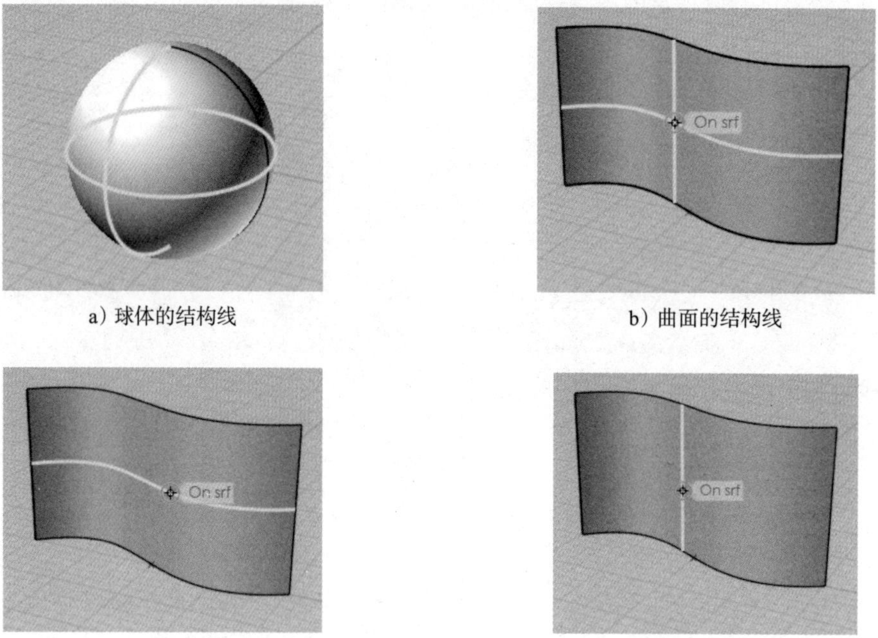

a）球体的结构线　　b）曲面的结构线

c）U 方向　　d）V 方向

图 10-38　结构线

10.5　建模实例

在下面的建模实例中，我们来练习创建一把勺子的模型。实际上，我们已经学习了很多建模命令，接下来是综合应用它们的时候了。

1）在俯视图中，先绘制勺子一半的轮廓曲线。然后应用【变换：镜像】(Mirror) 命令，确定镜像线的起点和终点，镜像出另一半轮廓线。画线的准确和圆滑程度决定了模型的美观和准确程度，这一步要求非常细心。在绘制过程中如果开启了捕捉功能，可以按下 Alt 键临时取消捕捉。曲线绘制完成后可使用【显示点】和【添加点】命令，对曲线进行调整。接下来，在右视图中绘制勺子底部的轮廓，如图 10-39 所示。

2）很可能绘制出的曲线不太满意，需要慢慢调节它的形状。调整好后，绘制出勺子的截面曲线，如图 10-40 所示。

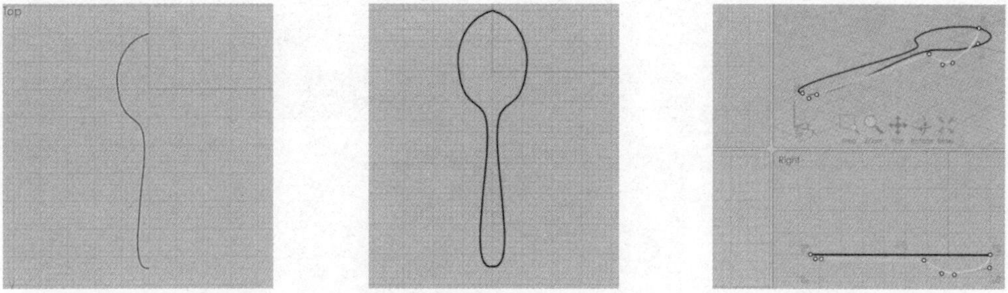

a）绘制勺子的半边曲线　　b）镜像出另一半　　c）绘制勺子底部轮廓

图 10-39　绘制勺子轮廓

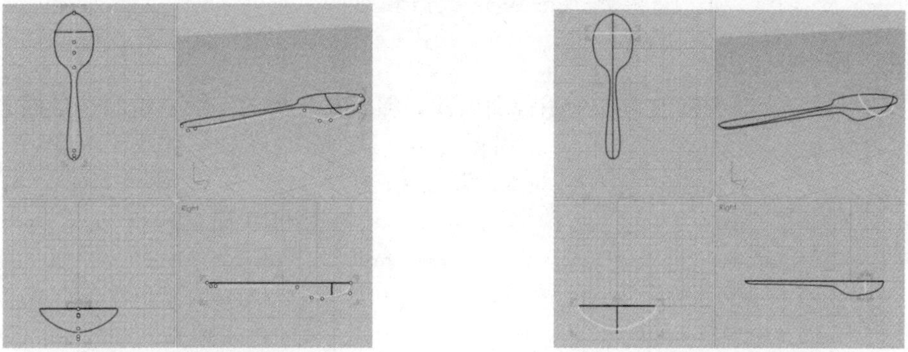

a）调节底部曲线的形状　　b）绘制勺子的截面曲线

图 10-40　绘制勺子截面曲线

3）选择截面曲线，执行【扫掠】命令，分别单击两边的轮廓曲线，执行双轨扫掠。当然，也可以把底部的轮廓线作为缩放轨迹线来引导勺子的形状，如图 10-41 所示。

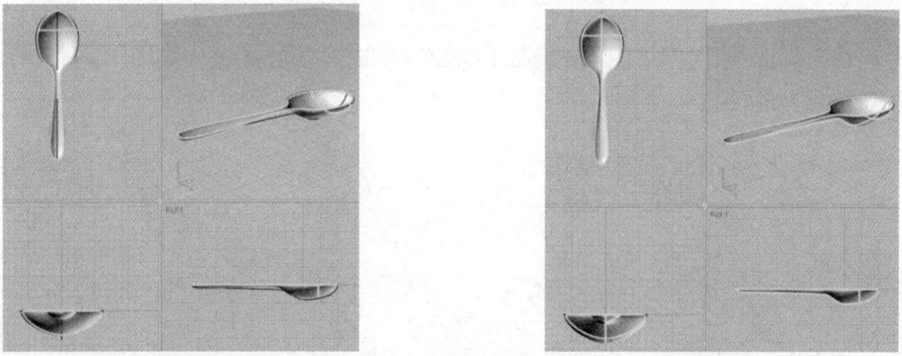

a）双轨扫掠出勺子形状　　b）使用缩放轨迹线

图 10-41　扫掠勺子形状

4）现在我们得到了一把勺子的模型，如图 10-42 所示。不过，此时的模型只是没有厚度的薄片，还需要增加厚度。

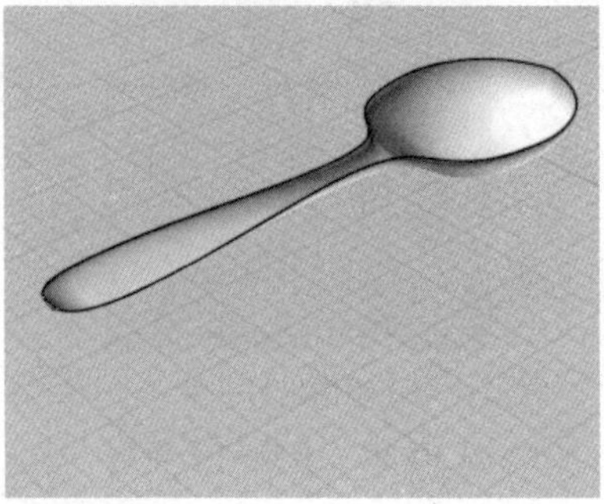

图 10-42 勺子模型

利用上面绘制的曲线，继续练习绘制勺子。

1）在勺把与头部相接处添加一条截面曲线。随后在勺把的末端也绘制一条截面曲线，如图 10-43 所示。

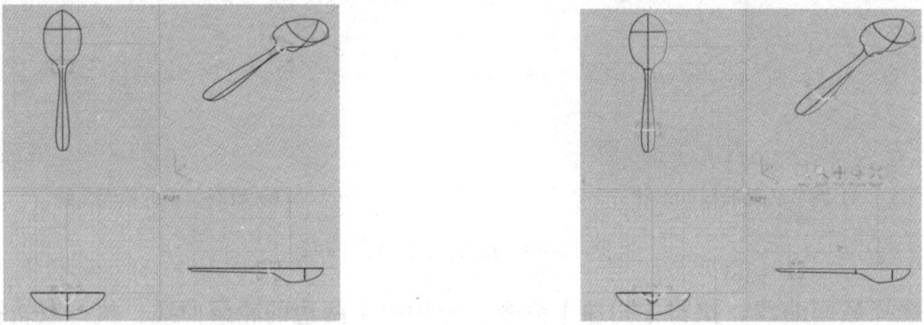

a）在勺把根部添加曲线　　b）在勺把末端添加曲线

图 10-43 添加曲线

2）选择全部曲线，应用【网格建面】命令，生成勺子的模型，如图 10-44 所示。这是一个简单好用的方法。

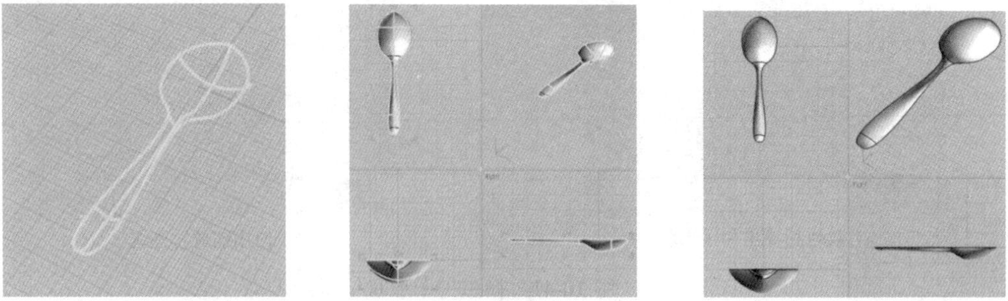

a）选择全部曲线　　b）网格建面　　c）得到勺子

图 10-44 网格建面生成勺子模型

继续探讨勺子的制作方法。这次我们使用【放样】命令来创建勺子。放样是构建复杂实体的常用手段，主要任务是绘制物体的轮廓曲线和截面曲线。耐心绘制好曲线后仔细调整。

说明一下，绘制勺子的侧面轮廓曲线是为了摆放这些截面曲线。要想生成尖的部位，可以在该处放置一个点对象。选择摆放好位置的截面曲线，应用【放样】命令即可放样出勺子的模型，如图 10-45 所示。

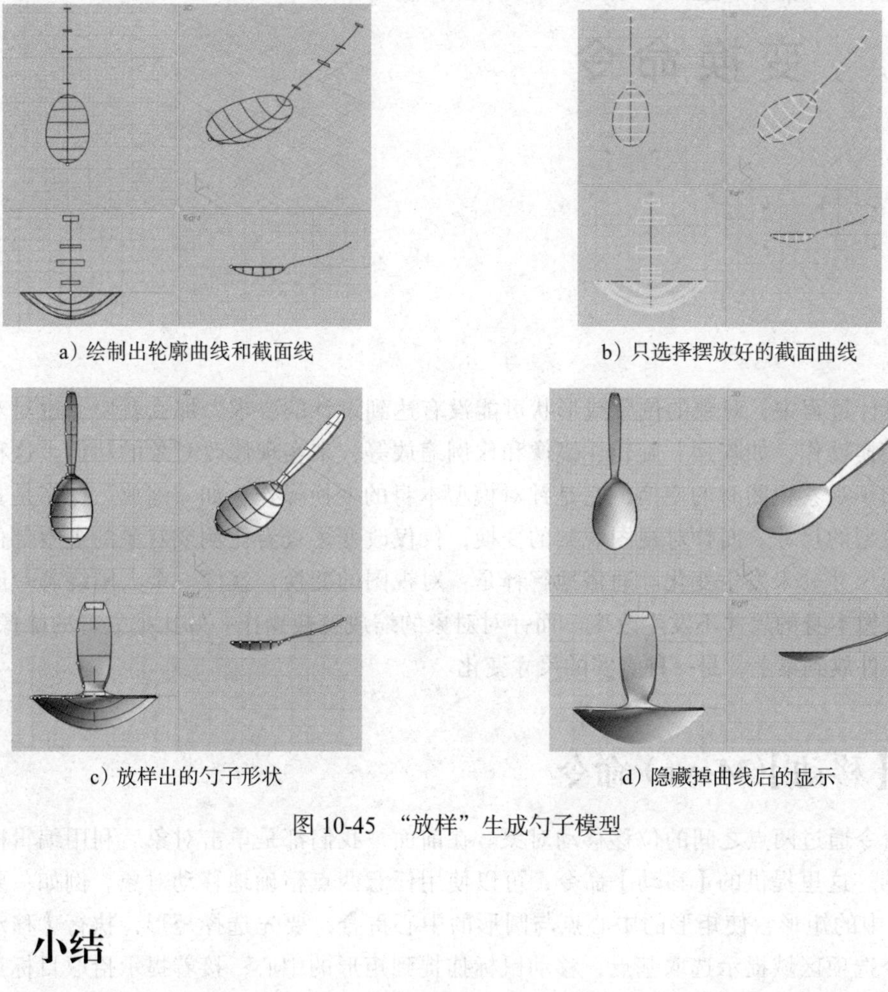

a）绘制出轮廓曲线和截面线　　b）只选择摆放好的截面曲线

c）放样出的勺子形状　　d）隐藏掉曲线后的显示

图 10-45 “放样”生成勺子模型

10.6 小结

本章主要介绍了在 MoI3D 中由曲面的边线生成曲面的三个命令，还有几个生成曲线的命令。对于建模来说，这些命令或许是一种辅助手段，在某些情况下便于生成曲面或者曲线，用来修补孔洞等，或者把生成的曲线作为建模的基础。

在建模实例中，给出了三种方法来制作勺子的模型。实际上，还可以分别制作勺子的头部和勺把，然后把它们接合起来。在建模时，可以有多种方法构建模型，更多是依赖于个人的喜好和对命令的理解。

Chapter 11 第 11 章

变换命令

在设计过程中，对象的位置或形状可能没有达到设计的要求，那么就要通过对对象进行各种变换操作，如阵列、旋转、镜像和比例缩放等，来实现修改对象的功能。这种变换操作不同于观察视图时的变换，它是针对模型本身的变换操作，如“缩放”操作是真实地改变了模型的尺寸。而针对视图观察的变换，仅仅改变了查看比例或对象的观察部位，模型本身的尺寸并未发生变化。通俗地解释是：对视图的变换，就像一个人围绕着一座雕像观察，雕像本身的尺寸不发生改变。而针对对象的缩放变换操作，好比把立着的雕像缩小，制成小摆件放到桌上，是一种真实的尺寸变化。

11.1 【移动】(Move) 命令

此命令通过两点之间的位移移动对象。在前面，我们都是单击对象后利用编辑框来移动对象的。这里提供的【移动】命令，可以使用任意两点精确地移动对象。例如：要移动图 11-1a 中的矩形，使矩形的中心点与圆形的中心重合，要先选择矩形，执行【移动】命令，命令选项区域提示选取基点，移动鼠标捕捉到矩形的中心；接着提示拾取目标点，移动鼠标捕捉圆形的中心，矩形随之移动，按左键确认。

现在应该能理解，前面使用的快速拖拽方法，由于是直接单击对象，因此不可能抓取到矩形的中心进行位置对正的。命令选项如图 11-2 所示。

在拾取基点选项中，有一个“边界框中心”(Bounding box center) 按钮，单击它，软件会自动把尺寸边界框的中心作为基点。这对于三维对象是非常有用的。在拾取目标点的选项中，有一个“与边线之间的距离”(Distance from edge) 按钮，当单击这个按钮时，会接着出现一个提示，允许输入一个距离值。然后，可以在距离捕捉到的任何边线位置处放置目标点，如图 11-3 所示。这里要解释一下，由于输入的是单一距离值，目标点会放置在与捕捉的边线等距的一条线上，你可以沿着这条线继续移动它。

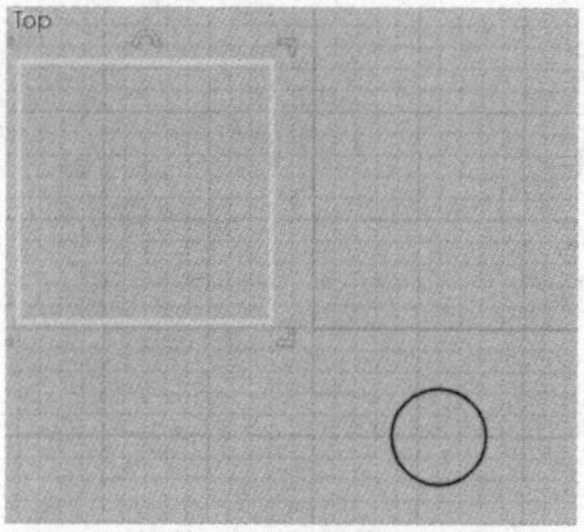

a）选择矩形

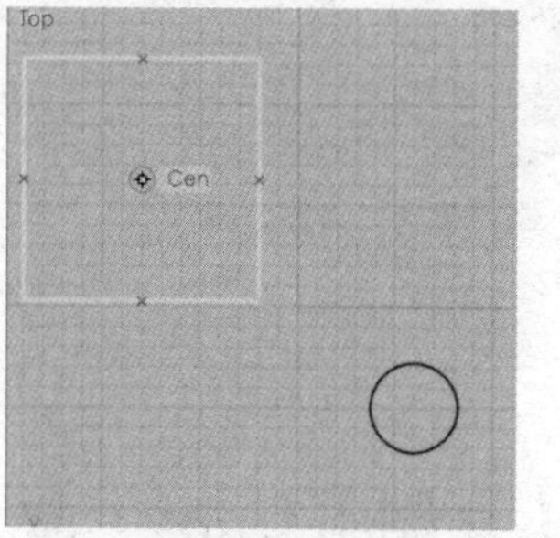

b）捕捉矩形的中心

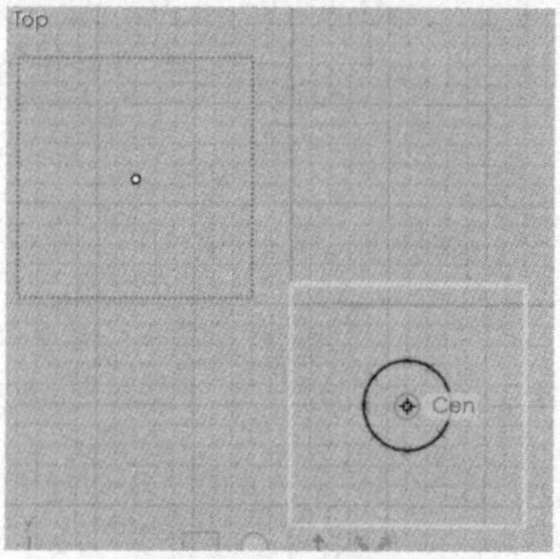

c）捕捉圆形的中心

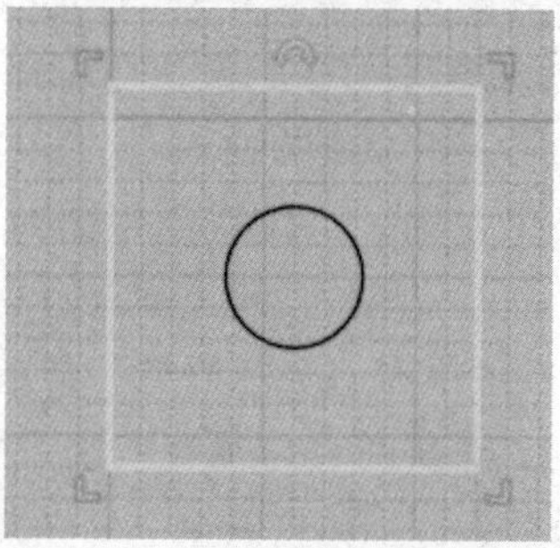

d）确认后移动了矩形

图 11-1 移动矩形

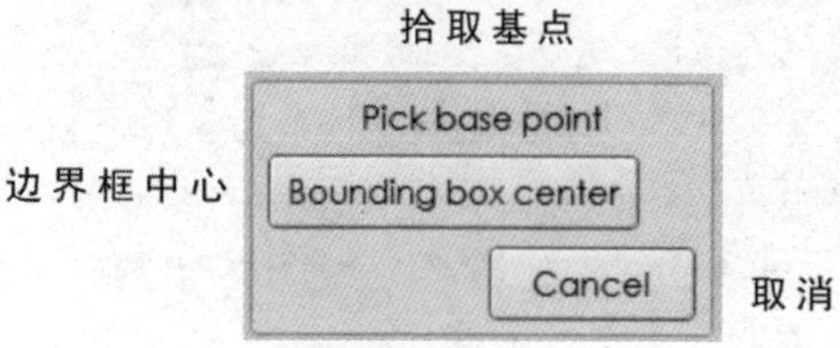

a）拾取基点选项

b）拾取目标点选项

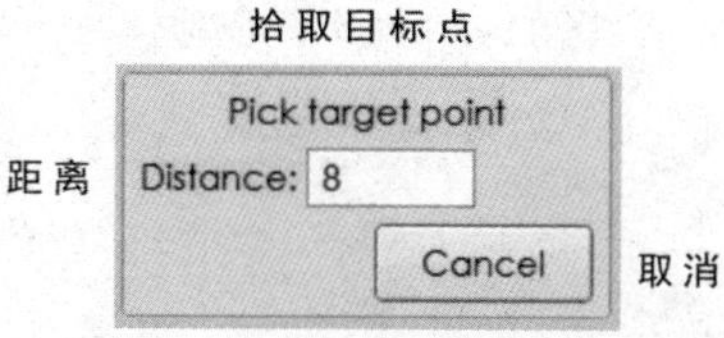

c）拾取目标点选项

图 11-2 命令选项

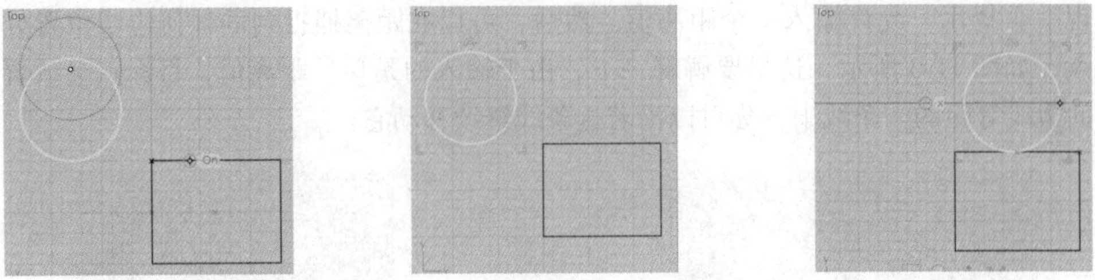

a）输入距离，捕捉边线　　b）移动了对象　　c）继续移动对象

图 11-3　捕捉边线后移动对象

11.2 【复制】(Copy) 命令

复制对象是经常要用到的命令，这里提供的【复制】命令用来创建放置到特定点的对象副本。【复制】命令的操作与【移动】命令有些类似，但它允许分别单击多个目标点，在每一点上复制出对象的副本。

如果想在同一个位置创建出对象的副本，可以使用【编辑：复制】和【编辑：粘贴】来完成，也可使用快捷键 Ctrl+C 和 Ctrl+V 实现。

图 11-4a 中有一个圆形和一个矩形。选择圆形，应用【复制】命令，命令选项区域提示选取基点，确认圆心为基点。接下来提示选取目标点，在矩形的一个角点上单击，就会复制一个圆形；分别单击其余三个角点，创建出三个圆形的副本，如图 11-4c 所示。复制命令选项如图 11-5 所示。

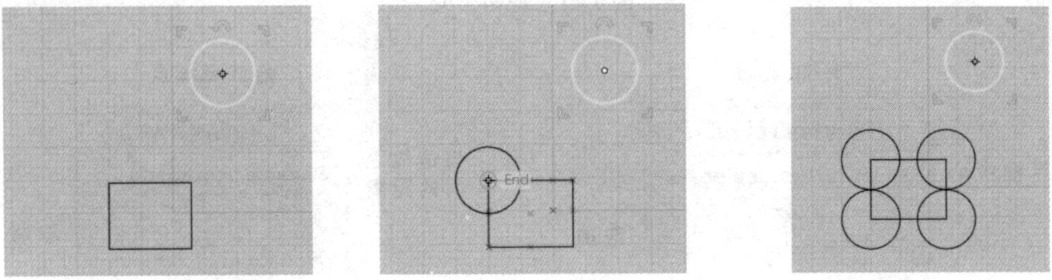

a）选取圆形，确定基点　　b）单击一个角点，作为目标点　　c）继续单击其余的角点

图 11-4　创建圆形副本

a）拾取基点选项　　b）拾取目标点选项

图 11-5　复制命令选项

【复制】命令与【移动】命令对于三维对象也是适用的，如图 11-6 所示。

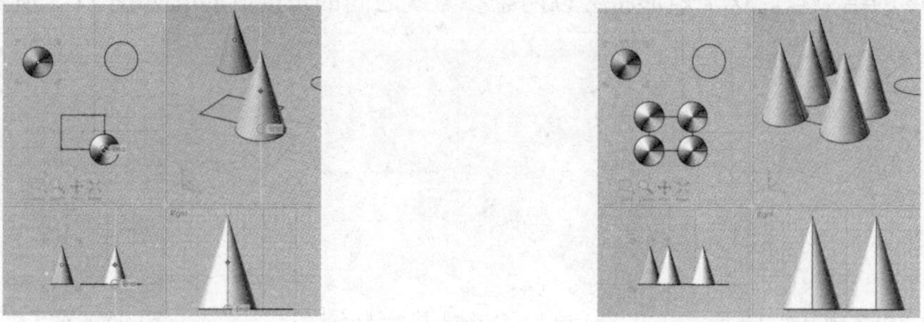

a）复制一个圆锥体　　b）复制其他三个圆锥体

图 11-6　复制三维对象

11.3 【旋转】(Rotate) 命令

【旋转】命令用来旋转选中的对象。它有两个子命令：【旋转】和【绕轴线旋转】。

11.3.1 【旋转：旋转】(Rotate) 命令

该命令是指围绕着一个中心点旋转对象。要旋转对象，首先要选择对象，然后执行【旋转：旋转】命令。接下来命令选项区域提示拾取旋转中心点；单击确认中心点之后，提示输入旋转的角度，或者使用鼠标拾取旋转角度（可以用鼠标从中心点向外分别单击两点作为臂轴，这两条臂轴之间的角度即为旋转角度）。通过指定两点确定角度这种方式适合于捕捉到已存在的对象上来计算其精确角度。

下面来讲解【旋转：旋转】命令的具体操作，我们试着把一个矩形旋转 90º。

选择矩形，执行【旋转：旋转】命令，命令选项区域提示拾取旋转中心，移动鼠标，捕捉到矩形的中心点，单击左键确认。此时如果直接输入一个角度值，矩形就以这个角度值旋转，如图 11-7 所示。

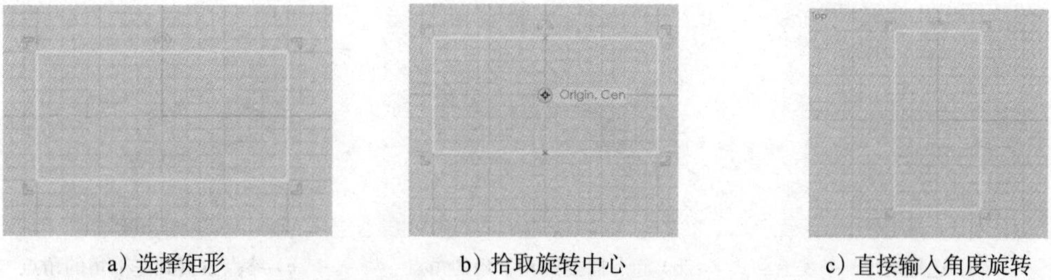

a）选择矩形　　b）拾取旋转中心　　c）直接输入角度旋转

图 11-7　输入角度值旋转矩形

接下来练习使用鼠标确认旋转角度。在确认了旋转中心以后，角度的第一点捕捉到向右的 X 轴上，这就设置了角度的起点，单击确认。然后将第二点向上捕捉到 Y 轴上，这就设置了角度的结束点。这个矩形将会以两条参考线之间的角度旋转，如图 11-8 所示。

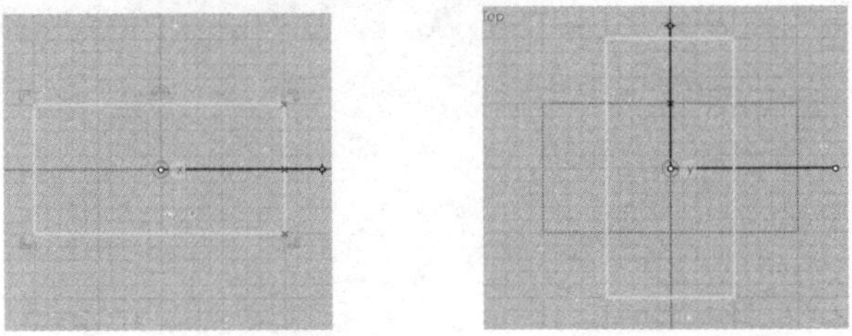

a）向右的 X 轴上捕捉起点　　b）向上的 Y 轴上捕捉结束点　　c）90° 旋转了矩形

图 11-8　鼠标确认旋转角度

命令选项如图 11-9 所示。

a）拾取旋转中心选项

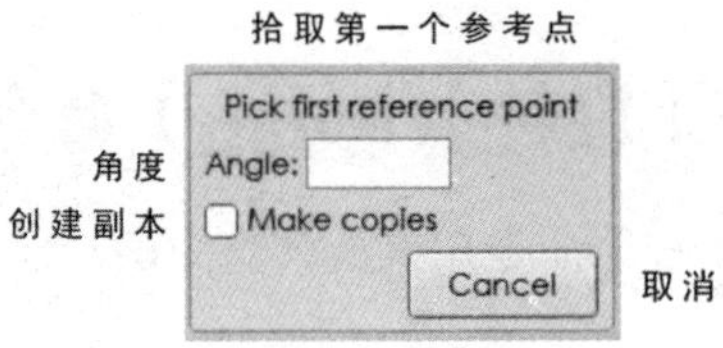

b）拾取第一个参考点选项

c）拾取第二个参考点选项

图 11-9　命令选项

继续练习如何能够捕捉点。相对于已存在的对象，计算一个精确的旋转。图 11-10a 中有一个圆形和矩形，旋转中心放置在圆心上，参考点捕捉到矩形左侧的两个角点上。

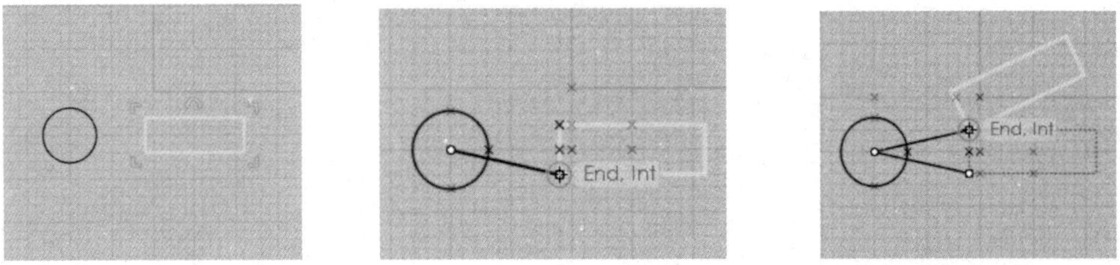

a）选择矩形　　b）起点捕捉到左下角的角点　　c）终点放置到左上角的角点

图 11-10　确定旋转中心和参考点

在确定最后一点时，可以勾选“创建副本”选项，或者同时按下 Ctrl 键，旋转并复制对象。勾选这个选项后，可以连续地放置副本，如图 11-11 所示。

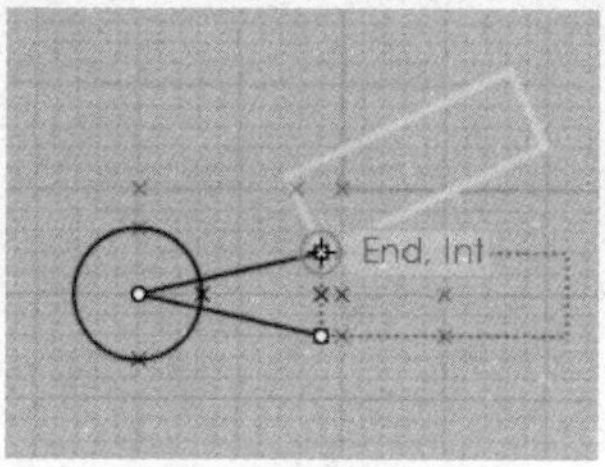

a）旋转复制一个副本

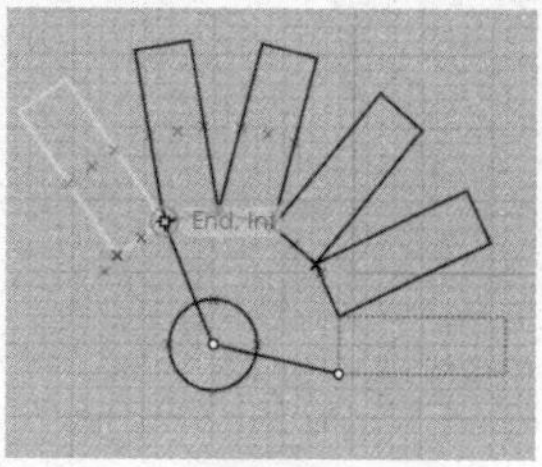

b）复制多个副本

图 11-11　连续放置副本

对于旋转三维对象，设置了旋转中心后，拾取两个参考点时要考虑好在哪个视图中确认，这决定着在哪一个平面旋转对象，如图 11-12 所示。

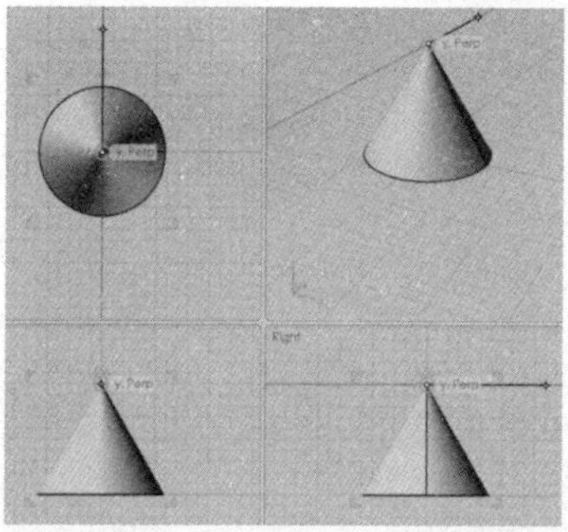

a）在右视图中拾取第一个参考点

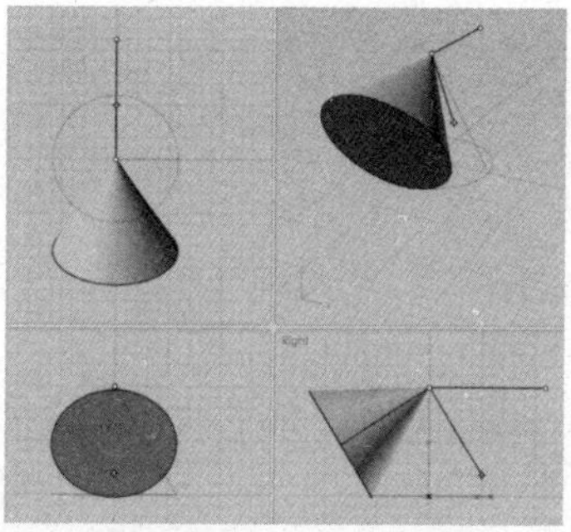

b）在 YZ 平面内旋转对象

图 11-12　旋转对象示例

11.3.2 【旋转：绕轴线旋转】(Rotate Axis) 命令

此命令用来围绕着轴线旋转对象。常规的旋转命令是以 2D 方式相对于栅格平面运行的。此命令允许拾取两点来定义一个轴线，然后绕着它旋转。它可以用于围绕着任意方向旋转，无须与任何栅格对齐。

这个命令类似于前面介绍的二维旋转（在某个平面内旋转对象），只不过要拾取两个点，以形成一条旋转轴线。接着可以输入旋转角度的数值，或者采用与二维旋转相同的方法，从轴线的起点处拾取两条参考臂轴来确定旋转角度。

下面练习旋转一个多边形，使其绕自身的一条边，自 XY 平面旋转 45º。在俯视图绘制一个多边形，选择它，执行【旋转：绕轴线旋转】命令，命令选项区域提示确定旋转轴的起点，在多边形的一个角点上单击，作为旋转轴的第一点；在多边形边线上的另一点上拾取旋转轴的终点。接下来，可以直接输入 45º，按回车键确认。结果是多边形绕着旋转轴旋转了 45º，如图 11-13 所示。旋转轴的作用相当于一条铰链，对象围绕着铰链旋转。

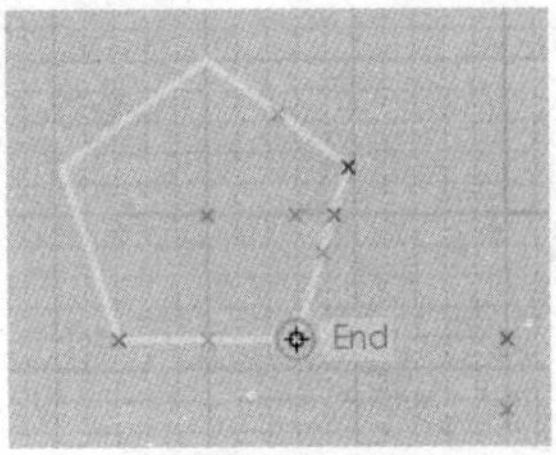

a）确定旋转轴的第一点

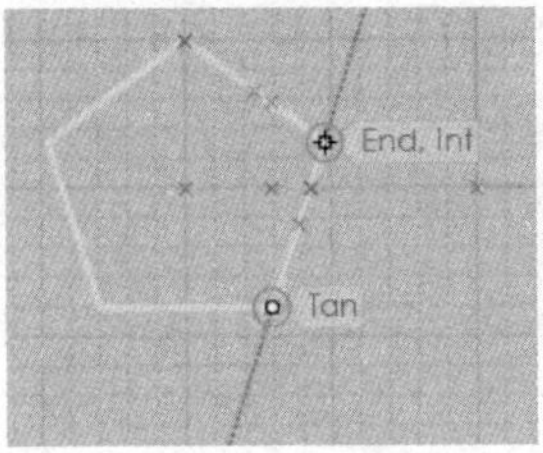

b）确定旋转轴的终点

c）绕轴旋转 45º

图 11-13　旋转多边形

再次练习使用参考点来确定旋转角度。我们不是直接输入一个角度值，而是按照提示确认第一个和第二个参考点。当移动鼠标时，会从旋转轴的起点引出一条线，让你确定第一个参考点。随后移动鼠标时，就好像一个摇杆，拖着多边形绕旋转轴旋转，命令选项区域会显示出旋转的角度，如图 11-14 所示。

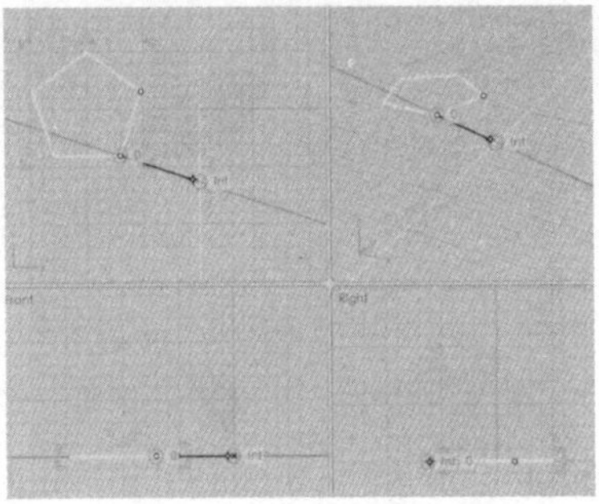

a）确定第一个参考点

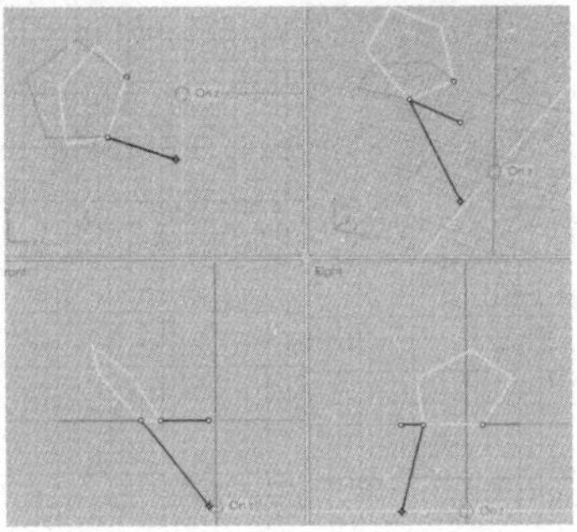

b）确定第二个参考点

图 11-14　使用参考点来确定旋转角度

操作提示及命令选项如图 11-15 所示。

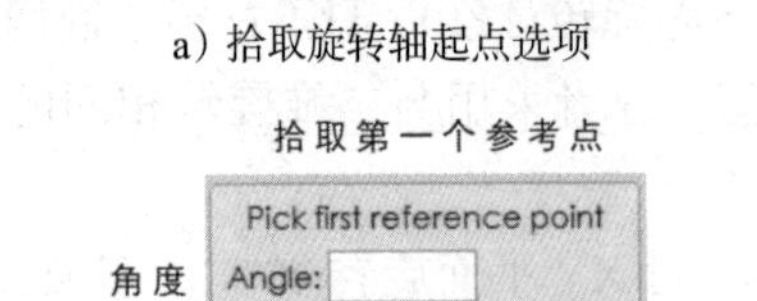

a）拾取旋转轴起点选项

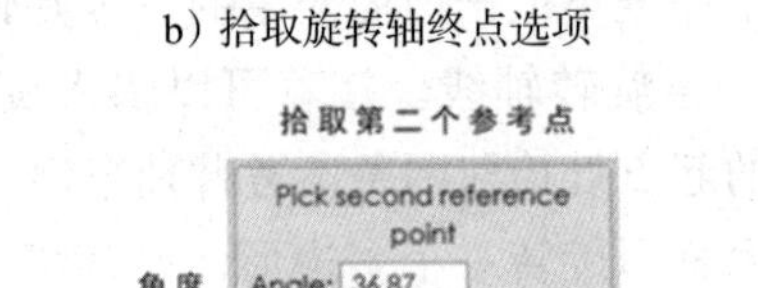

b）拾取旋转轴终点选项

c）拾取第一个参考点选项

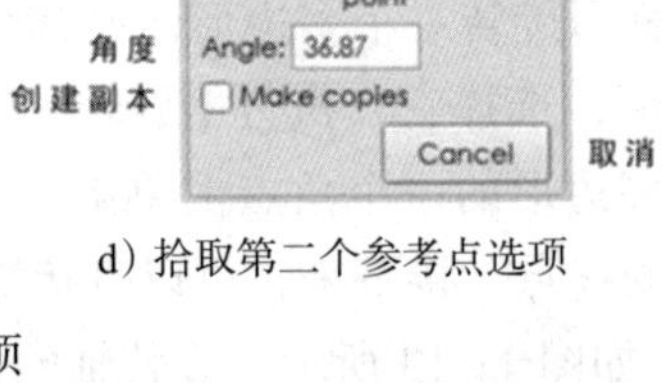

d）拾取第二个参考点选项

图 11-15　命令选项

其中，“创建副本”选项与【旋转】命令中的作用相同，此处不再重复解释了。

11.4 【缩放】(Scale) 命令

【缩放】命令用来放大或缩小对象，共有三个子命令。实际上，在大部分建模软件中，单一的缩放工具就能实现全部功能。

11.4.1 【缩放：缩放】(Scale) 命令

围绕着一个中心点缩放对象。这种类型的缩放也叫作均匀缩放或者三维缩放，因为结果会在各个轴向同时进行缩放。要缩放对象，先选择一个对象，接着执行【缩放：缩放】命令，然后点取缩放的原点，这个原点是对象要围绕着缩放的点。选择了缩放原点以后，与【复制】和【旋转】命令类似，既可以直接输入缩放比例因子，也允许使用鼠标单击来确定一个缩放比例。输入缩放因子时，数值 1 代表不缩放，2 代表对象值扩大一倍，0.5 代表将对象缩小为原来尺寸的一半，10 代表将扩大对象为原大小的 10 倍，以此类推。

图 11-16 是直接输入缩放因子 2 来缩放圆柱体的例子，操作过程与【旋转】命令相似。

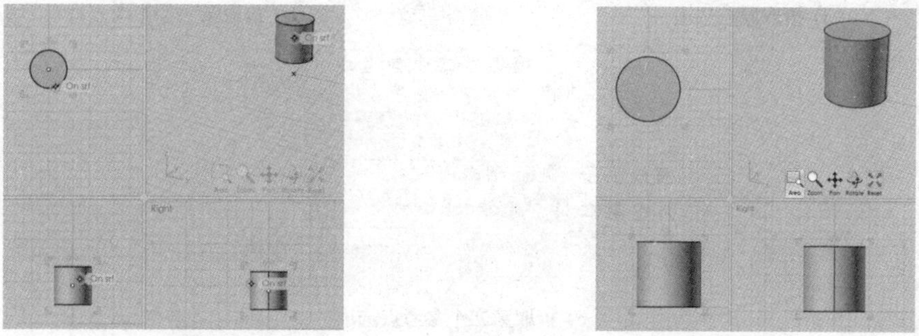

a）拾取缩放原点　　b）输入缩放因子为 2

图 11-16　输入缩放因子缩放对象

也可以通过拾取两个参考点的方式来进行缩放。这些点与缩放原点的相对距离确定了缩放因子。例如，如果第二个参考点与原点的距离是第一个参考点与原点距离的两倍，则缩放因子是 2.0。由于拾取的两个点只是为了确认缩放因子，所以尽可能捕捉到容易观察比较两点与缩放原点距离的方向就好，如图 11-17 所示。

命令选项如图 11-18 所示。

为了更好地理解如何使用鼠标来确定缩放因子，下面还是以二维图形为例，我们来缩放一个矩形。先选择矩形，执行【缩放：缩放】命令，命令选项区域提示拾取缩放原点，把原点放置到矩形左下方的角点上。接下来拾取第一个参考点，此点用来校准缩放因子，并且与原点之间的距离相当于缩放因子为单位 1。此刻拾取的是矩形的右上角点。通常第一个参考点会放置在对象周边距离原点一定的位置，如图 11-19 所示。

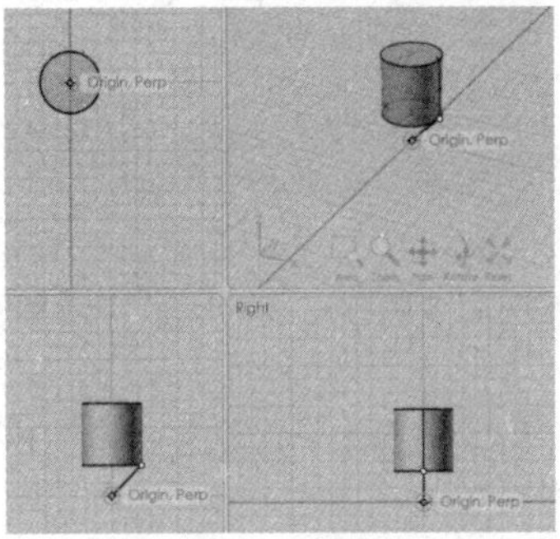

a）拾取第一个参考点

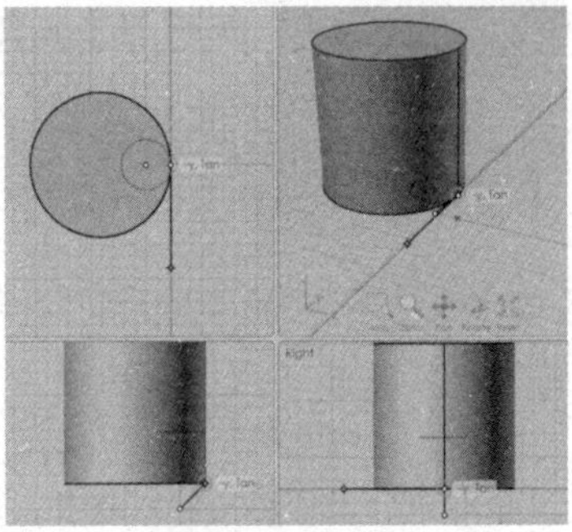

b）拾取第二个参考点

图 11-17　拾取参考点缩放对象

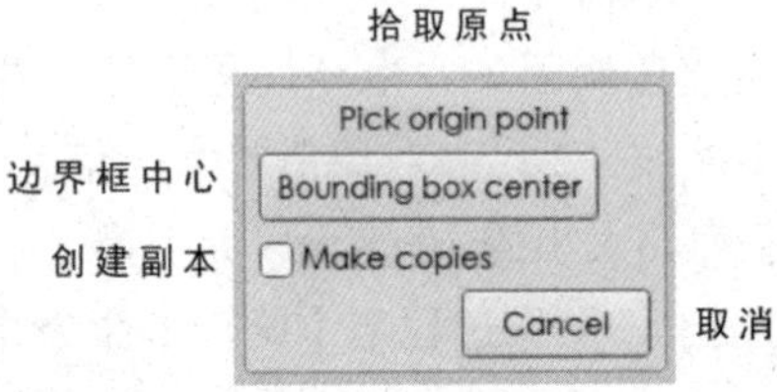

a）拾取原点选项

b）拾取第一个参考点选项

c）拾取第二个参考点选项

图 11-18　命令选项

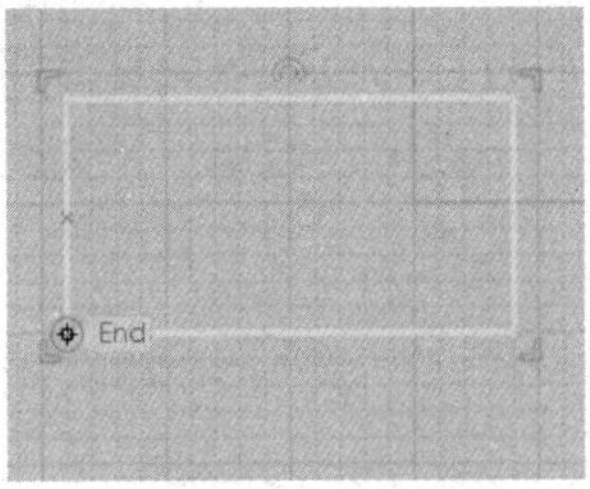

a）拾取缩放原点

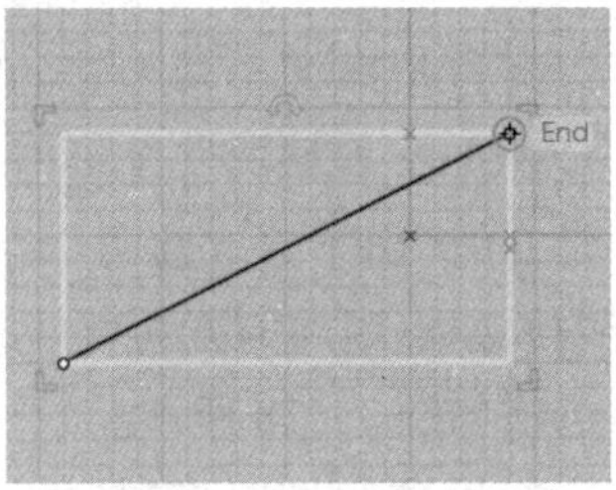

b）拾取第一个参考点

图 11-19　拾取点

然后，拾取第二点确定缩放因子。与第一个参考点至原点之间的距离比较，如果第二个参考点相对原点的距离比第一个参考点至原点的距离更远，对象会放大一些；如果把第二个参考点向缩放原点移动，比第一个参考点更靠近缩放原点，对象就会缩小，如图 11-20 所示。

a）放大对象　　b）缩小对象

图 11-20 拾取第二点

使用参考点的缩放方式可以将点捕捉到目标区域，以计算到现有对象的缩放比例。例如，假设想按照精确的缩放因子来放大一个矩形，以便使它接触到其上方的一个对象，就可以通过仔细捕捉参考点来精确测量现有距离，测定所需的新距离来缩放矩形，将现有距离转换为所需距离的适当比例因子，计算并应用到缩放的矩形，以实现想要得到的结果，如图 11-21 所示。

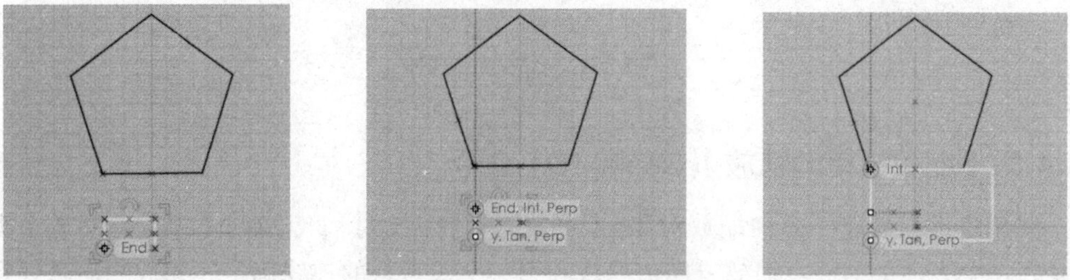

a）拾取原点　　b）拾取第一个参考点　　c）拾取第二个参考点

图 11-21 精确测量距离

在拾取第二个参考点时，可以勾选“创建副本”选项，或者同时按住 Ctrl 键，放置缩放后的对象副本，如图 11-22 所示。

a）创建二维图形的副本　　b）创建三维对象的副本

图 11-22 创建对象副本

11.4.2 【缩放：二维缩放】(Scale 2D) 命令

围绕一个中心点缩放对象，仅在两个轴向上伸展它们，这是缩放操作的一种特例。【缩放：二维缩放】命令并不是在所有方向上缩放，而只适用于在一个二维平面上。要在哪一个平面上缩放，取决于在哪一个视图里拾取原点。例如，在俯视图中拾取原点，缩放的方向将会在视图栅格上的 X、Y 轴方向进行。确认参考点的操作与【缩放：缩放】命令中的相同。

图 11-23 是二维缩放圆柱体的例子。在俯视图中确认了缩放原点，结果圆柱体在 X 和 Y 轴方向上放大了，但是高度是固定的。这个命令的选项与【缩放：缩放】命令相同，不再解释。

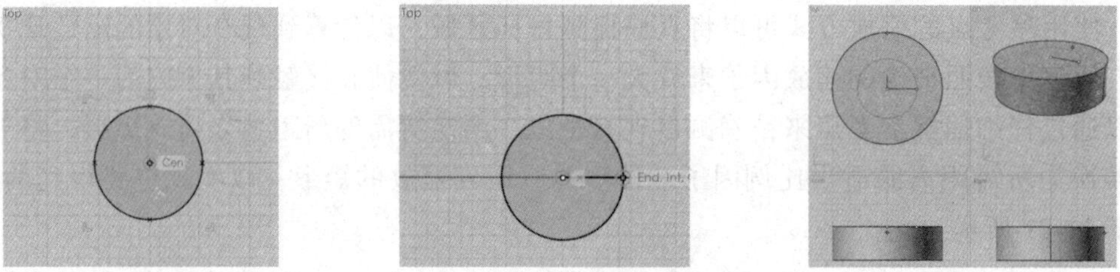

a）在俯视图中拾取原点　　b）拾取第一个参考点　　c）拾取第二个参考点

图 11-23　缩放圆柱体

11.4.3 【缩放：单向缩放】(Scale 1D) 命令

此命令指沿着单一方向缩放对象。【缩放：单向缩放】命令也与【缩放：缩放】类似，只是在一个方向上缩放。缩放方向由原点和第一个参考点的连线确定，缩放方向是任意的。第二个参考点设置缩放比例因子。

图 11-24 示例了把一个圆沿斜线缩放成椭圆形。

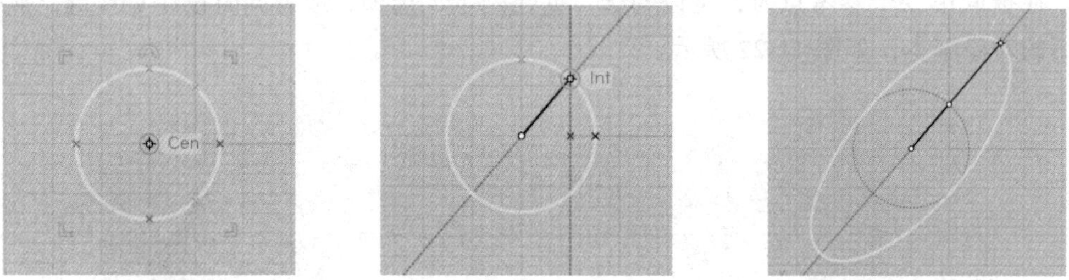

a）拾取原点　　b）拾取缩放的方向　　c）拾取第二个参考点

图 11-24　圆缩放成椭圆形

【缩放：单向缩放】命令可以用来伸展或压缩一个对象到达新的高度，而型体在 X、Y 轴方向上保持不变。如图 11-25 所示，缩放原点在块体的底部，第一个参考点在原点方向上的块体顶部，参考线决定了缩放方向在 Z 轴方向上，最后的参考点在原点上方的新高的位置。

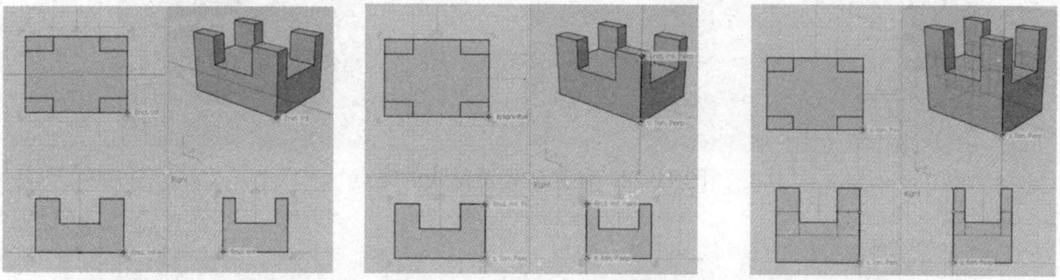

a）原点位于块体的右下角　　b）第一个参考点放置在块体的右上角　　c）确定第二个参考点

图 11-25 单向缩放示例

第二个参考点如果比第一个参考点低些，块体就会压扁一些，变得更短，如图 11-26 所示。

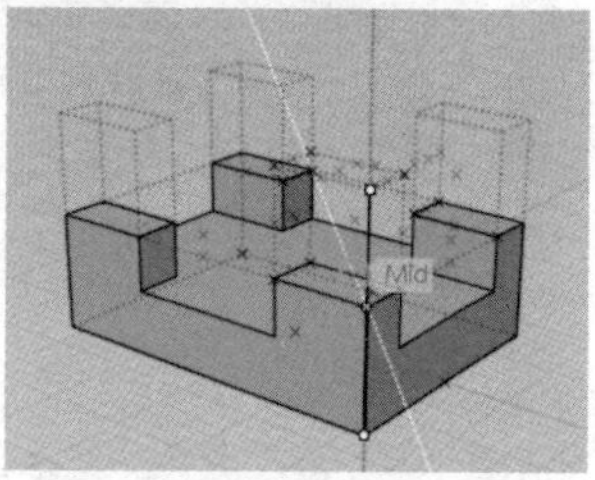

图 11-26 第二个参考点比第一个参考点低的结果

11.5 【镜像】(Mirror) 命令

此命令是指依照镜像线复制一个对象。有时，被复制的对象必须是沿镜像线相反的方向，单纯地复制不能实现。要镜像一个对象，首先选择一个对象，然后运行【镜像】命令，接下来拾取两点来确定镜像对象的中心线，如图 11-27 所示。新镜像出的对象有历史更新功能，当编辑原始对象时，镜像出的对象也会跟着更新。

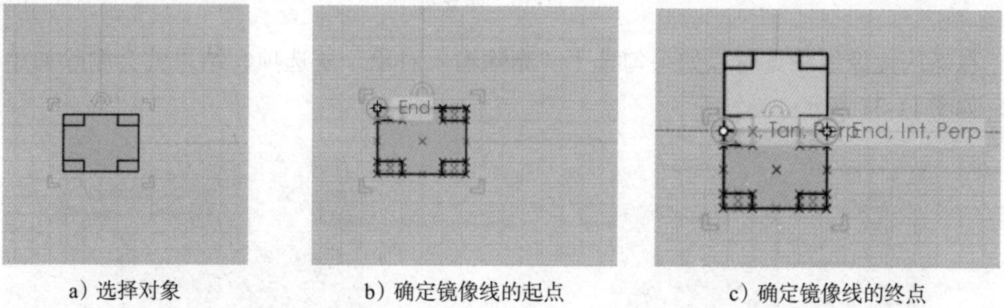

a）选择对象　　b）确定镜像线的起点　　c）确定镜像线的终点

图 11-27 镜像功能示例

移动鼠标确定镜像线的终点时，可以任意拖动，也可以在不同的视图中移动，如图 11-28 所示。二维曲线的镜像操作如图 11-29 所示。

命令选项如图 11-30 所示。

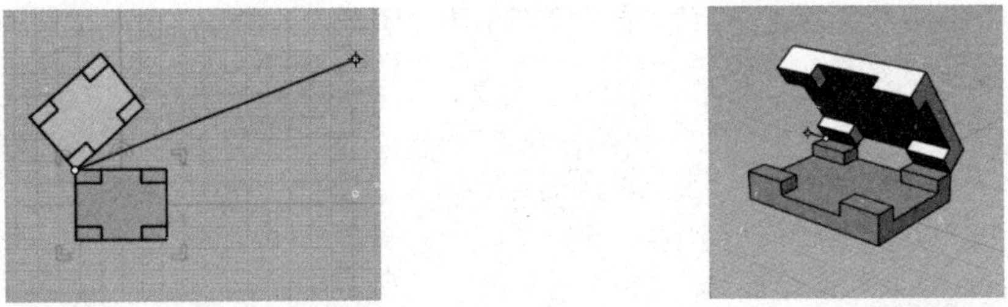

图 11-28　任意放置镜像线的终点

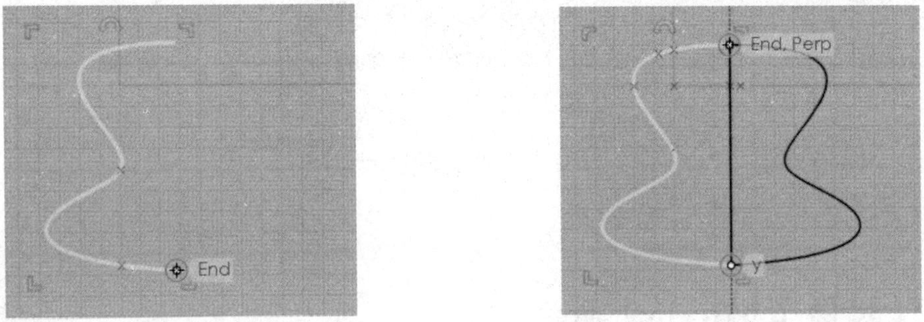

图 11-29　二维曲线的镜像操作

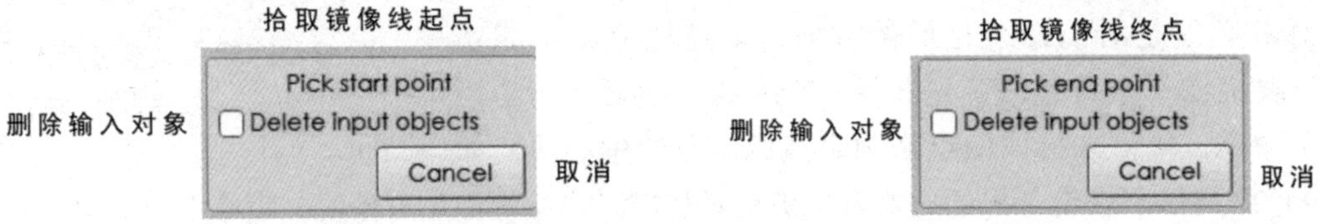

a）拾取镜像线起点选项　　b）拾取镜像线终点选项

图 11-30　命令选项

在确认镜像线终点时，如果勾选了“删除输入对象”复选项，结果就会删除初始的对象，如图 11-31 所示。

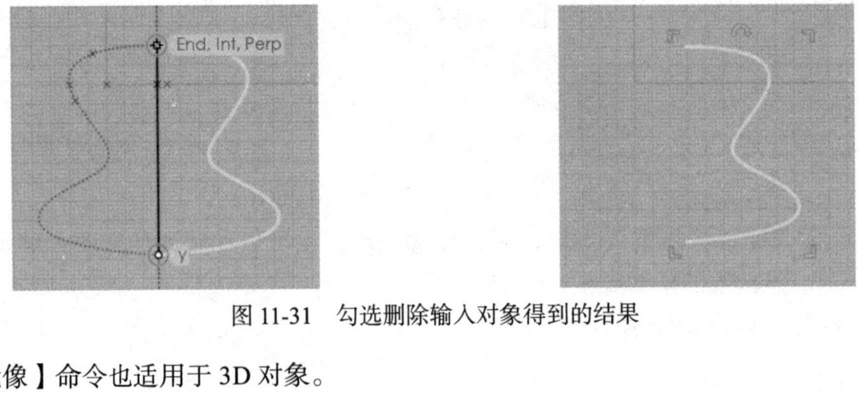

图 11-31　勾选删除输入对象得到的结果

【镜像】命令也适用于 3D 对象。

11.6 【阵列】(Array) 命令

阵列是一种批量复制对象的操作，在进行有规律的多重复制时，阵列往往比单纯的复制更有优势。MoI3D 中的阵列有四个子命令。

11.6.1 【阵列：栅格阵列】(Grid) 命令

【阵列：栅格阵列】就是 AutoCAD 中的矩形阵列，是横向和纵向按一定的位移进行批量复制的操作。MoI3D 中，矩形阵列命令可以阵列二维图形或实体。图形是以矩形阵列出对象；而对于实体对象而言，是以立方体形状阵列出对象。

要应用【阵列：栅格阵列】命令来复制对象，先选择要阵列的对象，然后执行【阵列：栅格阵列】命令，在命令选项区域中的选择副本的数量提示中，分别输入 X、Y 和 Z 方向上的数值，然后单击“完成”确认。最后一步是输入栅格各个元素之间的间隔值，可以直接输入数值，如在图 11-32 中，X、Y、Z 方向上的数量分别是 4、3、1，间隔值为 5。

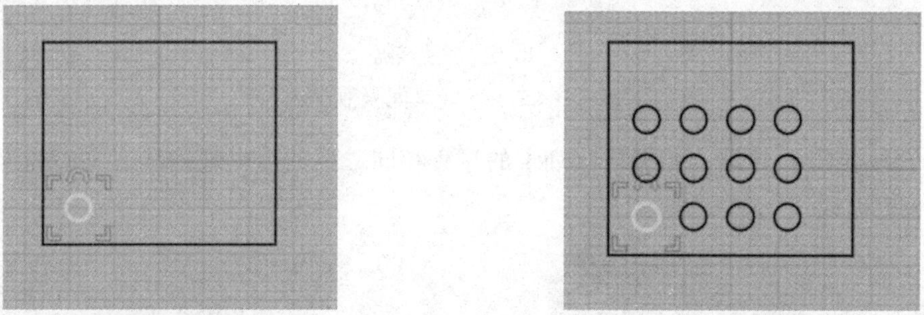

a) 选择要阵列的对象　　b) 阵列后的结果

图 11-32　栅格阵列

命令选项如图 11-33 所示。

在输入间隔值的提示下，也可以绕所选择的对象画一个长方形或立方体来定义。此时，先在所选对象附近单击一点。拾取的另一点如果是水平方向，定义的是水平间隔；如果是垂直方向，则定义的是垂直间隔。如果直接拖出一个矩形框，则同时定义了 X 和 Y 方向的间隔，如图 11-34 所示。

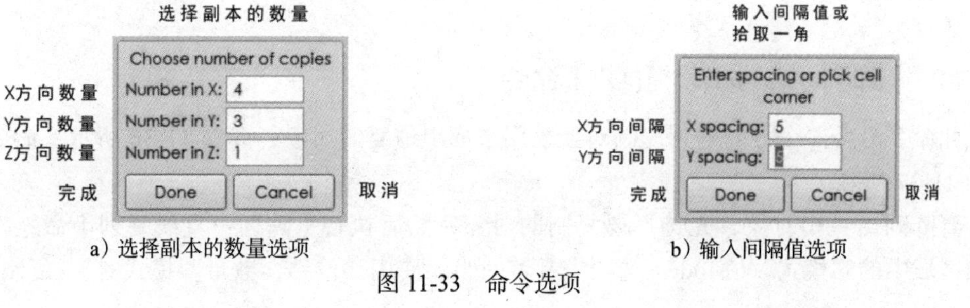

a) 选择副本的数量选项　　b) 输入间隔值选项

图 11-33　命令选项

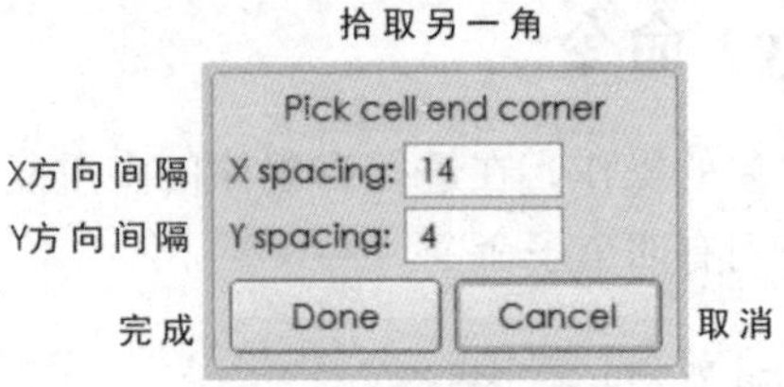

c）拾取另一角选项

图 11-33 （续）

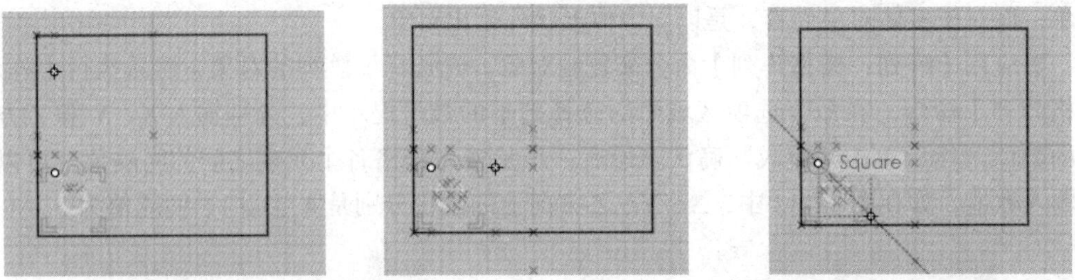

a）定义水平间隔　b）定义垂直间隔　c）拖出矩形框，定义两个方向间隔

图 11-34　定义间隔值

对于三维对象，【阵列：栅格阵列】的过程相同，只是会出现确认 Z 方向间隔的提示，如图 11-35 所示。

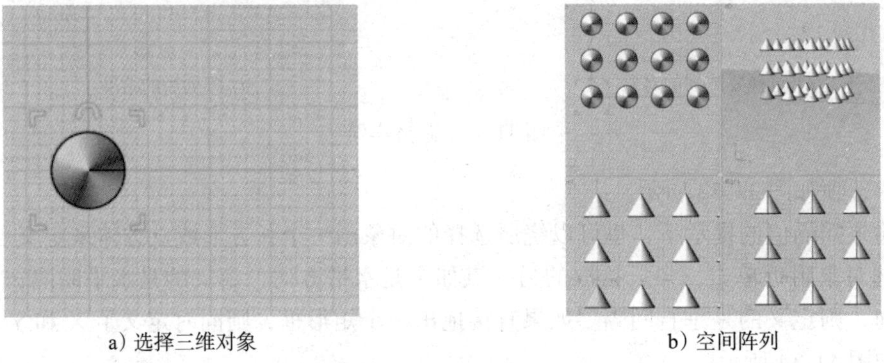

a）选择三维对象　b）空间阵列

图 11-35　三维对象栅格阵列

11.6.2 【阵列：直线阵列】(Dir) 命令

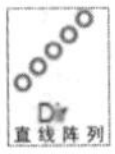

此命令沿着一个方向阵列复制对象，用来成串地复制对象，如图 11-36 所示。命令选项如图 11-37 所示。

要阵列出一串对象，先选择要复制的对象，然后执行【阵列：直线阵列】命令。命令选项区域中的“模式”（Mode）选项控制着间距。使用“偏移，数量”模式时，“复制数量”

选项控制着要复制多少个副本，可以选择两点来定义阵列的方向和副本之间的间距。图11-38所示是使用“偏移，数量”模式直线阵列五角星的例子。

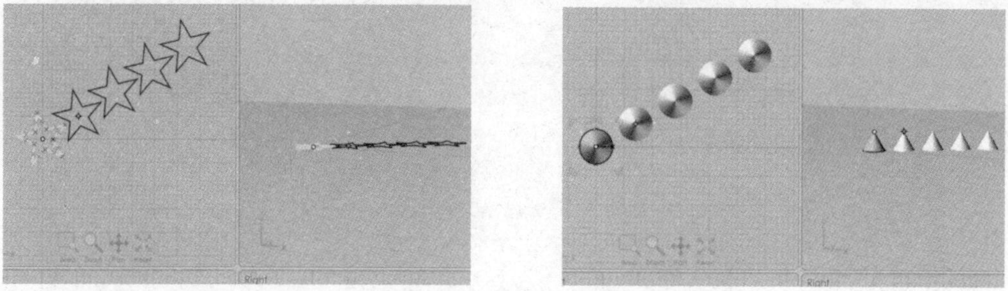

图 11-36 直线阵列的例子

a）拾取基点选项 b）模式

图 11-37 命令选项

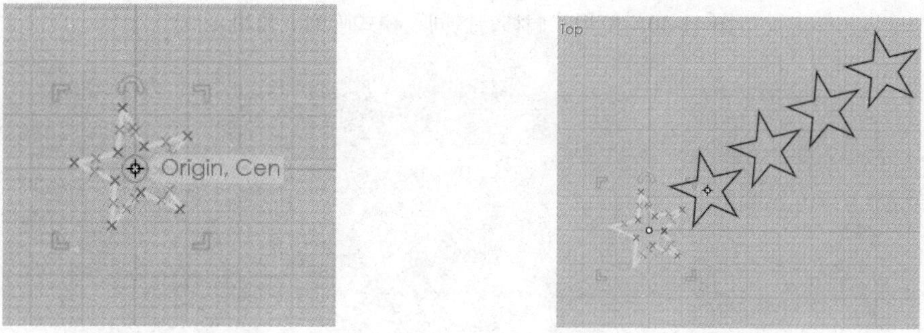

a）拾取基点 b）拾取偏移距离

图 11-38 直线阵列五星

使用“区间，数量”模式时，也可以给定两个点和一个数量，两点之间的距离是阵列的总体长度，计算出副本之间的偏移距离来适应这个长度范围，如图11-39所示。

使用“偏移，区间”模式时，可以选择一个偏移距离和一个区间长度，程序计算出数量并显示在选项中。可以从小的距离开始，把它作为偏移距离，然后再移动鼠标，创建第二个长的距离作为区间长度，在整个长度范围内计算出尽可能多的副本，如图11-40所示。

或者从长距离开始，也就是先确定区间长度，再把鼠标移向基点附近，减少偏移量，在这个长度范围内生成更多的副本，如图 11-41 所示。

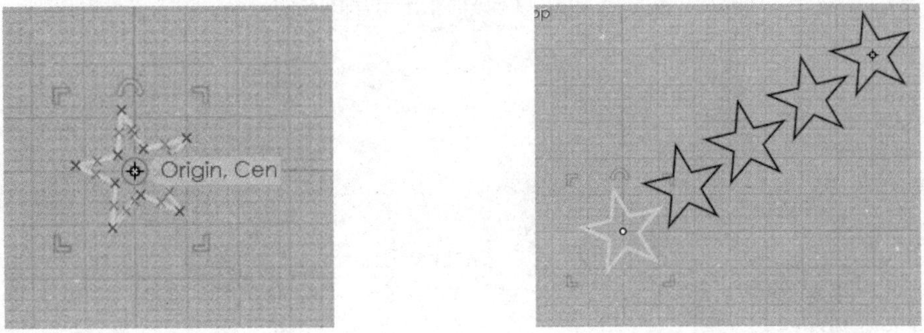

a）拾取基点　　b）确定阵列的区间长度

图 11-39　使用“区间，数量”模式阵列五星

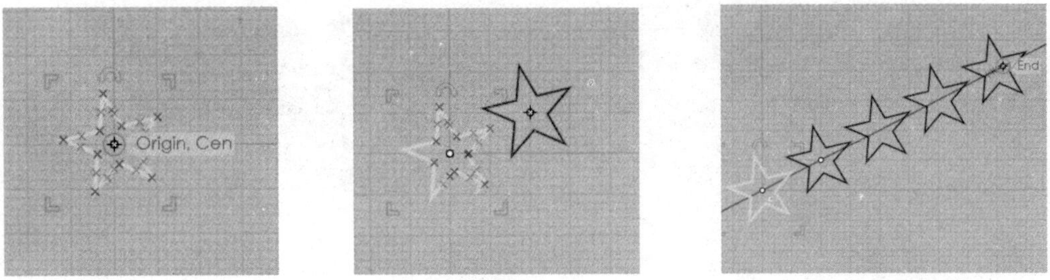

a）拾取基点　　b）确定偏移距离　　c）确定区间长度

图 11-40　使用“偏移，区间”模式阵列五角星（一）

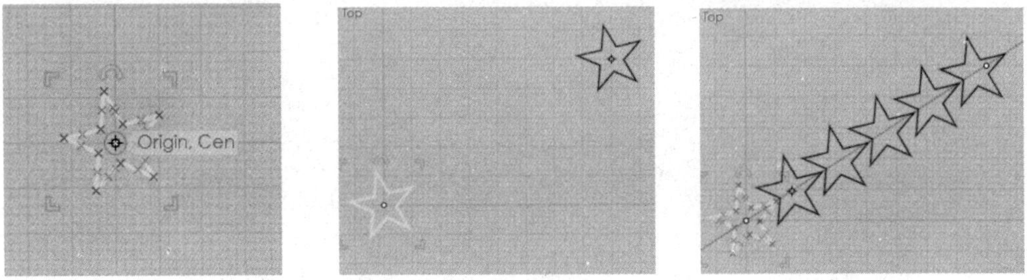

a）拾取基点　　b）确定区间长度　　c）把鼠标移向基点

图 11-41　使用“偏移，区间”模式阵列五角星（二）

11.6.3 【阵列：圆周阵列】(Circular）命令

此命令是指围绕着中心点，以圆周形式复制对象。要以圆周阵列方式复制对象，首先选取要复制的对象，然后执行【阵列：圆周阵列】命令。接下来拾取圆周的中心点，在最后一步的调整选项中，确定成员数量和环绕角度等，如图 11-42 所示。

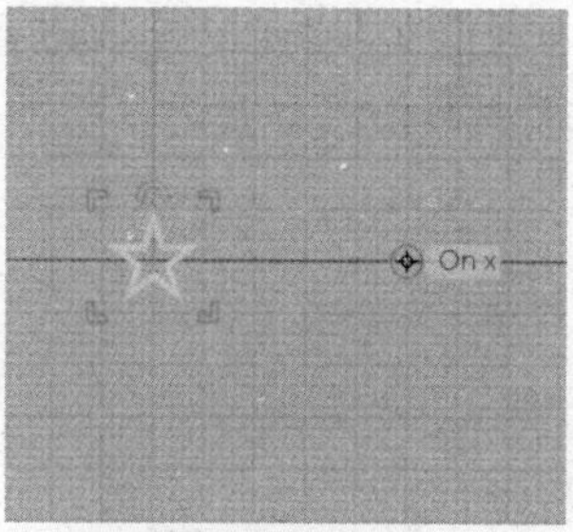

a）确定圆周的中心点

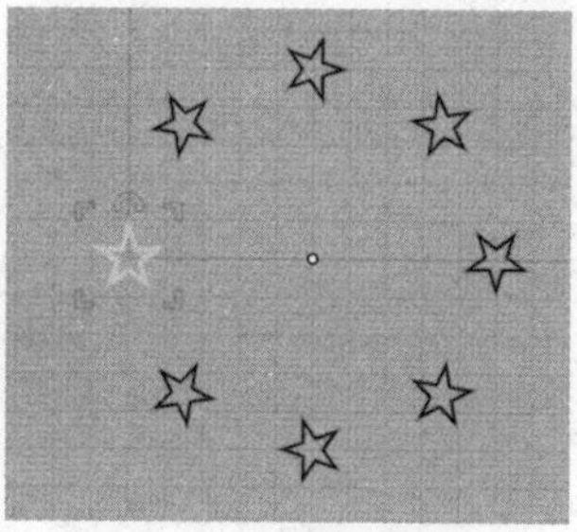

b）环圆周阵列出图形

图 11-42 圆周阵列命令

命令提示选项如图 11-43 所示。

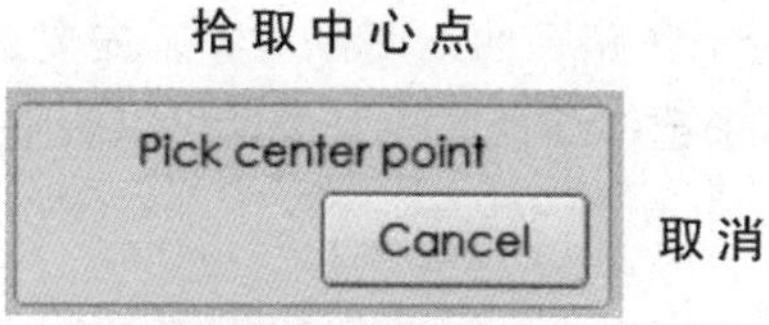

a）拾取中心点选项

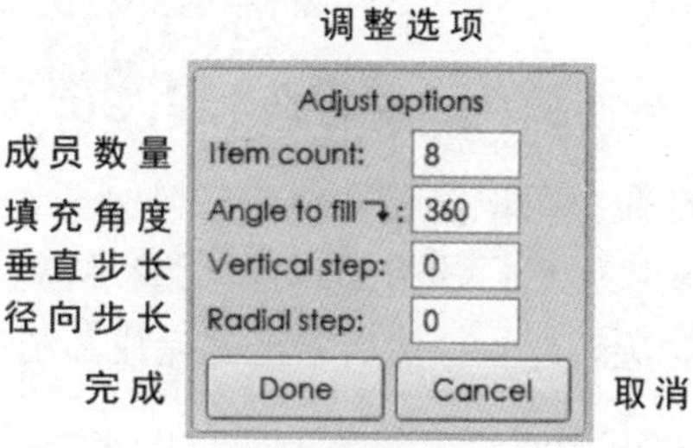

b）调整选项

图 11-43 命令提示选项

调整选项中，可以单击填充角度右侧的小箭头，在指定填充圆周的角度或者单个的角度步长之间切换。填充角度可以小于 360º，也可以大于 360º。角度步长指定了一个固定角度，各成员以这个角度沿圆周分布，如图 11-44 所示。

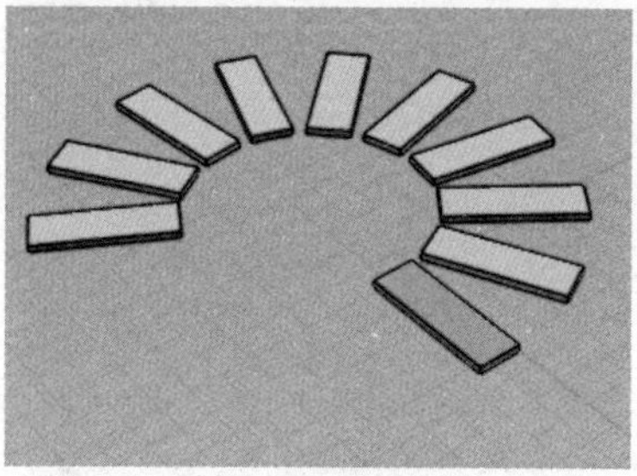

a）填充角度为 240º

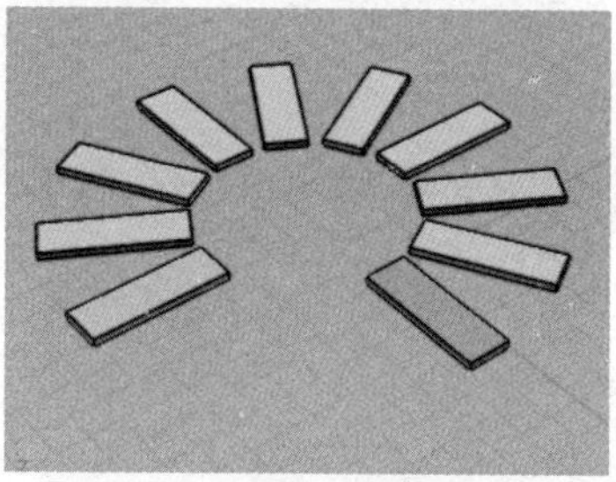

b）角度步长为 30º，成员数量为 10

图 11-44 角度步长设定

“垂直步长”和“径向步长”选项可以指定在圆周上每个成员每一阶移动的距离。垂直步长确定上下移动的幅度，径向步长控制偏向或偏离中心点的幅度。进行常规的圆周阵列时，这两个选项设置为 0。有时，这两个选项可以用来创建螺旋形的阵列。如图 11-45 所示的实例使用的成员数量为 50、填充角度为 1080º、垂直步长为 1（即每向上步移动一个单位距离）、径向步长为 −0.5（每一步使每一个成员向中心点移动一小段距离）。

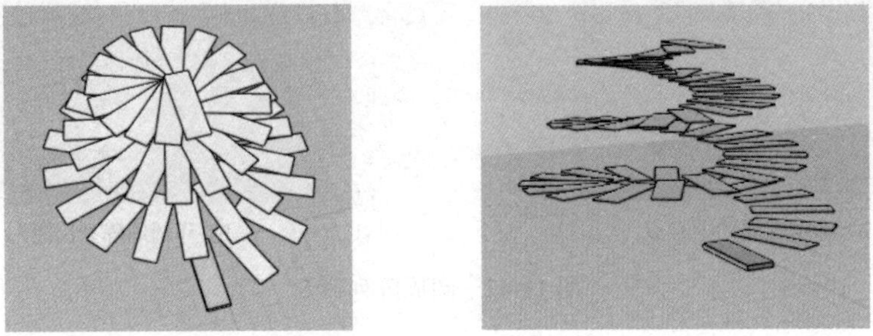

图 11-45 螺旋形阵列的例子

11.6.4 【阵列：路径阵列】(Curve) 命令

此命令可以沿着曲线路径阵列复制对象。要沿着一条路径曲线复制对象，先要选择复制的对象，然后执行【阵列：路径阵列】命令，接下来选择路径曲线，最后可以调整数量、间距、旋转样式，然后单击“完成”结束操作，如图 11-46 所示。

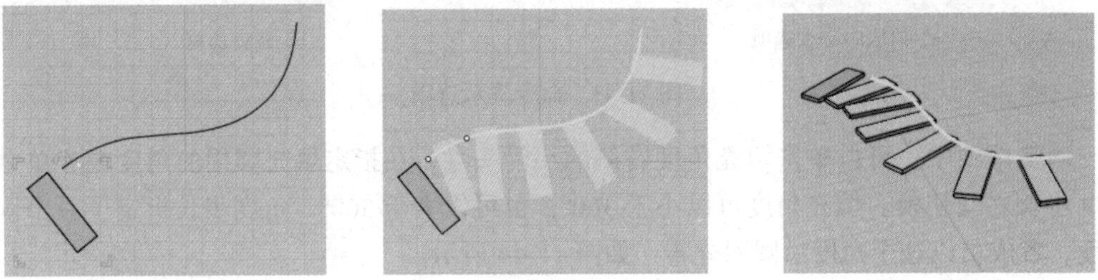

a）选择要阵列的对象　　b）选择曲线路径　　c）阵列的结果

图 11-46 路径阵列示例

提示及命令选项如图 11-47 所示。

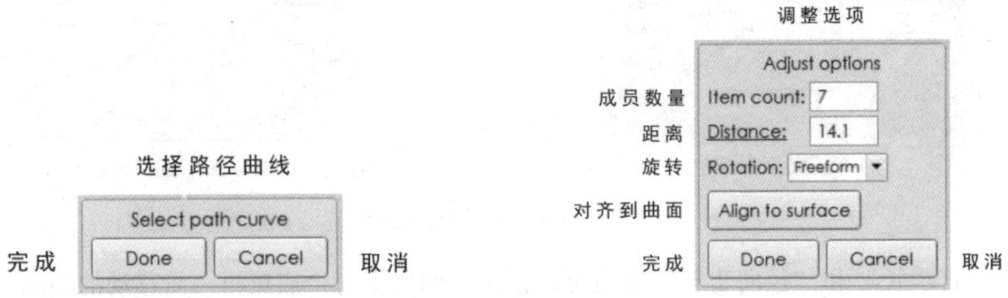

a）选择路径曲线选项　　b）调整选项

图 11-47 提示及命令选项

可以输入沿着路径摆放的成员数量，或者输入成员个体之间的间距，这两个数值是相互关联的。如果输入了成员的总数量，程序会自动计算出间距；如果输入了间距，程序会自动沿着路径按照间距来计算成员数量。

在路径曲线上有两个小圆，其中一个鼠标移上去会出现“Offset”字样，拖动它，也可以改变成员之间的间隔和数量，这些数值会在调整选项中随时更新，如图 11-48 所示。

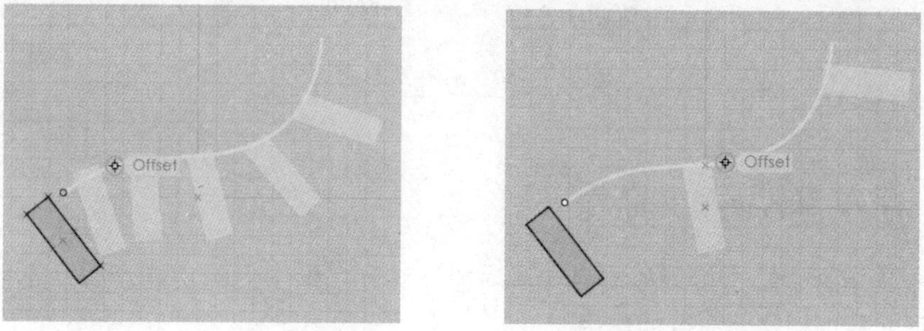

图 11-48　拖动小圆，改变成员的数量和间隔

旋转样式有几种不同的方向定位模式，控制着对象沿着路径如何摆放。共有三种旋转样式：自由（Freeform）、平坦（Flat）和不旋转（None）。

“自由”样式通过绕着曲线的切线旋转来计算方向的变化，这意味着任何一点上都没有突变，但是方向会不断变化，在某些情况下可能会上下颠倒。

“平坦”样式只能绕 Z 轴旋转。在 Z 轴上回旋对象时，许多成员旋转效果尽可能与沿曲线正切方向一致，这种模式总是指向朝上，是一种相对于 Z 轴稳定的模式。对于简单的路径曲线能工作得很好，但是如果曲线向上倾斜剧烈，有某些部位正切或者是曲线几乎正切于 Z 轴，这个功能不会起作用。

“不旋转”样式根本不对成员进行重定向，只是沿着路径曲线移动。

图 11-49 是沿着路径曲线阵列的实例。其中被复制对象是一个扁立方体，路径曲线是一条被编辑过的波浪形的圆。

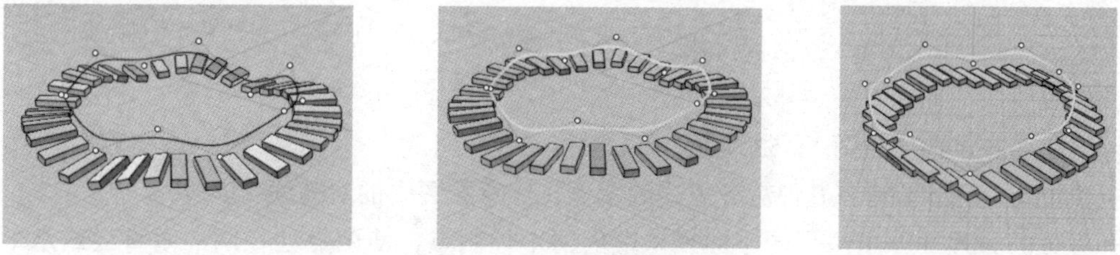

a）自由样式　　b）平坦样式　　c）不旋转样式

图 11-49　沿着路径曲线阵列的圆

调整选项中还有一个“对齐到曲面”（Align to surface）按钮。单击它会出现一个选择用于对齐的选项。单击曲面，单个成员会受到曲面的影响而调整朝向，如图 11-50 所示。

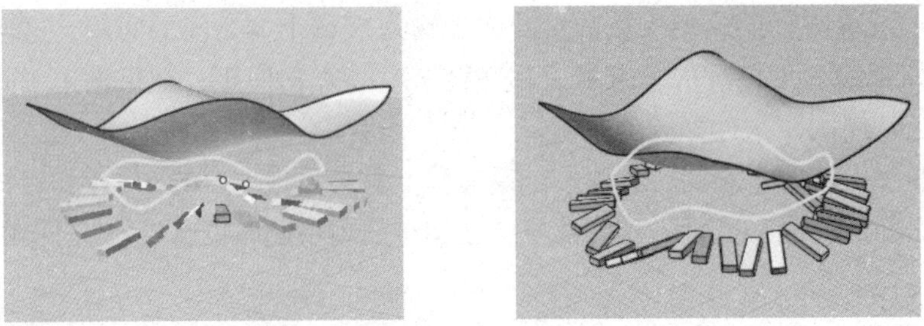

图 11-50　对齐到曲面

11.7 【对齐】(Align) 命令

该命令是指沿直线边排列控制点或者对象，对齐二维图形的功能。如果熟悉平面设计程序，就很容易理解这个命令的作用。

要对齐多个对象，首先要选择对齐的对象或者控制点，然后执行【对齐】命令，可以调整选项，确定是垂直对齐还是水平对齐，对象会以什么样的形式成一行排列，例如沿着所有对象的顶部、底部或者穿过所有对象的中心排列成行等。确定了这些参数后，拾取一点来定义对齐线的位置，完成对齐命令。

还是先以二维图形为例熟悉对齐命令。在图 11-51 中，选的是水平中心对齐方式，出现的虚线通过了每个图形的中心点。移动鼠标会拖动着虚线，单击鼠标确认虚线的位置。

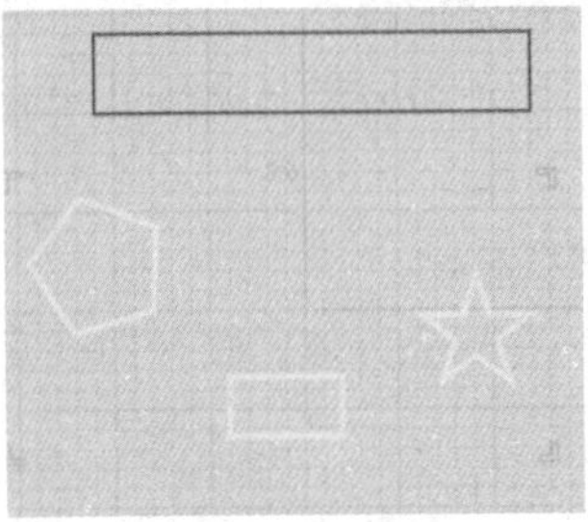

a）选择三个图形

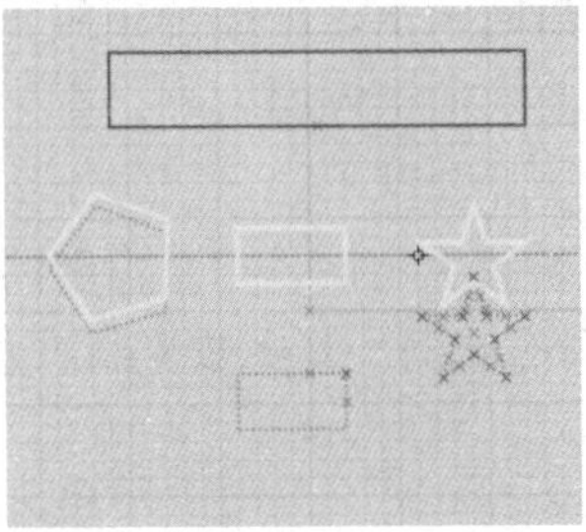

b）选择水平中心对齐方式

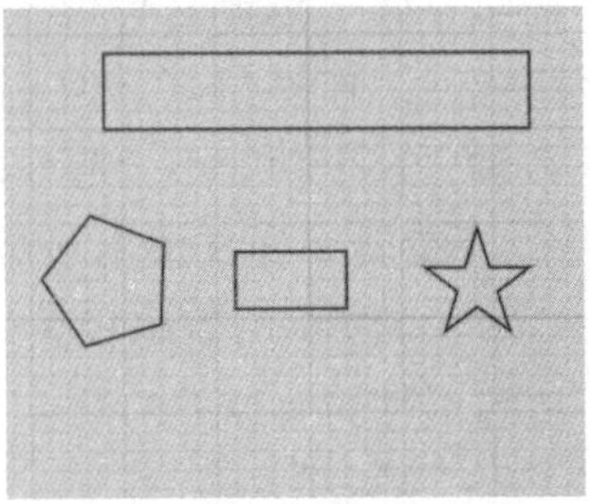

c）对齐后的结果

图 11-51　水平中心对齐

拾取对齐点选项如图 11-52 所示。

图 11-53 给出了其余五种对齐方式的示例，注意看图中的对齐线（虚线）。

对齐的另外一种用法是调整曲线末端的两个控制点，使两点处在同一垂直线或水平线上。曲线末端的两个控制点控制曲线末端的切线方向。如果末端切线是笔直的，镜像曲线的时候，原始曲线和镜像副本之间不会产生任何褶皱。

先来看看图 11-54 中曲线的控制点。选择其中三个控制点，然后应用【对齐】命令，针对控制点的对齐操作，拾取对齐点选项中上面一排对齐方式都是水平对齐，下面一排对齐方式都是垂直对齐，体验一下会得到什么结果。

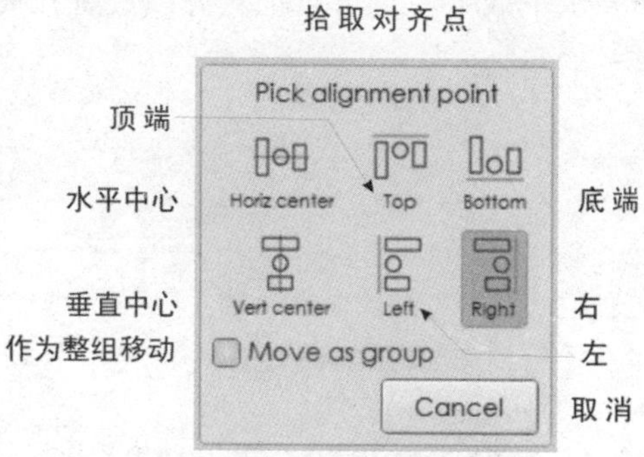

图11-52　拾取对齐点选项

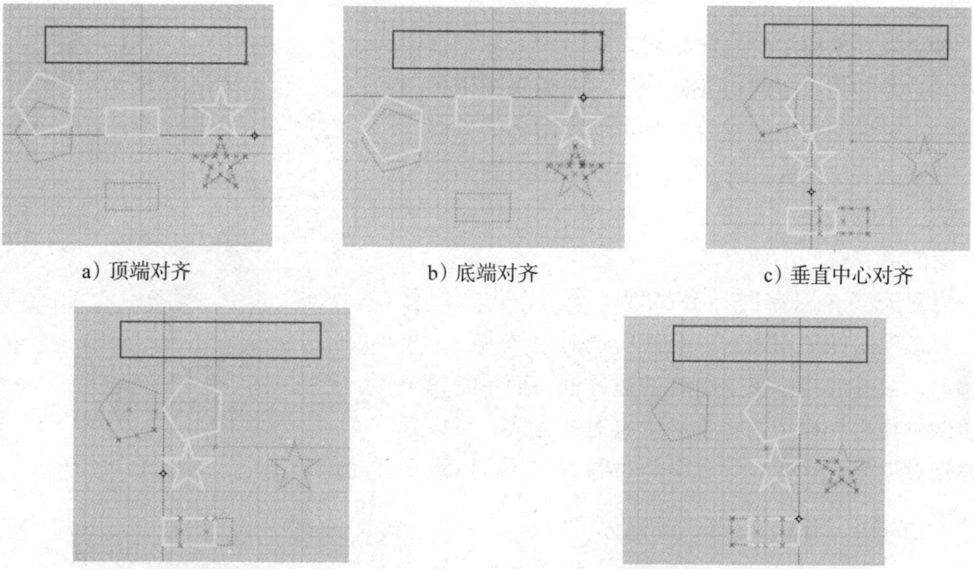

a）顶端对齐　b）底端对齐　c）垂直中心对齐

d）左对齐　e）右对齐

图 11-53　其余五种对齐方式示例

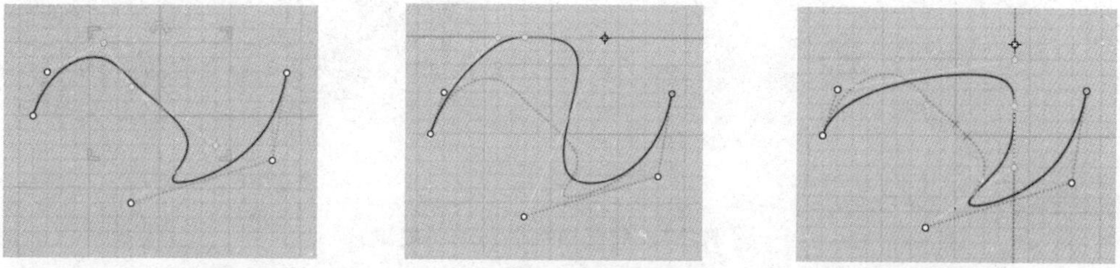

a）选择三个控制点　b）水平对齐　c）垂直对齐

图 11-54　选择三个控制点对齐

选择曲线末端的两个控制点，应用【对齐】命令，选择水平中心对齐方式，就可以把两个控制点调节成在一条水平线上。也可以把对齐线放置在曲线的端点上，如图 11-55 所示。

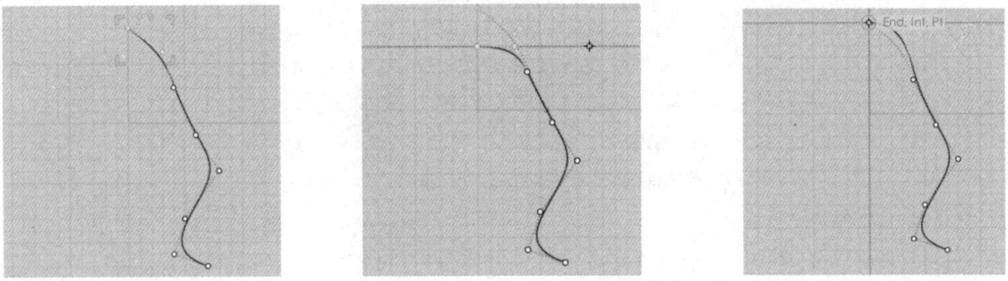

a）选择两个控制点　　b）确定对齐线的位置　　c）对齐线放置在端点上

图 11-55　选择两个控制点对齐

对三维对象应用对齐命令时，水平中心和垂直中心方式对齐的是对象的边界框中心。在俯视图中移动鼠标时，所说的水平和垂直才与选项中图标的方向一致，如图 11-56 所示。此外，MoI3D 中的对齐命令是一维的，不能在两个方向上同时对齐对象，这对于三维对象的对齐有些不便。

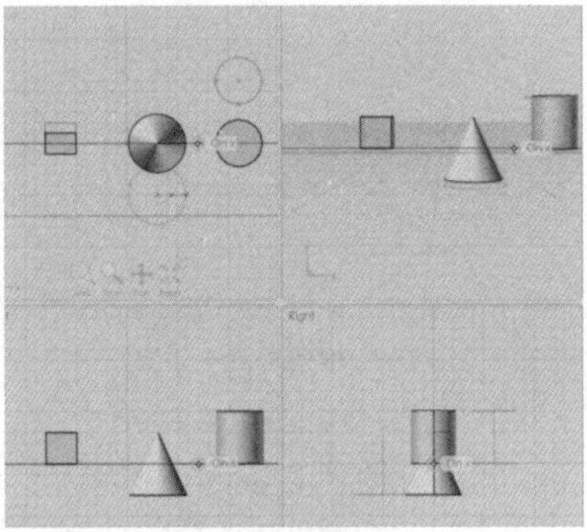

图 11-56　对齐三维对象

当对齐多个对象时，会出现一个“作为整组移动”复选项。如果勾选它，会使所选对象作为整个集合移动，对齐的将是整个组合的边界框，而不是每个成员的单独边界框。选择水平中心对齐方式，可以垂直移动对象集合；选择垂直中心对齐方式，可以水平移动对象集合，如图 11-57 所示。

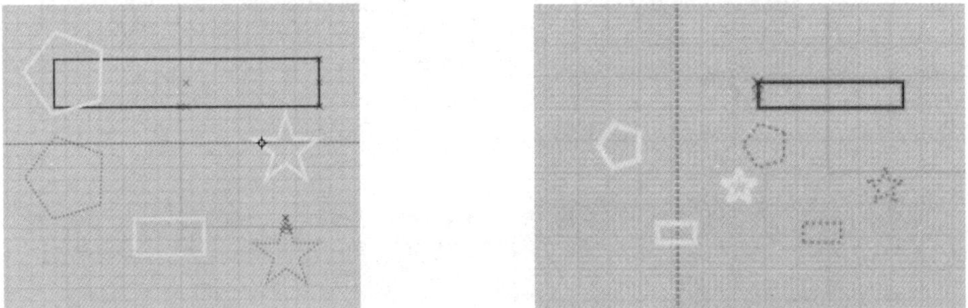

a）水平中心对齐方式　　b）垂直中心对齐方式

图 11-57　垂直和水平移动对象集合

11.8 【重定位】(Orient) 命令

【重定位】命令有三个子命令，都是有关对象之间位置的重新定位操作。

11.8.1 【重定位：重定位】(Orient) 命令

重定位是指将对象从基本位置重新定位并旋转到目标位置，此命令专注于定位对象彼此间的相对位置，通俗地说，就是两个对象之间的摆放位置。重定位可以用来匹配一个对象上的平面，以使它与另一个对象上的另一个平面对齐，或将对象映射到一个弯曲曲面的法线方向。

要重定位对象，可以为所选对象选择一个基本定位，然后选择一个目标定位，所选对象将从基本定位映射到目标定位。在图 11-58 中，把基本定位设置在了圆锥底部中心，目标定位设置在了棱台的倾斜面上。具体的操作是先选择圆锥体，然后执行【重定位】命令，命令选项区域提示拾取基点，移动鼠标会出现定位器（Orientation picker）。定位器由一个基点和三条垂直轴线构成，有时候，其中一根轴（称为主轴）的末端上有个小圆环。将定位器基点放置在圆锥底面中心，单击确认。

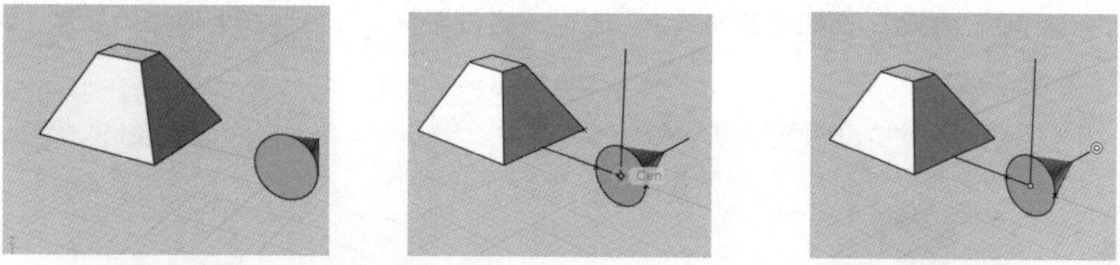

a）先选择圆锥体　　b）放置定位器　　c）确认

图 11-58　选择基本定位

接下来，提示调整基轴的朝向，先不作调整，单击“完成”确认。随后提示拾取目标原点，移动鼠标，拖着圆锥体，将它放置到棱台的斜面上，定位器基点与斜面中心重合，单击确认。此时，提示调整目标轴的朝向，移动鼠标到小圆环上会显示出“Z 轴”（Z axis）字样，鼠标放在其他轴线上也会显示出相应的轴向标识，此时也不调整轴的朝向，单击“完成”确认，如图 11-59 所示。

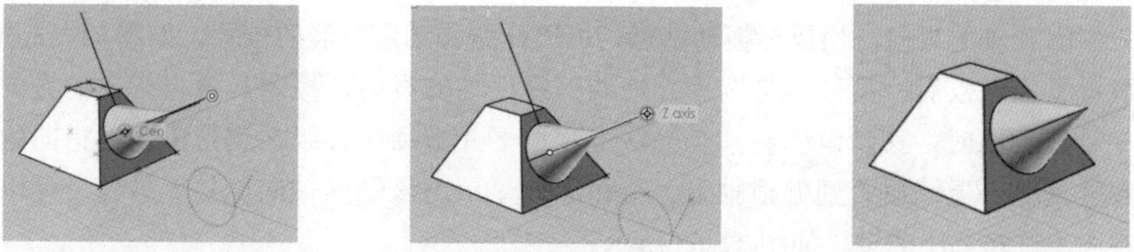

a）拾取目标原点　　b）带有小圆环的轴是 Z 轴　　c）完成重定位

图 11-59　重定位

在 MoI3D 中，有多个命令用到了定位器，如构造平面（CPlane）、重定位（Orient）、导入部件（Import）、粘贴部件（Paste），它们都需要指定一个基点和 X、Y、Z 轴的朝向。实际上，定位器定义了具有自己的位置和旋向的局部坐标系，也称为用户坐标系，允许用户自定义坐标系的原点和方向。

放置一个定位器分为两个步骤。第一步是选择原点。在此步骤中，如果原点捕捉到现有物体上，定位器的 Z 轴将会自动与表面法线对齐，如图 11-60 所示。

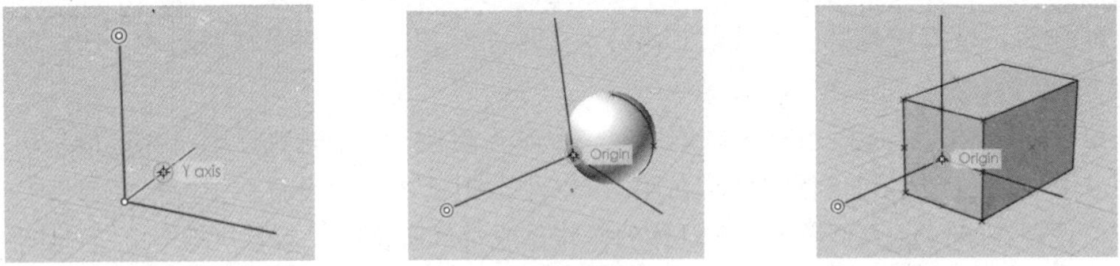

a）定位器　　b）定位器放置到曲面上　　c）定位器放置在平面上

图 11-60　放置定位器

除了表面法线之外，当捕捉到一个圆形或矩形曲线的中心点时，定位器还可以将其自身对齐到平面。或者，当捕捉到曲线上一点时，定位器将对齐到曲线上的切线位置，如图 11-61 所示。

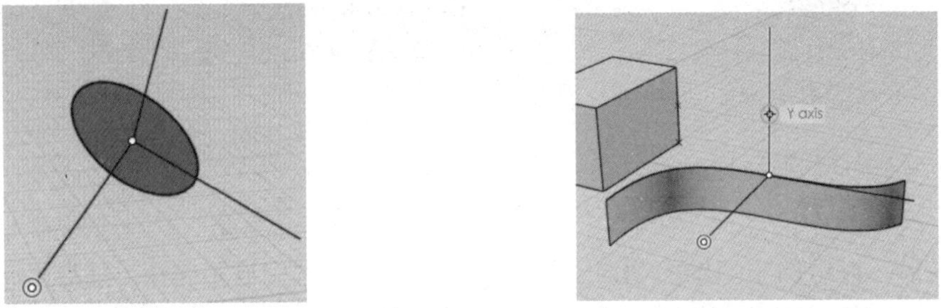

a）对齐到圆形中心　　b）对齐到曲线的切线

图 11-61　定位器的对齐操作

在拾取基点选项中，如果不勾选“对齐对象”（Align to objects）复选项，可以禁用上述的对齐功能，定位器的 Z 轴朝上。此外，可以勾选“反转对齐的 Z 轴”（Flip aligned z axis）选项，颠倒 Z 轴的方向。用鼠标拖动基点，可以任意移动定位器的位置，如图 11-62 所示。

放置了原点以后，第二步是选择性地调整每根轴的方向，控制其各自指向的方向。调整某一轴线方向时，移动鼠标到某个轴线上，按下并拖动该轴线，到希望它应指向的方向时，释放鼠标。鼠标放置到哪根轴上，会相应地显示出该轴的轴向标签。另外，可以在不同的视图中旋转选中的轴，如图 11-63 所示。

末端带有小圆环的轴线称为主轴。当拖动其他轴线时，其运动将受到限制，只能绕着主轴转动，而主轴保持不动。要切换主轴到其他轴线上，在该轴线上单击即可完成切换，如图 11-64 所示。

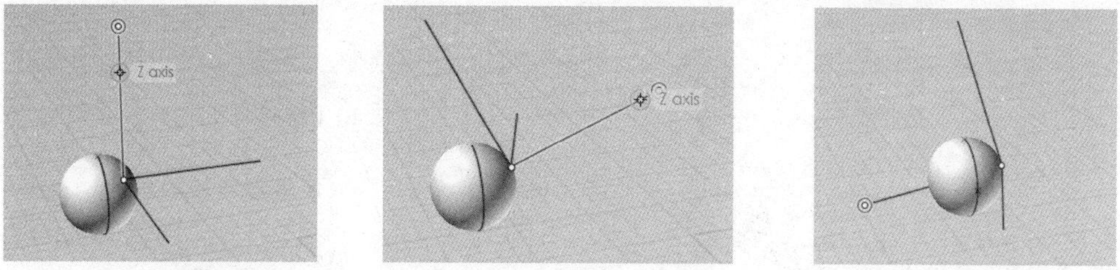

a）不勾选对齐对象选项　　b）不勾选反转对齐的 Z 轴选项　　c）勾选反转对齐的 Z 轴选项

图 11-62　对齐与反转对齐

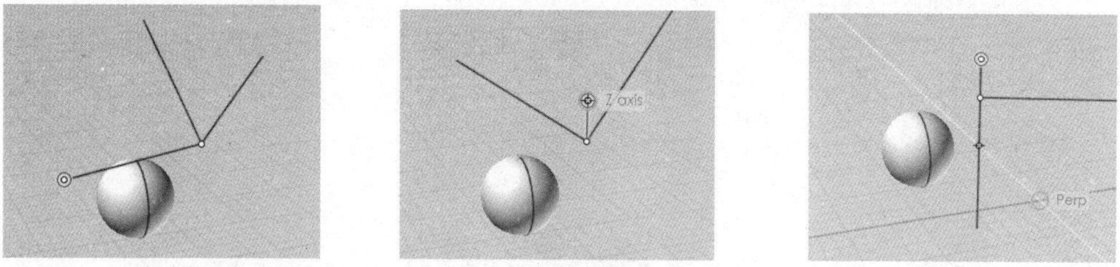

a）Z 轴的初始状态　　b）调整 Z 轴朝向　　c）旋转 Y 轴

图 11-63　调整轴的方向

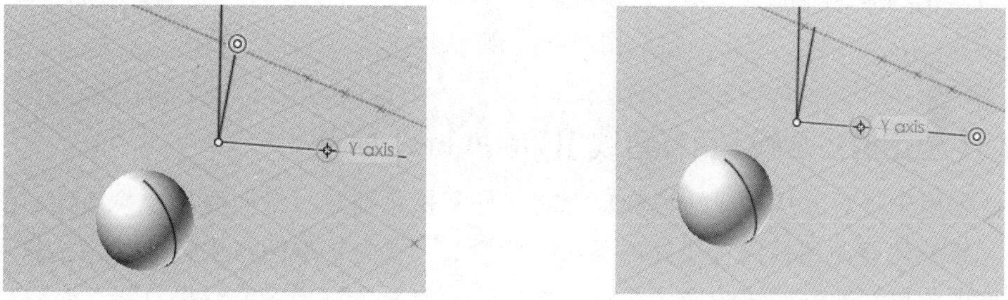

a）单击 Y 轴　　b）切换 Y 轴为主轴

图 11-64　切换主轴

如果定位器在拾取其初始原点时与对象对齐，则 Z 轴将作为主轴。否则，重新定位的第一根轴将作为主轴。在调整轴线方向的过程中，还可以拖动原点，重新确定定位器的位置。

了解了定位器的概念后，接下来看看【重定位】命令的选项，如图 11-65 所示。

掌握了重定位的概念和定位器的作用，实际应用时按照命令选项提示即可完成重定位的操作。当确认目标原点时，可以勾选“制作副本”复选项，或者按住 Ctrl 键，在不同的位置单击，然后按右键，就能够放置副本，而原始对象将保持在原位置，如图 11-66 所示。

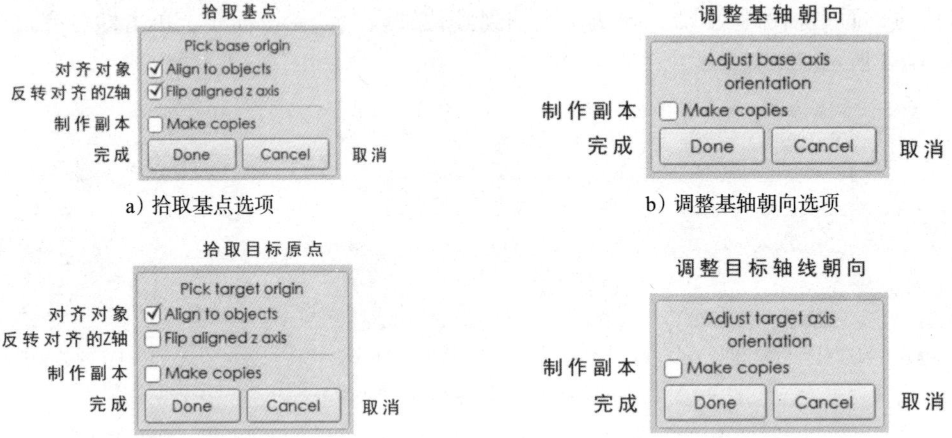

a）拾取基点选项　　b）调整基轴朝向选项

c）拾取目标原点选项　　d）调整目标轴线朝向选项

图 11-65　命令选项

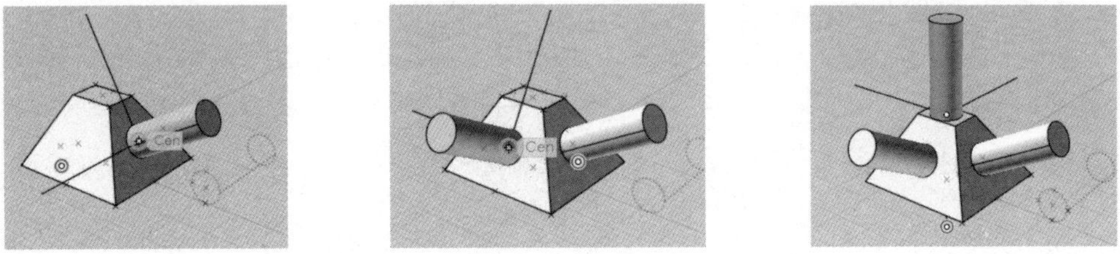

a）所选对象重定位到斜面　　b）创建一个副本　　c）连续创建副本

图 11-66　创建副本

11.8.2 【重定位：基线 / 目标直线】(Line/Line）命令

此命令用于将对象从基线转换到目标直线处。这是针对二维曲线的变换操作，把选择的曲线对象整体移动到目标直线处。要执行此命令，首先拾取两点来定义基线。通常这些点将会捕捉到要变换的曲线的两个端点。然后，拾取两个点来定义目标直线。对象会被移动、旋转并且也可以有选择地缩放，就把选择的曲线匹配到目标直线处，如图 11-67 所示。

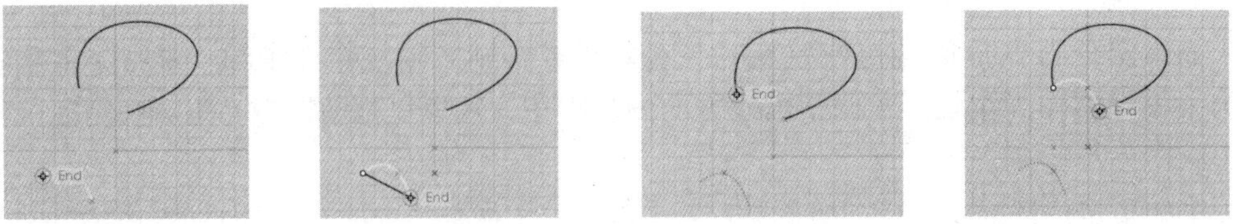

a）拾取基线的起点　　b）拾取基线的终点　　c）拾取目标直线的起点　　d）拾取目标直线的终点

图 11-67　拾取两个点来定义目标直线

对应的命令选项如图 11-68 所示。

a）拾取基线的起点选项

b）拾取基线的终点选项

c）拾取目标直线的起点

d）拾取目标直线的终点

图 11-68 命令选项

对象的缩放有三个选项：均匀（Uniform）、拉伸（Stretch）和无缩放（None）。“均匀”选项允许统一缩放对象，而“拉伸”选项仅在一个方向上拉伸对象，“无缩放”选项禁止拉伸对象，如图 11-69 所示。“制作副本”复选项的作用与上述命令中的作用相同。

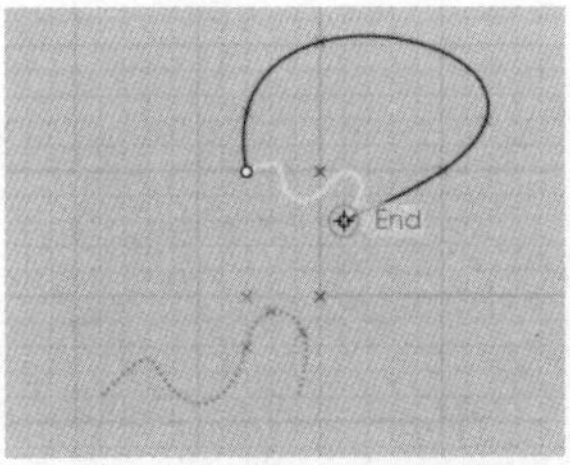

a）均匀

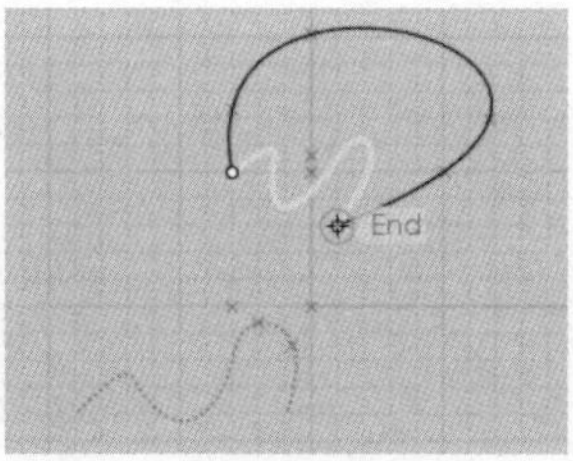

b）拉伸

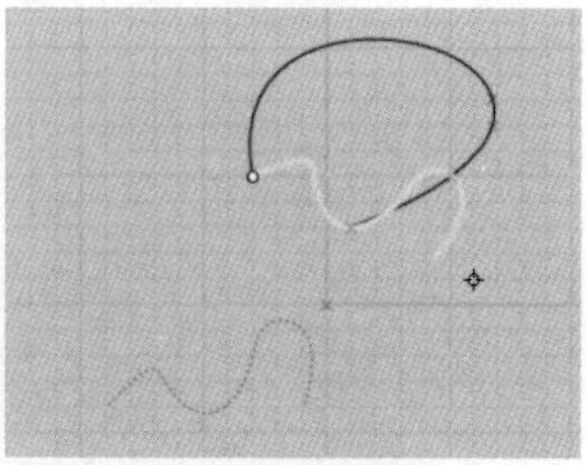

c）无缩放

图 11-69 三种缩放选项示例

11.8.3 【重定位视图 / 视图】(View/View) 命令

此命令的功能是将对象从一个视图重新映射到另一个视图。例如，如果在俯视图中导入了一些平滑的 2D 曲线，则可以使用此命令快速地将它们平移到主视图中，而不是旋转 90º，也不需要在其他侧视图中执行旋转操作。

该命令执行起来非常简单。选择对象，接着通过单击某一个视图内部来决定使用哪一个视图。首先单击源视图内的任何地方，然后在目标视图中单击一下，就完成了切换，如图 11-70 所示。

视图选项如图 11-71 所示。

也可以单击 3D 视图，将其作为源视图或目标视图。该视图将使用摄像机的观察方向进行定向。还能够把 3D 视图的一个观察角度作为源视图，旋转视图后，再单击它作为目标视图，如图 11-72 所示。

图 11-70 选择视图

a）单击源视图选项

b）单击目标视图选项

图 11-71 命令选项

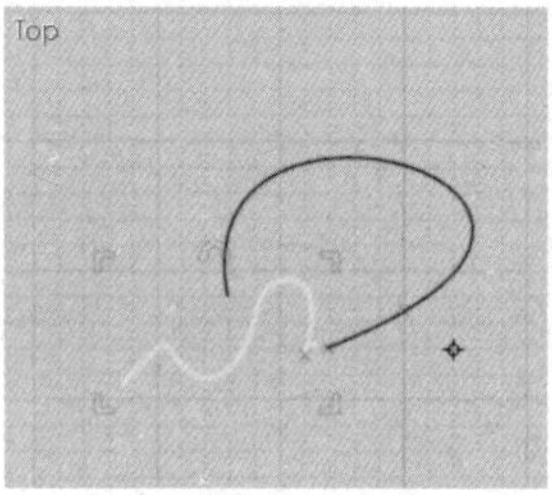

a）源视图为俯视图

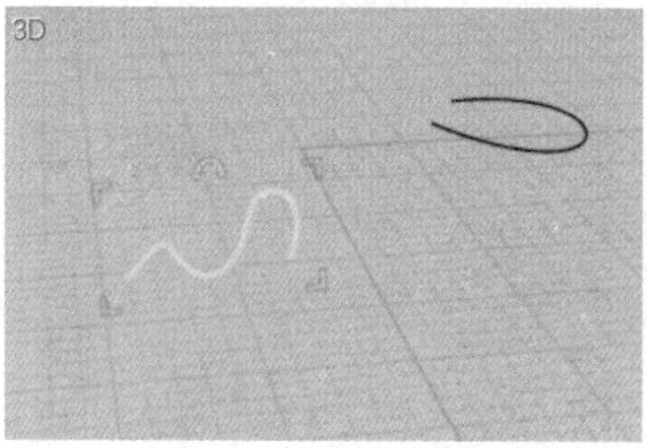

b）目标视图为 3D 视图

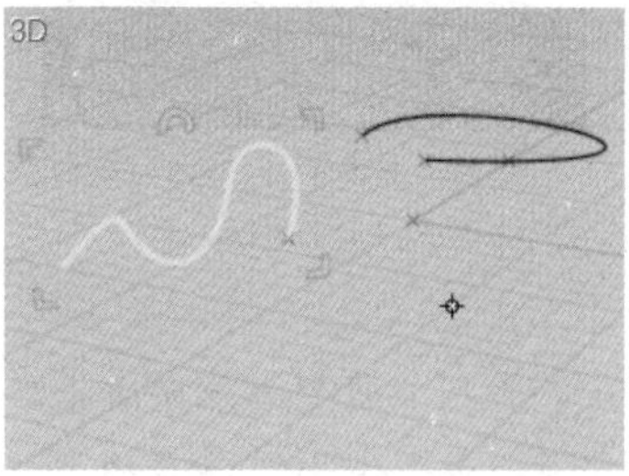

c）源视图为 3D 视图的一个角度

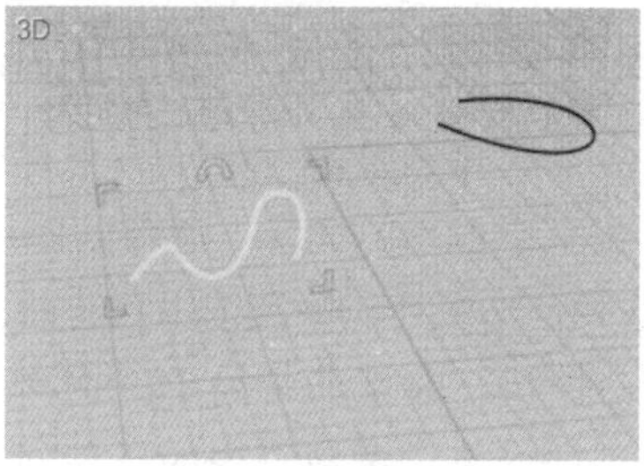

d）目标视图为旋转视图后的角度

图 11-72 3D 视图作为源视图或目标视图

11.9 【变形】(Deform) 命令

MoI3D 中的【变形】命令是用来改变模型形状的利器，包括【流动】(Flow) 和【扭曲】(Twist) 两个子命令。

11.9.1 【变形：流动】(Flow) 命令

【变形：流动】是一种多功能的变形工具。通过利用初始构建为 2D 平面图案的对象，将其变形成弯曲的形状，有助于绘制出曲线图案细节。由于能够创建一个初始的、由直观的对象组成的固定 2D 形状，因此要比尝试着直接创建最终弯曲形状更为简单一些。

【变形：流动】命令通过将对象从一个基准曲线或曲面映射到另一个曲线或曲面进行变形对象。【变形：流动】命令可以使用两种不同的模式：曲线到曲线模式（沿曲线流动，主要针对二维图形）或曲面到曲面（沿曲面流动，这是创建三维模型的手段）模式。在提示拾取基本对象时，所选择的是一条曲线或者一个曲面，决定了不同的模式。

对于曲线到曲线模式，先选择要变形的对象，然后执行【变形：流动】命令，接下来单击基准线，随后单击目标曲线。在基准线和目标曲线上最靠近单击处的端点将被匹配到一起，作为变形的起点。通常，基准线沿直线形状的中心延伸，目标曲线是弯曲的曲线。

默认情况下，曲线到曲线的流动会把沿基准线的距离与沿着目标曲线匹配相同的距离。如果启用“拉伸”选项，将改变为以每个曲线的百分比形式进行映射。如果一条曲线比另一条曲线长些或短些，则结果会进行拉长或缩短。

典型地，可以把一行文字映射到一条曲线上。这对于平面设计软件来说，是经常要处理的任务，也就是将文本适配路径。在图 11-73 中有一行文字，创建时选择的是曲面类型，还有一条直线和一条弯曲的目标曲线。先选择文字，执行【变形：流动】命令，命令选项区域提示选择基准线或基准面，单击文字下方的直线。接着提示选取目标曲线，要在靠近想要匹配的端点处单击。随后出现了流动选项，可以进行相应的设置，单击“完成”确定。

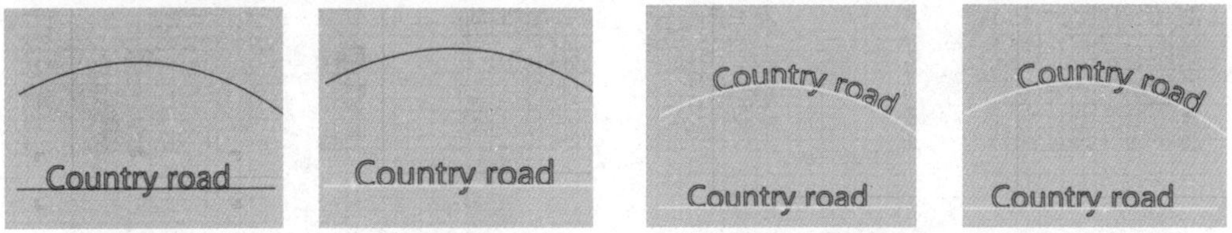

a) 选择文字　　b) 选择基准线　　c) 选择目标曲线　　d) 确认后的结果

图 11-73　把文字映射到曲线上

应用【变形：流动】命令还可以把阵列的图案变形为弯曲的形状，如图 11-74 所示。

命令选项如图 11-75 所示。

流动选项中的设置共有三个复选项。

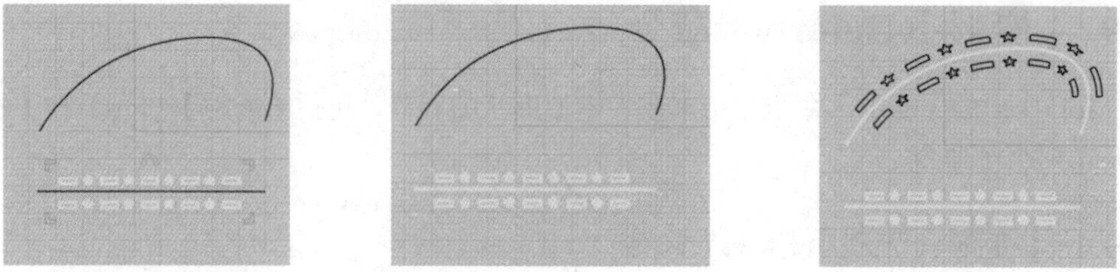

a）选择阵列的图案　　b）选择基准线　　c）选择目标曲线

图 11-74　把阵列图案变弯曲

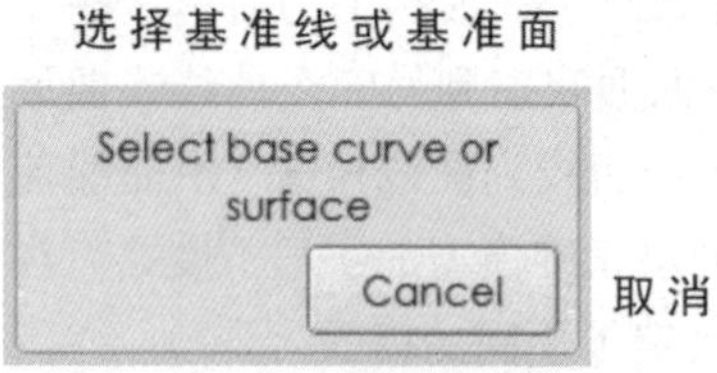

a）选择基准线或基准面选项

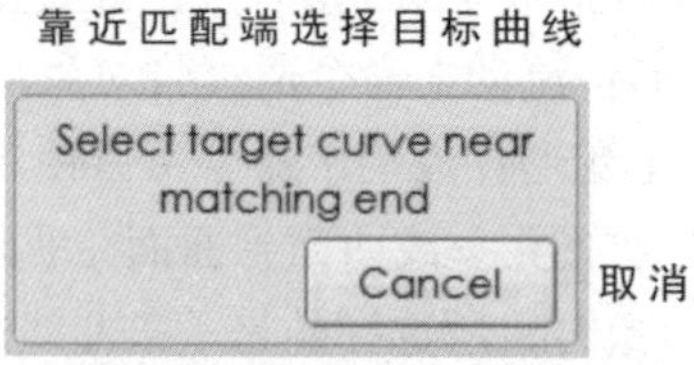

b）靠近匹配端选择目标曲线选项

c）流动选项

图 11-75　命令选项

第一个是“拉伸”选项。如果不勾选它，映射到曲线上的图案将尽可能保持原长度；勾选了这个选项，则把图案沿目标曲线拉长，如图 11-76 所示。

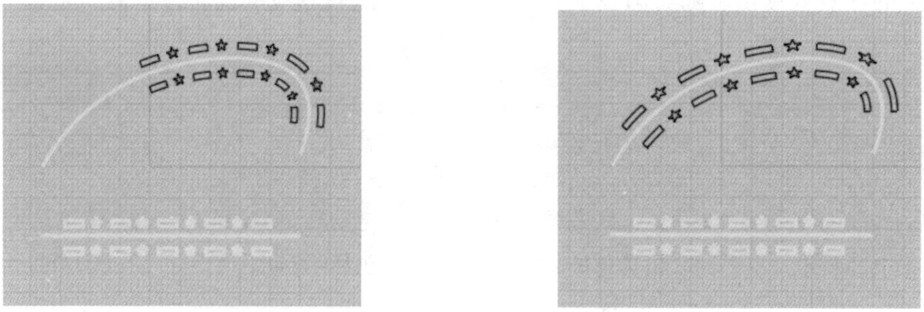

a）不勾选“拉伸”选项　　b）勾选“拉伸”选项

图 11-76　拉伸选项示例

如果勾选了“刚性”选项，则对象保持了所选形状，而不会随目标曲线弯曲。不勾选这个选项，选择的形状会随着目标曲线弯曲变形，如图 11-77 所示。

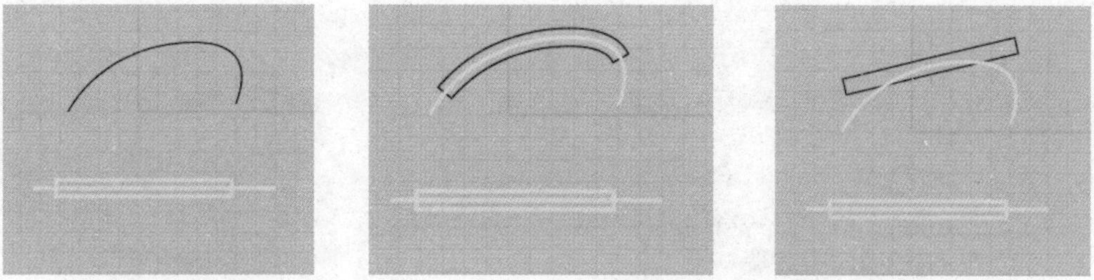

a）选择形状和基准线　　b）不勾选“刚性”选项　　c）勾选“刚性”选项

图 11-77　刚性选项示例

如果勾选了“删除输入对象”选项，在命令执行完毕后会删除先前选择的对象，如图 11-78 所示。

a）不勾选“删除输入对象”选项　　b）勾选“删除输入对象”选项

图 11-78　“删除输入对象”选项示例

从上面可以看到，目标曲线具备了弯曲所选对象的能力。如图 11-79 中，要制作类似电话线的螺旋线，应用【变形：流动】命令就能够轻松地实现。

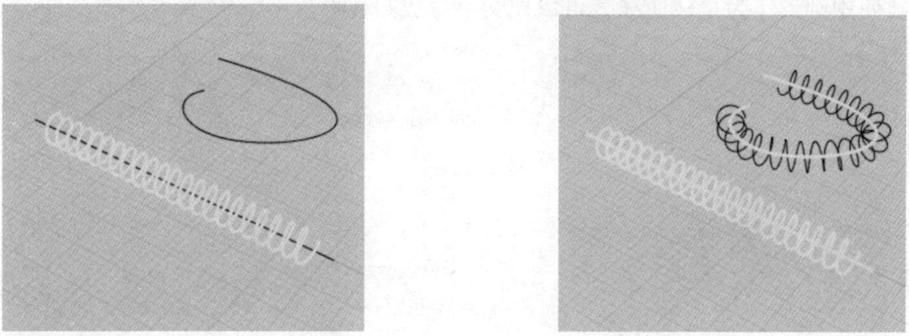

a）绘制的螺旋线、基准线和目标曲线　　b）生成弯曲的螺旋线

图 11-79　绘制电话线

当然，也可以选择三维对象，利用目标曲线使之弯曲。图 11-80 是弯曲椭球体的例子。

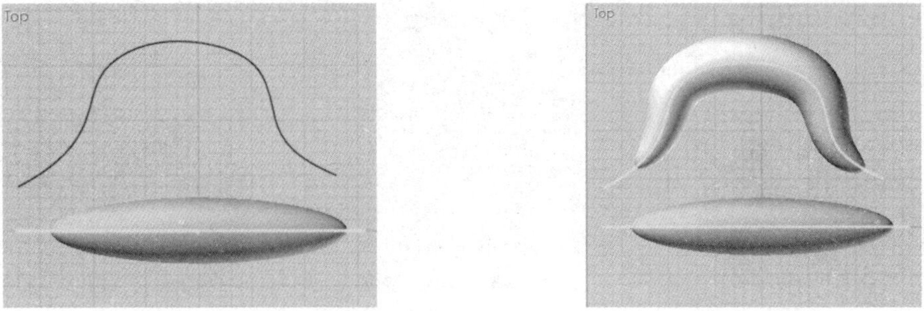

a）选择椭球体和基准线　　b）弯曲的椭球体

图 11-80　弯曲三维对象

在图 11-81 中，选择的对象是细圆柱，目标曲线是螺旋线。应用【变形：流动】命令后，得到一段弹簧体。

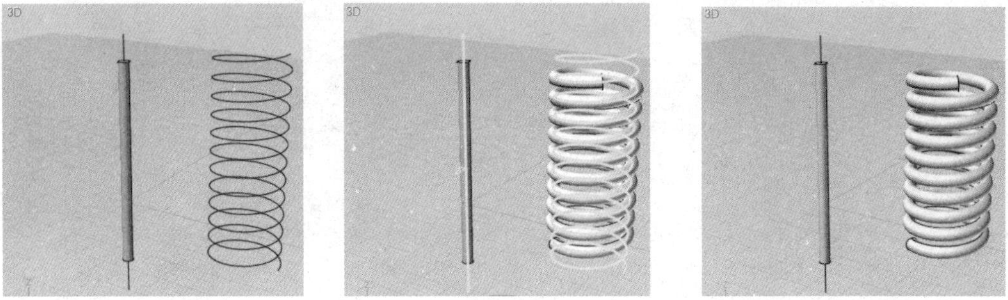

a）选择细圆柱　　b）得到弹簧体　　b）隐藏螺旋线，看得清楚些

图 11-81　生成弹簧体

有时候，将对象垂直放置在曲线上方是有利的。如图 11-82 中，把文字垂直放置在基准线上，再使用圆形作为目标曲线，可以把文字弯成圆柱形。

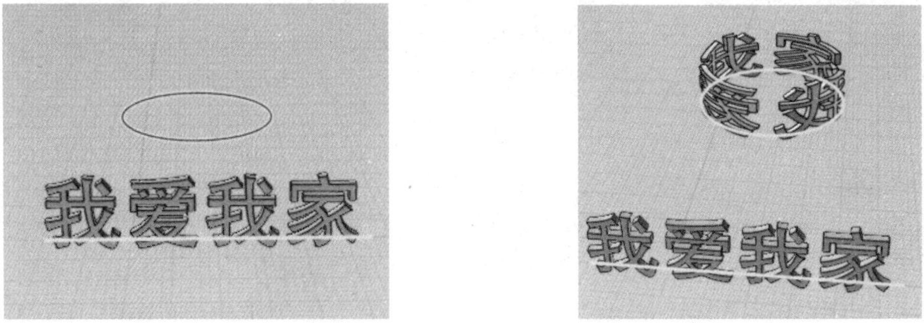

a）选择文字，目标曲线是圆形　　b）文字弯成圆柱形

图 11-82　弯曲文字

如果使用一条曲线作为目标曲线，可以实现飘动的文字效果，如图 11-83 所示。

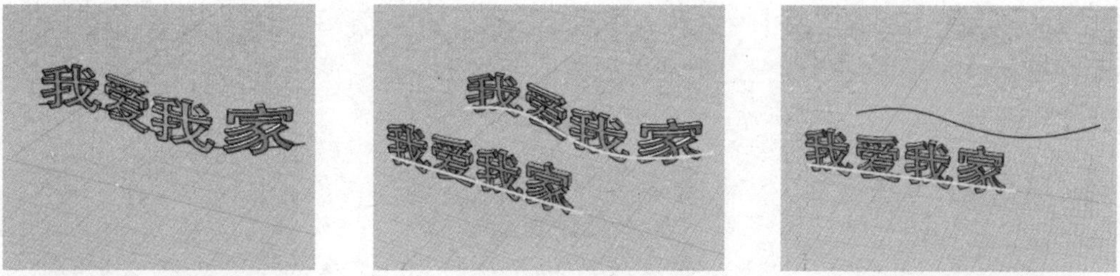

a）选择文字，目标曲线是条曲线　　b）飘动文字的效果　　c）隐藏掉原始对象和曲线

图 11-83　文字飘动

现在读者应该体会到【变形：流动】命令的强大功能了。使用这个命令，能够把简单的形体弯曲成复杂的形状。在图 11-84 中，先绘制出一个简单的形状，然后直线阵列出一排，应用布尔并集命令，使它们组合成一个整体。再执行拉伸命令，给它一定的厚度，就得到了齿条形体。

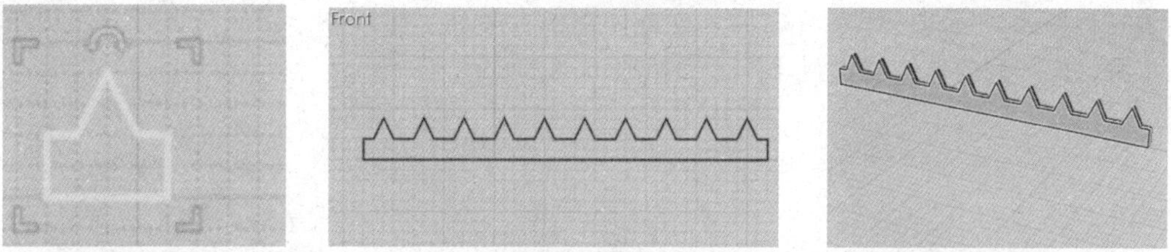

a）绘制出形状　　b）执行布尔并集　　c）拉伸出形体

图 11-84　生成齿条形体

通过齿条形体绘制一条直线，另外绘制一个圆形。选择齿条形体，执行【变形：流动】命令，选择直线作为基准线，选择圆形作为目标曲线，直的形体被弯成了圆形，如图 11-85 所示。

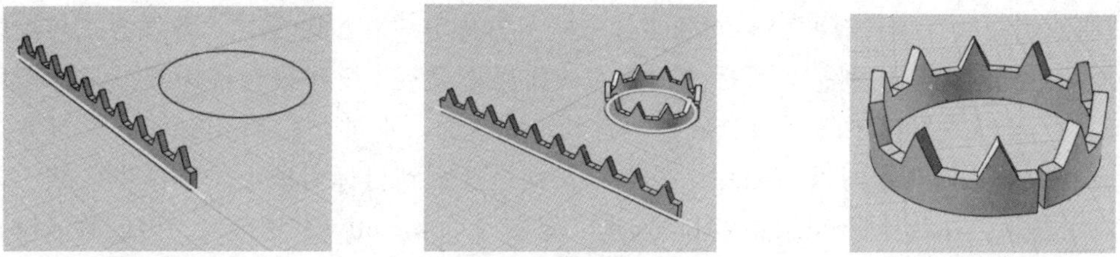

a）基准线为直线　　b）目标曲线是圆形　　c）弯成圆形的形体

图 11-85　齿条弯成圆形

对于【变形：流动】命令的“曲面到曲面”模式，首先选择要变形的对象，然后执行【变形：流动】命令，接下来单击基准面，最后单击目标曲面。通常，基准面是位于所选对象下面的一个平面或者是通过对象中心的平面，目标曲面则是弯曲的曲面。

在图 11-86 中，先绘制一个星形，接着绘制一个小矩形，选择矩形，应用【扫掠】命令生成实体对象。接着应用【直线阵列】命令，水平和垂直阵列出多个对象。使用【平面】命令，绘制一个平面，可以把这个平面稍微向下移动一些。再绘制一个立方体，就完成了准备工作。

a）扫掠星形实体　　b）阵列星形　　c）绘制立方体

图 11-86　准备工作

框选全部星形，执行【变形：流动】命令，单击平面作为基准面，单击立方体的侧面作为目标曲面，经过一段运算之后，立方体侧面上布满了星形体。当然，也可以使用相同的步骤，把阵列的形体放置到球体上，如图 11-87 所示。

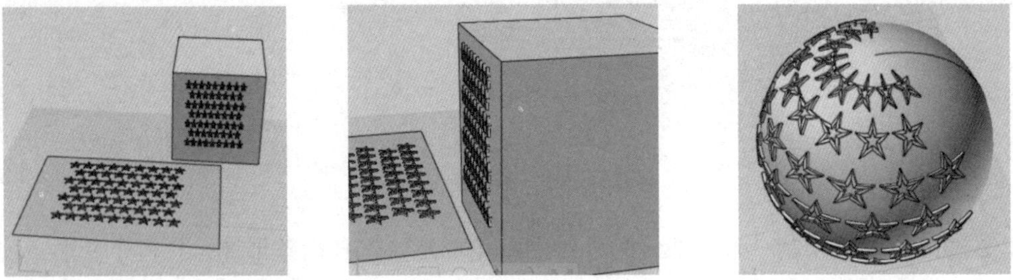

a）阵列出的星形　　b）旋转视图　　c）星形体映射到球体上

图 11-87　星形阵列到实体上

“曲面到曲线”模式有两种不同的工作方式：常规方式和投影方式。常规方式与纹理映射相似，是把对象应用到整个目标曲面上。纹理贴图是在 CG 建模软件中模拟某种物理对象的手段，把纹理图像的像素值合理地映射到物体表面。不过，在 MoI3D 中，常规方式的流动应用的是几何对象而不是图片。投影方式则是投影到目标对象上的一个小区域，更像是在应用贴画。在选择目标曲面的阶段勾选“投影”（Projective）复选项，可以激活投影方式。对于常规模式，基准平面的特定位置相对于目标曲面的位置没多大关系，基准面会匹配到整个目标曲面的宽度和高度范围，不过每个曲面上单击的位置都是很重要的，后面会对此进行解释。然而对于投影方式，要变形的对象和基准面应该位于接收投影的区域。

为了能清楚地理解这两种不同的工作方式，下面以一个对象而不是阵列的对象为例，看看两种方式的不同之处。首先摆放好所用对象和基准面的位置，这对于投影方式是必需的。操作步骤和上述相同，只是在选择目标曲面时勾选“投影”（Projective）选项，结果就像贴上了一个对象。图 11-88c 中，使用常规方式时，即使选择了一个对象，也会布满整个区域。图 11-88d 中显示了投影方式下，只在目标对象的局部区域投影出该对象。

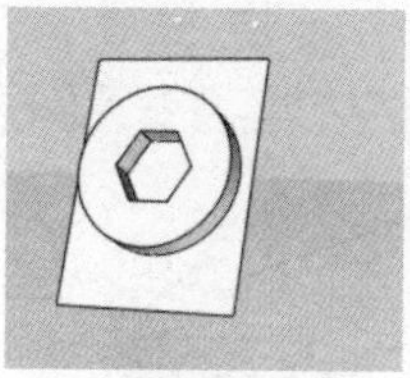

a）对象和基准面

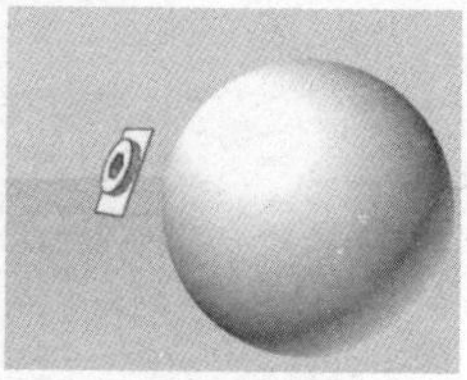

b）摆放好位置

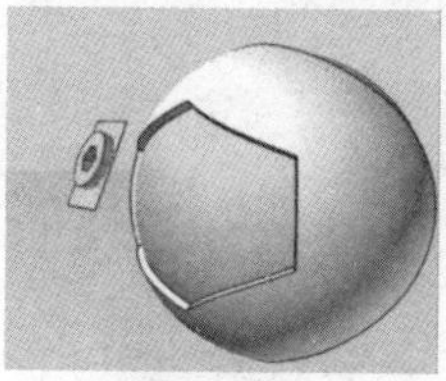

c）常规方式

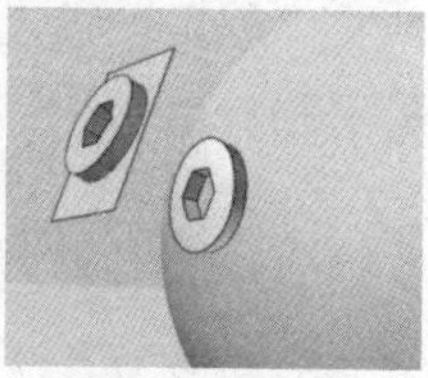

d）投影方式

图 11-88　投影对象

命令选项如图 11-89 所示。

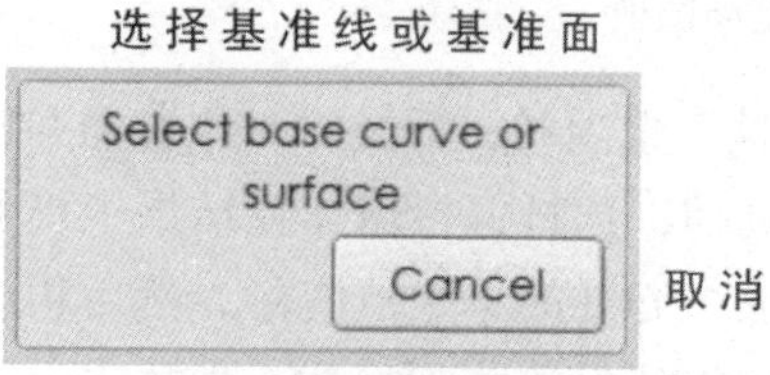

a）选择基准面的选项

b）选择目标曲面的选项

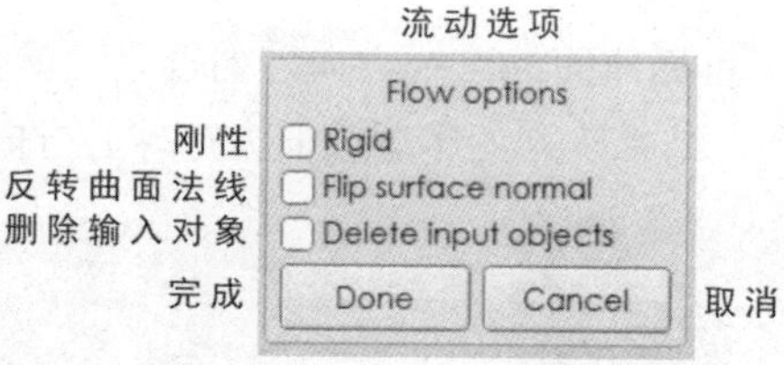

c）常规方式的流动选项

图 11-89　命令选项

如果在选择目标曲面阶段勾选了“投影”（Projective）选项，会出现“选择目标对象”选项，且投影模式的流动选项与常规模式的投影选项略有不同，如图 11-90 所示。

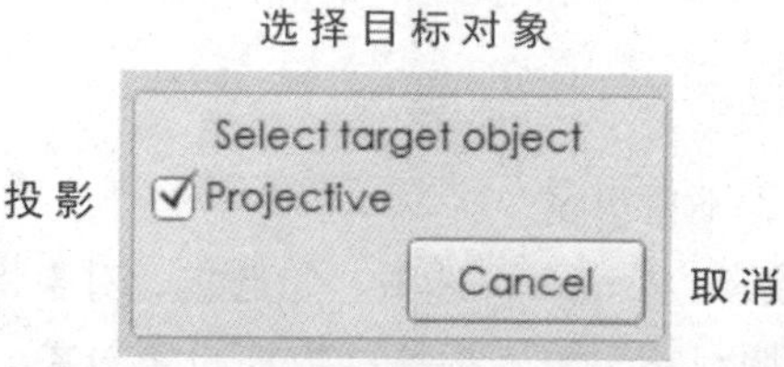

a）选择目标对象选项

b）投影方式的流动选项

图 11-90　“选择目标对象”选项与“流动选项”比较

先看看常规方式的流动选项。图 11-91 中选择的是半球的阵列图形，如果勾选了“刚性”（Rigid）选项，流动命令会尽可能保持单个阵列单元的形状。不勾选它，阵列的单元会发生变形以适应目标曲面的形状。

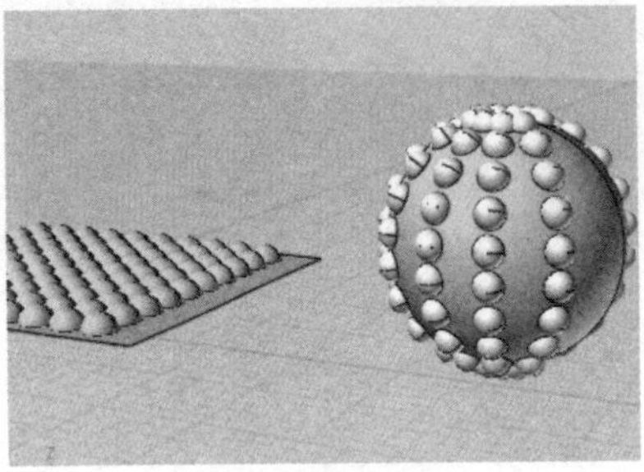

a）勾选刚性选项

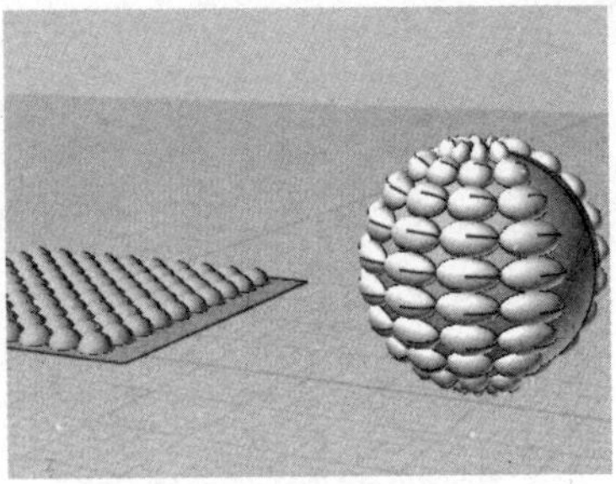

b）不勾选刚性选项

图 11-91 常规方式的流动选项

“刚性”选项适用于所有流动方式。当勾选“刚性”选项时，只是将对象移动并旋转到新的位置，使用的是刚体变换，而不是变形对象。例如，这将保持球体在结果中仍然是球体，而不会弯曲成不同的形状。通过仅使对象边界框中心处的单个点变形，然后相应地移动和旋转对象来实现。通常是用来在目标曲面上应用小的对象阵列形体，如故宫大门上的门钉。

“反转曲面法线”控制了目标曲面的法线方向。勾选它，就会颠倒曲面的法线方向。在图 11-92b 中勾选了这个选项，结果阵列的半球朝向大球球心方向。

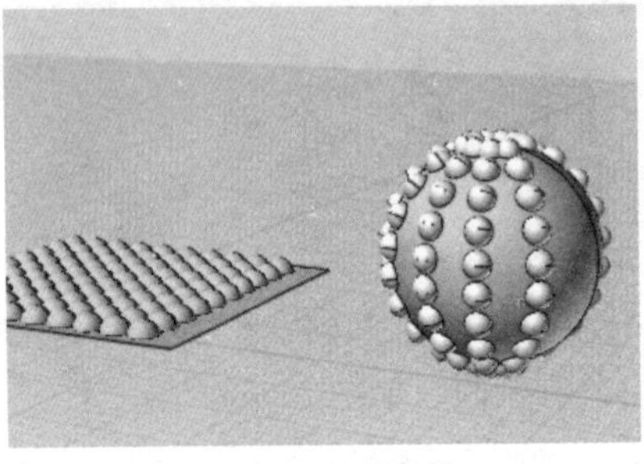

a）大球的法线向外

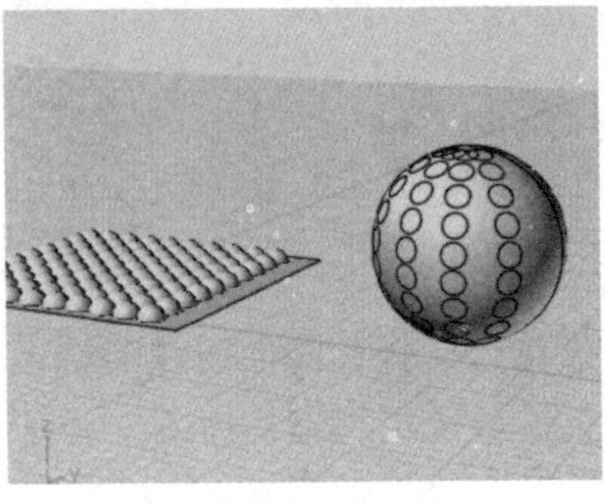

b）大球的法线向内

图 11-92 反转法线方向

“删除输入对象”选项的作用与前面讲解的相同，不再重复。

在投影方式的流动选项中，第一个选项是“直接”（Straight）选项。勾选它，对象将按照投影关系向目标曲面投射。不勾选它，对象将按照目标对象表面法线方向投影对象，这不是严格意义上的投影。效果如图 11-93 所示。

上面已解释过“刚性”选项的作用。勾选“刚性”选项，不勾选“直接”选项，结果与原始对象最接近。如果勾选了“刚性”，又勾选了“直接”选项，会沿投影方向而不是目标对象的法线方向生成结果，如图 11-94 所示。

a）勾选“直接”选项

b）不勾选“直接”选项

图 11-93　“直接”选项效果示例

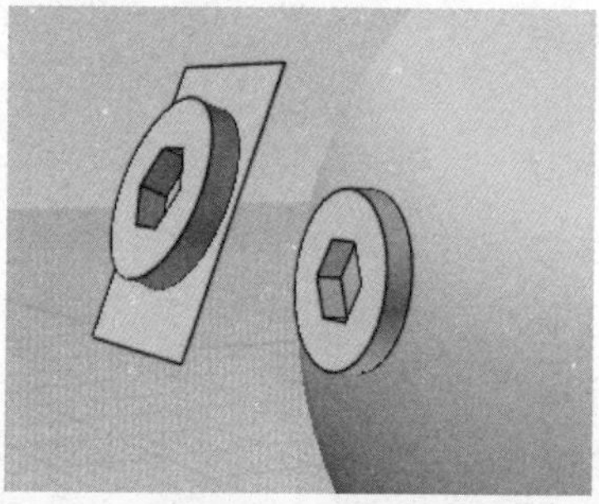

a）勾选刚性选项，不勾选直接选项

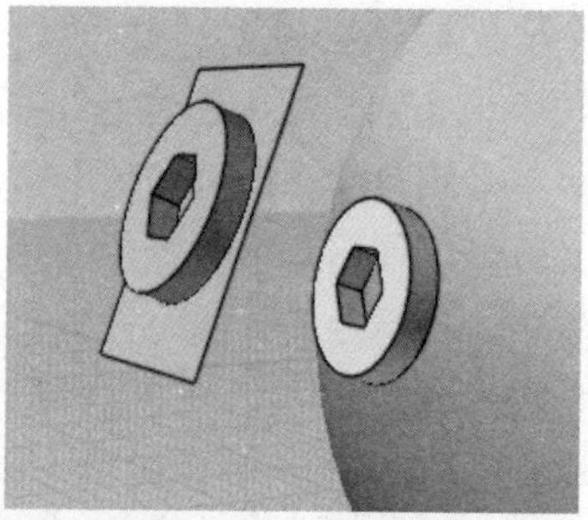

b）勾选刚性选项，同时勾选直接选项

图 11-94　生成结果比较

使用投影方式，基准面沿着平面的表面法线方向投影到目标对象的一个局部区域。在此模式下，位于目标对象之上的基准面的位置和方向是需要注意的，要确保能完全投射到目标对象上。目标对象可以由多个接合的曲面组成，只要彼此之间是平滑接合的。在投影方式下，射线从基准面沿基准面的表面法线射出，并与目标对象相交。目标对象应该足够大，能够使这些射线真正接触到它，不能只是射出到空间里。

对于常规方式，如何将阵列的图形包覆到目标曲面上，也就是说如何定位它们？要知道，在基准面和目标曲面上两次单击的位置是非常重要的。两点位置控制着每个曲面的水平和垂直方向应该如何相互匹配。在单击时，应该在每个曲面的边缘、朝向边线的起始点或终点处单击。阵列图形将根据需要进行旋转和映射，使拾取的位置能够相互匹配。如果是随意单击每个曲面，那么很容易产生不必要的旋转。

下面以一个实例来解释如何定位阵列形体，目标是要把在基准面上的形体放置到圆柱体上，如图 11-95 所示。这个过程与向一个饮料罐贴标签的过程非常类似，选择了合适的定位点，才能够正确地贴上标签，而不至于把标签的长边和短边混淆。

a）原始形体　b）阵列出的图形　c）绘制一个圆柱体

图 11-95　把基准面上的形体放置到圆柱体上

需要注意的是，在执行【变形：流动】命令之前，只可选择要变形的对象，不能选择其下的基准面。在执行了【变形：流动】命令之后，才可以选择基准面。在选择基准面的提示下，应在基准面上标记为一个红色圆点的八个定位标记附近单击，如图 11-96 所示。

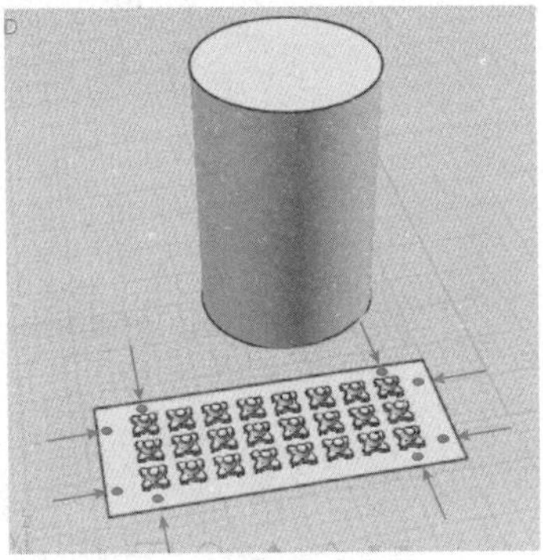

图 11-96　八个定位标记

八个位置是沿着边线，朝向边线的起始点或终点。因为要定位一条边线，并不想在基准面的四角精确地单击，而且直接单击四角会在连接到这个角的两条不同的边之间产生歧义。可以使用八个位置中的任何一个点，但是在下一步中将单击目标曲面上的等效点，最好在目标曲面上使用易于接近的位置。

先在图 11-97a 所示的位置单击基准面。选择了此位置，意味着我们将要控制阵列图形上部水平方向，希望这个方向映射到圆柱体表面的上圆周，所以在接下来选择目标曲面的提示中，在圆柱体表面靠近顶部边线的位置单击，将得到图 11-97c 所示的结果。

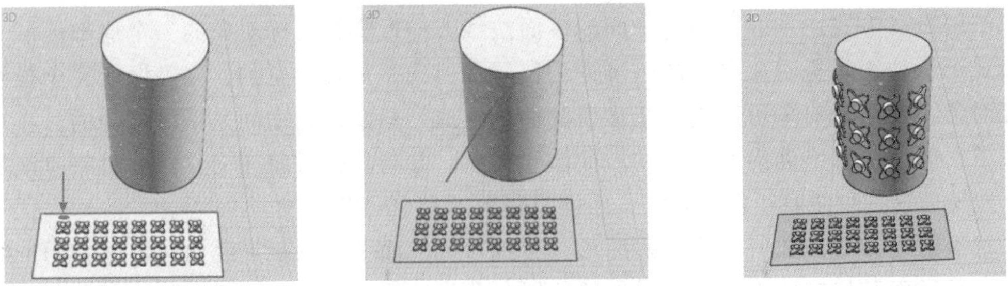

a）在基准面单击的位置　b）在圆柱体表面上单击的位置　c）得到的结果

图 11-97　单击圆柱体靠近顶部边线的位置

在图 11-98a 所示的位置再一次单击基准面，来看看不同的单击位置如何影响结果。接下来，同样在圆柱体表面靠近顶部边线的位置单击，得到如图 11-98c 所示的结果。

现在，应该能够理解基准面上的八个定位点所起的作用了。

如果打算使用【变形：流动】命令得到的结果，再与目标对象执行布尔并集或布尔差集，使原始形体稍微沉入基准面，而不是正好坐在基准面上会得到好的结果。那样会使变形的结果同样地沉入目标曲面，不再是变形的对象仅仅与目标曲面刚好接触，没有重叠部分，如图 11-99 所示。布尔运算并不能正确地处理相互轻触的对象。

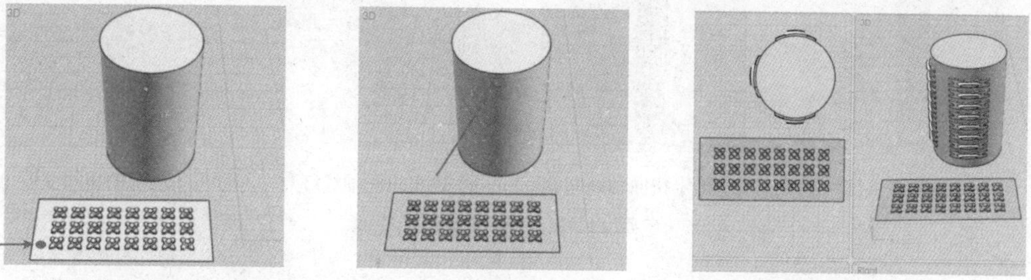

a）在基准面单击的位置　　b）在圆柱体单击的位置　　c）得到的结果

图 11-98　再次单击的结果

a）阵列形体刚与基准面接触　　b）阵列形体稍微沉入基准面

图 11-99　沉入基准面的结果

11.9.2 【变形：扭曲】(Twist) 命令

此命令通过围绕一条轴线扭曲对象，使对象变形。【扭曲】命令通过选择两个点来定义扭曲围绕的轴线。默认情况下，沿着轴线方向均匀地扭曲对象。

选择一个立方体，执行【扭曲】命令，命令选项区域提示拾取扭曲轴线的起点，可以拾取立方体顶面的中心。随后提示拾取扭曲轴线的终点，选择立方体底面的中心。接下来提示选择扭曲角度，可以直接输入具体角度值，这个值可以大于 360º，如 720º，立方体就会产生变形，单击“完成”确认，如图 11-100 所示。

命令选项如图 11-101 所示。

如果没有勾选“限制到轴线”选项，那么仅在扭曲轴线的起点和终点之间产生扭曲，不会在它们之外发生扭曲。当启用“限制到轴线”时，会出现“渐入”和“渐出”选项，控制扭曲从起点开始上升或向下倾斜的速度。“渐入”、“渐出”的滑动条可设置从 0 到 1 的比率。以“渐入”为例：设置为 0 时，从轴线起点处开始扭曲对象；设置为 1 时，从起点开始有一段距离不产生扭曲。“渐出”参数的作用与“渐入”相同，选项及效果如图 11-102、图 11-103 所示。

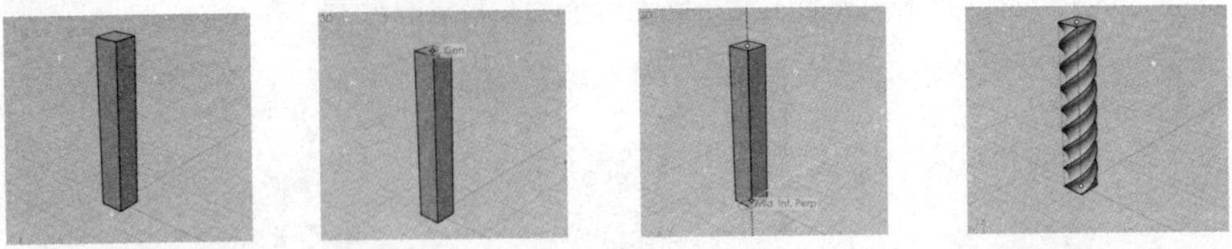

a）选择立方体　b）确定扭曲轴线起点　c）确定扭曲轴线终点　d）产生的扭曲变形

图 11-100　使对象扭曲变形

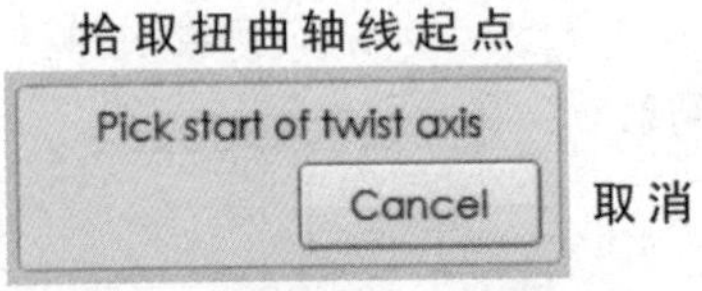

a）拾取轴线起点选项

b）拾取轴线终点选项

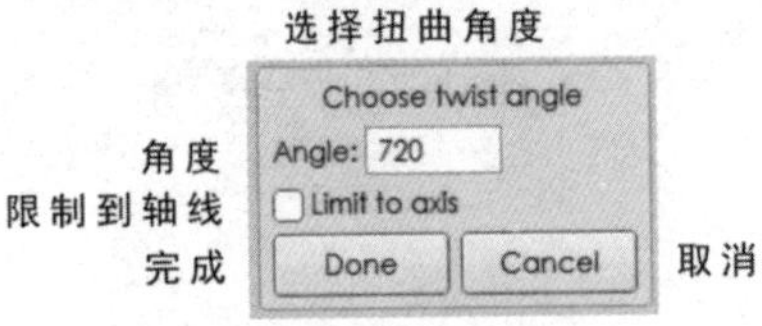

c）选择扭曲角度选项

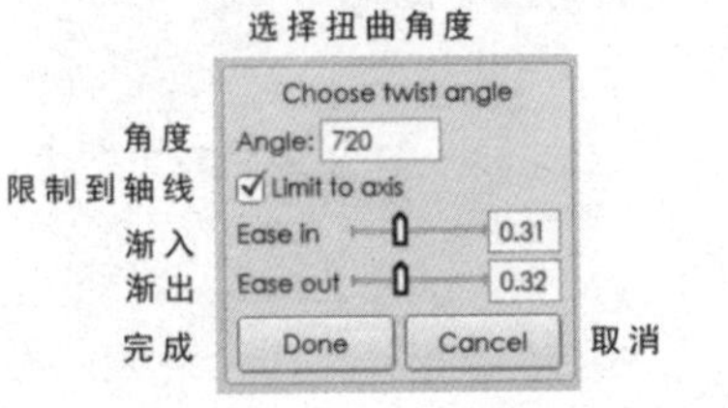

d）勾选限制到轴线时，选择扭曲角度的选项

图 11-101　命令选项

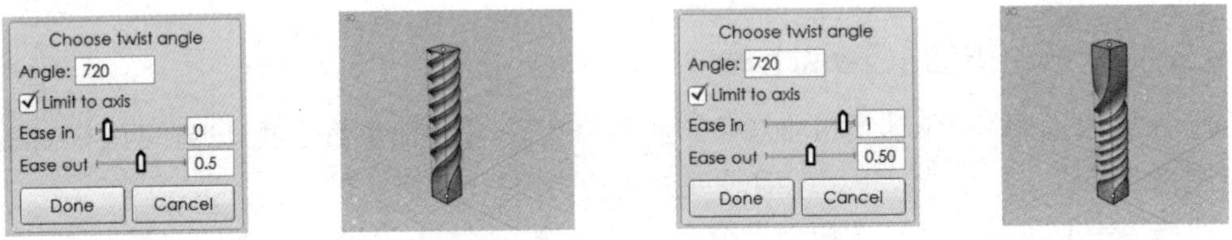

a）渐入设置为 0　b）得到的结果　c）渐入设置为 1　d）得到的结果

图 11-102　“渐入”参数设置及效果

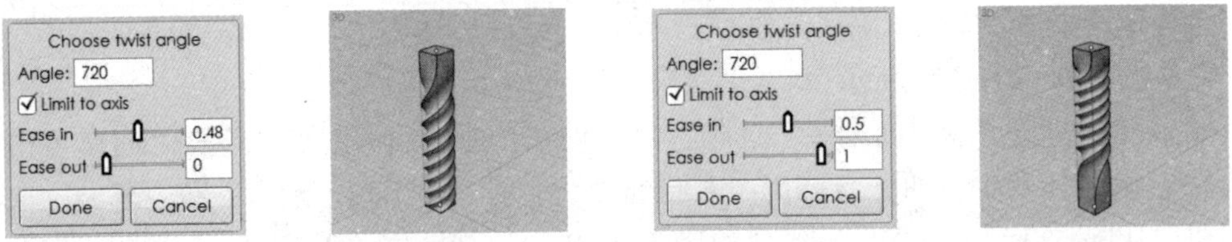

a）渐出设置为 0　b）得到的结果　c）渐出设置为 1　d）得到的结果

图 11-103　“渐出”参数设置及效果

11.10 建模实例

在本章所介绍的命令中，前面 8 个命令是 3D 建模过程中常规的命令，而【变形：流动】命令（下面简称【流动】命令）则具有独特的功能。下面继续练习使用此命令，以便对它有更深入的了解。这一次，练习把一只鸽子形体贴到圆球表面，但不是任意放置，而是根据需要使它出现在特定的位置。

1）从网上搜索一张鸽子的图案，使用【查看：图像】命令，把它导入 MoI3D 中作为参考图像，使用【自由曲线】中的命令描绘出鸽子轮廓。绘制过程中转角处可以按下 Ctrl 键，实现尖角形状。对于不太满意的位置，可以使用【显示点】命令调节控制点，直到满意为止。选择绘制好的形状，执行【拉伸】命令，给定一个小一些的厚度值，拉伸成实体。然后，在鸽子形体下面绘制一个平面作为基准面，如图 11-104 所示。

a）描绘鸽子形状　　b）拉伸成实体　　c）绘制平面

图 11-104　生成鸽子实体及基准面

2）有时候想要选择形体，却只选中了它的边线，此时最好将边线隐藏或者直接删除它们。接着绘制一个大一些的球体作为目标对象。如果按照前面所介绍的方式流动鸽子形体，它在球体表面的位置是不好确定的。想要对球体的局部应用【流动】命令，可以先应用【修剪】命令分割球体，利用球体的结构线把球体分割成若干部分，然后再针对局部区域应用【流动】命令。

这样操作之前，先选择球体，按 Ctrl+C 和 Ctrl+V 在原地复制出一个球体副本。单击球体副本，执行【修剪】命令，按下命令选项区域中的“结构线”（Isocurve）按钮，就允许在这个球体上提取 UV 线，如图 11-105 所示。

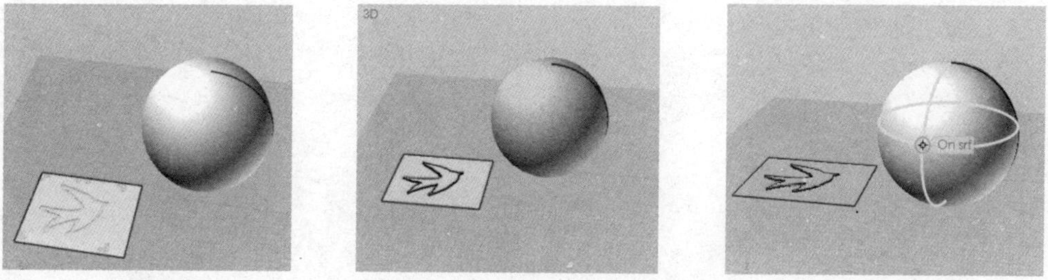

a）绘制球体　　b）复制球体副本　　c）执行修剪命令

图 11-105　复制球体并修剪

在拾取一点提示中，“方向”选项可以根据需要来设置每次选择是否在球体上产生纬度或经度，或两者兼而有之。为简化起见，我只在经度上分割球体。当完成了放置切割线后，单击“完成”或右键单击视图确认，如图 11-106 所示。

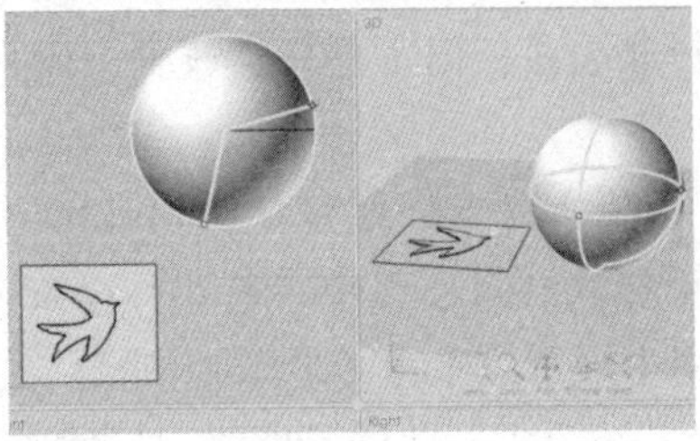

a）第一次单击，方向选两者

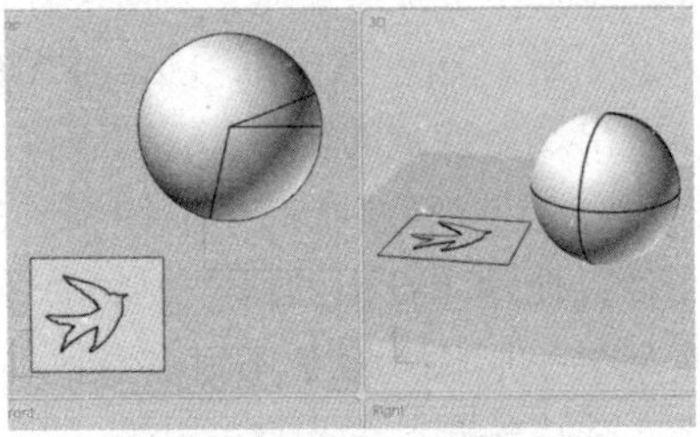

b）第二次单击，方向选 V

图 11-106　完成放置切割线

在选择“要丢弃的部分”提示中，将模式切换为保留，并单击选择要保留的区域，我想要保留右侧上部，然后右键单击结束。现在，球体副本只剩下了保留的这部分，如图 11-107 所示。

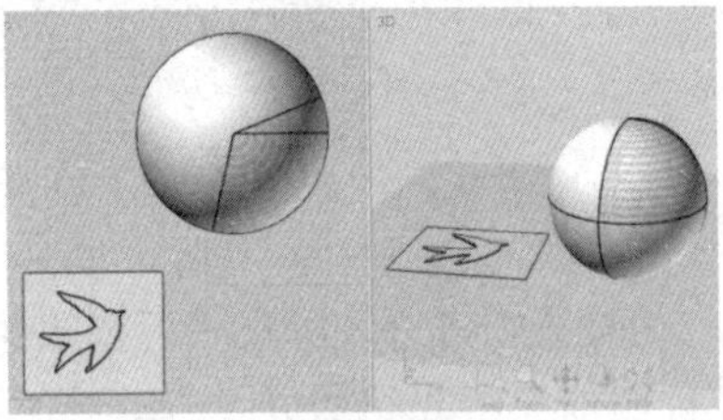

a）选择要保留的部分

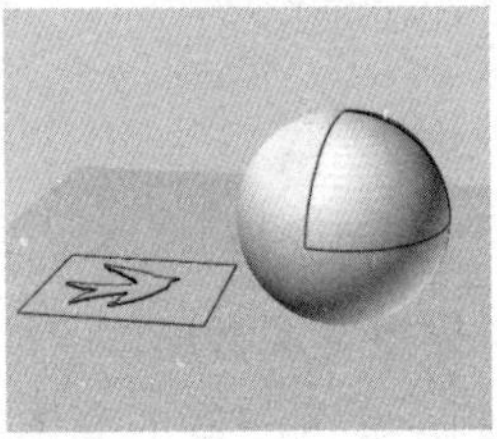

b）剩余部分

图 11-107　保留部分

3）选择鸽子形体，执行【流动】命令，选基准面时，单击平面。接下来选择目标曲面，单击保留的球体副本部分，会看到鸽子形体只出现在这一局部区域。单击“完成”确认，如图 11-108 所示。

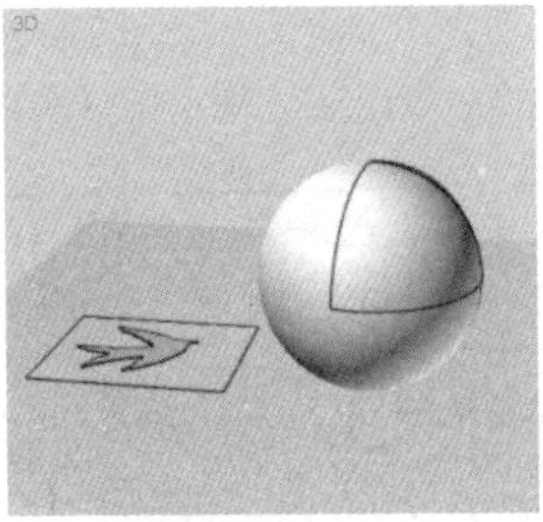

a）选择鸽子形体

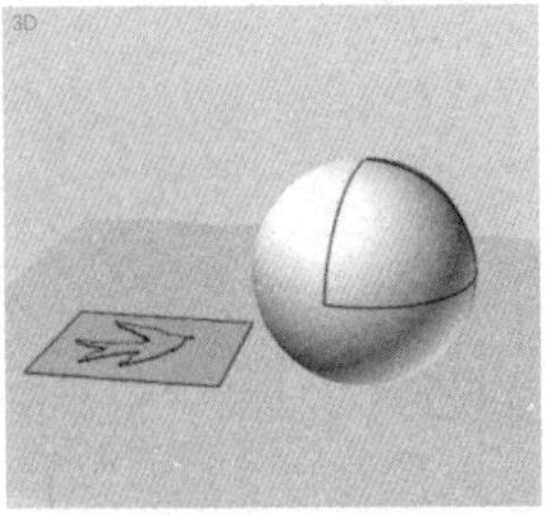

b）确定基准面

c）贴到目标曲面上

图 11-108　完成结果

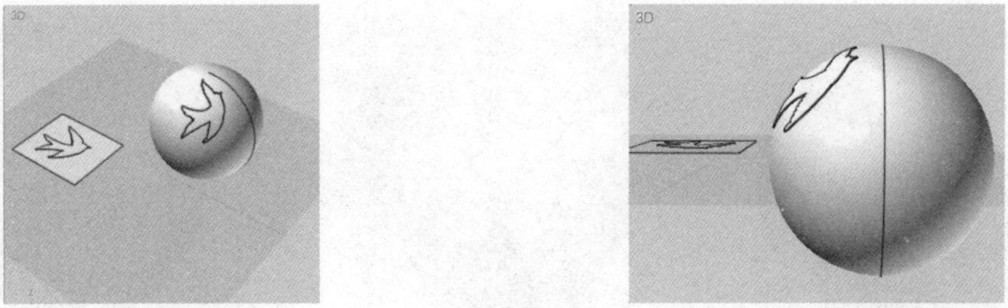

d）流动得到的结果　　e）不同角度进行观察

图 11-108 （续）

4）可以把【流动】命令得到的结果与球体执行布尔并集或布尔差集。在执行布尔运算之前，先要把复制出的曲面删除。上述过程是定位【流动】命令对象的通用方法，不仅仅局限于球体，曲面或实体都有自己的结构线，应该学会举一反三。

下面继续探讨影响【流动】命令结果的因素。对于“曲面到曲面”方式，目标曲面的UV结构影响着流动的结果。从下面的例子中，读者可以理解【流动】命令之外的一些内容。

1）在俯视图中绘制一个正方形，注意不是矩形平面。单击正方形以选中它，单击属性面板中“未命名”（Unnamed），给它起个名字“zhengfangxing”。给对象命名是很重要的事情，有很多好处，为节省篇幅，一直省略了这个过程。然后以正方形中心作为球体的中心，绘制一个球体，如图 11-109 所示。

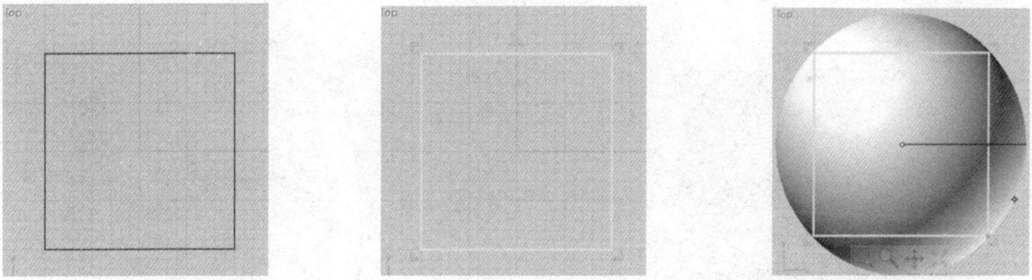

a）绘制正方形　　b）为对象命名　　c）绘制球体

图 11-109　绘制球体

目前球体的UV线与地球的经纬度完全类似，上下是结构线汇集之处，相当于南北极。这对于流动结果非常不利，因此，使用【旋转】命令将球体旋转 90º，如图 11-110 所示。

2）单击球体，执行【布尔：交集】命令，想要选择正方形时，由于它隐藏在球体中，凭视觉无法选择。此时在场景浏览器中对象部分，单击对象名称 zhengfangxing 的右侧，就可以选中正方形。按右键或单击“完成”后得到相交的结果，如图 11-111 所示。

3）两次单击形体的上表面，选择它，按 Ctrl+C 和 Ctrl+V 复制出一个副本。然后将形体删除，留下薄壳和正方形框，如图 11-112 所示。

4）在正方形中心处绘制一个圆柱体，注意不要太大，可以在主视图中确定高度，如图 11-113 所示。将来要把圆柱体流动到薄壳的曲面上。

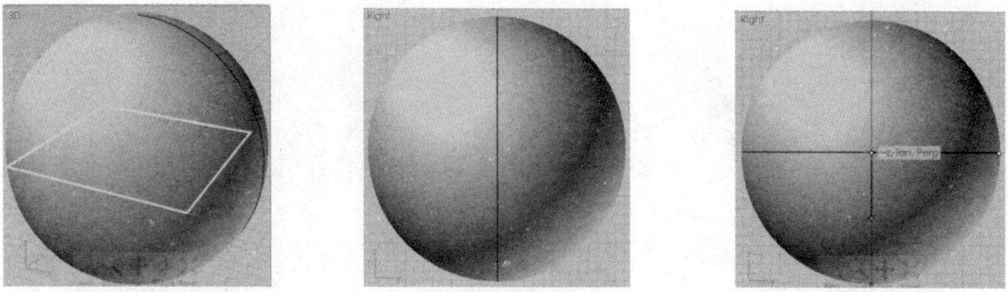

a）选中球体　　b）右视图中旋转　　c）旋转 90º

图 11-110　旋转球体

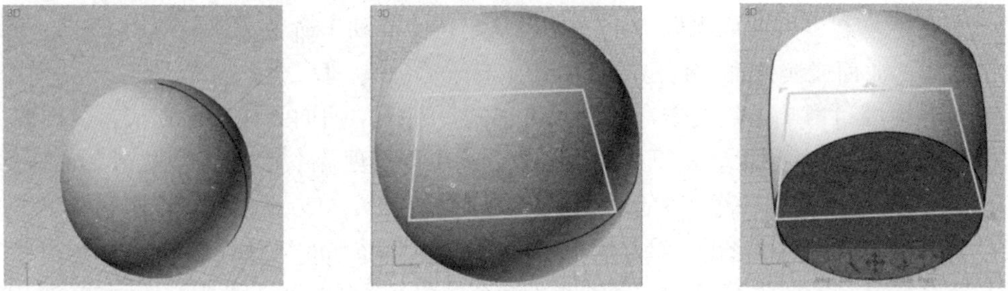

a）选择球体，执行交集命令　　b）选中正方形　　c）相交得到的结果

图 11-111　正方形与球体相交

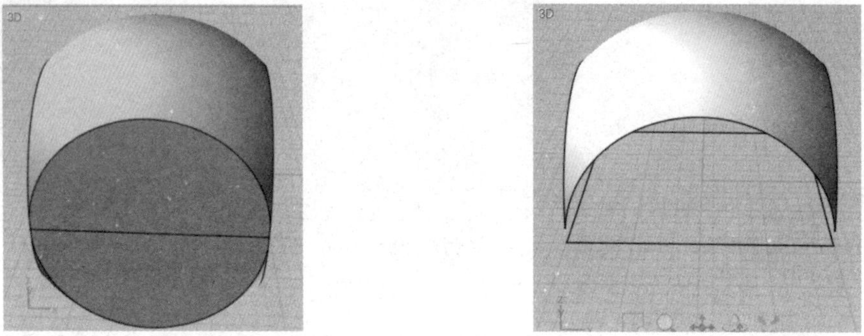

a）选择形体上表面，复制　　b）留下薄壳和线框

图 11-112　删除形体

要执行【流动】命令，还需要一个基准面。不必重新绘制平面，可以选择正方形，应用【平面化】命令就得到了一个平面，如图 11-114 所示。

5）准备工作已完成。选择圆柱体，执行【流动】命令，在平面左侧单击，作为基准面；随后在薄壳上相对应的位置单击，作为目标曲面，得到了流动后的结果，如图 11-115 所示。但是，这不是想要的结果，我们的目的是尽可能保持完整的圆柱体，而不是这种拉长的效果。

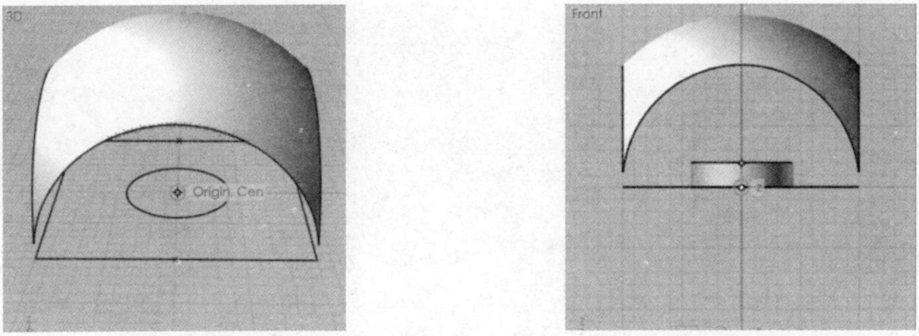

a）绘制圆柱体　　b）确定圆柱体高度

图 11-113　绘制圆柱体并确定高度

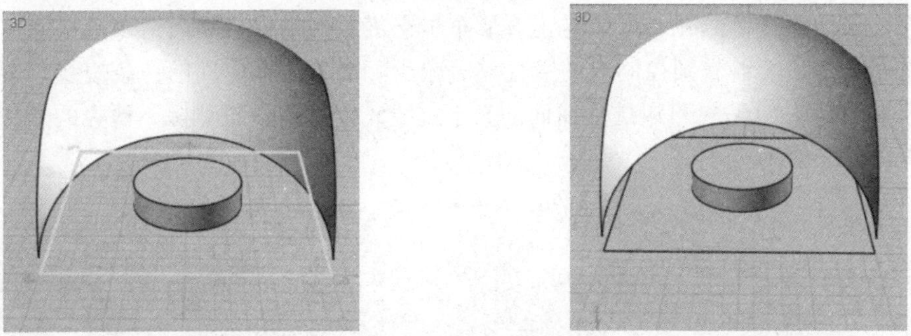

a）选择正方形，平面化　　b）得到平面

图 11-114　得到基准面

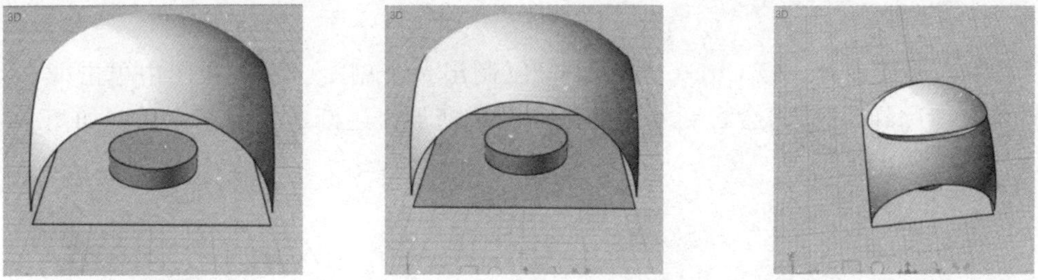

a）选择圆柱体　　b）单击正方形基准面　　c）流动到薄壳之上的形体

图 11-115　流动后的结果

6）单击薄壳，应用【显示点】命令，图 11-116a 中给出了薄壳曲面的控制点，比较复杂。此时可以执行一次“收缩修剪的曲面”（ShrinkTrimmedSrf）命令，这是一个 MoI3D 的附属命令，并没有出现在工具栏中，需要在数值显示与输入区域中直接输入“ShrinkTrimmedSrf”。

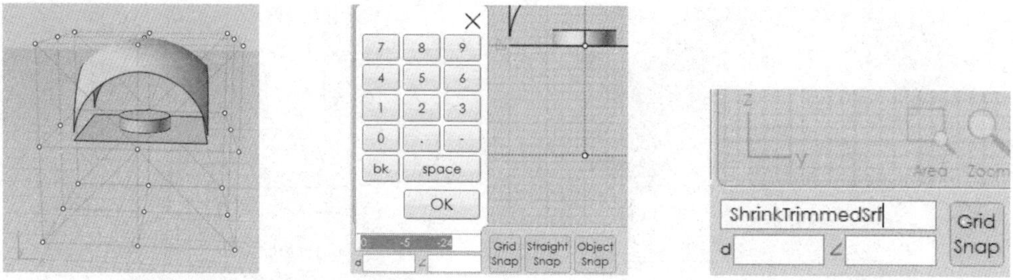

a）显示出曲面的控制点　　b）命令显示与输入区域　　c）输入命令

图 11-116　收缩修剪曲面

收缩修剪的曲面命令能收缩选定对象的下层表面，以消除大于修剪边界区域之外延展的表面。其主要作用是：曲面缩回后多余的控制点会被删除，这个命令只是对修剪之后的面起作用。前面讲过，薄壳是球体与正方形布尔交集后的结果。输入命令后按回车键，就执行了这个命令，能够看到控制点的数量显著减少。接着选择曲面的一条边线，由于进入了子对象层级，按 Ctrl+A 可以选择曲面的其余边线，按 Delete 键删除，薄壳的形状发生改变，如图 11-117 所示。

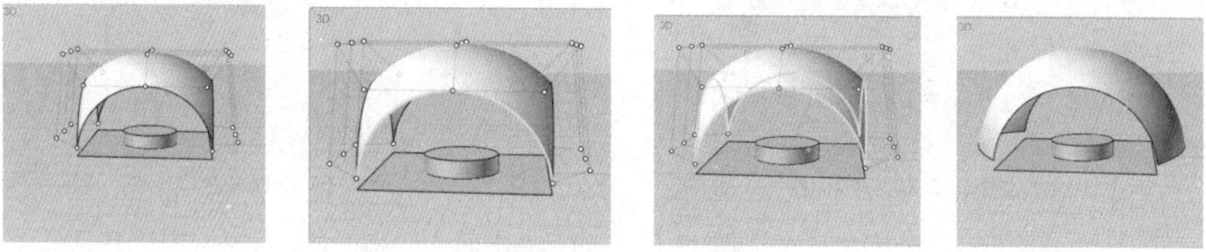

a）收缩后的曲面控制点　　b）选择曲面的一条边线　　c）选择所有边线　　d）删除边线后的结果

图 11-117　删除边线

7）单击薄壳曲面，按 Ctrl+C 和 Ctrl+V 复制出一个副本。在右视图中单击薄壳，出现编辑框，向下拖动，会看到复制的副本产生变形，逐渐成为一个平面，如图 11-118 所示。

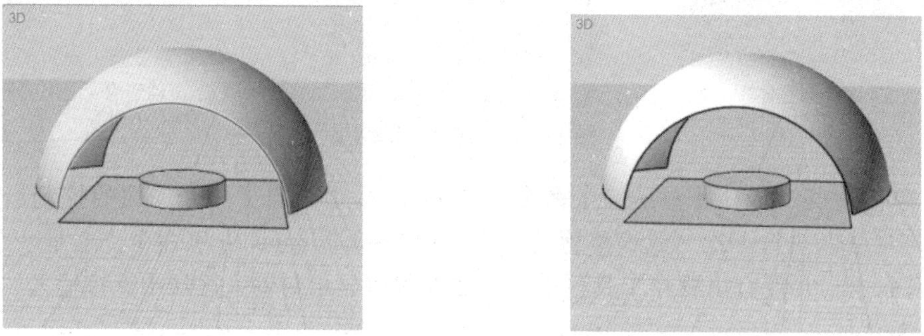

a）选中曲面　　b）复制副本

图 11-118　把薄壳曲面变为平面

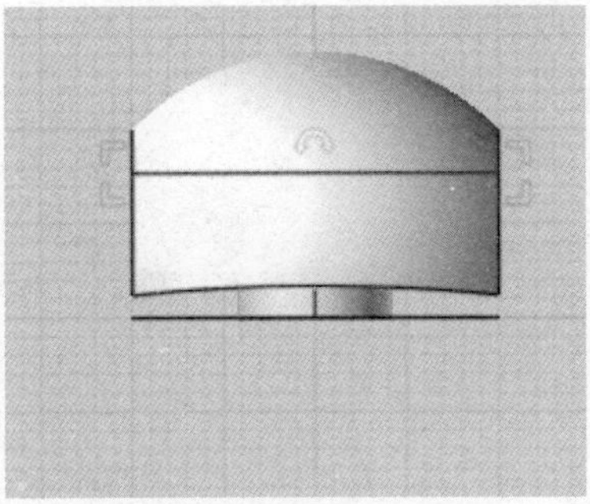

c）在右视图向下拖编辑框

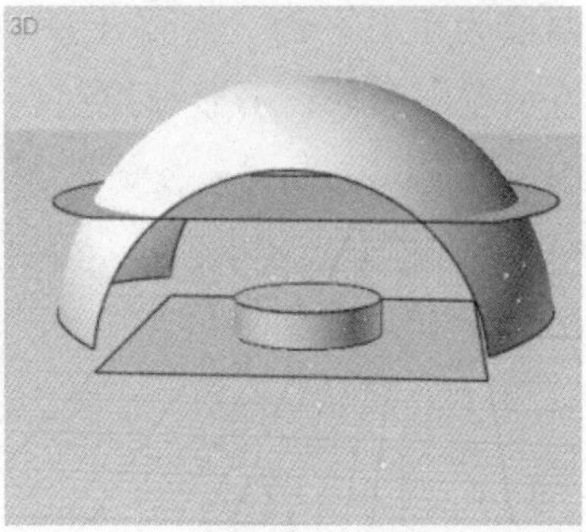

d）曲面变为平面

图 11-118 （续）

8）我们想要隐藏掉其他对象，只留下变形得到的平面。在它处于选中的状态时单击【选择：反选】命令，可以选择除了这个平面以外的对象。单击【编辑：隐藏】命令，只显示变形的平面。应用【显示点】命令，在俯视图中显示出这个平面的控制点。接下来，选择最右边的控制点，图 11-119d 中用序号标出了它们。然后应用【变换：对齐】命令，选择右对齐，把鼠标滑移到俯视图中，就会看到选中的五个点在一条直线上，如图 11-119e 所示。

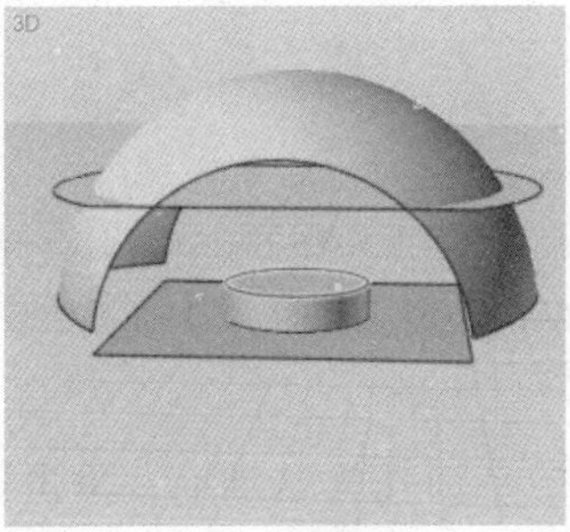

a）反选对象

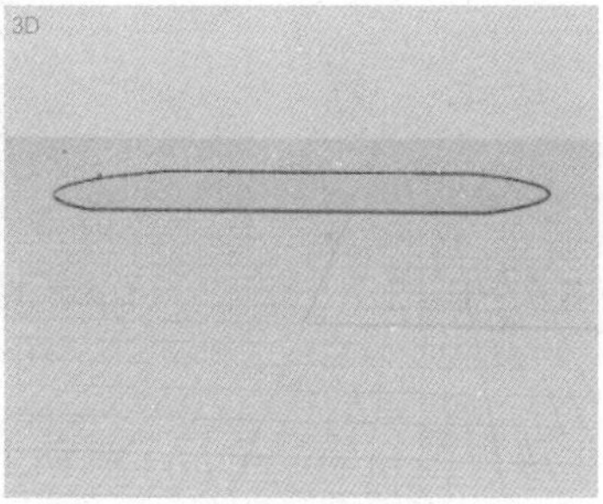

b）隐藏掉其他对象

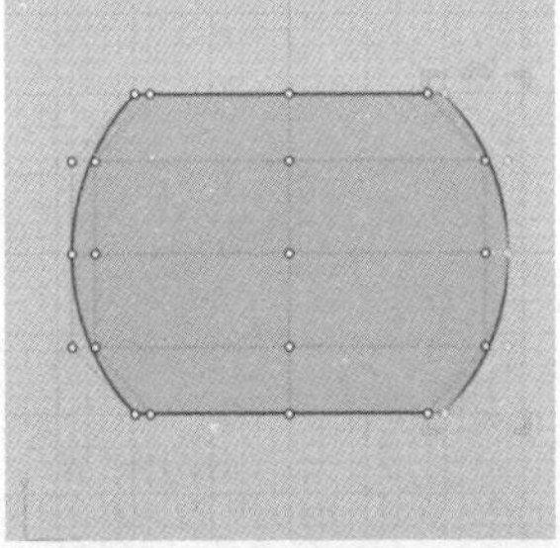

c）选择右边的控制点

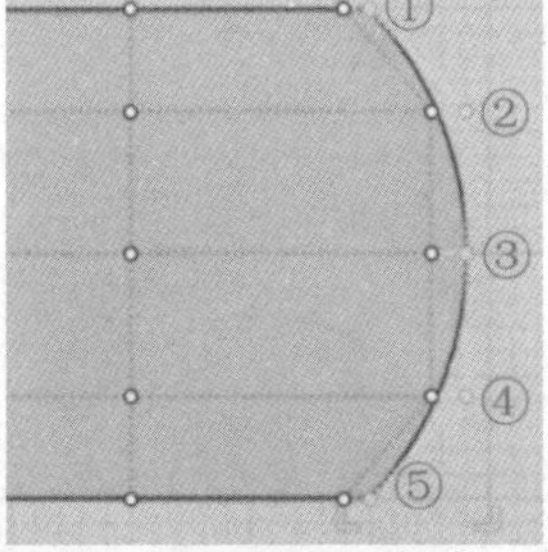

d）用序号标注的点

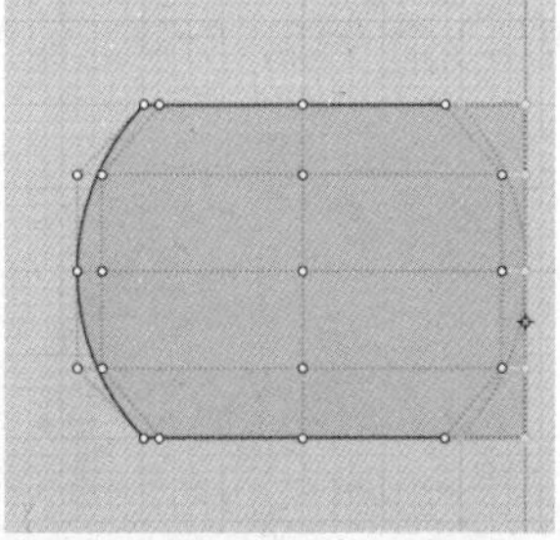

e）右对齐，使右侧平齐

图 11-119 隐藏并右对齐

同理，对平面左侧执行相似的操作，对齐时用左对齐，使左边的控制点平齐，调整变形的平面成为矩形平面。需要注意一点，这些操作并没有改变整个平面的内部结构。再次单击【显示点】命令，不显示控制点，如图 11-120 所示。

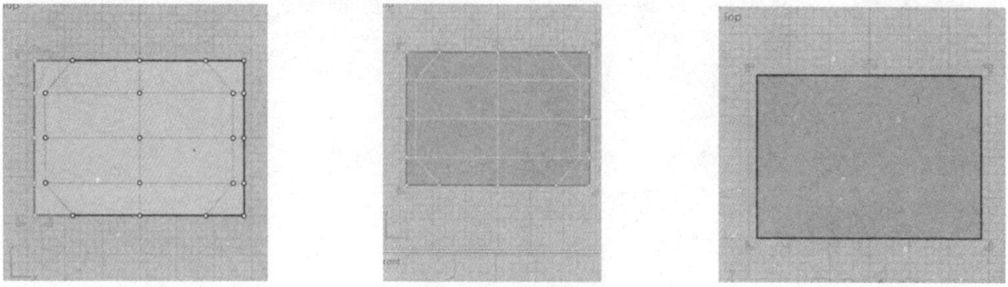

a）调整平面的左侧　　b）注意平面的内部结构　　c）不显示控制点

图 11-120　不再显示控制点

9）单击两次【编辑：隐藏】命令，可以显示全部对象。接下来要用变形的平面替代原来的正方形平面。单击正方形，按 Delete 键删除。再选中变形的平面，把它下移至原来正方形所在的位置，如图 11-121 所示。

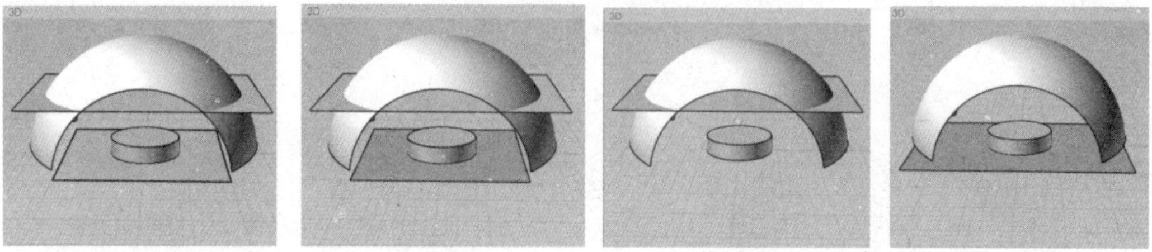

a）显示全部对象　　b）选择正方形　　c）删除正方形　　d）下移变形平面

图 11-121　变形平面下移

10）选择圆柱体，执行【流动】命令，单击变形的平面作为基准面，单击薄壳作为目标曲面。结果是圆柱体流动到了薄壳曲面之上，且保持了完好的圆形，如图 11-122 和图 11-113 所示。现在应该理解了，由于变形的平面内部与薄壳曲面的结构相同，所以应用【流动】命令后，对象能够保持自身的形状。

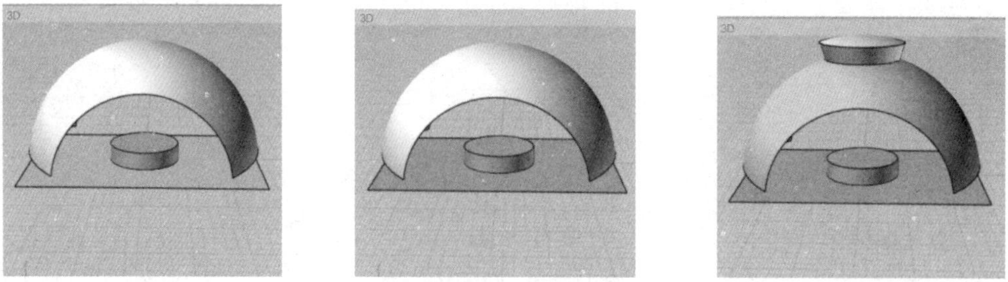

a）选择圆柱体　　b）单击平面为基准面　　c）流动得到的结果

图 11-122　圆柱体流动到薄壳曲面上

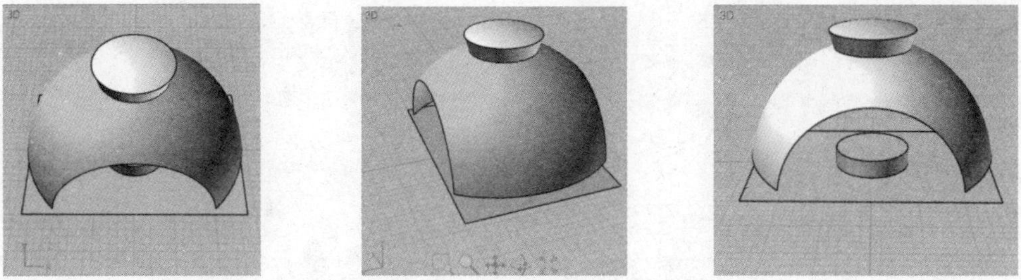

图 11-123　从不同角度观察流动后的结果

11.11　小结

本章讲解了【变换】标签下的多种命令。有些命令是使用鼠标操作编辑框的升级版本，如移动、复制、旋转和缩放命令，建模过程中经常要用到它们。另外一些像镜像、阵列、对齐和重定位命令，也是常用和重要的命令。重定位实现了两个对象的位置匹配。

流动命令是非常实用的命令，能够实现多种功能，因此本章重点解释了它的用法。后续还会用到这个命令。

至此，MoI3D 的软件界面和命令已全部讲解完了，相信读者对这个小程序也有了全面而深入的认识。后面将应用所学的知识，开始建模实战练习。

Chapter 12 第 12 章

建模实例

MoI3D 是一款曲面造型能力非常强大的 NURBS 建模软件。前面已经介绍了它的基本功能，在实战之前，我们再来简要解释一些有关设计的概念。

首先来了解一下曲面建模。什么是曲面建模呢？在日常生活中，我们经常见到许多自由形状的物体，如剃须刀的手柄、电风扇的扇叶、鼠标的外壳、手机外壳、操纵杆的手柄以及汽车的车身面板等。为了增强可视化和辅助这类产品的设计，可以在计算机中使用曲面建模工具来表现它们。曲面建模是专门制作曲面物体的一种造型方法，用于在计算机中使用放置在一起的曲面，装配出对象的边界面，表达出 3D 对象的形状。每个曲面都是 3D 形状的数学表达式，且没有厚度。

自由曲面设计要满足两种基本的设计需求：美观和功能。设计的对象在美学上要能够吸引客户，令人赏心悦目，因此，许多消费品中应用了多种类型的自由曲面形状。在功能上，曲面设计成某种形式和形状，用于特定目的。例如，电风扇的扇叶应符合空气动力学要求，鞋子的轮廓应符合人类足部的形状和运动的特性，操纵杆手柄必须与人手结构及运动机能相匹配。

由于曲面模型通过使用一组曲面来模拟对象，所以曲面建模需要一组曲面结构来描绘模型的外观。自然地，制作曲面模型的过程也就是将模型分解为一系列分离曲面的过程。要采用自下而上的思维方式和构建过程，根据物体的外观来制作曲面。

在制作曲面模型的单个曲面之前，需要经历两个思维过程。先要考虑需要什么样的曲面来组成模型，然后要构思如何构建单个曲面。要想能够分析清楚所需的曲面以及了解曲面的制作方法，需要彻底了解可用曲面的种类特性。

如果有一个在计算机中想要构建为曲面模型的对象，则需要以整体方式查看整个对象，将对象分解成若干曲面。可以通过曲面建模应用程序中可用的曲面类型来表示它们。首先，要开始构思对象的边界曲面。仔细分析对象的形状，然后将对象的表面分解为多个离散的表面区域，每个区域有特定的几何形状。接着，再考虑每个单独曲面的形状，并确定它们的构建方式。

经过这个初步思考过程之后，就可以构建曲面。简单来说，曲面建模包括两个主要步骤：将复杂的3D对象简化为简单的对象（单独的曲面），然后制作简单的对象，用它们构成复杂的对象。图12-1示例了这个过程。

a）曲面模型

b）分解成若干曲面

图12-1 曲面分解

将复杂3D对象的表面分解为若干曲面后，就可以开始考虑如何构建单个曲面。构建单个曲面有众多方法，基本的方法是构建3D曲线或点作为定义曲面轮廓和轮廓的框架，并为它们应用NURBS曲面建模工具。要从曲线或点的框架中构建曲面，需要将曲面还原到定义的曲线或点。因为表面的曲线和点不那么容易感知，所以要将曲面还原成其定义的曲线和点，深入分析需要哪些曲线或点、它们应该位于何处，以及要在其上应用何种曲面建模命令才能得到想要的曲面。

为了能够确定曲线或点的位置和类型以及要使用的命令，需要掌握各种构建曲面的方法，还需要很好地理解这些方法产生的曲面形状。在任何设计项目中，你都会发现曲面建模中最烦琐的工作就是构建曲线和点，但从曲线和点构成曲面却是简单的事情，只需要使用适当的构成曲面命令。因此，制作单个曲面的重点是考虑如何设计和制作这些曲线和点。当你设计曲面时，需要考虑好曲线并自行确定曲线的数据。

在计算机中有很多方法表示实体。MoI3D使用了闭环曲面或没有开口或缝隙的封闭多重曲面来表示实体。这种建模方法对于构造自由形式的对象特别有用，可以先将复杂的自由形状对象分解为单个自由曲面，然后逐个地构建单个曲面。在把曲面组成实体之前，可能需要修剪曲面，以使其包裹成没有开口或相交部分的体积。用于3D打印时，所制作的模型具有实体属性是非常重要的。

以上我们简单了解了关于曲面建模的理论知识，接下来，让我们开始练习制作3D模型吧。

12.1 戒指和钻石

首先说明一下，戒指是分型号的。戒指尺寸即戒指指圈的大小标准分美式和港式两种，区别在于它们对应的直径和周长不同，而目前中国多采用港式。我们选美式 8 号或中国 16 号，直径为 18.1 来练习。在犀牛软件中，有 Rhinogold 和 Gemvision Matrix 等插件专门来设计珠宝首饰，此处我们是在 MoI3D 中练习一下构建此类模型的思路。

12.1.1 简单指环

1）应用【圆形：中心、半径】命令，在主视图中绘制一个圆形，圆心捕捉到原点上，直接输入半径值 9.05，确认。在俯视图中，应用【椭圆：中心、半径】命令绘制一个小椭圆，先确认宽度为 3.9，单击左键确认，再把高度设置为 8，如图 12-2 所示。

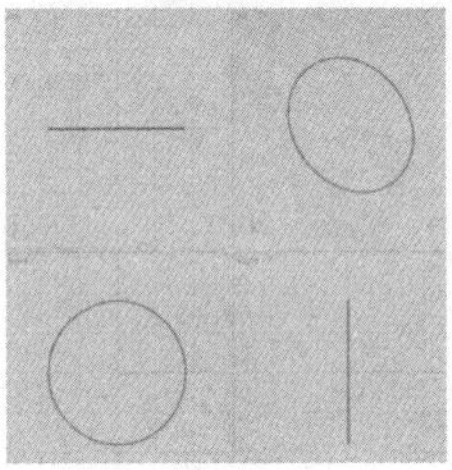

a）绘制圆形

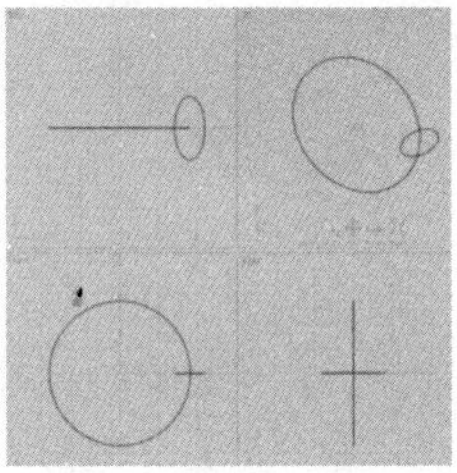

b）绘制小椭圆

图 12-2 绘制圆形与椭圆

2）选择小椭圆形，应用【编辑：修剪】命令，在主视图中单击圆形作为切割工具，单击“完成”确认。注意虽然圆形和小椭圆实际上并未相交，但在主视图中看上去是相交的，仍可以修剪小椭圆。在接下来的步骤中，模式选择“去除”，单击小椭圆上左侧要去除的部分，单击“完成”后修剪掉它，如图 12-3 所示。

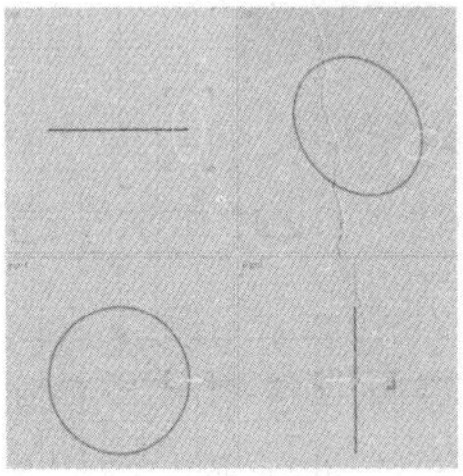

a）选择小椭圆

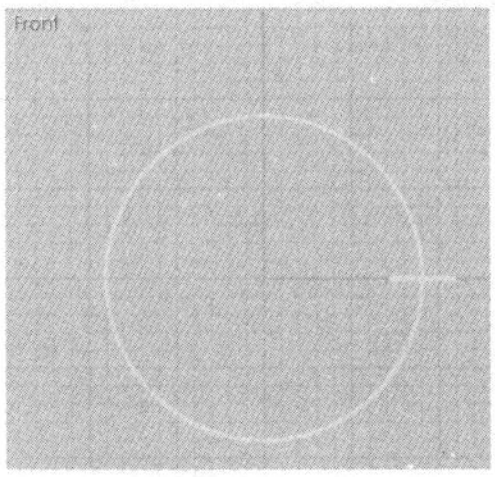

b）切割工具选择圆形

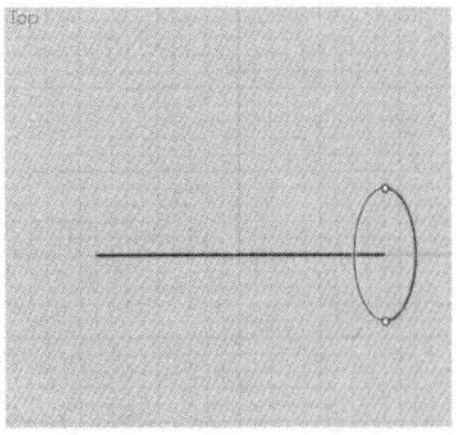

c）单击小椭圆左侧部分

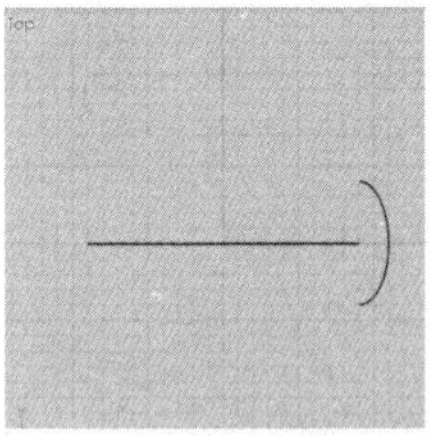

d）得到的结果

图 12-3 修剪小椭圆

3）接下来应用【画线：直线】命令，把修剪的半个椭圆封闭。框选两条曲线，应用【倒圆角】命令，设置圆角半径为0.5，会看到只有一个角倒了圆角。单击“完成”确认后，再次执行【倒圆角】命令，选择要倒圆角的对象时，分别单击两条曲线构成尖角的位置，就会把尖角倒成圆弧过渡，如图12-4所示。

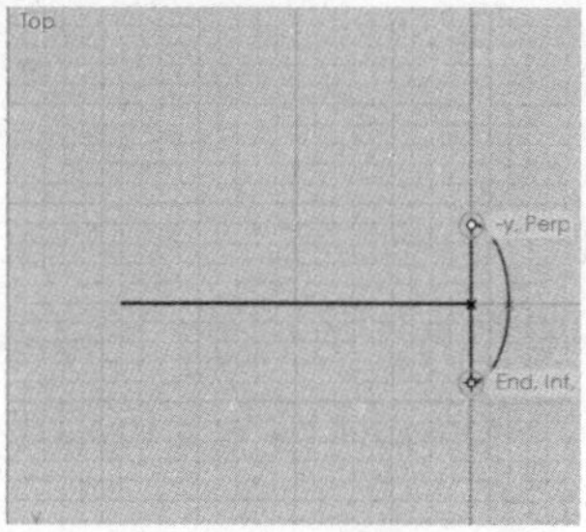

a）用直线连接椭圆弧

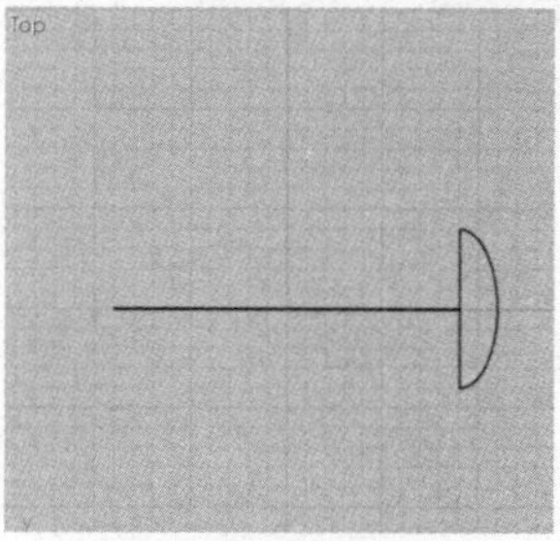

b）得到的结果

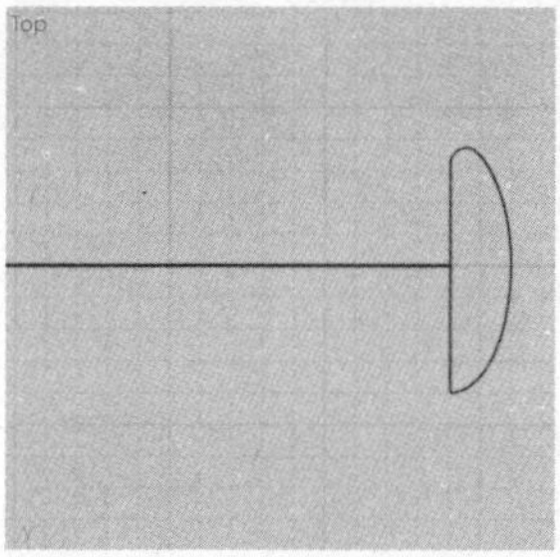

c）执行一次倒圆角命令

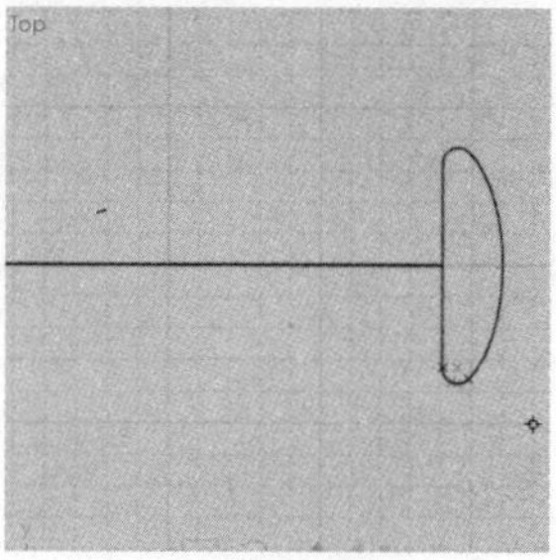

d）再次倒圆角

图12-4　封闭小椭圆

4）选择椭圆弧、直线及倒角部分，应用【编辑：连接】命令把它们结合成一体，如图12-5所示。

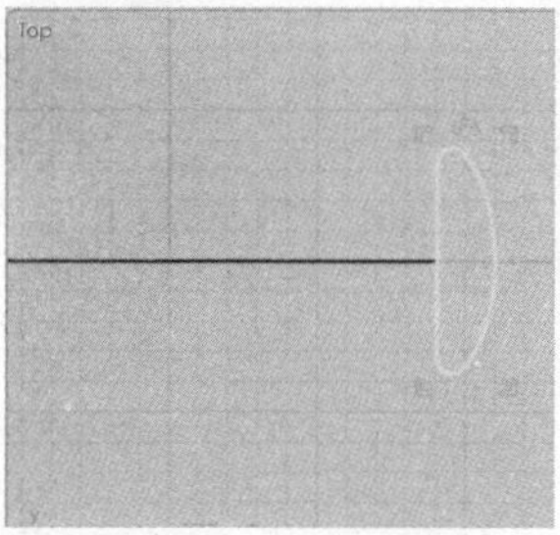

a）选择椭圆弧、直线及倒角部分

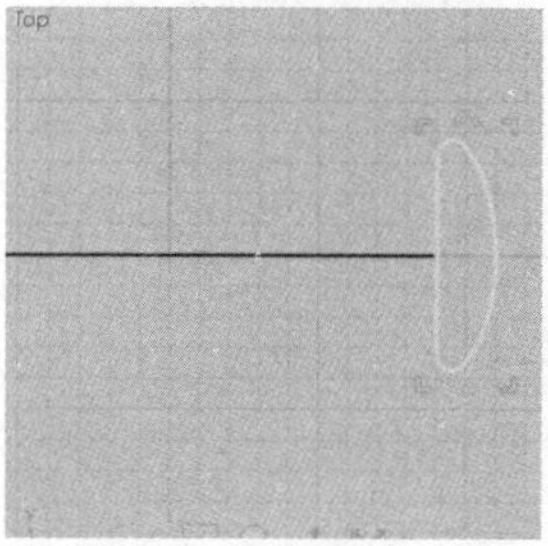

b）结合

图12-5　将椭圆结合为一体

5）选择刚才处理的形状作为轮廓曲线，执行【扫掠】命令，选择圆形作为轨迹曲线，其他选项保留默认值，单击“完成”确认，就得到了指环，如图12-6所示。

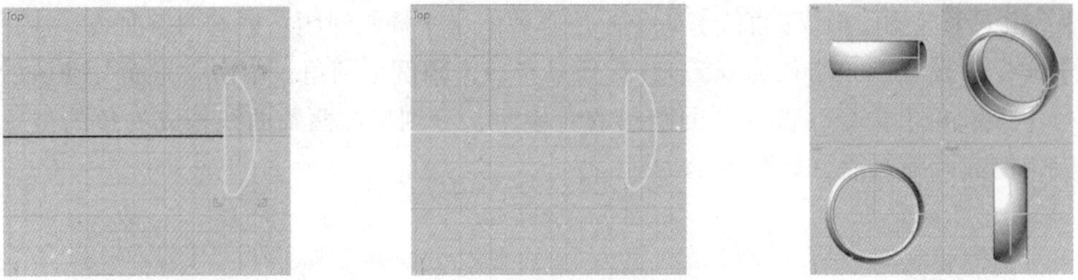

a）选择半椭圆形状　b）选择圆形为轨迹曲线　c）生成结果

图 12-6　扫掠生成指环

6）也可以稍微修饰一下指环。在俯视图中绘制一个半径为 2 的小球，使球心位于指环的中线上，但不要穿透指环的壁厚。选择小球，执行【圆周阵列】命令，阵列中心捕捉到指环的中心，数量设置为 14，得到阵列的结果如图 12-7 所示。

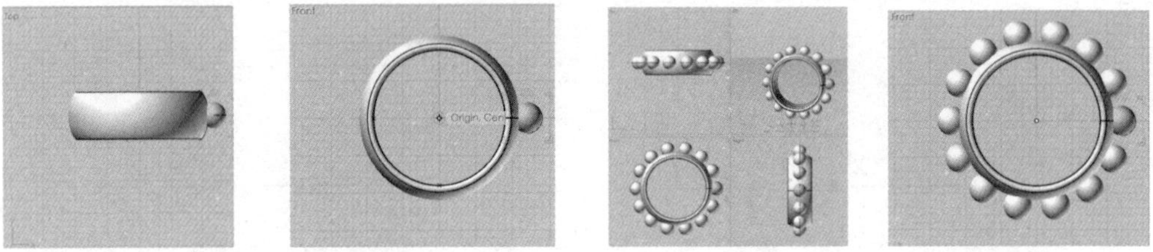

a）创建一个小球　b）确定圆周阵列的中心　c）阵列得到的结果　d）主视图中的形状

图 12-7　修饰指环

7）选择指环，执行【布尔：差集】命令，在选择全部小球时，既可以逐个单击小球，也可以在俯视图或右视图中按下左键拖出一个矩形框（注意要比指环的宽度要窄些），单击“完成”确认，就得到了最终的指环，如图 12-8 所示。

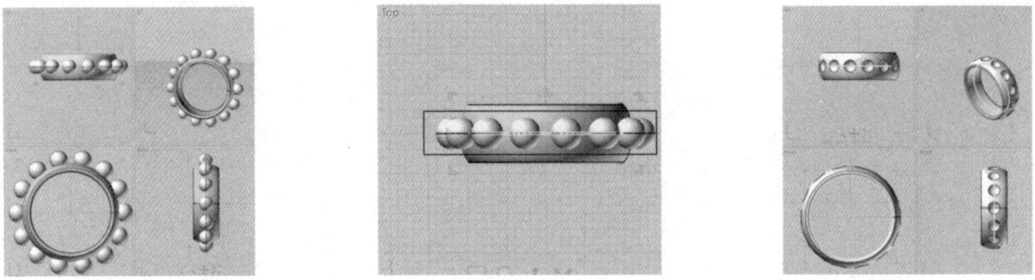

a）选择指环　b）选择全部小球　c）生成的指环

图 12-8　最终效果

8）在生成指环时，也可以不修剪小椭圆，直接用小椭圆沿圆形扫掠，然后切除内侧部分。这么做之前，先给圆形命名，以方便后续的选择操作。选择小椭圆，执行【扫掠】命令，得到的结果像游泳圈，而不像戒指。接下来单击扫掠的实体，执行【布尔：差集】命令，当选择要用于减去的对象时，在场景浏览器的对象部分单击命名的圆形右侧，选中初始圆形，单击“完成”确认，就会看到切除掉了形体的内侧部分，如图 12-9 所示。

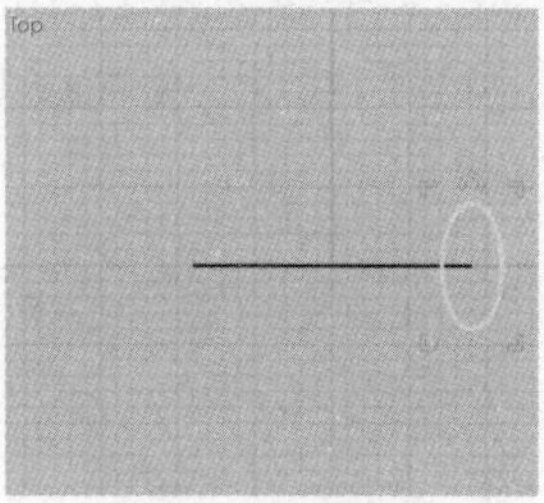

a）选择小椭圆

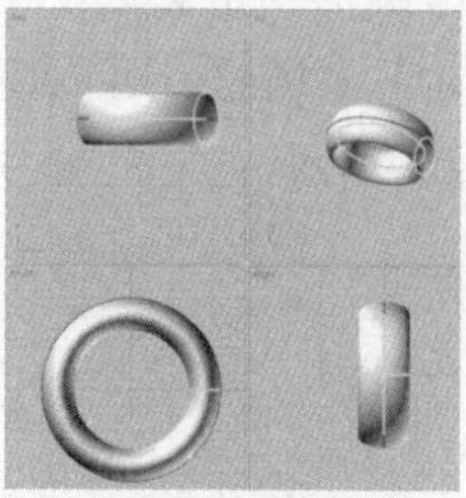

b）扫掠出形体

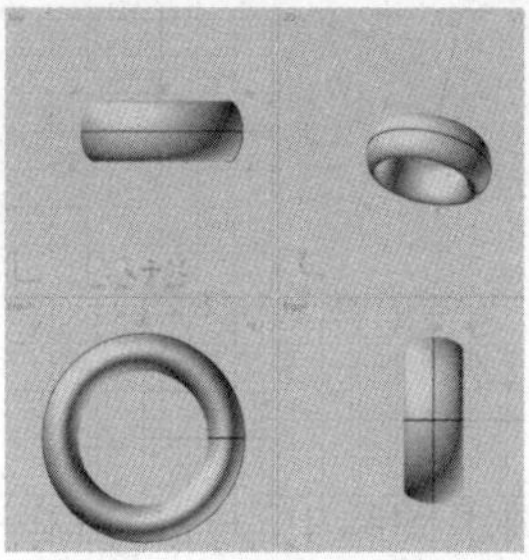

c）单击这个形体

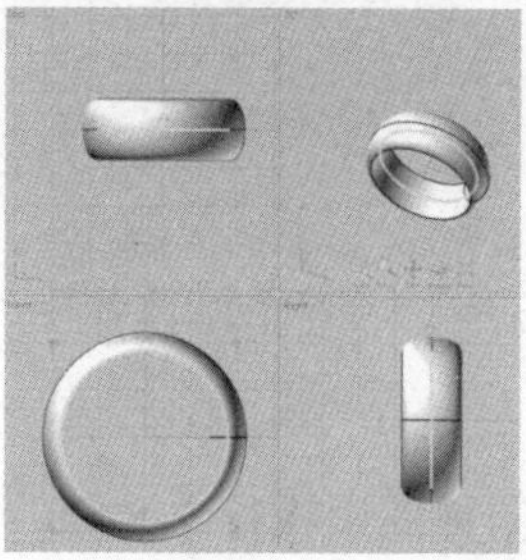

d）布尔差集，切除内侧部分

图 12-9 切除生成指环

9）接下来，单击形体的边线两次，选中边线。旋转视图，选择另一条边线。对它们应用【倒圆角】命令，设置圆角半径为 0.5，单击“完成”确认后同样可以得到指环，如图 12-10 所示。

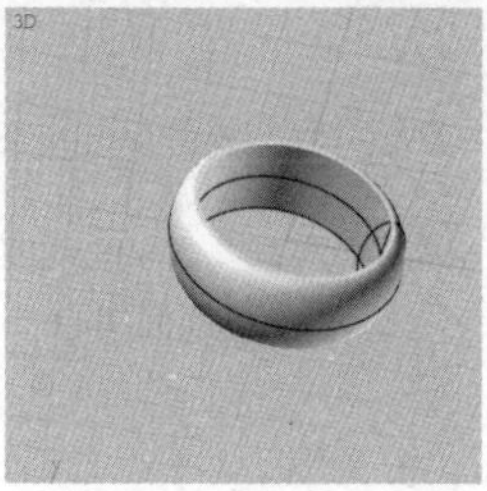

a）选择指环的一条边线

b）旋转视图，选择另一条边线

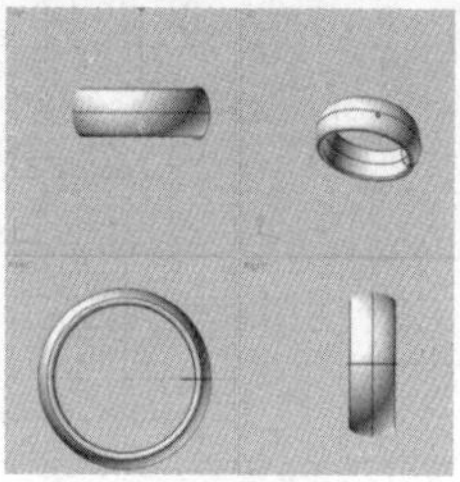

c）倒圆角

图 12-10 边线倒圆角

要理解一点，3D 设计更像解不等式，有多种方法可以得到想要的结果，不要拘泥于本教程中的步骤，要勇于尝试不同的解决方法。下面的例子也主要传达这一理念。

12.1.2 戒指

接下来，我们继续练习戒指的建模方法。

1）应用【圆形：中心、半径】命令，以原点为圆心，在主视图中绘制一个半径为9.05的圆形。单击圆形，给它起个名字。接着在圆的右侧外部绘制一条如图12-10b所示的曲线。如果感觉不太满意，可以应用【显示点】命令，耐心调节控制点，使曲线变得流畅美观，如图12-11所示。

a）绘制圆形并起个名字　　b）绘制一条曲线

图12-11　绘制圆和曲线

2）在俯视图中执行【椭圆：中心、半径】命令，当确定椭圆中心时，可在主视图中通过曲线上部端点拖出一条水平构造线。利用这条构造线，可以确保绘制的椭圆会经过曲线的上部端点。还可以从圆心引出一条垂直的构造线。在主视图中单击两条构造线的交点确定椭圆的中心，如图12-12所示。

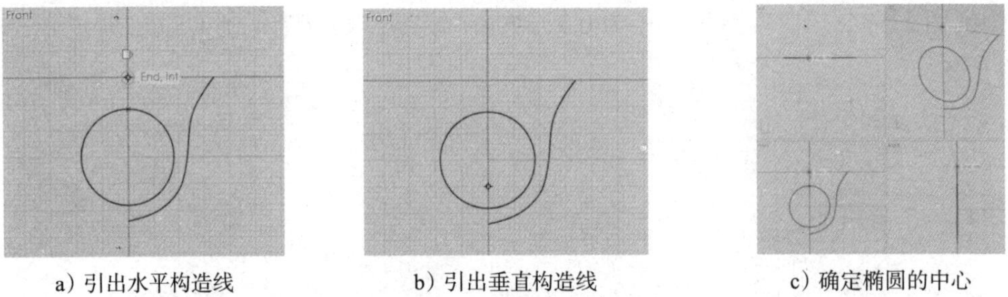

a）引出水平构造线　　b）引出垂直构造线　　c）确定椭圆的中心

图12-12　通过构造线确定椭圆中心

在俯视图中，选择第一轴线时捕捉到曲线上部端点，单击左键确认。选择第二轴线时，注意作为椭圆的短轴，不要太宽，单击确认。在空间绘制图形时，需要随时切换到不同的视图，对于新手而言，可能不太适应，多加练习就会熟练。此外，要随时观察3D视图中得到的结果，如图12-13所示。

3）选择曲线，执行【旋转：轨迹旋转】命令，选择椭圆作为轨迹曲线，勾选“封闭端部”选项。可以在主视图中确认旋转轴的起点和终点，确定完终点后，就会旋转出一个实体对象，如图12-14所示。

4）在视图空白处单击，取消对形体边线的选择（注意这很有必要，有时会误选这些边线）。接下来单击形体选中它，执行【布尔：差集】命令。选择切割工具时，单击场景浏览器对象部分名字的右侧，选择圆形，单击“完成”确认，得到戒指的大致形状，如图 12-15 所示。

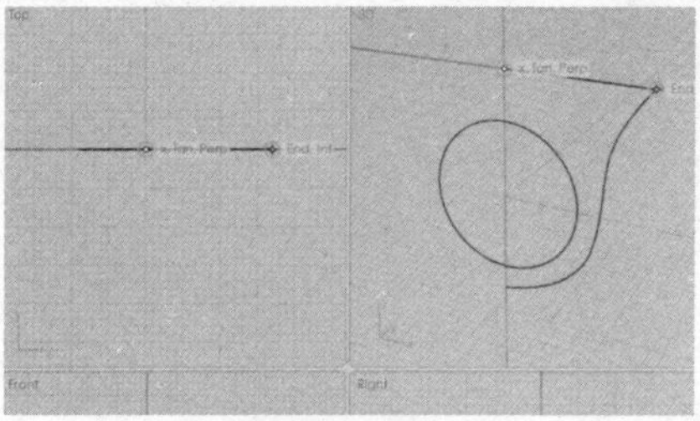

a）确定椭圆的长轴

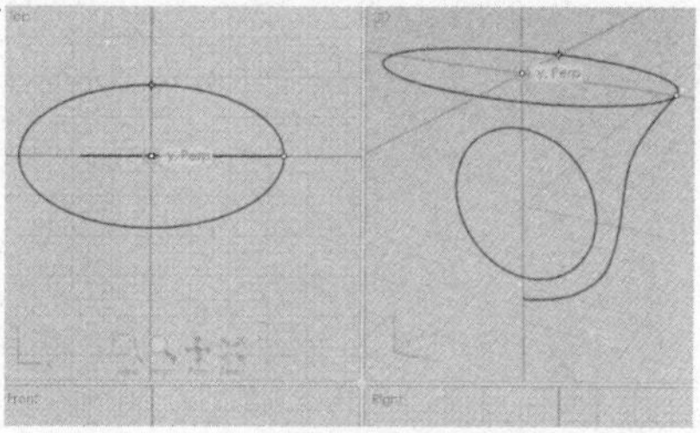

b）确定椭圆的短轴

图 12-13　选择椭圆的轴线

a）选择曲线

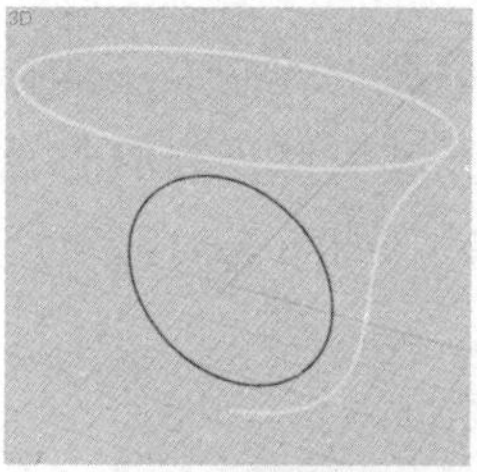

b）选择椭圆为轨迹曲线

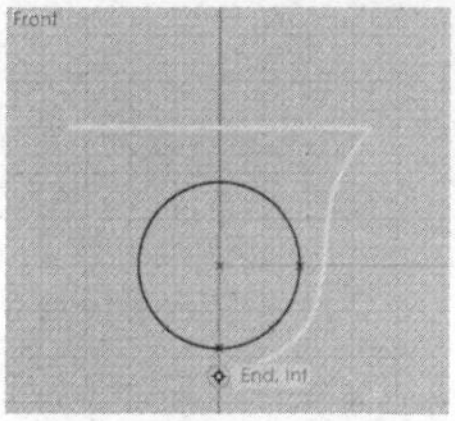

c）确定旋转轴线的起点

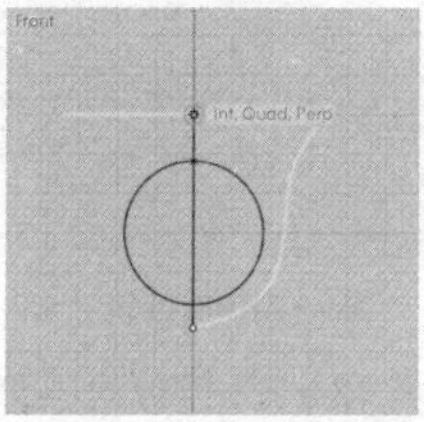

d）确定轴线的终点图

e）旋转出的形体

图 12-14　曲线旋转成实体

a）选择形体

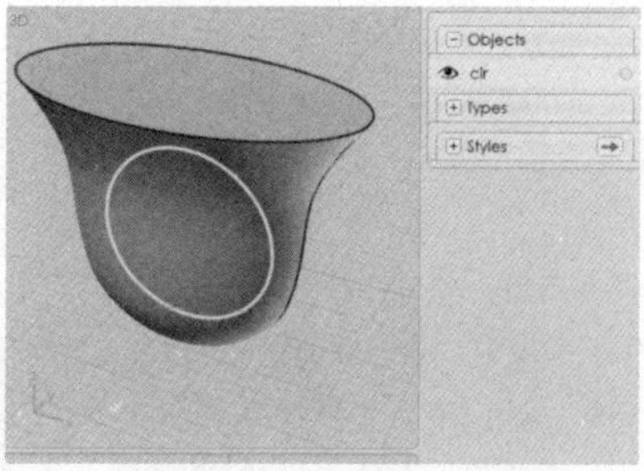

b）选择圆形为切割工具

c）切出的形状

图 12-15　切割出大致形状

可以继续尝试使用不同的方法来制作戒指，这里我们使用【扫掠】命令。

5）沿用上面例子中绘制椭圆时的那些图形，接着选择曲线，应用【镜像】命令，在主视图中确定镜像线的起点和终点，镜像复制曲线的另一部分，如图 12-16 所示。

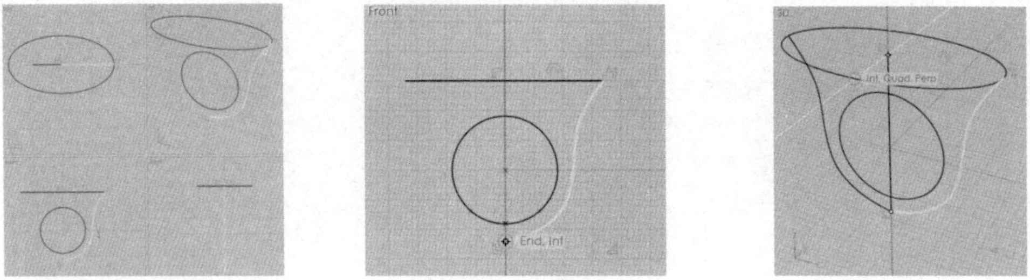

a）选择曲线　　b）确认镜像线的起点　　c）镜像复制出曲线

图 12-16　镜像复制曲线

6）在右视图中，绘制出另一条曲线作为缩放轨迹线。绘制完后可以应用【显示点】命令，来调整曲线的控制点。选择椭圆，应用【扫掠】命令，选择轨迹曲线时，分别单击最初绘制的曲线和镜像复制的曲线（实际上是选择了两条轨迹）。单击“完成”确认，就扫掠出了实体对象，如图 12-17 所示。

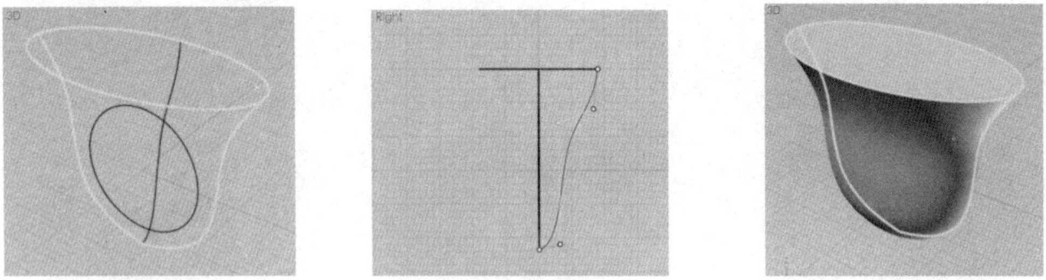

a）调整绘制的曲线　　b）选择两条轨迹　　c）扫掠出形体

图 12-17　扫掠出实体

在扫掠选项中，单击“拾取缩放轨迹线”按钮，然后单击最后绘制的曲线，会看到形体产生了变化，单击“完成”确认，如图 12-18 所示。

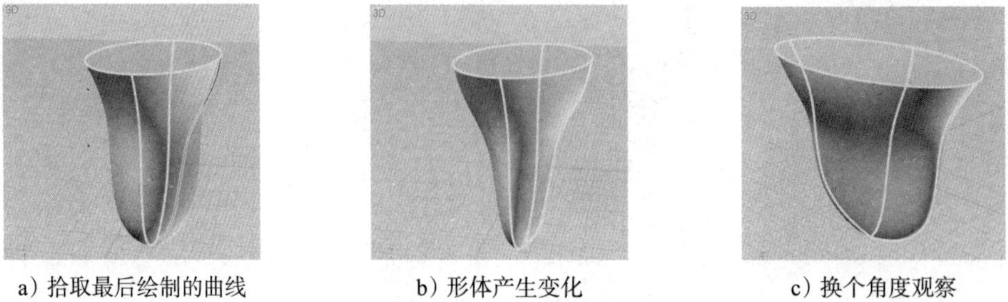

a）拾取最后绘制的曲线　　b）形体产生变化　　c）换个角度观察

图 12-18　形体变化

强调一下，只有闭合的轮廓曲线才能扫掠出实体，所以我选择了椭圆作为轮廓曲线。另外，如果把最初绘制的曲线和镜像出来的曲线连接成一个整体，扫掠的结果并不正确，如图 12-19 所示。

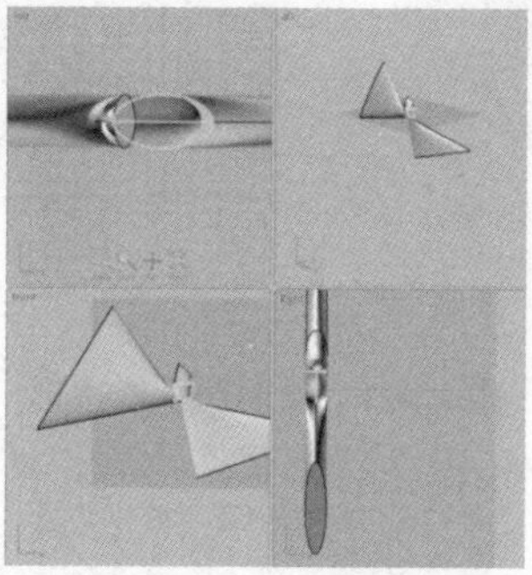

图 12-19　不正确的扫掠结果

7）单击这个形体，执行【布尔：差集】命令，在选取切割工具时，同样在场景浏览器中对象部分圆形名字右侧单击，选择圆形。单击“完成”确认后，得到戒指的大致模型，如图 12-20 所示。

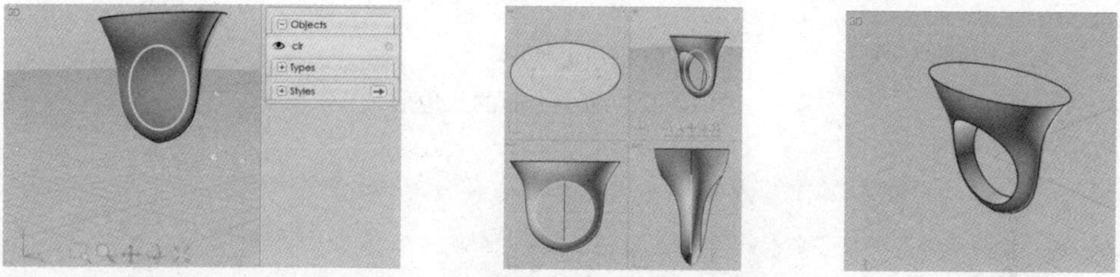

a）选择圆形　　b）布尔差集的结果　　c）生成的戒指大样

图 12-20　使用布尔差集得到最终结果

12.1.3　钻石

下面，我们来练习制作一颗钻石。钻石的形状很多，我们只选择制作形状简单的钻石。

1）在俯视图中，应用【多边形：中心、半径】命令，以原点为中心绘制一个八边形。在主视图中，单击图形，按住 Ctrl 键，向上移动一段距离，复制出另一个八边形，如图 12-21 所示。

2）在视图空白处单击一下鼠标，取消选择任何图形。单击上面的八边形选中它，向内拖动编辑框之一的┐，把图形缩小一些。要想临时取消捕捉功能，可以按下 Alt 键，如图 12-22 所示。

3）应用【其他：点】命令，在俯视图中原点位置放置一个点对象。选择这个点，在主视图中向下拖动一段距离，如图 12-23 所示。

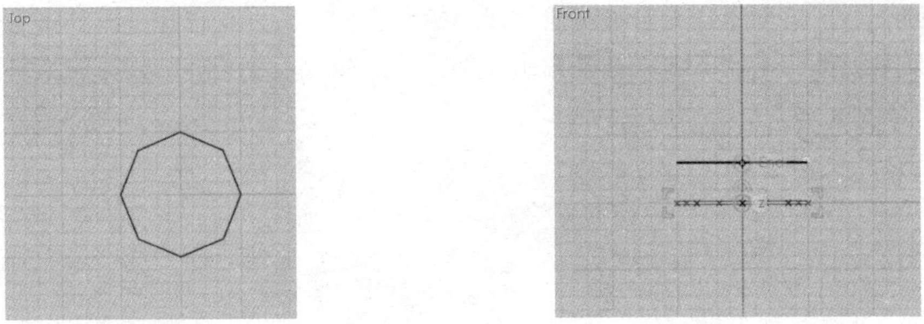

a）绘制八边形　　b）向上复制另一个八边形

图 12-21　绘制两个八边形

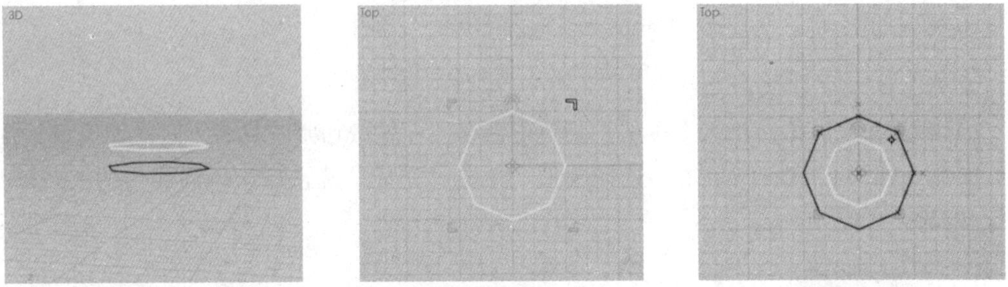

a）选择上面的八边形　　b）向内拖动编辑框　　c）缩小的八边形

图 12-22　缩小上面的八边形

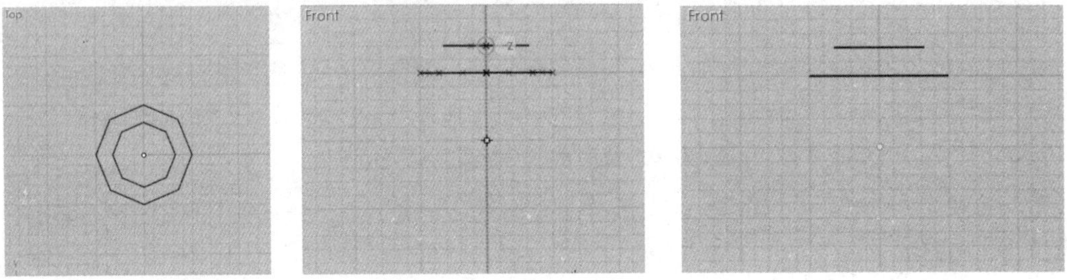

a）在中心放置一个点　　b）向下移动点的位置　　c）现在图形的布局

图 12-23　设置点

4）在主视图中，自左上至右下拖出一个矩形框，选择三个图形。随后应用【放样】命令，得到放样的形体。在放样选项中，将“放样样式”设置为“直接”，就得到了钻石的形体，如图 12-24 所示。

通过上面的例子可以注意到，NURBS 建模基本上是从绘制曲线开始的。不过凡事都有例外，你也可以从基本物体开始建模过程，重点是看哪一种更为方便，千万不要养成固定的思维模式。

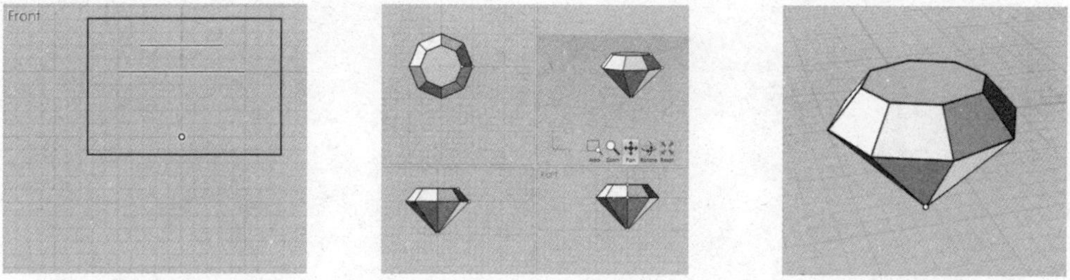

a）框选三个图形　　b）样式设置为直接　　c）得到的钻石形体

图 12-24　最终结果

12.2　D 形油箱

汽车用的油箱有圆形的也有 D 形的，下面来练习制作 D 形油箱的形体。本例意在练习前面所学到的命令用法，初级用户可能对工业品了解很少，可以把它看作水箱。

1）在主视图中，应用【椭圆：中心、半径】命令绘制一个椭圆，具体数值略去，可以根据自己的感觉确定。选择椭圆形，执行【显示点】命令后，框选椭圆左半部分的控制点，接着执行【对齐】命令，对齐方式选左对齐，鼠标移至主视图时，会看到左侧变得平齐，单击确认，如图 12-25 所示。

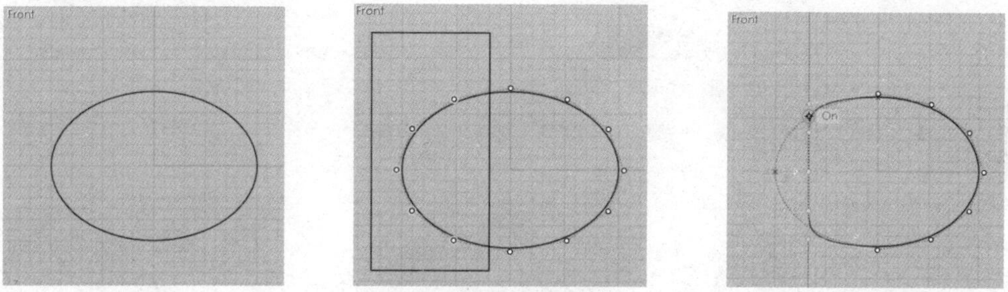

a）绘制椭圆　　b）框选左侧控制点　　c）左对齐控制点

图 12-25　绘制 D 形曲线

2）选择 D 形曲线，按住 Ctrl 键在俯视图向上拖动，复制出一个另一个 D 形曲线，如图 12-26 所示。

3）选择两个 D 形曲线，应用【放样】命令，生成 D 形桶实体，如图 12-27 所示。

4）在继续下面的步骤之前，单击场景浏览器中类型部分曲线对象前面的眼睛图标，隐藏 D 形曲线。应用【圆形：中心、半径】命令，在俯视图中适当位置绘制一个小圆。现在是画在桶的内部，可以直接输入一个小的数值。要选择这个圆形，自左向右拖出一个矩形框，会看到圆形变成黄色。在主视图中向上拖动它，把圆形移到桶形之上，如图 12-28 所示。

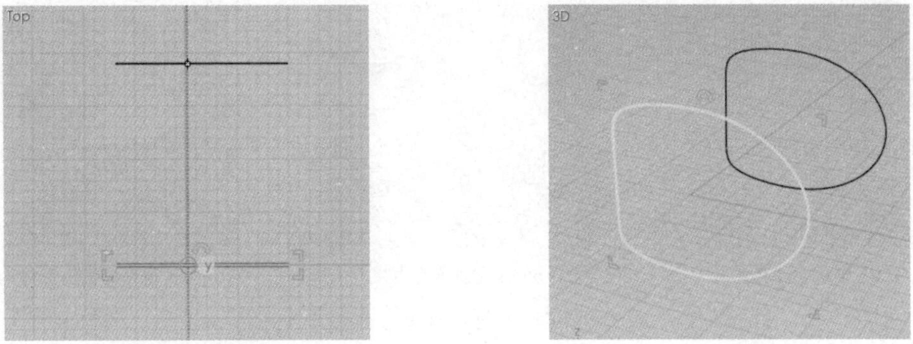

a）按 Ctrl 键，移动鼠标　　b）复制

图 12-26　复制 D 形曲线

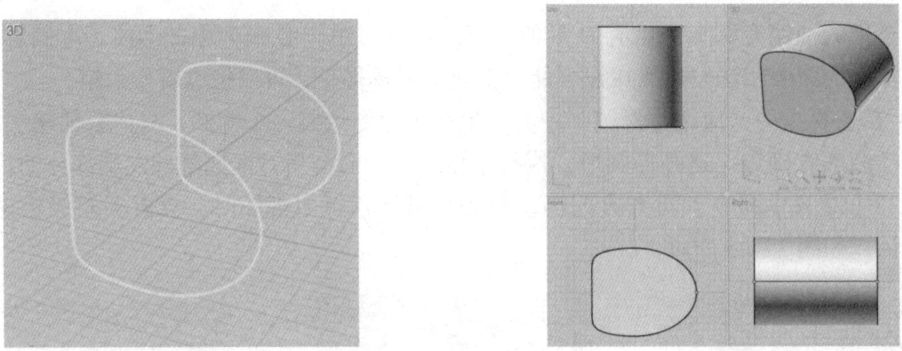

a）选择两个 D 形　　b）放样

图 12-27　放样出 D 形桶

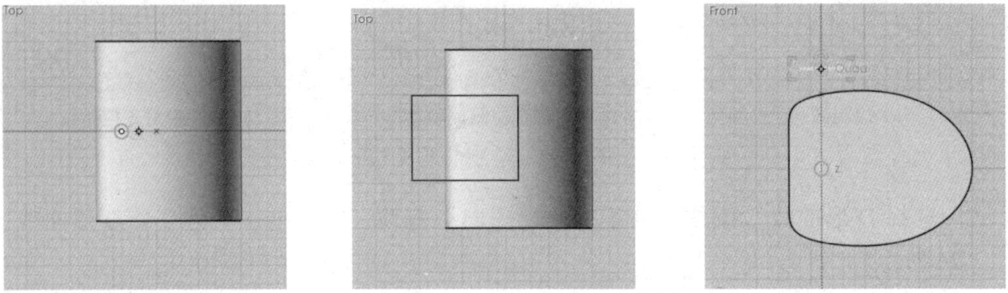

a）绘制圆形　　b）框选圆形　　c）把圆形移到桶形的上面

图 12-28　绘制圆形并移至桶上

5）对这个圆形应用【平面化】命令，使之成为一个平面。接着选择圆形平面，按下 Ctrl 键，在主视图中向上移动鼠标，再复制出一个圆平面。只选择复制的圆平面，应用【二维缩放】命令，在俯视图中把它缩小一些，如图 12-29 所示。

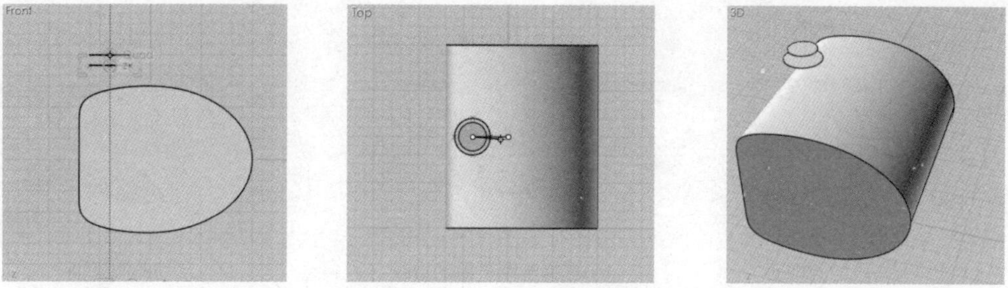

a）再复制出一个圆平面　　b）缩小第二个圆平面　　c）得到的两个平面

图 12-29　复制两个平面

6）在场景浏览器的“类型”部分，单击曲线类型左边的区域，出现眼睛图标，显示出曲线。接下来选择桶形，执行【修剪】命令，选择第一个大些的圆平面的边线（注意要单击边线两次，一定要选中边线）作为切割对象，单击“完成”确认。选择桶上修剪出来的椭圆形部分，按 Delete 键删除它。这样，就在桶形上开出一个孔洞，如图 12-30 所示。

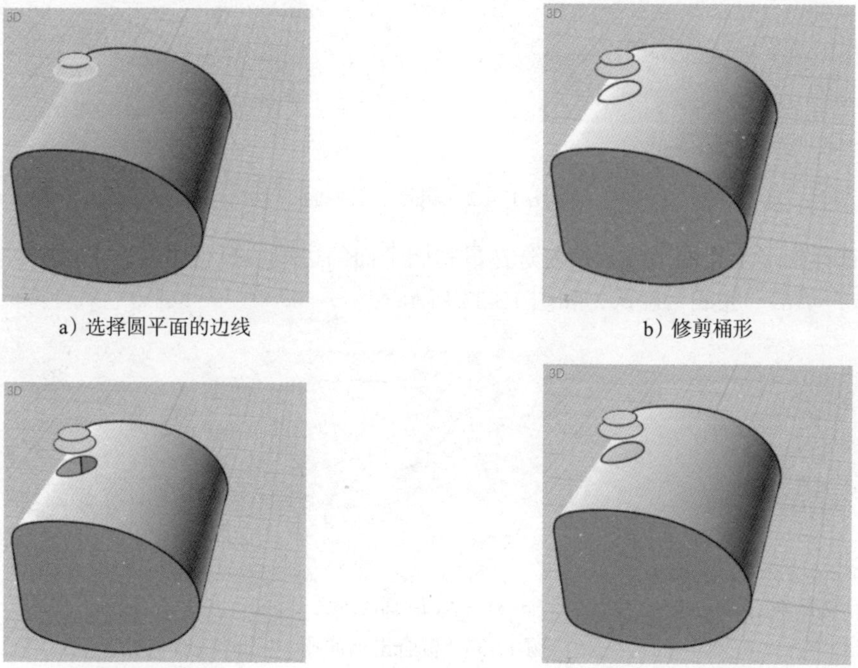

a）选择圆平面的边线　　b）修剪桶形

c）选择桶上修剪出的部分　　d）删除，挖出孔洞

图 12-30　在桶形上挖出孔洞

然后，选择大一些的圆平面（此次单击选择平面），执行【修剪】命令，切割对象选择小圆平面的边线，单击“完成”确认，如图 12-31 所示。这样做的目的是把圆平面分割成两部分，以便制作加油孔。

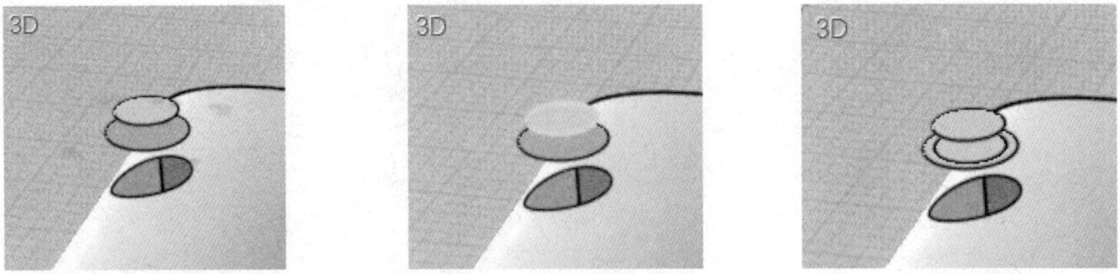

a）选择大一些的圆平面　　b）选择小圆平面的边线　　c）切割圆平面

图 12-31　切割大圆平面

选择小圆平面将它删除，如图 12-32 所示。

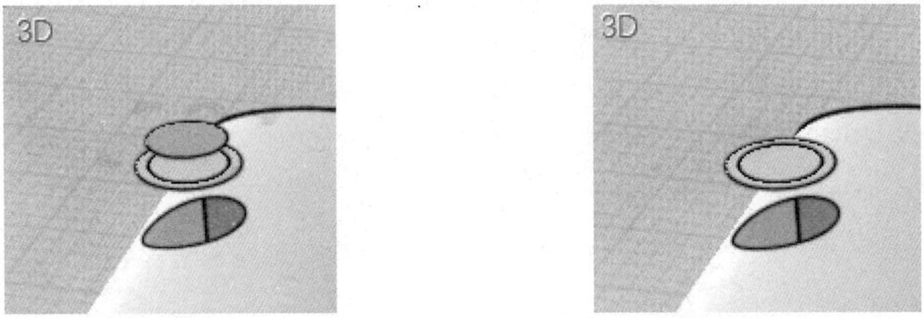

a）选择小圆平面　　b）删除圆平面的结果

图 12-32　删除小圆平面

7）选择桶形上孔的边线，接着选择最初圆平面的边线，执行【混合】命令，不要调整混合参数，单击“完成”确认，如图 12-33 所示。

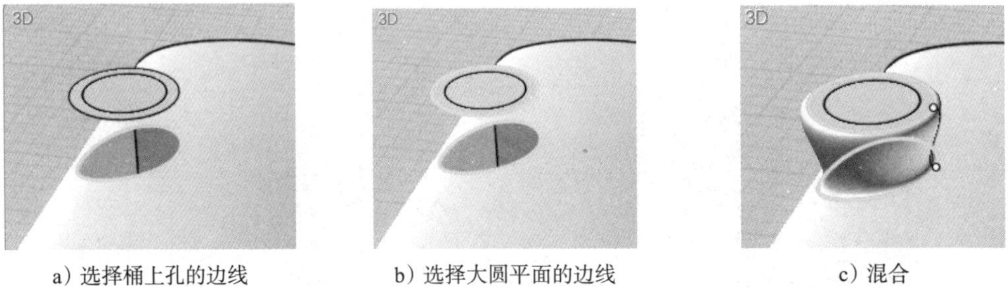

a）选择桶上孔的边线　　b）选择大圆平面的边线　　c）混合

图 12-33　混合出加油孔

8）在任一视图的空白区域单击一下，取消所有选择。选择分割出来的内部小圆，在右视图中向上移动一段距离，如图 12-34 所示。

选择加油孔内侧的边线，再选择小圆平面的边线，应用【混合】命令，单击“完成”确认，如图 12-35 所示。

注意，两次应用【混合】命令的结果，只是生成了曲面。刚刚混合的曲面，是要去生成加油孔的内壁。选择顶面，在右视图中向下拖动鼠标，会看到曲面向下凹进了加油孔，如图 12-36 所示。

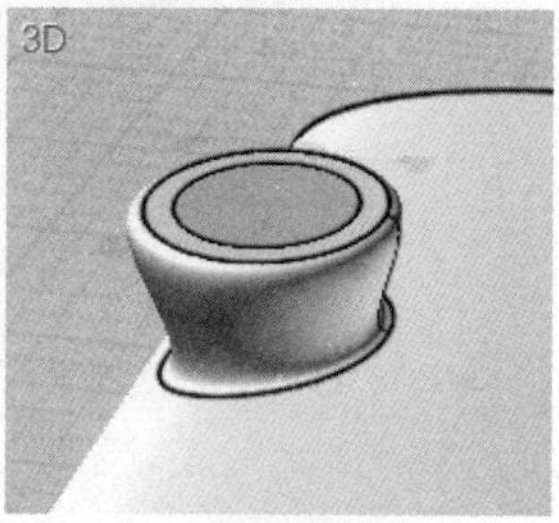

a）选择内部小圆

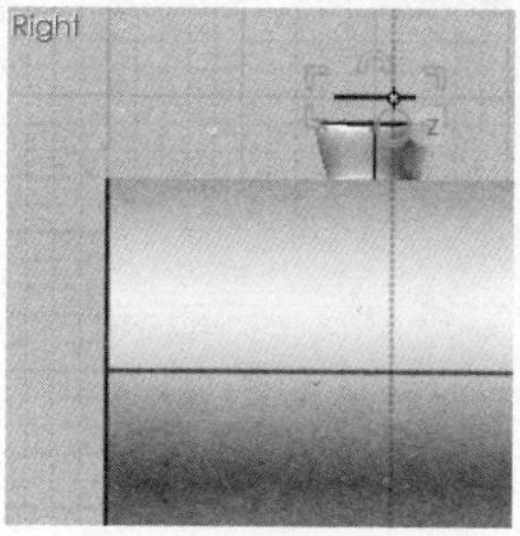

b）在右视图中上移小圆

图 12-34　上移小圆

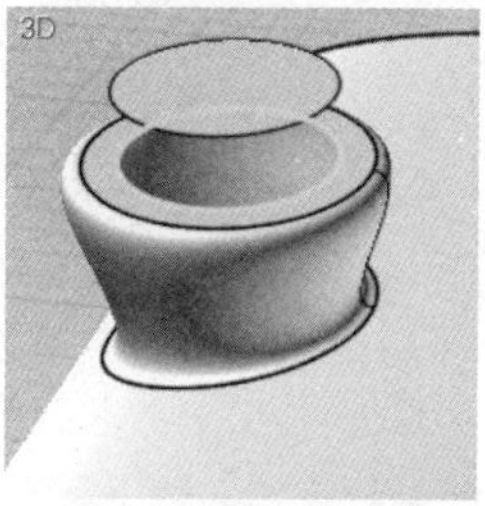

a）选择加油孔内侧边线

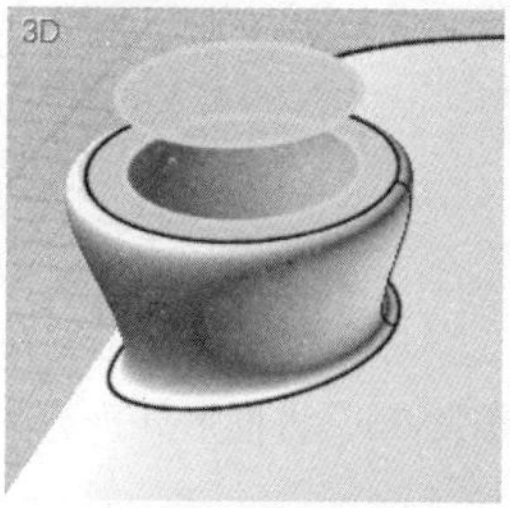

b）选择小平面的边线

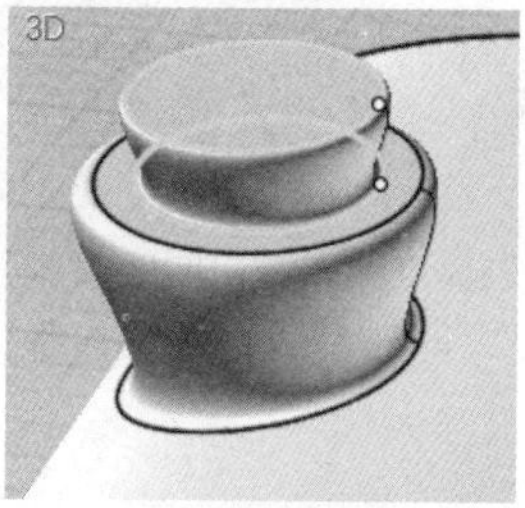

c）混合出曲面

图 12-35　混合曲面

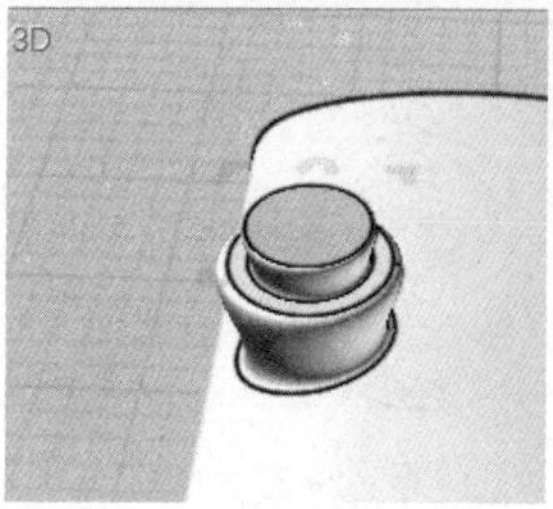

a）选择顶面

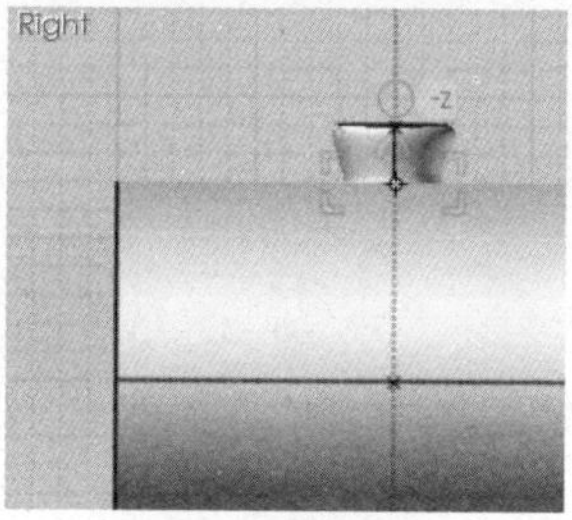

b）向下拖动鼠标

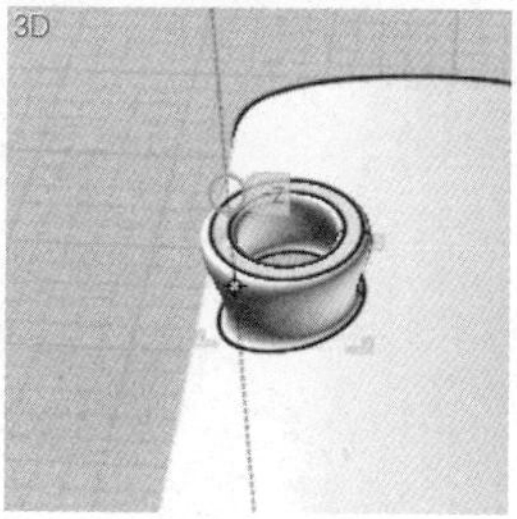

c）曲面凹进加油孔

图 12-36　曲面顶面凹进加油孔

9）选择加油孔的环形顶面，应用【二维缩放】命令，原点捕捉到圆形的中心，放大或缩小这个环面，就可以改变加油孔的形状，图 12-37c 是把它稍微缩小一些得到的结果。

10）现在，图形已具备了油箱的形状，不过还有些细节需要处理。在第一次应用圆平面的边线修剪 D 形桶时，也会在桶的底部切割出一个形状，它是与桶形分开的。先选择这个形状，然后单击桶形，执行【连接】命令，把它们结合起来，成为一个整体，如图 12-38 所示。再次单击形状内部，则会选择整个桶形。

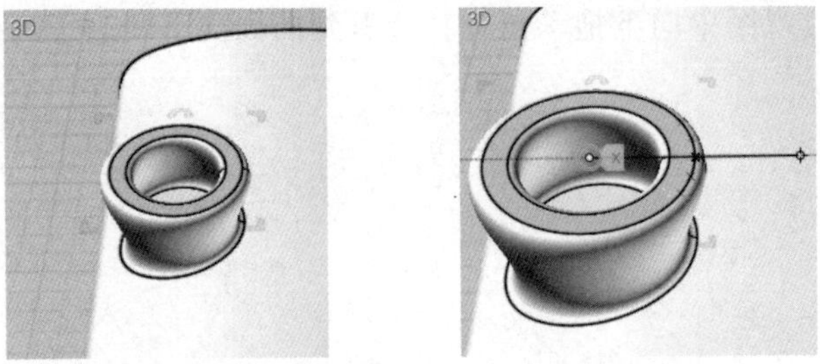

a）选择加油孔顶面　　b）二维缩放　　c）得到的结果

图 12-37　调整加油孔

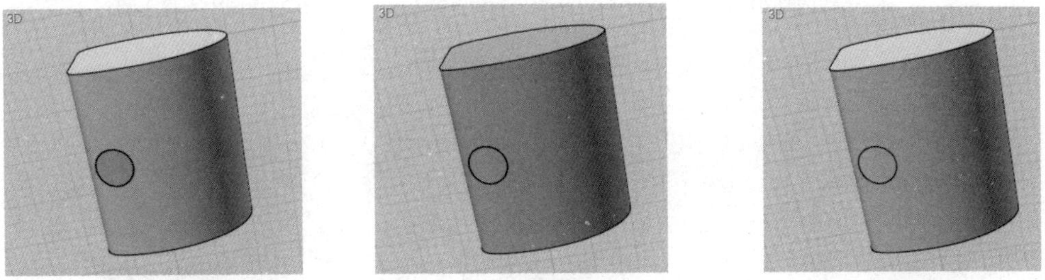

a）选择底面形状的内部　　b）单击桶形　　c）结合成一体

图 12-38　将桶形处理为一体

11）再来看加油孔内部，现在是封闭的，不能加油。选择内部的封闭曲面，按 Delete 键删除它，打通加油孔，如图 12-39 所示。

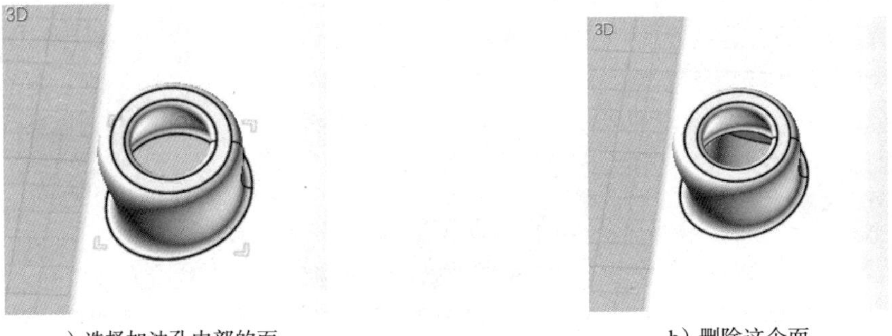

a）选择加油孔内部的面　　b）删除这个面

图 12-39　删除不需要的面

12）现在，加油孔是双层的，而桶形是单层的，这样的模型用于 3D 打印是有问题的，我们尝试把油箱模型制作成为实体模型。框选加油孔，单击【隐藏】命令将它隐藏，如图 12-40 所示。

13）选择桶形两侧的边线，执行【倒圆角】命令，注意圆角半径不要太大，如图 12-41 所示。

a）选择加油孔　　b）隐藏显示

图 12-40　隐藏加油孔

a）选择桶形的边线　　b）倒圆角

图 12-41　为桶形倒圆角

14）单击桶形，执行【偏移】命令，偏移距离设置为 0.3，会看到偏移出了油箱的外层，如图 12-42 所示。

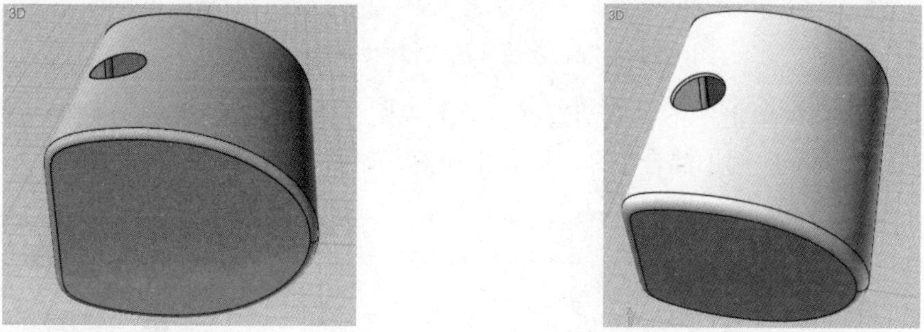

a）选择桶形　　b）偏移出外层

图 12-42　偏移出油箱外层

15）现在，桶形的内外层仍然是曲面。再次单击【隐藏】命令，显示出加油孔和其他一些曲线。单击场景浏览器中曲线类型左侧的眼睛图标，隐藏掉全部曲线。加油孔根部的外侧曲线是与桶形的里面相连的，需要上移一点，将来与桶外层相连。选择加油孔，执行【移动】命令，在右视图中确认基点，拾取目标点时，按住 Alt 临时取消捕捉，同时观察其他三个视图，使根部与桶形外层大致吻合，如图 12-43 所示。

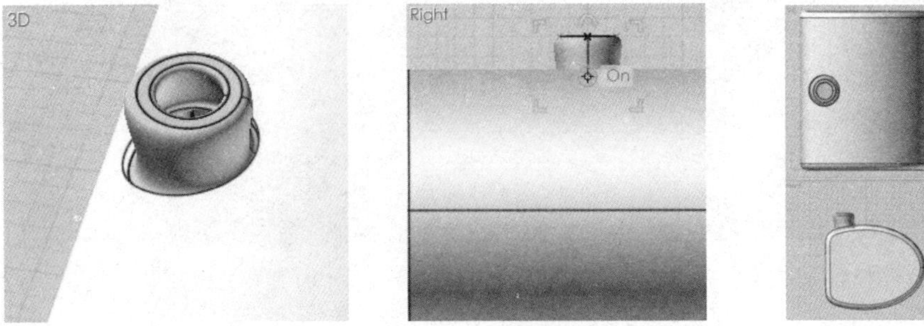

a）加油孔是下沉的　　b）确定基点　　c）上移加油孔

图 12-43　移动加油孔至外层

16）放大视图并旋转，选择加油孔内侧底部的边线和桶形内层孔的边线（可能需要找到适当的位置才能完成）。然后执行【混合】命令，在内部混合出一个曲面，如图 12-44 所示。

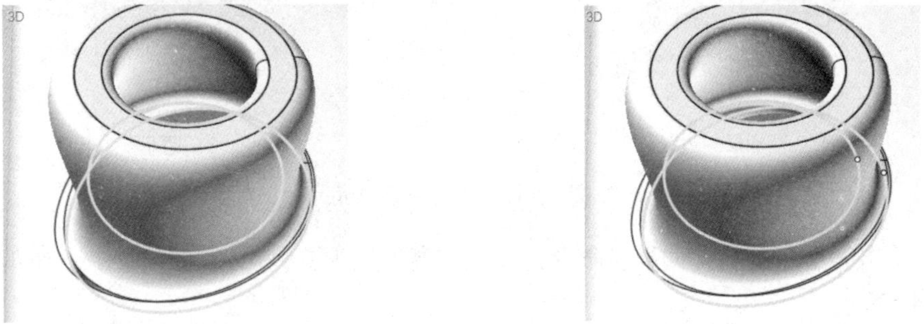

a）选择内部的两条边线　　b）混合出曲面

图 12-44　混合连接加油孔和桶形内层的曲面

在视图的空白处单击一下，取消选择。放大视图，选择加油孔根部外侧的边线和桶形外层孔的边线，同样应用【混合】命令混合出曲面，如图 12-45 所示。

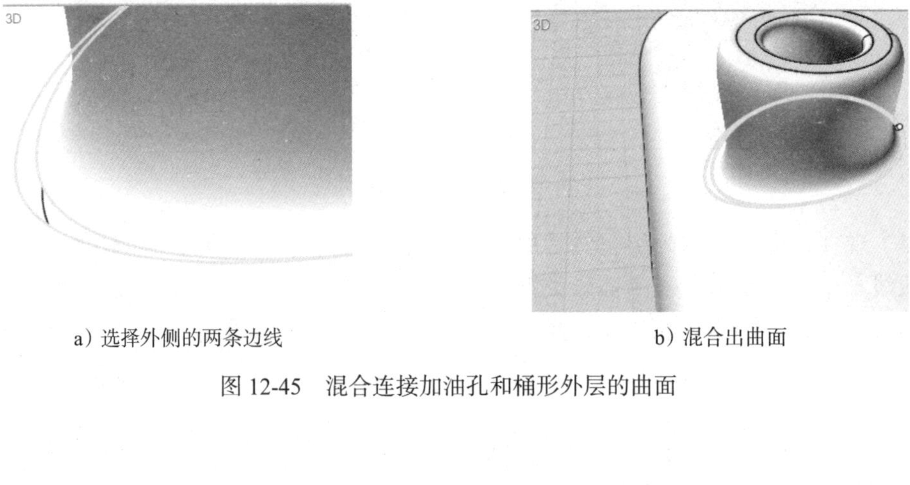

a）选择外侧的两条边线　　b）混合出曲面

图 12-45　混合连接加油孔和桶形外层的曲面

17）此时，这个油箱是由若干个曲面构成的，框选所有曲面，执行【连接】命令，把所有曲面结合为一个整体。属性面板会显示出“实体”（Solid）信息，场景浏览器的类型部分实体类型的眼睛图标也会变亮，表明了油箱的实体属性。单击实体类型的眼睛图标，油箱消失。显示出油箱，单击场景浏览器中曲面类型的眼睛图标，就会显示出模型的边线，如图 12-46 所示。

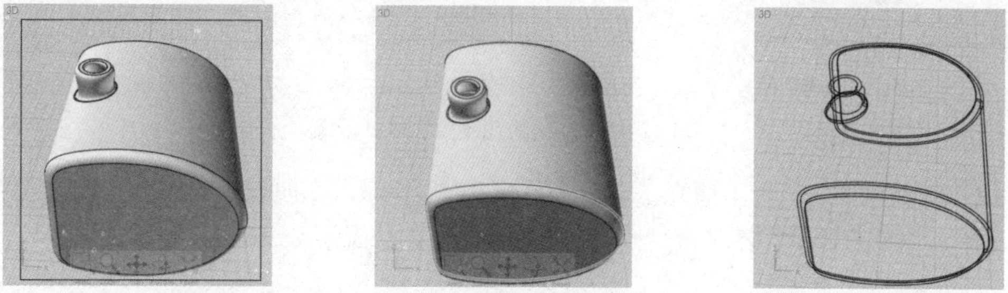

a）框选所有曲面　　b）结合为实体模型　　c）只显示边线

图 12-46　将油箱改为实体

18）下面换一种方法，分别制作加油孔和桶形实体，接步骤 11 继续。此时，加油孔内侧下部的是敞开的，也可以混合一个面来封闭这个区域。放大加油孔的显示，单击内壁下部的曲线，再单击外侧根部的曲线，执行【混合】命令，就会生成一个曲面。由于曲面是在加油孔内侧下部，外表根本看不出来。如图 12-47 所示。

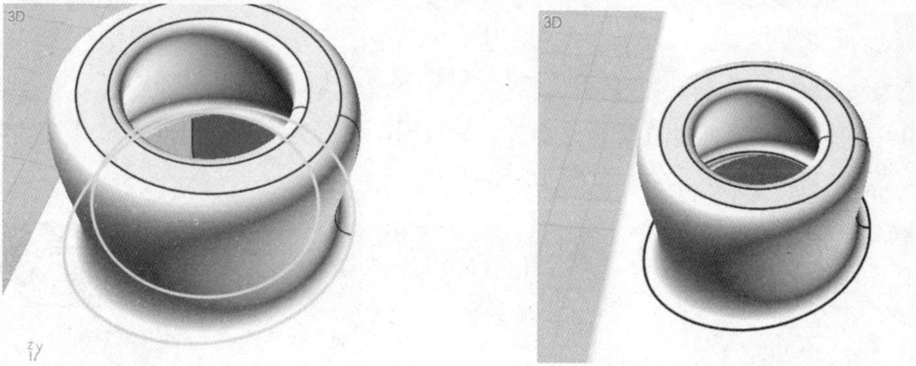

a）选择根部的内外曲线　　b）混合出曲面

图 12-47　混合曲面

单击场景浏览器中曲线类型部分的眼睛图标，隐藏全部曲线。框选加油孔处的所有曲面，执行【连接】命令，把它们结合起来。现在，单击加油孔上的任意位置，就能选中这个整体。而且，类型部分实体类型前面会出现眼睛图标，表明加油孔成为实体。单击眼睛图标，加油孔消失，如图 12-48 所示。

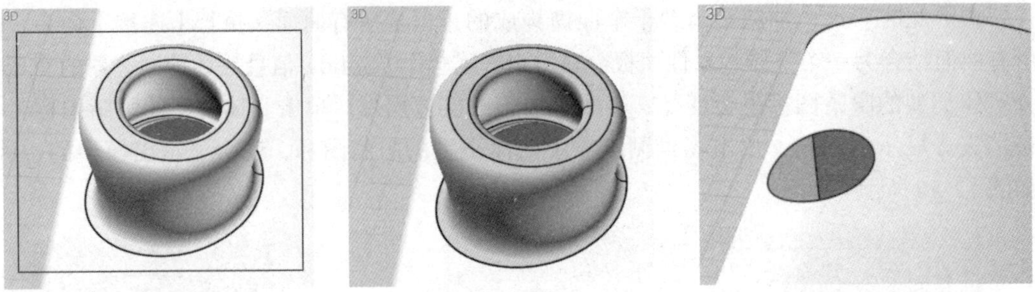

a）框选加油孔所有曲面　　b）单击，可选中加油孔　　c）单击眼睛，隐藏加油孔

图 12-48　将加油孔改为实体并隐藏

19）单击桶形，执行【抽壳】命令，厚度设置为 0.3，方向设置为反向，单击“完成”确认，桶形则成为一个实体对象。显示出加油孔，它的位置还是有些下沉，如图 12-49 所示。

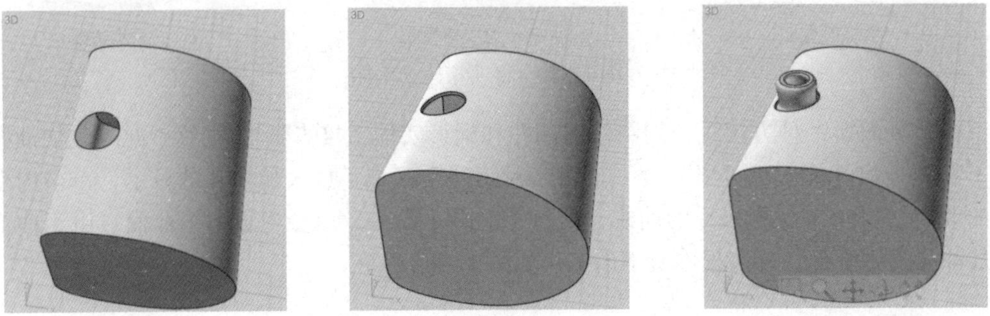

a）选择桶形　　b）抽壳成实体　　c）加油孔位置低了

图 12-49　将桶形改为实体

20）选择加油孔，应用【缩放】命令，缩放因子设置为 1.02 或 1.03 等，把它稍微放大一些。然后，再把它上移一点，如图 12-50 所示。

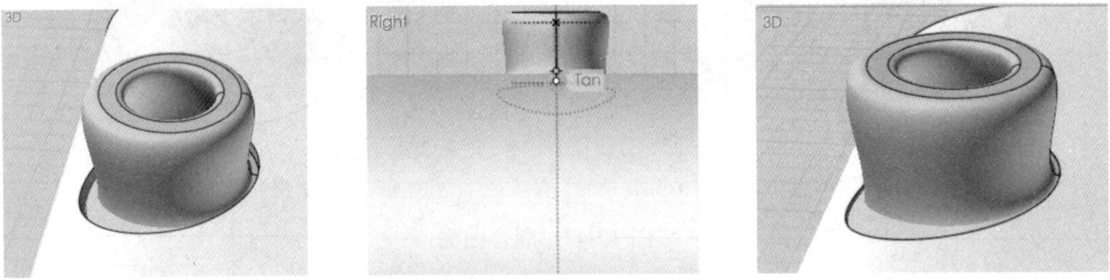

a）选择加油孔放大　　b）上移加油孔　　c）摆放的大致位置

图 12-50　放大加油孔并上移

一切看起来也挺好的，但是由于加油孔根部边线的结构问题，很难使用布尔并集把两者结合起来。可以分开打印两部分，处理后粘接起来。现实中的油箱，也是把加油孔和箱体堆焊构成一个整体的。

12.3 荷花及装饰花

12.3.1 荷花

炎炎夏日，荷花盛开，我们来练习制作开放的花朵。在网上搜索一些荷花的图片，仔细观察单个花瓣的形状。虽然没有单个花瓣的三视图（这很难找到），仍然可以参照多个图片来制作花瓣。花瓣是不规则的形状，布线有些复杂，相信通过这个练习，大家能对 NURBS 建模有新的认识。

1）先找一张单个花瓣的完整图片，应用【查看：图像】命令，把图片放置到俯视图中。单击视图下方的 Top 按钮，单独显示俯视图。使用【自由曲线：通过点】命令，绘制花瓣的轮廓线。在画线时，按下 Alt 键，临时取消捕捉功能。另外，花瓣的轮廓要分成两部分绘制，下半部分的起点要与上半部分的起点重合，如图 12-51 所示。

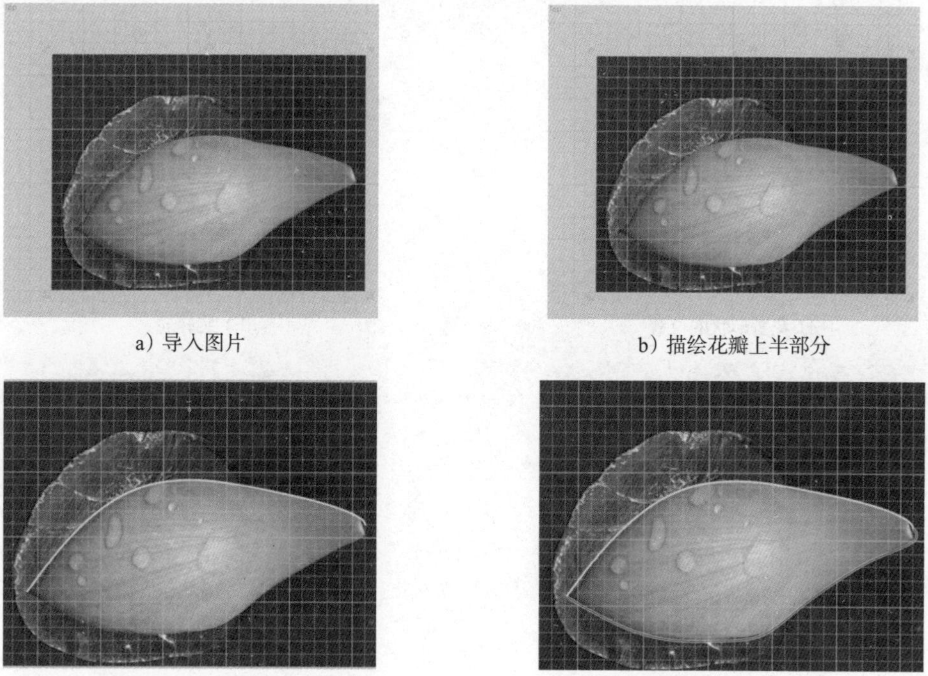

a）导入图片　b）描绘花瓣上半部分

c）绘制好上半部分轮廓　d）继续绘制下半部分的轮廓

图 12-51　绘制荷花花瓣轮廓

再次应用【查看：图像】命令，单击“移除”按钮移除背景图片。虽然小心地放置点，但仍然会存在不太正确的位置。绘制完毕后，可以使用【显示点】命令来编辑它。需要注意的是，花瓣的根部存在向内凹陷的问题（你绘制的或许不存在），调节它们，使两部分形成向外突出的形状，如图 12-52 所示。

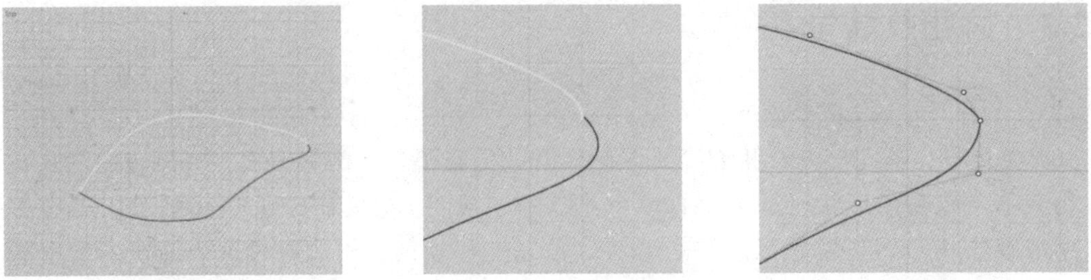

a）绘制的花瓣轮廓　　b）内凹的根部　　c）调节至外凸

图 12-52　调节轮廓

2）现在花瓣的形状不正，应用【旋转】命令转动一下它的位置。旋转中心确定在轮廓的根部，使之旋转到一个水平的位置。恢复显示分割视图，目前，花瓣形状还只是个平面，如图 12-53 所示。

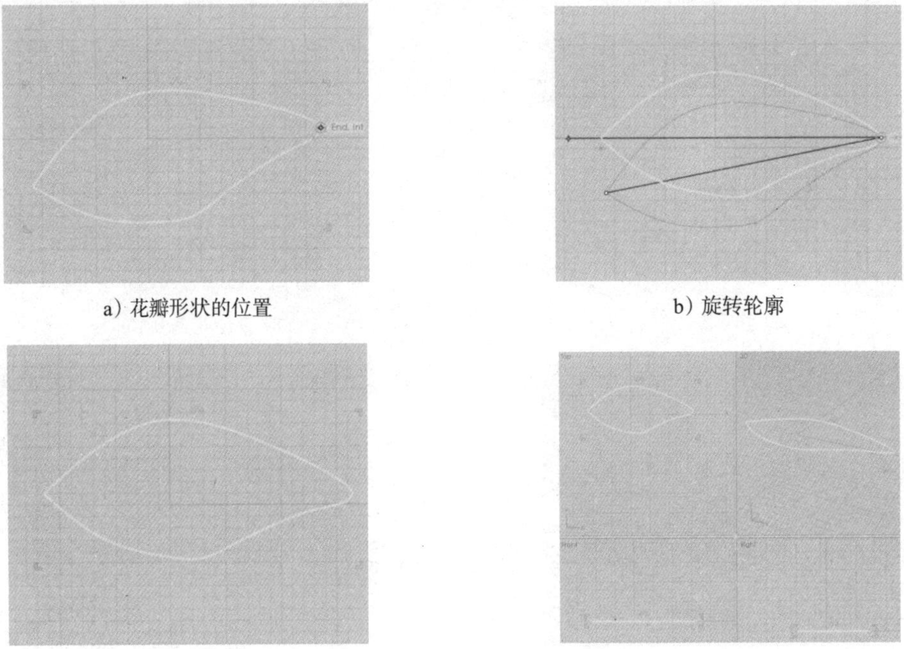

a）花瓣形状的位置　　b）旋转轮廓

c）摆正的位置　　d）分割视图

图 12-53　摆正花瓣轮廓

3）前面绘制了俯视图中的花瓣轮廓，下面再找一张图片，绘制主视图中的轮廓。把图片放置到主视图中，适当调整图片的大小并对好位置。然后，分别绘制出两条曲线并调整它们，如图 12-54 所示。

4）移除背景图片。由于并不是严格描绘一个物体的三个视图，刚才绘制的两条曲线与花瓣的形状并不相符，旋转并调节它们的大小，同时调整好位置。切换到分割视图，在俯视图中也调整一下位置，如图 12-55 所示。这有点像搭架子的过程。

a）导入图片并调整位置　　b）分别绘制两条曲线

图 12-54　绘制主视图中的花瓣轮廓

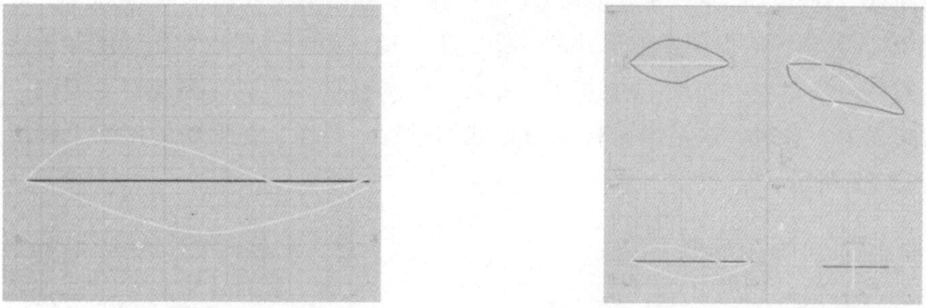

a）旋转并调整曲线的位置　　b）在俯视图中也调整曲线的位置

图 12-55　调整曲线位置

5）接下来，把花瓣形状调整到从主视图中看过去的轮廓，也就是主视图中绘制的上部曲线（主视图中绘制了上下两条曲线）的弯曲形状。选择构成花瓣形状的两条曲线，应用【显示点】命令，按下 Alt 键的同时，分别移动不同的控制点，使曲线拟合上部曲线的弯曲程度，如图 12-56 所示。

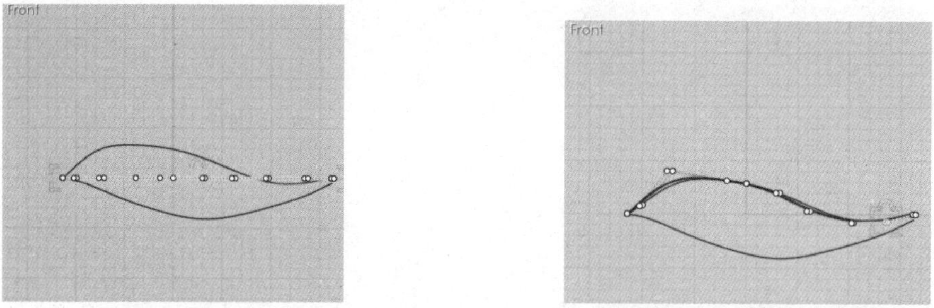

a）选择花瓣形状　　b）调整控制点，拟合形状

图 12-56　拟合花瓣形状

俯视图中的花瓣形状也可以稍微调整一下，注意有机物体的建模不是严格对称的。选择作为参考的上部曲线，把它删除，如图 12-57 所示。

a）俯视图中调整花瓣形状　　b）删除作为参考的上部曲线

图 12-57　删除参考线

6）如果需要，可以把主视图中下部的曲线与花瓣形状的根部连起来。现在开始绘制花瓣横截面曲线。应用【弧形：3 点】命令，在空间绘制弧形。这可能有点难度，可以先在 3D 视图中确认起点，捕捉到花瓣形状的一条边上。确认第二点要观察俯视图和右视图，尽可能捕捉到另一条边上。如果不在边上，将来也要调整它。第三点要观察主视图，使之落在下部的曲线上。总之，这是个跨接花瓣形状的过程。同样，在形状的尾部也画出一条弧线，如图 12-58 所示。

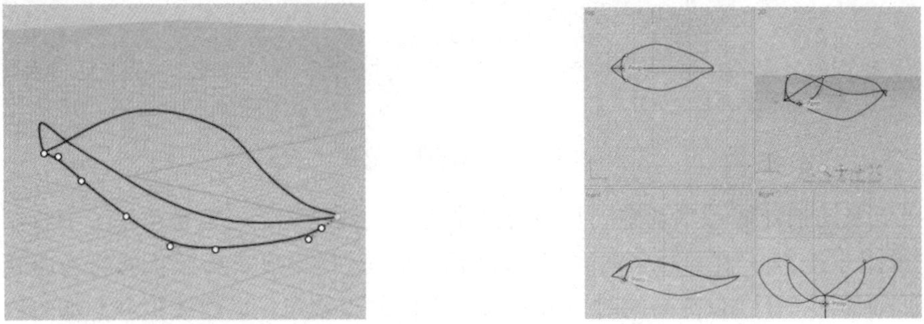

a）连接下部曲线的末端点　　b）空间绘制弧线

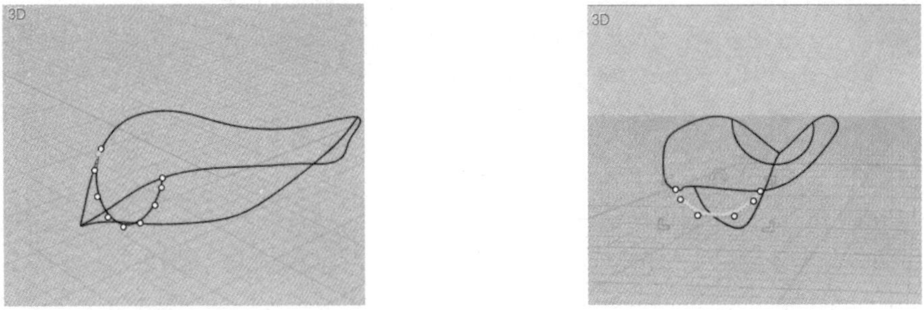

c）调整弧线的末端点　　d）在尾部绘制弧线

图 12-58　绘制花瓣横截面曲线

7）选择两条截面曲线，执行【扫掠】命令，接着选花瓣形状作为轨迹曲线，试看生成曲面的效果，如图 12-59 所示。

a）选择截面曲线和轨迹曲线　　b）扫掠成曲面

图 12-59　扫掠出花瓣曲面

如果对曲面的形状感觉不满意，还可以在两条截面曲线之间再添加一段弧线。而此时的右视图中，图形看起来有些复杂。选择三条截面曲线，执行【扫掠】命令再看一下结果，如图 12-60 所示。

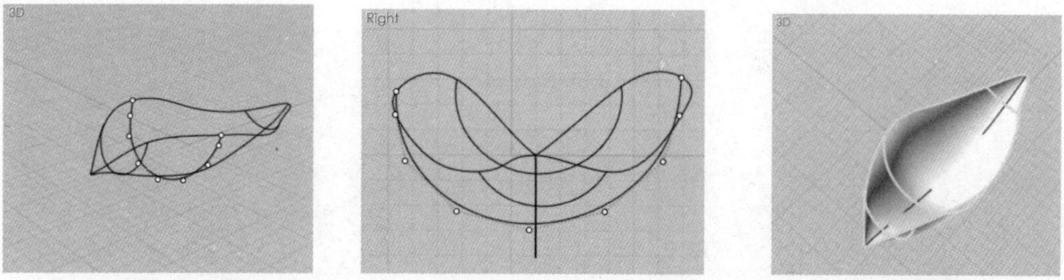

a）添加第三条弧线　　b）右视图中的图形　　c）扫掠成曲面

图 12-60　添加弧线后再扫掠

8）结果很好，但过于光滑，不像一个花瓣。我们以两条截面曲线为基础，在花瓣上制作出一些凹陷，使之更像现实中的物体。选择末端的截面曲线，它应该小一些，显示出控制点，差不多在顶部的位置添加一个控制点。把这个控制点向上拖，形成 W 形的曲线，如图 12-61 所示。

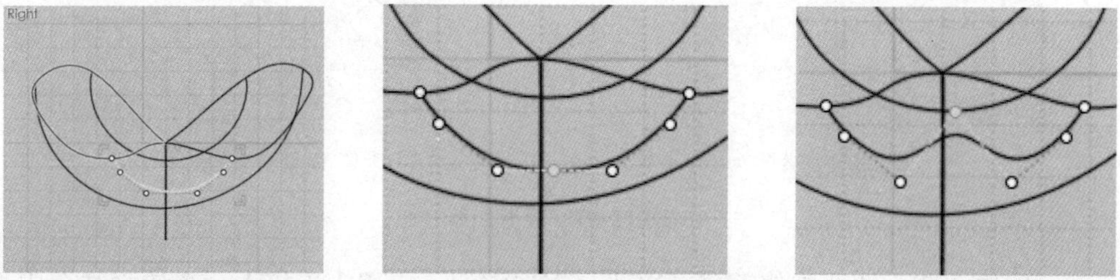

a）选择末端的截面曲线　　b）添加控制点　　c）拖动控制点

图 12-61　绘制 W 形曲线

接下来处理前端的截面曲线。使用【弧形：3 点】命令，在截面曲线上画小弧形，第一点很容易捕捉到曲线上，第二点就需要切换到 3D 视图或其他视图执行捕捉点的操作。实在不行，可以显示出这段弧线的控制点，移动端点到曲线上。用同样的方式绘制出更多的弧线段，本例绘制了五段弧线，如图 12-62 所示。

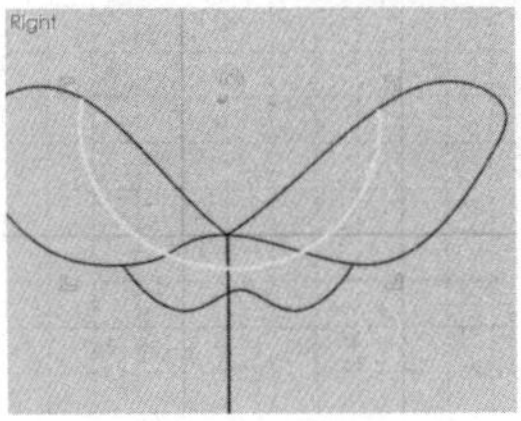

a）大些的截面曲线

b）绘制的小弧线

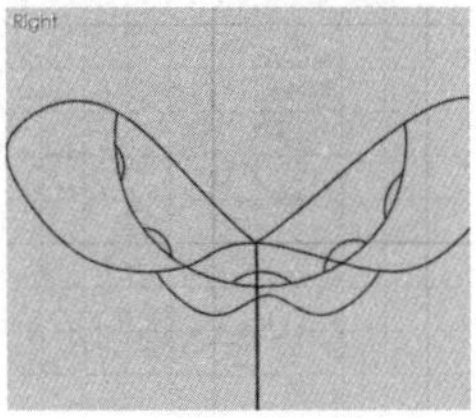

c）五段弧线

图 12-62　绘制小弧线

选择前端的截面曲线，执行【修剪】命令，单击五段弧线，模式设置为“移除”，再单击五段弧线与截面曲线相交的部分，删除它们，如图 12-63 所示。

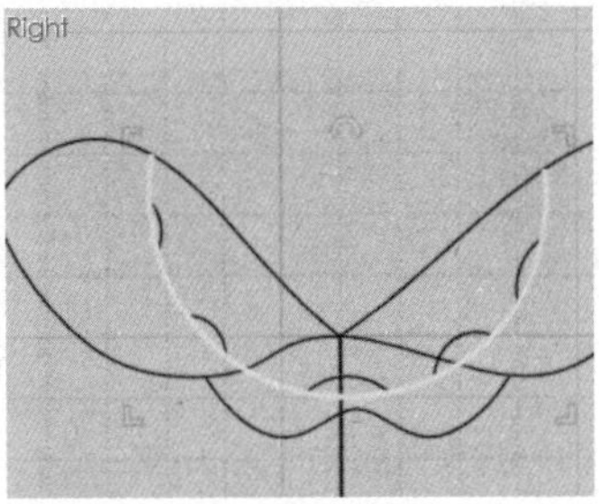

a）选择截面曲线

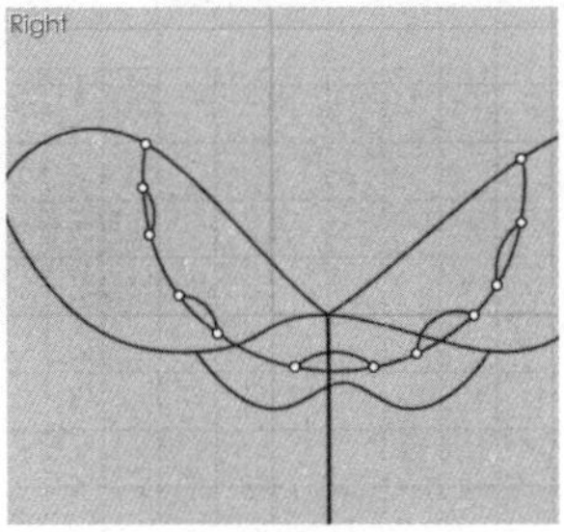

b）修剪截面曲线

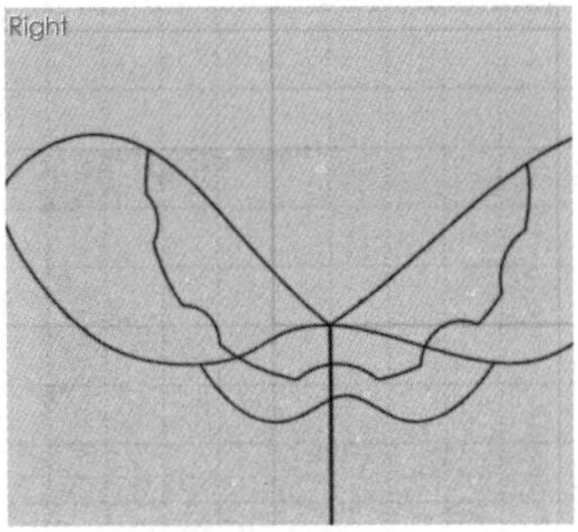

c）单击相交部分

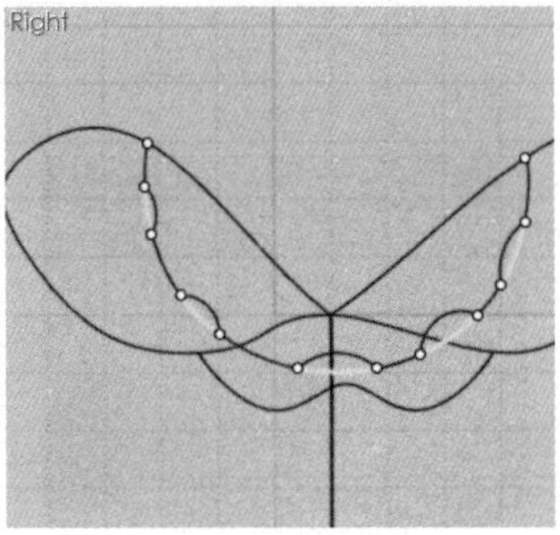

d）修剪后的结果

图 12-63　修剪曲线

此时，这个截面曲线被修剪成了多段，框选它们，应用【连接】命令使之结合成为一条曲线，如图 12-64 所示。

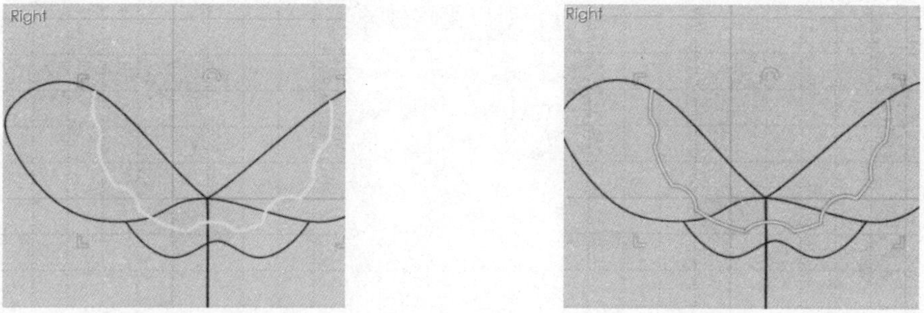

a）选择全部曲线　　b）结合成为一条曲线

图 12-64 连接所有曲线

选择两条截面曲线，执行【扫掠】命令，选择花瓣形状作为轨迹曲线，扫掠选项中的“轮廓”模式设置为“# 点”，点数设置为 30（这个值根据需要设定），单击“完成”确认，就得到了一个花瓣，如图 12-65 所示。

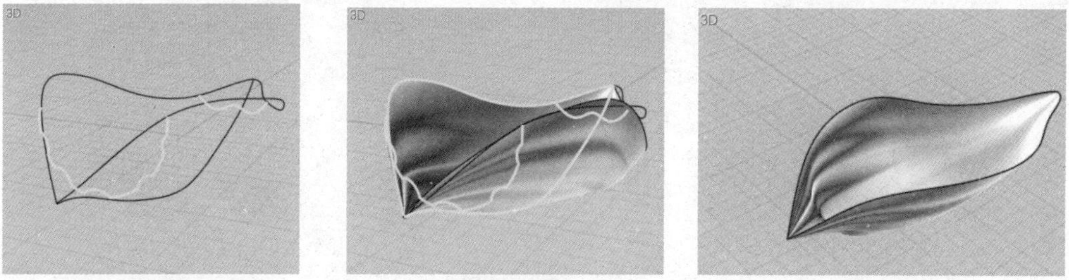

a）选择两条截面曲线　　b）扫掠成曲面　　c）得到的结果

图 12-65 扫掠成花瓣实体

9）掌握了一个花瓣的制作方法，至于其他花瓣只是形状上的差异，不再重复讲解。通过这个花瓣，读者应该体会到 NURBS 建模主要在于布线，绘制曲线是最重要的事情。

选择花瓣，单击场景浏览器中样式部分的箭头，单击添加新样式，设置淡粉色赋予花瓣，并命名为“huaban”。再次选择花瓣，按 Ctrl+C 和 Ctrl+V 复制出一个花瓣，命名为“huaban1”。在对象部分单击“huaban”左侧的眼睛图标，隐藏显示。单击“huaban1”的右侧选中它，利用四周的编辑框，使它扁一些，如图 12-66 所示。

10）下面讲解花瓣的摆放。观察荷花图片，每一层有六个花瓣，所以完全可以手动摆放花瓣。选择压扁的“huaban1”，执行【旋转】命令，旋转中心设置在花瓣的尾端，勾选“制作副本”复选项，在俯视图中边旋转边复制花瓣。不过，这样的结果有点太规则了，如图 12-67 所示。

11）选择“huaban1”这一层的花瓣，隐藏它们。显示出“huaban”，也就是没有被压扁的花瓣。接着在俯视图中绘制一个圆形，显示出控制点，在俯视图中分别选择两个控制点，也就是在主视图中重合的两点，把它们向下拖动，使圆形变成波浪起伏的形状，如图

12-68 所示。这在前面已经具体解释过，所以简略叙述这个过程。

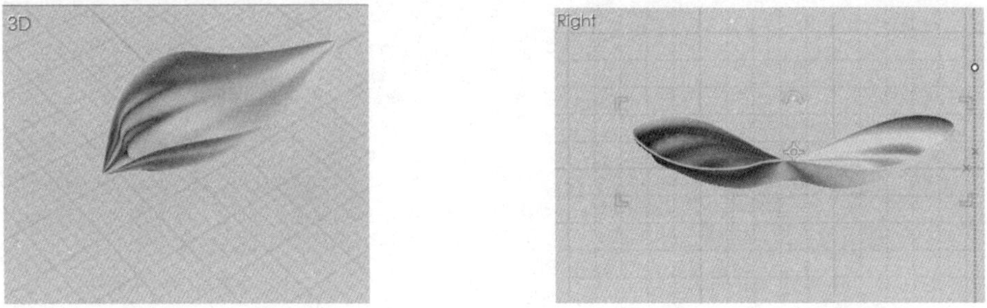

a）赋予颜色并复制花瓣　　b）压扁复制的花瓣

图 12-66　设置花瓣样式

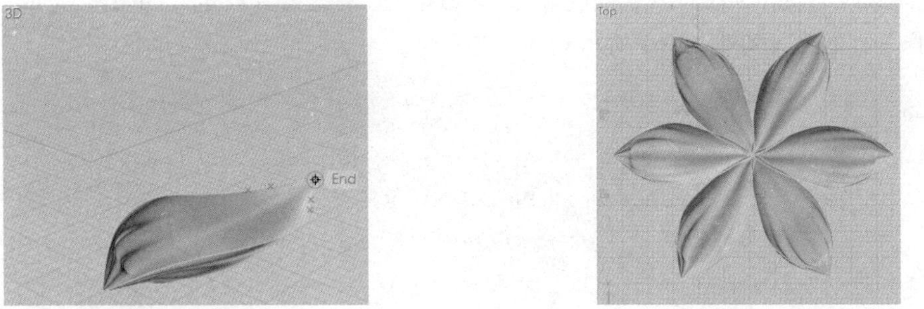

a）旋转中心设在花瓣尾端　　b）旋转复制出其余的花瓣

图 12-67　摆放花瓣

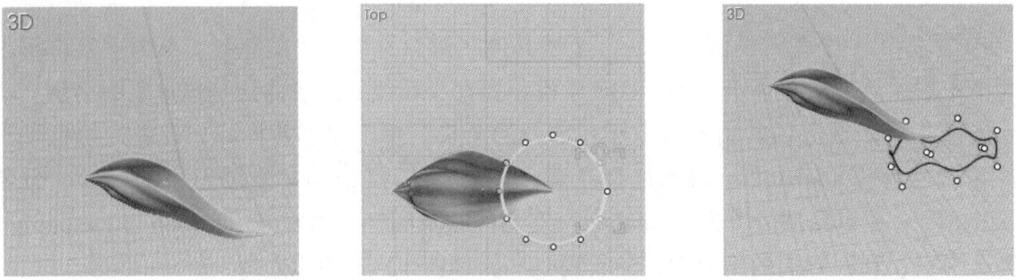

a）显示出“huaban”　　b）选择两个控制点　　c）调节圆形的形状

图 12-68　绘制路径曲线

12）选择“huaban”，执行【路径阵列】命令，选择波浪形状作为路径曲线。在“调整”选项中，成员数量先设置为 5，再设置为 12，比较阵列得到的结果。数值设置得太高，就成为牡丹花了，因此下面以数量设为 5 的结果继续讲解，如图 12-69 所示。沿曲线路径阵列，花瓣并不是单纯地在一个平面上复制，结果更符合生物的特征。对“ huaban1”也执行相同的操作。

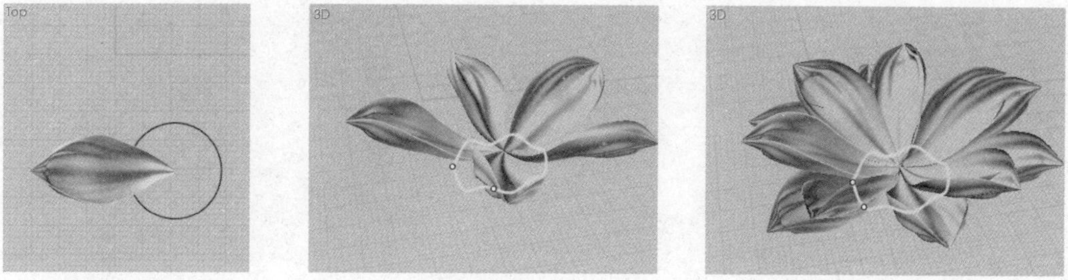

a）选择花瓣　　b）数量设置为 5　　c）数量设置为 12

图 12-69　阵列花瓣

13）下面的操作都是些基本操作，因此简单描述。显示“huaban1”那一层的花瓣，继续制作将来长成莲蓬的花托，它呈倒圆锥状。先隐藏掉全部曲线，在俯视图中绘制一个圆形，选择它，将其上移一段距离，如图 12-70 所示。

a）显示出“huaban1”一层花瓣　　b）绘制圆形　　c）上移圆形

图 12-70　开始绘制莲蓬

通过圆形的中心，在主视图中绘制一条垂线。隐藏掉两层花瓣，应用【自由曲线：通过点】命令绘制一段曲线。接下来，选择这条曲线，执行【旋转】命令，旋转出锥形体，如图 12-71 所示。

在锥形体下方绘制一条曲线，然后在俯视图中绘制一个小圆形。选择小圆，执行【扫掠】命令，生成管状物体，作为荷花的梗。稍微调整梗部的位置，与锥形体相接，如图 12-72 所示。

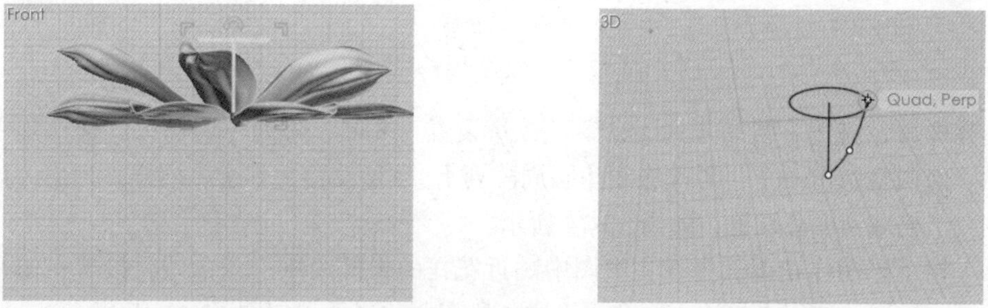

a）绘制一条直线　　b）绘制一段曲线

图 12-71　旋转出锥形体

c）确定旋转轴线　　　　d）得到锥形体

图 12-71 （续）

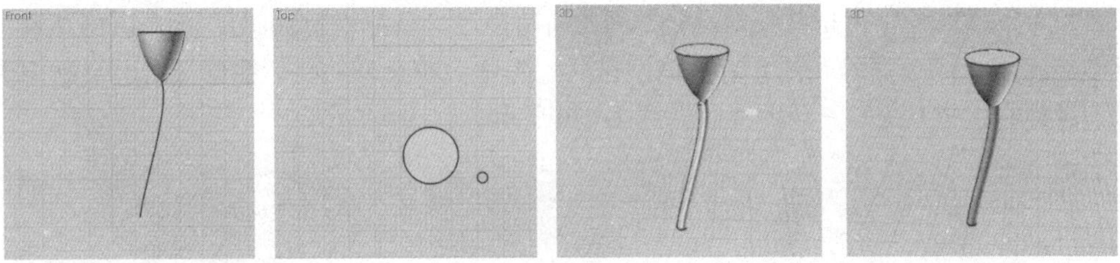

a）绘制一条曲线　　b）绘制一个小圆　　c）扫掠出梗部　　d）调整位置

图 12-72　绘制莲蓬实体

选择锥形体顶面的边线，应用【偏移】命令，向内偏移。然后，拖放一个小球体，捕捉到偏移的圆上。选择小球，应用【单向缩放】命令，把它拉长为椭球，如图 12-73 所示。

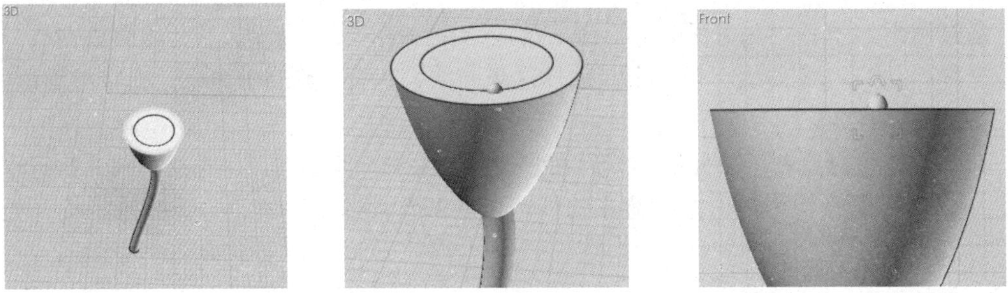

a）偏移边线　　b）放置一个小球　　c）拉长成椭球

图 12-73　放置小球并拉长

选择椭球，应用【圆周阵列】命令，数量设置为 8 个，阵列一周椭球。选择其中的一个椭球，向内复制出一个，再次应用【圆周阵列】，数量设置为 6 个，同样阵列出一周。最后复制一个椭球到中心位置，如图 12-74 所示。

14）接下来制作花蕊。先在主视图中贴近花托的根部绘制一条曲线，接着在俯视图中绘制一个小椭圆，使用【扫掠】命令，生成一段弯曲的杆子，如图 12-75 所示。

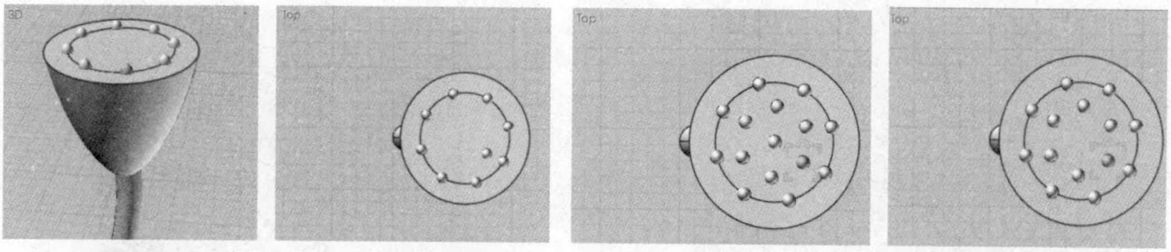

a）阵列一周椭球　b）向内复制椭球　c）阵列椭球　d）在中心处复制椭球

图 12-74 阵列椭圆小球

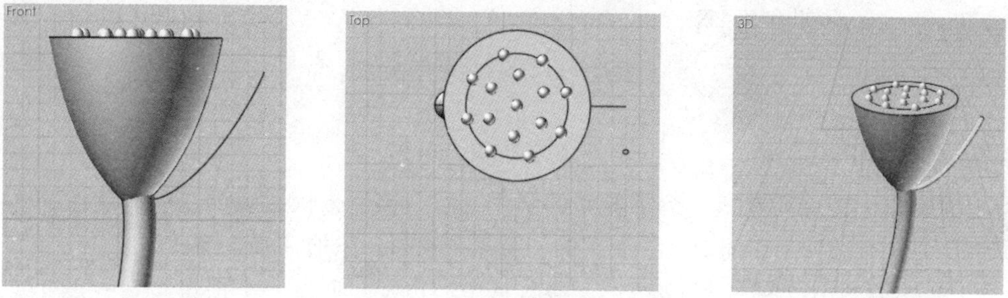

a）绘制一条曲线　b）绘制一个小椭圆　c）扫掠出杆子

图 12-75 扫掠出花蕊杆子

为简便起见，按住 Ctrl 键，从花托上复制出来一个小椭球摆放到杆子上。调整好椭球的位置，然后再复制出一个小椭球，也调整一下摆放的位置，作为花蕊。接下来，选择两个小椭球和杆子，再复制出一套，稍微下移，如图 12-76 所示。

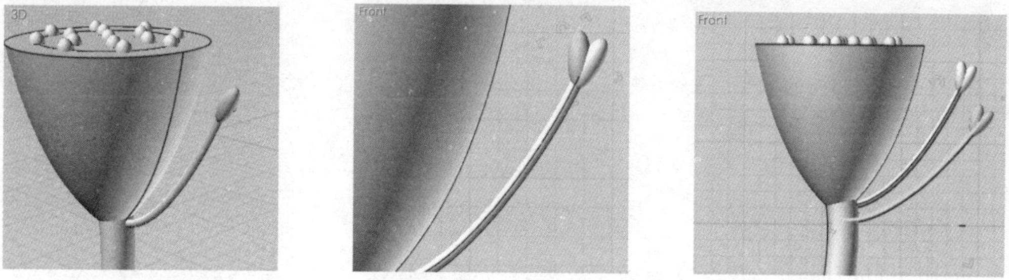

a）复制一个小椭球　b）再复制一个小椭球　c）复制另一套花蕊

图 12-76 制作花蕊

选择两个花蕊，应用【圆周阵列】命令，阵列出一周的花蕊。最后，显示出两层花瓣，就制作完成了一朵荷花，如图 12-77 所示。

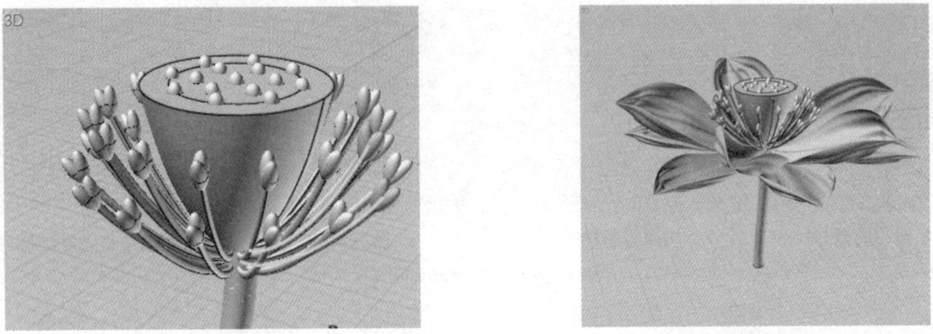

a）阵列出一周花蕊　　b）制作完成的荷花

图 12-77　阵列花蕊后制作荷花完成

12.3.2　装饰花

上面制作了一朵荷花，了解了花瓣的制作方法。接下来探讨装饰花纹的制作，这或许实用性更强，能够为制作的形体，如首饰、镜框等物品，添加一些装饰性图案。

1）在俯视图中绘制一个 12 边形。接着从中心出发，通过一个顶点绘制一条直线，这可以借助构造线来完成绘制。再绘制一条起始于边线的中点并与它垂直的直线，如图 12-78 所示。

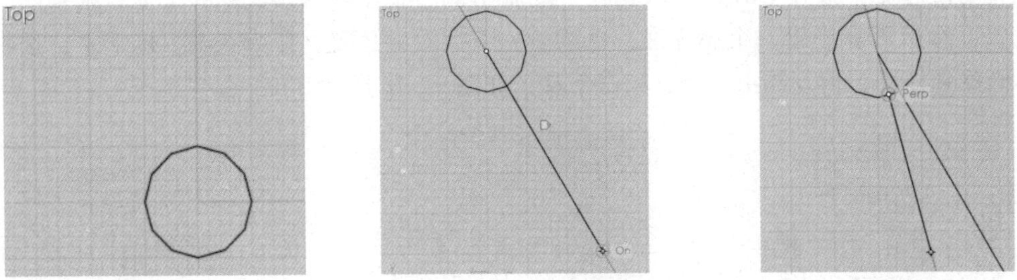

a）绘制 12 边形　　b）绘制过中心的直线　　c）绘制与边线垂直的直线

图 12-78　绘制 12 边形与直线

应用【自由曲线：通过点】命令，起点捕捉到通过中心的直线与顶点的交点，沿直线单击，当偏离直线时，按下 Alt 键，可允许自由确定点的位置。结束点捕捉到垂直边线的直线端点上，随后删掉通过中心的直线。在视图空白处绘制一段曲线，显示出控制点，根据需要添加控制点，如图 12-79b 所示，调整曲线的形状。选择这条曲线，执行【扫掠】命令，分别单击直线和相连的曲线作为轨迹曲线，扫掠出曲面。对于构建曲面所用的曲线，如图 12-79c 中的黄色线条，可以按 Delete 键直接删除。

选择曲面，执行【镜像】命令，镜像出另一半。再选择两个曲面，执行【连接】命令，把它们结合成为一个整体。单击其中的一半，能够整体选中它，把它命名为“huaban”，如图 12-80 所示。

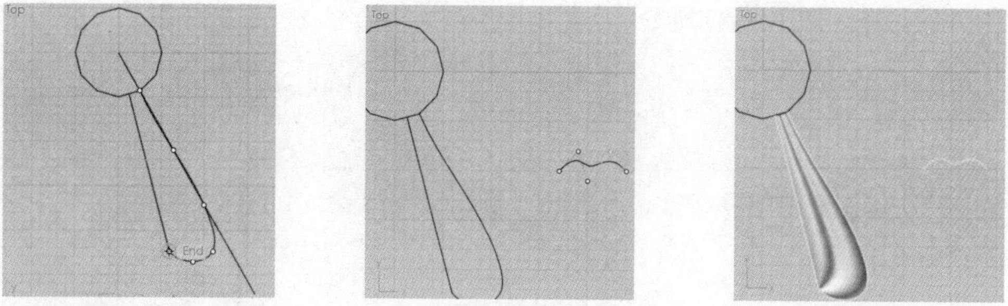

a）沿直线绘制一条曲线　　b）空白处绘制小段曲线　　c）扫掠出曲面

图 12-79　扫掠曲面

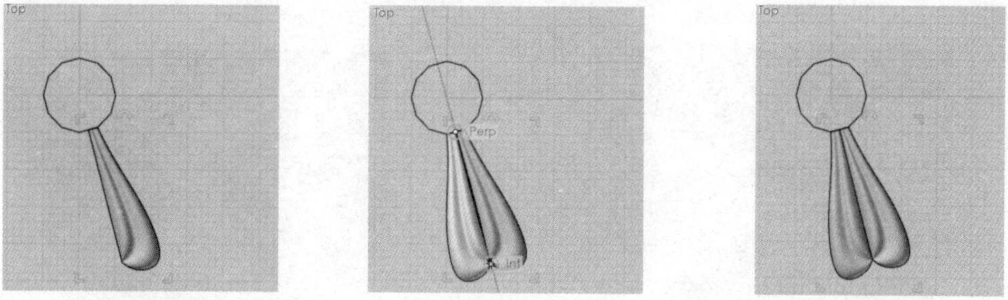

a）选择曲面　　b）镜像出另一半　　c）结合为一体

图 12-80　制作整体花瓣

2）选择“huaban”，执行【圆周阵列】命令，数量设置为 10，阵列出一周花瓣。然后，在花瓣的中央，拖放一个小球，如图 12-81 所示。

a）阵列一周花瓣　　b）在花瓣中央拖放一个小球　　c）3D 视图中的显示

图 12-81　制作文纹雏形

选择小球，在主视图中将它压扁一些。接着，在平齐花瓣底部的水平位置绘制一条直线。再次选择小球，执行【修剪】命令，去除掉下部的球体。然后删除直线，如图 12-82 所示。

现在，花瓣的尾部有部分插入到球壳内部，这是不可避免的。接下来，使用【修剪】命令，把深入薄壳内部的部分修剪掉。选择全部花瓣，执行【修剪】命令后，单击薄壳，保留外部的花瓣，如图 12-83 所示。

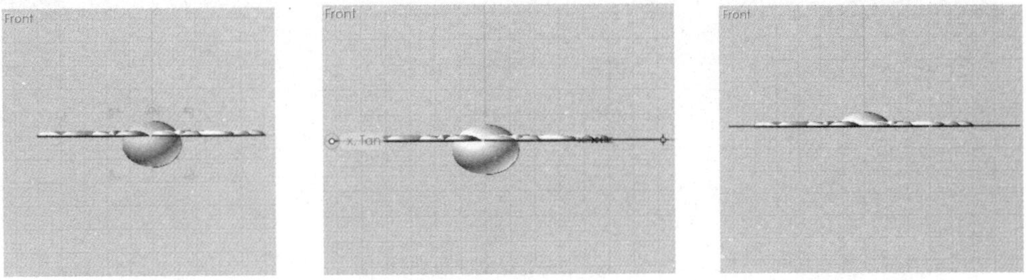

a）压扁球体　b）绘制一条直线　c）修剪掉球体下部

图 12-82　去掉多余部分

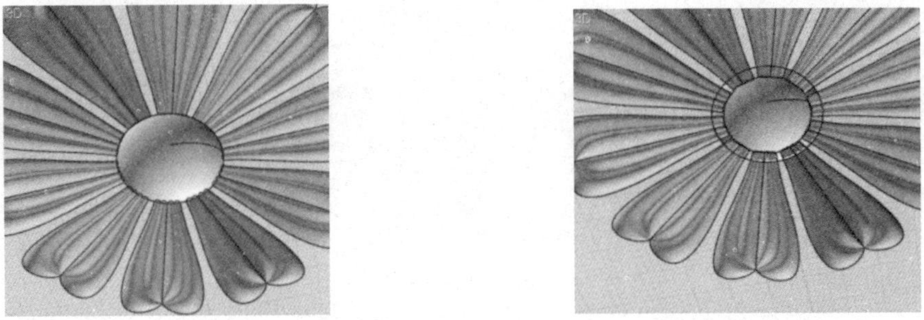

a）花瓣深入薄壳内部的部分　b）修剪后的结果

图 12-83　修剪多余花瓣

3）应用【平面】命令，在整个花朵下面绘制一个平面。然后，选择平面，执行【修剪】命令，再框选花朵，去除掉多余的平面，为花朵加上底面，如图 12-84 所示。

a）绘制平面　b）选花朵为切割工具　c）修剪得到的结果

图 12-84　为花朵加上底面

选择所有曲面，执行【连接】命令，把它们结合起来。现在，单击花朵的任意部分就能够选中整个花朵，如图 12-85 所示。

4）观察主视图中花朵的位置，有时并没有落在栅格上，将它向下移动，与栅格原点处水平线平齐，如图 12-86 所示。

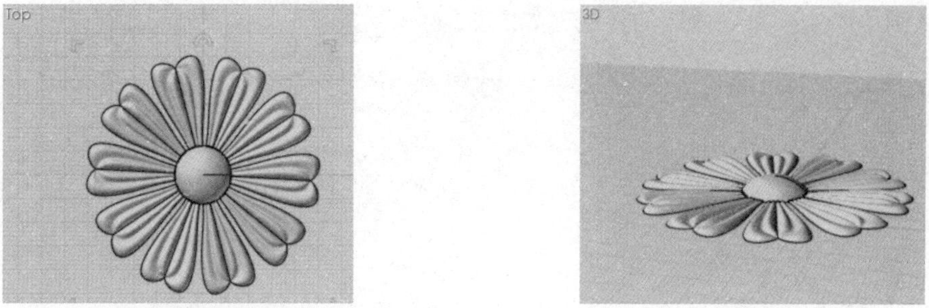

a）选择所有曲面　　　　b）结合为一体

图 12-85　把花朵结合为一体

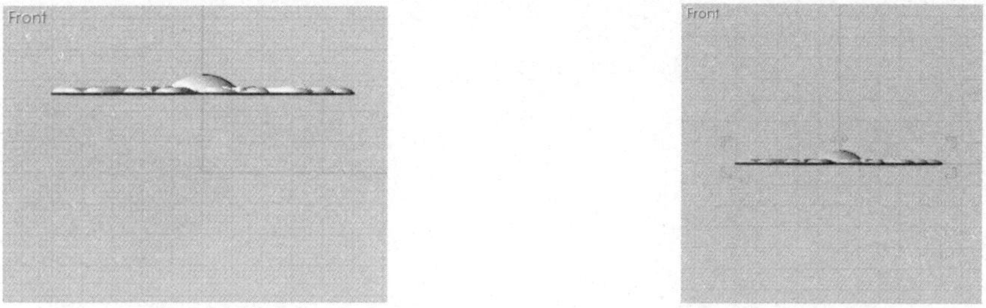

a）花朵位置存在偏差　　　　b）下移至水平线

图 12-86　调整花朵位置

如果觉得花朵太大，就把它缩小一些。接着绘制一个通过花朵中心的大圆形，选择花朵，应用【圆周阵列】命令，数量设置为 10，阵列出布满圆周的花朵。接下来，在花朵构成的圆周内侧和外侧，分别绘制如图 12-87c 所示的两个圆。

a）绘制一个大圆形　　　　b）阵列出一周花朵　　　　c）分别绘制两个圆形

图 12-87　阵列花朵

选择内外两个圆形，按 Ctrl+C 和 Ctrl+V，复制一个副本，并移动到花朵形成的圆形之外，如图 12-88 所示。

5）分别选择移出的内圆和外圆，应用【偏移】命令，向内和向外再偏移出两个圆形。

然后，从圆心绘制一条到内圆的直线，如图 12-89 所示。

a）选择内外两个圆形　　b）移动复制的两个圆形

图 12-88　移动圆形

a）分别偏移内外两个圆形　　b）绘制一条直线

图 12-89　偏移四个圆形

应用【弧形：3 点】命令，接着直线端点绘制圆弧，使之外凸。继续绘制弧形，跨接大的间隔并向下凹陷。再绘制一个外凸的圆弧，如图 12-90 所示。

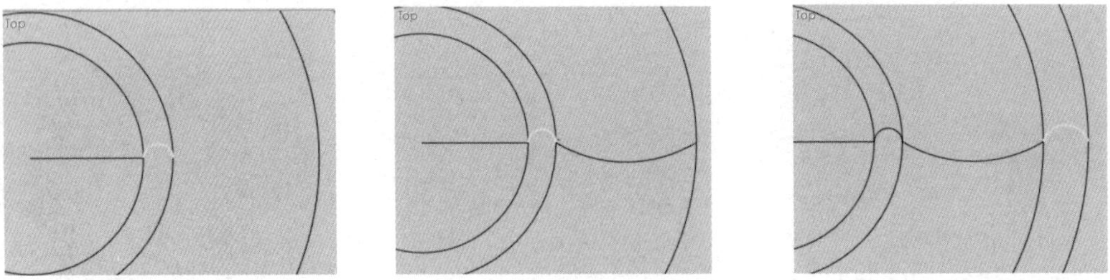

a）绘制外凸的小圆弧　　b）绘制下凹的大圆弧　　c）再绘制一段小圆弧

图 12-90　绘制圆弧

6）选择三段圆弧，应用【连接】命令，把它们连接起来，成为一条曲线，并向外拖移，如图 12-91 所示。

对移出来的曲线，在一端向下绘制一段直线。在绘制另一端的直线时，借助构造线，使两段直线的端点平齐。然后选择这些线条，应用【连接】命令，把它们结合为一体，如图 12-92 所示。

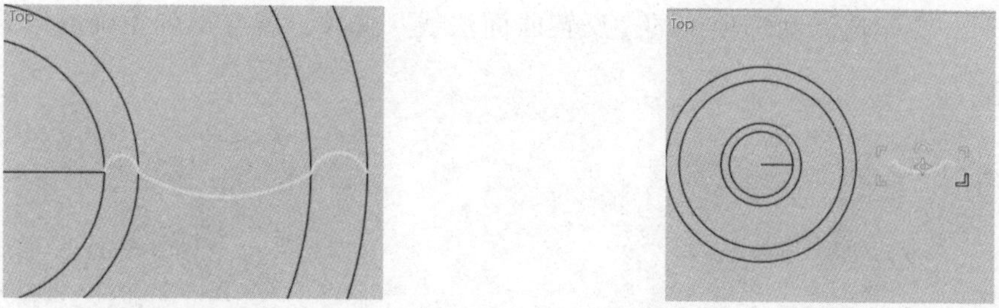

a）连接三段弧线成一体　　b）移出曲线

图 12-91　连接圆弧并移走

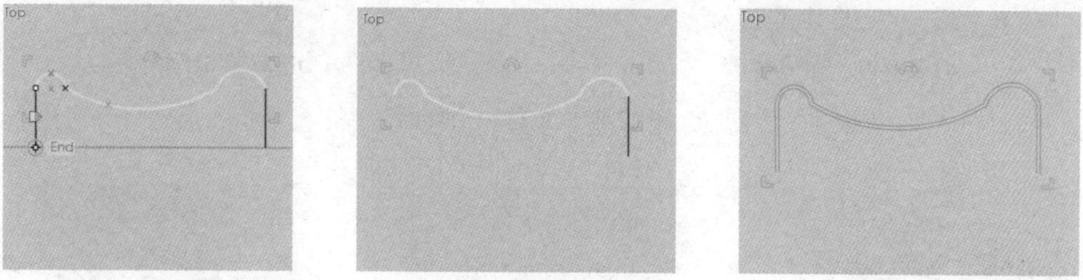

a）向下绘制一段直线　　b）在另一端绘制直线　　c）结合成一体

图 12-92　在曲线两端加直线

7）删除圆内的那段直线。选择曲线，执行【扫掠】命令，选择最内和最外侧的圆作为轨迹曲线，生成一个形体。隐藏或删除掉这些使用完的曲线，如图 12-93 所示。

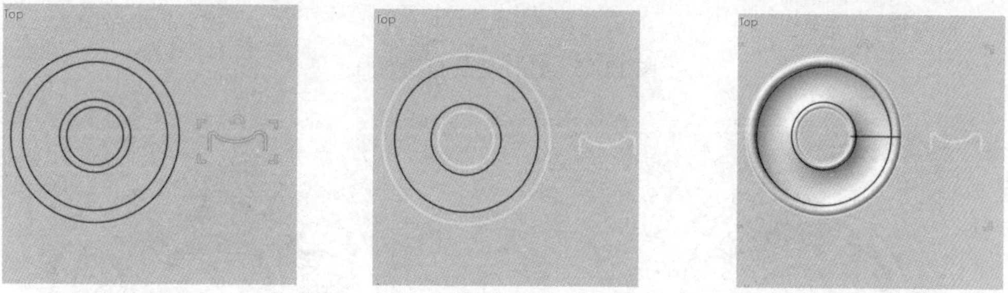

a）选择曲线　　b）选择最内和最外圆形　　c）扫掠出形体

图 12-93　扫掠出形体

选择花朵构成环形的内外两个圆，执行【放样】命令（平面化命令也可，有些命令很灵活），生成一个环面。然后隐藏全部曲线类型，如图 12-94 所示。

8）选择扫掠出的形体，执行【分离】命令，把它分解成为几个曲面。选择所有花朵，执行【流动】命令，单击环面作为基准面，然后单击扫掠出的环形体上凹陷的环面作为目标曲面，如图 12-95 所示。

经过一段运算之后，花朵出现在凹面之上。不过，有时会出现法线方向相反的问题，这种情况下，要勾选流动选项中的“反转曲面法线”选项，就会得到正确的结果，如图 12-96 所示。

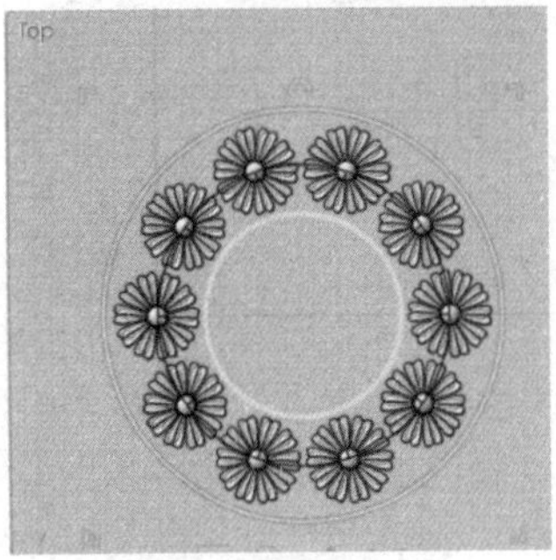

a）选择内、外两个圆形

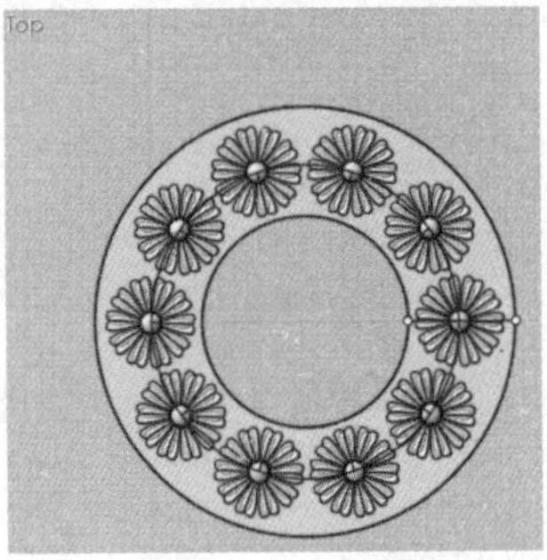

b）放样出环面

图 12-94　放样一个环面

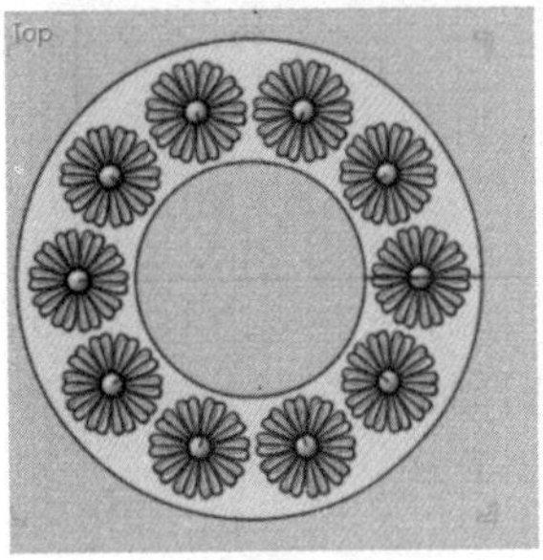

a）选择全部花朵

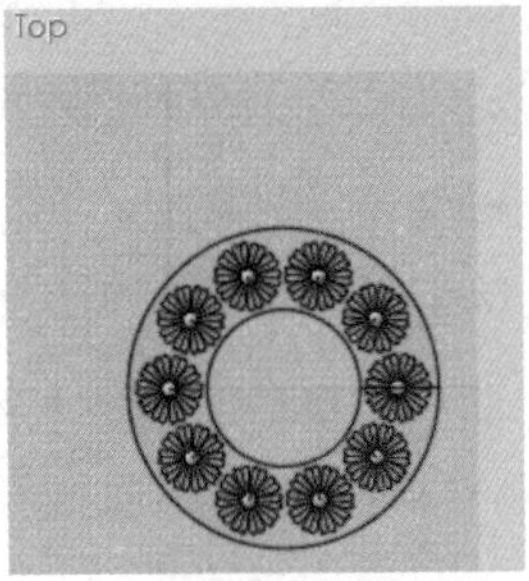

b）选择环面作为基准面

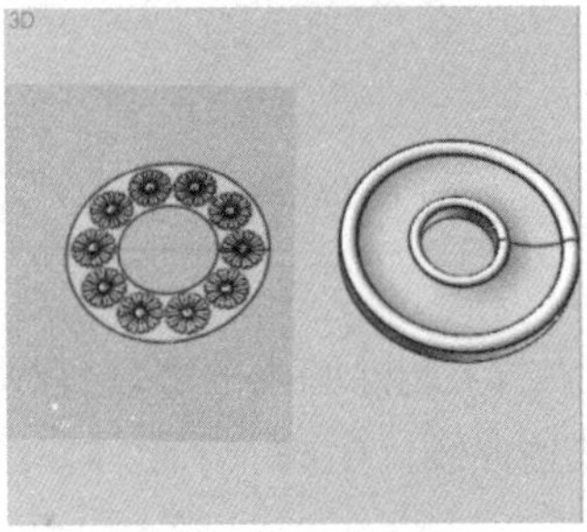

c）单击凹陷的环面

图 12-95　选择花朵和基准面

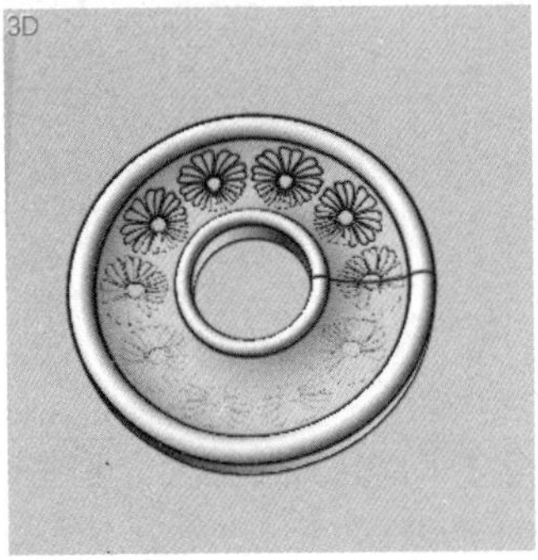

a）不正确的结果

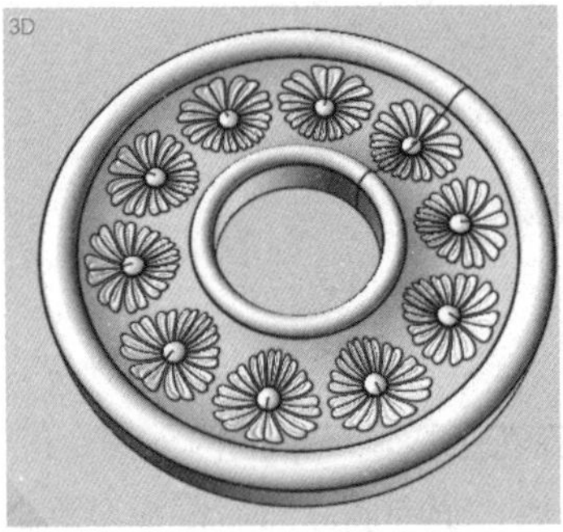

b）反转曲面法线后得到的结果

图 12-96　花朵出现在凹面上

9）旋转视图，选择扫掠得到形体下部的两条边线，执行【放样】或【平面化】命令，生成一个平面，如图 12-97 所示。

a）选择两条边线

b）生成底面

图 12-97 生成形体的底面

框选全部曲面和图案，应用【连接】命令，把它们结合成一体。这里得到的结果是一周花朵下面的形体结合成实体，花朵并没有与之结合。触类旁通，可以制作带图案的相框等，如图 12-98 所示。

a）结合所有曲面

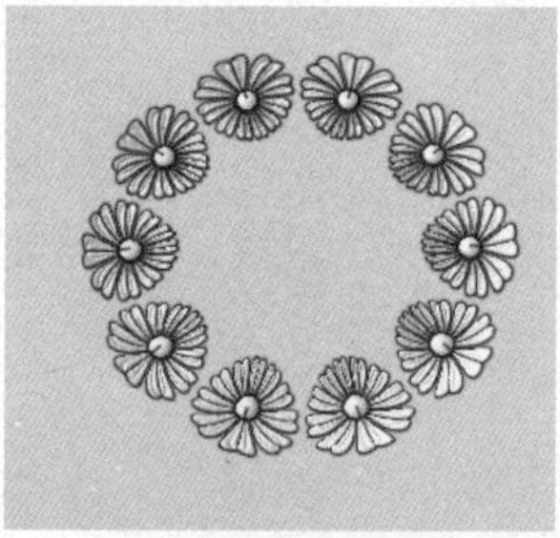

b）隐藏实体后的效果

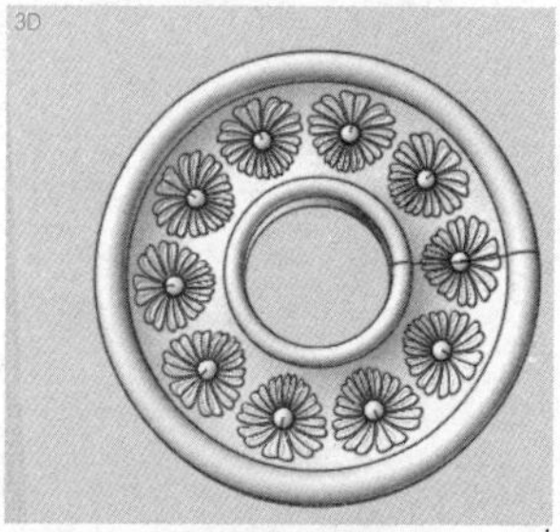

c）最终结果

图 12-98 最终效果

12.4 麦克风

制作麦克风的主要难点在于头部网罩部分，下面来练习制作的方法。

1）观察麦克风的网罩，大部分是由丝网包覆而成，如何编织丝网是首先要解决的问题。下面开始制作如图 12-99a 中的模型。先从绘制曲线入手。在主视图中画一条如图 12-99b 中所示的曲线，显示出控制点，调节左侧第二控制点，与第一点保持水平。曲线的形状和大小决定了将来丝网的紧密程度。

选择曲线，应用【镜像】命令，镜像出另一半。接着，执行【连接】命令，把它们连接成一条曲线。在俯视图中绘制一个半径为 0.2 的小圆，选择小圆，执行【扫掠】命令，扫掠出弯曲的形体，如图 12-100 所示。

2）在俯视图中选择这个形体，按 Ctrl 键向上拖动，再复制出一个形体。选择复制的形体，使用【旋转】命令，旋转180º，再移动到图12-101b中所示的位置，或者拖动四角的编辑框，向相反的方向拖动，直到出现Mirror（镜像），也会翻转形体如图12-101所示。

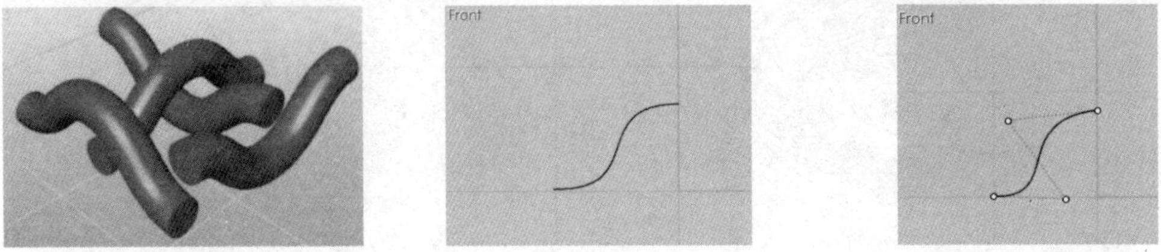

a）交织的形体 b）绘制s形曲线 c）调节左侧控制点

图12-99 绘制丝网曲线

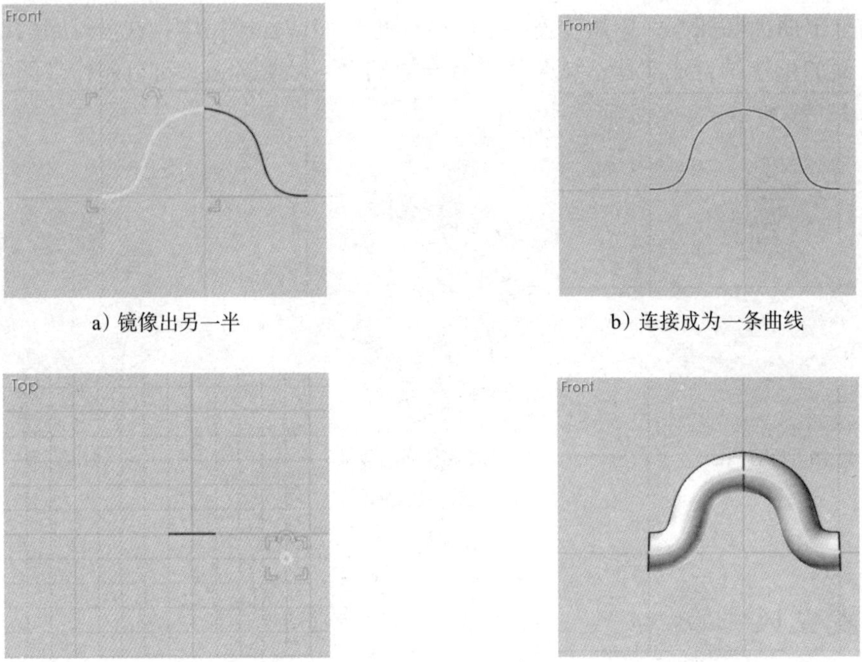

a）镜像出另一半 b）连接成为一条曲线

c）绘制一个小圆 d）扫掠出弯曲的形体

图12-100 扫掠弯曲的形体

选择第一个形体，按Ctrl+C和Ctrl+V，在原地复制一个。在视图空白处单击一次，取消所有选择，然后单击初始形体处，在俯视图中按住旋转图标，将它旋转90º，并向上移动一段距离，如图12-102c所示。参照图12-99a应该能理解。

选择旋转的那个形体，在主视图中按住Ctrl键向右拖动，再次复制一个形体，并把它翻转。接着调整这四个形体的位置，形成如图12-103d所示的结构，它们应该是相互扣合的。

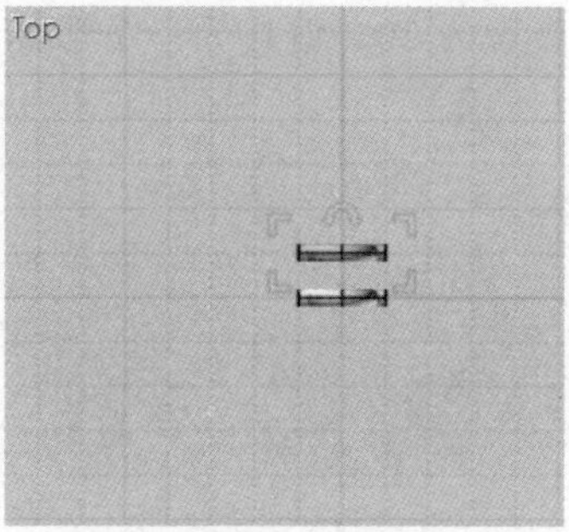

a）复制出一个形体

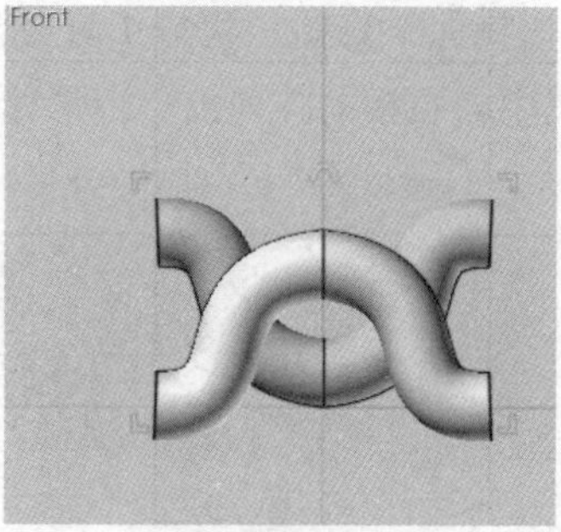

b）翻转复制的形体

图 12-101 复制翻转形体

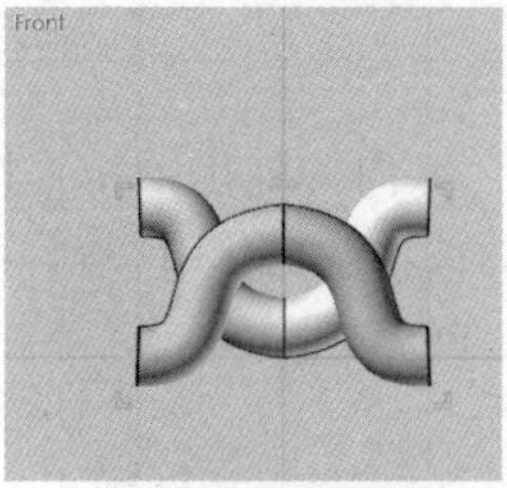

a）选择再次复制的形体

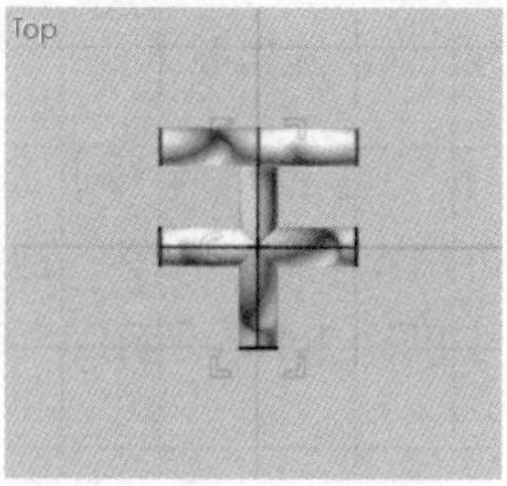

b）旋转 90°

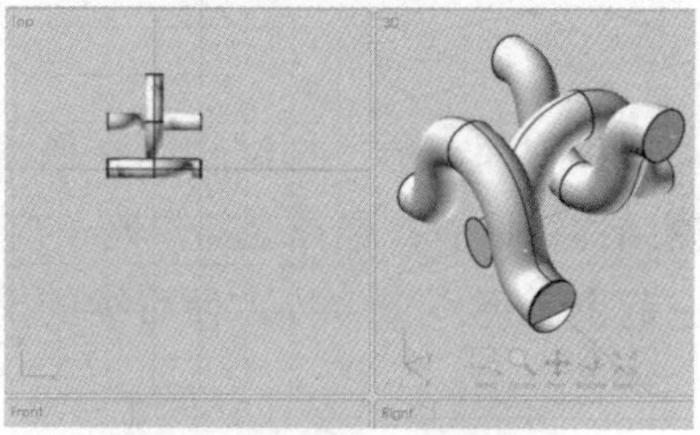

c）上移旋转后的形体

图 12-102 复制另一个并旋转

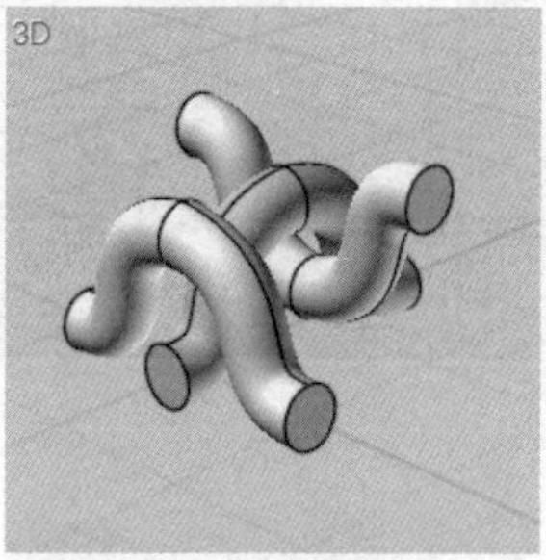

a）选择旋转的形体

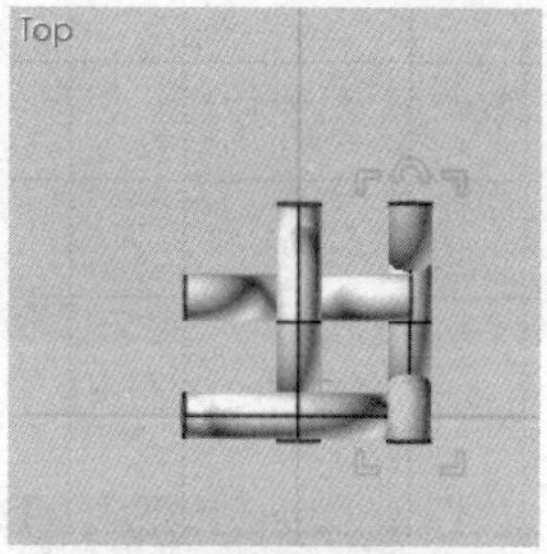

b）调整翻转形体的位置

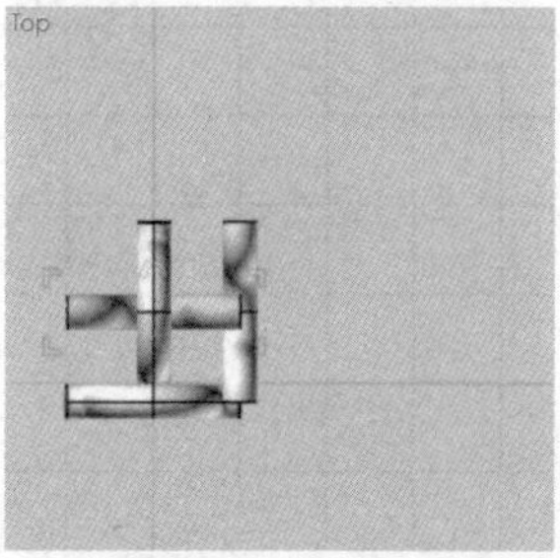

c）微调各形体的位置

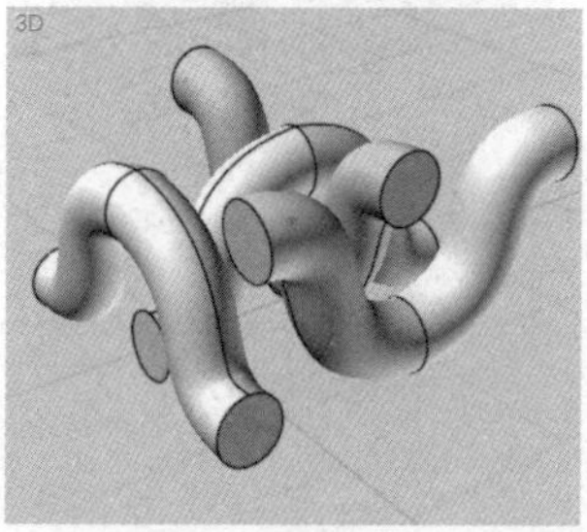

d）最后得到的结构

图 12-103 绘制并调整互相扣合的四个形体

3）选择四个形体，执行【直线阵列】命令，数量设置为20，偏移为一个形体的长度，在主视图中向右横向阵列出一行形体结构，如图12-104所示。

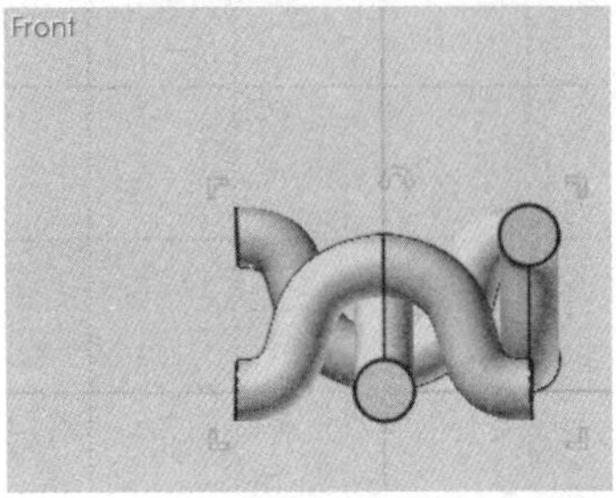

a）选择形体结构

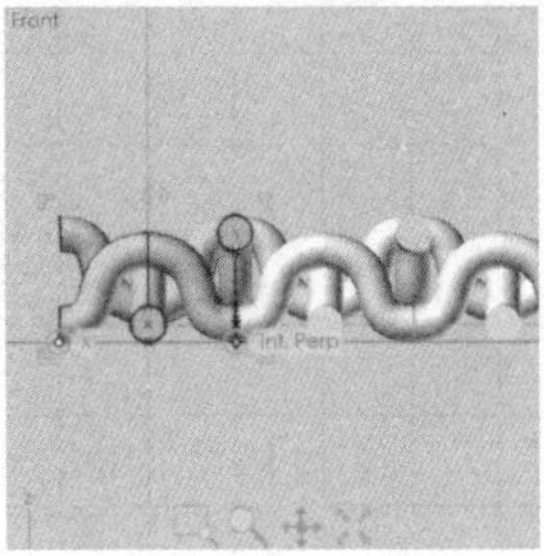

b）直线阵列出一排形体

图12-104　横向阵列形体

选择阵列出的一排结构，在俯视图中执行【直线阵列】命令，纵向阵列出一排，构成丝网结构。最后，选择全部丝网，应用【布尔：并集】命令，把能够连接的形体组合到一起。给它起个名字：net，以方便后续的操作，如图12-105所示。

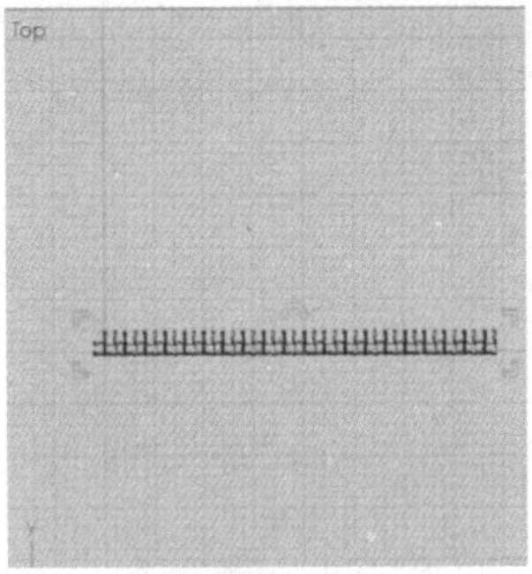

a）选择阵列的一排形体

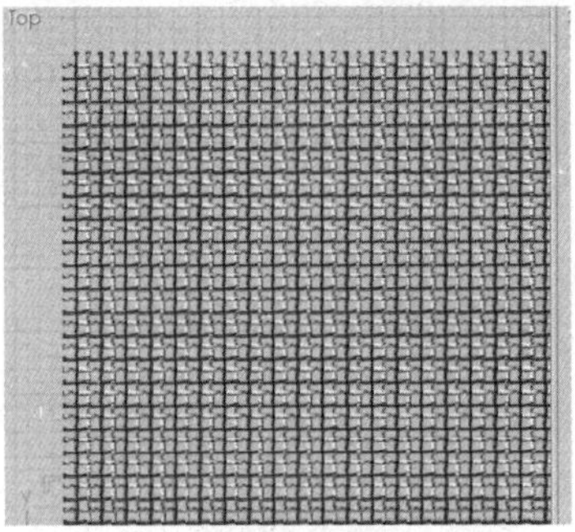

b）阵列成丝网

c）应用布尔并集

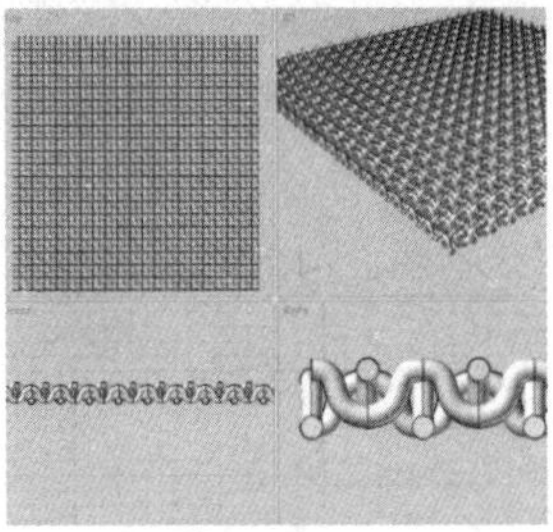

d）丝网的视图

图12-105　得到一张丝网

4）隐藏丝网。在俯视图中绘制一个圆形，接着捕捉圆的圆心，在主视图中绘制一个圆，半径捕捉到上一个圆的四分之一点上，形成相互垂直的结构，如图12-106所示。

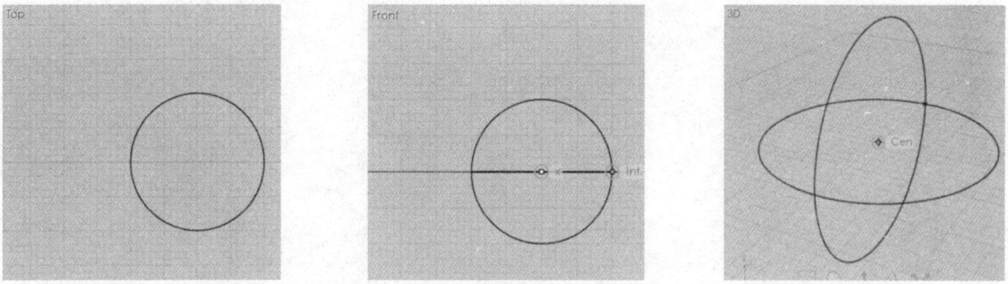

a）在俯视图中绘制圆形　　b）在主视图中绘制圆形　　c）相互垂直的圆形

图 12-106　绘制相互垂直的圆形

借助通过圆心的构造线（这可在 3D 视图中实现），在俯视图中绘制一个半径小一些的圆形，确定半径时要捕捉到垂直圆的圆周上，位置如图 12-107a 所示。隐藏主视图中通过圆心的圆（显示为长直线），选择圆形，执行【修剪】命令，切割对象选择俯视图中的短直线（小圆），去除掉圆形的下部，如图 12-107d 所示。

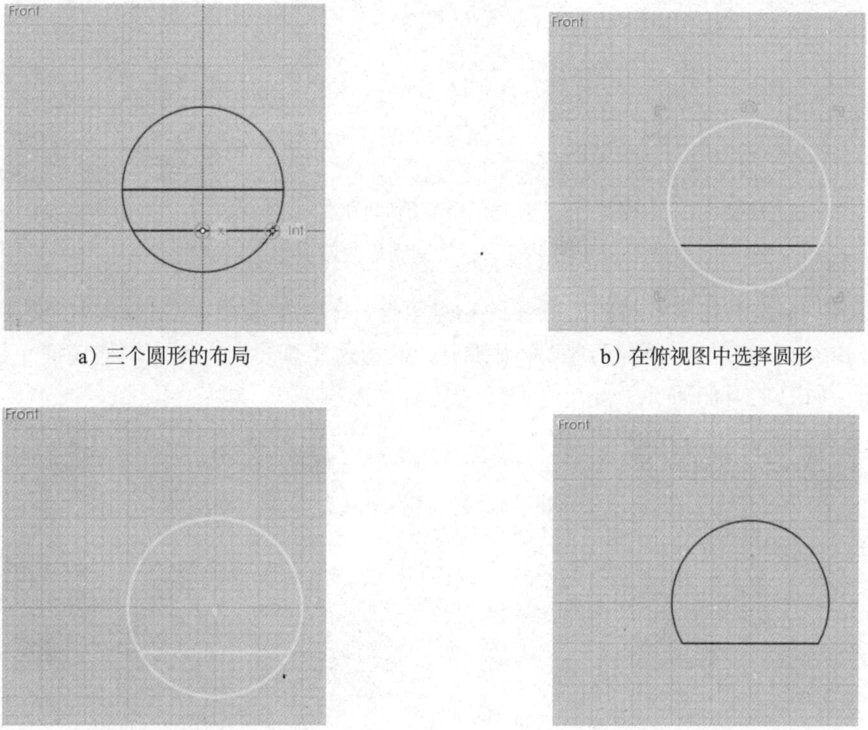

a）三个圆形的布局　　b）在俯视图中选择圆形

c）选择切割对象　　d）修剪掉圆的下部

图 12-107　绘制麦克风头部曲线

选择弧形，按住 Ctrl 键的同时，在俯视图中拖动它的旋转图标，旋转 90°，复制出另一个弧形，如图 12-108 所示。

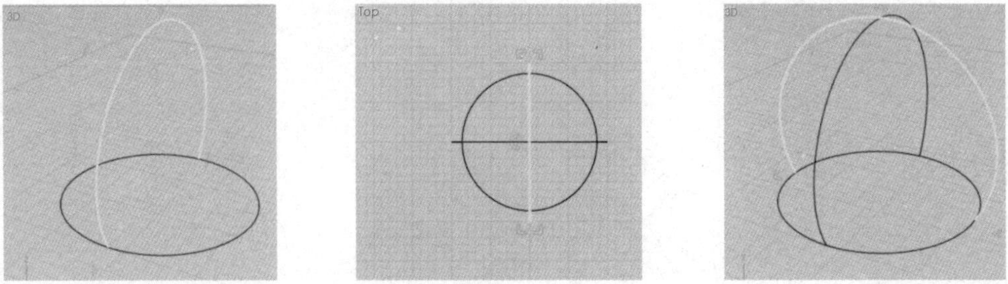

a）选择弧形　　b）旋转 90º　　c）复制出副本

图 12-108　绘制另一曲线

选择圆形，执行【修剪】命令，选择两个弧形作为切割对象，把圆分割成四段圆弧，如图 12-109 所示。

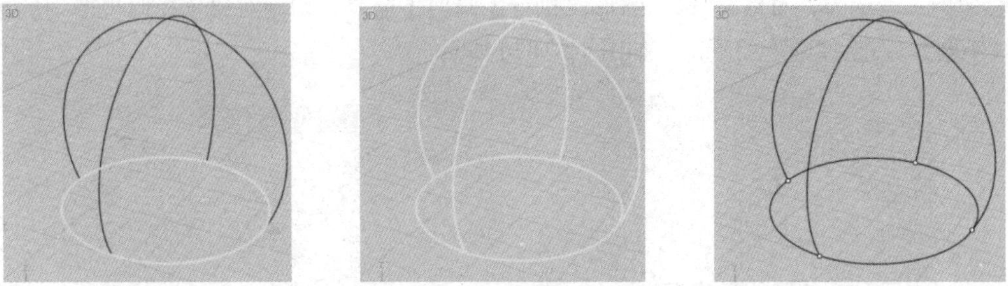

a）选择圆形　　b）选弧形作为切割对象　　c）分割圆形

图 12-109　切割圆形为四段

此时，两个弧形的端点与四段圆弧的端点重合，不能生成曲面。选择两个交叉的弧形，把它们旋转 45º，使端点分别落到四段圆弧上。框选这些弧线，应用【网格建面】命令，构建出曲面，如图 12-110 所示。

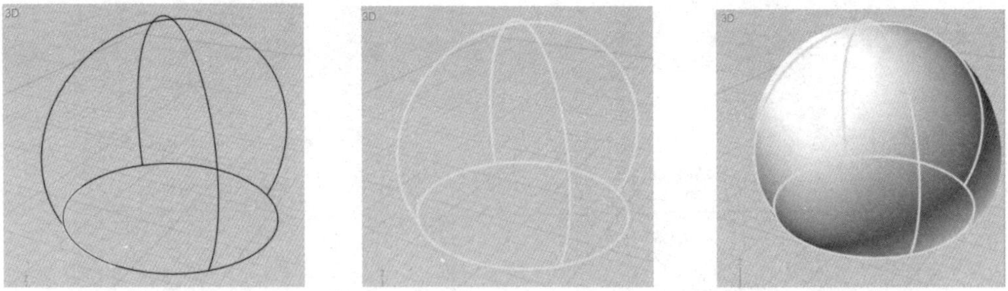

a）改变两个圆弧的位置　　b）框选所有弧线　　c）生成曲面

图 12-110　生成麦克风头曲面

5）显示出丝网。在丝网下面绘制一个大于它的平面。框选丝网，应用【流动】命令，单击平面的四角之一附近作为基准面，接着单击类似球形的曲面作为目标曲面，单击的位置尽可能靠近下边沿，如图 12-111 所示。

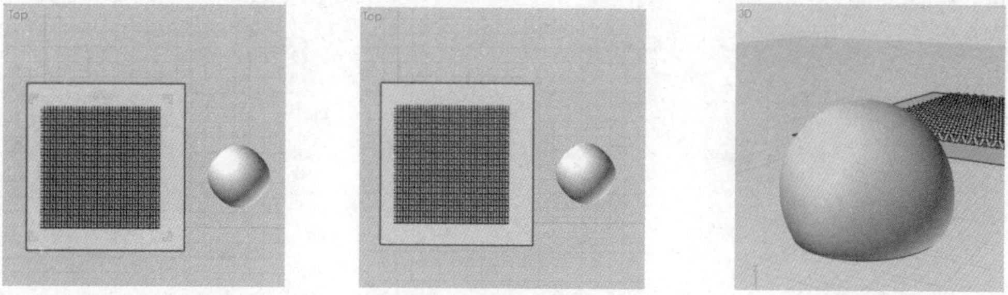

a）在丝网下面绘制平面　　b）框选丝网　　c）单击曲面

图 12-111　准备将丝网覆盖到曲面上

经过一段时间运算后，有可能得到如图 12-112a 所示的结果，这不是我们所需要的。需要在“流动”选项中，勾选“反转曲面法线”复选项，运算后得到的结果如图 12-112b 所示。然后隐藏掉曲面的显示。

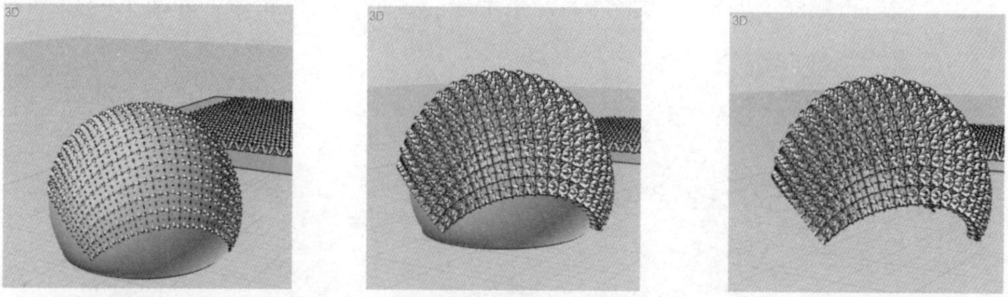

a）错误的结果　　b）反转法线后的结果　　c）隐藏曲面

图 12-112　覆盖

6）选择丝网下面的平面，按 Ctrl+C 和 Ctrl+V 复制一个副本。移动平面，使它穿过网罩。在右视图中把平面上移一些，旋转 3D 视图并观察，保证将来能切割出网罩完整的圆周，如图 12-113 所示。

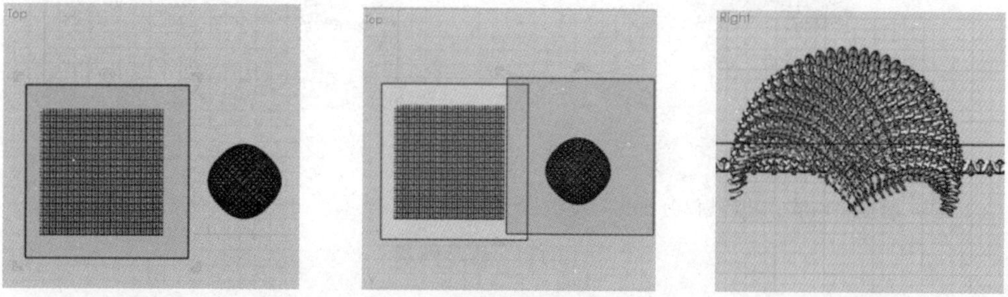

a）复制平面　　b）移动平面　　c）上移平面

图 12-113　调整图形

7）选择整个网罩，应用【布尔：差集】命令，单击平面，把网罩分割为两部分，如图 12-114 所示。

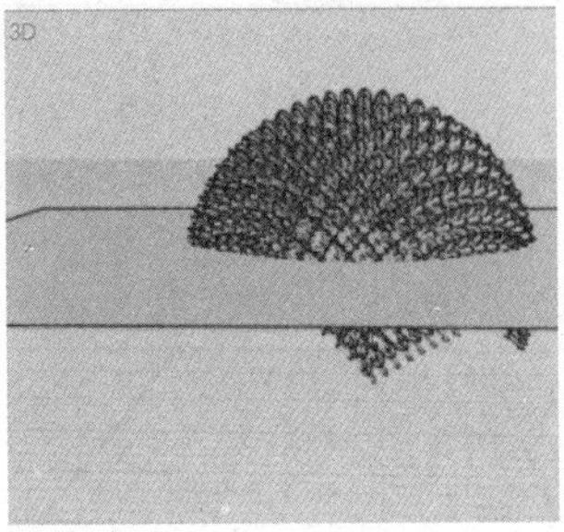

a）选择网罩

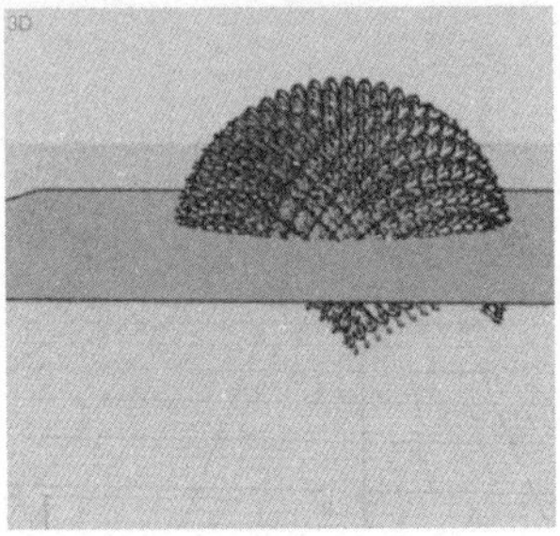

b）应用布尔差集

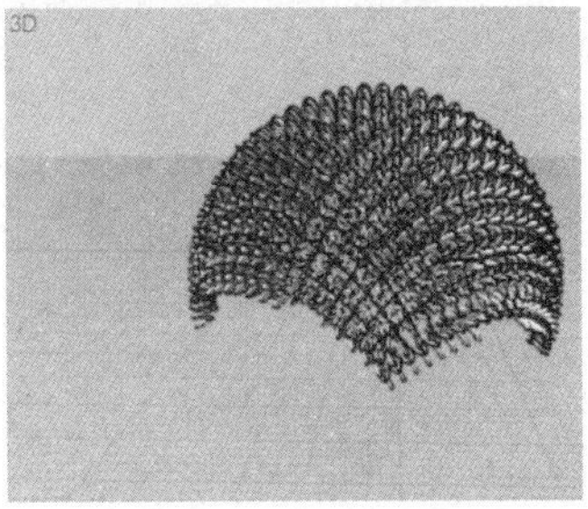

c）网罩分割为两部分

图 12-114　分割网罩

选择下面的部分，删除。在实际操作中，由于丝网的形状比较复杂，可能会出现一些没有被切割掉的形体。在主视图中，沿着网罩的底边绘制一条直线，选择网罩，执行【修剪】命令，然后再删除下面残留的形体，修整干净。再把直线也删掉，如图 12-115 所示。

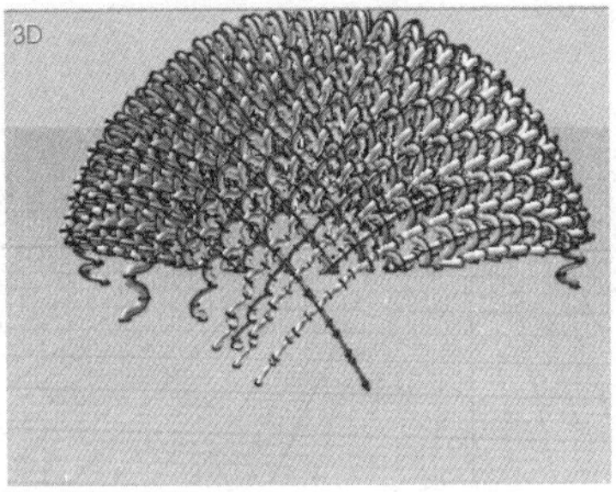

a）有时存在没切断的形体

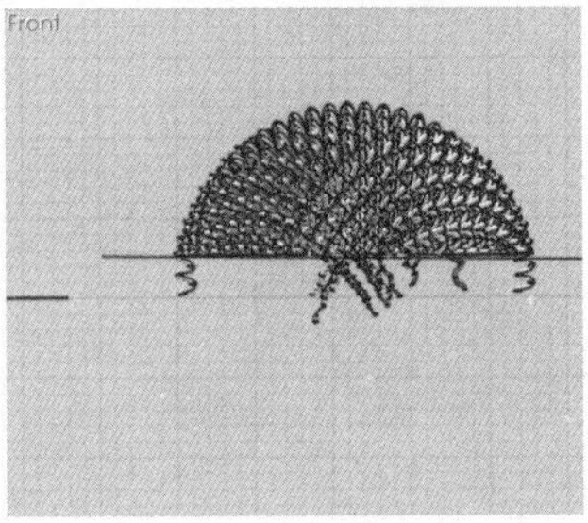

b）绘制一条直线

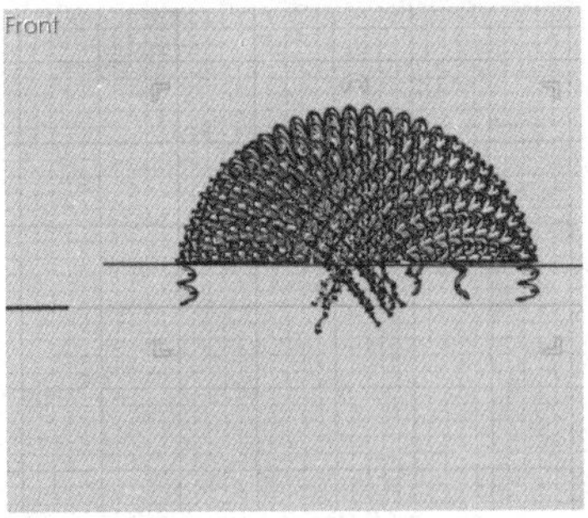

c）选择网罩，用直线修剪

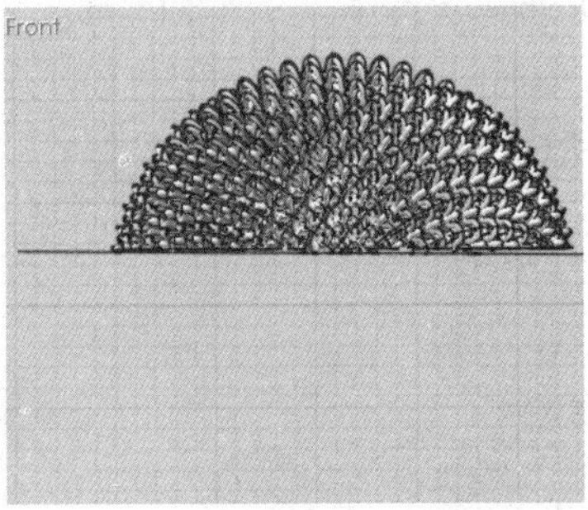

d）修整后的结果

图 12-115　修整网罩

8）在俯视图中，环绕网罩绘制一个圆形。由于网罩下边沿并不是纯圆形的，圆形差不多大小就可以了，如图 12-116 所示。

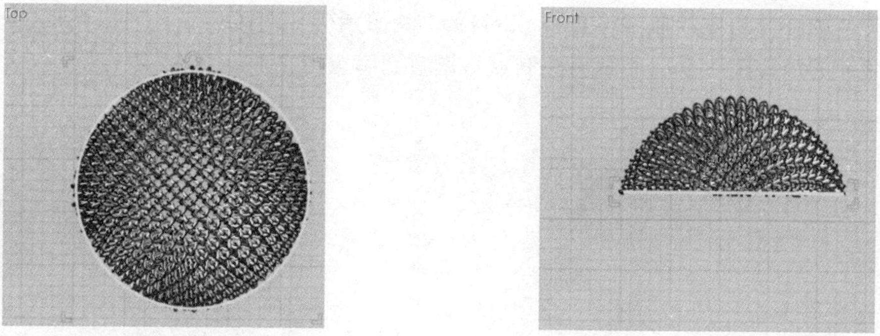

a）绘制一个圆形　　b）在主视图中的位置

图 12-116　绘制圆形

在主视图中，放大视图，绘制一个如图 12-117a 中所示的图形，调节形状，使它尽可能平滑一些，将来为网罩加个圆箍。选择形状，应用【扫掠】命令，选择圆形作为轨迹曲线，扫掠出圆箍，如图 12-117c 所示。

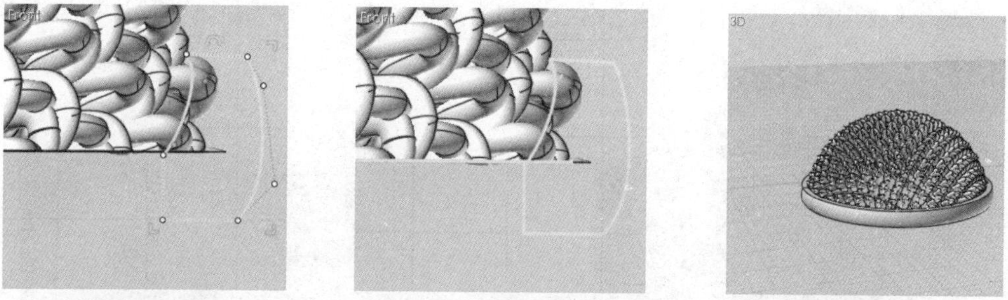

a）绘制一个形状　　b）应用扫掠命令　　c）扫掠结果

图 12-117　扫掠出圆箍

9）双击圆箍的底面选中它，应用【拉伸】命令，向下拉伸出一小段距离，如图 12-118 所示。

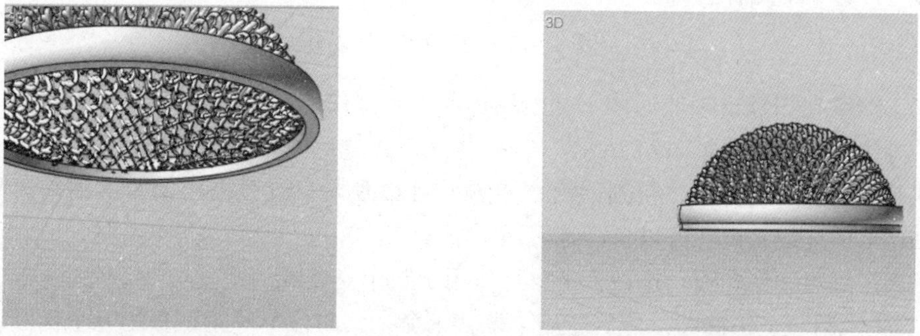

a）选中圆箍底面　　b）向下拉伸

图 12-118　拉伸圆箍

在拉伸的环体底面绘制一个如图 12-119a 所示的形状，借助 3D 视图，图形的上边线要捕捉到底面的内外边线上，显示出控制点，调节到满意为止。

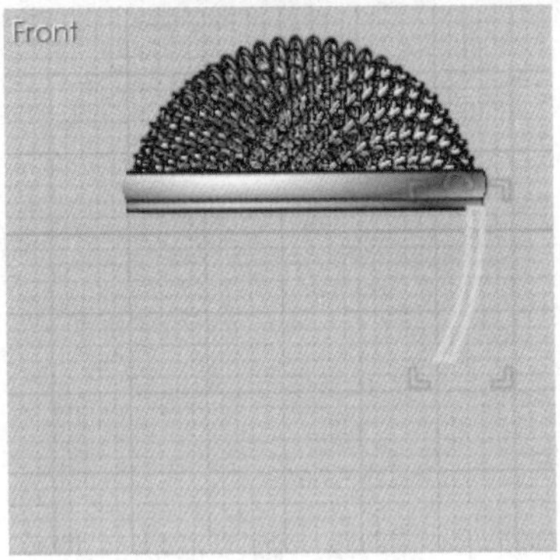

a）绘制出形状

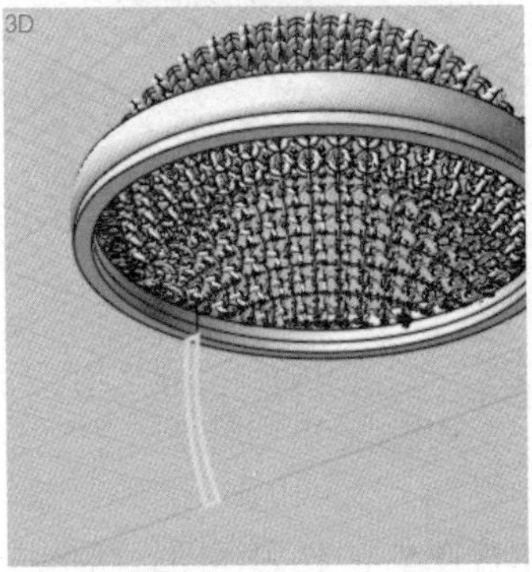

b）在 3D 视图中绘制上边线

图 12-119　绘制边线

选择绘制的图形，执行【扫掠】命令，双击底面的内边线作为轨迹曲线，扫掠出形体，如图 12-120 所示。

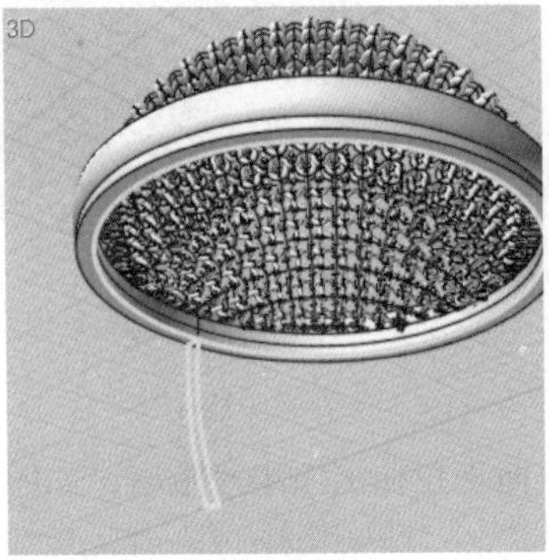

a）执行扫掠命令

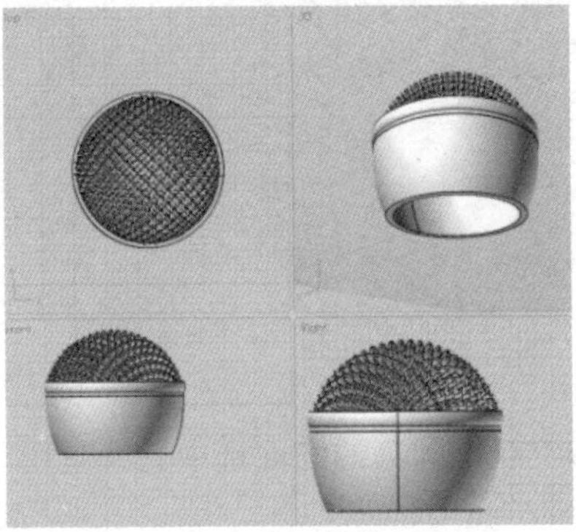

b）得到的形体

图 12-120　扫掠麦克风形体

10）继续在扫掠出来的形体下部绘制形状，来制作麦克风的手握部分（话筒），过程与上述的方法相同，如图 12-121 所示。

执行【扫掠】命令后，得到话筒，如图 12-122 所示。这是一个简单的话筒，没有制作开关和尾部的连线，读者可以自己练习做一下。

下面来练习制作孔板，这种板子也可以用于制作麦克风。

1）先绘制一个小椭圆，然后应用【偏移】命令，向外不等距偏移出九个椭圆。如果想制作圆形的孔板，可以先绘制圆形，再偏移它。作为示例，这里使用了椭圆形并把它再压扁一些，如图 12-123 所示。

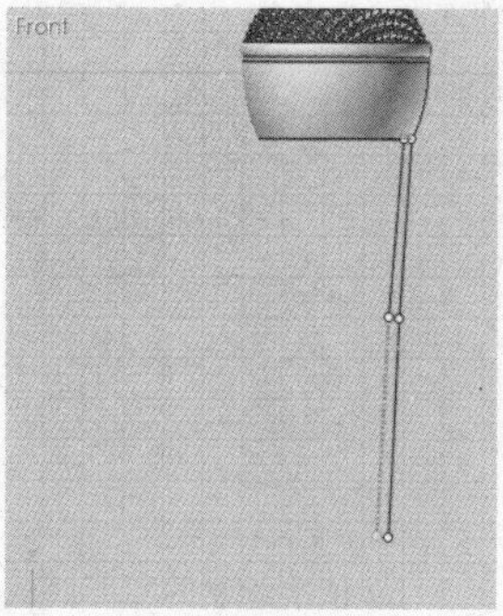

a）继续绘制图形

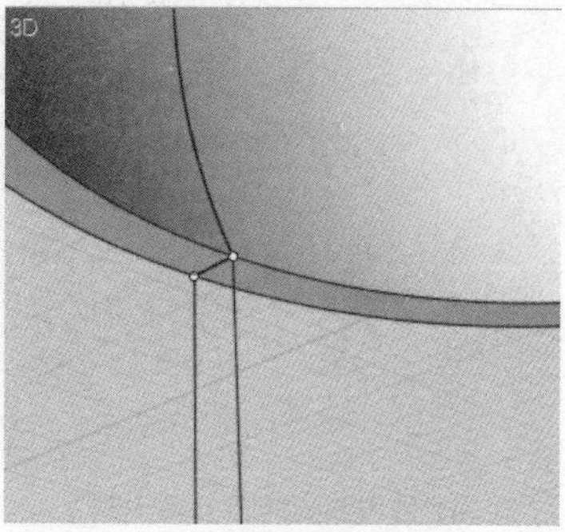

b）3D 视图中绘制上边线

图 12-121　绘制手握曲线

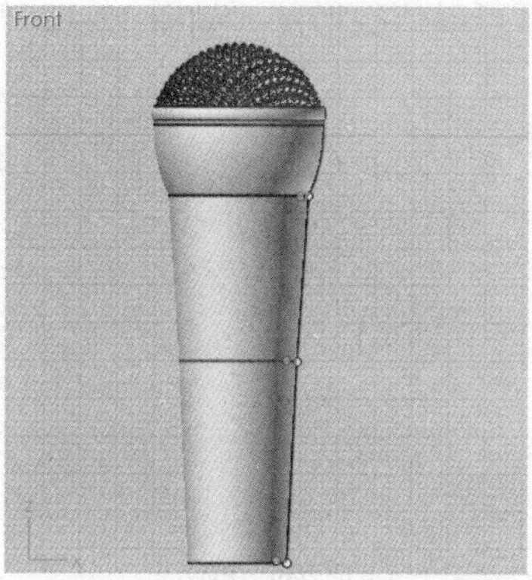

a）得到的麦克风

b）3D 视图

图 12-122　最终麦克风结果

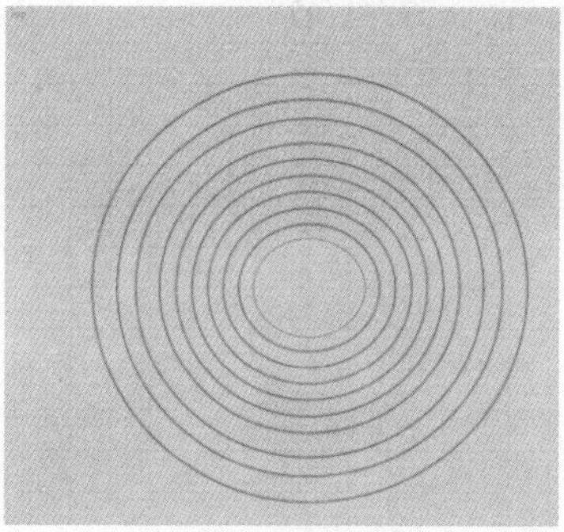

a）绘制并偏移椭圆

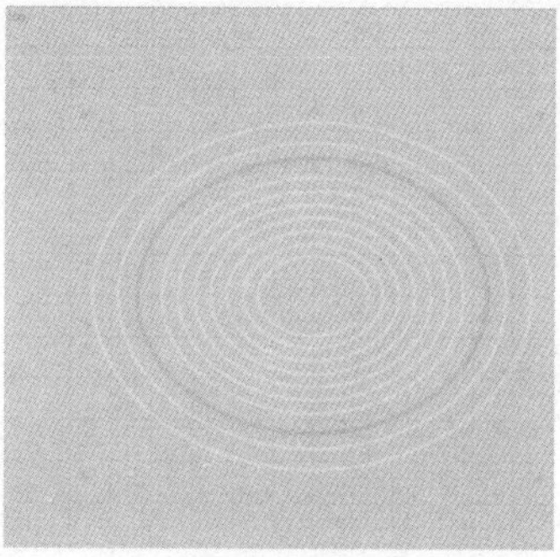

b）把这些椭圆压扁

图 12-123　绘制椭圆

在最内侧的椭圆上绘制一个小圆，接着顺次在每个椭圆上画圆形，半径根据两个椭圆之间的间距逐渐递增，如图 12-124 所示。

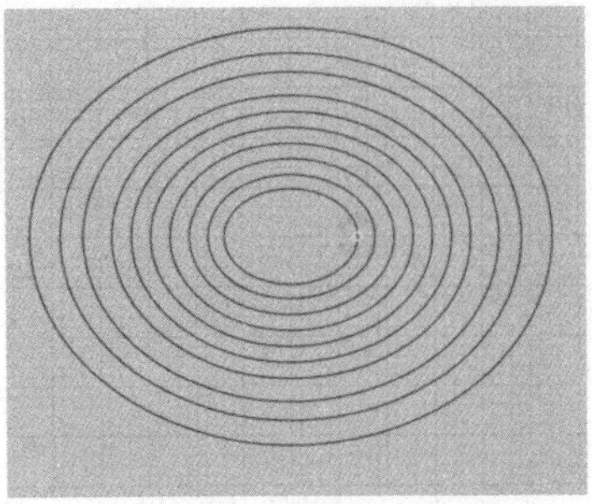

a）最内侧的椭圆上画小圆

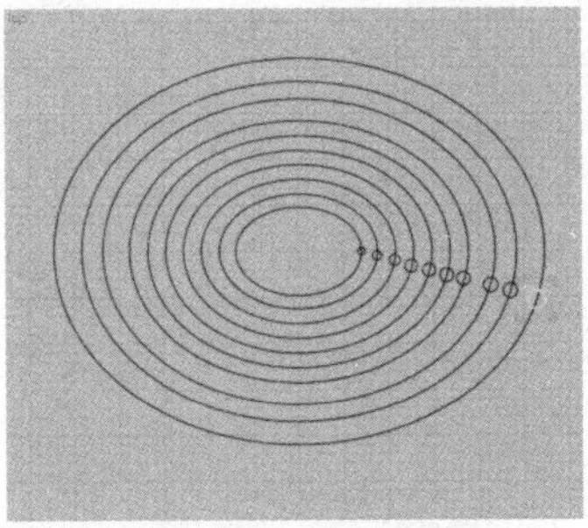

b）依次绘制的圆形

图 12-124　在椭圆上画小圆

2）选择最内侧椭圆上的小圆，应用【路径阵列】命令，数量以布满整个椭圆形为宜。后面对每个椭圆上的小圆执行同样的操作，阵列的数量可以依次增加，如图 12-125 所示。

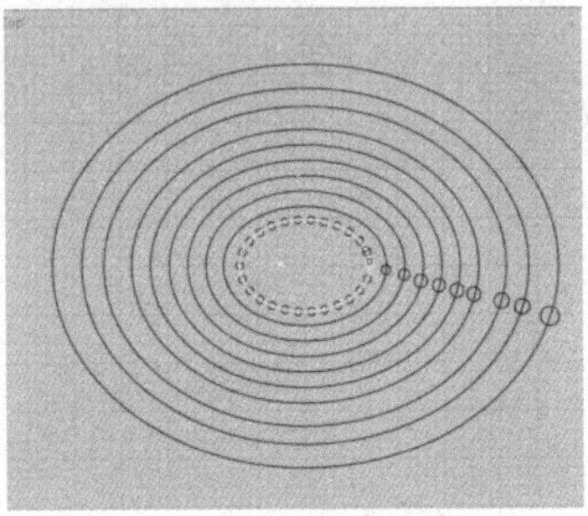

a）阵列最内侧的小圆

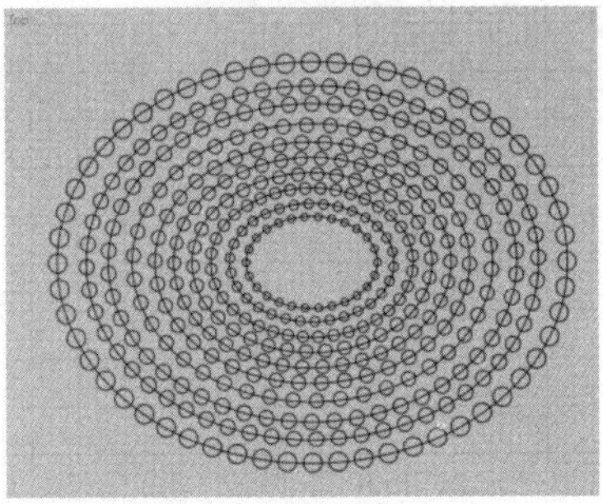

b）阵列后的结果

图 12-125　阵列小圆

放大视图，依次单击椭圆形，把它们删除，得到小圆形阵列，如图 12-126 所示。

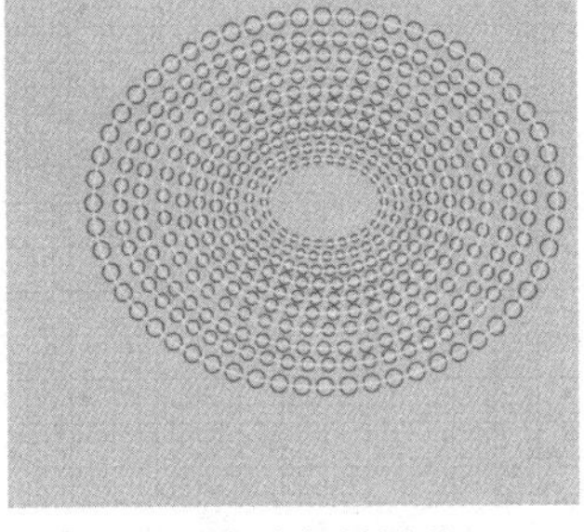

a）选择全部椭圆形

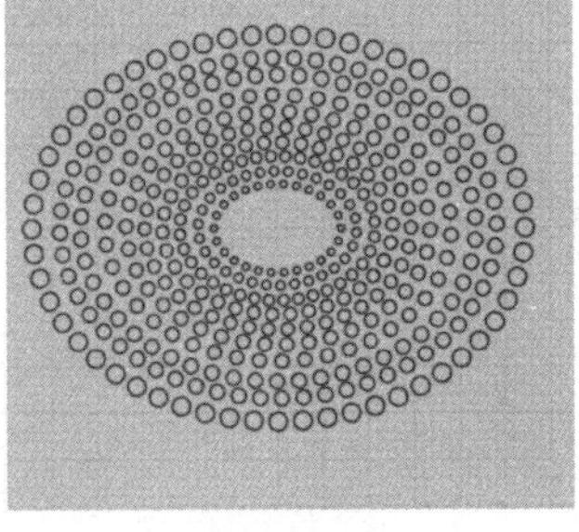

b）小圆形阵列

图 12-126　得到小圆阵列

3）另一种偷懒的方法是使用【其他：螺旋】命令，单击平面螺旋按钮，绘制圈数为 10 的螺旋线。选择螺旋线，把它压扁一些，如图 12-127 所示。

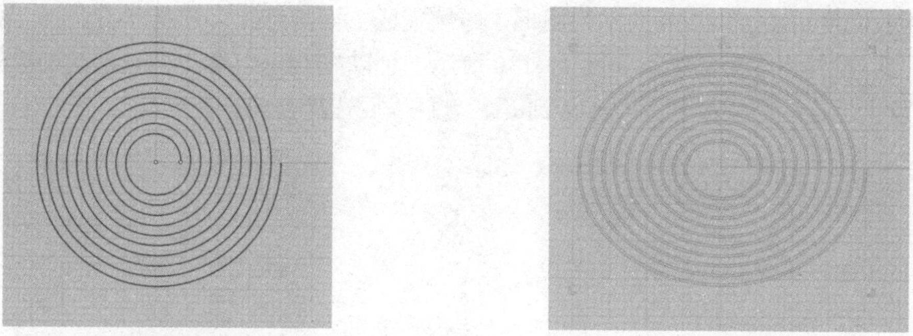

a）绘制螺旋线　　b）压扁

图 12-127　绘制螺旋线并压扁

在螺旋线的端点绘制一个小圆。选择小圆，执行【路径阵列】命令，调节阵列的数量，使小圆充满整条螺旋线，如图 12-128 所示。

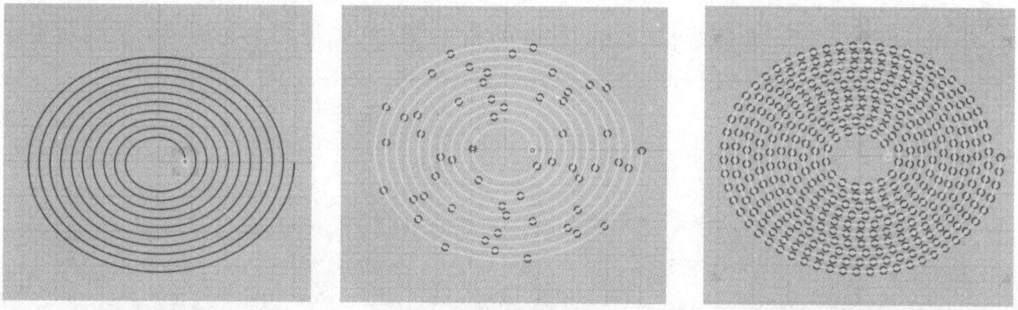

a）绘制小圆　　b）阵列的小圆数量不足　　c）小圆布满整条螺旋线

图 12-128　阵列小圆

选择螺旋线，删除它，只剩下小圆的阵列图形。由于螺旋线是连续的曲线，并不像偏移的椭圆环那样形成闭环，因此在起点和终点处感觉缺了东西，这是一个缺陷，如图 12-129 所示。

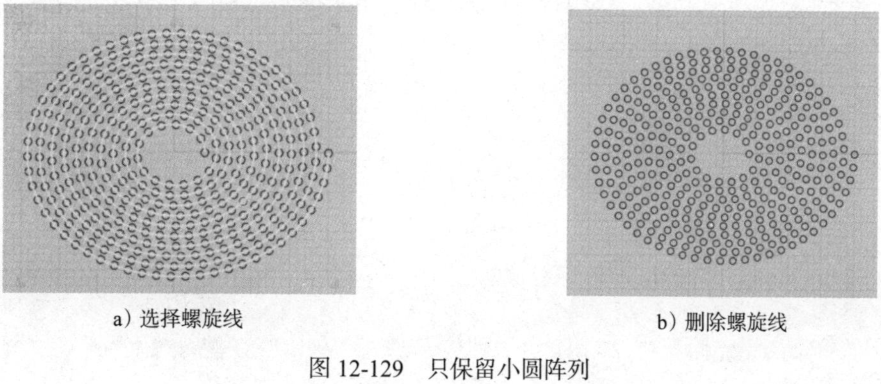

a）选择螺旋线　　b）删除螺旋线

图 12-129　只保留小圆阵列

4）我们使用图 12-126b 的阵列图形，继续完成下面的练习。选择所有圆形，应用【拉伸】命令，拉伸出多个圆柱，如图 12-130 所示。可以按 Delete 键，把选中的圆形删除，只留下实体。把这些圆柱命名为“yuanzhu”，方便以后选择它们。

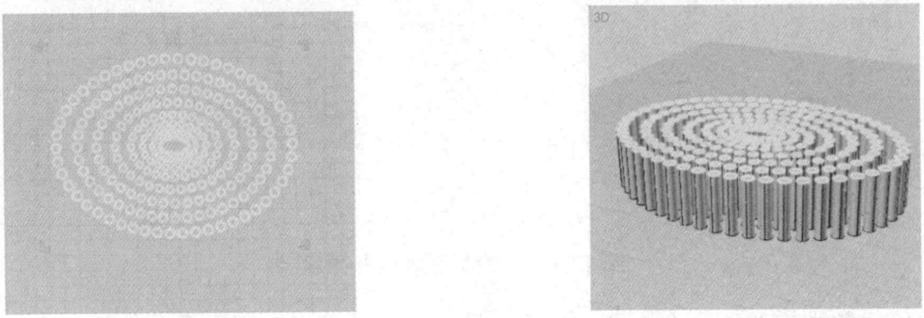

a）选择圆形阵列　　b）拉伸出实体

图 12-130　拉伸圆形阵列为实体

在俯视图中绘制一个矩形框，比圆柱阵列大一些。在主视图中，将矩形框的位置向下移动，使它靠近圆柱阵列的下部。然后隐藏掉圆柱阵列，如图 12-131 所示。

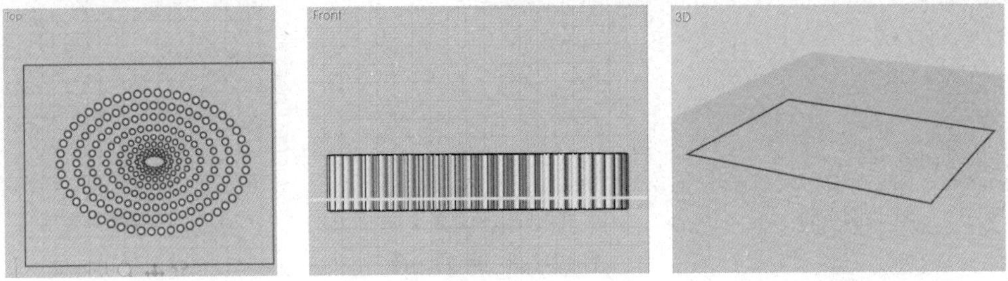

a）绘制矩形　　b）将矩形下移　　c）隐藏掉圆柱阵列

图 12-131　绘制矩形并隐藏圆柱阵列

5）拖出一个球体，中心点要捕捉到矩形的中心，且要比矩形框大很多。在主视图中，把球体旋转 90º，使所看到的黑色结构线位于球体的下半部分，如图 12-132 所示。

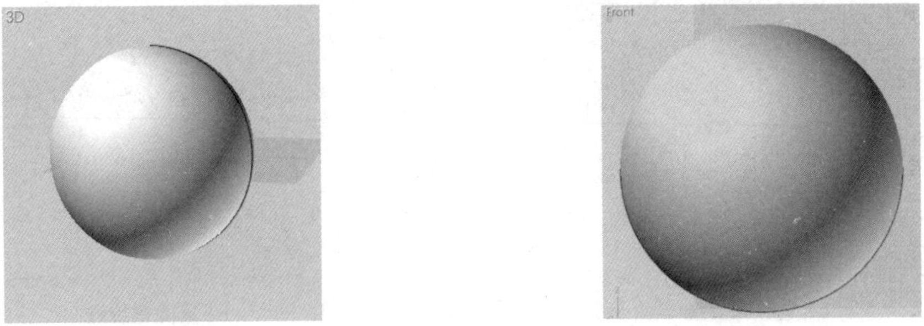

a）绘制球体　　b）把球体旋转 90º

图 12-132　绘制球体并旋转

选择球体和矩形框，应用【布尔：交集】命令（选择矩形框时，可以从左向右框选，如果给它起了名字，选择会更容易）使它为相交。得到相交的结果如图 12-133b 所示。

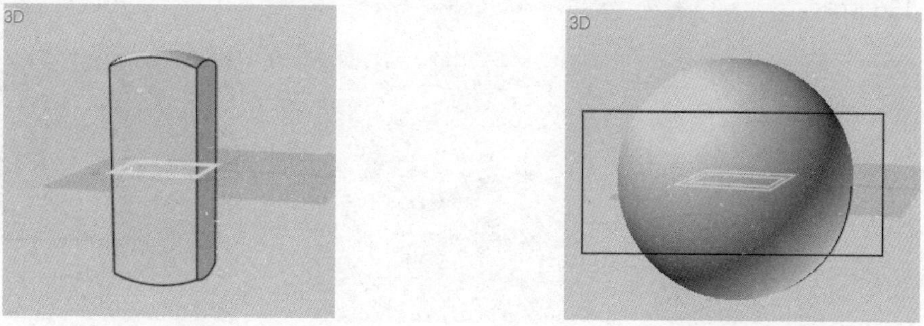

a）框选矩形　　b）相交得到的结果

图 12-133　矩形框和球体相交

6）在主视图中绘制一个矩形。选择相交得到的形体，应用【布尔：差集】命令，再选择刚绘制的矩形，去掉形体的下部，如图 12-134 所示。

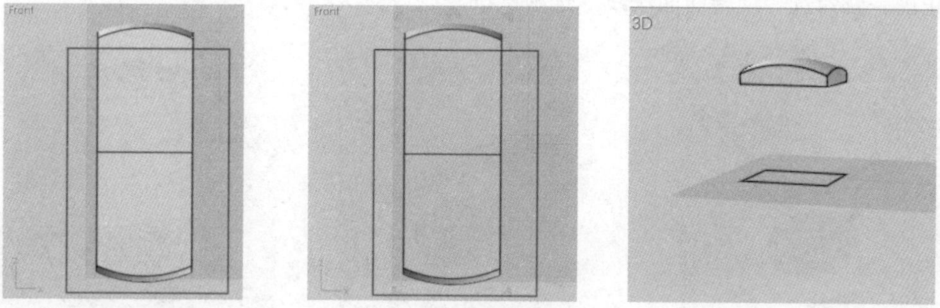

a）绘制一个矩形　　b）选择形体　　c）得到的结果

图 12-134　去掉形体下部

7）选择形体顶面的四条边线，应用【偏移】命令，向外偏移出四条曲线。接着选择四条偏移出的曲线，执行【网格建面】命令，模式设置为精确（exact），生成曲面，如图 12-135 所示。然后删除掉四条曲线。

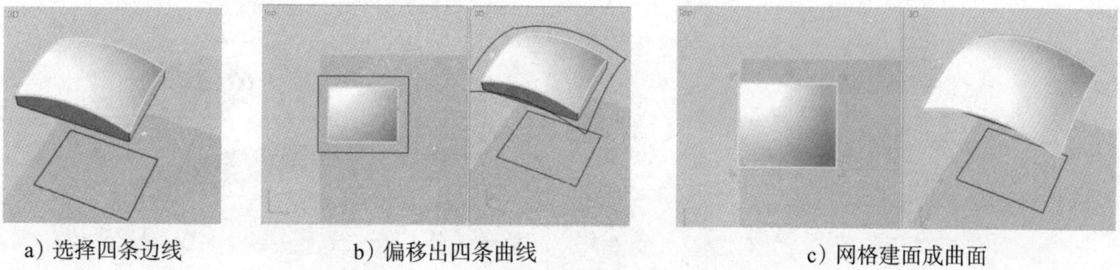

a）选择四条边线　　b）偏移出四条曲线　　c）网格建面成曲面

图 12-135　新建曲面

选择弧面，在主视图中向下拖动一个编辑框，当出现（Flat）时，编辑框就会变成一个平面。然后选择这个平面，向下移至最初绘制的矩形框位置。再选择原始矩形框并删除它，如图 12-136 所示。

a）拖动编辑框　　b）拖出平面　　c）移动平面

图 12-136　新建平面

8）显示出圆柱阵列的形体，并选择它们，接下来应用【流动】命令，单击平面的一角，再单击形体弧面的一角，等待一下，就可以得到流动后的结果，如图 12-137 所示。如果结果不正确，就勾选“反转曲面法线”选项试试。

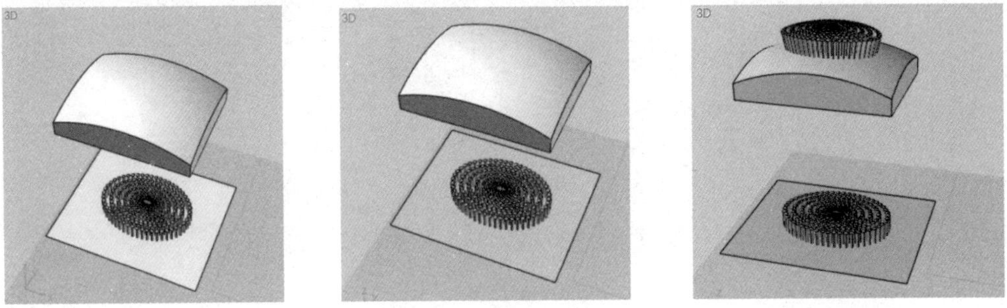

a）显示圆柱阵列　　b）单击平面　　c）得到流动的结果

图 12-137　流动矩形阵列

取消选择后，删除掉圆柱阵列和平面，只剩下流动得到的部分。选择形体，应用【布尔：差集】命令，随后选择它上面的所有圆柱，即可得到减去圆柱的效果，如图 12-138 所示。

a）选择形体　　b）布尔差集　　c）减去圆柱的效果

图 12-138　减掉圆柱阵列的效果

9）绘制一个椭圆，具体的位置并不太重要，但一定要能包含所有圆孔。选择形体，执行【布尔：交集】命令，单击椭圆，得到相交后的结果如图 12-139 所示。

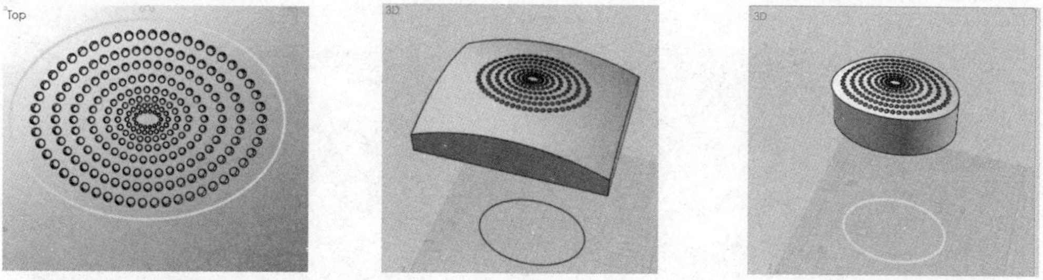

a）绘制椭圆　　b）选择形体　　c）相交后的结果

图 12-139　椭圆与形体相交

删除椭圆。在主视图中，估计需要保留的孔板厚度后绘制一个矩形。选择形体，执行【布尔：差集】命令，切除多余的部分，如图 12-140 所示。然后删除矩形。

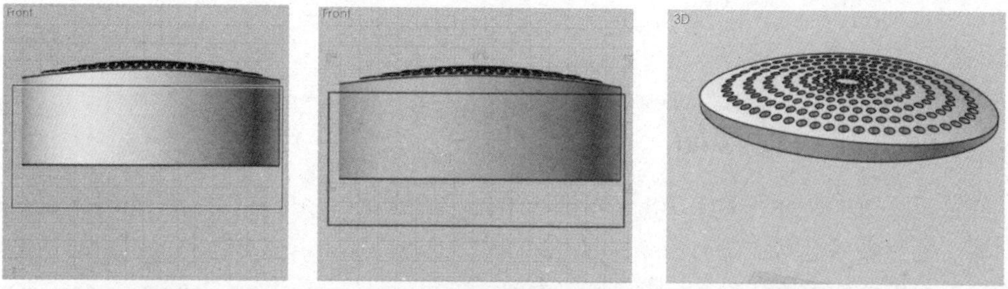

a）绘制矩形　　b）布尔差集　　c）保留的形体

图 12-140　切除多余形体

10）先选择形体的边线，然后框选所有圆孔的边线，再次单击形体的边线取消选择它，应用【倒斜角】命令，斜角距离要设置得很小，才可以对所有圆孔倒斜角，如图 12-141 所示。至于对其他位置处边线的倒角，这是简单的操作，此处不再解释。

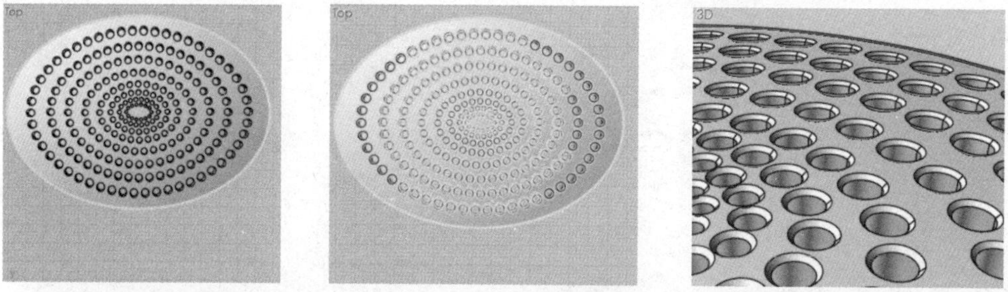

a）单击形体边线　　b）选择所有圆孔的边线　　c）倒斜角

图 12-141　为边线倒斜角

11）如果想要在形体中部开个孔，那么先绘制一个圆形。接着选择形体，应用【布尔：合并】命令，选择圆形，即可在中部分割形体，移开内部的形体，形成圆孔，如图 12-142 所示。

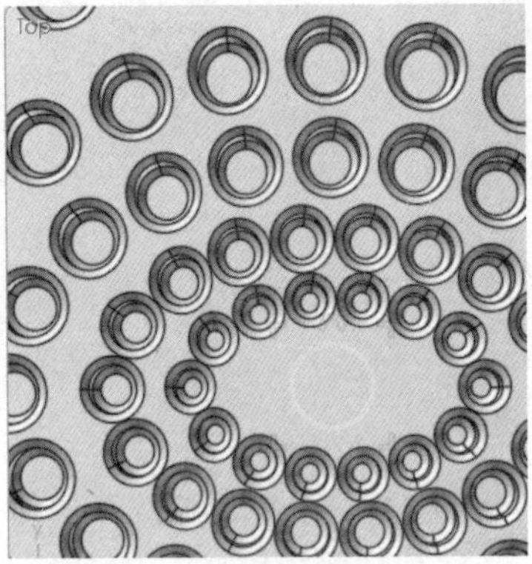
a）绘制的圆形

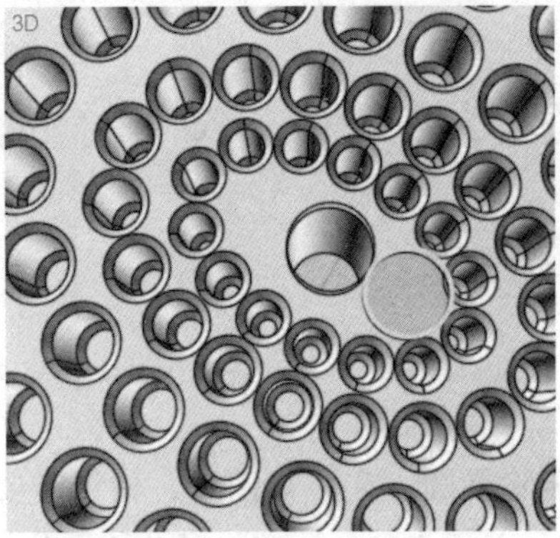
b）分割的形体

图 12-142　在形体内部开圆孔

12.5　椅子及其他物品

在这里要重申，并非 NURBS 建模都必须先从画线开始，也可以使用 MoI3D 提供的实体对象，通过布尔运算或修剪命令，“切割”出所需要的形体。立方体是最常用的对象，这与多边形建模软件中的盒子建模方式属于类似的应用。

12.5.1　椅子

1）我们先来练习切割椅子的背板。拖放一个立方体，在主视图中捕捉立方体的侧面，绘制一条曲线，显示出控制点，调节曲线的形状，如图 12-143 所示。

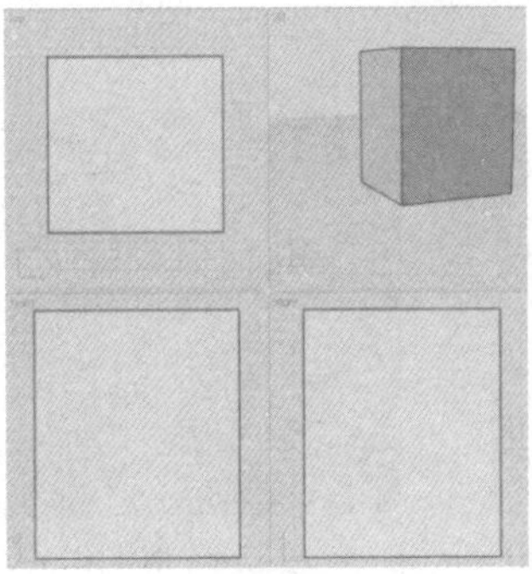
a）拖放立方体

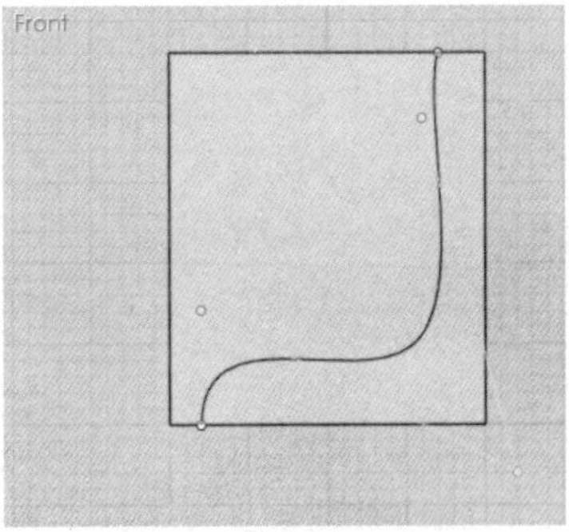

b）调节绘制的曲线形状

图 12-143　绘制椅子的背板

选择这条曲线，执行【偏移】命令，偏移出一条曲线。需要注意的是，偏移的曲线端点并没有落在立方体的边线上，放大视图会看到这个问题。选择这条曲线，把它稍微拉长一些，使端点落在边线上，如图 12-144 所示。

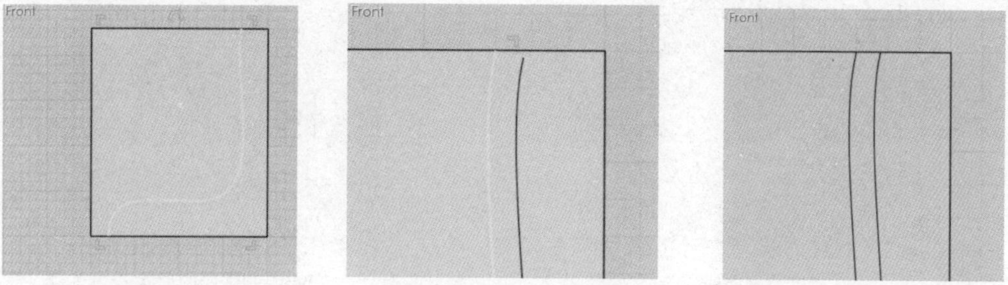

a）拖放立方体　　b）端点的位置不正确　　c）调整端点的位置

图 12-144　偏移出一条曲线

2）选择立方体，应用【布尔：合并】命令，在选择要合并的对象时，同时选择两条曲线，将会把立方体分割成三部分。选择两条曲线两侧的立方体，将它们删除，得到椅子靠背部分，如图 12-145 所示。

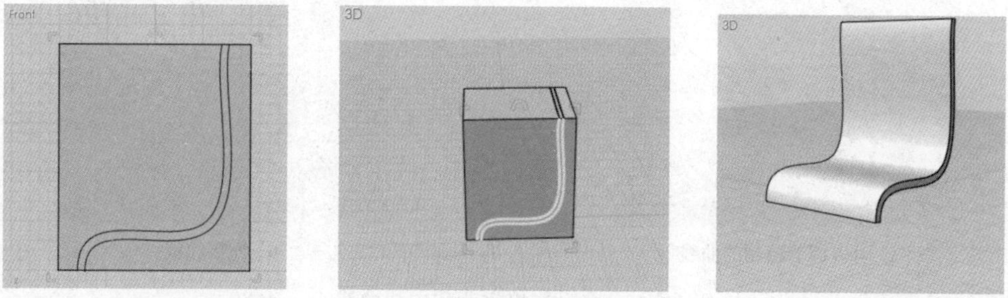

a）选择立方体　　b）布尔合并后的结果　　c）删除多余部分

图 12-145　得到椅子靠背

3）选择两条曲线其中的一条，对其应用【偏移】命令，在两条曲线之间再偏移出一条曲线，如图 12-146 所示。

a）选择一条曲线　　b）再偏移出曲线

图 12-146　再偏移一条曲线

使用自由曲线工具，起点捕捉到新偏移出的曲线端点，绘制构成椅子支腿的形状，如图 12-147 所示。

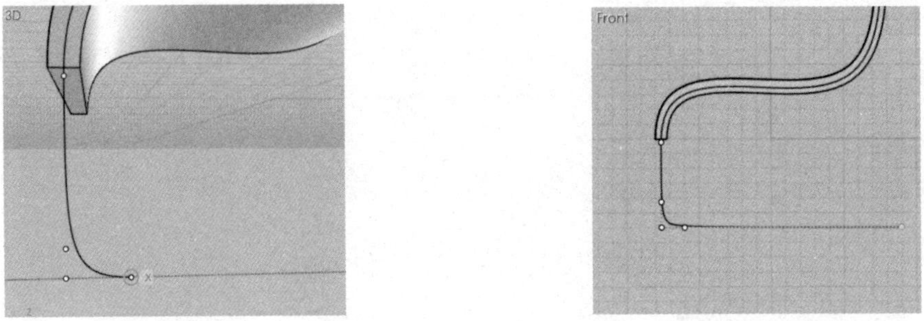

a）接着绘制曲线　　b）绘制需要的形状

图 12-147　绘制椅子支腿形状

选择偏移的曲线和绘制的曲线，把它们连接起来，成为一条曲线，如图 12-148 所示。

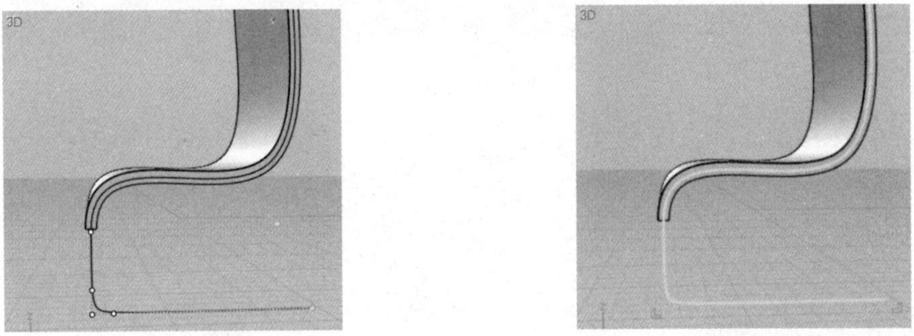

a）可以调节绘制的曲线　　b）连接曲线

图 12-148　连接靠背和支腿曲线

4）选择成为一体的曲线，应用【镜像】命令，镜像线的起点和终点捕捉到背板上边缘的中心，在背板的另一侧镜像复制出一条曲线，如图 12-149 所示。

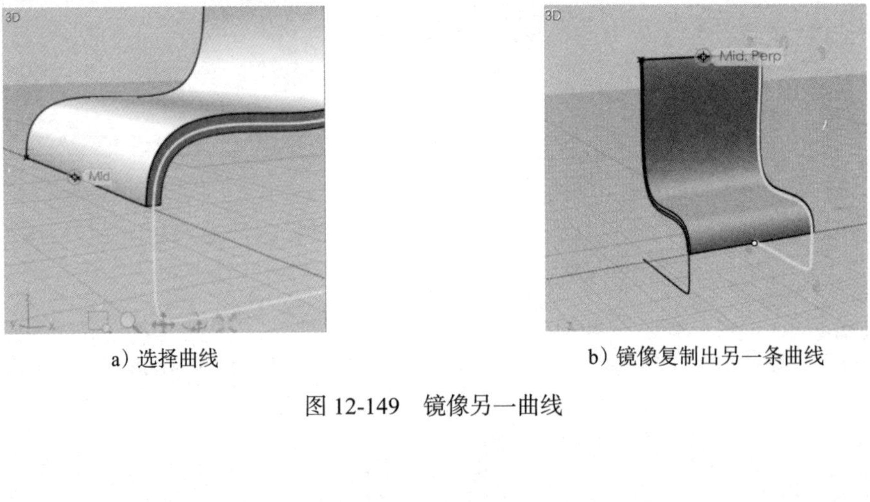

a）选择曲线　　b）镜像复制出另一条曲线

图 12-149　镜像另一曲线

5）选择背板，隐藏它的显示。绘制一条直线，把两条曲线的下部端点连起来，如图12-150所示。

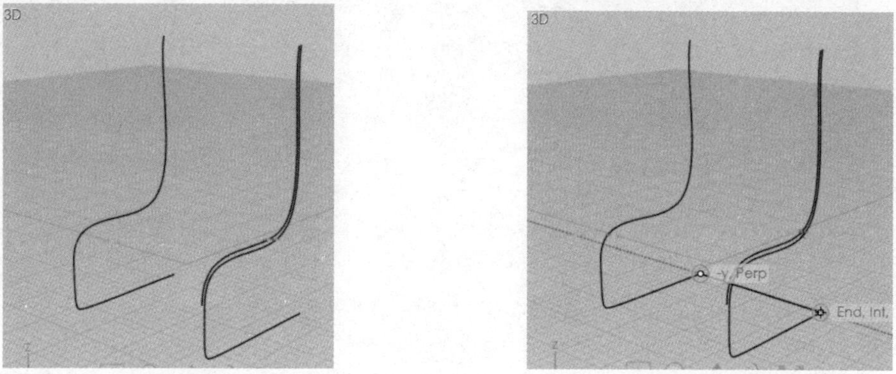

a）隐藏背板　　b）连接曲线的下部端点

图 12-150　连接支腿两端点

选择两条曲线和直线，应用【连接】命令把它们结合为一体。可以对下部的直角部位倒圆角，也可以在这个部位绘制一段圆弧，接着应用【镜像】命令，镜像复制出一段圆弧到另一个直角部位，如图12-151所示。

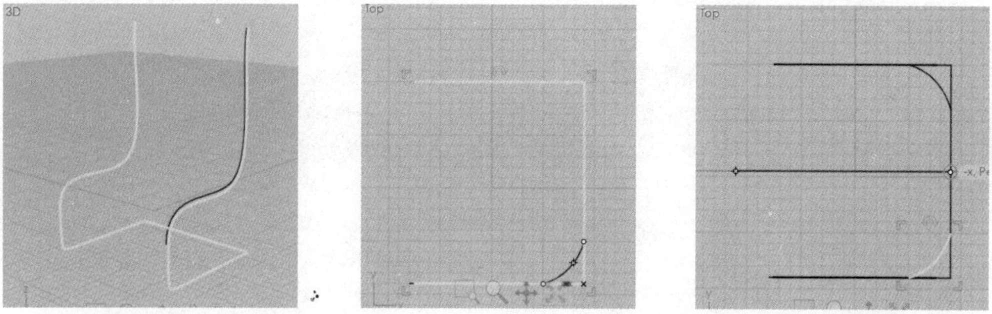

a）连接曲线　　b）绘制圆弧　　c）镜像圆弧

图 12-151　绘制圆弧并镜像复制

选择曲线和两段弧线，应用【修剪】命令，删除构成直角的线条。同样地，把这些曲线结合成为一体，如图12-152所示。

6）显示出背板，确定椅背的高度，再隐藏它。在右视图中绘制一段曲线，跨接椅背处，将来使用它切割背板。你也可以显示出控制点，调节曲线的形状，如图12-153所示。

选择这些曲线，应用【修剪】命令，修剪高出的线条，如图12-154所示。

7）再次显示出背板，观察所绘制线条的位置。选择背板，应用【布尔：合并】命令，去除多余的背板，如图12-155所示。

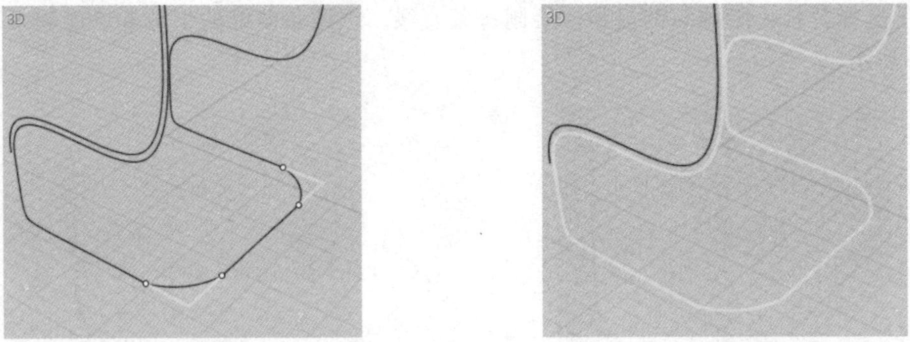

a）修剪直角　　b）连接曲线

图 12-152　修剪曲线并连接

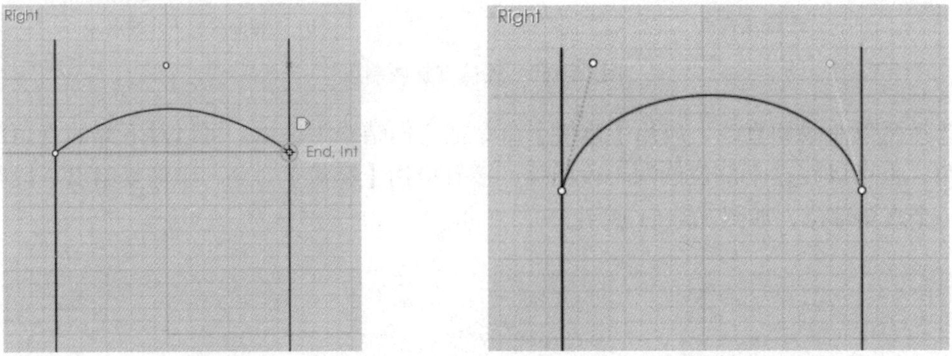

a）绘制曲线　　b）调节曲线

图 12-153　绘制跨接曲线

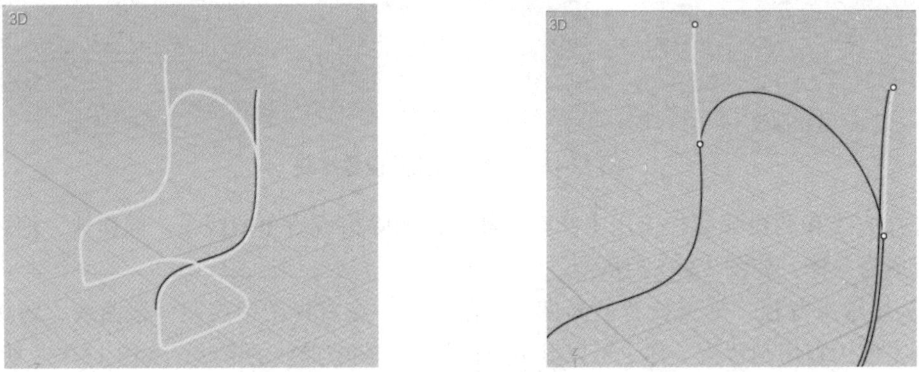

a）选择曲线　　b）修剪掉多余的线条

图 12-154　修剪曲线

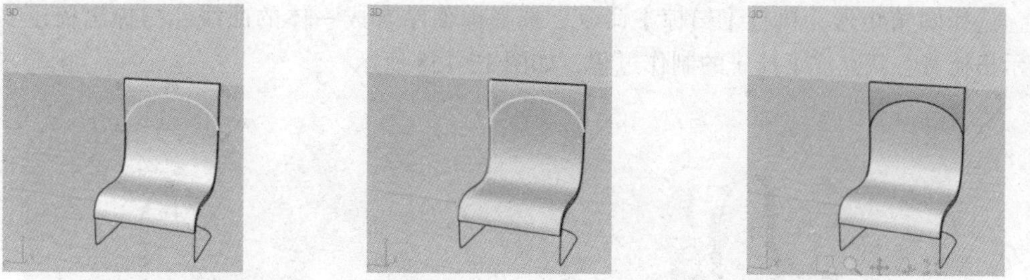

a）显示背板　　b）合并背板和曲线　　c）删除多余部分

图 12-155　去除多余背板

8）观察椅背处曲线的位置，在不同视图中作相应的调整。隐藏背板，如图 12-156 所示。

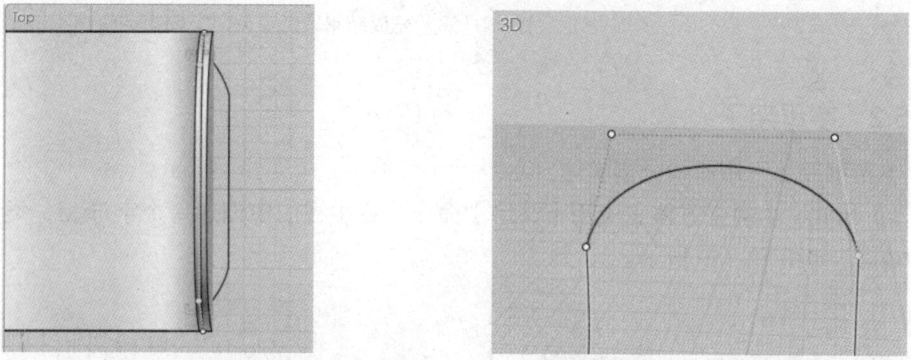

a）俯视图中调节曲线　　b）3D 视图中的曲线形状

图 12-156　调节曲线

9）把曲线连接成为一个整体。在俯视图中，绘制一个有带小圆角的矩形，椅子采用方管比圆管要稳当些，如图 12-157 所示。

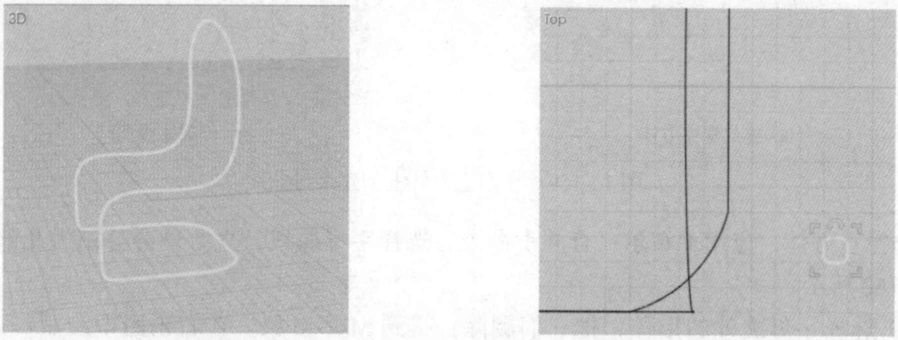

a）连接曲线　　b）绘制圆角矩形

图 12-157　连接曲线为一体

选择圆角矩形，执行【扫掠】命令，选择前面结合成一体的曲线，扫掠出椅子支架。显示出椅背，就完成了椅子的制作过程，如图 12-158 所示。

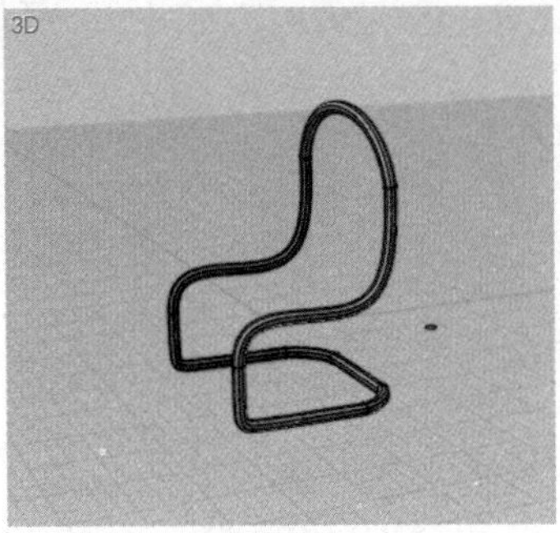

a）扫掠出椅子支座

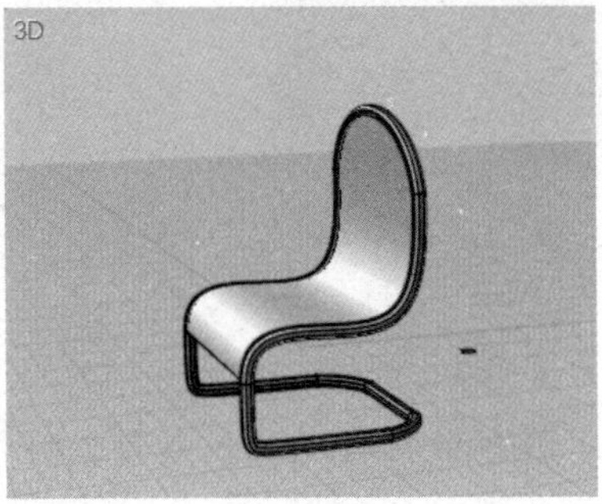

b）一把椅子

图 12-158 完成结果

12.5.2 字母架子

本例继续练习用曲线分割实体。

1）拖放一个扁立方体。应用【文字】命令，在主视图中创建一个字母 M，类型为曲线（Curves），如图 12-159 所示。

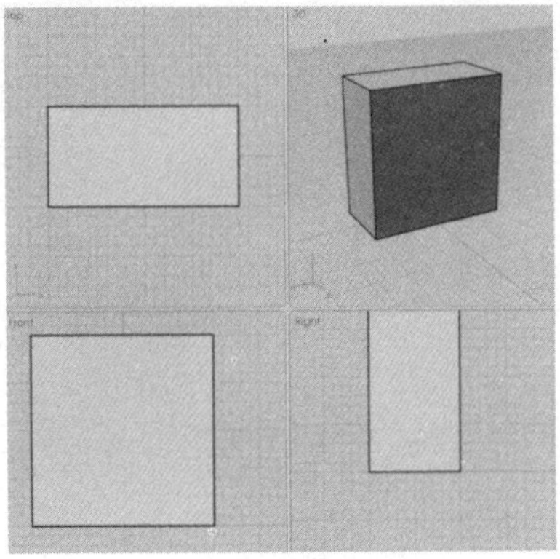

a）拖放扁立方体

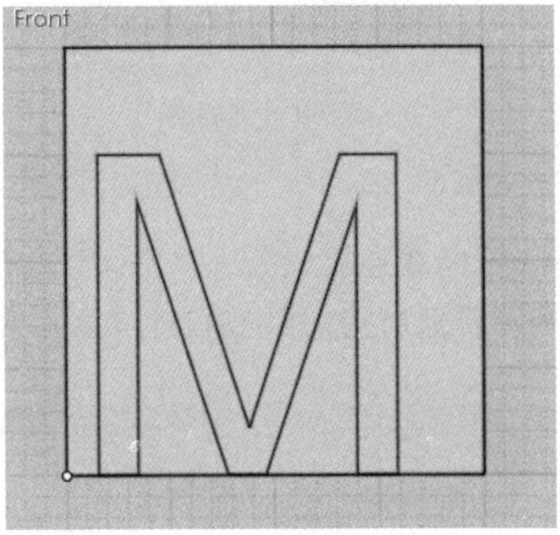

b）创建字母曲线

图 12-159 在扁立方体上创建字母曲线

选择立方体，应用【布尔：合并】命令，选择字母曲线，立方体会分割为几部分，如图 12-160 所示。

2）选择字母之外的形体，把它们删除，得到 M 形对象。在右视图中绘制一条曲线，显示出控制点，调节曲线的形状。然后选择这条曲线，执行【镜像】命令，镜像复制出一条曲线，如图 12-161 所示。

a）选择立方体　　b）选择字母曲线　　c）分割立方体

图 12-160　分割立方体为几部分

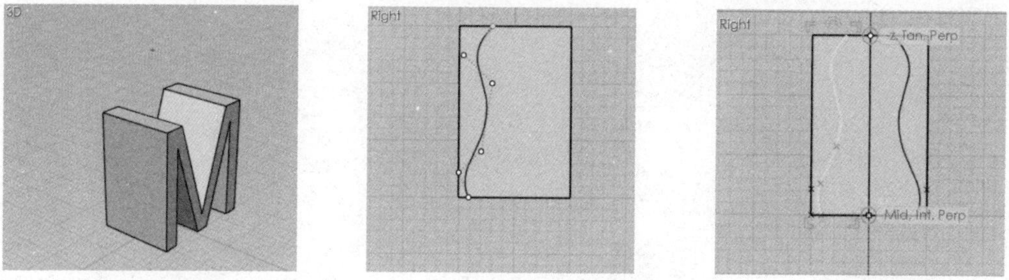

a）M 形体　　b）绘制曲线　　c）镜像复制曲线

图 12-161　删除多余形体并绘制曲线

3）选择 M 形体，执行【布尔：合并】命令，选择两条曲线，分割形体后，把多余部分删除，如图 12-162 所示。

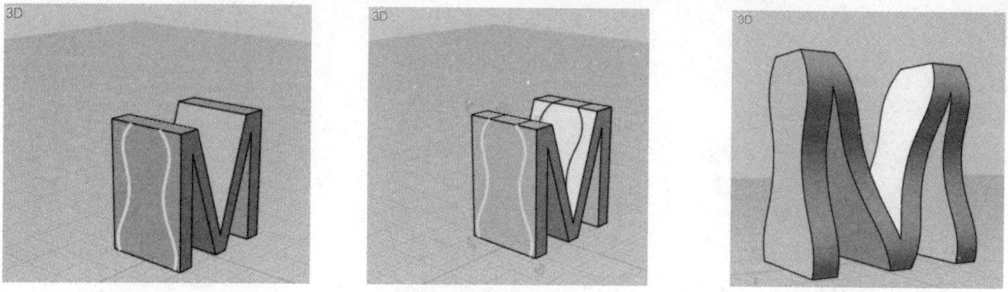

a）合并 M 形体与曲线　　b）分割形体　　c）删除多余部分

图 12-162　分割形体

在右视图中选择一条边线，应用【偏移】命令，向内偏移出曲线。有可能偏移的曲线端点没有落在下部边线上，应用【延伸】命令，使曲线延长，如图 12-163 所示。

选择偏移的曲线，应用【镜像】命令，镜像复制出另一条曲线。接着绘制一条直线，用来连接这两条曲线，如图 12-164 所示。

4）选择 M 形体，执行【布尔：合并】命令，选择两条曲线和直线，继续分割这个形体。

然后，选择不需要的部分，删除，得到最终的 M 形架子，如图 12-165 所示。

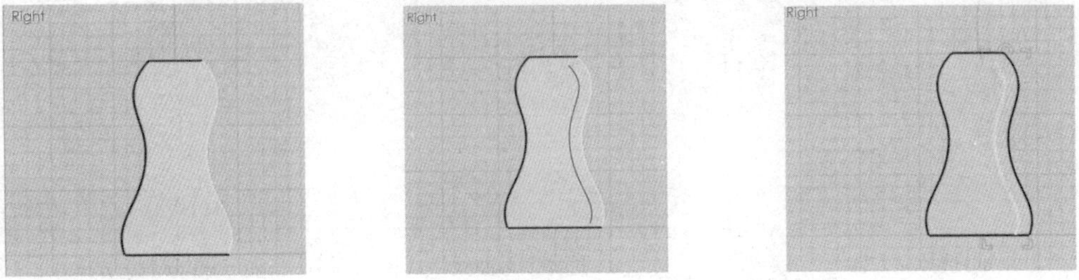

a）选择边线　b）偏移边线　c）延伸曲线

图 12-163　偏移曲线

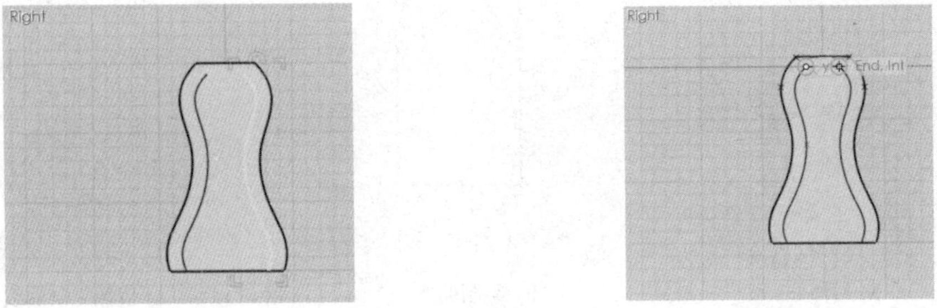

a）镜像复制曲线　b）绘制直线

图 12-164　用直线连接曲线

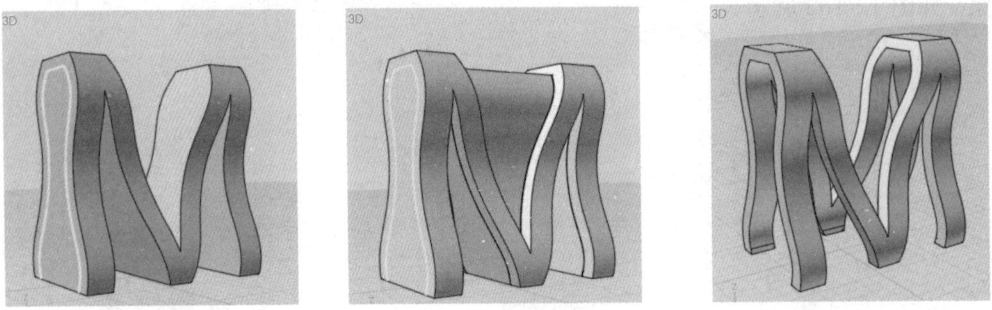

a）选择 M 形体　b）合并形体和曲线　c）M 形架子

图 12-165　最终结果

12.5.3　吊钩

本例练习制作简单的吊钩，主要探讨对象之间不同的连接方法。

1）在俯视图中绘制一个圆形和一条曲线，调节曲线的形状，使之像一个钩子。再绘制一个半径为 1 的小圆，执行【扫掠】命令，分别选择圆形和曲线作为轨迹曲线，扫掠出圆环和钩子形体，如图 12-166 所示。

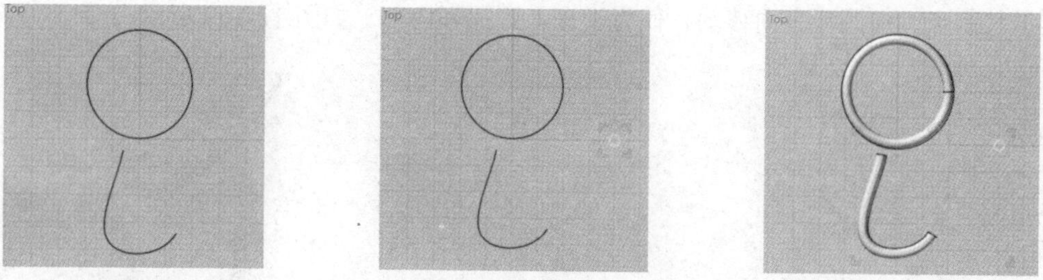

a）绘制圆形和曲线　　b）绘制小圆　　c）分别扫掠出圆环和钩子

图 12-166　扫掠得到钩子形体

2）隐藏所有曲线，现在要把钩子和圆环结合到一起。选择钩子，移动它，使之与圆环接触，然后应用【布尔：并集】命令，把它们结合为一体。可以选择结合处的边线，执行倒圆角操作，这是最简单的连接对象的方式，如图 12-167 所示。

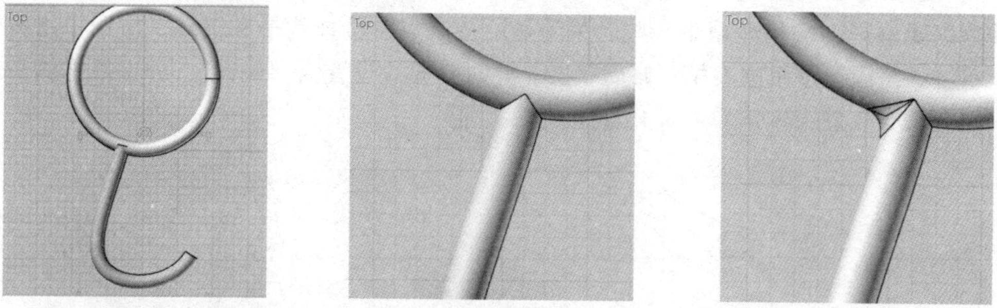

a）移动钩子的位置　　b）布尔并集　　c）倒圆角

图 12-167　结合钩子和圆环为一体

3）回退到没有移动钩子时的状态。选择钩子，应用【分离】命令，把它分解成由曲面构成的对象。选择两个圆形端面，按 Delete 键将它们删除，如图 12-168 所示。

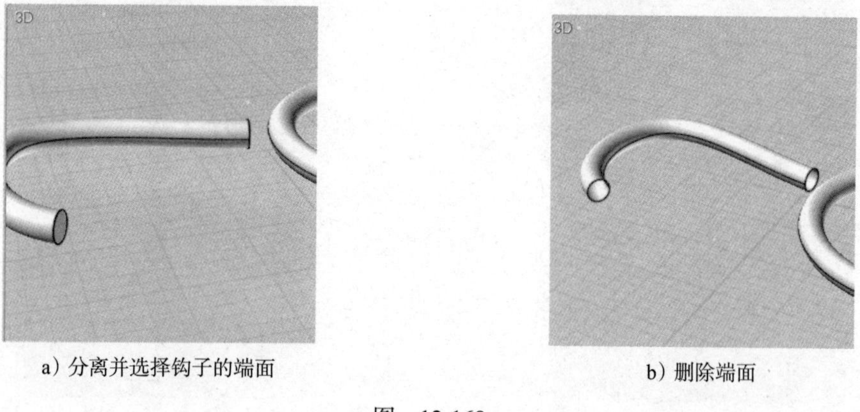

a）分离并选择钩子的端面　　b）删除端面

图　12-168

选择钩形圆管，应用【显示点】按钮，显示出圆管的控制点。在某个视图中，选择前两排的控制点，向圆环方向移动，使管子深入到圆环内部，如图 12-169 所示。

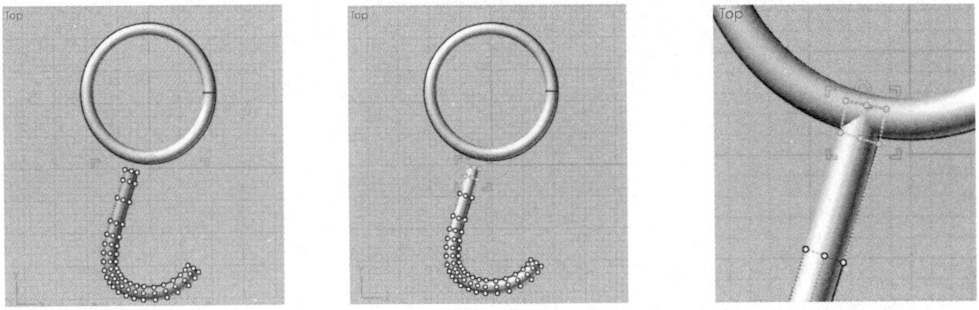

a）显示控制点　　b）选择两排控制点　　c）移动控制点

图 12-169　使管子深入圆环内部

4）现在，圆管有多余的部分深入到了圆环中。另外，钩子前端与圆环的直径相同，可以使用编辑框把前端稍微缩小一些。关闭显示控制点，选择钩子和圆环，应用【修剪】命令，单击“完成”按钮进入相互修剪状态。此时，模式设置为“保留”，分别单击钩子和圆环，则会修剪多余的部分，如图 12-170 所示。

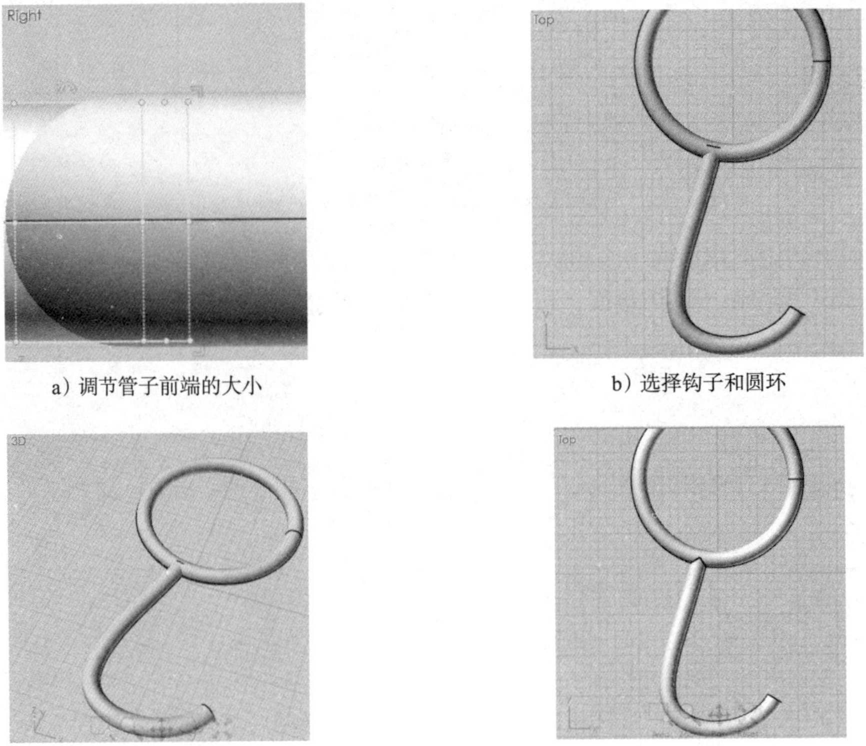

a）调节管子前端的大小　　b）选择钩子和圆环

c）相互修剪　　d）去除多余部分

图 12-170　修剪掉多余部分

5）相互修剪之后，场景浏览器中应该没有实体对象了。选择钩子和圆环，执行【连接】命令，把两部分结合起来。这个过程在屏幕上看不出什么，不过，单击某个部分就能选中整个对象。接下来，选择钩子与圆环连接处的边线，应用【倒圆角】命令，给定适当的圆角半径值，就完成了两个对象的接合过程，如图 12-171 所示。别忘了，钩子的另一端面是开口的，可以生成一个平面来封闭它。

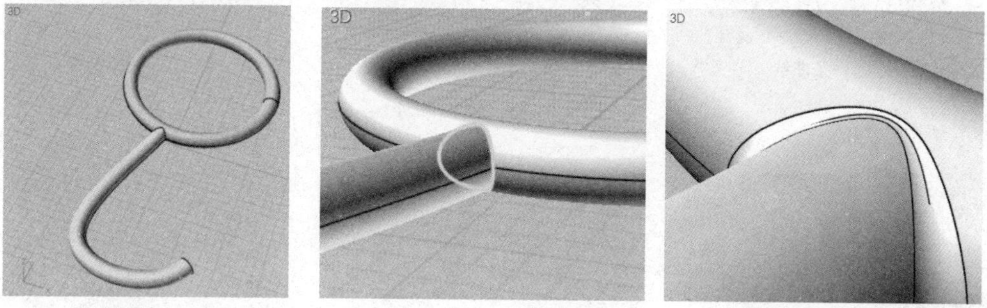

a）连接两个对象　　b）选择接合处的边线　　c）倒圆角

图 12-171　为接合处倒圆角

6）再次回退到没有移动钩子时的状态，此时，钩子和圆环是实体对象。稍微移动钩子，使它靠近圆环，但不接触到圆环。对钩子执行【分离】命令，然后选择靠近圆环的端面，将它删除，如图 12-172 所示。

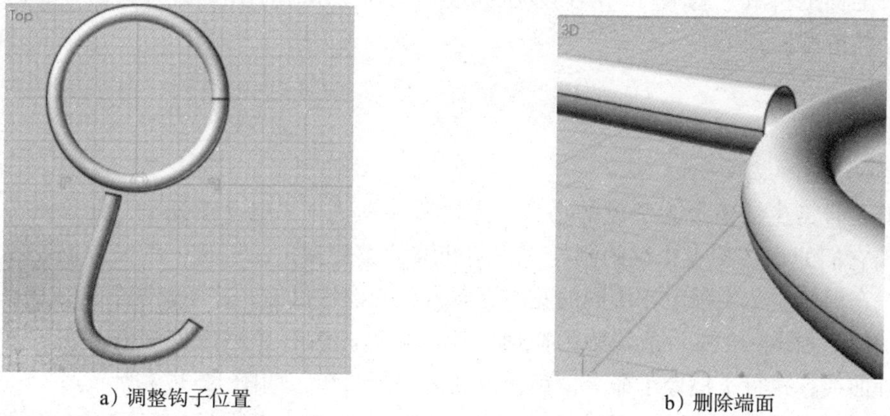

a）调整钩子位置　　b）删除端面

图 12-172　调整钩子

接下来，在俯视图中绘制一条曲线，注意这条曲线要与圆环有部分重合。选择圆环，应用【修剪】命令，模式设为“去除”，单击小部分的曲面，将它删除，如图 12-173 所示。

7）隐藏所有曲线。选择圆环上的缺口边线和钩子前端的边线，应用【混合】命令，调节膨胀参数，混接曲面。此处有一些参数可以控制混接曲面的形状，调节它们直到满意为止。然后把三段曲面连接起来，成为一个整体，如图 12-174 所示。

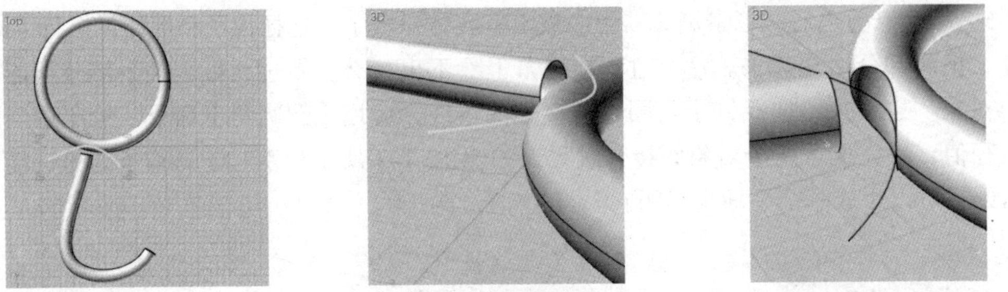

a）绘制一条曲线　　b）修剪圆环　　c）挖去一块曲面

图 12-173　修剪圆环

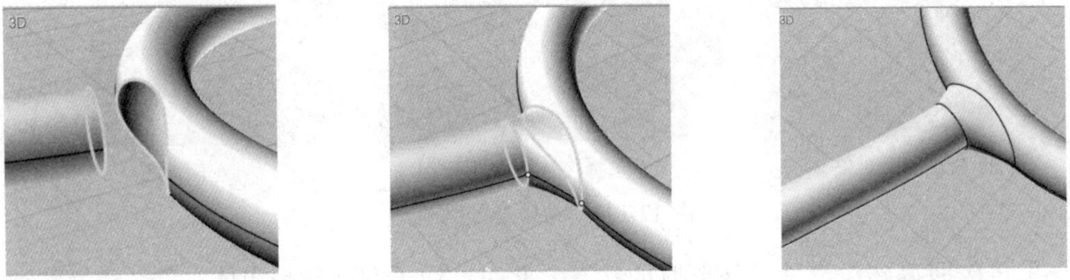

a）分别选择边线　　b）混接曲面　　c）连接曲面成为一体

图 12-174　连接三段曲面为一个整体

通过上面的讲解，基本可以明白要根据建模的需求应用不同的连接方法，从而来实现最终产品的造型。

12.6　轮胎

轮胎是日常生活中极为常见的物品，无论是共享单车、电动摩托车，还是汽车上的轮胎。制作它们的难点在于花纹的制作。轮胎花纹种类繁多，我们选一种简单的花纹来练习制作小汽车的轮胎。实际上，不同的花纹有着自己的设计目的，并不是随便生成的。

1）在俯视图中绘制一条轮胎的截面曲线的半边，然后显示出控制点，调节曲线的形状。选择曲线，执行【镜像】命令，镜像复制另一半曲线，如图 12-175 所示。

选择两条曲线，应用【连接】命令，把它们结合成为一条曲线。显示出截面曲线的控制点，选择胎面中间的控制点，将它删除，否则将来旋转成轮胎时，胎面会分成两个曲面，如图 12-176 所示。

2）选择截面曲线，应用【旋转】命令，确定旋转轴的起点和终点后，就会旋转出轮胎的形体，如图 12-177 所示。

3）下面依然会应用【流动】命令来制作轮胎的花纹。先制作基准平面，选择轮胎形体，命名为“luntai”。由于历史更新的原因，直接调节截面曲线会改变轮胎的形状，所以要选择轮胎的截面曲线，按 Ctrl+C 和 Ctrl+V 复制出一条同样的曲线。先在视图的空白区域单击取消所有选择，再单击截面曲线，将其向外移动。显示出复制曲线的控制点，接下来要把曲线拉直，大致确定基准面的宽度，如图 12-178 所示。

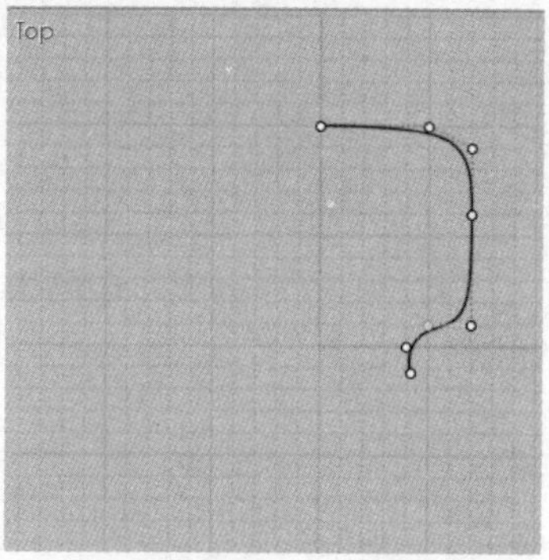

a）绘制半边截面曲线

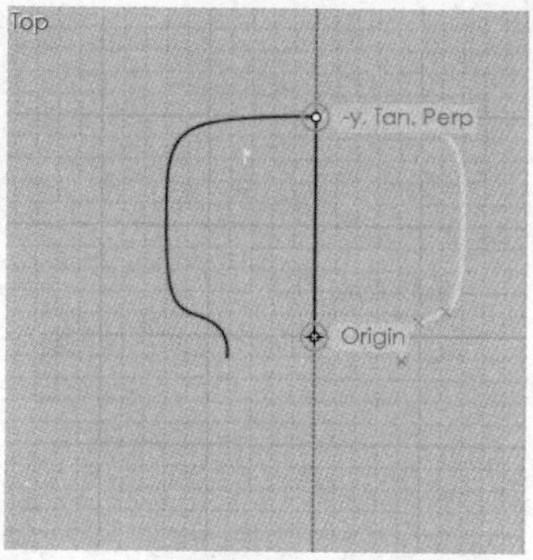

b）镜像复制另一半曲线

图 12-175 绘制轮胎截面曲线

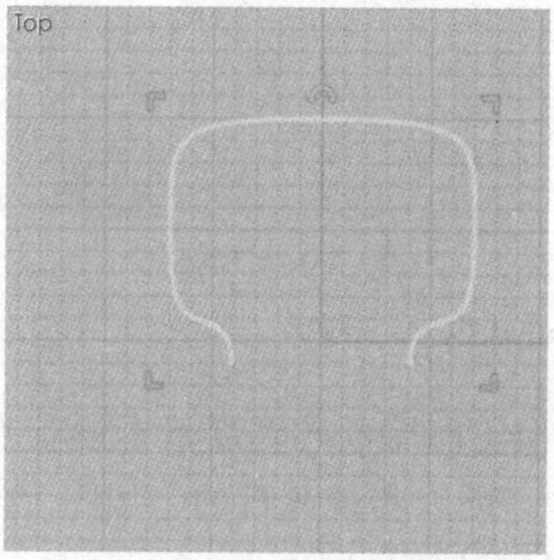

a）连接两条曲线

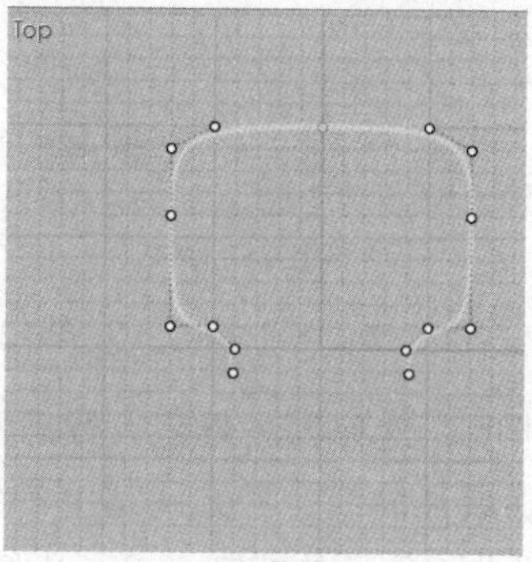

b）显示控制点

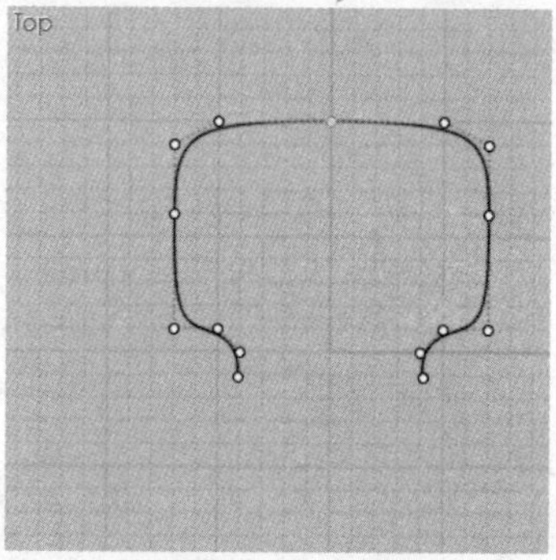

c）选择胎面中间的控制点

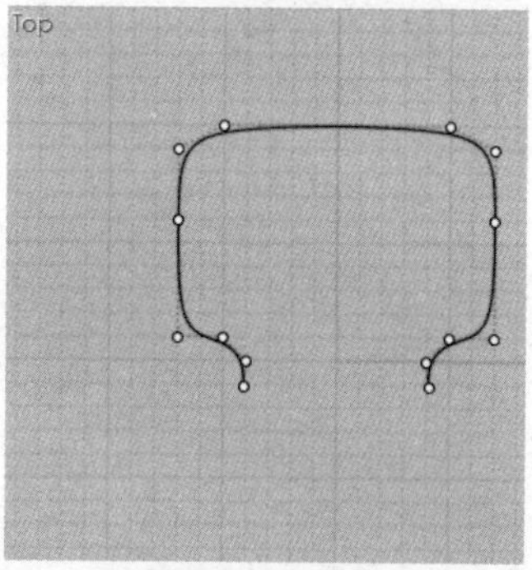

d）删除中间的控制点

图 12-176 连接为一条曲线

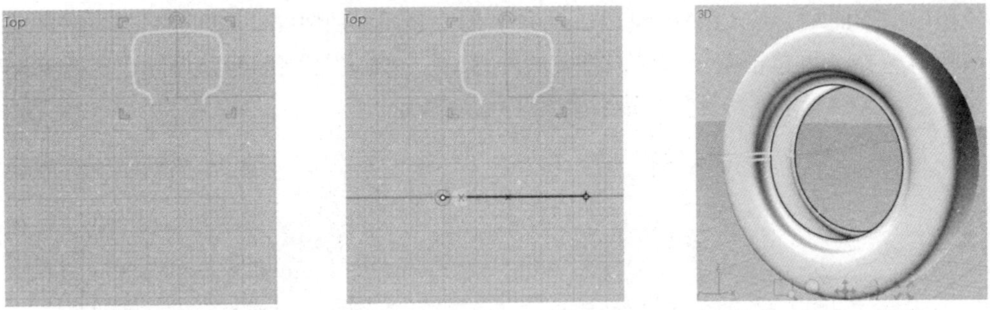

a）选择截面曲线　　b）确定旋转轴　　c）旋转出轮胎形体

图 12-177　旋转出轮胎的形体

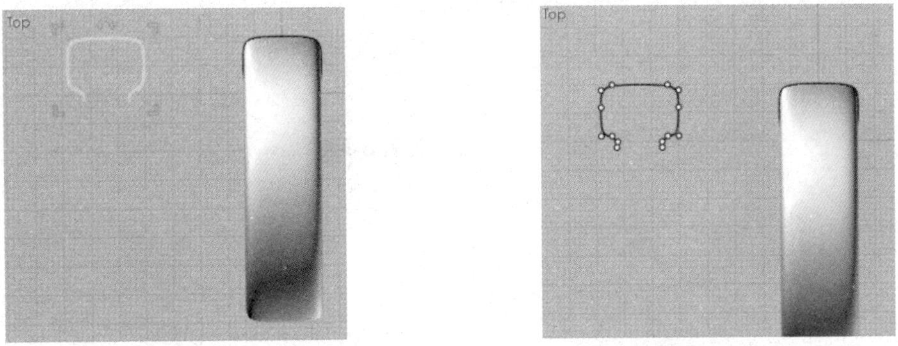

a）移出复制的曲线　　b）显示出控制点

图 12-178　复制截面曲线并移出

先声明，这种方法只是大致确定了直线的宽度，但轮胎胎面的宽度基本没有改变，如果要精确展开曲线，官方网站上有针对此功能的脚本，可以实现此目的。如图 12-179a 所示，选择曲线侧面的控制点，利用编辑框的旋转图标旋转这些控制点。

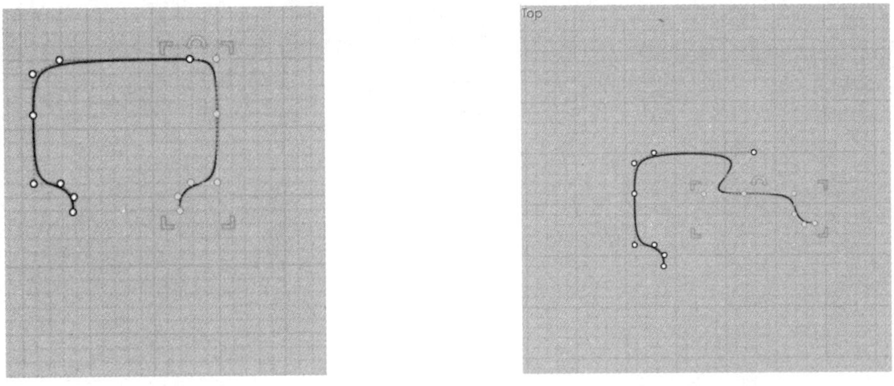

a）选择曲线侧面的控制点　　b）旋转控制点

图 12-179　控制点可旋转

旋转控制点之前，应该记住最上面控制点的位置。现在把它移回原位，其他的控制点会保持最初的线形。将尾端的三个控制点相应地移上去，差不多与左边齐平即可，如图 12-180 所示。

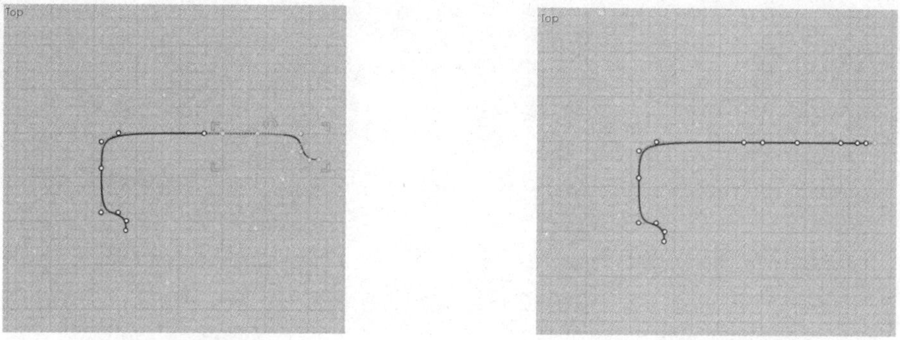

a）移动最上面控制点回原位　　b）调节尾端的控制点

图 12-180　调节控制点

对左侧的曲线控制点执行相同的操作，把曲线展平，如图 12-181 所示。

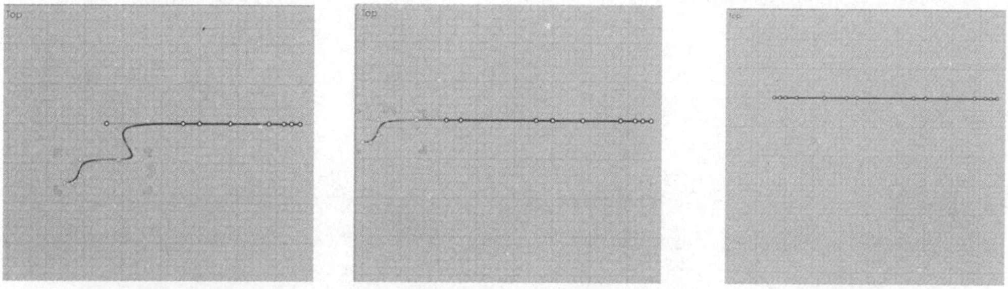

a）旋转左侧面的控制点　　b）移回上面的控制点　　c）展平曲线

图 12-181　展平曲线

4）有了基准曲面的宽度，还需要确认它的高度，这个高度应该是轮胎胎面的周长。在右视图从轮胎中心向胎面画一条直线，确认半径值为 25，周长 = $\pi D = 3.14 \times 2 \times 25 = 157$，确定过程如图 12-182 所示。

选择展平的直线，应用【拉伸】命令，拉伸距离设为 157，拉伸出基准平面。只是，这个平面在主视图中是向上的，而我们希望它在俯视图中是平铺的。选择这个平面，执行【视图 / 视图】命令，把它映射到俯视图中，如图 12-183 所示。

5）隐藏所有曲线对象，接下来制作轮胎花纹。在网上搜索一下轮胎花纹的图片，使用 Illustrator、CorelDRAW、Photoshop 等工具描绘图片，得到格式为 .ai 的矢量图形。当然，也可以在 MoI3D 中描绘出轮廓。这里使用了导入 .ai 文件的方法，如图 12-184 所示。

选择基准平面，显示出控制点，能够看到将来胎面的宽度。导入的图形要摆放到这个区域中，拉伸成为实体，如图 12-185 所示。

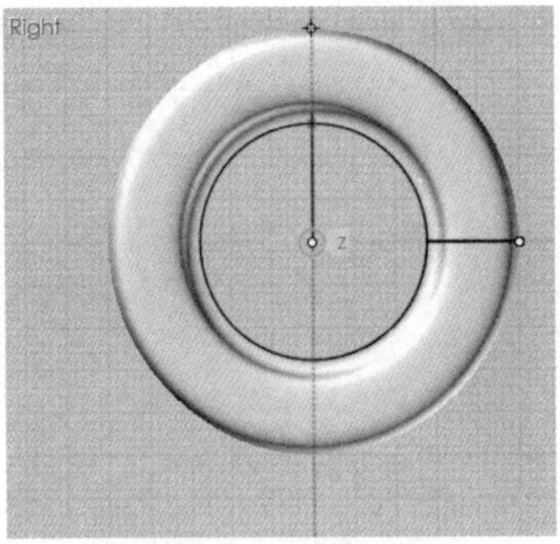

a）绘制一条过中心的直线

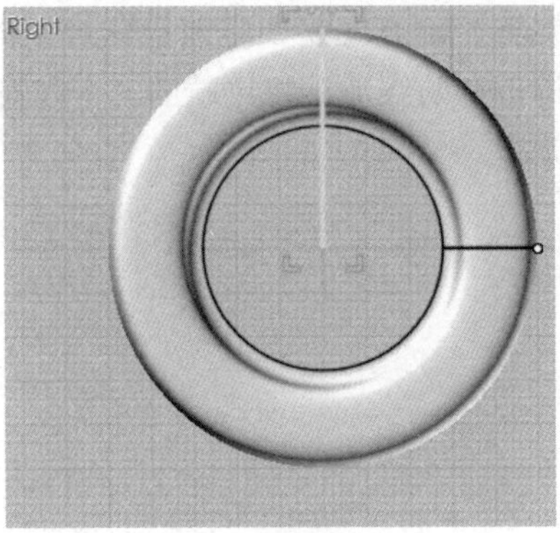

b）确定半径值

图 12-182　确定曲线半径

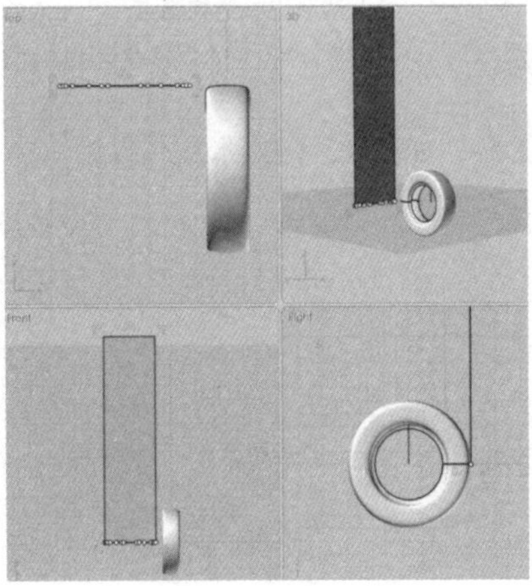

a）拉伸出基准面

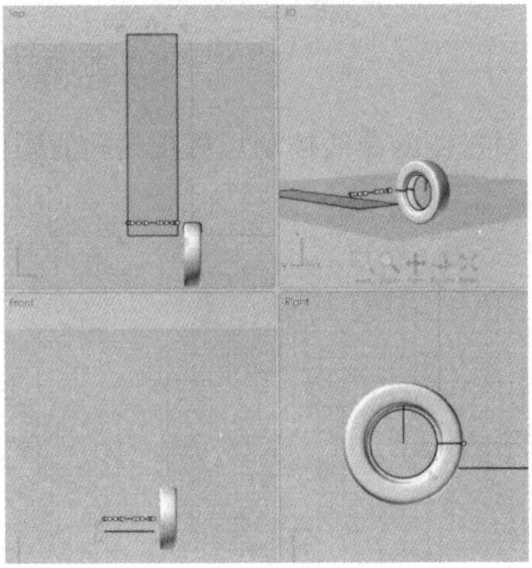

b）映射基准面到俯视图

图 12-183　映射

a）轮胎花纹

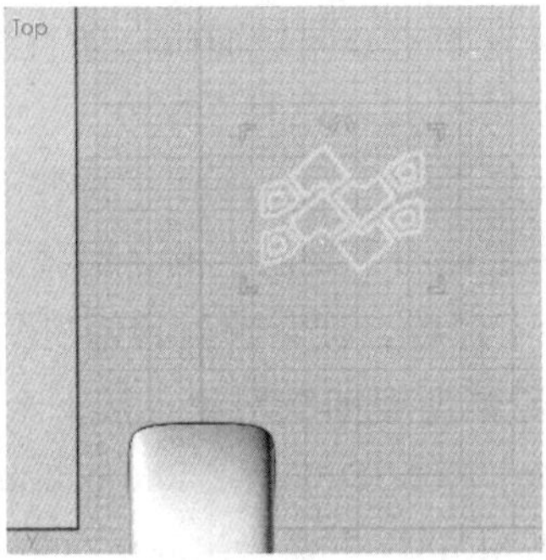

b）导入的图形

图 12-184　导入轮胎矢量图形

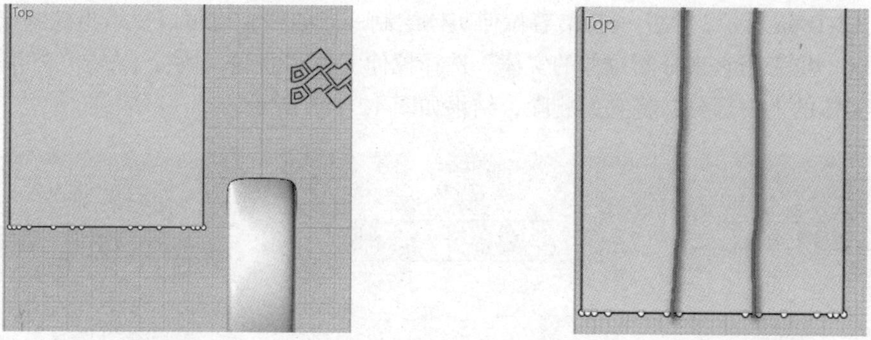

a）显示基本平面的控制点　　b）将来的胎面区域

图 12-185　显示基准平面的控制点

在俯视图中把花纹图形摆放到胎面区域，并调整图形的大小。还要注意观察主视图，看看图形是否与基准平面平齐。如果不在一个平面上就移动图形，使之处于同一平面，如图 12-186 所示。

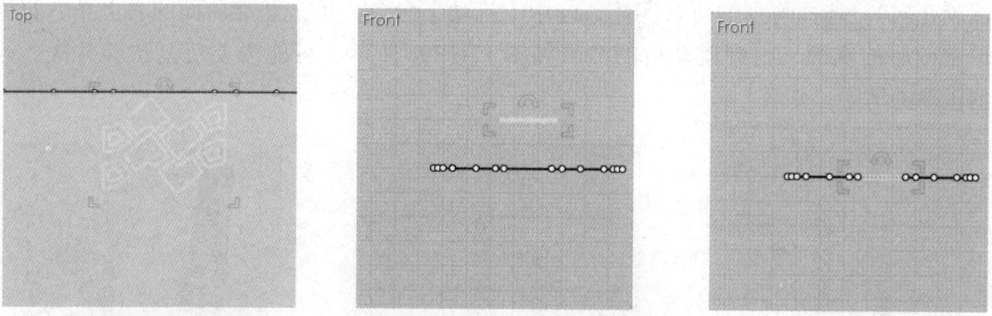

a）摆放花纹图形　　b）图形与基准平面不在一个平面　　c）调整位置

图 12-186　把花纹图形放到胎面区域

6）选择花纹图形，应用【拉伸】命令，拉伸距离设置为 2，拉伸出实体，如图 12-187 所示。

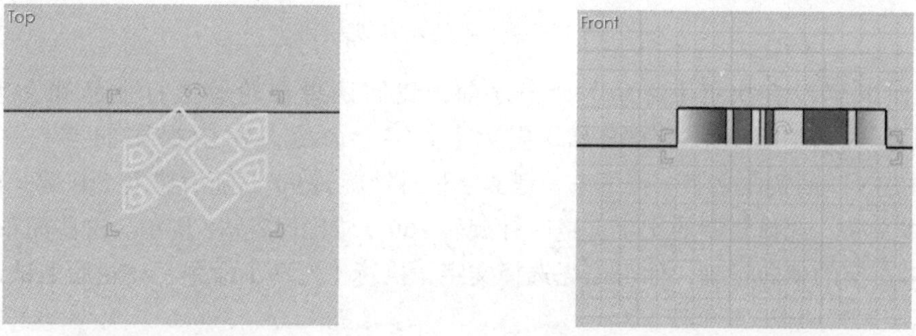

a）选择花纹图形　　b）拉伸出实体

图 12-187　拉伸出花纹实体

如图 12-188a 所示，在主视图沿着拉伸实体绘制一条曲线，也可以显示出控制点，调节曲线的形状，将来用它来分割拉伸的实体。选择拉伸实体和曲线，执行【布尔：合并】命令，随后选择实体的上面部分，将它们删除，结果如图 12-188 所示。

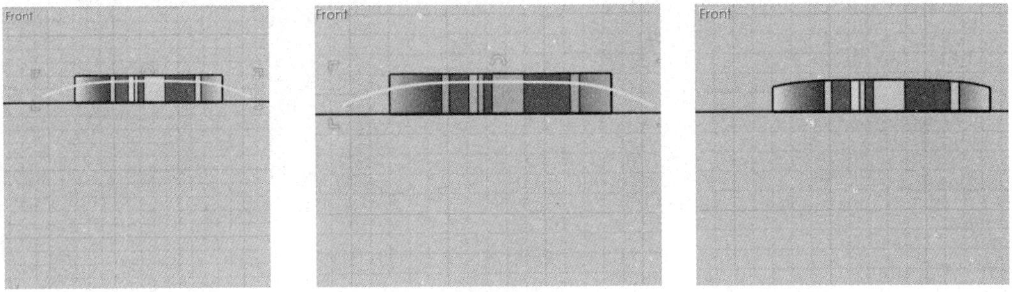

a）绘制一条曲线　b）合并拉伸实体和曲线　c）删除实体上面部分

图 12-188　删除实体多余部分

选择拉伸实体，应用【直线阵列】命令，数量以铺满基准平面的高度方向为宜（可能需要试验几次）。选择阵列的所有实体，应用【流动】命令，单击基准曲面的右上角，目标曲面单击轮胎的侧面，得到流动后的结果如图 12-189c 所示。可能需要反复试验几次，才能得到正确的结果。

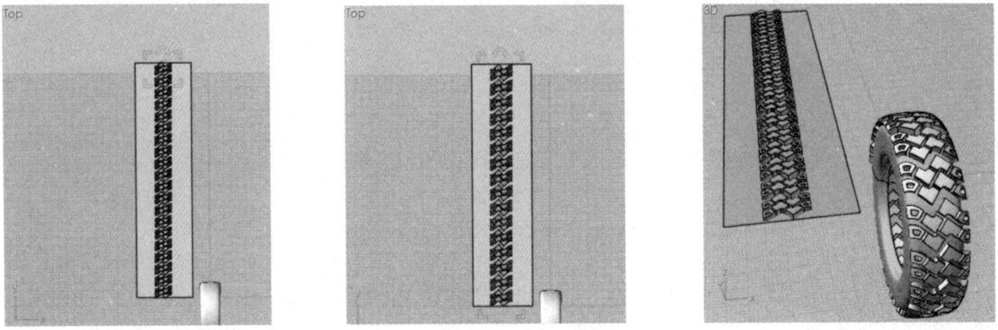

a）直线阵列花纹实体　b）选择全部花纹实体　c）流动得到的结果

图 12-189　阵列并流动实体

7）回退到没有执行【流动】命令之前，我们还想在轮胎上打上品牌文字，例如 MICHELIN 或者 BRIDGESTONE 等。应用【文字】命令，在俯视图的空白区域创建“MICHELIN”的实体文字。接下来，把文字顺时针旋转 90º，随后按下 Ctrl 键，再复制出一行实体文字。选择复制的文字，逆时针旋转 180º，如图 12-190 所示。这些简单的操作，是使将来文字的朝向正确，你可以先选择文字，执行【流动】命令，在轮胎上试试得到的结果。

把两行文字分别移到基准面处轮胎花纹两侧，也就是将来轮胎侧面的区域，这比较容易判别出来。一个容易忽略的问题是文字没有落在基准平面上。要观察一下主视图，如存在这个问题，需要把文字下移，使它落于基准平面，如图 12-191 所示。

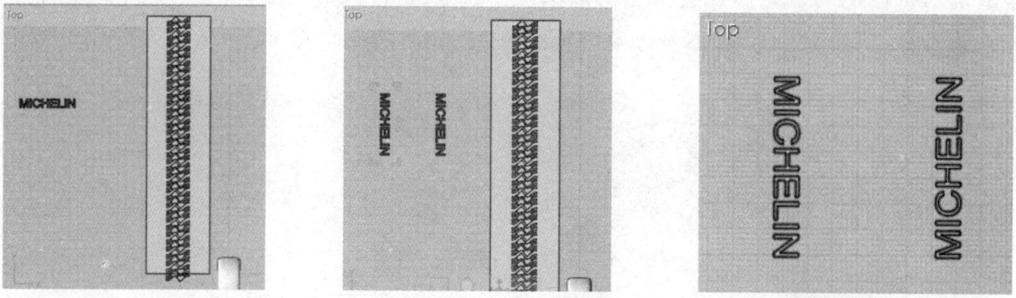

a）创建实体文字　b）复制实体文字　c）旋转复制出的文字 180º

图 12-190　绘制文字

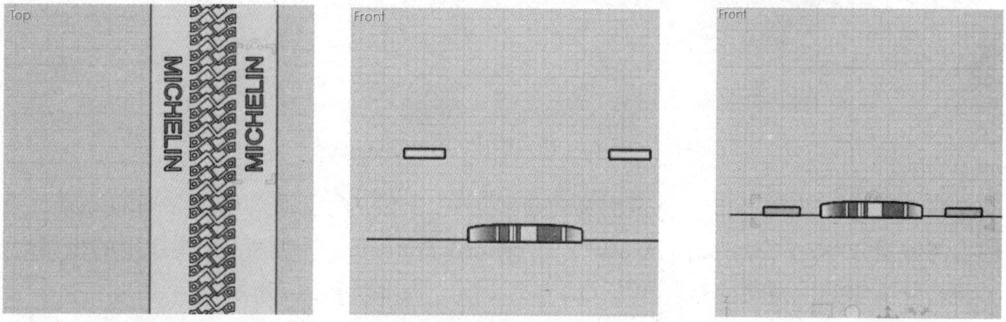

a）移动文字　b）实体文字远离基准面　c）下移文字

图 12-191　使文字落于基准平面

8）选择轮胎花纹和两行文字，执行【流动】命令，单击基准平面的一角，然后在轮胎侧面单击（单击的位置是至关重要的，如果正确的话，就会把花纹实体和文字流动到轮胎上面），得到如图 12-192c 所示的轮胎。

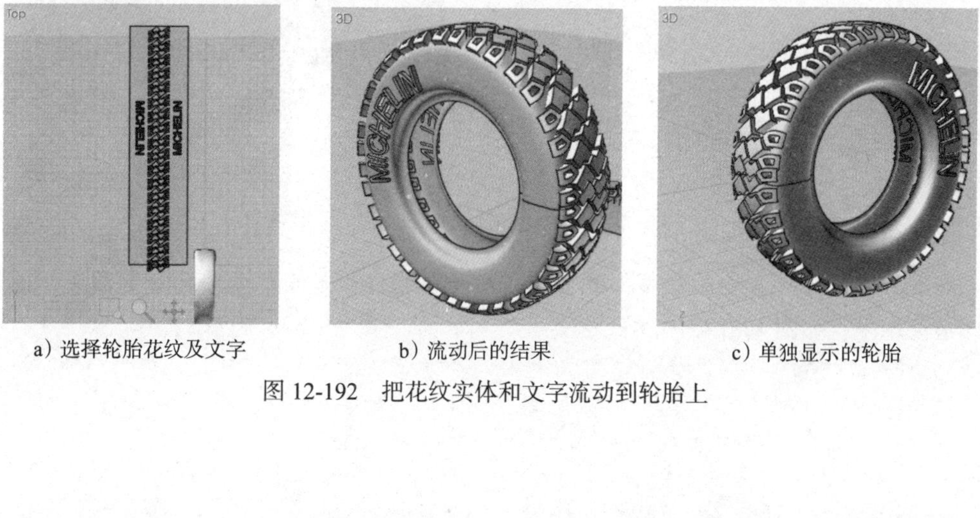

a）选择轮胎花纹及文字　b）流动后的结果　c）单独显示的轮胎

图 12-192　把花纹实体和文字流动到轮胎上

9）下面使用 KeyShot 渲染器渲染轮胎模型。因为它与 3D 打印的关系不大，这里只演示模型渲染后的效果。选择整个轮胎模型，执行【文件：输出】命令，在输出对话框中保存类型设置为 .obj 格式，并命名文件，如图 12-193 所示。

a）选择轮胎模型

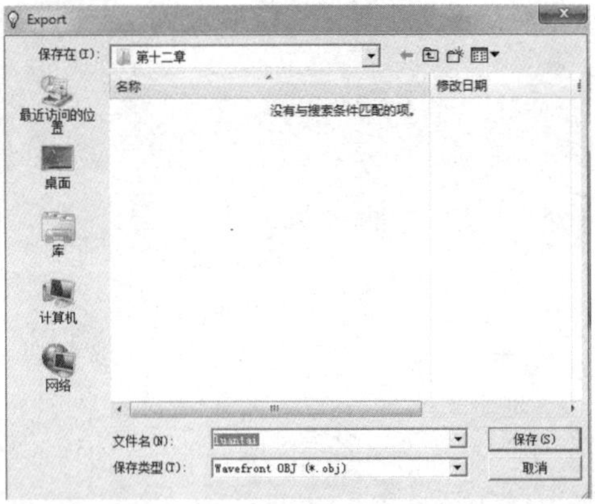

b）输出类型为 .obj

图 12-193　输出 OBJ 文件

单击“保存”按钮，出现一个网格化选项。把选项中最上面的滑动条向右拖动，增加多边形的数量；“输出”（Output）选项设为“Quads&Triangles”，观察 3D 视图中的模型变化，模型将转化为多边形网格模型。单击 OK 按钮确定，如图 12-194 所示。

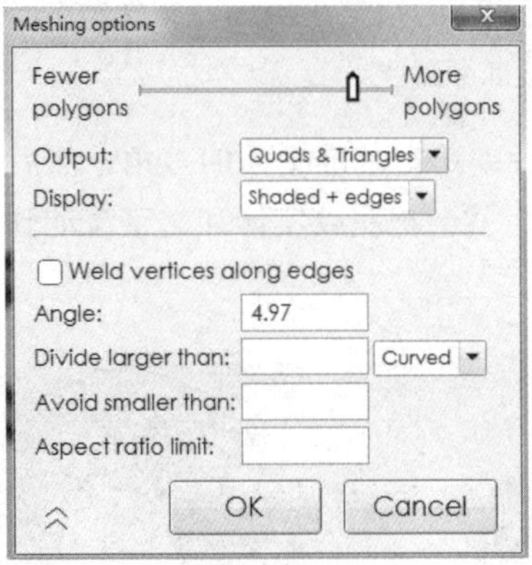

a）网格化选项

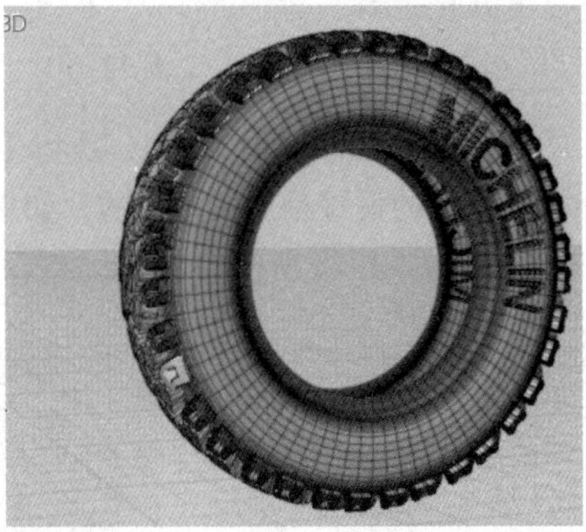

b）网格模型

图 12-194　设置网格

在 KeyShot 中导入轮胎模型，赋予它橡胶 – 轮胎材质。简单调节几个参数后，得到轮胎的渲染结果，如图 12-195 所示。

a）网格化选项

b）网格模型

图 12-195　轮胎最终效果

12.7　翼子板

MoI3D 虽然小巧，却拥有强大的建模能力，完全能够设计出汽车的外观。图 12-196 是 MoI3D 论坛中，国外人士使用这个软件设计出的汽车模型。从渲染出来的效果图看，车身的线形非常流畅。很多初学者也梦想着能够自己设计汽车模型，然而，真正构建汽车模型是比较复杂的过程，涉及诸多车辆方面的知识，以及要灵活运用建模软件中的多种命令，这需要对软件提供的命令有深刻的理解。因此，本教程并不会提供完整的设计汽车模型的教程，因为这不是适合初学者的内容。

图 12-196　MoI3D 设计出来的汽车模型

小轿车的车身通常有着复杂的曲面，翼子板是遮盖车轮的车身外板，因旧式车身上该部件形状及位置似鸟翼而得名。按照安装位置不同又分为前翼子板和后翼子板，前翼子板安装在前轮处，必须要保证前轮转动及跳动时的最大极限空间。本节通过构建汽车的前翼子板来讲解一些构造曲面的方法。前翼子板的形状和具体位置如图 12-197 所示。

a）翼子板大致形状　　b）雪铁龙 C6 汽车　　c）翼子板的位置

图 12-197　翼子板形状和位置

1）在网上搜索雪铁龙 C6 的三视图图片。要把图片置入 MoI3D 中作为参照，还需要使用图像处理软件，如 Photoshop 将其分割成三个视图。分割原则是去掉多余部分，使每个视图的图片只保留汽车部分，以便在 MoI3D 中按照三视图的原则对齐它们，如图 12-198 所示。这个过程略去。

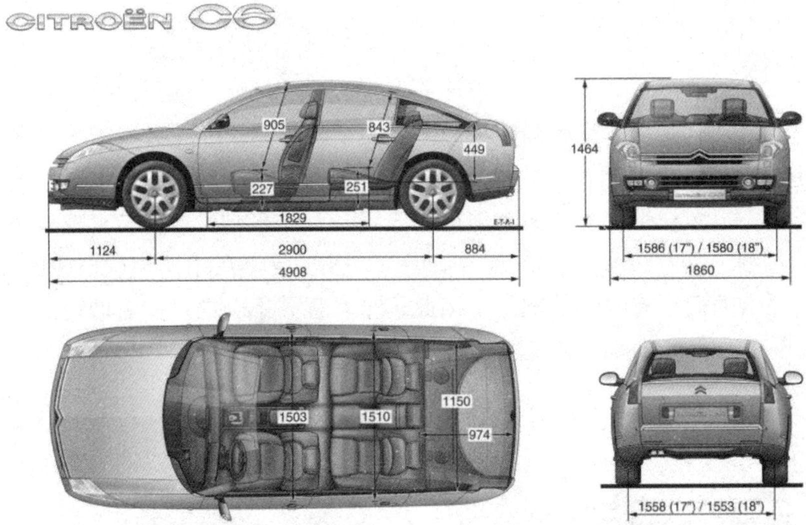

图 12-198　雪铁龙 C6 的三视图

在 MoI3D 中应用【图像】命令，将分割后的三个视图的图片分别放置到对应的视图中。注意要遵循三视图“长对正，高平齐，宽相等”的原则，依靠栅格正确对齐图片。然后可以移动图片的位置，双击视图配置标签中的右视图（Right），切换其为左视图。参照图 12-199 中的 3D 视图中的位置（不过这也不是标准位置，汽车建模一般以这种形式摆放三个视图的图片），作为建模时的参考。

摆放好三个视图的参考图片后，要对汽车进行分面，多观察汽车的实际构造，进一步理解具体的结构。

2）下面开始绘制曲线。单击视图配置标签中的主视图（Front），以单一视图显示。使用【自由曲线：通过点】命令绘制前翼子板的轮廓曲线。由于栅格捕捉功能是开启的，在绘制曲线时按下 Alt 键，允许临时关闭这个功能，能够在任意位置放置点。先沿着车门边沿绘制一条曲线，你可以选择刚绘制的曲线，使它突出显示，捕捉到曲线的端点，绘制第二条曲线，如图 12-200 所示。

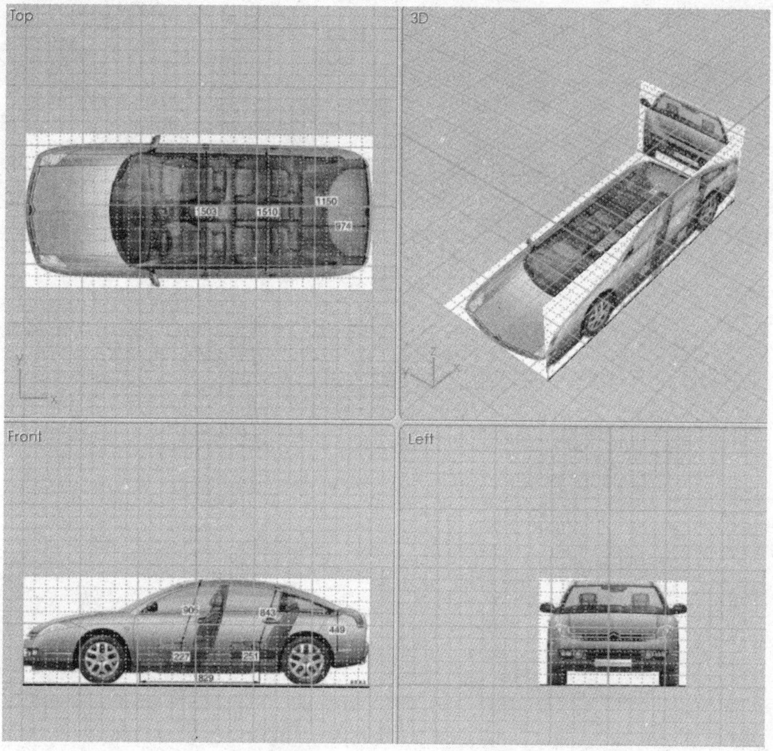

图 12-199 摆放图片的位置

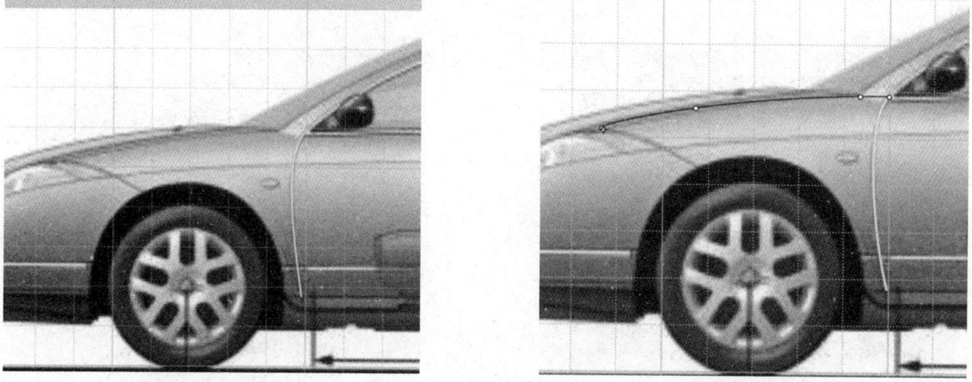

a）绘制车门边沿的曲线

b）绘制翼子板上部的曲线

图 12-200 绘制曲线

继续依照参考图片，顺次绘制头灯处和车轮处的曲线以及下部的短曲线，如图 12-201 所示。

a）绘制头灯处的曲线

b）绘制车轮处的曲线

c）绘制下部短曲线

图 12-201　继续绘制曲线

3）在一个正向视图中绘制的那些曲线，它们都位于同一个平面内，在俯视图和左视图中，分别将它们移动到车辆的侧面位置，如图 12-202 所示。

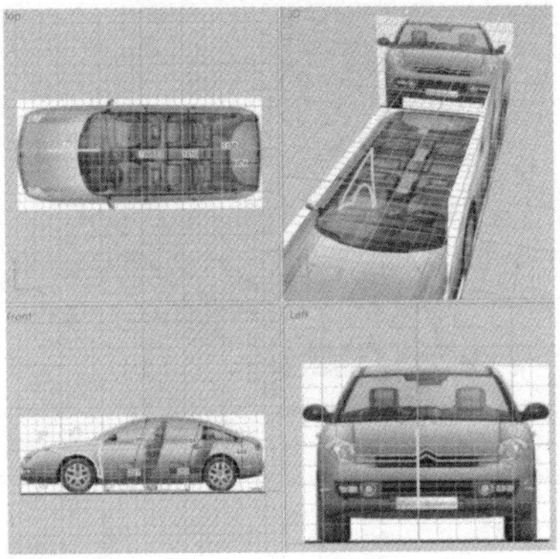

a）所绘制曲线的位置

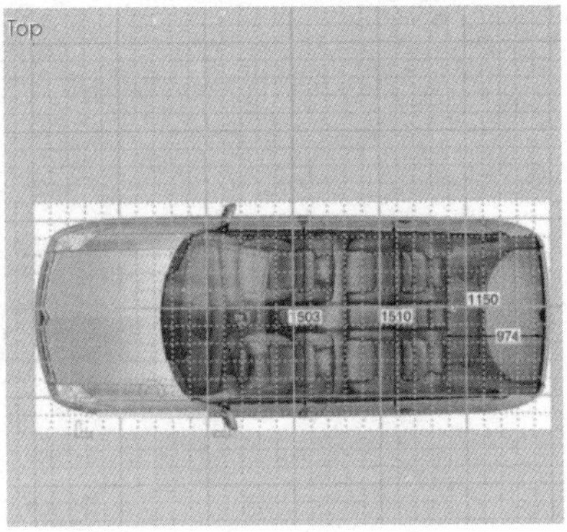

b）俯视图中移动的位置

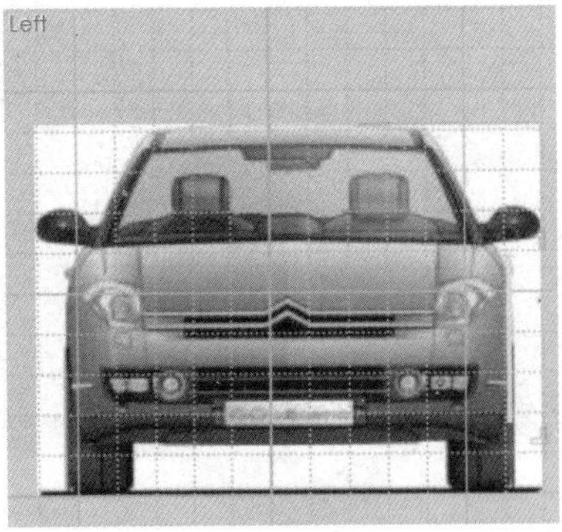

c）左视图中移动的位置

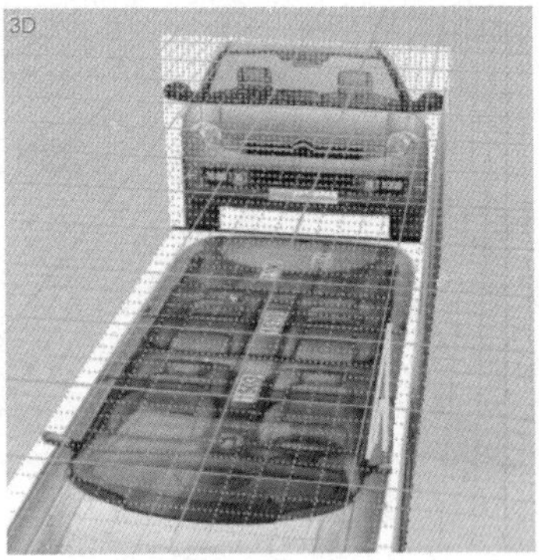

d）曲线在 3D 视图中的位置

图 12-202　移动调整曲线

选择全部曲线，执行【连接】命令，把它们结合为一个整体。接着应用【显示点】命令显示出曲线的控制点。要逐点调节，使曲线符合翼子板的形状。先调节俯视图中曲线的位置。方法是在3D视图中选择点，在俯视图中拖动。例如，将头灯位置的第一个尖点移动到如图12-203b所示的位置。

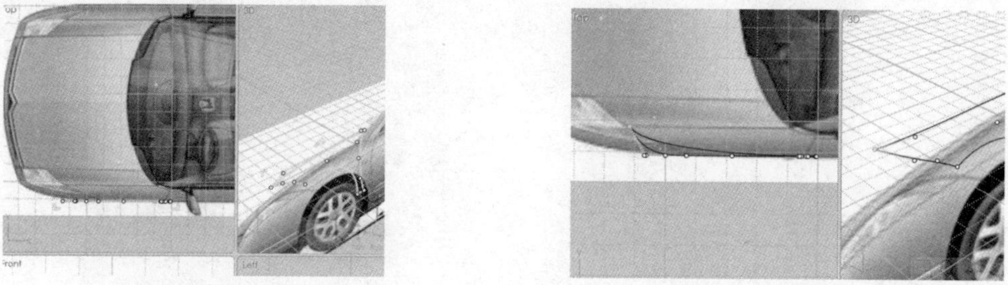

a）显示出曲线的控制点　　b）选择一点，在俯视图中对位置

图12-203　将曲线连接为一个整体

选择一个或几个控制点，拖动它们来调节曲线的位置，这是一个烦琐的过程。如果控制点不够，就添加控制点。参照图片中的位置调节曲线，同时还要观察其他正向视图，如有错位及时更正，如图12-204所示。

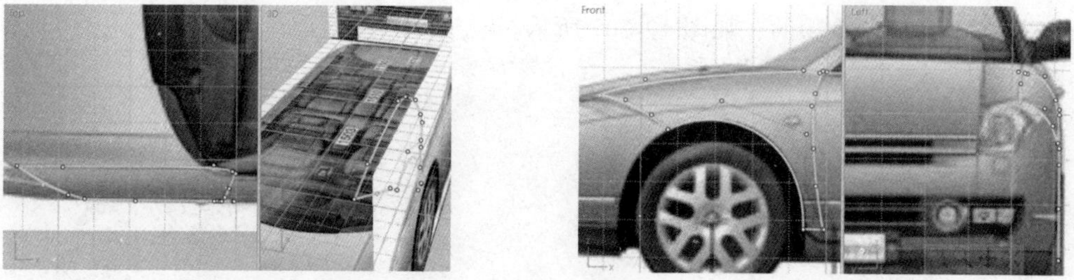

a）调整后的俯视图和3D视图　　b）主视图和左视图

图12-204　继续调整曲线的位置

4）执行【图像】命令，在命令选项区域中选择参考图片名称，单击【隐藏】按钮将它隐藏，要把三个参考图片都隐藏，只显示曲线，如图12-205所示。

a）图像命令选项　　b）隐藏一个参考图片　　c）只显示曲线

图12-205　只显示曲线

空间曲线有时在正向视图中的显示很怪异，因此主要以3D视图中的显示作为依据。可以旋转视图进行观察，如图12-206所示。

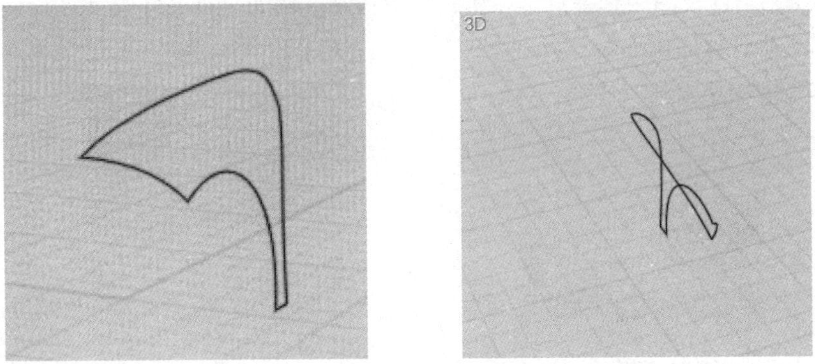

图12-206 3D视图中显示的曲线

5）选择整条曲线，应用【网格建面】命令，会提示运算错误，并不能生成曲线。此时，需要执行【分离】命令，把曲线分解为初始绘制时的状态，也就是一段一段的曲线。【网格建面】命令通常需要四条曲线构成的形状，所以，选择大灯和车轮处的曲线，执行【连接】命令，使之结合为一条曲线。顺次选择四条曲线，应用【网格建面】命令，此时虽生成了曲面，但不是我们所希望的，如图12-207所示。

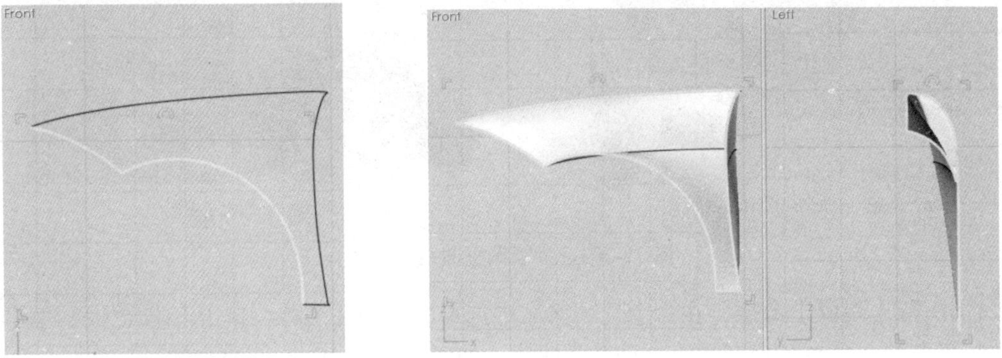

a）连接两条曲线　　b）生成的曲面存在缺陷

图12-207 网格建面

出现这种问题是由于车窗框架根部的曲线有转折。可以选择这条曲线，执行【修剪】命令，单击“添加修剪点”按钮，在顶部曲线的转折处添加一个修剪点，然后在此处剪断它，如图12-208所示。

选择车门处的曲线和与之相连的曲线，应用【连接】命令，把它们结合成一条曲线。然后，顺次选择四条曲线，应用【网格建面】命令，这次应该得到了正确的结果，如图12-209所示。

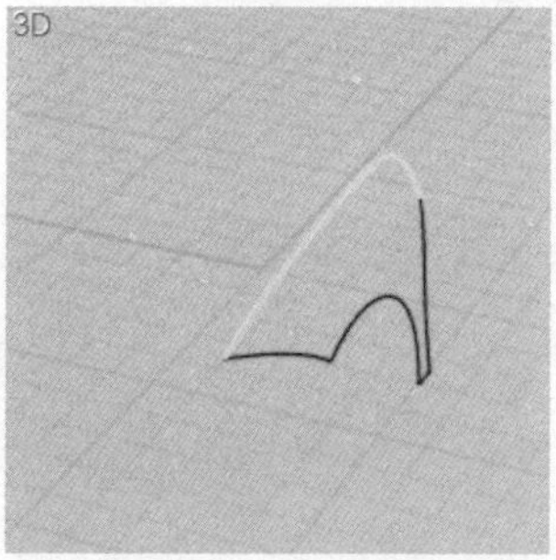

a）顶部曲线的转折

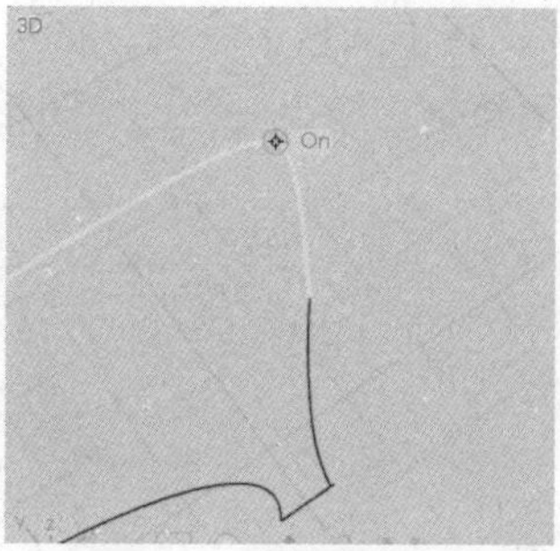

b）添加修剪点

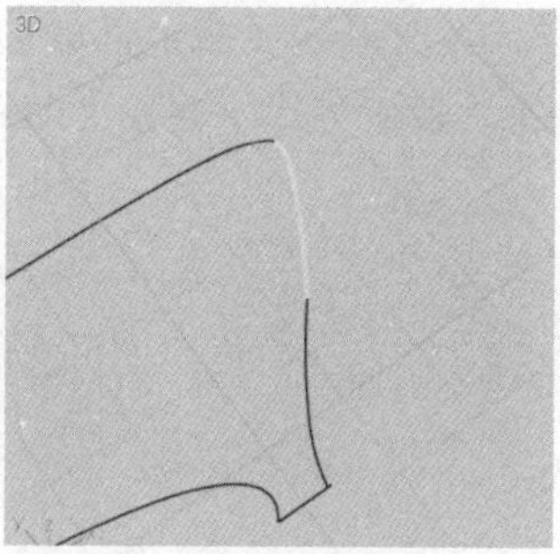

c）修剪曲线

图 12-208 修剪曲线

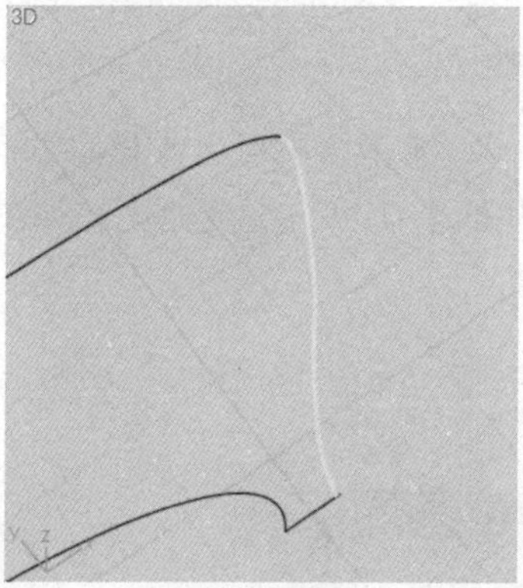

a）连接两条曲线

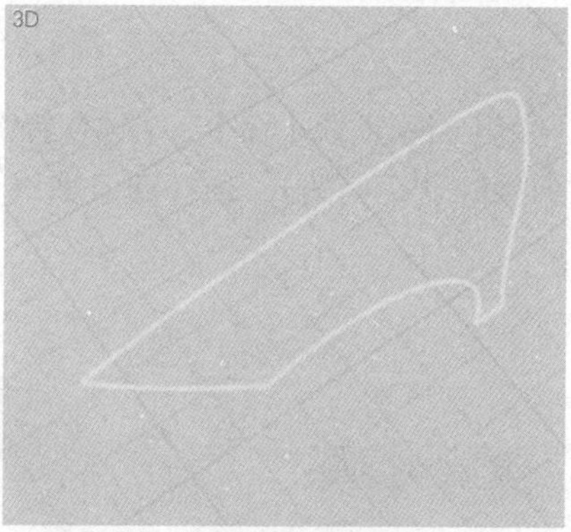

b）顺次选择四条曲线

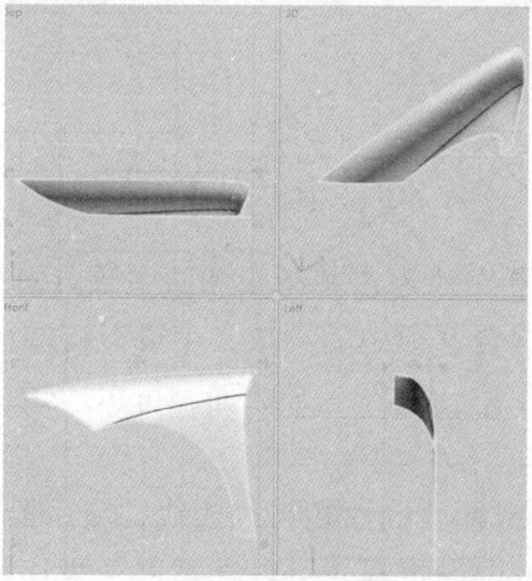

c）生成的曲面

图 12-209 再次网格建面

上面介绍了生成曲面的基本方法，很多时候还会遇到如何连接两个曲面缝隙的问题，下面探讨如何解决这个问题。

1）选择翼子板上部的边线，执行【偏移】命令，向外偏移一条曲线，间隔一个较小的距离。接着应用【偏移】命令，稍微把它缩小一些，如图 12-210 所示。

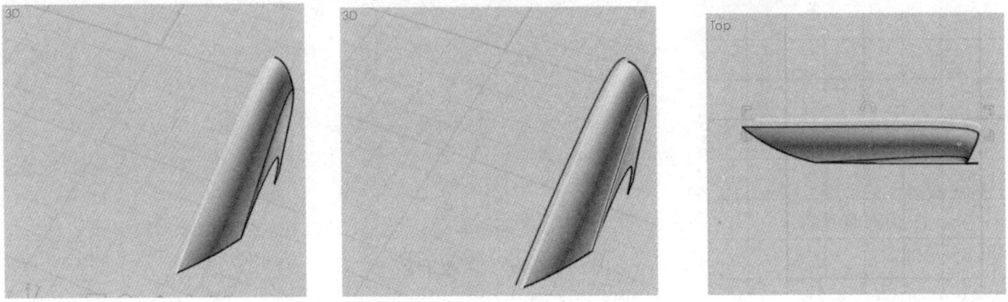

a）选择曲面的上部边线　　b）偏移出曲线　　c）缩小偏移的曲线

图 12-210　偏移曲线并缩小

应用【自由曲线】命令，在 3D 视图中分段绘制曲线（差不多就可以，我们主要关注的是如何接缝这个问题）。选择四条曲线，执行【网格建面】命令，生成曲面，如图 12-211 所示。

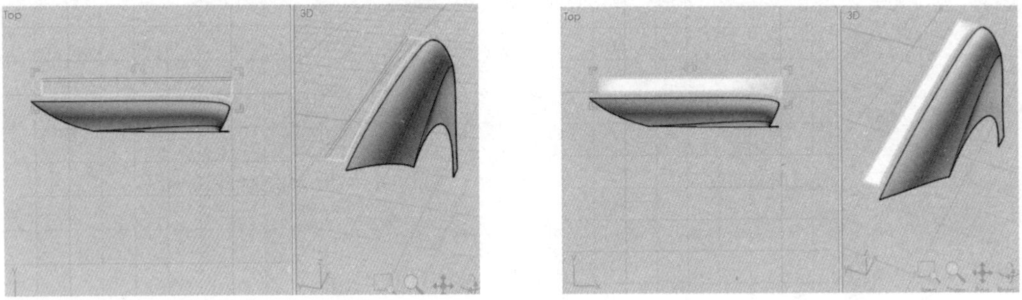

a）绘制三条曲线　　b）网格建面生成了曲面

图 12-211　生成曲面

2）隐藏所有曲线类型，再分别双击翼子板和后生成曲面相对的边线，选择它们。执行使用【混合】命令后，调整混合选项中的参数，生成混接曲面。放大视图，查看混接曲面的生成质量。如果没有什么缺陷，选择三个曲面，可以应用【连接】命令，把它们结合为一个整体，如图 12-212 所示。

3）另一种方法是分别选择两个曲面相对的边线，应用绘制曲线（直线）命令把两端开口连接起来。对于图 12-213b 中的情况，可以选择翼子板边线，应用【修剪】命令，再选择短曲线，把边线断开。

选择两条边线和两条短曲线，应用【网格建面】命令，就生成了曲面，如图 12-214 所示。

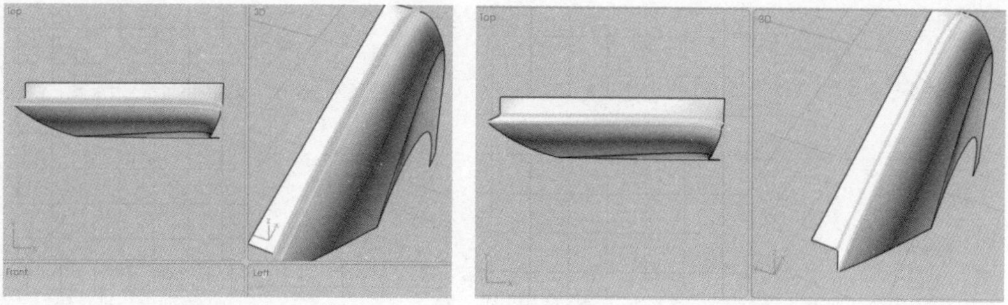

a）选择相对的边线　　b）混合出曲面

图 12-212 生成混接曲面

a）连接边线的一端　　b）在边线中一点画连线　　c）断开翼子板的边线

图 12-213 把开口连接起来

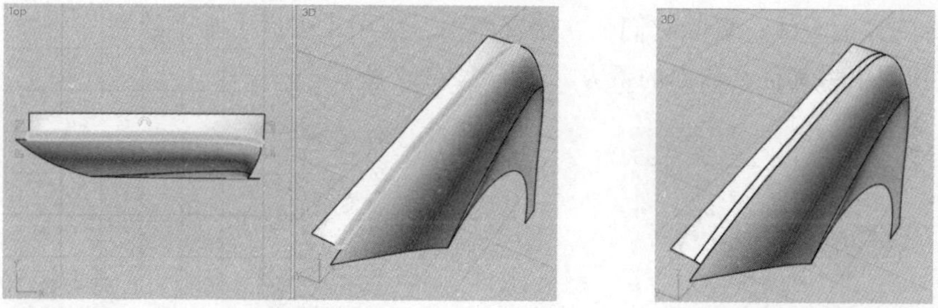

a）选择边线和曲线　　b）网格建面生成的曲面

图 12-214 网格建面生成曲面

仅凭四条轮廓曲线，生成的曲面可能不会令人满意。下面介绍一种方法，类似于多边形建模中的重拓扑模型（个人看法），以提供对曲面更多的控制能力。我们重新构建一个简单的曲面来解释操作的步骤。

1）构建一个新的曲面。在主视图中绘制一条倾斜的直线，然后应用【直线阵列】命令阵列出一排直线，如图 12-215 所示。

选择曲面之外的直线，把它们删除。在俯视图中，调整这些曲线的位置，使它们位于曲面的前面。选择全部曲线，应用【投影曲线】命令，单击曲面，把曲线投影到曲面上，如图 12-216 所示。

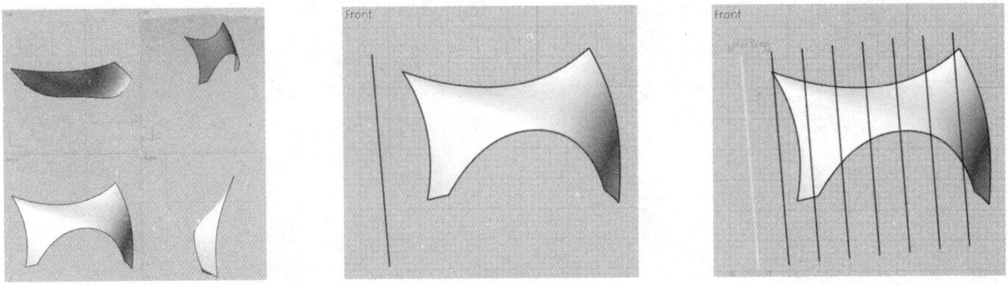

a）构建的曲面　　b）绘制一条直线　　c）阵列出一排直线

图 12-215　构建一个新的曲面

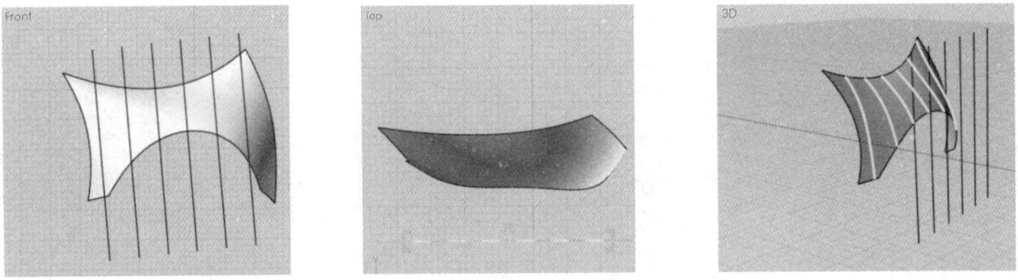

a）删除曲面之外的直线　　b）直线要位于曲面之前　　c）投影直线到曲面之上

图 12-216　把曲线投影到曲面上

2）选择阵列的直线，删除它们。在俯视图中，应用【平面】命令绘制一个大一些的平面，并在主视图中将其移到曲面的下方，如图 12-217 所示。

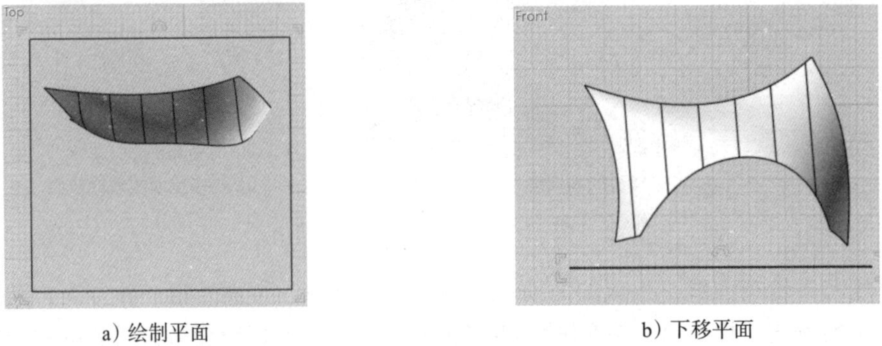

a）绘制平面　　b）下移平面

图 12-217　绘制并下移平面

投影到曲面上的曲线如果太密，可以选择一些曲线删除。这里，我省略了这个步骤。继续操作之前，选择原始曲面，命名为“qumian”，以方便选择。双击曲面的一条边线，执行【延伸】命令，选择平面作为边界对象，延伸曲线到平面处。对于内部的投影曲线可以框选，一起应用【延伸】命令，同样能够延长到平面。要记住，曲面的边线需要双击才能够选中，因此不能框选，需要分开延伸。选中左侧的边线，也把它延长，如图 12-218 所示。

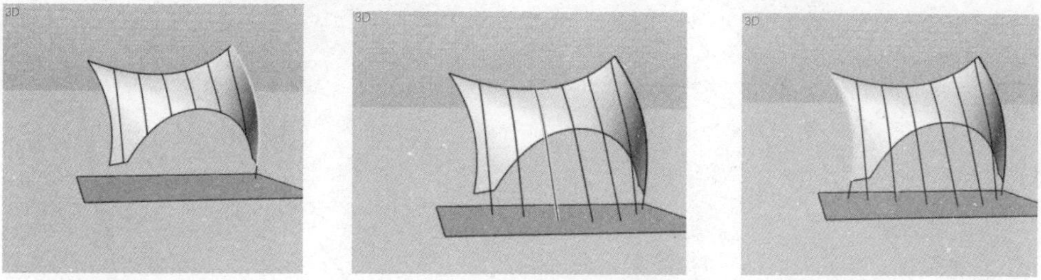

a）延伸曲面右侧的边线　　b）延长投影曲线　　c）延伸曲面左侧的边线

图 12-218　延长曲线到平面

3）删除平面。应用【自由曲线】命令，用曲线把延伸的那些曲线端点连接起来。然后，隐藏原始曲面，使用【自由曲线】命令，把上部的端点也用曲线连起来，如图 12-219 所示。当然，在隐藏曲面之前，也可以双击曲面上部的边线，按 Ctrl+C 和 Ctrl+V 复制出一条曲线，隐藏曲面后会留下这条曲线。

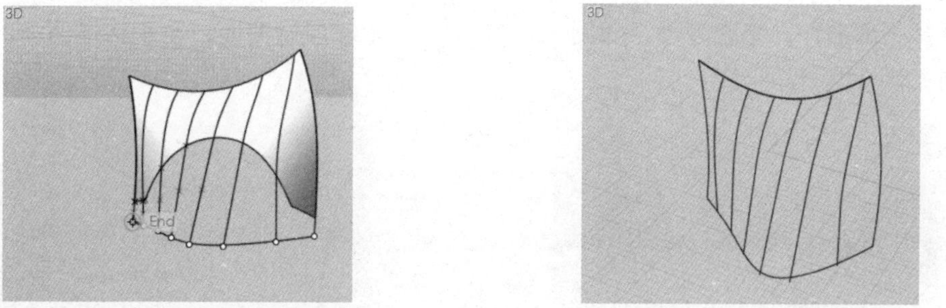

a）绘制曲线，连接延伸曲线的下部　　b）用曲线连接上部的端点

图 12-219　连接曲线端点

4）选择全部曲线，执行【网格建面】命令，生成曲面，如图 12-220 所示。

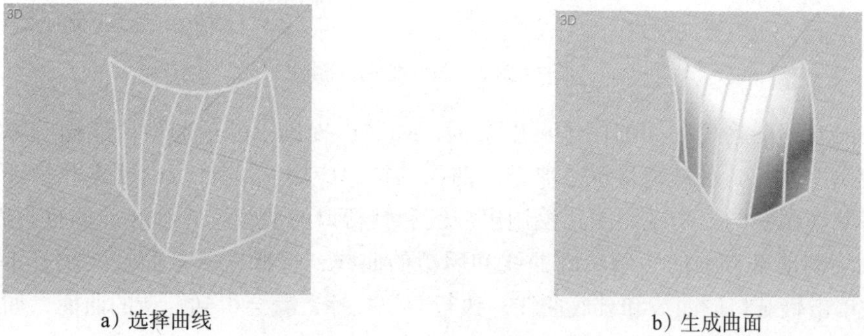

a）选择曲线　　b）生成曲面

图 12-220　生成曲面效果

此时选择曲面上的单个曲线，显示出控制点，能够微调曲面的形状，如图 12-221 所示。

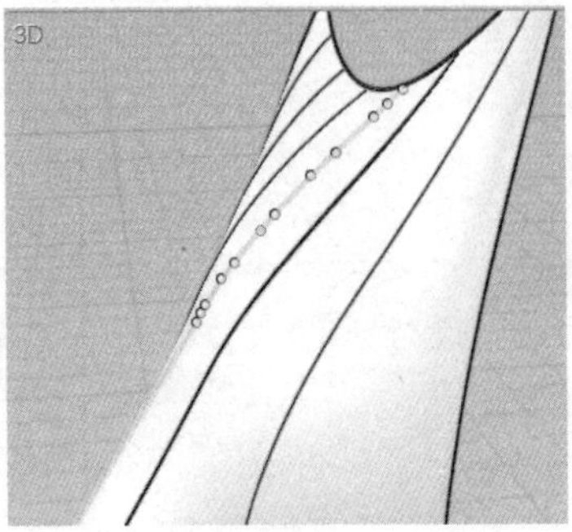

a）选择单条曲线，显示控制点

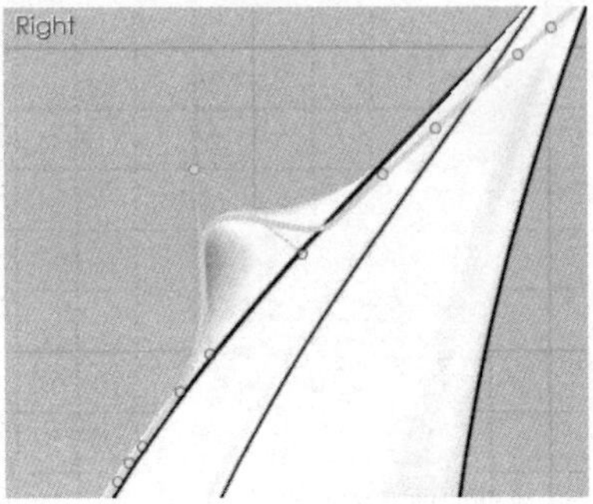

b）调整曲面形状

图 12-221 微调曲面形状

5）掌握了局部调整曲面的方法后，此处不改变后生成曲面的形状。显示出原始曲面，双击，选择下边线，然后应用【连接】命令，把它们结合为一条曲线。这里存在一个小问题：新生成的曲面与原始曲面间可能存在偏差，那么就选择连接的曲线，将它投影到曲面上。选择后生成的曲面，执行【修剪】命令，再选择刚才投影的曲线，把曲面分割成两部分。选择下部曲面，把它删除，如图 12-222 所示。隐藏原始曲面，至于构造曲面的那些曲线，用完就可以删除它们。

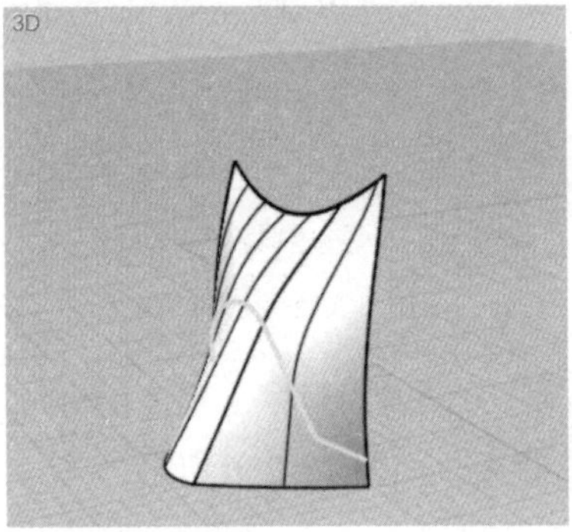

a）结合成一条曲线

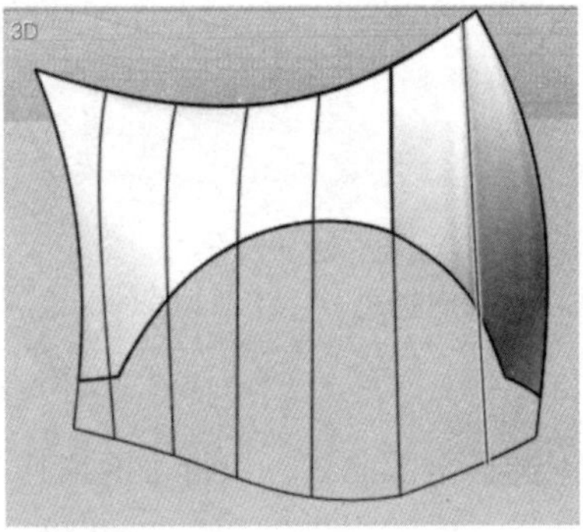

b）分割曲面，删除下部曲面

图 12-222 曲面分割并删除

从上面介绍的构建曲面的例子可以看到，MoI3D 提供了灵活的生成曲面的方法。在日常生活中，女性的高跟鞋鞋帮也是典型的曲面结构，应用 MoI3D 可以非常轻松地构建。主要是先参照高跟鞋的三个视图图片绘制出鞋底和鞋帮口的曲线，并细心地调整它们的形状。然后分别绘制前部鞋面的一条轮廓曲线和后帮的曲线，选择这两条曲线，执行【扫掠】命令，依次单击鞋帮口的曲线和鞋底曲线，执行双轨扫掠，就会得到鞋帮的曲面，如图 12-223 所示。

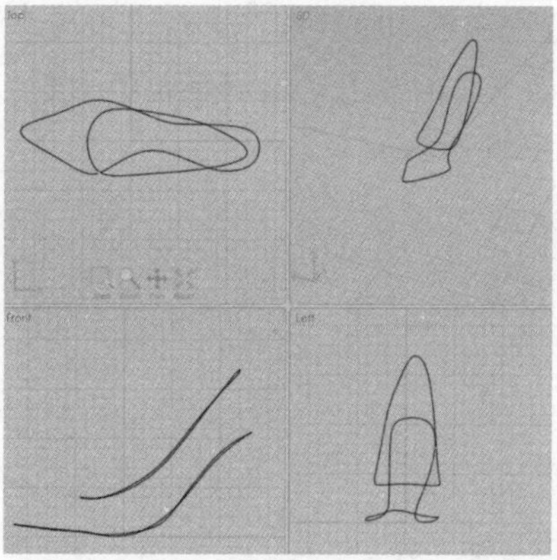

a）绘制并调整高跟鞋的两条曲线，作为轨迹

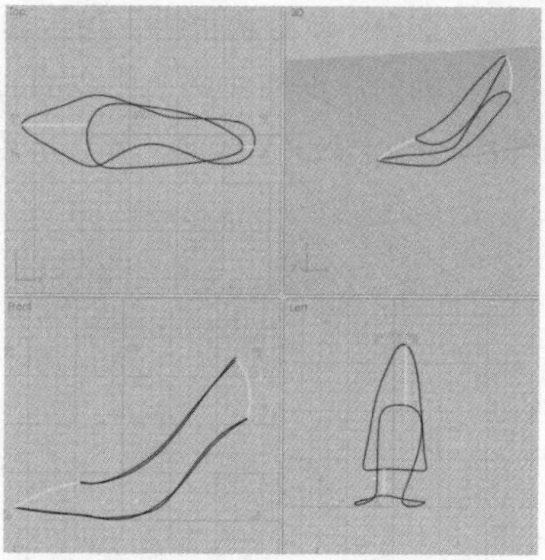

b）绘制两条截面曲线

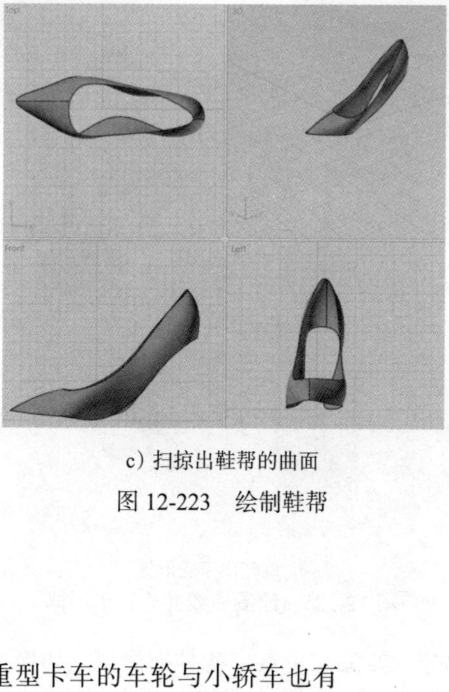

c）扫掠出鞋帮的曲面

图 12-223 绘制鞋帮

12.8 车轮

汽车车轮形状多样，重型卡车的车轮与小轿车也有很大差异。我们来看看小轿车的车轮，学习如何构建车轮模型。小轿车的车轮主要分为轮辋、轮辐和轮毂三部分，如图 12-224 所示。车轮是个旋转体，构建车轮模型的难点是如何绘制它的截面曲线。

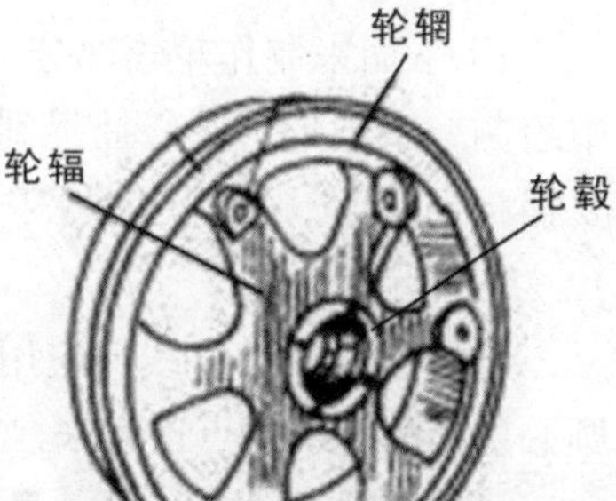

图 12-224 车轮的构造

1）从网上搜索到车轮的图纸作为参考，使用【自由曲线：通过点】命令，在主视图中一次性完整地绘制出车轮的截面轮廓。按下 Alt 键可以任意放置点；需要绘制直线时，可以同时按住 Ctrl 和 Alt 键；最后要使起

点和结束点重合，使形状封闭。随后调节形状，使之与图纸相符。选择形状，执行【旋转】命令，旋转轴的起点和结束点构成的直线落在形状最下方的线上，这里是轮毂中心，勾选“封闭端部”（Cap Ends）选项，旋转出形体，如图 12-225 所示。

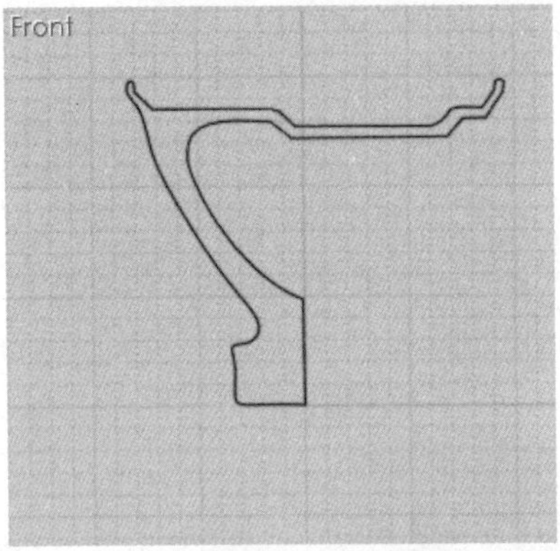

a）绘制车轮截面形状

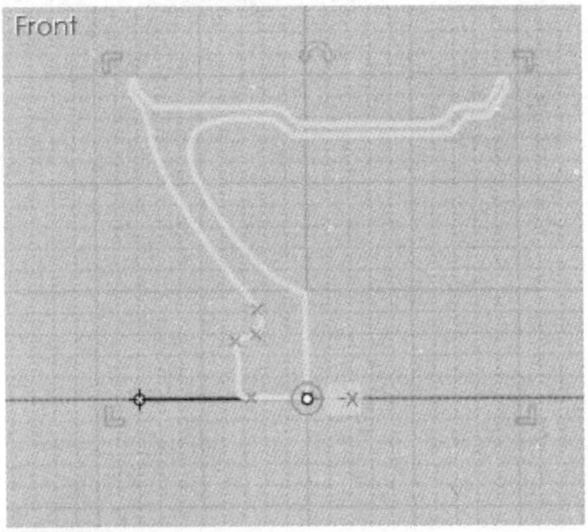

b）确定旋转轴

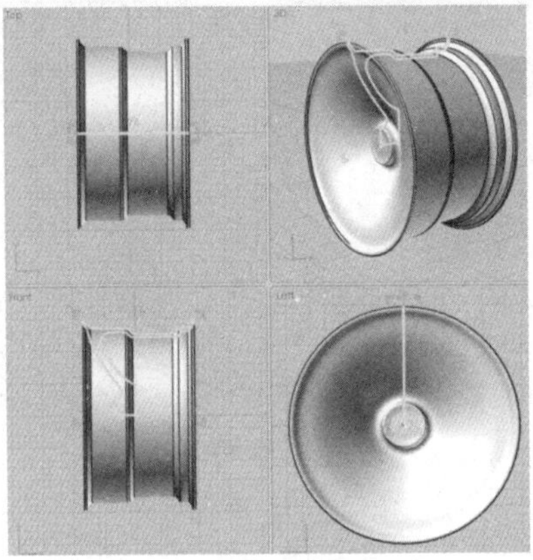

c）旋转出车轮形体

图 12-225 绘制曲线并旋转出形体

2）下面来制作轮辐部分。要注意一点，我是把侧视图切换为左视图显示的。在左视图中绘制一个圆形，圆心捕捉到轮毂的中心。然后隐藏车轮形体，应用【直线】命令，起点要捕捉到圆心，再利用水平构造线（构造线通过垂直线与圆的交点）绘制一条直线，如图 12-226 所示。

选择刚绘制的直线，应用【镜像】命令镜像出另一条直线。接着绘制一条直线，把从圆心射出的直线端点连起来，如图 12-227 所示。

显示车轮形体，应用【弧形：中心、起点】命令在靠近轮毂的位置绘制一段弧形，端点落在三角形的两条边上。再次隐藏车轮形体，选择三角形的三条边，执行【布尔：交集】命令，接着选择圆形，得到扇形，如图 12-228 所示。

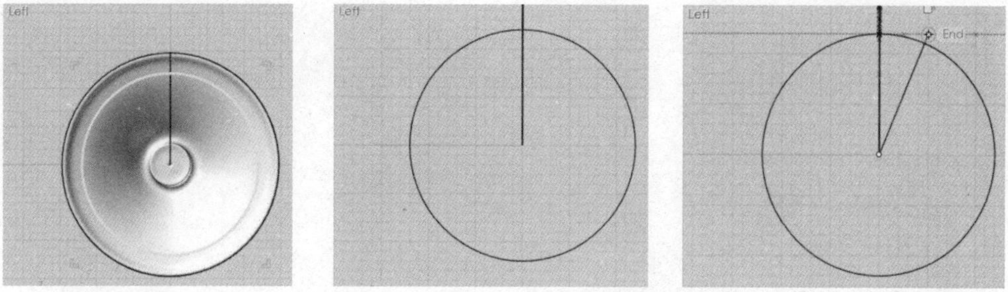

a）绘制圆形　　b）隐藏车轮形体　　c）绘制一条直线

图 12-226　绘制圆形及构造线

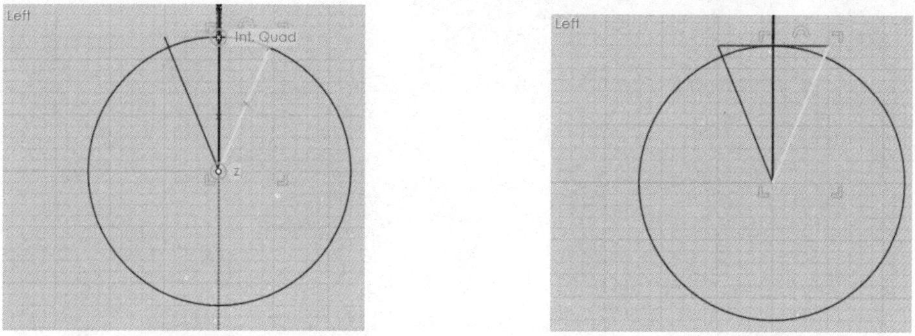

a）镜像直线　　b）画直线，构成三角形

图 12-227　绘制直线

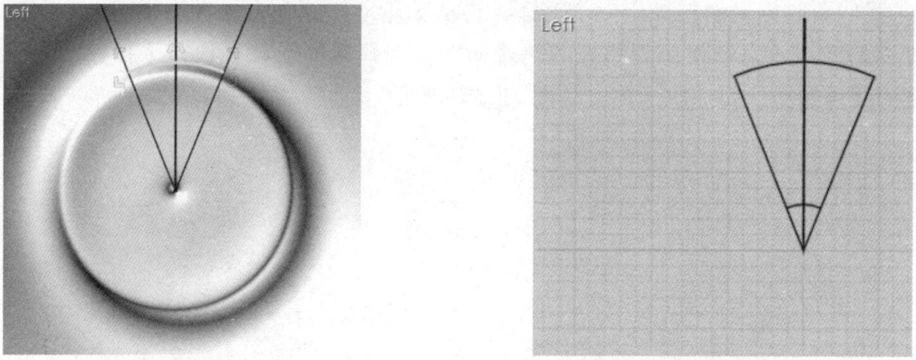

a）绘制弧线　　b）布尔相交

图 12-228　得到扇形

选择扇形，执行【修剪】命令，单击弧线作为切割对象，修剪掉三角形的尖端，形成扇面形，如图 12-229 所示。

接下来选择构成扇面的曲线，应用【连接】命令，使之成为一个整体。执行【倒圆角】命令，给定一个小的圆角半径值，为扇面的四个角倒圆角，如图 12-230 所示。

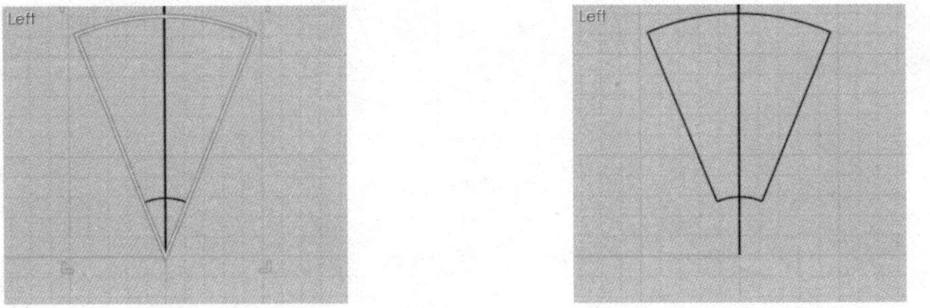

a）选择扇形　　b）修剪成扇面

图 12-229　修剪三角形成为扇面

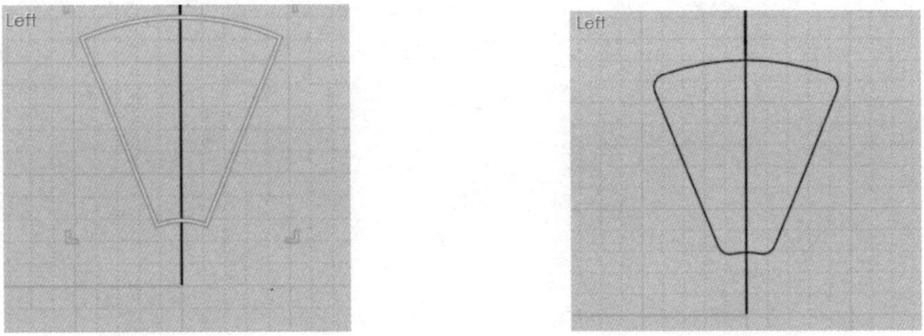

a）结合为一条曲线　　b）为扇面倒圆角

图 12-230　倒圆角

3）我们要利用扇面扫掠出一个实体，再从车轮形体减去它。在主视图中绘制两条通过车轮截面的曲线，它们将作为扫掠的轨迹曲线。选择扇面形状，执行【扫掠】命令，再选择绘制的两条曲线，扫掠出形体，如图 12-231 所示。

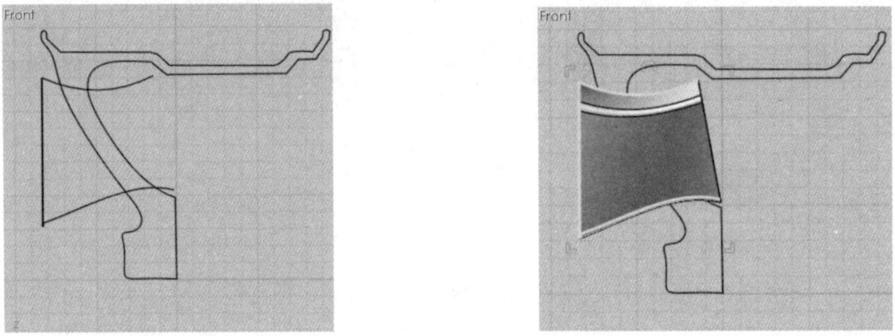

a）绘制两条曲线　　b）扫掠出形体

图 12-231　绘制曲线并扫掠实体

4）显示车轮形体。选择刚扫掠得到的形体，执行【圆周阵列】命令，数量设置为 5，阵列出布满圆周的多个形体，如图 12-232 所示。

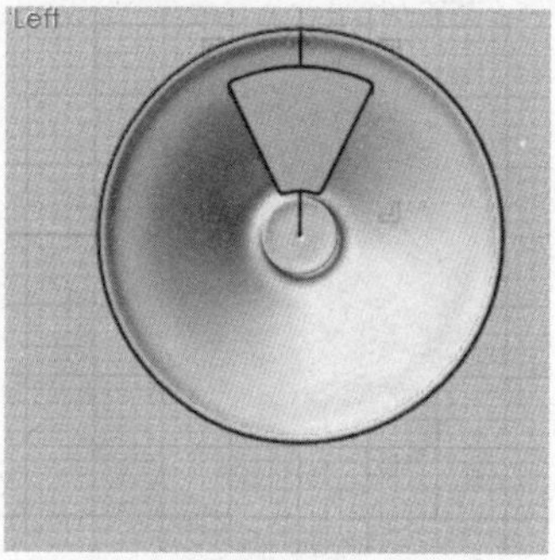

a）选择扫掠的形体

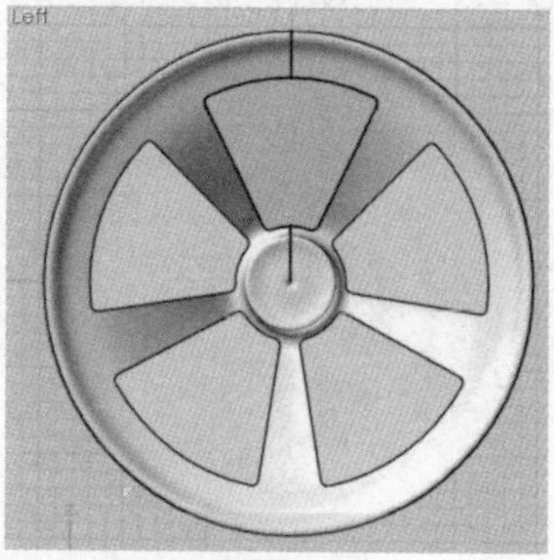

b）阵列形体

图 12-232　阵列扇面形体

隐藏所有曲线对象。选择车轮形体，执行【布尔：差集】命令，依次单击阵列的形体，单击“完成”确认，得到轮辐的形状，如图 12-233 所示。

a）选择车轮形体

b）布尔差集后的结果

图 12-233　去掉多余部分

5）我们想要对轮辐处的边倒圆角，此时会遇到一个问题：需要不停地旋转视图才能选择轮辐的边线，而且有些部位很难选中。我们先使用最原始的方法，放大显示单个孔，用鼠标依次单击孔的边线，仔细选择它们。针对五个孔都执行同样的操作，直到选择了全部边线，然后执行【倒圆角】命令，设置一个较小的圆角半径，单击“完成”确认，如图 12-234 所示。

6）换另一种方法试试。既然我们已经掌握了如何制作轮辐部分，可以回退几步，到图 12-230a 的状态。显示出扇面形状的控制点，分别调整扇形两边的直线的控制点，使之弯曲。同样地，为扇面的四角倒圆角，如图 12-235 所示。

绘制两条通过车轮截面的曲线，选择扇形，执行【扫掠】命令，选择绘制的两条曲线作为轨迹曲线，扫掠出形体。选择形体，展开场景浏览器中的样式部分，单击粉色色板

Magenta，它的左面会显示出眼睛图标，为扫掠出的形体赋予粉色样式，如图 12-236 所示。在 MoI3D 中，可以用色彩编码管理对象，后面就会理解这种应用。

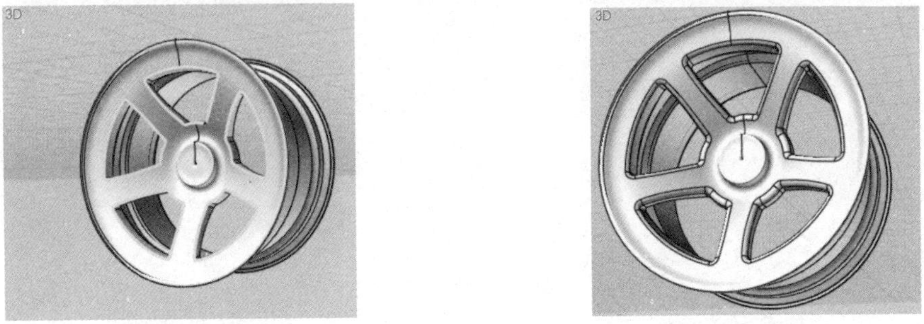

a）选择选择所有孔的边线　　b）倒圆角

图 12-234　为边线倒圆角

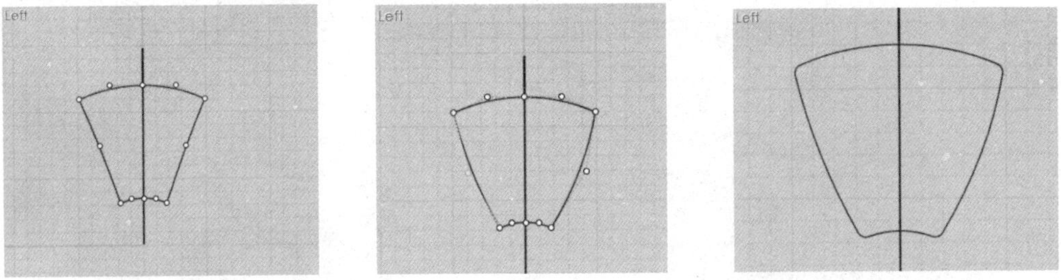

a）显示扇面形状的控制点　　b）调节控制点　　c）为四角倒圆角

图12-235　使扇面边线弯曲

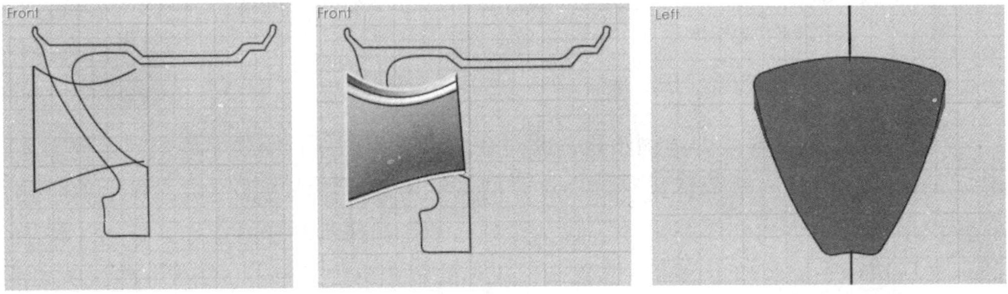

a）绘制两条曲线　　b）扫掠出形体　　c）赋予形体粉色

图 12-236　扫掠出形体并赋予色彩

7）显示出车轮形体。然后选择粉色的形体，执行【圆周阵列】命令，数量设置为 5，阵列出多个形体。选择车轮形体，执行【布尔：差集】命令，选择所有粉色形体，单击“完成”确认，得到了轮辐的形状，如图 12-237 所示。

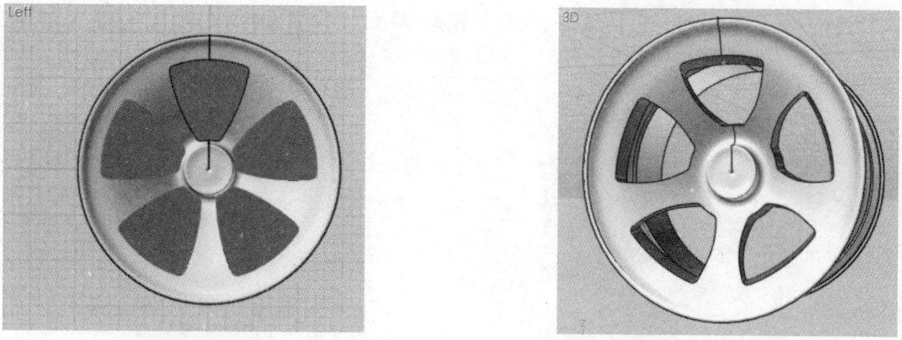

a）圆周阵列出形体　　　　b）布尔差集后得到的结果

图 12-237　阵列并删除

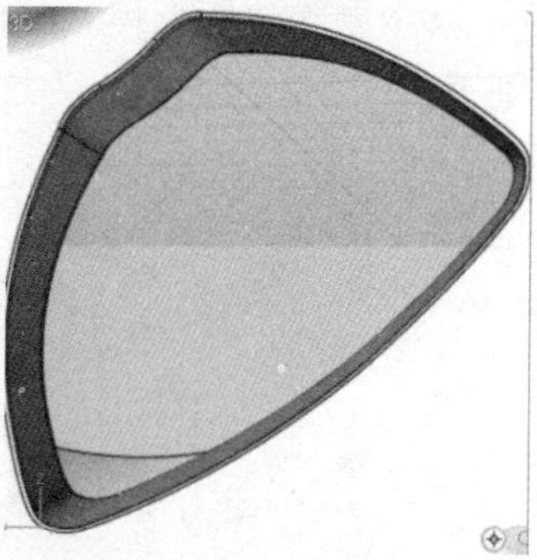

图 12-238　对边线倒小圆角

此时，如果想要对轮辐处的边倒圆角，就无须旋转视图去点选那些侧面了。只需在样式部分粉色色板右侧单击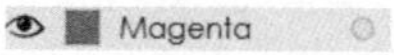

，就能够一次性选中所有粉色的面。然后执行【倒圆角】命令，如图 12-238 所示。注意圆角半径受制于形状转角的急缓程度，不能太大。

在 MoI3D 中可以为形体的不同部位指定不同颜色，将来在渲染软件中就可以设定不同的材质。

8）上面简单介绍了色彩编码的作用，现在返回到图 12-234b 的状态，继续对车轮形体进行修饰。在左视图中的空白栅格处，预估一下轮辐长度和宽度，颜色样式设置为蓝色，绘制一条斜线，再镜像出另一条直线。接下来，既可以绘制圆弧连接这两条斜线，也可以选择两条斜线，应用【混合】命令生成一段连接的弧线。取消选择后，再选择两条斜线，应用【混合】命令，在另一端生成连接的弧线。选择四条曲线，执行【连接】命令，把它们结合成一体，如图 12-239 所示。

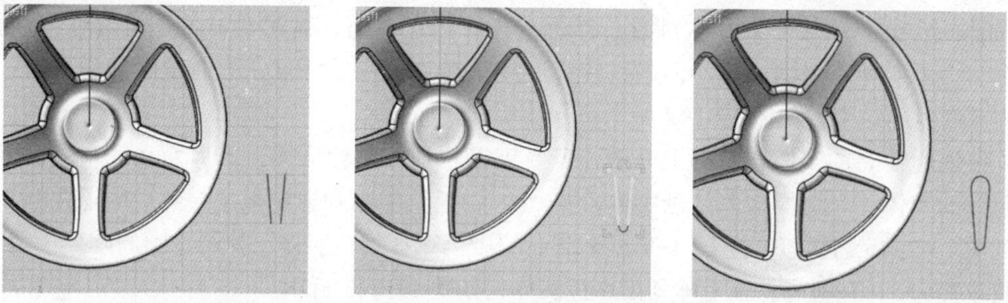

a）绘制斜线并镜像　　　　b）混合两条斜线　　　　c）再次混合的结果

图 12-239　绘制曲线并连接

在左视图和主视图中移动曲线，使它位于轮辐的前面，并适当调整曲线的大小。选择曲线，执行【曲线：投影曲线】命令，单击轮辐表面，投影曲线到轮辐表面，如图 12-240 所示。

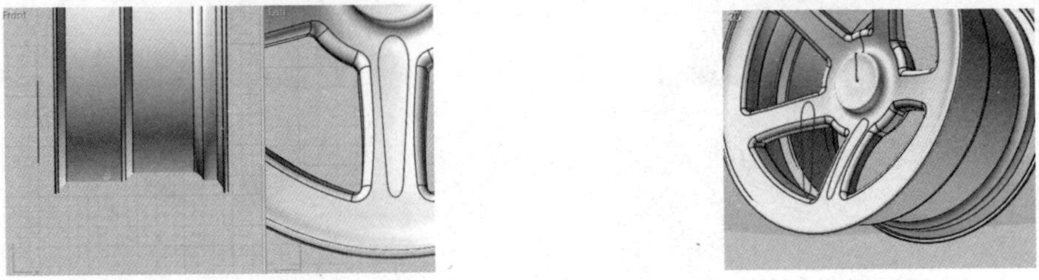

a）移动曲线对位置，适当调整大小　　b）投影曲线

图 12-240　投影曲线到轮辐表面

9）删除位于形体之外的曲线。选择车轮形体，执行【修剪】命令，选投影曲线作为分割工具，分割出曲面。为这个曲面指定红色样式，如图 12-241 所示。

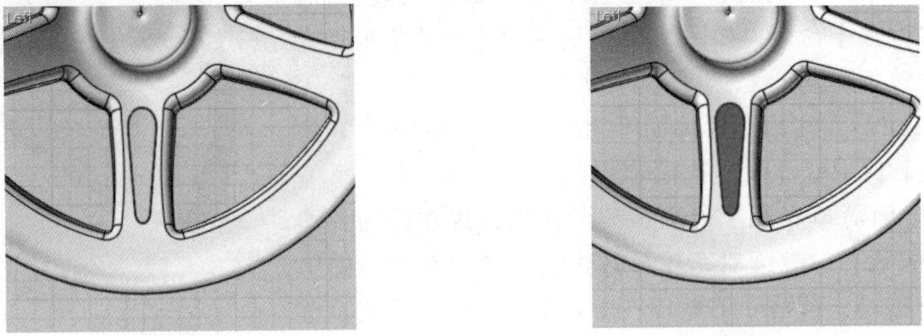

a）修剪出曲面　　b）为曲面指定红色样式

图 12-241　修剪出曲面并指定颜色

我们想要在轮辐上开个槽，但不要穿透轮辐。选择红色曲面，执行【拉伸】命令，设置一个较小的距离值，向轮辐内拉伸实体。虽然外观看不出什么，隐藏车轮形体后观察一下拉伸的实体，结果不太令人满意。回退，选择红色曲面，这次尝试使用【偏移：抽壳】命令，为了避免将来的一些小问题，建议厚度设置为槽深的两倍，方向设置为中心线，就会得到满意的结果，如图 12-242 所示。

要使用抽壳的实体在轮辐上开槽，需要记得它是从车轮形体上修剪而来，车轮已不再是封闭的实体。先选择这个红色实体，按 Ctrl+C 把它复制到剪贴板中，然后回退几步，返回到图 12-234b 的状态，按 Ctrl+V 粘贴到轮辐中。选择红色实体，执行【圆周阵列】命令，数量设置为 5，在所有轮辐上阵列出红色实体，如图 12-243 所示。

10）选择车轮实体，执行【布尔：差集】命令，然后单击五个红色形体，确认后就会在轮辐上挖出凹槽。选择红色的面，执行【倒圆角】命令，设定一个小的圆角半径值，为凹槽边线倒圆角，如图 12-244 所示。

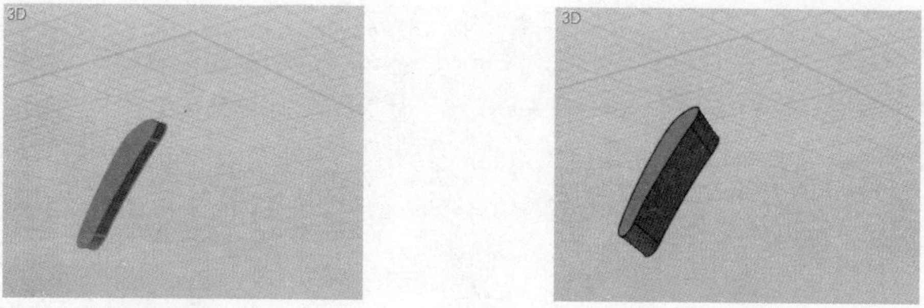

a）拉伸曲面的结果　　b）给曲面抽壳

图 12-242　拉伸曲面并抽壳

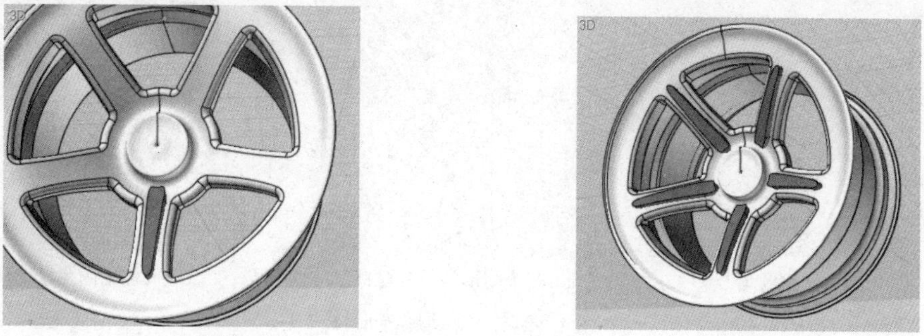

a）粘贴出红色实体　　b）阵列红色实体

图　12-243

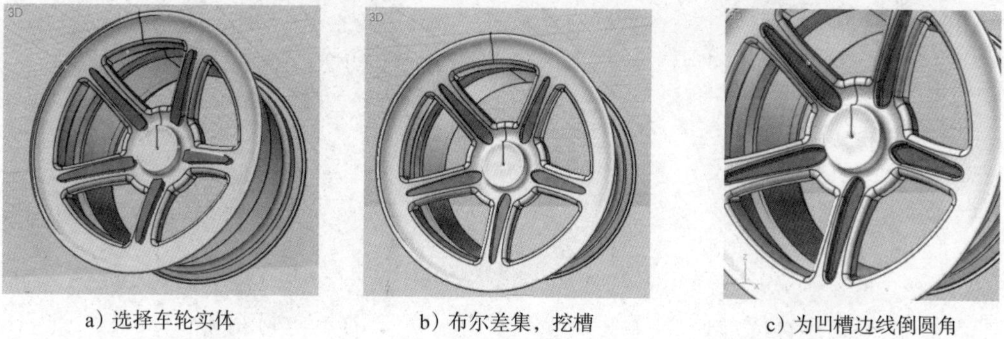

a）选择车轮实体　　b）布尔差集，挖槽　　c）为凹槽边线倒圆角

图 12-244　挖槽并倒角

11）继续装饰这个车轮，来为它制作车轮螺栓，放在凹槽中。在左视图中空白区域绘制一个小圆，尺寸要比靠近轮毂的凹槽尺寸小一些。选择它，复制一个圆，在主视图中移动一段距离。接下来绘制一个六边形，排列位置如图 12-245c 所示。

对六边形执行【倒圆角】命令，随后在主视图中复制一个六边形，排列顺序如图 12-246b 所示。依次选择四个图形，执行【放样】命令放样出螺栓形体，如图 12-246c 所示。

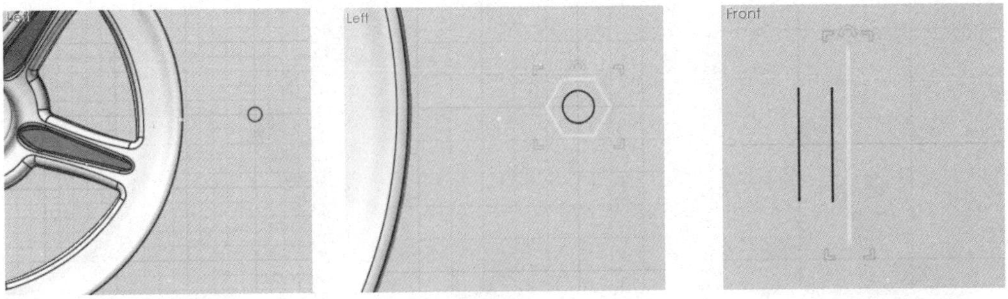

a）绘制小圆 b）绘制六边形 c）三个图形的排列位置

图 12-245 绘制小圆和六边形

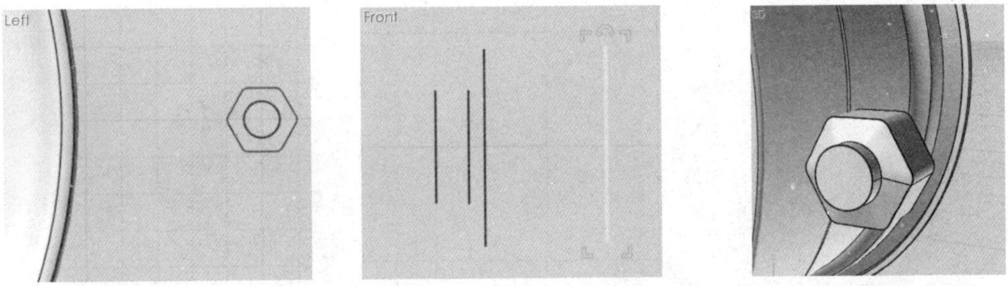

a）为六边形倒圆角 b）四个图形的排列顺序 c）放样出的螺栓形体

图 12-246 得到螺栓形体

选择螺栓的四条边线，执行【倒圆角】命令，圆滑这些边线，如图 12-247 所示。

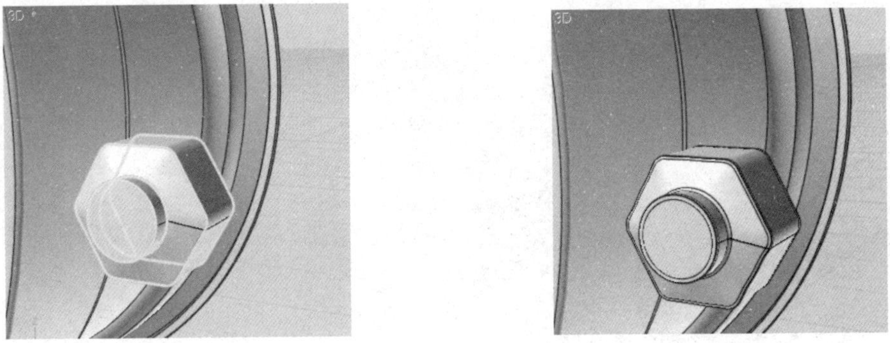

a）选择四条边线 b）倒圆角

图 12-247 为螺栓倒圆角

把螺栓移动到轮辐上靠近轮毂的凹槽中，适当调节螺栓的尺寸，直到合适为止。选择螺栓，应用【圆周阵列】命令，数量设置为 5，阵列复制出其余的螺栓。现在，已经很像一个车轮了，如图 12-248 所示。

12）上面的车轮螺栓只是仿形，而真正螺栓的制作并非那么简单。接下来，探讨一下螺母的制作过程。在俯视图中绘制一个六边形，拉伸出六棱柱。借助通过六棱柱中心的构造线绘制一条直线，如图 12-249 所示。

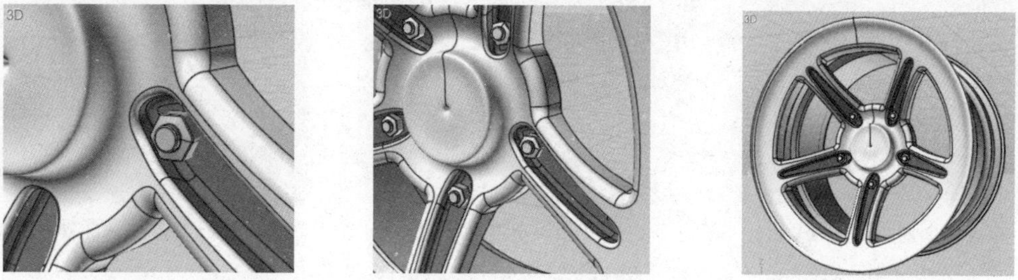

a）调整螺栓的大小和位置　　b）阵列出其余的螺栓　　c）得到的车轮模型

图 12-248　得到车轮模型

a）绘制六边形　　b）拉伸出实体　　c）绘制通过棱柱中心的直线

图 12-249　拉伸螺母实体

在这条竖直直线上确定一点，绘制一条斜直线，可以借助通过棱边中点的构造线，但直线要延长一些。选择斜直线，执行【旋转】命令，不勾选“封闭端部”选项，旋转出一个伞形曲面，然后将它稍微下移一些，如图 12-250 所示。

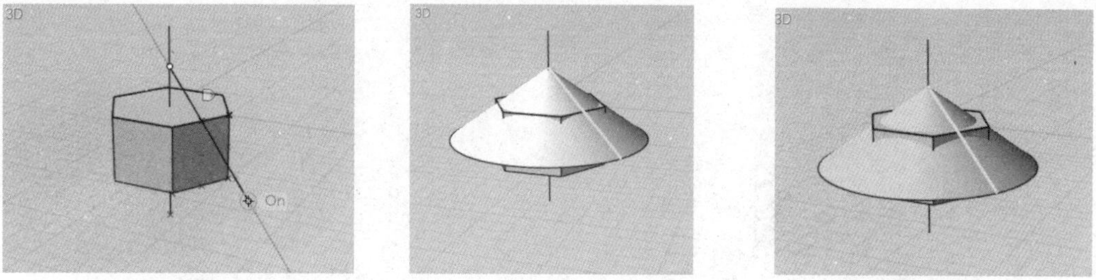

a）绘制斜直线　　b）旋转出伞形曲面　　c）下移曲面

图 12-250　旋转出伞形曲面并下移

选择六棱柱，执行【布尔：差集】或【布尔：合并】命令，单击伞形曲面，分割六棱柱。随后，删除上棱边那一小部分，如图 12-251 所示。

在螺母顶部绘制一个圆形。选择螺母，执行【布尔：差集】命令，挖空螺母，如图 12-252 所示。

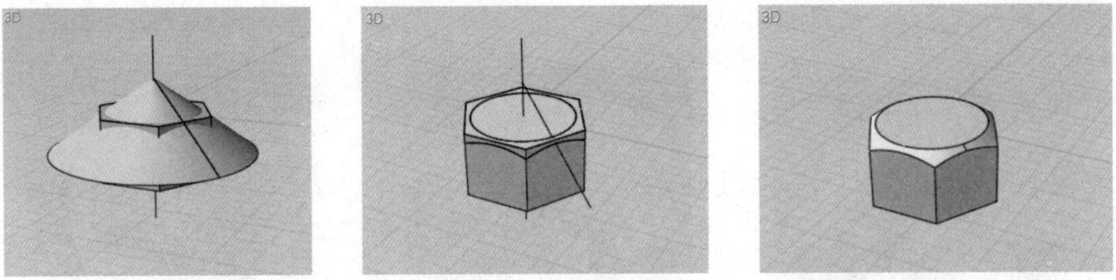

a）伞形曲面作为分割工具　　b）执行布尔差集　　c）删除多余部分

图 12-251　去掉多余形体

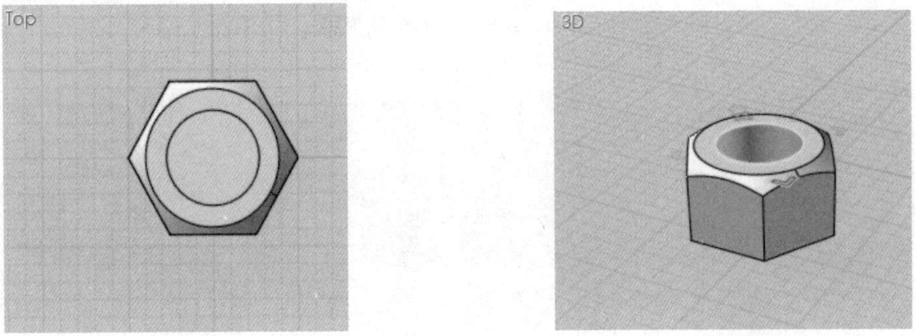

a）绘制圆形　　b）布尔差集

图 12-252　挖空螺母

接下来制作内侧的螺纹。在第 9 章已介绍过制作螺纹的方法。应用【螺旋】命令，在通过螺母中心的直线上确定螺旋线的起点和终点。确定半径时，可以和螺母内孔半径相同，得到螺旋线，如图 12-253 所示。

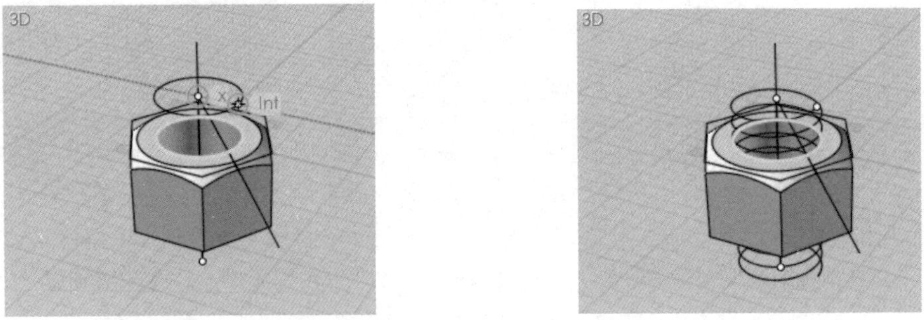

a）螺旋线半径与螺母内孔相同　　b）生成螺旋线

图 12-253　生成内孔螺旋线

在主视图中螺旋线的终点处绘制一个小三角形。将三角形稍微向左移动一点，以便将来能完全抠掉螺母内壁。可以先执行【扫掠】命令，看看三角形大小是否合适，如图 12-254 所示。

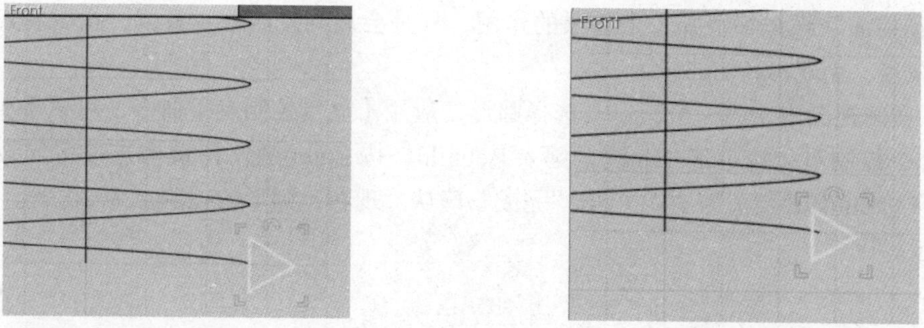

a）绘制小三角形　　b）调整位置和大小

图 12-254　绘制小三角形

选择三角形，执行【扫掠】命令，单击螺旋线作为轨迹曲线，扭曲类型设为平坦，扫掠出实体。隐藏所有曲线对象，选择螺母，执行【布尔：差集】命令，单击螺旋形体，即可在螺母内孔壁构建出螺纹，如图 12-255 所示。

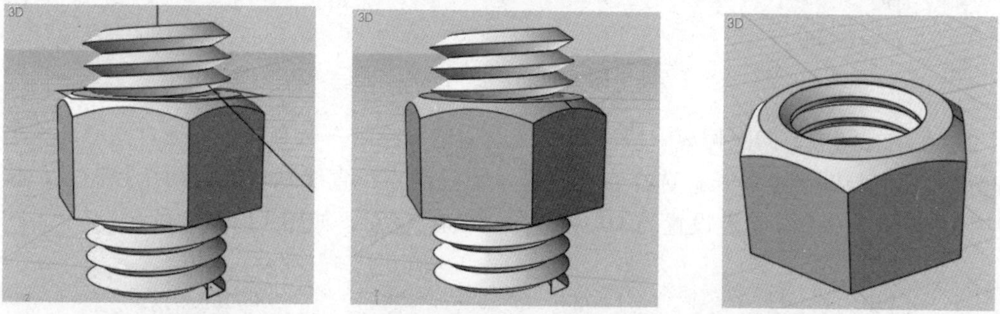

a）扫掠出螺纹形体　　b）准备应用布尔差集　　c）得到的螺母

图 12-255　在螺母内构建出螺纹

上面介绍了制作车轮的一种通用方法，本已到了该结束本章的时候，不过，笔者还想在下面解释一下：在 MoI3D 右侧的工具面板中的命令并不是程序所提供的全部命令，还有一些不太常用的命令，可以通过在数值显示与输入区域中键入命令名称来执行。此外，在 MoI3D 论坛中，也不断有人开发新的脚本，拓展软件的功能。下面介绍另一种制作车轮模型的方法，我认为本例能够使读者更进一步理解 NURBS 建模的本质，以及如何控制控制点，以便在实际建模过程中灵活应用这些知识。

MoI3D 提供了一个【重构】（Rebuild）命令，这是专门用于重构曲线的命令，通过重新采样点，并通过这些点生成一条新的曲线。【重构】命令并未出现在工具标签中，要使用它，可以先按 Tab 键，在数值显示与输入区域中键入“Rebuild”，或者为它设置快捷方式。【重构】命令用于简化那些过于复杂的曲线，或者曲线上过多的点，便于将来编辑控制点。反过来，如果想要更精细地调节曲线，也可以为简单的曲线添加控制点。

【重构】命令有三种模式：重新拟合（Refit）、点数（#Points）和端点（Endpoints）。这里不会像前面一样详细解释每个选项的作用，只是会用到“点数”模式，指定特定数量的均匀间隔点，创建出新的曲线。

1）在俯视图中绘制一个圆形。选择圆形，应用【显示控制点】命令，可以看到圆形默认有 12 个控制点。按一下 Tab 键，键入 Rebuild，按 Enter 键，在重构选项区域设置模式为点数（#Points），数值为 20，单击“完成”确认。现在，圆形的控制点为 20 个，如图 12-256 所示。

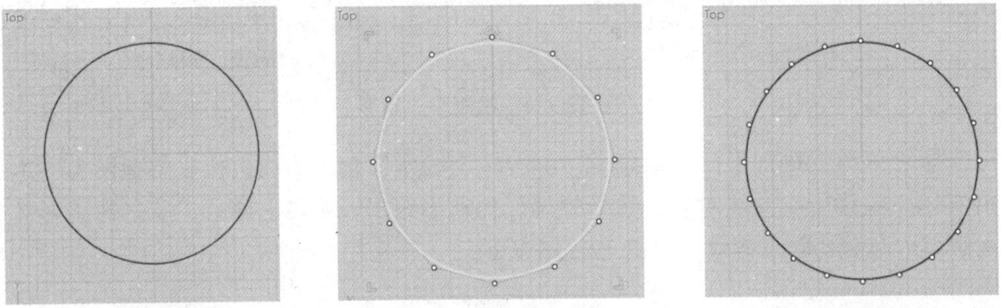

a）绘制圆形　　b）显示控制点　　c）增加控制点

图 12-256　重构圆形

2）在主视图中，向上偏离一段距离，借助构造线绘制一条直线，以通过圆心的构造线画起点，长度与圆半径等长。选择直线，显示出控制点，直线默认的有两个控制点。接下来应用【重构】命令，点数设置为 10，为直线添加控制点，如图 12-257 所示。

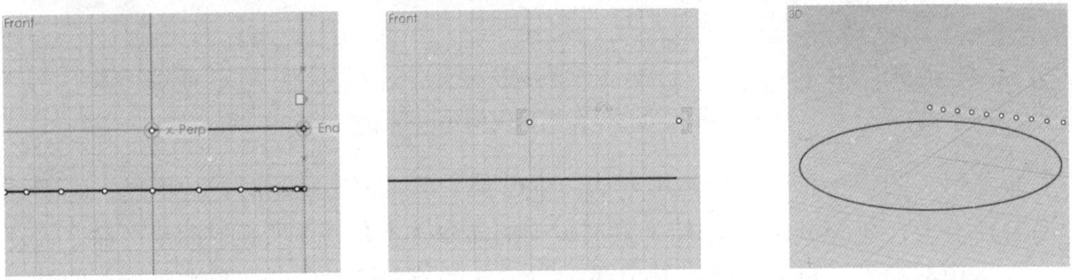

a）绘制直线　　b）显示直线的控制点　　c）增加控制点

图 12-257　重构直线

选择直线上靠近圆心位置的两个控制点，按 Delete 键删除它们。现在，直线有 8 个控制点，如图 12-258 所示。

3）选择这条直线，应用【轨迹旋转】命令，单击圆形作为旋转轨迹，旋转轴要与圆心垂直，可以选直线的端点作为旋转轴的起点，终点落在圆心上，结果得到一个圆形平面，如图 12-259 所示。当然，要得到一个圆形平面很简单，绘制圆形，执行【平面化】命令即可，但是不能随心所欲地增添和编辑控制点。

4）删除直线。选择平面，显示出控制点。下面要选择其中部分控制点进行编辑，最终的选择范围如图 12-260b 所示。逐个点去单击有些烦琐，还可以先选择大部分需要的点，再单击不需要选择的点。这是一个剔除的过程，结果是不选内圈的控制点，有两个外圈不选，五条“筋”不选，如图 12-260d 所示。

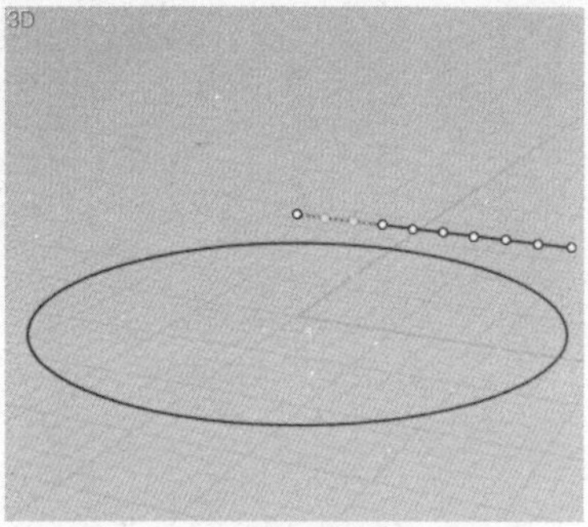

a）选择靠近直线端点的两个控制点

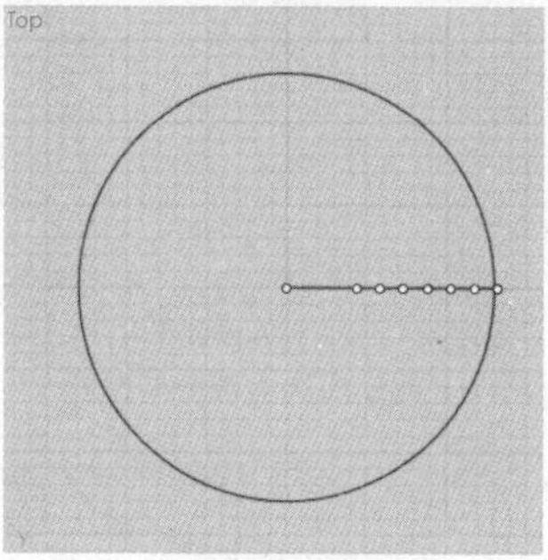

b）删除两个控制点

图 12-258 删除控制点

a）轨迹旋转直线

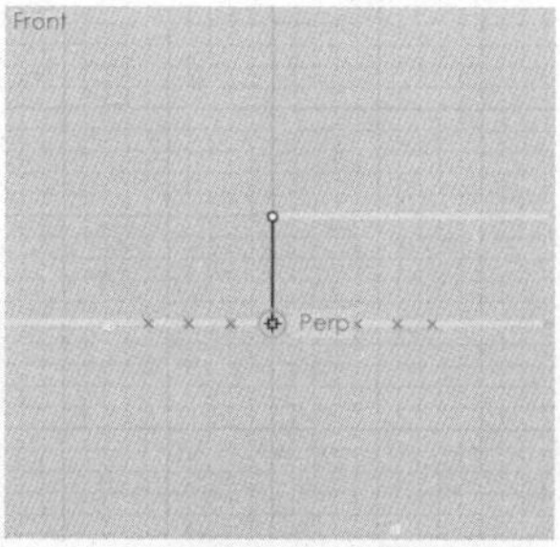

b）旋转轴垂直圆心

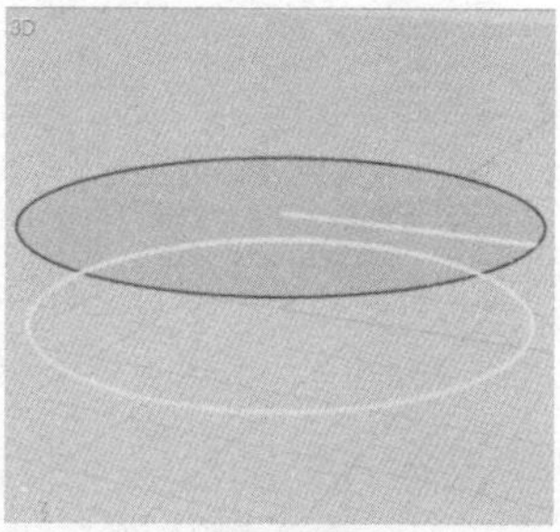

c）旋转出平面

图 12-259 旋转出平面

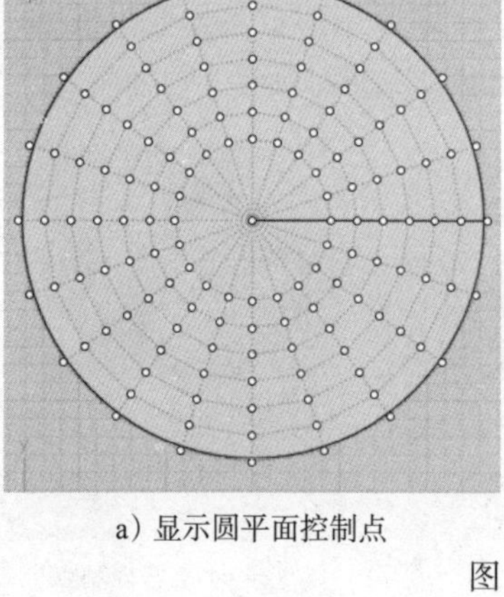

a）显示圆平面控制点

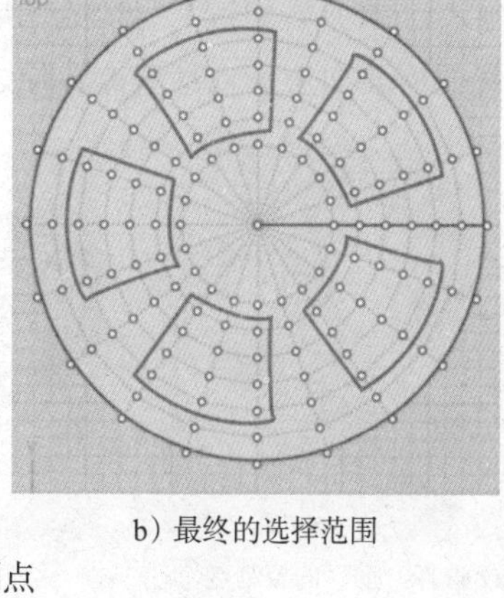

b）最终的选择范围

图 12-260 选择控制点

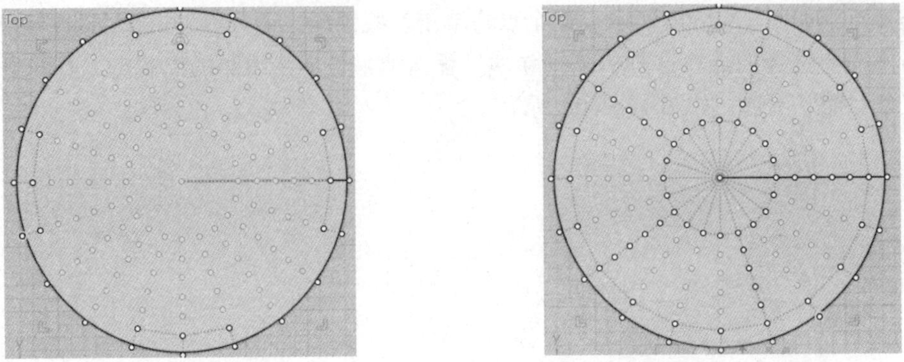

c）可先框选大部分控制点　　d）最后的选择结果

图 12-260（续）

5）针对所选的控制点，应用【移动】命令，在主视图中向下移动，距离不太重要，形成了盆状，如图 12-261 所示。

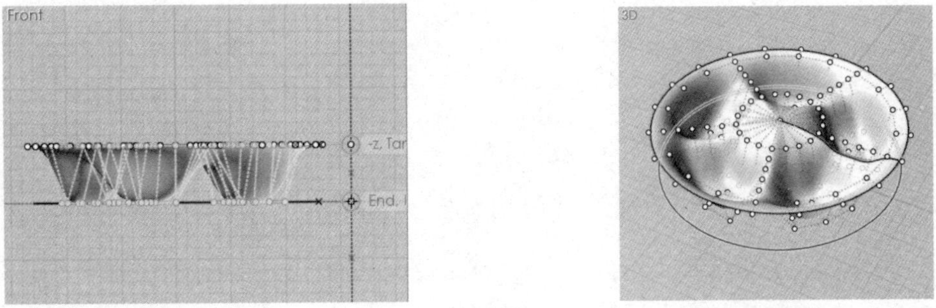

a）在主视图下移控制点　　b）形成的盆形

图 12-261　下移部分控制点形成盆状

但是，“筋”的部位也随之下沉，要想办法使它们与盆沿平齐。这次选择“筋”的控制点（要细心，不要有遗漏），然后，执行【移动】命令。如果想形成盆子形状就向下移动，不过，我们需要向上移动这些点，使之与盆沿平齐，如图 12-262 所示。

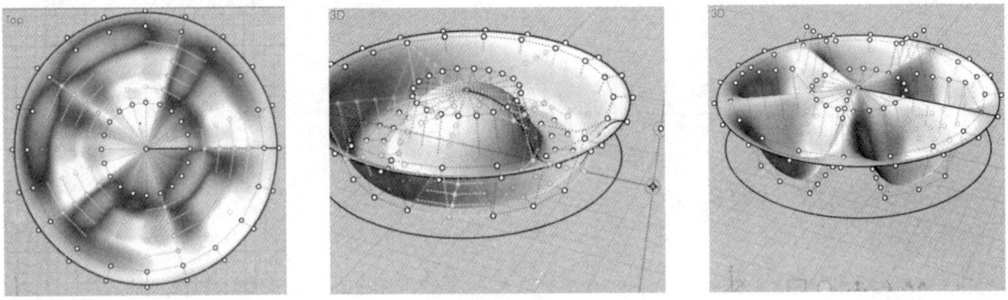

a）选择“筋”的控制点　　b）下移控制点　　c）上移控制点

图 12-262　使筋与盆沿平齐

6）下一步，拖放一个圆锥，使基点与盆形中心重合，半径与边沿的圆，也就是构成圆平面的圆形半径等长。在主视图中确定圆锥的高度，差不多就好。选择圆锥，复制并粘贴出另一个圆锥，然后把它上移一段距离，如图 12-263 所示。

a）圆锥底面半径　　b）确定圆锥的高度　　c）复制另一个圆锥，并上移

图 12-263　复制圆锥

旋转 3D 视图，将两个圆锥底面删除。对于与盆形相接触的圆锥，可以先选择盆形，然后将它隐藏，再删除相邻圆锥的底面。恢复盆形的显示，隐藏与盆形连接的锥形面。然后选择最上面的锥形面，应用【变形：扭曲】命令，扭曲轴线的起点落在圆锥面的尖点，终点捕捉到底面的圆心上，扭曲角度设为 60º，单击“完成”确认，如图 12-264 所示。

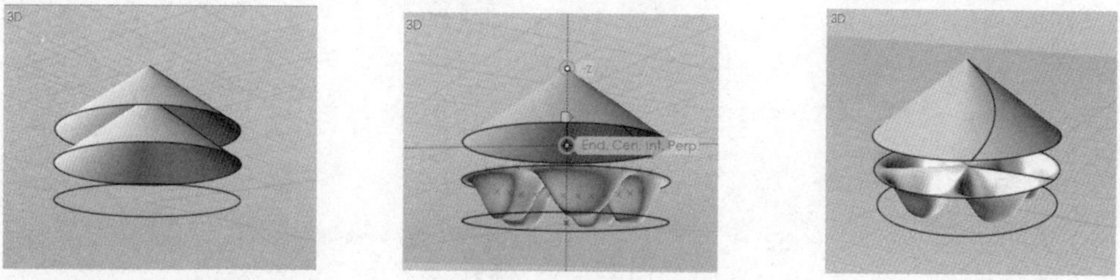

a）删除两个圆锥的底面　　b）确定扭曲轴线　　c）扭曲锥形面

图 12-264　扭曲锥形面

7）显示出隐藏的锥形面。在主视图中分别选择两个锥形面，垂直拖动四周的编辑框，使锥形面变成圆平面。或许第二个圆平面没有落在盆形之上，选择它，将它下移至盆形的上面，如图 12-265 所示。

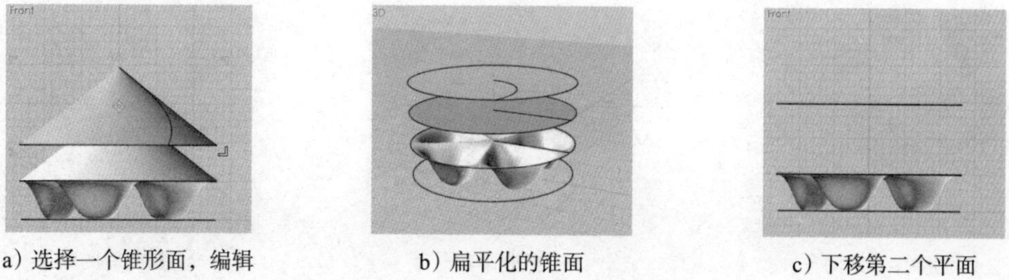

a）选择一个锥形面，编辑　　b）扁平化的锥面　　c）下移第二个平面

图 12-265　变锥形面为圆形面并下移

分别选择两个平面，来看看它们的控制点结构。最上面的平面有一个螺旋状的结构，而第二个平面的结构要简单得多，如图 12-266 所示。

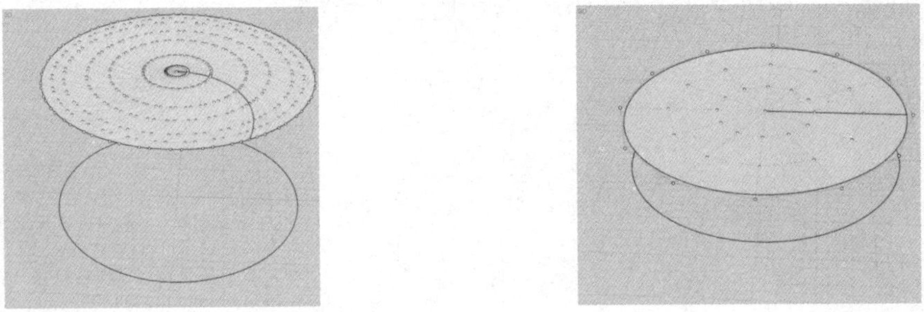

a）最上面平面的点结构　　b）第二个平面的点结构

图 12-266　平面的控制点结构

8）显示出盆形和两个平面，接下来将要应用【流动】命令。先选择盆形，执行【流动】命令，在它上面的平面接缝附近单击，作为基准面，接着在最上面的平面接缝处单击，作为目标曲面，经过计算以后，得到如图 12-267c 所示的结果。

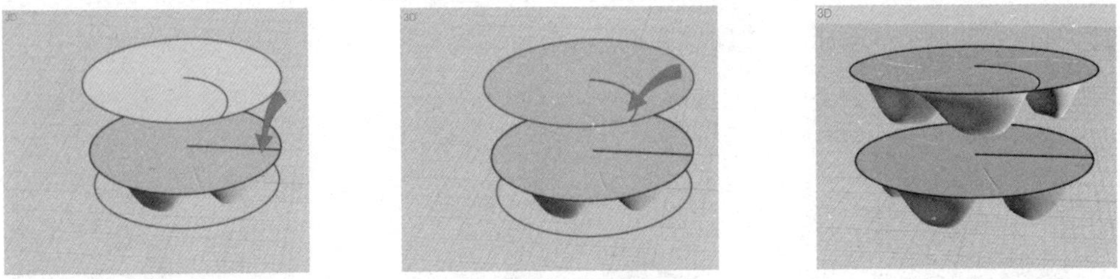

a）确定基准面　　b）确定目标曲面　　c）流动得到的结果

图 12-267　流动

9）删除原始盆形连同上面的平面，把目标曲面也删除，看看得到的车轮是什么样。原来的几条“筋”形成了动感的螺旋状轮辐。以这个车轮为基础，继续造型。选择车轮，可以执行【变形：扭曲】命令，扭曲轴线要通过车轮的中心，扭曲角度可以是正值或负值，取决于将来不同的旋向，你可以输入不同角度试试，观察所发生的变化，如图 12-268 所示。

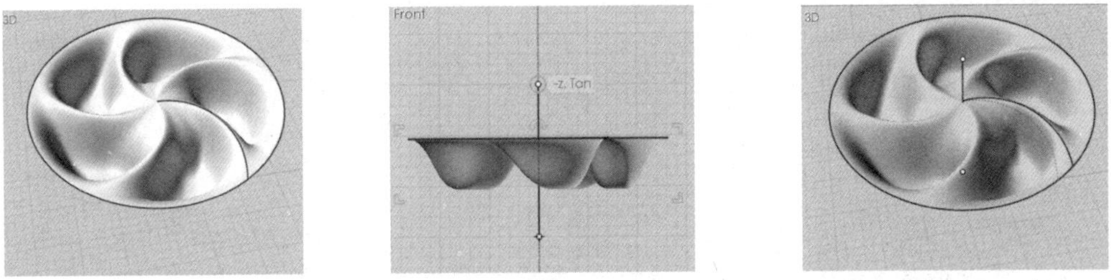

a）删除多余的对象　　b）扭曲车轮　　c）扭曲后的效果

图 12-268　扭曲车轮效果

10）在主视图中绘制一条直线，用于切割车轮的下部。选择车轮，应用【修剪】命令，单击直线，切割掉车轮的下部，挖出孔洞，如图 12-269 所示。

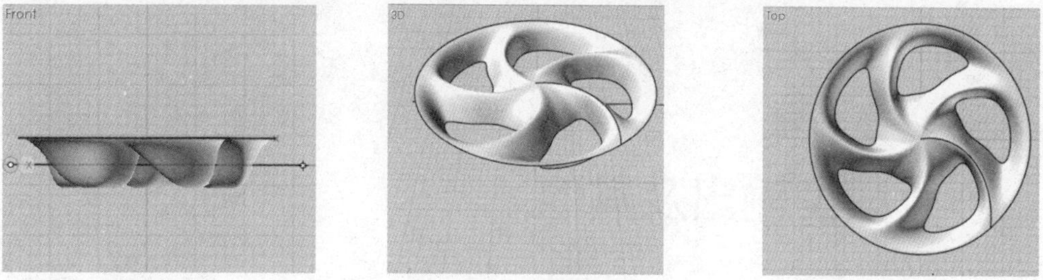

a）画一条直线　　b）切割掉下部，挖出孔洞　　c）流畅的形状

图 12-269　切割出车轮

到目前为止，这个车轮还只是个曲面，没有厚度。可以选择这个车轮，应用【抽壳】命令，给这个曲面一个厚度，使它成为实体，如图 12-270 所示。

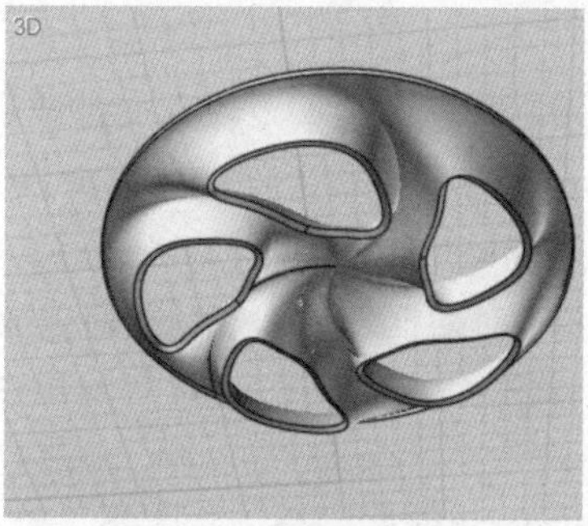

图 12-270　给曲面一个厚度

12.9　小结

本章练习了几个建模实例，综合运用了前面章节中的部分命令，以期对 MoI3D 的建模过程、建模能力有具体的认识。建模是实践性很强的过程，由简单的练习开始，逐步深入到复杂模型的制作，对初学者来说是必经之路。

至于汽车、飞机之类的外观建模，MoI3D 也可以胜任，不过由于它们涉及多个部件，对初学者来说还是复杂了一些，先掌握建模的基础知识，后续提高时再进行完整的练习吧！

Chapter 13 第 13 章

模型输出及其他

前面已完成了一些建模练习，构建完模型要保存文件或者输出（Export）不同格式的文件。对于 .3dm、.igs、.sat、.stp 这四种格式，直接保存文件不会出现任何对话框。如果想输出多边形文件格式，如 .obj、.stl、.3ds、.lwo、.fbx、.skp 等多边形网格类型，会出现一个网格化选项（Meshing options）对话框，用来控制如何生成多边形数据，把光滑表面的文件转换成多边形网格类型的文件。而 .ai、.pdf、.dxf 是输出 2D 格式的文件，分别有各自的输出选项。

通常，工程类三维软件保存的文件格式分为三大类。第一类是商业内核级别的数据格式，如 ACIS 商业内核的 sat 数据格式（*.sat 扩展名为 SAT 的文件）；ParaSolid 内核的 X_T 数据格式（*.X_T）。第二类是公共级别的数据格式，如 Step 的 *.stp、IGES 的 *.igs。第三类就是专用级的数据格式，也就是每个软件自己特有的数据文件格式，如 SolidWorks 的 SLDPRT、Pro-E 的 PRT 和 Rhino 的 3DM 等。

对用于 3D 打印的建模而言，切片软件目前只能识别 STL 或 OBJ 格式的文件。因此，即使保存了 .3dm 格式文件，也需要输出一次 .stl 文件的过程。还可以选择模型中的局部对象，应用输出命令，存储为一个独立的文件。

前面已提到过，MoI3D 命令面板中的命令并非是程序的全部命令，本章还会对附加命令作简单介绍。此外，针对论坛中用户所开发的脚本文件，也会作一些简要的说明。

13.1 模型输出过程的网格化选项

目前，3D 建模软件通常可以使用两种不同类型的模型：网格（meshes）和 b-rep 实体

（b-rep：Boundary Representation，边界表示法）。大致了解两者之间的区别很重要，有助于转换文件格式时进行更多的控制。b-rep 实体方法主要体现在机械 CAD 和一些通用的软件（Inventor、Fusion 360、AutoCAD）上。例如，如果在 MoI3D 中构建一个圆柱体，那么它将是一个圆形的拉伸，表面光滑，极其精确。当使用构建网格的应用程序（如 3ds Max、Modo 等）时，圆柱体将包含一个近似的圆和多边形构成的圆筒，所以它不如前者那么精确，但可以随时增加网格的分辨率，使其更接近实际的曲线，如图 13-1 所示。

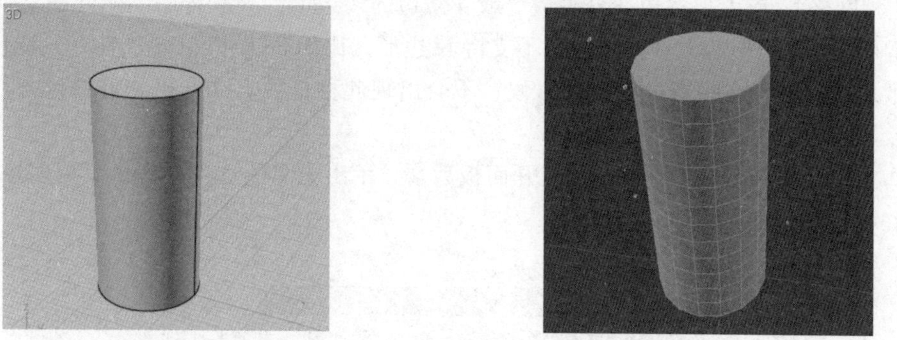

a）b-rep 实体方式构建的圆柱体　　b）mesh 方式构建的圆柱体

图 13-1　b-rep 实体与其他软件比较

这里不是严格给出不同建模方法的定义，如需要详细了解它们的定义与差别，请查阅相关文献。

下面以螺母为例，来解释在 MoI3D 中把模型输出为网格模型的过程，输出格式为 .obj。建好模型之后，执行【文件：输出】命令，选择要输出的模型，将出现输出选项，如果要保存的是 .3dm、.igs、.sat、.stp 这四种格式，起个保存的文件名，指定存储路径就完成了输出过程。我们主要解释输出多边形格式文件，命名为“luomu”，指定为 .obj 格式，单击保存按钮后，将会出现网格化选项，同时注意视图中模型的变化，如图 13-2 所示。在网格化过程中，多边形和点的数量会在屏幕的右上角命令选项所处的位置列出。

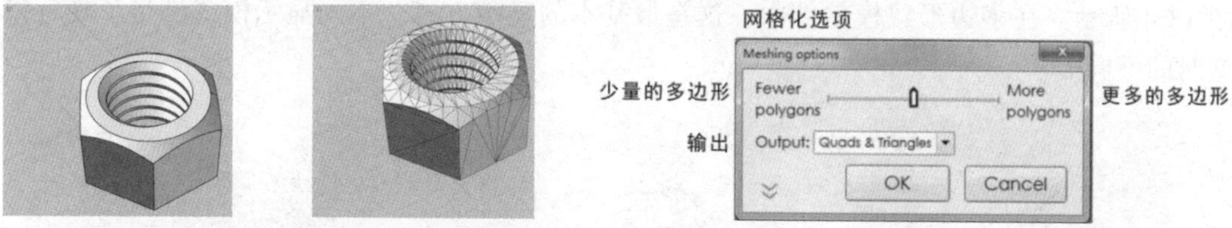

a）螺母模型　　b）网格化的螺母模型　　c）网格化选项

图 13-2　保存过程网格化设置

MoI3D 会做一些额外的处理，在相连接的曲面之间的共享边线上对齐网格顶点，因此，在输出网格文件之前，通常需要确定曲面与相邻面是否已连接为一体，以确保成为一个实体。

可能最先看到的是以压缩方式呈现的对话框，如图 13-2c 所示。向左移动滑动条能够创建一个由较少的多边形组成的更加稀疏的网格模型，这将减少所生成模型的数据总量，但也会导致网格出现更严重的锯齿感。向右移动滑动条，会增加多边形的面数，创建一个由更多的面组成的、更稠密的网格。稠密的网格看起来更光滑，但也会使文件变得更大。

对话框中有一个“输出”（Output）选项，它控制着将要创建的网格文件的多边形类型，允许设置建立 N 边形（大于 3 或 4 条边的多边形，N-gons，一些高级多边形建模软件可以处理这种网格），或者把多边形分解成 3 或 4 条边的多边形。一些程序不能处理复杂的 N 边形，还有一些多边形的文件格式根本不支持 N 边形，比如 STL 和 3DS 文件，只能包含三角形，那么当输出为这些格式类型的时候，不会出现此种选项。OBJ 格式可以包含三角面或四边形。

单击对话框左下角的箭头 ≫，展开面板后会显示出更多的选项，提供了更多控制方式，如图 13-3 所示。

图 13-3　扩展的网格化选项对话框

显示（Display）——控制视图区模型的显示方式，显示了转化为网格模型以后的外观。共有三种显示方式：着色 + 边线（Shaded+edges）、着色（Shaded）、线框（Wireframe），如图 13-4 所示。在多边形建模软件中，这是最基本的显示方式。不同显示模式满足了观察模型时的不同需求。

a）着色 + 边线显示　　b）着色显示　　c）线框显示

图 13-4　显示模式

沿边线焊接顶点（Weld vertices along edges）——这个复选项控制了在两个曲面之间多边形如何连接到一些点上，这些点是沿着两个面之间的共享边上的点。当勾选此选项时，不同的多边形将会共享一个在共享边之上的公用点。不勾选此选项时，边线两侧的多边形各自拥有独立的点，这些点堆叠在同一个位置上。

这有点像缝制一个足球，两块球皮要缝在一起，一定要有共享的边，焊接顶点相当于球皮缝合，不焊接相当于两块皮子叠放，压在一起，但会漏气。模型中的曲面由若干个曲面构成，图 13-5b 中示例了两个相邻的多边形，如果勾选了沿边线焊接顶点，结合的边两侧的每一个多边形将会焊接到相同的顶点，这些顶点由两个多边形共享。图 13-5c 中示例了不焊接顶点的情形。在这种情况下，每个拥有未焊接边的多边形都有独立的顶点，这些顶点相互堆叠。为了说明这一点，图中的两个多边形稍微分开了一点。

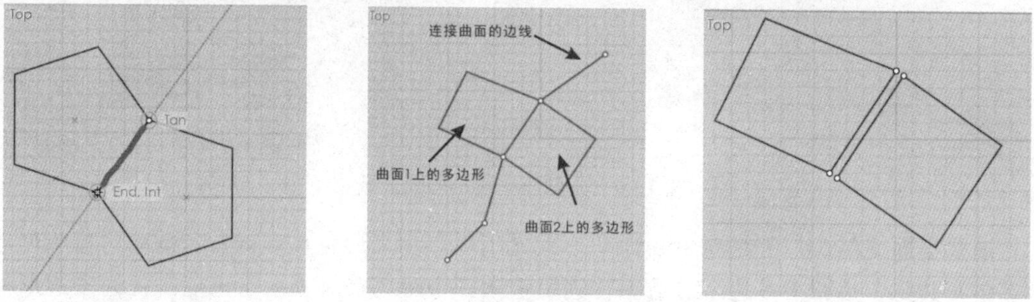

a）两块球皮的共享边　　b）焊接顶点　　c）不焊接顶点

图 13-5　共享边

通常，应勾选焊接顶点选项，不过一些程序处理焊接的网格也会存在问题。另外，有时可能想用未经焊接的点做一些特别的效果，比如做一个手绘或卡通风格的渲染效果。不焊接顶点还有助于把多边形分解为不同的部分，以方便后续的多边形编辑。

角度（Angle）——这个选项控制着在每一个多边形转角处的曲面法线之间允许的最大角度。当最大允许角度是个较小的值，它会沿着更弯曲的区域强制增加更多的细分。当最大允许角度是个较大的值，在弯曲区域将会执行更少的细分，并允许生成更粗糙的多边形。这与滑动条控制有着相同的意义，这个选项只是允许更直接地控制，并能够使用常规滑动条范围之外的数值。如果想要一个非常低的多边形网格，需要在这里设置一个比滑动条范围允许更大的角度。

进一步分割（Divide larger than）——这个选项提供了另一种在某些区域细分网格的方法。允许在这里输入一个距离值，使大于此长度的多边形分解成较小的部分。它可以用来给那些曲率较小的较大区域添加细节。由于由滑动条调节的常规密度控制仅仅是基于曲率，而不是基于长度，具有较小曲率的区域往往倾向于在其中有着较少的多边形。还可以调整下拉列表的设置，将附加细分限制到特定类型的曲面上。默认情况下，它仅适用于弯曲的曲面，平面不会发生变化，但是对于一些特殊的网格需求，也可以改为只适用于平面，或者是适用于所有曲面。

图 13-6a 示例了一个曲率较小的大区域，它没有太多的多边形。因为覆盖着一个极大的区域，很明显缺乏精细度。在进一步分割选项里输入距离 5，将会执行更多的细分，强行分割大的曲面。任何沿着一条边线大于 5 个单位的多边形，都将做进一步的分割。

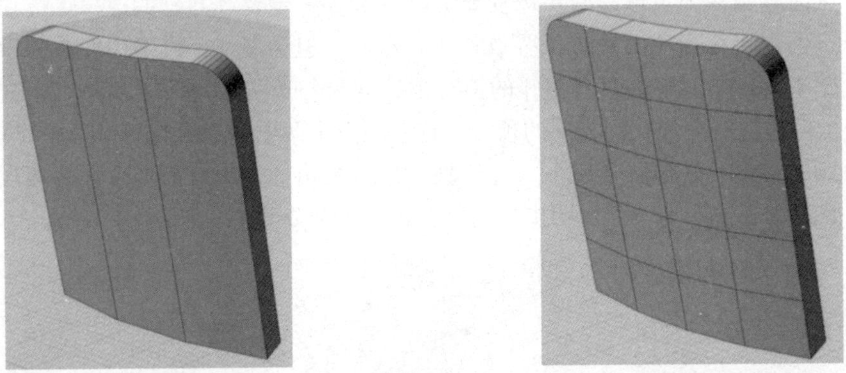

a）曲率较小的大区域　　b）分割这些区域

图 13-6　分割曲率较小的大区域

消除小面（Avoid smaller than）——此选项可以用来避免在难以看到的小区域中创建太多的多边形，以减少多边形总数。在这里输入一个距离，对于小于该值的任何多边形都禁止细分。通常，在小区域和大区域都会产生相同的密度，因为这仅由曲率控制。图 13-7a 是放大显示一个大模型上的一个小圆头模型，我们不需要在局部产生那么多的多边形数量，通过设置其距离为 0.5，将减少那里的分割数量，如图 13-7b 所示。

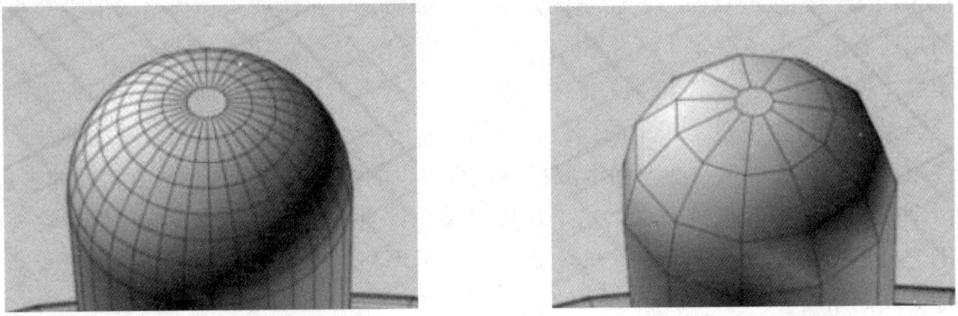

a）圆头上多边形过密　　b）减少多边形数量

图 13-7　减少分割数量

限定纵横比（Aspect ratio limit）——此选项提供了另外一种方法，能够对在一个方向上比较短，但在另一个方向上非常长的四边形执行附加的细分。这个操作会影响到所有曲面，包括平面。图 13-8a 是一个有着瘦长多边形的网格模型，如果希望模型能有更规则的尺寸，那么可以为纵横比控制输入 2，将对任何一条边线超过另一条边线两倍的四边形执行细分，结果是任何多边形的宽高比不超过 1:2，如图 13-8b 所示。

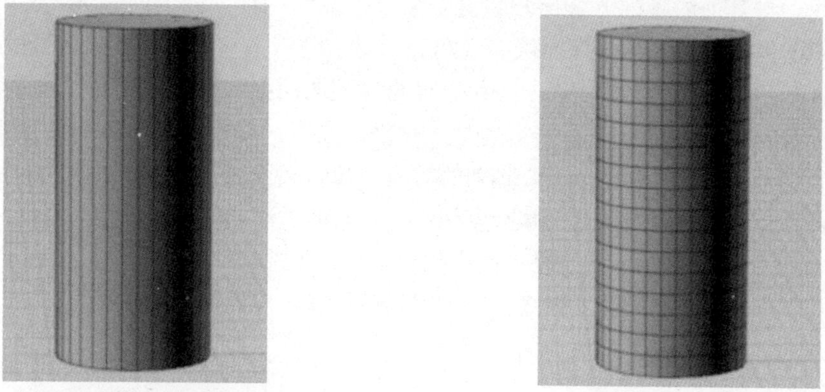

a）由瘦长的多边形构成的网格模型　　b）限定纵横比后执行细分

图 13-8　限定纵横比

当给扩展控制项输入了数值，要想清除它，可以使用退格键（←）清除输入框中的数字，或者输入数值 0。

上面解释了模型输出为 .obj 格式文件时的网格化选项，输出为 .stl 格式文件时的网格化选项基本相同，只是输出的是三角面，而不是四边形。至于输出为 2D 绘图文件格式的输出选项，由于读者基本上不常用，此处不作解释。

13.2　附加命令

前面已解释过，命令面板中的命令并非 MoI3D 提供的全部命令，还有一些附加命令可以使用，操作方式是先按 Tab 键，然后在数值显示与输入区域输入命令名称，然后按 Enter 键执行它，相当于 AutoCAD 中在命令行输入命令。当然，也可以为命令设置快捷方式。

下面简单介绍这些命令所实现的功能，具体的应用由读者自行体会。

增量保存（Incremental save）——增量保存的概念是文件名顺序递增，例如文件名 01.3DM、文件名 02.3DM、文件名 03.3DM……每次保存都不会覆盖上一次的文件，可以设置键盘快捷方式进行增量保存。使用另存为（Save as）命令可以取代它。

重构（Rebuild）——专门用于重构曲线的命令，重新采样点，并通过这些点生成一条新的曲线，前面已解释过这个命令的用法。

翻转法线（Flip）——此命令用于将开放曲面的正法线方向翻转到另一侧。在 MoI3D 中，这种操作不会产生太大的影响，不过，当保存为一个多边形网格模型时，它能够用于将从开放的曲面生成的多边形法线翻转至相反的方向。

结合（Merge）——这个命令与布尔运算的合并功能不一样，是用来将分成几段的边线结合成一条长的边线。它要求边线在连接点处必须相切，方能结合到一起。

阵列宝石（ArrayGem）——沿曲面上的一组曲线复制宝石（小对象），并将宝石对齐到曲面的法线。与其他的阵列方式比较，这个命令使用了一种不同的间隔方式，与要阵列的对象一起的还包括一个基圆，并提供一个间距。这个间距是基圆沿着目标区域的分隔距离。对于目标曲面，要选择一个曲面以及一组已经投影到曲面上的曲线。

这里所谓的宝石（gemstone），指的是小物件。注意，要使这个命令能够正常工作，必须先有一个基圆，并且还要包括想要阵列的对象。基圆必须与要阵列的对象同时被选中，基圆中心将成为放置到曲面上的点，基圆直径作为对象的大小。这与流动命令有些相似。在图 13-9a 中，有小圆锥和基圆、一组投影曲线和圆柱体，先选择圆锥和基圆，执行【阵列宝石】命令后，再选择一组曲线和圆柱侧面，输入间隔后，就会得到阵列结果，如图 13-9b 所示。

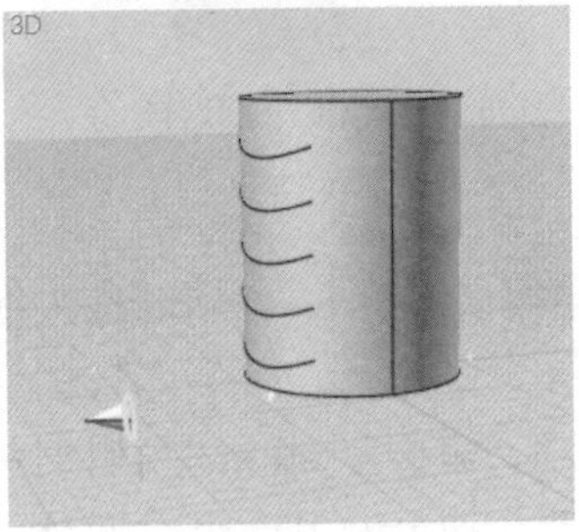

a）所需要的条件

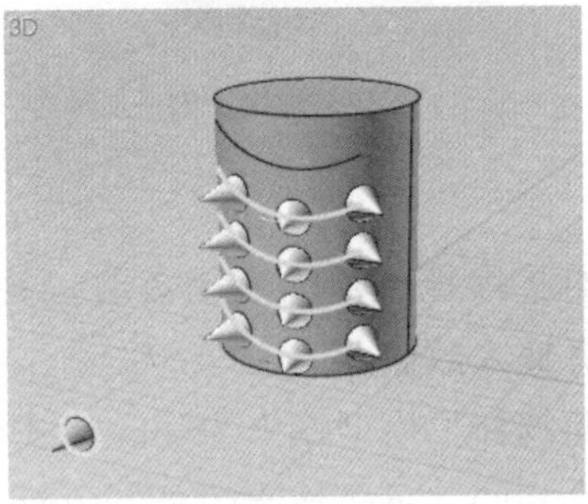

b）阵列后的结果

图 13-9　阵列宝石结果

炸开移动（ExplodeMove）——使物体远离共同的中心点，效果类似于爆炸图。如果选择多个对象，这些对象将保持整体并且彼此分开；如果选择单个实体，它的面将被分离并移开，如图 13-10 所示。

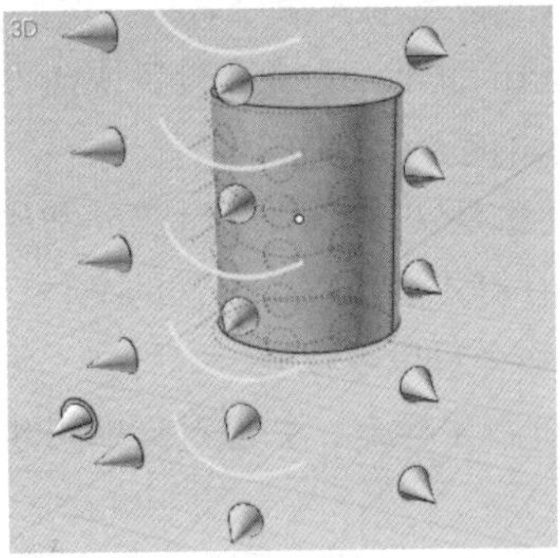

a）炸开多个对象

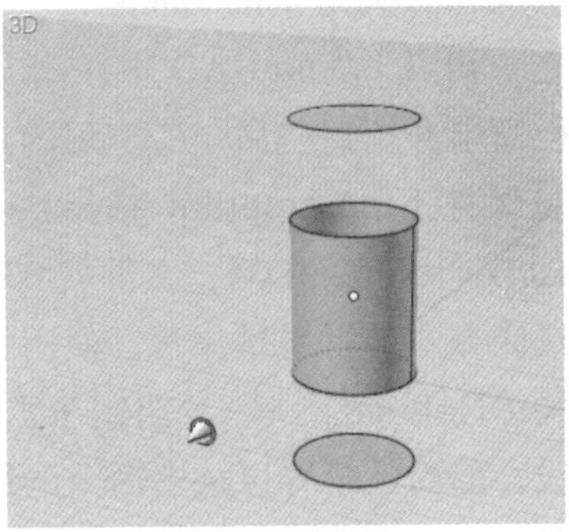

b）炸开单个实体

图 13-10　炸开移动

边界框（BoundingBox）——为当前选择的对象创建一个盒子或矩形，显示出尺寸界限。

边界框中心（BoundingBoxCenter）——围绕当前选择的对象，创建一个标记边界框中心点的点对象。

收缩修剪曲面（ShrinkTrimmedSrf）——修剪过的曲面是由原始曲面与修剪边界曲面定义的，有时候，原始曲面远比修剪过的曲面大得多，会给贴图造成一些麻烦。收缩修剪曲面命令可以使原始曲面的边线收缩至曲面的修剪边线附近，结果只是改变了原始曲面的大小，因此修剪过的曲面通常不会有视觉上的变化。收缩曲面后，将会删除多余的控制点，这个命令只是对修剪之后的曲面起作用。

生成 2D 绘图（Make2D）——在 MoI3D 内部，直接生成一个带有内嵌曲线的隐藏线绘图。如同输出 PDF、AI、DXF 等 2D 绘图格式一样，可以将它再次导入到 MoI3D 中。

删除复制对象（RemoveDuplicates）——此命令目前只适用于曲线，删除在一个指定容差内复制的曲线，曲线端点也必须在一定容差之内。

13.3 脚本文件

国外一些用户为 MoI3D 开发了大量脚本，极大地拓展了该软件的功能。由于脚本文件众多，这里只以 Max Smirnov 的 SubD scripts（细分曲面）为例，介绍脚本的使用方法。细分曲面是一种建模方式，在如 3ds Max 等混合建模软件中都提供了这种建模方式。SubD scripts 增加了 MoI3D 细分曲面的能力，提供了一种新的建模手段。有关细分曲面的概念，请读者自行查阅相关的文献。

在 http://moi.maxsm.net/media/files/ 页面，单击下载 Subdiv_beta9.zip 和 sSplit.v.0.95.2015.08.10.zip 压缩包，分别解压以后，将 _Subdiv_beta9.htm，_Subdiv_beta.js，_sSplit.htm，_sSplit.js 复制到自己的 MoI 3.0/commands 目录下，如图 13-11 所示。

从 Chipp Walters 的网站 https://altuit.cloud/web/dbpub/MoIGUIdownloads/MODOicons.zip 下载图标文件 MODOicons.zip，解压后选择相对应的图标，把它们复制到你的 MoI3.0/ui/icons 目录下，以便将来在 MoI3D 的软件界面中增加命令图标。

接下来，先备份你的 MoI 文件夹，以防万一。使用文本编辑器如 Windows 的记事本，打开位于 MoI 3.0 / ui 文件夹中的 CommandBar.htm，编辑它。这段代码并不长，要搜索到图 13-12 的位置，插入新的红框之内的文本。照着文本输入，空格是可选的。

重新启动 MoI3D，在视图区的下方会出现两个新图标，这就是我们想要的结果。另一种运行脚本文件的方法是为它设置快捷方式，可以参考相关资料进行设置，这里略去。

添加的这两个按钮提供了 SubD 的建模方式。举个简单的例子来看看它的用途。构建一个立方体，选择它，单击 SubD 按钮，调节滑动条，结果不再是立方体，而变成一个光滑的对象，如图 13-13 所示。

再来看看分割（Split）的作用。建立一个长方体，选择顶面的一条边线，单击 Split 按钮，可以分割这个实体，并允许单独选择分割的面，如图 13-14 所示。这是一个非常实用的功能。

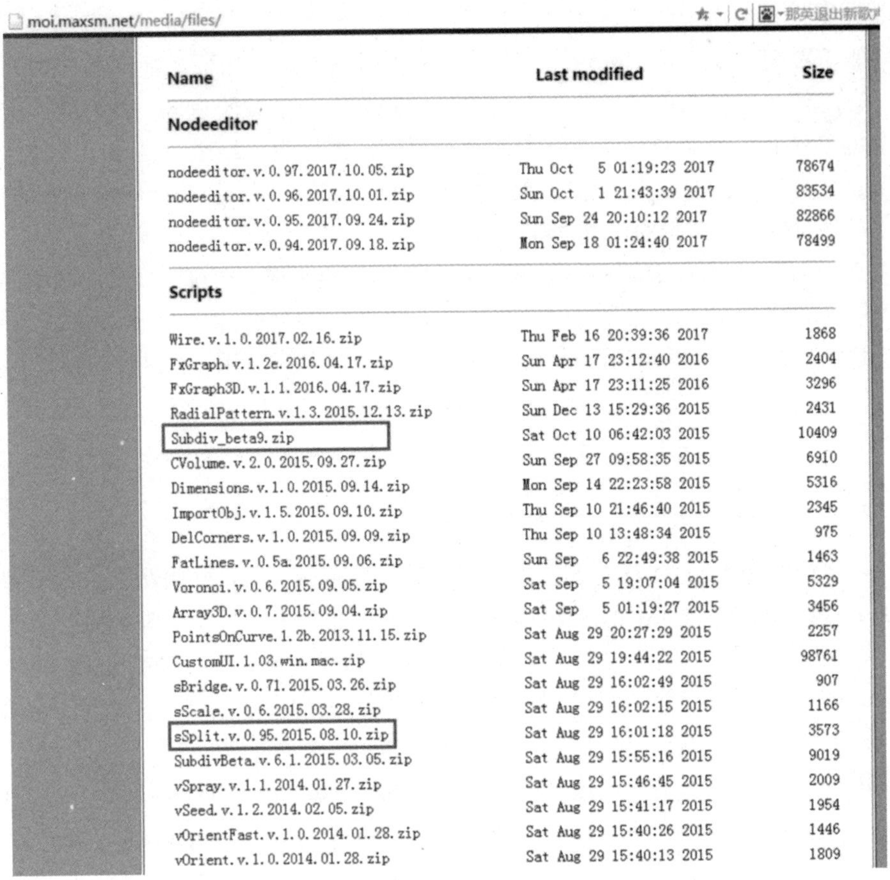

Name	Last modified	Size
Nodeeditor		
nodeeditor.v.0.97.2017.10.05.zip	Thu Oct 5 01:19:23 2017	78674
nodeeditor.v.0.96.2017.10.01.zip	Sun Oct 1 21:43:39 2017	83534
nodeeditor.v.0.95.2017.09.24.zip	Sun Sep 24 20:10:12 2017	82866
nodeeditor.v.0.94.2017.09.18.zip	Mon Sep 18 01:24:40 2017	78499
Scripts		
Wire.v.1.0.2017.02.16.zip	Thu Feb 16 20:39:36 2017	1868
FxGraph.v.1.2e.2016.04.17.zip	Sun Apr 17 23:12:40 2016	2404
FxGraph3D.v.1.1.2016.04.17.zip	Sun Apr 17 23:11:25 2016	3296
RadialPattern.v.1.3.2015.12.13.zip	Sun Dec 13 15:29:36 2015	2431
Subdiv_beta9.zip	Sat Oct 10 06:42:03 2015	10409
CVolume.v.2.0.2015.09.27.zip	Sun Sep 27 09:58:35 2015	6910
Dimensions.v.1.0.2015.09.14.zip	Mon Sep 14 22:23:58 2015	5316
ImportObj.v.1.5.2015.09.10.zip	Thu Sep 10 21:46:40 2015	2345
DelCorners.v.1.0.2015.09.09.zip	Thu Sep 10 13:48:34 2015	975
FatLines.v.0.5a.2015.09.06.zip	Sun Sep 6 22:49:38 2015	1463
Voronoi.v.0.6.2015.09.05.zip	Sat Sep 5 19:07:04 2015	5329
Array3D.v.0.7.2015.09.04.zip	Sat Sep 5 01:19:27 2015	3456
PointsOnCurve.1.2b.2013.11.15.zip	Sat Aug 29 20:27:29 2015	2257
CustomUI.1.03.win.mac.zip	Sat Aug 29 19:44:22 2015	98761
sBridge.v.0.71.2015.03.26.zip	Sat Aug 29 16:02:49 2015	907
sScale.v.0.6.2015.03.28.zip	Sat Aug 29 16:02:15 2015	1166
sSplit.v.0.95.2015.08.10.zip	Sat Aug 29 16:01:18 2015	3573
SubdivBeta.v.6.1.2015.03.05.zip	Sat Aug 29 15:55:16 2015	9019
vSpray.v.1.1.2014.01.27.zip	Sat Aug 29 15:46:45 2015	2009
vSeed.v.1.2.2014.02.05.zip	Sat Aug 29 15:41:17 2015	1954
vOrientFast.v.1.0.2014.01.28.zip	Sat Aug 29 15:40:26 2015	1446
vOrient.v.1.0.2014.01.28.zip	Sat Aug 29 15:40:13 2015	1809

图 13-11　从 http://moi.maxsm.net/media/files/ 页面下载文件

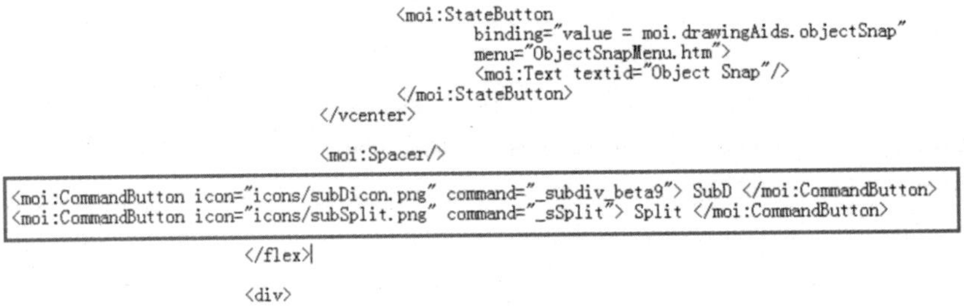

```
            <moi:StateButton
                    binding="value = moi.drawingAids.objectSnap"
                    menu="ObjectSnapMenu.htm">
                    <moi:Text textid="Object Snap"/>
            </moi:StateButton>
        </vcenter>

        <moi:Spacer/>

<moi:CommandButton icon="icons/subDicon.png" command="_subdiv_beta9"> SubD </moi:CommandButton>
<moi:CommandButton icon="icons/subSplit.png" command="_sSplit"> Split </moi:CommandButton>
    </flex>

    <div>
```

图 13-12　插入两行文本

继续分割立方体的短边，执行两次分割，得到如图 13-15 所示结果。

选择立方体顶面上面积较大的面，向上拉伸。然后再选择整个形体，单击 SubD 按钮，执行细分操作，得到类似玩具车的雏形，如图 13-16 所示。

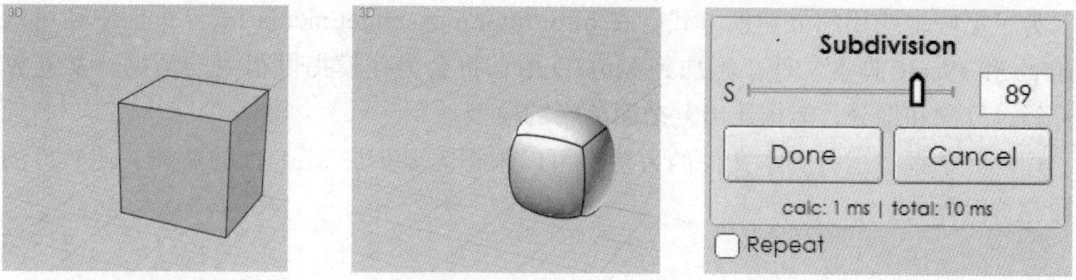

a）构建立方体　　b）细分得到的结果　　c）细分选项

图 13-13　Sub D 用法

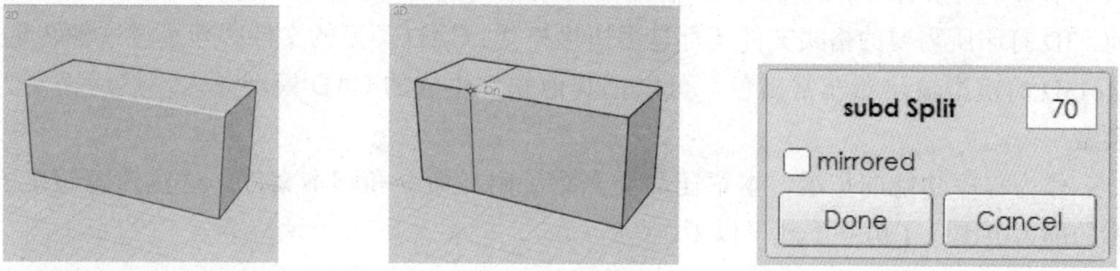

a）选择立方体的一条边线　　b）分割立方体　　c）细分选项

图 13-14　Split 用法效果

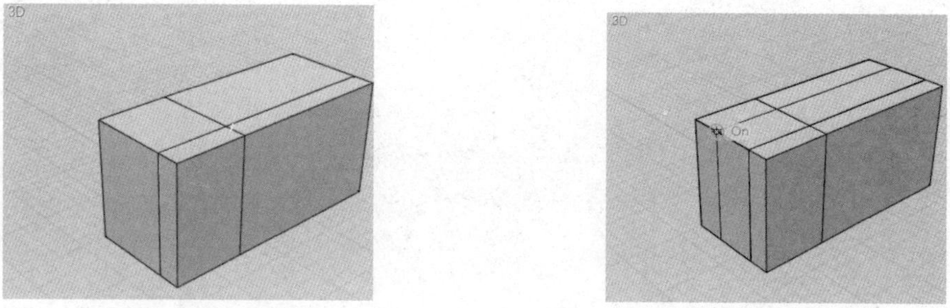

a）第一次分割短边　　b）再一次分割短边

图 13-15　继续分割效果

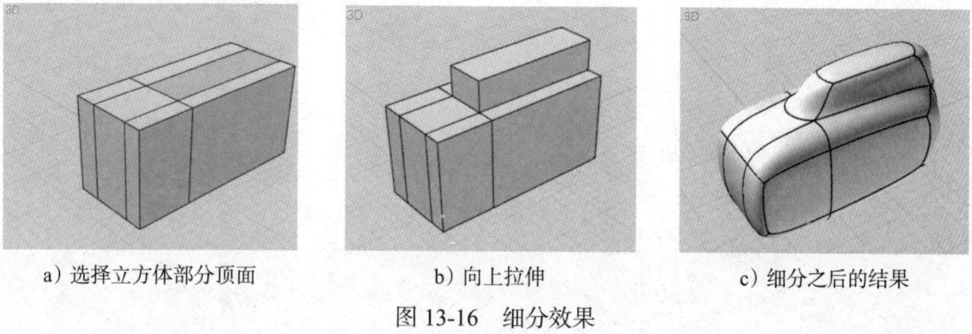

a）选择立方体部分顶面　　b）向上拉伸　　c）细分之后的结果

图 13-16　细分效果

为了更好地应用细分建模方式，在 http://moi.maxsm.net/media/files/ 页面中还可以下载 sBridge 和 sScale 脚本文件，添加到 MoI3D 中，将会为建模提供很大的帮助。从立方体开始，经过分割和细分，能构建出复杂而流畅的模型。

理解并掌握了运行脚本文件的方法，可以根据需要扩展 MoI3D 的功能，使软件的功能更加完善而强大。

13.4 小结

本章主要介绍了从 MoI3D 中输出网格模型的过程和选项，这是非常重要的内容。目前，3D 打印所需要的格式文件还都是多边形格式，CAD 类型的文件必须经过这种转化过程。MoI3D 的模型输出器非常出色，可以把其他软件生成的 CAD 模型导入，然后输出为网格模型。

作为程序功能的扩展，本章还简要介绍了附加命令和脚本文件。这些内容超出了初学者的能力范围，了解一下就可以了。

第 14 章 Chapter 14

准备 3D 打印模型

前面章节已详细解释了 MoI3D 软件的界面和命令的功能，并给出了一些建模实例，相信读者已经能够构建出很多实体的模型了。不过，要把虚拟的数字模型通过 3D 打印方式制作出真实的物理模型，还需要一些后续的工作，如模型检查与修复、打印时模型的摆放、添加支撑结构、利用切片软件生成 G 代码等，才能最终输入 3D 打印机进行打印。这些工作非常重要，因为它们直接决定 3D 打印模型的成败。

3D 建模软件数量众多，而目前 3D 打印机能够接受的格式只有几种，主要以 .stl、.obj 等为主。也有一些软件提供了修复 STL 数字模型的功能，专业级别的软件是 Materialise 公司的 Magics，目前版本是 22.0。这是专业人士必不可缺少的软件，且是完全针对快速成型工序特征需求的唯一软件。Magics 具有强大而高效的 3D 处理工具，可以用最短的前置时间提供高质量的 3D 打印模型。不过，Magics 不太适合初级用户。

全球领先的美国 Autodesk 公司提供了一款免费的全能建模与模型处理软件 Meshmixer。该软件具备强大的多边形网格模型混搭、融合的能力，并提供了雕刻功能，可以单独作为一个多边形建模软件。在修正数字模型中的错误、添加支撑结构和为 3D 打印准备 .stl 文件等方面，Meshmixer 同样非常出色。针对 3D 打印方面的主要功能，Meshmixer 包括允许创建支撑结构和纠正非流形数字模型的错误，并以有效的方式在打印床上摆放模型，确保该对象能够正确打印出来。Meshmixer 可以从 http://www.meshmixer.com/download.html 免费下载，目前版本是 Meshmixer 3.2。

笔者已编写过《3D 打印建模：Autodesk Meshmixer 实用基础教程》，于 2016 年 6 月出版发行。该教程详细介绍了 Meshmixer 软件各模块的功能，有需求的读者可以参考该教程中的内容。所以，本章不会详细介绍 Meshmixer 软件，而是提供一个数字模型 3D 打印前准备工作的大致思路。

14.1 模型检查与修复

非流形是用来描述不是水密的不良网格模型的常见术语。对于一个水密的网格模型，其任何网格都是流形的、完全封闭的，并且在表面拓扑上没有任何缝隙。有时，可能不小心在建模过程中创建了一个不是水密的网格模型，即使像Rhino和MoI3D这类NURBS建模软件，其提供了控制功能，帮助在曲线上确定点的位置并创建出曲面，有些曲面仍可能不是水密的，孔洞、缝隙仍会存在于模型之中。为了确保所有网格的水密性，Magics和Meshmixer都提供了修复网格模型水密性的功能。

把前面所做的几个练习输出为.stl的格式文件并导入到Meshmixer中，会看到图14-1中左上角的粉色部分，表示底座的法线是反的，需要在MoI中反转法线，或者在Meshmixer中做适当处理。

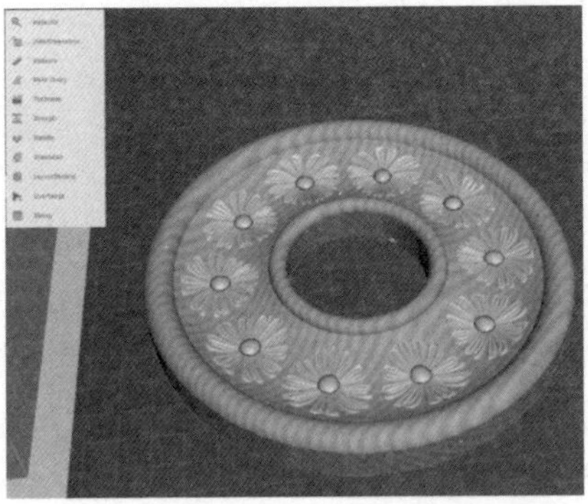

图 14-1　底座的法线是反向的

导入杯子模型。由于在MoI3D中事先在杯把根部修剪掉一个小口，在Meshmixer中应用检查器（Inspector）命令时，就给出该处的缺陷指示，表示检测到了孔洞，如图14-2所示。

图 14-2　检测到模型上的孔洞

对于轴套模型，导入 Meshmixer 中会发现网格数量稀疏，将影响到模型的后续处理。在 Meshmixer 中，有一个“重整网格”（Remesh）命令，可以根据需要增加网格的密度，它远比 MoI3D 输出网格模型时的控制能力要强大得多，如图 14-3 所示。

a）网格数量稀疏

b）增加网格密度

图 14-3 调整网格

Meshmixer 提供了一个“实体化对象”(Make solid）命令，可以一次性修复模型的缺陷，这是一个功能强大的命令，值得初学者掌握并应用它。

Meshmixer 还提供了多种检查及修复模型的命令，这里不再一一列举。

14.2 在打印床上摆放模型

数字模型的形状是千奇百怪的，在 3D 打印时必须要考虑模型在打印床上如何摆放。如果在打印床上随意放置一个模型，很有可能导致打印时间延长，或者打印部件的外观较差，甚至打印失败。

如图 14-4 所示的钻石，考虑到不同的因素，可以有多种在打印床上摆放的方向。

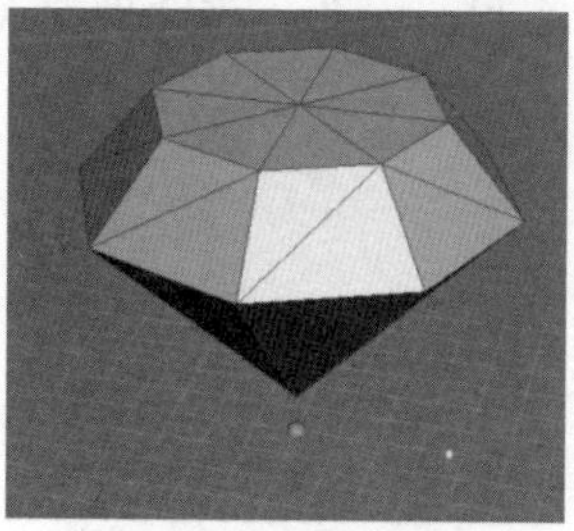

a）要打印的钻石模型

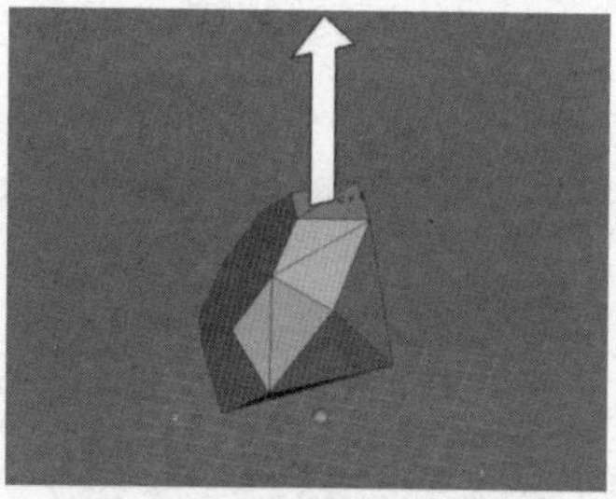

b）可以侧放

c）还可以尖顶朝上

图 14-4 摆放钻石的方向多样

Meshmixer 具有安排和重定向几何模型的功能。当在打印床上手动重定向模型时，应该考虑以下三个因素。

1）耐久性。任何 3D 打印对象的应力是沿着材料的沉积方向流动的（也就是分层的方向)。一个竖直打印的管子将由多个横向截面的层构成，每一层是一个应力点，施加足够的压力就能够破坏它。

2）美观。分层感可能不讨人喜欢，但却是不可避免的，这与3D打印的成型原理有关。棱角分明和平直的物体往往比多纹理、看起来复杂的对象，以及带有弯曲的、有机特征的设计显示出更多的分层感。如果所设计的对象表面是平直的，则分层感将更加明显。当直立打印时（竖直站立状态），人像模型及表面要求较高的模型效果会看起来最好。

3）可打印性。即使使用边缘和基座（切片软件提供的功能，如Cura），薄的部件依然难以打印出来。单薄的支撑结构也可能会垮塌。要确保你有足够的支撑结构，以保证前一个支撑能够支持下一个要打印的层。如果你不能建立足够的支撑结构，那么，避免问题的最好方法是把对象的最宽尺寸部位平放在打印床上进行打印。

14.3 添加支撑结构

在重新确定了部件的尺寸和打印朝向之后，下一个要素是如何支撑悬空。悬空是模型中存在的下方没有任何材料的区域。没有支撑的悬空可能造成一些麻烦，熔化的材料丝会以随机的角度落到打印床的表面。如果没有采取适当的预防措施，最有可能的结果是3D打印失败。

有很多第三方软件可以用来帮助生成支撑结构。Meshmixer具有能够生成树状支撑结构的功能。通常情况下，生成支撑是能够由软件控制的自动处理过程。每个软件都有自己生成支撑的方法，大多数切片软件能够自动添加线性支撑，Meshmixer生成的树状支撑结构比其他大多数软件生成的支撑要薄一些，如图14-5所示。不过，这种“薄”是通过树状分支的算法作为补偿的，使Meshmixer能使用较少量的材料而提供最大限度的支撑。Cura等切片生成的支撑往往更难以去除。Meshmixer生成的支撑更容易去除，不过可能会出现在不需要的区域。Meshmixer还允许手动添加支撑结构，非常灵活实用，因此，该软件在3D打印领域得到了广泛应用。

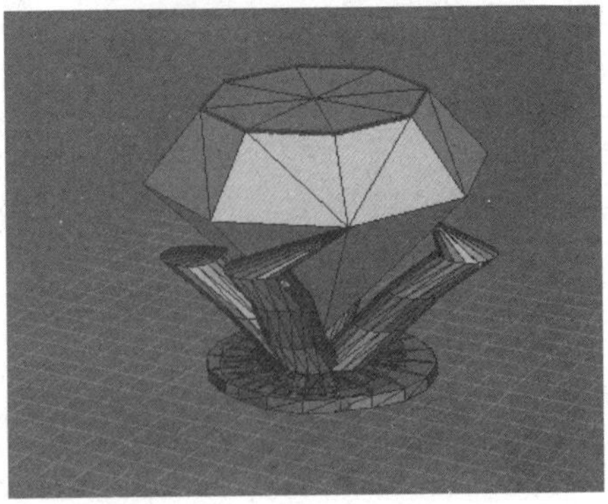

图14-5 为钻石生成的支撑结构（仅为演示）

14.4 任意分割模型

或许是受限于 3D 打印机的构建尺寸，或者模型过于复杂，有时需要将大型或复杂的对象分割成若干部分进行打印。把模型分割为几个部分然后摆放在打印床上，也会减少支撑数量，进而得到支撑疤痕较少的模型。Meshmixer 提供的切割工具使分割模型变得非常容易，如图 14-6 所示。

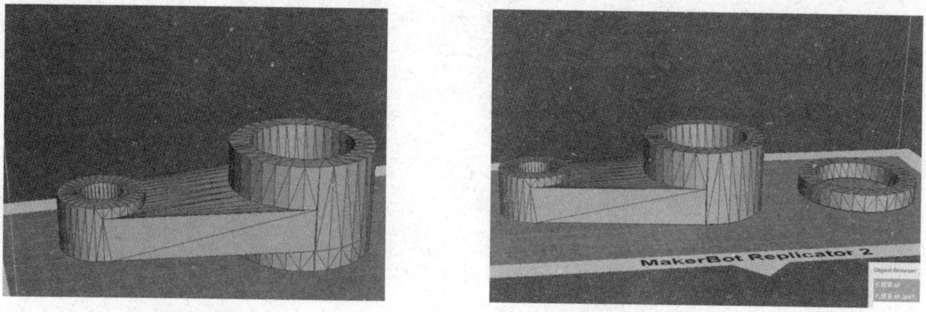

a）要打印轴套　　b）分割后，平放打印（仅为演示）

图 14-6　分割后打印

Meshmixer 还能够挖空模型、制作镂空的花式模型，最新版本的软件还可以分离出任意部位，以便指定不同材料，即支持多材料打印系统。

14.5 小结

典型的 3D 打印流程从创意并开发出草图开始，接着进入设计阶段，再准备用于 3D 打印的模型，由切片软件生成 G 代码，一切就绪后开始 3D 打印。

本章只是简单介绍应用 Meshmixer 如何准备 3D 打印模型的流程，使读者对准备工作有所认识。3D 建模只是完成了 3D 打印的一部分工作，后续的处理工作也至关重要。在数字模型从虚拟空间向实物转化过程中，需要得到模型修复与处理工具的帮助，还要使用切片软件对数字模型切片，才能通过 3D 打印得到物理模型。

MoI3D 完成的是设计阶段的任务，是把灵感转化为数字 3D 模型的工具，可帮助使用者简洁而高效地创建 3D 模型。通过学习，如果读者能体会到建模的乐趣，笔者深感欣慰！

Chapter 15 第 15 章

从概念到数字模型

3D 打印技术的普及逐渐激起全民制造的新潮流，形成了一种创客文化。创客运动又推动了新技术的不断涌现。创客，是团结协作、富有创意灵感的、富有智慧的人群，他们正开发着一些奇妙的项目，相信会实现更好的自我、改善人们的环境，改善人们的教育体系，甚至改变整个世界。这已经远远超出了爱好，这是创客主导的世界范围内的运动——创客运动。创客运动在中国的兴起时间虽短却发展迅猛。我国政府也高度重视这一新潮流，提出了“大众创业，万众创新”的号召，国内强大的制造业生态体系、丰富的人力资源、雄厚的资本和艺术沉淀是创客扎根成长的肥沃土地，它所迸发出的潜力是未来工业体系和经济发展的重要力量。

创客群体没有职业范围和身份限制，任何有创意且有激情，致力于将创意变为现实的人都能成为创客。创客空间里有的是热爱创造的人，他们以兴趣为导向、以创意为起点、以体验为动力，通过自我满足的创业方式将大众群体中蕴藏的巨大创新力挖掘和释放出来。但问题来了，创客并非人人都是设计师，每位创客如何将头脑中瞬间迸发的灵感转化为可以 3D 打印的数字模型呢？这需要基本的设计知识。然而，普通人既没有接受过平面绘图的训练，也没有空间视图的概念，对于三视图这种工程界对物体几何形状约定俗成的抽象表达方式一无所知。如何使这个群体能够理解一些基本的设计理念与方法，掌握一些 3D 设计技能，然后使用 3D 打印机打印出模型，是本教程力求解决的问题。

最具专业性的从概念设计到数字可视化的软件当属 Autodesk Alias，这套工业设计软件支持概念交流、设计建模、曲面技术造型、逆向工程、实时设计可视化和工程开发协作，不过它很复杂，难以掌握，而且价格昂贵。国内流行采用 Rhino（犀牛）软件进行工业设计，很多学校的工业设计专业都讲解 Rhino，也是由于它的易用性。不过，对于创客群体来说，

Rhino也显得复杂了，MoI3D则是比较好的选择。前面的章节注重讲解了MoI3D的软件功能和建模实例，本章主要表达的是如何把构想转化为数字模型的方法，这是为了给读者，特别是创客一些启发，使大家也能够借助软件工具进行简单的产品设计。流程仅到数字模型就停止了，至于如何应用3D打印机打印模型，需要读者参考其他资料进行具体操作。

从概念到数字模型是个比较大的概念，这里也仅是简单的介绍，意图起到抛砖引玉的作用。本章会提及Adobe Photoshop或Illustrator，也是假定读者并不能熟练应用这两款软件。作为平面设计领域的专业软件，它们都具备强大的绘图功能，尤其是Illustrator，加上Hot Door CADTools插件，其可以完成很多需要在AutoCAD中完成的工作。多掌握一些平面设计工具的使用方法，对创客来说也是非常重要的。

15.1 应用MoI3D进行简单的产品设计

对于一名创客而言，如果拥有了3D打印机，就能够实现从最初的草图设计到最终生产，自己完全控制生产过程的每一个环节。如网上销售的3D打印耳机，就是一个个人制造的例子。从设计草图到3D打印成品，都可以在自己构想出的创意基础上独立工作。问题是，你必须自己把头脑中的想法变成草图。

无论在什么环境中，灵感来了，要把创意可视化的唯一有效途径就是画草图，这是开始构思关于3D打印设计过程的一种最简单的方法。这些草图通常只不过是一些简单而精炼的涂鸦，往往是画在一张废纸上的，等回到办公室后再细化为一系列的草图。以下是制作居家小工具的简单例子，笔者画在纸上的草图如图15-1所示。

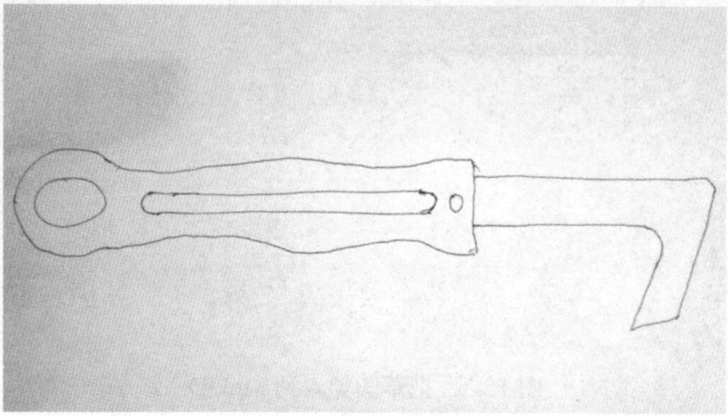

图15-1 工具的草图

当然，你也要考虑尺寸。作为示例，这是极其简单的工具，无非是把手和弯刀，但也要事先确定主要部分的尺寸。这些尺寸后续可以有些变动。还有，笔者没有确定弯刀的长度，所以工具的总长度是开放的，留在具体建模时确定。图15-2中的尺寸也是经过几次修正后的结果。

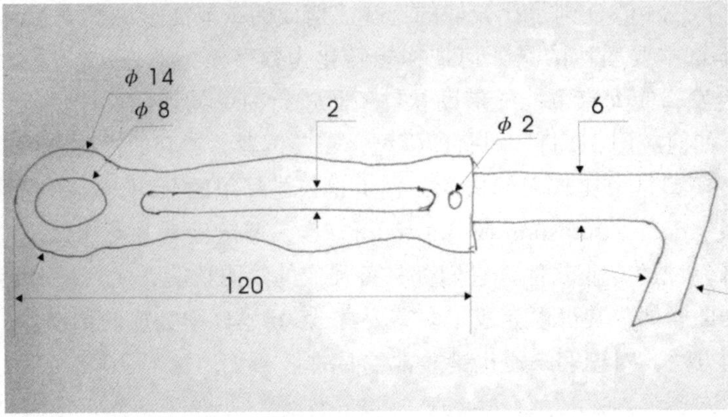

图 15-2　带尺寸标注的草图

运行 MoI3D，开始把草图转化为数字模型。

1）单击视图控制标签中的 TOP，只显示俯视图。使用【图像】命令，导入带有尺寸的草图，如图 15-3 所示。要借助栅格确定尺寸，需要耐心数格子，不断缩小视图，使把手 120 的尺寸分布在 Y 轴两侧，各为 60。

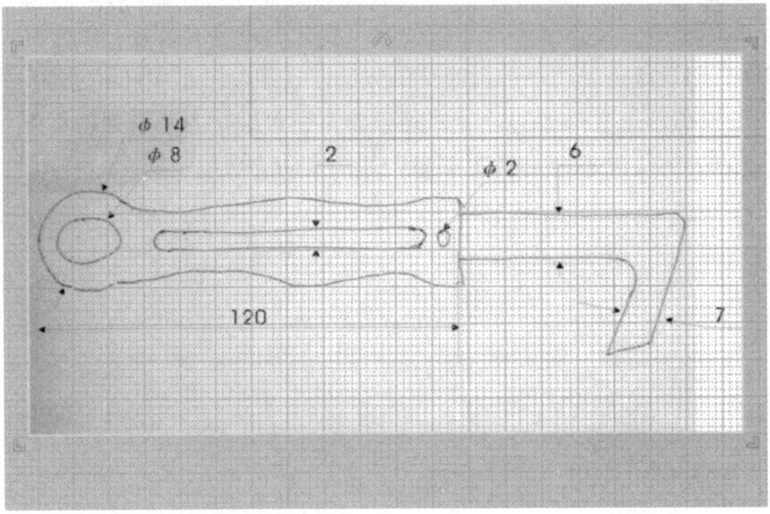

图 15-3　把草图导入到 MoI3D

在图像命令中继续移动图像，这次要使水平槽口分布在 X 轴两侧。由于草图本身就不精确，大致对好位置即可，如图 15-4 所示。

2）接下来以草图为基础，构建工具的 3D 模型。先从左边开始绘图，使用【圆形：中心、半径】命令，圆心捕捉到 X 轴上，在把手左侧画一个半径为 7 的圆。水平移动圆形，使它的最左侧与把手左侧对齐，如图 15-5 所示。

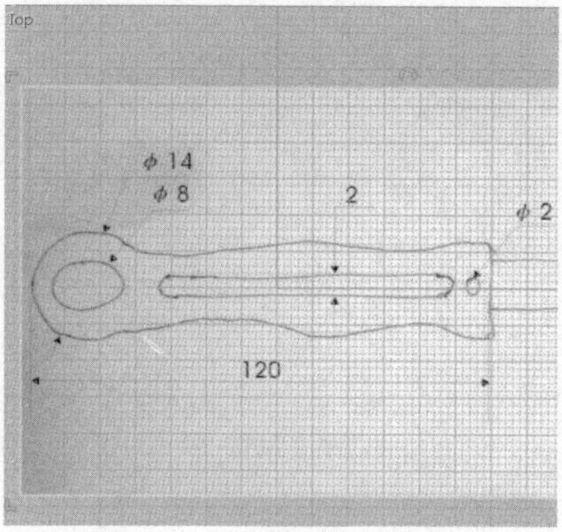

图 15-4 对好水平槽口位置

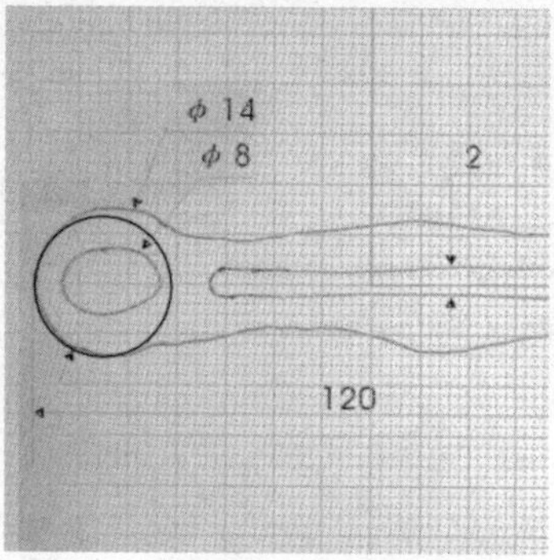

图 15-5 绘制圆形，对齐把手左侧

应用【自由曲线：通过点】命令，绘制把手的外形。把手并不是对称的形状，如果是对称形状，可以只绘制半边。起点一定要捕捉在圆上，按草图的线条绘制出大致的形状，结束点也要落在圆上，如图 15-6 所示。后续可以调节形状的控制点，改善轮廓的外形。

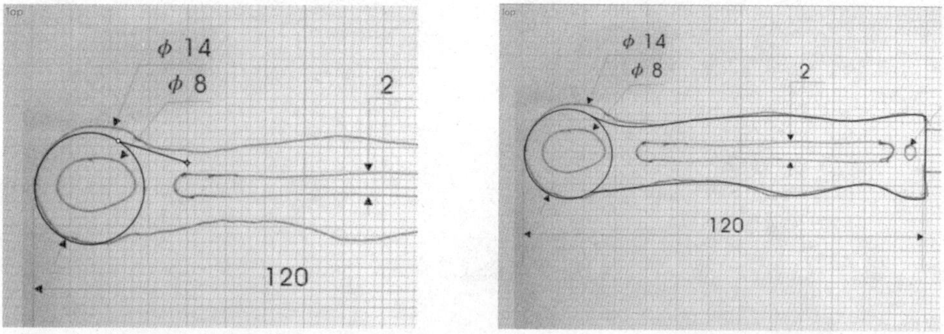

a）起点要捕捉到圆上　　b）绘制出把手轮廓

图 15-6 绘制把手的外形

3）选择圆形和把手的轮廓曲线，执行【修剪】命令，单击“完成”按钮进入相互修剪模式，单击圆形在轮廓的内侧部分，模式选“去除”，删除圆弧，如图 15-7 所示。

选择这两条曲线，执行【连接】命令，把它们结合为一个整体，如图 15-8 所示。

4）应用【圆形：中心、半径】命令，中心捕捉到左侧圆弧的圆心，绘制一个半径为 4 的圆形。对于槽口，绘制一个沿 X 轴对称的、宽度为 2 的矩形，长度留出手绘两边的半圆即可，如图 15-9 所示。

应用【圆形：直径】命令，在矩形两侧分别绘制直径为 2 的圆，这是比较简单的操作。然后，选择矩形和两个小圆，执行【修剪】命令，也单击“完成”按钮进入相互修剪模式，选择两个小圆在矩形内的弧线和矩形的左右边线，模式设为“去除”，删除它们，如图 15-10 所示。

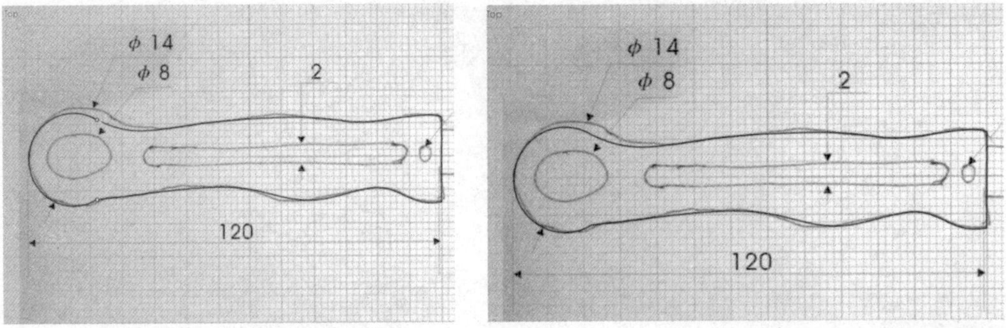

a）相互修剪模式下，选内侧圆弧　　b）删除内侧圆弧

图 15-7　修剪掉内侧圆弧

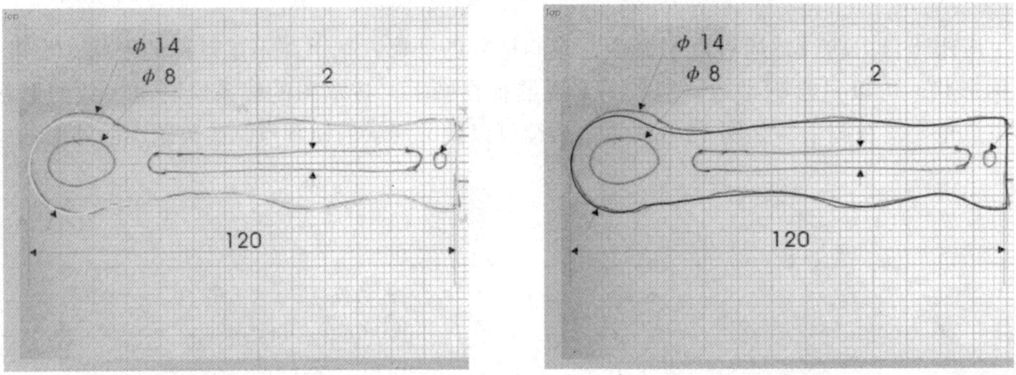

a）选择两条曲线　　b）结合成为一条曲线

图 15-8　将曲线结合为一体

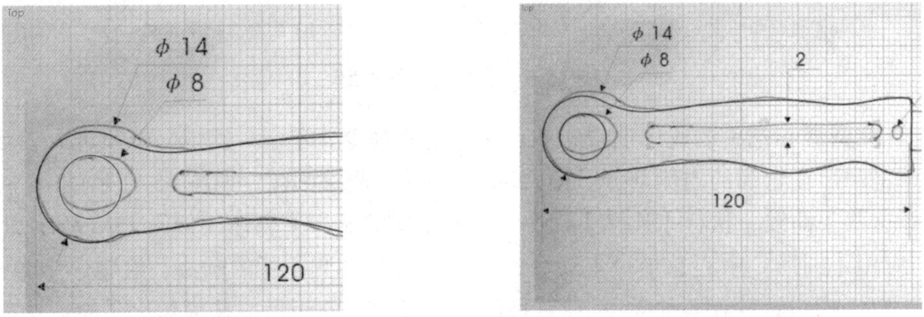

a）绘制左侧内部的圆形　　b）绘制槽口的矩形

图 15-9　绘制圆形与槽口

5）在把手右侧，有一个直径为 2 的铆钉，也先画一个直径为 2 的圆形。对于右半部分的弯刀，可以先绘制一个矩形，如图 15-11 所示。

应用【自由曲线：通过点】命令，绘制刀具右下的弯曲部分。起点和结束点都可以不在矩形的框线上，后续可以修剪掉多余的部分。选择矩形和曲线，应用【修剪】命令，删掉多余的线条。再应用【连接】命令，把两部分曲线结合成一体，如图 15-12 所示。

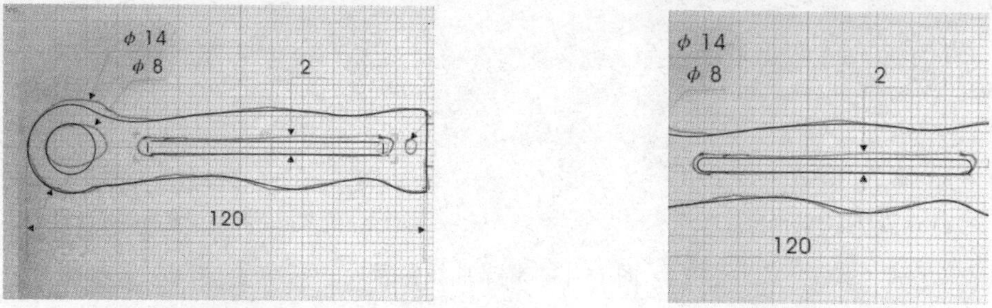

a）绘制直径为 2 的两个小圆　　b）修剪出槽口形状

图 15-10　修剪槽口形状

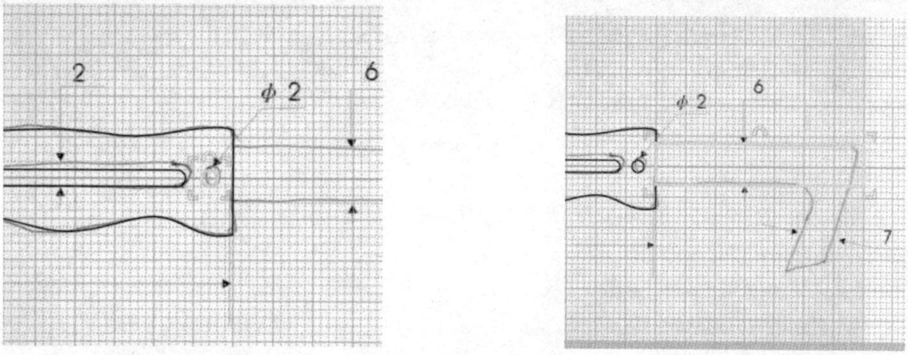

a）绘制代表铆钉的小圆　　b）绘制一个矩形

图 15-11　绘制铆钉与弯刀的初步草图

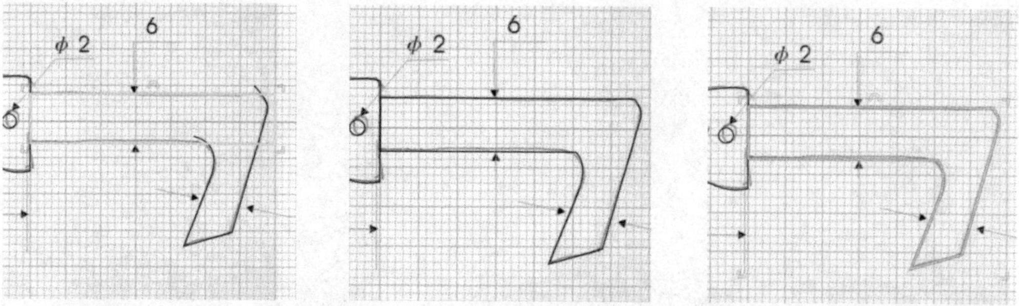

a）绘制弯曲的曲线　　b）修剪掉多余的曲线　　c）结合成一条曲线

图 15-12　绘制弯刀曲线

至此，绘制线条的环节完成。接下来，移除参考的草图。我们来调节曲线的轮廓。

6）选择把手的轮廓曲线，显示出控制点，调节左侧下方圆弧与曲线的控制点，使之平滑过渡。对把手的其他部位也可调整控制点，使形状更光滑一些，如图 15-13 所示。

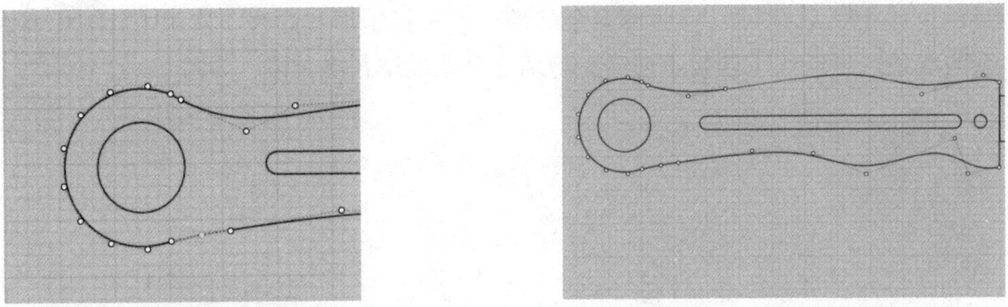

a）调节圆弧连接的控制点　　b）调节把手其他位置的曲线形状

图 15-13　调节曲线轮廓

显示出弯刀部分控制点，调整转角部分的弯曲程度，如图 15-14 所示。

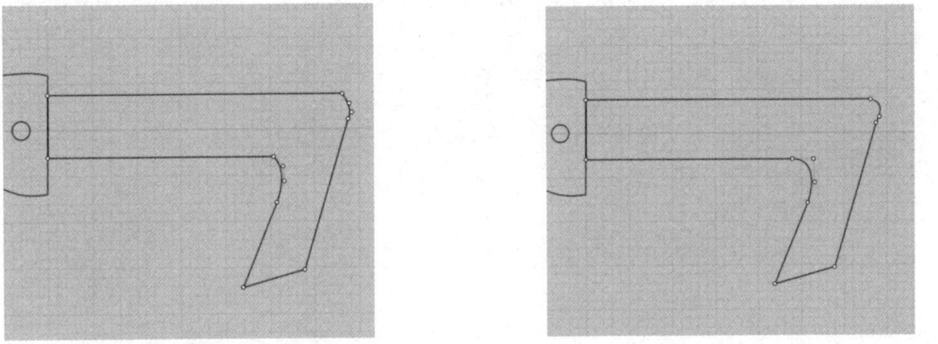

a）显示出弯刀形状的控制点　　b）调节转角位置的形状

图 15-14　调整弯刀形状

选择弯刀左侧的两个控制点，稍微向左移动一段距离，深入把手的内部，如图 15-15 所示。

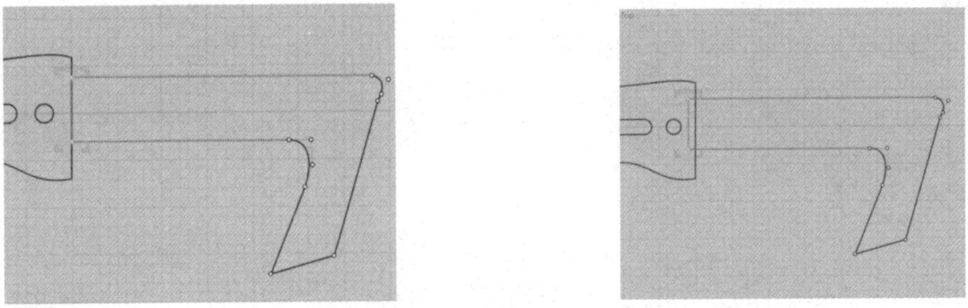

a）选择弯刀左侧的两个控制点　　b）向左移动控制点

图 15-15　调整弯刀位置

检查一下，发现槽口部分的曲线还是分段的，需要执行【连接】命令，把它们结合为一条曲线，如图 15-16 所示。

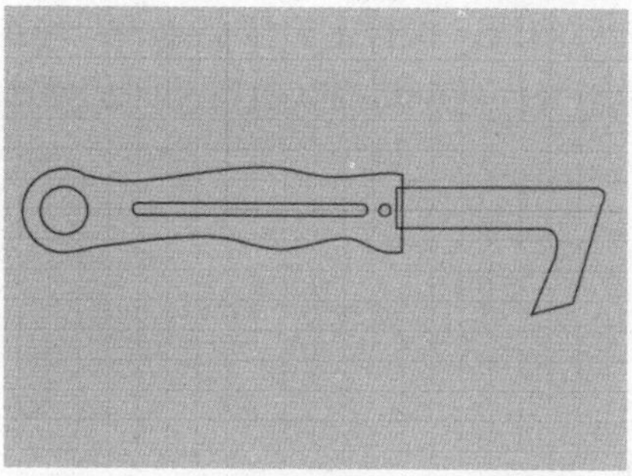

图 15-16 当前得到的工具形状

7）下面开始利用轮廓线生成 3D 模型。显示为分割视图，为槽口曲线和代表铆钉的小圆分别命名，以方便后续的选择。选择把手曲线和左侧的圆形，执行【拉伸】命令，勾选“两侧”选项，拉伸厚度设为 4，拉伸出实体。选择弯刀轮廓，也勾选“两侧”选项，拉伸厚度设为 2，同样拉伸出实体，如图 15-17 所示。

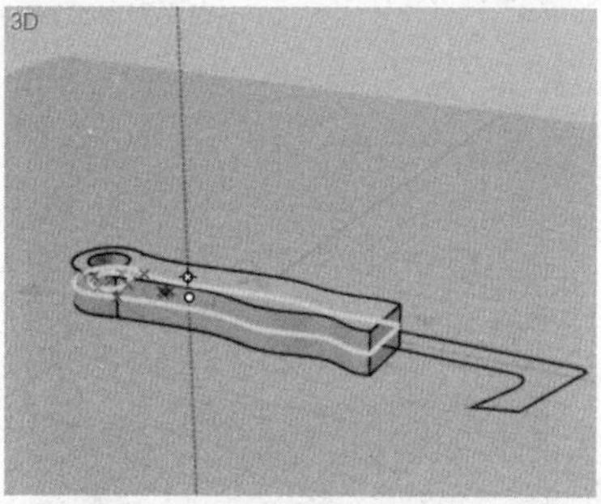

a）拉伸出把手

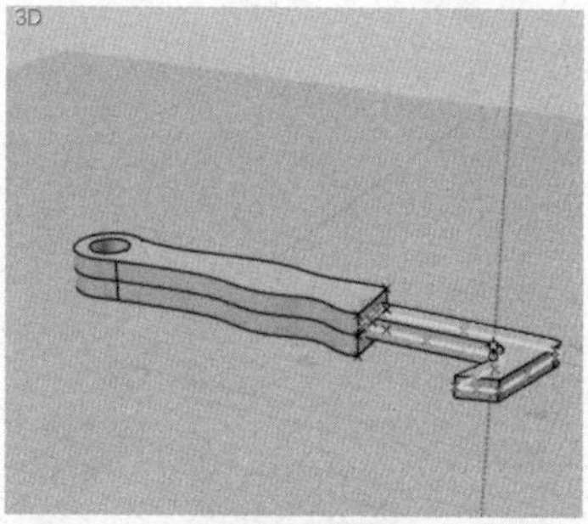

b）拉伸出弯刀

图 15-17 拉伸把手和弯刀实体

在场景浏览器的对象部分选择槽口曲线，在主视图中把它移到把手实体的上方。然后执行【投影曲线】命令，投影曲线到把手实体的上下表面，如图 15-18 所示。

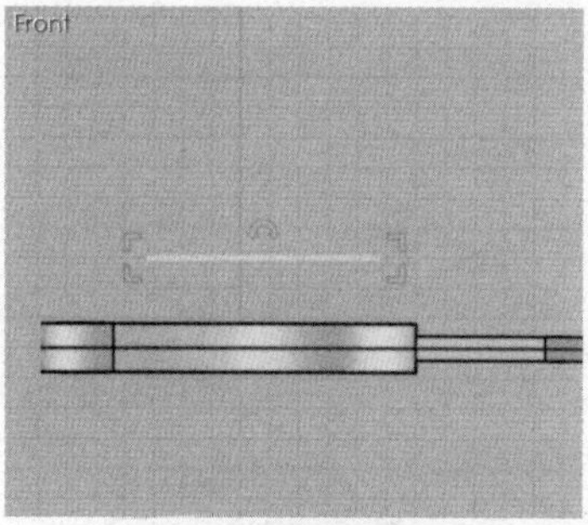

a）移出槽口曲线

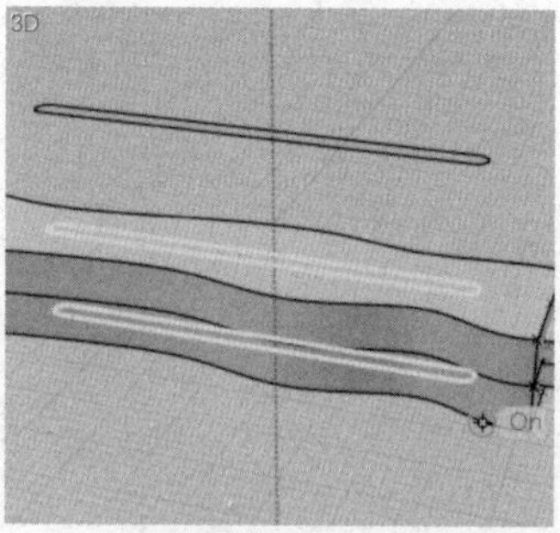

b）投影槽口曲线到把手上

图 15-18 投影曲线

8）选择把手上表面的槽口曲线，执行【拉伸】命令，勾选“两侧”选项，拉伸厚度设为 0.4，拉伸出实体。对把手下表面的槽口曲线执行相同的操作，如图 15-19 所示。

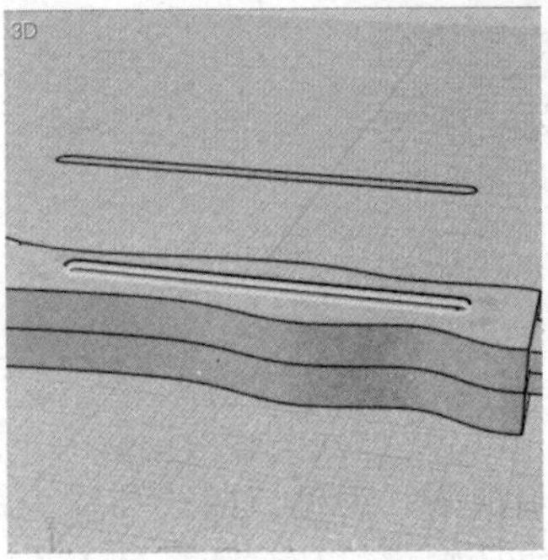

a）拉伸上部槽口曲线

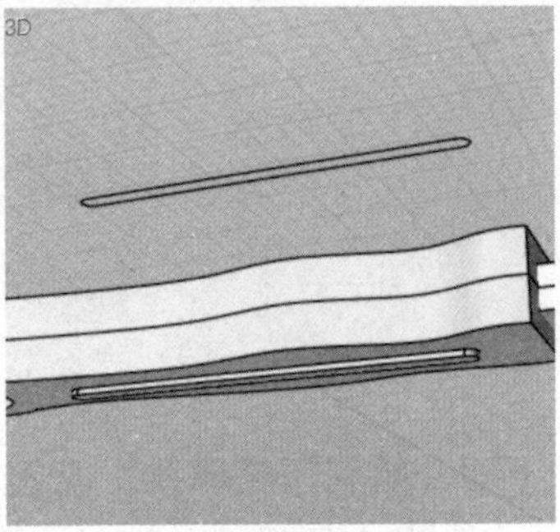

b）拉伸下部槽口曲线

图 15-19　拉伸槽口曲线

选择把手实体，执行【布尔：差集】命令，依次选择刚拉伸出的上下两个实体，从把手实体上减去它们，挖出凹槽，如图 15-20 所示。

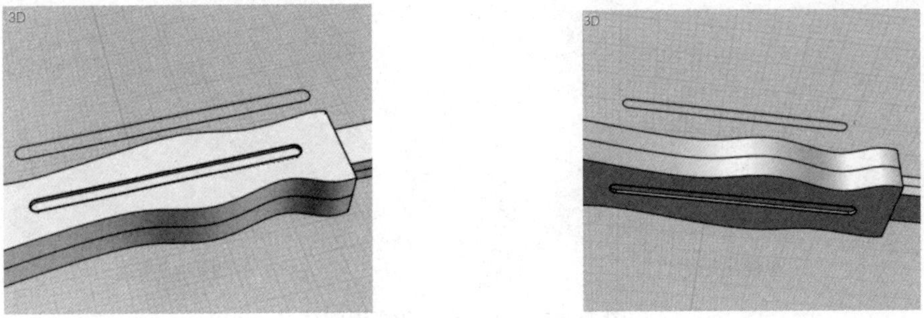

图 15-20　挖出的凹槽

9）隐藏全部曲线。选择把手的上边线，执行【倒圆角】命令，从小的圆角半径值开始，逐渐增大。同样，给把手的下边线倒圆角，如图 15-21 所示。

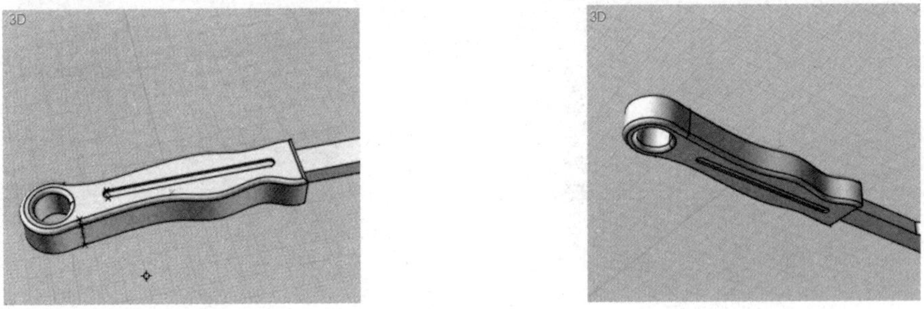

图 15-21　给把手倒圆角

10）在场景浏览器的对象部分选择代表铆钉的小圆，把它移到把手上表面。也可以制作铆钉的模型，不过，为了简化起见，直接拖放一个半径为1的球体放在此位置。使用【单向缩放】命令压扁小球，如图15-22所示。

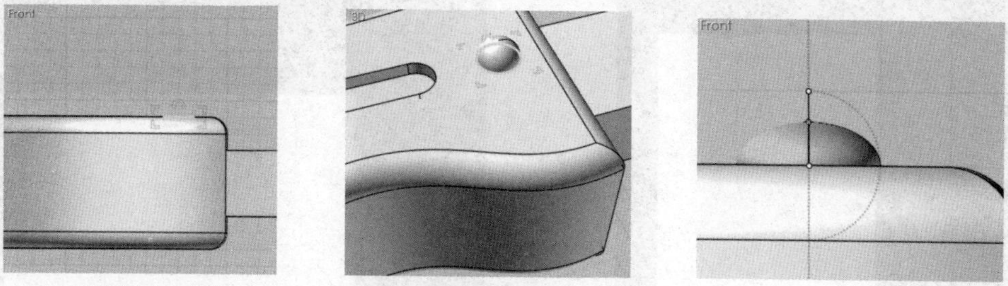

a）把小圆移出实体　　b）拖放球体　　c）压扁小球

图15-22　制作铆钉实体

11）如果有金属3D打印机，可以打印弯刀部分。不过，大多数情况下读者能够使用的是FDM 3D打印机，所以选择把手、弯刀和铆钉，应用【布尔并集】命令，把它们组合为一个整体，一次性打印出来，如图15-23所示。

a）选择三个部分　　b）执行布尔并集

图15-23　组合

以上为一个极其简单的例子，主要目的是解释如何从概念草图到数字模型的制作流程，相信读者能从中得到一些启发。

15.2　应用平面设计工具表达构想

不要忽视平面设计软件对概念表达的作用，使用软件远比在纸上画草图更能表达丰富的内容。下面简单介绍Adobe Photoshop在转化构想方面一些极其简单的应用，建议读者掌握这款强大的设计软件。至于Illustrator，MoI3D能够直接导入它保存的.ai格式文件，绘制图形的能力更强大，不过掌握它需要花费更多的时间，此处不讲解。

运行Photoshop CC（以下使用简写PS），按Ctrl+N，新建一张A4大小的图像，按Ctrl+R显示出标尺，旋转图像，按Ctrl+’显示出栅格，这些是开始工作前的准备工作，如

图 15-24 所示。

a）新建图像

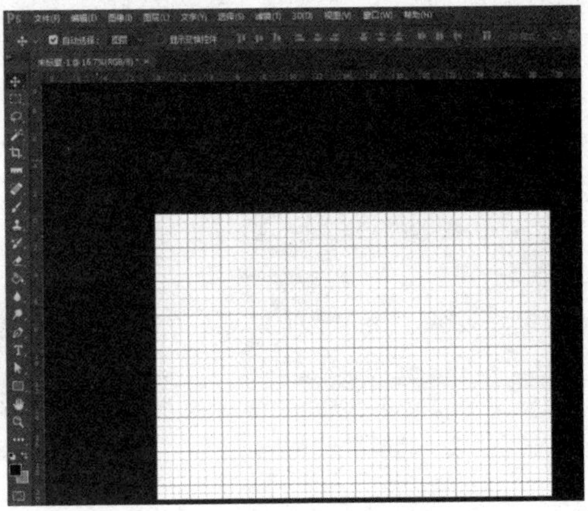

b）旋转图像并显示出栅格

图 15-24 准备绘图

PS 提供了多种绘图手段，尤其是钢笔工具，能够绘制形状非常复杂的路径。画笔工具有不同的笔刷，能画出多种艺术效果。当然这些都是建立在熟练操作 PS 的基础上的。这里，只是使用工具栏中从上向下数第二个矩形选择工具和椭圆形选择工具，在画布上建立选区，然后填充黑色，形成黑白剪影图形，表达出构思的过程。

用矩形选择工具在画布中捕捉到栅格，建立一个选区，按 Alt+←（退格键）可以填充前景色（黑色）。按 Ctrl+D 取消选择，如图 15-25 所示。

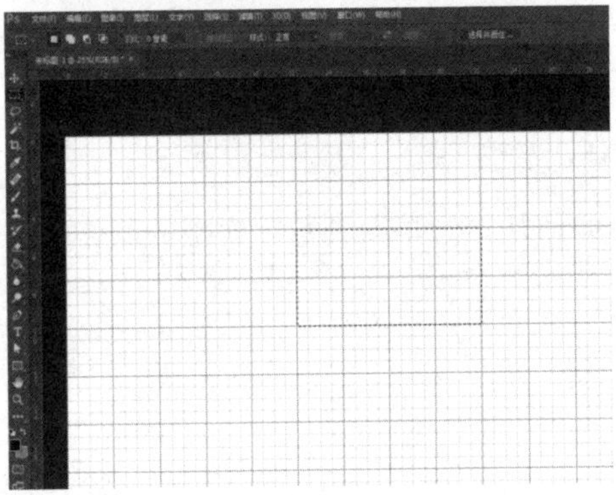

a）建立矩形选区

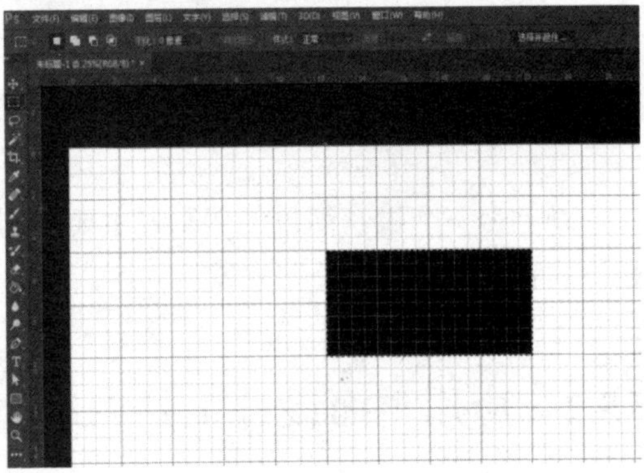

b）填充黑色

图 15-25 建立选区并填充

使用椭圆形选择工具，按 Alt+Shift，能够建立圆形选区。交换背景和前景色，为圆形选区填充白色。不断建立不同形状的选区，填充黑白两种颜色，能够形成剪影图形，表达出你的创意，如图 15-26 所示。

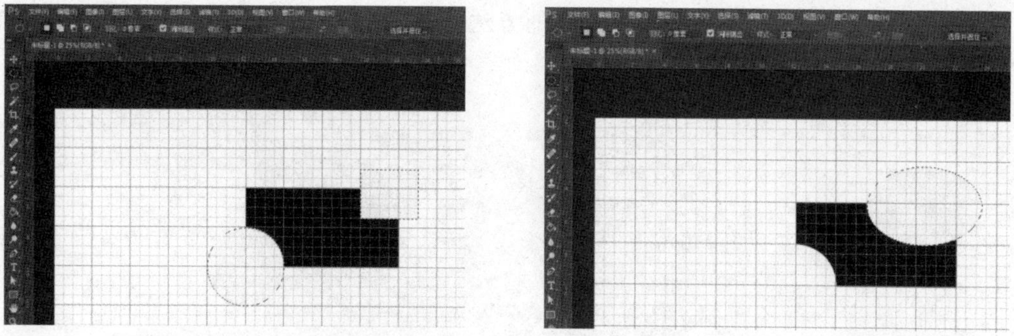

a）建立圆形选区，填充白色　　b）建立椭圆形选区，填充白色

图 15-26 建立多样的选区

此外，PS 允许建立多个图层，可以把不同的部件布置在不同的层上，方便后续处理。其还可以给出不同的设计方案，如图 15-27 所示。总之，Photoshop 是表现设计灵感的有力武器。

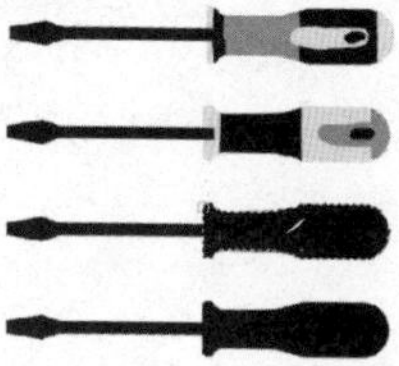

图 15-27 构思的螺丝起子图形

15.3 借助拍照功能逆向建模

目前 3D 扫描仪已经很流行了，不过，我们并不能随时随地使用。每个人随身携带的手机都有拍照功能，围绕着感兴趣的物体拍摄一圈照片，就可以使用照片建模软件，如 Agisoft PhotoScan、Autodesk ReMake 等程序生成物体的三维模型。如果觉得转一圈拍照也很麻烦，拍摄物品的三个视图的照片，然后使用 MoI3D 手动构建实物模型也是行之有效的方案。这样做的前提是目标对象不是生物，像狗、树木之类的对象不是 MoI3D 所覆盖的领域。

图 15-28 是笔者在街边用手机拍的砖块的三个方向的照片，原地拍摄，没有移动位置，可能有些拍得不正，但这是拍照最常见的问题。如果你把物品放到旋转台上拍照，能够得到比较好的拍照效果。选择砖块是因为简单，本节主要传达的是建模思路而不是建模技术。另外，照片已在 PS 中处理过。

a）主视图　　b）俯视图　　c）左视图

图 15-28 砖块三视图

按前面第 12 章翼子板的例子中介绍的方法，将三个图像导入 MoI3D 中，对好位置，如图 15-29 所示。

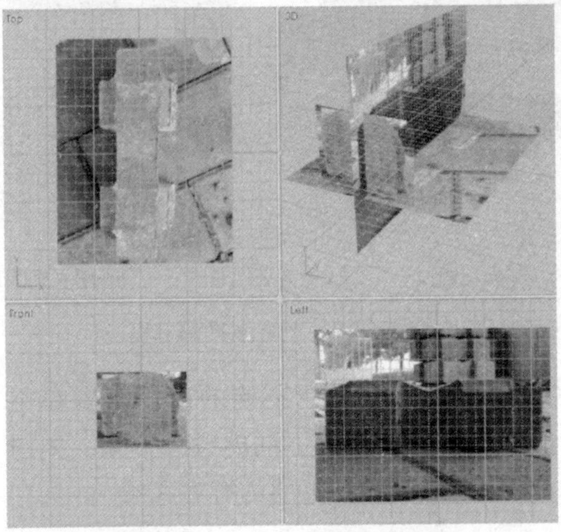

图 15-29　放置好三个图像

此时，就可以在 MoI3D 使用所提供的工具建模了。砖块的建模非常简单，既可以用三个立方体直接堆砌，然后修复细节，也可以画矩形，拉伸出基本形体，笔者采用的是后一种方法。在俯视图中绘制三个矩形，选择这些矩形，接着执行【布尔：并集】命令，合并这些图形，如图 15-30 所示。

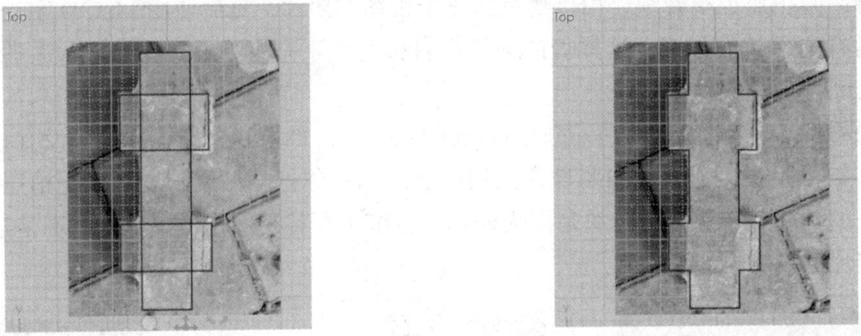

a）绘制三个矩形　　b）布尔并集

图 15-30　绘制图形并合并

在图形中央垂直画一条直线，选择图形和直线，执行【修剪】命令，删除右半部分。再应用【镜像】命令，复制出右边部分。如果是对称物体，这样做可以消除拍照的变形，如图 15-31 所示。

选择左右两条曲线，把它们连接起来。然后执行【拉伸】命令，在主视图中确定高度。接下来隐藏实体的显示，在主视图中画一条斜线。再显示出实体，镜像出另一条斜线，如

图 15-32 所示。

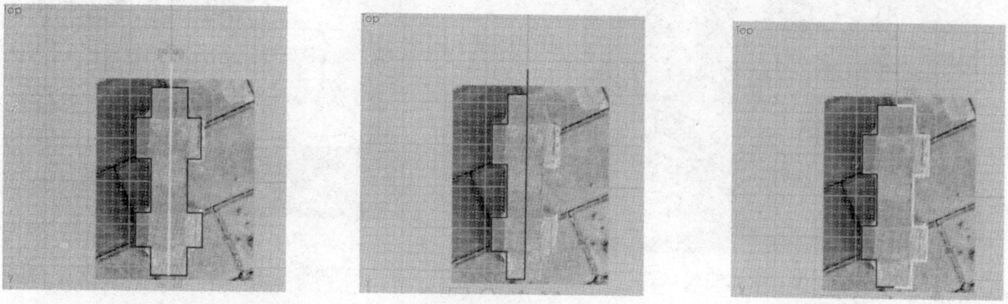

a）在图形中央画条直线　　b）修剪掉右半部分　　c）再镜像出右半部分

图 15-31　处理右半部分

a）拉伸出实体　　b）画一条斜直线　　c）镜像出直线

图 15-32　绘制直线

选择实体，执行【布尔：差集】命令，再选择两条斜直线，分割实体，删除多余部分，如图 15-33 所示。

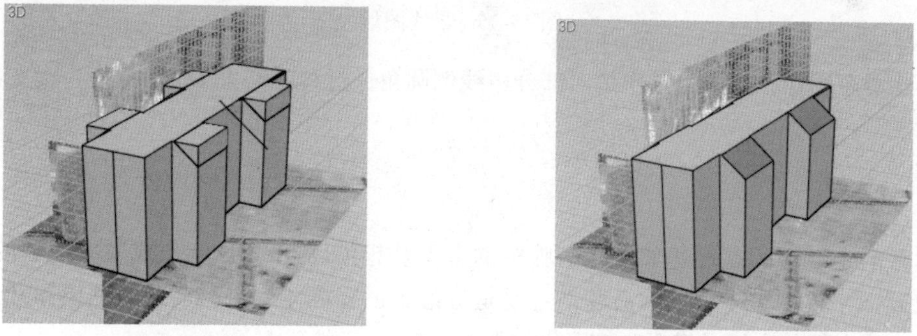

a）分割实体　　b）删除多余部分和直线

图 15-33　处理实体

隐藏实体，在左视图中绘制斜线和砖块中央的曲线。显示出实体，稍微调整直线和曲线的位置。同样地，在另一侧镜像出斜线，如图 15-34 所示。

a）绘制出直线和曲线

b）调整线条位置，镜像出直线

图 15-34 绘制曲线

选择实体，执行执行【布尔：差集】命令，再选两条斜直线和中部的曲线，分割实体，删除多余部分，得到最终图形，如图 15-35 所示。

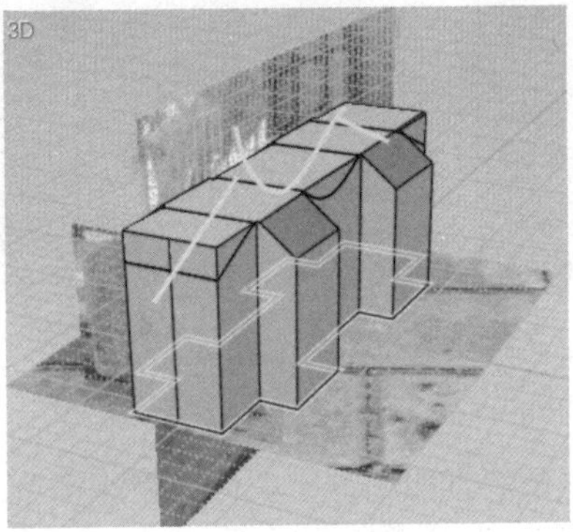

a）分割实体

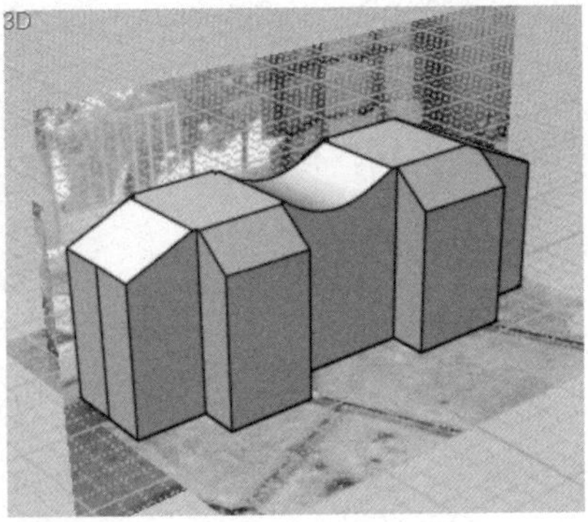

b）删除多余部分

图 15-35 最终图形

移除参考图像，剩下的工作是对部分边线倒圆角，过程就略去了。

15.4 小结

本章的主要目的是传达如何将头脑中的奇思妙想借助 MoI3D 制作成数字模型的方法。从概念到数字模型是一个大的命题，主要是考虑到创客群体有自己创造的欲望和开发产品的需求，所以简单介绍了将概念数字化的大致流程。

创意是宝贵的资源，如果能利用软件工具顺畅地将它们转化成数字模型，应用 3D 打印技术打印成实物模型，将极大地推动技术进步和更多新产品的问世。希望本教程能启发读者积极探索这方面的应用。

参考文献

[1] MoI3D3.0 官方帮助文件 [EB/OL]. https://wenku.baidu.com/view/5c04064848d7c1c708a1458b.html.

[2] MoI3D 官方论坛 [EB/OL].http://moi3d.com/forum/index.php?webtag=MOI.

[3] Ron K C Cheng .Inside Rhinoceros 5[M]. Cengage Learning，2014.